PHANEROGAMARUM MONOGRAPHIÆ TOMUS VII

Die Gattung Rubus L.

(Rosaceae)

im nordwestlichen Europa

vom Nordwestdeutschen Tiefland
bis Skandinavien
mit besonderer Berücksichtigung Schleswig-Holsteins

VON

HEINRICH E. WEBER

MIT 70 ABBILDUNGEN, 42 KARTEN UND 82 TAFELN

3301 LEHRE
VERLAG VON J. CRAMER
1972

© 1972 J. Cramer, Lehre
Printed in Germany
by Strauss & Cramer GmbH, D-6901 Leutershausen
ISBN 3 7682 0858 3

INHALT

Vorwort III
Legende zu den Abbildungen in Teil C VI
Abkürzungen VII
Einleitung 1

A. ALLGEMEINER TEIL

1. Entwicklung und Stand der batologischen Forschung in den einzelnen Gebieten 3
2. Zur Problematik des Artbegriffs bei Rubus 7
3. Spontane Rubus-Hybriden 10
4. Ökologie und Soziologie 12
5. Allgemeine Angaben zur Verbreitung und pflanzengeographischen Bedeutung der Brombeeren des Gebietes 19
6. Grundlagen und Form der Fundortszitate 25
7. Species omissae. - Berücksichtigte und unberücksichtigte Taxa 28
8. Die wichtigsten Merkmale der Brombeeren und ihre engere Definition für die Schlüssel und Beschreibungen 31
9. Bemerkungen zur Fassung der Beschreibungen und zum Gebrauch der Schlüssel 44
10. Hinweise zum Sammeln von Rubusexsikkaten 46
11. Gruppensystematische Einteilung 48

B. BESTIMMUNGSSCHLÜSSEL

1. Hauptschlüssel 51
2. Zusatzschlüssel I für einige im Hauptschlüssel nicht behandelte, meist seltenere Rubi des nordwestdeutschen Tieflands 96
3. Zusatzschlüssel II für einige im Hauptschlüssel nicht behandelte, meist seltenere Rubi Dänemarks und Skandinaviens 97

C. BESCHREIBUNGEN UND ABBILDUNGEN DER EINZELNEN ARTEN

1. Subgenera Chamaemorus F., Cylactis (Raf.)F., Anoplobatus F. und Idaeobatus F. 100
2. Subgenus Rubus (L.). - Brombeere 107
    a) Sectio 1. Eufruticosi H.E.W. 107
    b) Sectio 2. Corylifolii (Sm.) Ar. 346
    c) Sectio 3. Glaucobatus (Dum.) Wats. 371

D. VERBREITUNGSKARTEN 377

E. TAFELN 401

Literatur 483
Wichtigste Exsikkatenwerke 495
Verzeichnis des für die Abbildungen verwendeten Herbarmaterials 496
Register 499

Rubus - Mäntel des
Vorwaldes

Vorwort

Brombeeren gehören zu den häufigsten Pflanzen Mittel- und Westeuropas. In großen Mengen finden wir sie alljährlich überall an Wegrändern, in Hecken, Gebüschen und lichten Wäldern in einer Mannigfaltigkeit, wie sie von kaum einer anderen Gattung erreicht wird. Man sollte daher denken, daß gerade diese Vielzahl morphologisch und pflanzengeographisch so unterschiedlicher Pflanzen die Aufmerksamkeit der Botaniker im besonderen Maße auf sich gezogen hätte und daß deswegen die Gattung Rubus längst zu den besterforschten Gruppen zu rechnen wäre.

Bekanntlich ist das Gegenteil der Fall: Während für alle anderen Pflanzengattungen, auch für solche, die im Vergleich zu den Brombeeren nur einen winzigen Bruchteil der Vegetationsdecke ausmachen, schon seit langem eingehende taxonomische und geobotanische Daten vorliegen, hat bei der Gattung Rubus dagegen unser Wissen erst einen Stand erreicht, der bei anderen Phanerogamen etwa anderthalb Jahrhunderte zurückliegt. Hier sind auf regionaler Ebene vorwiegend soziologische, ökologische und arealkundliche Einzelheiten nachzutragen; bei den Brombeeren sind jedoch noch nicht einmal die überhaupt vorkommenden Arten vollständig bekannt, ja zum Teil noch gar nicht beschrieben, ganz zu schweigen von der allgemein geringen Kenntnis ihres ökologisch-soziologischen Verhaltens.

Dieser Umstand dürfte in der Hauptsache wohl ein Resultat der Bestimmungsschwierigkeiten sein, die bislang eine Einarbeit in diese Gattung sehr erschwerten oder ganz unmöglich machten. Die Problematik der zur Zeit verfügbaren Bestimmungsschlüssel hat der Verfasser nachhaltig kennengelernt, als er versuchte, bei seinen Vegetationsanalysen der Wallhecken in Schleswig-Holstein (WEBER 1967) die zahllosen Brombeeren mit zu berücksichtigen. Nur durch das Studium gesicherter Herbarexemplare oder der Arten an ihren klassischen Fundorten war es möglich, allmählich in die Gattung einzudringen. Dagegen erwiesen sich selbst regional enger begrenzte Bestimmungsschlüssel als wenig brauchbar, vor allem deshalb, weil sie auf gruppensystematischen Merkmalen aufbauen, dabei aber nicht berücksichtigen, daß die einzelnen Vertreter dieser Gruppe das entsprechende Merkmal oft gerade nicht aufweisen, etwa so, als wäre Arum maculatum - gruppensystematisch korrekt - als parallelnervig verschlüsselt.

So ist denn auch seit etwa einem halben Jahrhundert, nach dem Tode der alten grundlegenden Rubusforscher (Batologen), die ihre Artenkenntnis in persönlicher Unterweisung vermittelten, die Kenntnis und damit die weitere Erforschung der Gattung Rubus in vielen Gebieten nahezu gänzlich erloschen. Derjenige, der versuchte, Brombeeren zu bestimmen, mußte scheitern, wenn er allein auf die Literatur angewiesen war, und eine allgemeine Resignation, die mit dem Hilfswort "Rubus fruticosus" umschrieben zu werden pflegt, hat sich seit Jahrzehnten unter den Botanikern breitgemacht. Daher wäre es ohne Zweifel ein schöner Erfolg dieser Arbeit, wenn sie dazu beitrüge, den traditionsverhafteten Schrecken vor dem angeblich unbestimmbaren Formengewirr der Brombeeren zu beseitigen, und somit gleichsam eine längst fällige Renaissance der einstmals so fruchtbar begonnene Rubusforschung einzuleiten.

Die vorliegende Schrift verfolgt daher einen doppelten Zweck:

Einmal schien es uns wichtig, mithilfe des Schlüssels, ausführlicher Beschreibungen und Abbildungen eine Grundlage zu schaffen, auf der Brombeeren ebenso sicher wie andere Pflanzen bestimmt werden können. Um dieses Ziel zu erreichen, mußten meist gänzlich neue Bestimmungskriterien und Verschlüsselungsansätze gefunden werden, die auf ihre Brauchbarkeit und Zuverlässigkeit hin abzusichern waren.

Der Hauptzweck ist andererseits die kritische Darstellung der Rubusflora des behandelten Gebietes. Dabei liegt der Schwerpunkt der eigenen Untersuchungen in Schleswig-Holstein, dessen sehr reiche Rubusflora eingehend auch hinsichtlich der Soziologie und genaueren Verbreitung der einzelnen Arten berücksichtigt ist, während für die übrigen Gebiete oft nur allgemeinere Verbreitungsangaben mitgeteilt werden konnten.

Die intensive und kritische Durchforschung eines noch größeren Arbeitsgebietes als Schleswig-Holstein mit entsprechenden arealkundlichen und geobotanischen Untersuchungen ist für einen einzelnen kaum mehr möglich. Allein schon deswegen wären weitere Mitarbeiter auf diesem Gebiet sehr erwünscht, um die Kenntnis dieser so lange zu Unrecht vernachlässigten, doch sehr reizvollen und lohnenden Gattung endlich auf einen den anderen Pflanzen vergleichbaren Stand zu heben. Das ist um so eher erreichbar, weil sich das behandelte Gebiet weit nördlich des Massenentfaltungszentrums der besonders schwierigen drüsenreichen Brombeersektionen befindet und überwiegend Arten enthält, die sich (mit Ausnahme der Sektion Corylifolii) eindeutig voneinander unterscheiden und entgegen einer weitverbreiteten Annahme nur selten miteinander bastardieren.

Das Zustandekommen dieser Arbeit ist von verschiedenen Seiten sehr gefördert worden. So verdanke ich den Herren A. NEUMANN-Wien und Dr. h.c. A. SCHUMACHER-Waldbröl mancherlei Hilfen und Anregungen bei der Einarbeit in die Gattung. Für die Erlaubnis zur Einsicht in Herbarien danke ich vor allem den Herren Am. A. HANSEN-Kopenhagen, H. KUHBIER-Bremen, Prof. Dr. PANKOW-Rostock, Prof. Dr. v. STUDTNITZ-Lübeck, H. THOMSEN-Damendorf, Prof. Dr. WALTHER-Hamburg und den Herren Prof. Dr. FRANZISKET und Dr. RUNGE in Münster. Das neue Schleswig-Holstein-Herbar und das Generalherbar der Universität Kiel betreute ich selbst mit in den Jahren 1966-68 als Wissenschaftlicher Assistent von Prof. Dr. RAABE-Kiel, dem ich durch seine Anregung, mich mit der Vegetation der Knicks in Schleswig-Holstein zu beschäftigen, auch den ersten Anstoß zur Beschäftigung mit der Gattung Rubus verdanke. Für freundliche Förderung bezüglich der Drucklegung bin ich auch Prof. Dr. TÜXEN-Todenmann zu Dank verpflichtet. Herrn Oberstudienrat BUNNENBERG-Melle gilt mein besonderer Dank für die Durchsicht und Korrektur der lateinischen Diagnosen. Nicht zuletzt möchte ich auch meiner Frau Elisabeth danken, die die mühsame Arbeit des Korrekturlesens übernommen hat.

Im August 1972
D 452 Melle, Gerden 10   HEINRICH E. WEBER

Legende zu den Figuren in Teil C

(Zeichnungen und Photos vom Verfasser nach eigenem Herbarmaterial (Verzeichnis S. 496). Bei den Zeichnungen wurde soweit möglich die Lebendfärbung berücksichtigt)

    Länge einfacher Maßstriche = 1 mm
    Länge doppelter Maßstriche = 5 mm

A = Blütenstiel(abschnitt) mit vergrößertem Ausschnitt

B = Kronblatt

C = Teil der Blütenstandsachse

D = Serratur des Endblättchens mit vergrößertem Ausschnitt

E = Schößlingsabschnitt

F = Nebenblatt

Abkürzungen

a) DIAGNOSTISCHE ANGABEN (Abkürzungen gelten auch für Plural)

ä.Sb.	= äußeres Seitenblättchen		Hb.	= Herbarium
b.-	= blaß-		Kz.	= Kelchzipfel
B.	= Blatt		lg., Lge.	= lang, Länge
B.chen	= Blättchen		Nb.	= Nebenblatt
Blü.	= Blüte(n-)		Pfl.	= Pflanze
d.-	= dunkel-		-s.	= -seits (-seite)
Eb.	= Endblättchen		Sb.	= Seitenblättchen
-f.	= -förmig		Sfr.	= Sammelfrucht
Fr.	= Frucht		St.	= Stachel
Frbod.	= Fruchtboden		Stb.	= Staubblatt
Frkn.	= Fruchtknoten		Schl.	= Schlüssel
Gr.	= Griffel		ZSchl.	= Zusatzschlüssel
h.-	= hell-			
Hz.	= Hauptzähne		⌀	= Durchmesser

b) VERBREITUNGSANGABEN

AM	= Altmoränen (der Saale-Warthe-Vereisungen)		NSG	= Naturschutzgebiet
			Ök.	= Ökologie
DK	= Dänemark		SH, sh.	= Schleswig-Holstein, schleswig-holsteinisch (incl. Hamburg nördl. der Elbe)
Dt., dt.	= Deutschland, deutsch			
JM	= Jungmoränen (der Weichsel-Vereisung)			
M	= Mittel-		Soz.	= Soziologie
Me.	= Mecklenburg		VB	= Verbreitung
Ns., ns.	= Niedersachsen, niedersächsisch (incl. Bremen u. Hamburg südl. der Elbe)		Wf., wf.	= Westfalen, westfälisch

!	= Herbarbeleg vom Verfasser gesehen
!!	= Pflanze am Standort vom Verfasser gesehen
30!-29!	= Herbarbelege von 1830-1929 (bei NOLTE entsprechend auch vor 1830)
60!!-71!!	= Standortsbeobachtungen 1960-71

c) AUTOREN, SAMMLER

A. CHRIST.	= ALBERT(US) CHRISTIANSEN		FRID.	= K. FRIDERICHSEN
CHRIST.	= CHRISTIANSEN		GEL.	= O. GELERT
ER.	= C.F.E. ERICHSEN		GUST.	= GUSTAFSSON
FA.	= H. FAHRENHOLTZ		HINR.	= N. HINRICHSEN
FI-BZ.	= R. v. FISCHER-BENZON		ROHW.	= C. ROHWEDER
FIT.	= J. FITSCHEN		TX.	= R. TÜXEN

Einleitung

Seit dem Ende des 19. Jahrhunderts ist die Rubusflora Schleswig-Holsteins ebenso wie die des nordwestdeutschen Tieflands nicht mehr zusammenfassend dargestellt worden. Für Schleswig-Holstein lieferte E.H.L.KRAUSE in PRAHLs "Kritischer Flora der Provinz Schleswig-Holstein" (1890) eine Bearbeitung der Gattung. Für das südlich anschließende Gebiet gab W.O.FOCKE neben seinen vielen überregionalen Arbeiten in BUCHENAUs "Flora der nordwestdeutschen Tiefebene" (1894) eine speziell auf diesen Raum bezogene Darstellung. Sie bildet auch die hauptsächliche Grundlage der Rubusangaben in der drei Jahre später erschienenen "Flora der Provinz Hannover" von BRANDES.

In den darauffolgenden Jahrzehnten sind zwar noch einzelne regional enger begrenzte Abhandlungen veröffentlicht worden. Doch als nach dem Tode jener älteren Batologen die Tradition der Rubuskenntnis zum Erliegen kam, gerieten die Brombeeren wie in vielen Teilen Europas, so auch in diesem Raum mehr und mehr in Vergessenheit. So blieben sie bezeichnenderweise als einzige systematische Gruppe in der "Neuen kritischen Flora von Schleswig-Holstein" von WILLI CHRISTIANSEN (1953) unberücksichtigt. In Niedersachsen sind in neuerer Zeit nur einzelne Fundortsangaben von A.NEUMANN (damals Stolzenau) im "Pflanzenbestimmungsbuch für die Landschaften Oldenburg und Ostfriesland" von MEYER & v.DIEKEN (1949) und in der "Flora des Regierungsbezirks Osnabrück" von KOCH (1958) mitgeteilt worden sowie einzelne weitere neben solchen von KLIMMEK † (Leer) und v. DIEKEN † (Hollen) in v. DIEKENs "Beiträgen zur Flora Nordwestdeutschlands" (1970).

In Dänemark dagegen war mit der letzten größeren Arbeit von K.FRIDERICHSEN (1922 in RAUNKIAERs "Dansk Ekskursionsflora") ein vergleichsweise sehr viel höherer Stand der batologischen Durchforschung erreicht, und in den skandinavischen Ländern, in denen freilich auch die Artenanzahl der Brombeeren spürbar vermindert ist, sind diese ohnehin nie aus dem Blickfeld der botanischen Forschung ausgenommen worden.

Seitdem in den großen Monographien FOCKEs (1914) und SUDREs (1908-13) die europäische Batologie einen vorläufigen Abschluß erfahren hatte, wurde - von grundlegenden cytologischen Untersuchungen abgesehen - auf taxonomisch-geobotanischem Gebiet in vielen Ländern Europas eine Lücke deutlich. Erst seit 1956 sind wieder umfangreichere Darstellungen für einzelne Länder erschienen, so für Großbritannien (WATSON 1958), Niederlande (BEIJERINCK 1956), Belgien (LEGRAIN 1959) und Rumänien (NYÁRÁDY 1956). In Mitteleuropa hat ADE (1957) eine Bearbeitung der Gattung für Südwest-Deutschland vorgelegt, die der Autor mit Recht nur als einen Versuch betrachtet; denn tatsächlich dürfte trotz dieser verdienstvollen Arbeit erst ein Teil der dort vorkommenden Arten taxonomisch und arealgeographisch richtig erfaßt sein. Das Gleiche gilt auch für die Neubearbeitung der Gattung in HEGI durch HUBER (1961), der die bislang in der Literatur vorliegenden Daten bei einer Auswahl von Arten zusammenstellt. Eine kritische Neubearbeitung des mitteleuropäischen Raumes bleibt trotz dieser Vorarbeiten noch eine Aufgabe der Zukunft.

Die vorliegende Darstellung soll dazu einen Beitrag leisten. Sie umfaßt ein Gebiet, das von Skandinavien über Dänemark und Schleswig-Holstein bis an den Mittelgebirgsrand des südlichen Niedersachsens und Nordwestfalens reicht, das heißt, im Süden etwa bis zur Linie Bentheim - Rheine - Bramsche - Minden - Hannover - Braunschweig ohne die Stemweder Berge und andere nördliche Mittelgebirgsvorposten. Dieser weite Raum ist in seiner Rubusflora trotz eines S-N-Verbreitungsgefälles in sich durchaus noch recht einheitlich und ist zudem klar gegen das südlich anschließende Mittelgebirge abgegrenzt, in dem das Areal einer großen Anzahl - vielfach noch ungeklärter - Brombeeren beginnt, die von hier aus, von versprengten Ausnahmen in Einzelfällen abgesehen, nicht weiter nach Norden vordringen. Umgekehrt kommen nördlich von Schleswig-Holstein insgesamt nur neun sonst im Gebiet nicht vertretene, meist nur kleinräumig verbreitete Arten (Eufruticosi) hinzu.

Innerhalb des so umgrenzten Raumes nimmt Schleswig-Holstein wie überhaupt, so auch in batologischer Hinsicht eine besondere pflanzengeographische Stellung ein, denn es ist ganz allgemein das Gebiet mit dem ausgeprägtesten, überwiegend klimatisch bedingten W-O- und S-N-Verbreitungsgefälle. Gerade hier begegnen sich die Areale nordischer und andererseits südlicher Arten, hier finden sich besonders im Westen atlantische, sonst überwiegend auf den Britischen Inseln verbreitete Brombeeren, die hier wie viele andere Arten in Schleswig-Holstein die absolute Ostgrenze ihrer Verbreitung erreichen. Hinzu kommt eine klare west-östliche Gliederung durch unterschiedliche Böden (Karte 1), so daß gerade Schleswig-Holstein gleichsam modellhaft Aufschluß über die Verbreitungstendenzen und das soziologisch-ökologische Verhalten vieler Brombeeren geben kann, zumal auch in diesem Gebiet - abgesehen von Skandinavien - der relativ höchste batologische Durchforschungsgrad erreicht ist.

A. ALLGEMEINER TEIL

1. Entwicklung und Stand der batologischen Forschung in den einzelnen Gebieten

a) Schleswig-Holstein, Dänemark und Skandinavien

Schleswig-Holstein gehörte schon früh zu den batologisch vergleichsweise besser durchforschten Gebieten Mitteleuropas. Bereits E.F. NOLTE (1791-1875), Professor der Botanik in Kiel, der sich grundlegende Verdienste um die Kenntnis der Landesflora erwarb, sammelte in den zwanziger Jahren des vorigen Jahrhunderts Brombeeren. Gerade zu dieser Zeit (1822-27) erschien das großangelegte Monumentalwerk der "Rubi Germanici" von WEIHE & NEES v. ESENBECK, in dem K.E.A. WEIHE (1779-1834), Arzt in Mennighüffen und Herford und Hauptverfasser jener Arbeit, eine umfassende Darstellung der erstmals von ihm klar unterschiedenen, zum Teil schon früher veröffentlichten Rubusarten hauptsächlich des Mennighüffener Gebietes lieferte. NOLTE, der aus dem Preetzer Gebiet gleichzeitig von Apotheker C.F. ECKLON (1795-1868) Brombeeren erhielt, war wohl der erste, der einige der WEIHEschen Arten (R. sprengelii, R. radula) richtig in Schleswig-Holstein erkannte.

Im Hamburger Raum beschäftigte sich J.W.P. HÜBENER, Verfasser der "Flora der Umgebung von Hamburg" (1841) intensiver auch mit Rubus. Seine geplante "Spezialflora" blieb wegen seines vorzeitigen Todes (1847) unvollendet. Ein noch 1898 in der Hamburger Stadtbibliothek vorhandenes Bruchstück, das eine 15seitige Besprechung der vorkommenden Brombeeren enthielt (vgl. FISCHER 1898), ist inzwischen verschollen. 1851 erschien jedoch die "Flora Hamburgensis" von O.W. SONDER, in der bereits 15 echte Brombeerarten, darunter 9 als anscheinend richtig erkannt, aufgeführt sind: in heutiger Nomenklatur Rubus nessensis, R. plicatus, R. silvaticus, R. macrophyllus?, R. sprengelii, R. radula, R. pallidus, R. bellardii und R. corylifolius.

In der Folgezeit wurde die Kenntnis der schleswig-holsteinischen Brombeeren ganz besonders durch J.M.C. LANGE (1818-98), Professor der Botanik in Kopenhagen, gefördert, der um Flensburg und Kiel sammelte und erstmals so weitverbreitete und wichtige Taxa wie R. arrhenii, R. macrothyrsus und R. sciaphilus (= R. sciocharis) in seinem "Haandbok i den Danske Flora" ed. 2 (1859) sowie in der 1867-83 von ihm herausgegebenen, von OEDER begründeten "Flora Danica" aufstellte. Gleichzeitig wirkte in Husby in Angeln als hervorragender Pflanzenkenner der Kantor L. HANSEN (1781-1876), der hier auch zahlreiche Brombeeren - unter anderem den seltenen R. flexuosus - sammelte und einige Arten (z.T. in NOLTEschen Exsikkaten) in seinem "Herbarium der Schleswig-Holstein-Lauenburgischen Flora (1833-62) herausgab. Mehr noch widmete sich ebenfalls in Angeln G.(J.G.K.) JENSEN (1818-86), Apotheker in Quern, der Gattung Rubus. Die in seinem Wohngebiet wachsenden, inzwischen längst als weitverbreitete europäische Arten nachgewiesenen Taxa R. langei, R. drejeri und R. warmingii wurden erstmals von ihm entdeckt und benannt.

Die größten Verdienste um die weitere batologische Durchforschung Schleswigs und gleichzeitig Dänemarks erwarben sich jedoch K.(P.C.N.)FRIDERICHSEN (1853-1932), Apotheker in Hadersleben, später in Gudumholm, und O. (K.L.)GELERT (1862-99), Apothekergehilfe in Ripen und Horsens, zuletzt Mitarbeiter am Botanischen Garten in Kopenhagen. In ihrer auch überregional hochbedeutenden Arbeit "Danmarks og Slesvigs Rubi" (1887) gaben diese beiden Forscher eine nahezu vollständige und sehr gründliche Analyse des Arteninventars Dänemarks und des östlichen Schleswigs. Das Erkennen der von ihnen behandelten Taxa sicherten sie durch die Herausgabe der 101 Nummern umfassenden Sammlung "Rubi exsiccati Daniae et Slesvigiae" (1885-88). Ausser durch JENSEN und LANGE erfuhren sie dabei auch Unterstützung durch die Sammeltätigkeit des Lehrers N.HINRICHSEN in Schleswig. Dazu standen sie mit dem bedeutendsten Rubuskenner jener Zeit, dem Bremer Medizinalrat W.O.FOCKE, in Kontakt, der 1877 in seiner "Synopsis Ruborum Germaniae" nach WEIHE den wesentlichsten Beitrag zur Kenntnis der Rubi geliefert hatte. FRIDERICHSEN und GELERT erfaßten mit außergewöhnlichem Scharfblick bei ihren Exkursionen in Schleswig selbst dort ausgesprochen seltene Arten wie R. polyanthemus, R. egregius und R. gelertii und stellten eine Reihe bis dahin noch unbeschriebener Taxa insbesondere aus der Sektion Corylifolii auf.

Die sehr brombeerreiche schleswigsche Geest blieb in dem Werk von 1887 noch unberücksichtigt. Deren Erforschung setzte FRIDERICHSEN nach dem frühen Tode GELERTs allein fort und veröffentlichte die hier von ihm in den Kreisen Husum und Rendsburg (z.T. noch zusammen mit GELERT) neu entdeckten Taxa in den von BOULAY und BOULY DE LESDAIN herausgegebenen "Rubi praesertim Gallici exsiccati". Außerdem verbreitete er die Kenntnis der schleswigschen Rubi in den Exsikkaten der von BOULAY organisierten "Association Rubulogique". Einzelne seiner Beobachtungen finden sich bei A.CHRISTIANSEN (1913), der selbst um 1911 um Husum und Kiel Brombeeren sammelte, sowie bei JUNGE (1913), ohne daß jedoch noch eine zusammenhängende Darstellung erfolgt wäre. Einen abschließenden Überblick über die in Dänemark vorkommenden Brombeeren, in dem auch einige zunächst nur aus Schleswig bekannte Arten erstmals gültig veröffentlicht wurden, verdanken wir FRIDERICHSEN in RAUNKIAERs "Dansk Ekskursionsflora" (bes. ed. 4. 1922). Seitdem sind auch in Dänemark keine ähnlichen batologischen Arbeiten mehr erschienen, doch hat hier in den letzten Jahren M.P.CHRISTIANSEN (Kopenhagen) intensiv Brombeeren gesammelt und weitere Einzelheiten zur Verbreitung zusammengetragen.

Eine Bearbeitung der Gattung für die ganze Provinz Schleswig-Holstein (mit Einschluß der Nachbargebiete) nahm erst (in PRAHL 1890) der Marine-Stabsarzt E.H.L.KRAUSE - im wesentlichen von seinem Wohnsitz Rostock aus - in Angriff. Dabei konnte er sich für Schleswig vor allem auf FRIDERICHSEN und GELERT (1887) beziehen, ergänzt durch einzelne Angaben besonders von ERICHSEN, PRAHL, L.HANSEN, v. FISCHER-BENZON und FOCKE, der 1886 bei Collund seinen R.cimbricus selbst entdeckte. Bezüglich Holstein dagegen war er vor allem angewiesen auf die Angaben von SONDER (1851) sowie auf einzelne Beobachtungen und Aufsammlungen von DINKLAGE und TIMM (beide Hamburg), NOLTE (bes. Lauenburger Gebiet), ROHWEDER (Zarpen) und von FOCKE, der besonders von BREHMER (Lübeck) Material zugeschickt bekommen und in seiner "Synopsis" (1877) berücksichtigt hatte. KRAUSEs eigene Beobachtungen beschränkten sich im wesentlichen auf einige Exkursionen um Kiel und in den Hohenwestedter Raum.

Die weitere Erforschung Holsteins ist in der Hauptsache ein Verdienst C.F.E. ERICHSENs (1867-1945), Lehrer in Hamburg, der 1900 die "Brombeeren der Umgegend von Hamburg" ausführlich und nahezu vollständig darstellte, wobei er hier nördlich der Elbe 35 einheimische Eufruticosi (darunter zwei neue und bis auf vier alle richtig erkannt) sowie 16 Corylifolii-Vertreter nachwies. ERICHSENs gründliche Arbeit entstand in regem Gedankenaustausch mit FOCKE, FRIDERICHSEN, GELERT und G.MAAS.

Im gleichen Jahr veröffentlichte O.RANKE noch als Medizinstudent eine Zusammenstellung der "Brombeeren der Umgegend von Lübeck", zu der er schon in P.FRIEDRICHs dortiger Lokalflora (1895) einen Beitrag geleistet hatte. FRIDERICHSEN und KRAUSE unterstützten seine Arbeiten durch das Bestimmen kritischer Belege. ERICHSEN ergänzte RANKEs Angaben in PETERSENs "Flora von Lübeck" (1931) und übernahm auch die Bearbeitung der Gattung in der "Flora von Kiel" (1922) A.,WE.& WI. CHRISTIANSENs sowie auf überregionaler Ebene in der "Flora von Deutschland" von SCHMEIL & FITSCHEN (ed. 2 ff (1905 ff)). Außerdem finden sich einzelne Fundortsangaben ERICHSENs zerstreut in den "Jahresberichten des Botanischen Vereins zu Hamburg" (bis 1930) und in JÖNS' "Flora des Kreises Eckernförde" (1953). JÖNS war von ERICHSEN noch persönlich mit den Brombeeren seines Gebietes vertraut gemacht worden und vermehrte dessen Angaben durch eigene Beobachtungen. In seinen letzten Lebensjahren befaßte er sich verstärkt mit Rubus und plante eine Neubearbeitung der Gattung für eine spätere Auflage der "Kritischen Flora" von WILLI CHRISTIANSEN. Seine Arbeiten wurden durch seinen Tod (1966) jedoch frühzeitig abgebrochen. Der Verfasser hat noch mit JÖNS gemeinsam den Eckernförder Raum durchwandert und lernte auch in dem inzwischen verstorbenen Dr. STEER (Hamburg) noch einen von ERICHSEN in die Gattung Rubus eingewiesenen Floristen kennen und verdankt ihm erste Einführungen auf einer gemeinschaftlichen Exkursion.

Durch die Forschungen der älteren Batologen - insbesondere durch FRIDERICHSEN, GELERT, KRAUSE und ERICHSEN - war das Arteninventar Schleswig-Holsteins - jedenfalls hinsichtlich der Rubi Eufruticosi - bereits recht vollständig erfaßt worden, wenn auch die Verbreitungstendenzen der einzelnen Taxa durch das bevorzugte Botanisieren in den östlichen Landesteilen oft verzerrt dargestellt wurden, ein Umstand, der bis in die neueste Zeit in der Literatur nachwirkt (vgl. z.B. HUBER in HEGI 1961). Insgesamt waren (ohne Aufgliederung der Sektion Corylifolii) 65 einheimische Arten sicher nachgewiesen, und bis auf die folgenden richtig erkannt: R. rhombifolius (richtig = schlechtendalii), R. carpinifolius (= platyacanthus), R. villicaulis s.str. (= insulariopsis), R. menkei (= stormanicus) und R. koehleri (= christiansenorum). Vier der 65 Arten sind im Gebiet inzwischen ausgestorben oder verschollen: R. divaricatus, R. flensburgensis, R. platyacanthus, R. propexus sowie auch der als "Art" problematische R. monachus JENSEN, der in der Zählung unberücksichtigt blieb. In der vorliegenden Arbeit erstmals für Schleswig-Holstein nachgewiesen sind 13 Arten, 5 durch die Richtigstellung der obengenannten älteren Fehldeutungen sowie zusätzlich 8 Species, die in den früheren Arbeiten auch unter anderen Bezeichnungen noch nicht erwähnt waren. Von diesen scheinen 5 Arten bislang überhaupt noch unbekannt zu sein und wurden daher als neue Taxa aufgestellt. Ihre Verbreitung ist zum Teil vielleicht nur auf Schleswig-Holstein beschränkt (R. noltei und R. erichsenii), teils aber auch für andere Gebiete bestätigt (R. nuptialis, R. correctispinosus und R. albisequens).

Neu für Schleswig-Holstein sind außerdem R. hartmani (gleichzeitig Erstnachweis für Deutschland), R. senticosus und R. vulgaris. Damit beträgt die Anzahl der nunmehr aus Schleswig-Holstein bekannten einheimischen Brombeerarten (ohne ausgestorbene, problematische oder provisorische Taxa und ohne Aufgliederung der Coryfolii) 64 Species. Diese der Realität wohl recht nahe kommende Anzahl muß noch um die beiden häufig verwilderten Kulturarten R. armeniacus und R. alleghieniensis vermehrt werden sowie bezüglich der gesamten Gattung um R. caesius, R. idaeus, R. saxatilis und R. chamaemorus, so daß die Gattung Rubus in Schleswig-Holstein somit insgesamt durch 70 Arten vertreten ist. Dazu kommen noch mindestens 34-40 vielfach noch ungeklärte Arten der Sektion Corylifolii.

Auch in Dänemark dürfte der hier schon geringere Artenbestand (45 gesicherte einheimische Eufruticosi) vor allem durch FRIDERICHSEN und GELERT recht vollständig erfaßt sein wie auch in den skandinavischen Ländern (zus. 23 einheimische Eufruticosi), wo seit ARRHENIUS (1839) sich vor allem in Schweden zahlreiche Forscher intensiv mit Rubus auseinandersetzten, besonders LINDEBERG, ARESCHOUG, L.M.NEUMAN, LIDFORSS, C.E. und Å.GUSTAFSSON, N. und H.J.HYLANDER und OREDSSON.

b) Nordwestdeutsches Tiefland

Für das im wesentlichen zu Nord-Niedersachsen gehörende nordwestdeutsche Tiefland liegen bislang keine mit Schleswig-Holstein vergleichbaren Resultate vor. Nur über die Umgegend von Bremen, dem Wohnsitz des seinerzeit bedeutendsten Kenners auch der ausländischen Rubi Dr. W.O.FOCKE (1834-1922), sind wir durch dessen Beobachtungen besser unterrichtet. Diese teilte er vor allem in den Schriften von 1868 und 1871 sowie in BUCHENAUs "Flora von Bremen und Oldenburg" (ed. 1 (1901) bis ed. 10 (1936)) mit. In den "Abhandlungen des Naturwissenschaftlichen Vereins zu Bremen" (1886) und in der "Flora der nordwestdeutschen Tiefebene" von BUCHENAU (1894) finden sich einige über den Bremer Raum hinausreichende Angaben, doch scheint FOCKE bezüglich dieser Gebiete zumeist auf zufällige Aufsammlungen einzelner Mitarbeiter angewiesen gewesen zu sein, so etwa auf SANDSTEDE (Bad Zwischenahn) und BECKMANN (Bassum). Weiterreichende Exkursionen im Bereich der nordwestdeutschen Diluvialgebiete scheint FOCKE, der sich zunehmend mehr für eine weltweite Zusammenschau der Gattung interessierte und die Bestimmung europäischer Rubi durch öffentliche Verlautbarung einzuschränken suchte (1887 b), nur selten unternommen zu haben, so am ehesten noch in die Lüneburger Heide, wo er R. myricae als neue Art entdeckte, dagegen nicht in die westlichen Gebiete. So blieb zum Beispiel das schon 1871 nachgewiesene Vorkommen von R. ammobius bei Delmenhorst für FOCKE der einzige bekannte Ebenenstandort. In das Ems-

land, wo die Art massenhaft verbreitet ist und von hier sehr häufig auch bis in
das südliche Hügelland streicht, sind damals anscheinend weder FOCKE noch
andere Rubuskenner vorgedrungen.

Die elbnahen Gebiete südlich Hamburg berücksichtigte ERICHSEN (bes. 1900),
für den Kreis Stade mit angrenzenden Gebieten teilte FOCKE einzelne Angaben
in ALPERS' "Verzeichnis der Gefäßpflanzen der Landdrostei Stade" (1875) mit.
Dieses Gebiet (erweitert bis zur Linie Wingst - Bremervörde - Zeven) wurde später von FITSCHEN in seiner Schrift "Die Brombeeren des Regierungsbezirks Stade"
(1914) noch ausführlicher behandelt, dazu führen HÄMMERLE & OELLERICH
(1911) in ihrer Exkursionsflora einzelne weitere Fundorte aus dem Cuxhavener
Raum auf. Die Fundortsangaben von NEUMANN, KLIMMEK und v. DIEKEN in
neueren Floren (MEYER 1949, KOCH 1958, v. DIEKEN 1970) wurden bereits
erwähnt. Insgesamt sind in diesem mit heterogener Dichte durchforschten Gebiet
des nordwestdeutschen Tieflandes bis heute etwa 52 einheimische Eufruticosi-
Arten sicher nachgewiesen, unberücksichtigt einer Reihe problematischer Formen, deren Taxonomie noch zu klären ist, versprengter Vorposten von Brombeeren des südlichen Hügellands sowie einer unbekannten Vielzahl von Corylifolii-
Vertretern.

2. Zur Problematik des Artbegriffs bei Rubus

Der vielgestaltige "Rubus fruticosus", den LINNÉ (1753) als einzige Art der
Kratzbeere R. caesius an die Seite stellte, wurde schon bei WEIHE & NEES
(1822-27) in 42 Arten aufgelöst. In SUDREs "Rubi Europae" (1908-13) ist die
Zahl bereits auf nahezu 700 Arten mit fast 2000 Varietäten angeschwollen mit
einem Register von über 3300 verschiedenen wissenschaftlichen Benennungen.
Seitdem sind noch viele weitere Brombeeren beschrieben worden, und bei dem
geringen Durchforschungsgrad vieler Gegenden muß die wahre Anzahl der tatsächlich in Europa vorhandenen Rubi Eufruticosi bei engerer Fassung wohl auf
mindestens 5000 veranschlagt werden, ungerechnet der ebenfalls überaus zahlreichen, nur zu einem Bruchteil bekannten Rubi Corylifolii.

Angesichts dieser Unmenge oft sehr ähnlicher Taxa, die bei ihrer Differenziertheit und modifikatorischen Plastizität den Überblick für einen einzelnen ganz unmöglich machen, stellte man sich schon früh die Frage nach der Artberechtigung.
Mehr und mehr wurde das Bestreben deutlich, die Anzahl der Arten durch Neubeschreibungen nicht noch weiter zu vermehren, selbst dann, wenn unbekannte,
morphologisch selbständige Brombeeren gefunden wurden. Zwei verschiedene Wege wurden hierbei wenig glücklich beschritten:

1. Man erklärte die zuerst beschriebenen (hauptsächlich WEIHEschen) Arten
durchweg zu "Hauptarten" und suchte neuentdeckte Taxa der jeweils ähnlichsten
"Hauptart" als Unterart oder Varietät zuzuordnen. So beschrieb zum Beispiel J.
LANGE (1851) den isoliert stehenden, höchst charakteristischen R. arrhenii als
eine Varietät des R. sprengelii WEIHE. Auch FOCKE suchte, wenn auch in gemäßigter Form, die Taxa möglichst zu intraspezifischen Gruppen zusammenzufassen (bes. 1902-03), wandte jedoch in seinem letzten großen Werk (1914) die-

ses Prinzip nicht mehr an. Dagegen wurde es vor allem von SUDRE (1908-13) und seiner Schule weiter verfolgt (besonders von KELLER 1919), wobei einzelne Arten von verschienenen Autoren nicht selten ganz unterschiedlichen Species untergeordnet wurden. Das Verfahren erscheint heute künstlich, da die tatsächlichen Verwandtschaftsverhältnisse innerhalb der mit so unterschiedlichen "Unterarten" befrachteten "Hauptarten" keineswegs gesichert sind.

2. Ausgehend von der im Ansatz richtigen Theorie einer hybridogenen Entstehung vieler Rubusarten stellten andere Batologen rein spekulativ, das heißt, ohne jeden experimentellen Nachweis, eine Reihe mutmaßlicher, zum Teil ausgestorbener hypothetischer "Stammarten" auf und erklärten alle übrigen Rubi als deren Mischungen (nach KUNTZE 1867 bes. E.H.L.KRAUSE 1893, 1897, 1899), deren Benennung bei KRAUSE aus den "Stammarten" abgeleitet wird. So läßt sich nach diesem Autor (1899,98) zum Beispiel "Rubus macrophyllus prius ...kurz (sic!).. als R. bellardianotomentosoaestivalivestitus quidam bestimmen"; andere seiner Nomenklaturvorschläge füllen mehrere Zeilen. Kaum minder phantastisch muten ähnliche Versuche von UTSCH (1893-97) an, dessen Hybriden-Spekulationen bereits GELERT (1898) widerlegte unter Hinweis auf UTSCHs absurde Deutung des R. arrhenii als R.([bellardii x(macrophyllus x bifrons) x plicatus)}]x plicatus) x (rivularis x macrophyllus).

Die tatsächlichen Ursachen für die Vielgestaltigkeit der Gattung und Kriterien zu deren taxonomischer Beurteilungen konnten jedoch nur auf der Grundlage experimenteller Hybridisation (bes. durch LIDFORSS, Zusammenfassung vgl. 1914) und zytologischer Untersuchungen (bes. durch Å. GUSTAFSSON 1943) aufgedeckt werden. Danach sind rein apomiktische Brombeerarten bislang nicht bekannt geworden. Lediglich fakultative Apomixis ist bei vielen Rubi nachgewiesen, bei denen sich dann die Embryosäcke und Embryonen aus unreduzierten Embryosackmutterzellen (generative Aposporie) oder aus vegetativen Zellen des Nucellus (somatische Aposporie) entwickeln. Keimfähige Samen kommen jedoch auch hierbei nur dann zustande, wenn der sekundäre Embryosackkern durch einen Pollenkern befruchtet wird und somit die Endospermbildung gesichert ist (Pseudogamie).

Solche apomiktischen Samenbildungen sind jedoch bislang immer nur bei künstlicher Bastardierung beobachtet worden. Daher deutet sie WATSON (1958) als ein natürliches Abwehrsystem gegen fremde Genome, die bei erfolgreicher Einkreuzung in der Regel zur weitgehenden Sterilität der Nachkommen führen würde. Dennoch sind allerdings auch unter natürlichen Bedingungen viele echte, primäre Hybriden beobachtet worden, deren Fruchtbarkeit und Pollenbildung meistens - wenn auch nicht immer - auffallend mangelhaft sind.

Nach dem jetzigen Stand der Forschung kann - wie vor allem HUBER (1961, 286) zu Recht betont - die Artenanzahl der Rubi nicht einfach durch Aufstellen von Sammelarten wie etwa bei Hieracium vermindert werden, so sehr dieses aus praktischen Gründen vielleicht wünschenswert wäre. Denn einmal sind die Brombeeren im Gegensatz etwa zu den Hieracien ja nicht obligat apomiktisch und bilden daher normalerweise keine Klone. Vielmehr verhalten sie sich ganz wie Arten, die in sich natürliche geschlechtliche Fortpflanzungsgemeinschaften bilden und Bastardierungen unter natürlichen Bedingungen mehr oder minder abwehren. Auch die Zusammenfassung der Sippen zu Sammelarten aufgrund gemeinsamer Stammeltern ist unmöglich, da solche Stammeltern im Gegensatz zu den Verhältnissen bei Hieracium, Salix und anderen Gattungen in der Regel unbekannt sind und wohl schon im Diluvium ausgestorben sein dürften. Hinzu kommt, daß auch unter praktischen Gesichtspunkten mit einer Aufstellung von Sammelarten bei Rubus wenig gewonnen wäre, da die Grenzen zwischen diesen künstlichen Gebilden höchst unscharf werden, während - wenn überhaupt bei den Brombeeren - eindeutige Abgrenzungen gegeneinander nur zwischen den natürlichen (Klein-) Arten gegeben sind.

Zweifellos sind diese Arten jedoch nicht alle gleichwertig. Der unterschiedliche taxonomische Stellenwert der bei uns vorkommenden Rubi wird aber meist nur aus der Größe ihrer Gesamtareale abgeleitet, indem weitverbreitete Taxa höher eingestuft werden als solche mit kleineren Arealen, obwohl letztere nicht selten eine größere morphologische Prägnanz als die weitverbreiteten Arten besitzen. Auch die Chromosomenverhältnisse, die bei Rubus eine polyploide Reihe mit $n = 7$ bilden, sind für eine hierarchische Wertung der Eufruticosi-Arten unseres Gebietes wenig brauchbar, denn diese sind hier überwiegend tetraploid und Vertreter diploider Arten fehlen ganz. Bereits FOCKE (1877) und SUDRE (1908-13) haben - unter anderem auch unter Bezug auf die Pollenfertilität - verschiedene Wertstufen bei den Rubusarten vorgeschlagen. Ähnlich unterscheidet Å.GUSTAFSSON (1943) in seiner sehr gründlichen Arbeit aufgrund cytologischer, morphologischer und arealgeographischer Befunde innerhalb der Rubi Eufruticosi in Europa insgesamt 5 "Primary-species" (R. bollei F., R. ulmifolius SCHOTT, R. canescens DC., R. incanescens BERT. und R. moschus JUZ.), durchwegs südliche Arten, die unser Gebiet nicht erreichen. Dazu kommen 72 "Circle-species" (z.B. R.vestitus Wh.), von denen fast die Hälfte (32) auch im hier behandelten Gebiet vertreten sind, neben den übrigen Arten, die als "Micro-species" angesehen werden und die in gesicherten Fällen in Subspecies und weitere intraspezifische Taxa untergliedert werden können. Um die Übersicht zu erhöhen, kann man außerdem versuchen, einzelne Sektionen (bzw. Subsektionen, Series, Subseries) und innerhalb derer ähnliche Arten zu Artengruppen zusammenzustellen, doch ist eine bestimmte Zuordnung selbst lokaler Kleinarten nicht immer zwingend zu begründen, so daß in solchen Fällen der Willkür des jeweiligen Bearbeiters ein relativ großer Spielraum bleibt.

Um sicherzustellen, daß spontane Hybriden, die gelegentlich durch unverminderte Fruchtbarkeit reine Arten vortäuschen können, oder sonstige lokale "Individualarten" nicht als eigene Taxa beschrieben werden, muß vor einer Neubeschreibung die Samenbeständigkeit berücksichtigt werden. Da die Brombeeren auch durch vegetative Vermehrung notfalls ein bestimmtes Areal erobern könnten, sollten neue Rubustaxa grundsätzlich nur dann aufgestellt werden, wenn die entsprechende Pflanze in völliger Übereinstimmung an verschiedenen, gänzlich voneinander isolierten Punkten in einem nicht zu kleinen Gebiet nachgewiesen ist. Diese Voraussetzungen wurden bei den hier neu aufgestellten Arten zugrundegelegt. Dazu wurde deren Samenbeständigkeit auch in Kulturversuchen überprüft.

3. Spontane Rubus-Hybriden

Die Gattung Rubus steht in dem Ruf, besonders reich an spontanen Bastarden zu sein, zwischen denen man die wenigen unvermischten Arten nur schwer herausfinden könne. Wenn es zweifellos auch solche Landstriche gibt, in denen primäre Rubushybriden in großer Menge gedeihen, wie etwa an den Rebhängen des Rheins und seiner Nebenflüsse, an denen schon FOCKE (1877, 34) die zahlreichen Mischungen des bastardfreudigen Rubus canescens DC. auffielen, so sind im hier behandelten Gebiet spontane Kreuzungen zwischen den echten Brombeeren (Eufruticosi) jedoch ausgesprochene Seltenheiten. In Schleswig-Holstein haben wir zwischen vielen tausenden unvermischten Sträuchern insgesamt kaum ein halbes Dutzend solcher offenkundiger Bastarde angetroffen. Auch im Gebiet des nordwestdeutschen Tieflands scheinen ähnliche Verhältnisse vorzuliegen wie wohl auch in Skandinavien und in Dänemark, wo FRIDERICHSEN und GELERT in ihrem sehr gründlichen Werk von 1887 zwar verschiedene Caesius-Hybriden, doch nicht einmal einen einzigen gesicherten Bastard zwischen den Rubi Eufruticosi verzeichnen.

Allerdings haben einzelne der früheren Autoren in ihrem Bestreben, alle Belege mit ihren Bestimmungen zu versehen, oft voreilig ihnen nicht kenntliche Exsikkate als Bastarde zwischen den ähnlichsten der ihnen bekannten Arten gedeutet, wie beispielsweise UTSCH, der in BAENITZ' Herbarium Europaeum (Lieferg. 1897-98) selbst eine so triviale Art wie Rubus plicatus sechsmal als Bastard, und zwar mit den unterschiedlichsten Kombinationen herausgegeben hat (vgl. dazu GELERT 1898, 129 u. RANKE 1900, 3). Durch solche und ähnliche Fehlbestimmungen ist viel zu einer falschen Ansicht über die Häufigkeit von Brombeerbastarden beigetragen worden.

Die wenigen spontanen Hybriden zwischen Eufruticosi-Arten, die gelegentlich im hier behandelten Gebiet angetroffen werden können, sind in der Regel ganz isoliert vorkommende Sträucher. Sie fallen gewöhnlich durch ihre weitgehende oder völlige Sterilität auf, indem ihre Sammelfrüchte gänzlich fehlschlagen oder nur einzelne Früchtchen ansetzen. Auch der Blütenstaub ist größtenteils verkümmert. Von den ebenfalls nur unvollkommen fruchtenden Arten der Sektion Corylifolii unterscheiden sie sich unter anderem deutlich durch gestielte äußere Seitenblättchen, oft kräftige Schößlinge sowie überhaupt durch ihre Eufruticosi-Tracht, die allerdings in sich nicht selten uneinheitlicher als bei den unvermischten Arten wirkt. Oft erscheinen solche primären Hybriden als verzerrte Ausgabe einer bestimmten Eufruticosi-Art, die gewöhnlich in ihrer unmittelbaren Umgebung wächst, so daß in solchen Fällen zumindest diese Art mit einiger Sicherheit als eine der beiden Stammeltern angenommen werden darf, während für die Ermittlung des zweiten Elternteils oft kaum Anhaltspunkte vorliegen.

Bei künstlichen Kreuzungsversuchen, wie sie seit FOCKE (1877) besonders von LIDFORSS (vgl. bes. 1914) vorgenommen worden sind, zeigten echte Bastarde ("falsche", durch Pseudogamie entstandene Bastarde sind selbstverständlich absolut matroklin) zwischen Eufruticosi-Arten schon in der F_1-Generation und mehr noch bei den F_2-Enkeln eine außerordentliche Polymorphie. Außerdem wurde eine überraschend gute Fertilität jener Kreuzungsprodukte beobachtet, die damit ganz im Gegensatz steht zu den Verhältnissen bei den im Gelände zu beobachtenden spontanen Hybriden. Angesichts der bei Kulturversuchen sich offenbar leicht kreuzenden Eufruticosi ist die Seltenheit der in unserem Gebiet spontan auftretenden Bastarde um so auffälliger und scheint auf eine verminderte Konkurrenzkraft unter natürlichen Bedingungen hinzudeuten.

Die wenigen vom Verfasser im Gebiet beobachteten offenkundigen Eufruticosi-Bastarde sind die folgenden:

Schleswig-Holstein:

R. gratus x pyramidalis (zw. Stemwarde u. Langelohe 62!!). Zwischen den Stammeltern mit intermediären Eigenschaften. Weitgehend steril.

R. selmeri var. argyriophyllus x ? (zw. Mühlenberg u. Kreuz bei Preetz 67!!) - Zusammen mit dem genannten Elter und diesem recht ähnlich. Wenig fruchtbar.

R. rudis x ? (zw. Kisdorf u. Kisdorferwohld 63!!). - Ähnlich R. rudis, doch fast steril.

R. plicatus x ? (südl. Kisdorferwohld 66!! - 1968 dort nicht mehr). Wie R. plicatus, doch mit etwas behaartem, bodenstrebendem Schößling. Weitgehend steril.

Nordwestdeutsches Tiefland:

R. pyramidalis x ? (Marßel zw. Ritterhude u. Lesum b. Bremen 69!!). Sehr kleinblättrig, vor allem im Blütenstand und in der Blattbehaarung an den in der Umgebung wachsenden R. pyramidalis erinnernd. Wenig fruchtbar. Das langgestielte Endblättchen deutet entfernt auf den selten im Gebiet ebenfalls vorkommenden R. macrophyllus hin, so daß es sich vermutlich um dieselbe Pflanze handelt, die schon FOCKE (1877, 217) als R. macrophyllus x pyramidalis von jenem Standort aufführt.

R. gratus x ? (Auf dem Hümmling: bei Surwold). Ähnlich dem im Gebiet überall häufigen R. gratus, doch durch abwärtsgerichtete Kelchzipfel und stärker behaartem Schößling auch an R. leucandrus erinnernd. Wenig fruchtbar.

Nach FRIDERICHSEN & GELERT (1877, 129) ist in Schleswig-Holstein außerdem der Bastard R. sprengelii x langei ? (zw. Husby u. Ausacker in Angeln) beobachtet worden, ERICHSEN (1900, 30) sah in Holstein (zw. Basthorst u. Hamfelde) eine intermediäre Kreuzung R. arrhenii x sprengelii. Als spontane überwiegend sterile Hybriden sind wohl auch die von ERICHSEN (1900) als R. pygmaeopsis FOCKE? (bei Garstedt ER. 96!) und R. tereticaulis P.J.M. (bei Ahrensburg ER. 00! = vermutlich R. pallidus x ?) aufgeführten Formen zu deuten.

Neben diesen weitgehend sterilen Eufruticosi-Bastarden treten gelegentlich zweifellos auch fruchtbare Kreuzungen auf. Sie erscheinen dann als isolierte, nur von einem Wuchsort bekannte "Individualarten" (vgl. S. 9), deren Abstammung und Bastardnatur jedoch unsicher bleibt, da sich solche "Einzelgänger" als Gruppe durch keinerlei morphologische Merkmale von den eigentlichen Eufruticosi-Arten abgrenzen lassen. Als Beispiele solcher hybridogenen Individualarten kann wohl der heute verschollene 69. R. monachus JENSEN (bei Steinberg in Angeln) gelten, ebenso vielleicht auch 95. R. lamprotrichus K.FRID., der sich seit dem vorigen Jahrhundert noch heute an der alten Stelle zwischen Ostenfeld und Rott (!!) findet. Vielfach sind jedoch auch andere, weiter verbreitete Eufruticosi-Arten ohne entsprechenden Nachweis als Bastarde gedeutet worden. Bis auf wenige Fälle, in denen eine bestimmte Deutung tatsächlich mit einiger Wahrscheinlichkeit anzunehmen ist, werden hier jedoch derartige Bastard-Spekulationen bei den entsprechenden Arten nicht weiter diskutiert.

Häufiger als spontane Kreuzungen der Eufruticosi untereinander scheinen im behandelten Gebiet primäre Bastarde mit R. caesius vorzukommen (allein FRID. & GEL. 1877, 132 führen - allerdings meist mit ? - vierzehn solcher Funde auf). Solche Hybriden sind jedoch nur schwer oder gar nicht von jenen überaus formenreichen Corylifolii-Vertretern zu unterscheiden, die als mehr oder minder artkonstante hybridogene Abkömmlinge aus ebensolchen Verbindungen hervorgegangen sind. Aus dem gleichen Grunde sind auch die spontanen Hybriden der Corylifolii untereinander oder mit R. caesius auch wegen der Verwechslung mit vielen, noch unbekannten Corylifolii-Arten vorerst meist nicht als solche zu erkennen.

Gelegentlich sollen auch primäre Kreuzungen der Himbeere mit einzelnen Brombeerarten der Sect. Eufruticosi beobachtet worden sein, so (nach KRAUSE 1890) mit R. gratus, R. pallidus, R. pyramidalis, R. vestitus und R. villicaulis. Derartige Deutungen einiger zweifelhafter Formen sind vorerst jedoch noch ungesichert. Häufig ist dagegen der Bastard R. idaeus x caesius (Nr. 146a), der schon von FOCKE (1877, 51) auch experimentell bestätigt wurde.

4. Ökologie und Soziologie

Der morphologischen Vielfalt der Brombeeren entspricht ein weites Spektrum unterschiedlichen Standortverhaltens. Insgesamt bevorzugen die Brombeeren einen lockeren humosen, nicht zu trockenen, mäßig bis reichlich mit Nährstoffen versorgten, sandigen bis lehmigen Boden in sonniger bis halbschattiger, wintermilder und luftfeuchter Lage. Die meisten Arten gedeihen am besten auf mäßig sauren, kalkfreien Unterlagen, viele sind ausgesprochen kalkfliehend, so besonders Rubus nessensis, R. scissus, R. plicatus und andere Suberecti, in kaum geringerem Maß auch die Silvatici, Sprengeliani und zahlreiche Vertreter der übrigen Gruppen. Basenreichere Böden dagegen bevorzugen vor allem einzelne anspruchsvollere Vestiti und Radulae, doch treten auch diese auf reinen Kalkböden sehr zurück. Hier behaupten sich im Gebiet vergleichsweise am besten noch R. vestitus var. albiflorus, R. radula und R. candicans neben R. caesius, der gerade auf Kalk zur Massenentfaltung kommt. Dystrophe ungedüngte Hochmoortorfe bleiben auch nach der Entwässerung im allgemeinen frei von Brombeeren, von denen hier am ehesten noch R. scissus auftreten kann. Eine auffallende Armut an Brombeeren beobachtet man außerdem in der gesamten Nordseemarsch und den anschließenden Flußmarschen sowie auf Basaltböden, die im Gebiet allerdings fehlen, in geringerem Maße stellenweise auch auf Granit (vgl. auch FOCKE 1877, 21, FITSCHEN 1925, 26).

Regelmäßige Überschwemmungen vertragen nur Rubus caesius und in geringerem Maße auch einzelne verwandte Corylifolii (z.B. R. dumetorum WEIHE s. str.), die somit als einzige Vertreter der Gattung auch mehr oder minder in die periodisch überfluteten Flußauen vordringen. Auch grundwassernahe Standorte wie potentiell natürliche Alnion- oder Alno-Padion-Gesellschaften werden von den Eufruticosi im allgemeinen streng gemieden. Nur einige Suberecti - besonders R. nessensis, R. sulcatus, R. plicatus und R. divaricatus - sowie R. gratus vermögen sich auch hier stellenweise zu behaupten, allerdings nur auf basenarmen Substrat. Auf kalkführender Unterlage dagegen wird die Untergattung Rubus wie in den Überschwemmungsbereichen ebenfalls allein wieder durch R. caesius und einzelne Corylifolii vertreten.

Unterschiedlich sind auch die Lichtansprüche. Die meisten Arten verlangen einen sonnigen Standort. So werden zum Beispiel Brombeeren auf den Südseiten der schleswig-holsteinischen Knicks dreimal so reichlich und in deutlich besserer Vitalität angetroffen als auf den entsprechenden Nordseiten, auf denen wiederum R. idaeus einen rund dreimal so hohen Anteil wie südseitig einnimmt (vgl. Weber 1967,49). Der überwiegende Teil der Brombeerarten gedeiht sowohl in Einzelstellung im freien Gelände, wie auch in Hecken, Gebüschen, Waldmänteln oder auf Schlägen in sonniger bis halbschattiger Lage. Manche Rubi jedoch finden sich nur im Bereich von Wäldern und greifen nicht oder nur ausnahmsweise auf waldfernere Standorte über. Dazu gehören bei uns vor allem R. sulcatus und R. bellardii, in etwas schwächerem Maße auch R. macrophyllus und R. schleicheri und noch weniger ausgeprägt auch Arten wie R. nessensis und R. euryanthemus. Aber auch diese Arten sind wie alle übrigen gegen eine stärkere Beschattung, wie sie durch den Kronenschluß in ungestörten Wäldern gegeben ist, sehr empfindlich und vermögen sich daher auf solchen Standorten - wenn überhaupt - nur in blütenlosen Kümmerformen zu halten.

Auch in windexponierten Lagen läßt die Konkurrenzkraft der Brombeeren deutlich nach. So sind sie in den quer zur Windrichtung verlaufenden Wallhecken des östlichen Holsteins etwa anderthalbmal so reichlich auf den leeseitigen Ostseiten wie auf den entsprechenden Westseiten vertreten und ziehen sich auf der rauhwindigen, oft von Weststürmen betroffenen nordseenahen Geest mehr und mehr auf die durch windhärtere Sträucher geschützte Ostexposition zurück. Hier nehmen sie dann etwa einen fünfmal so großen Raum wie auf den Westseiten ein, auf denen ihr Laub deutliche Windschäden zeigt und nur wenige Blüten angesetzt werden.

Entsprechend der allgemeinen atlantischen bis subatlantischen Ausbreitungstendenz der Brombeeren finden sich diese besonders in niederschlagsreicheren und luftfeuchteren Gebieten. In den schleswig-holsteinischen Knicks liegt ihre Massenentfaltung in den Landesteilen mit über 700 mm Niederschlag im Jahresdurchschnitt und in denen gleichzeitig die mittlere relative Luftfeuchte in der Hauptvegetationszeit (Mai-August) auch um 14.00 Uhr im Durchschnitt nicht unter 60 % absinkt (Karte b. WEBER 1967, 18). Auch wegen ihrer Frostempfindlichkeit ziehen sich viele Arten gegen den kontinentaleren Südostraum Schleswig-Holsteins von den offenen Feldknicks mehr und mehr in luftfeuchtere und frostgeschütztere Lagen zurück, das heißt, vor allem in wallheckengesäumte

Feldwege ("Redder") oder in den Schutz des Waldes. Einige Arten, wie der britische Rubus drejeriformis, Rubus cimbricus und andere, gehen selbst in den maritimsten Regionen des Landes nicht über derartig geschützte Lagen hinaus.

Die soziologische Beurteilung der Brombeerarten ist trotz ihrer unterschiedlichen Standortansprüche problematisch. Da sie in der Mehrzahl sowohl in Gebüschen als auch auf Waldschlägen gedeihen, könnten sie einmal als Kennarten von Prunetalia-Gebüschen (Rubion subatlanticum TX. 1952), zum anderen aber auch als solche von Schlaggesellschaften (Epilobietalia angustifolii TX. 1950 : Lonicero-Rubion silvatici u. Sambuco-Salicion capreae TX.& NEUM. 1950) beansprucht werden.

Einige der Arten sind sicher ausschließlich oder doch im Schwerpunkt Pflanzen der Initialstadien des sich regenerierenden Waldes auf älteren Schlägen oder in sonstigen Auflichtungen, die sich mit meist etwas herabgesetzter Vitalität reichlich auch in lichten Wäldern und besonders in Kiefernforsten halten. Dazu gehören vor allem die schon genannten Arten wie R. bellardii, R. sulcatus und R. schleicheri, die eindeutig den Schlag-Gesellschaften zuzuordnen sind. Umgekehrt jedoch scheint es im behandelten Gebiet keine Brombeeren zu geben, die mit ähnlich deutlichem Schwerpunkt auf Prunetalia- oder andere Gebüschgesellschaften beschränkt sind. Doch erscheinen die meisten Arten auf diesen durchwegs sonnigeren Standorten mit größerer Vitalität und in ihrer charakteristischen Ausdifferenzierung, während sie auf den mehr halbschattigen Waldschlägen in der Mehrzahl mehr oder minder schattenmodifiziert angetroffen werden, so etwa mit nur 3- statt 5-zähligen Blättern und bei vielen Arten mit Reduktion ihrer charakteristischen Filzbehaarung. Dennoch kann man freilich auch hier optimal entwickelte Pflanzen finden, wenn der Standort entsprechend lichtreich ist.

Prunetalia-Arten im engeren Sinne sind die Brombeeren andererseits sicher ebenfalls nicht, denn da ihre überirdischen Teile nicht älter als zwei Jahre werden, können sie sich (wie alle übrigen Nicht-Phanerophyten) in den von echten Sträuchern gebildeten dichtgeschlossenen Prunetalia-Dauergesellschaften nicht behaupten. Vielmehr bilden sie hier auf den lichtexponierten Seiten eine eigene, mit den echten Sträuchern und Saum-Arten eng verzahnte Scheinstrauchgesellschaft, die als eigener Gebüschmantel die innere Dauergesellschaft umhüllt. Dieser Rubus-Mantel ist deutlich auch auf den schleswig-holsteinischen Knicks entwickelt, wo er sich an den ausdauernden Sträuchern des Wallgrats meist in einer Durchdringungszone beidseits entlangzieht, dabei in Südexpositionen als Brombeer-, auf den halbschattigen Nordseiten dagegen als Himbeer-Mantel ausgebildet.

Diese Verhältnisse finden wir jedoch nur im Kontakt zu dichtgeschlossenen Prunetalia-Gesellschaften, nicht dagen in deren Pionierstadien oder in anderen lückigen Gebüschfluren, auch nicht in Sarothamnion-Gesellschaften des Gebietes oder in verwandten strauchförmigen Pioniergehölzen des Quercetalia-Bereiches, in denen besonders auf etwas frischen Böden viele Rubusarten in Mengen gedeihen oder eigene Gebüsche bilden.

Aus den genannten Gründen ist die endgültige Bewertung der einzelnen Rubusarten als Kennarten von Schlaggesellschaften, von Gebüschen - oder besser deren Scheinstrauchmäntel - oder von lockeren Prunetalia-Ausbildungen oder eigenen Rubusgestrüppen vorerst nicht möglich und wird wohl auch zukünftig nicht immer eindeutig entschieden werden können.

Als Kennarten unterschiedlicher Schlagpflanzengesellschaften (Epilobietalia angustifolii TX. 1950) sind Brombeeren erstmals von TÜXEN & A.NEUMANN (1950) in Nordwestdeutschland (bes. Südniedersachsen) untersucht worden. Die genannten Autoren unterscheiden dabei folgende Verbände und Assoziationen (V = Verband, A = Assoziation, K = regionale Kennart, D = regionale Differenzialart):

1. Lonicero - Rubion silvatici.-

KV: R. silvaticus, R. sprengelii, R. affinis, R. schleicheri, R. pyramidalis.
DV: Lonicera periclymenum.

Initialgesellschaft des natürlichen Waldes auf Schlägen und Lichtungen und in Kiefernforsten auf Standorten des Quercion robori-petreae. Auf entsprechenden Standorten finden sich in Schleswig-Holstein u.a. R. arrhenii, R. langei und mit hoher Stetigkeit ebenso wie auch in Niedersachsen R. plicatus.

a) Rubus gratus -Ass.

KA: R. divaricatus, R. gratus, R. scissus, R. pallidus.
DA: Molinia coerulea.

Auf Standorten des potentiell natürlichen Querco-Betuletum, besonders des Querco-Betuletum molinietosum (basenarme Quarzsandböden). R. pallidus gehört allerdings als deutlich anspruchsvollere Art nach Beobachtungen des Verfassers weder in Schleswig-Holstein noch in Niedersachsen in diese Gesellschaft, sondern eher zum nächsten Verband.

b) Rubus silvatius - Rubus sulcatus -Ass.

KA: R. sulcatus, R. nessensis, R. vulgaris, R. bellardii, R. hypomalacus.

Auf Standorten reicherer Querco-Betuleten (mäßig basenreiche, sandige bis schwach anlehmige Böden). Nach unseren Beobachtungen besonders auf Fago-Quercetum- und am üppigsten auf Querco-Carpinetum-, ferner häufig auf nicht zu trockenen Periclymeno-Fagetum-und verwandten Standorten. In Schleswig-Holstein treten als weitaus häufigste Art R. sciocharis und daneben vor allem R. leptothyrsus auf diesen Standorten hinzu. Dagegen ist hier, wie auch in Niedersachsen R. nessensis wohl eher als Verbandskennart zu bewerten.

2. Sambuco-Salicion capreae. -

KV: Sambucus nigra, Salix capreae, Rubus rudis und R. thyrsoideus (vermutlich hier im wesentlichen R. candicans darunter zu verstehen. Vf.).

Initialgesellschaften des natürlichen Waldes auf alten Schlägen und Lücken von Fagetalia-Gesellschaften oder standortsentsprechenden Nadelforsten.

a) Rubus vestitus -Ass.

KA: R. vestitus.
DA: Deschampsia flexuosa und Waldpioniere des Querco-Carpinetum.

Nach TÜXEN und NEUMANN (l.c.) auf grundwasserbeeinflußten lehm- und basenreichen Querco-Carpinetum-Standorten. Diese Assoziation ist jedoch nach unseren Beobachtungen zumindest in dieser Fassung für weitere Gebiete problematisch. So findet sich R. vestitus in Schleswig-Holstein vor allem in grundwasserferner Lage auf Standorten des Melico-Fagetum gewöhnlich zusammen mit R. radula. Ebenfalls zusammen mit dieser Art beobachteten wir sie in verschiedenen Gebieten des nordwestdeutschen Hügellandes auf kalkreichen Fagetum-Standorten. Vermutlich kann bei genügendem Aufnahmematerial eine entsprechend charakteristisierte R. radula-R. vestitus-Ass. aufgestellt werden, zu der im Hügelland wohl auch R. candicans zu rechnen sein wird.

b) Sambucus racemosa - Rubus rudis -Ass.

KA: Sambucus racemosa, R. scaber, R. rudis.

Beschrieben von Standorten des Fagetum in der Fagetumstufe des Weserberglandes. Diese sehr charakteristische Gesellschaft findet sich (allerdings ohne den auch sonst seltenen R. scaber) westwärts bis in das Osnabrücker Hügelland und um Sambucus racemosa verarmt (stellenweise jedoch auch zusammen mit dieser hier als verwildert geltenden Art) auf kalkarmen Melico-Fagetum-Standorten Südost-Holsteins.

Die meisten der genannten Rubusarten gedeihen in der weiter oben beschriebenen Weise auch außerhalb des Waldes in Gebüschen des Rubion subatlanticum TX. 1952, die nicht selten auch als reine Brombeergestrüppe entwickelt sein können. Entsprechend charakterisierte Gesellschaften sind freilich bislang kaum beschrieben worden. Nur eine Rubus divergens-Frangula alnus-Ass. A. NEUMANN (1952) aus dem nordwestdeutschen Flachland wird bei TÜXEN (1952) mitgeteilt, in der außer R. divergens L.M.NEUM. andere noch ungenügendgeklärte Corylifoliivorkommen und in der Alnus glutinosa, Rubus plicatus, Frangula alnus und Holcus mollis als Differenzialarten gegen das Pruno-Carpinetum TX. 1952 genannt werden. Dem Verfasser ist diese Gesellschaft bislang nur im Dümmergebiet begegnet. In der Hauptsache scheinen ähnliche Standorte sonst durch den allgemein viel häufigeren Rubus gratus charakterisiert zu sein, der auch im Dümmergebiet mit R. divergens zusammenwächst.

Wie Rubus gratus, so greifen auch die übrigen von TÜXEN & NEUMANN (1950) als Schlagpflanzen beschriebenen Rubi bei entsprechenden Böden in ganz ähnlichen Kombinationen auch auf Standorte des Waldes über, so daß sich hier die verschiedenen Assoziationen in wenig abgewandelter Form wiederfinden lassen. In Schleswig-Holstein sind vor allem die zahllosen Knicks (Wallhecken) die bevorzugten Standorte der meisten Brombeerarten. Allerdings stellen die Wälle, gegenüber flächig ausgebreiteten Gebüschen, einen vergleichsweise extremen Standort dar, da sie den Witterungseinflüssen in besonderem Maße frei ausgesetzt sind und insbesondere leichter austrocknen. Daher sind Wallhecken auf trockeneren Standorten im Quercion-Bereich und in den niederschlagsärmeren Gebieten sogar selbst in ärmeren Fagetalia-Wuchsgebieten trotz hier vorhandener Prunetalia-Arten normalerweise frei von Brombeeren mit Ausnahme einzelner Exemplare von R. plicatus, R. aequiserrulatus, R. nemorosus und einzelner anderer Corylifolii.

Insgesamt aber erwiesen sich bei der vegetationskundlichen Analyse der Knicks in allen Teilen Schleswig-Holsteins gerade die Brombeeren als die soziologisch und pflanzengeographisch charakteristischen Arten, die besonders auch als Indikatoren für die natürliche potentielle Vegetation als höchst wertvoll angesehen werden müssen. Unter anderem waren zu unterscheiden (hier nur die Rubusarten angegeben, K = regionale Kennart, D = regionale Differenzialart, ausführlichere Darstellung dazu mit Tabellen vgl. WEBER 1967):

A) Typenkreis der Salix aurita - Rhamnus frangula-Knicks, (zu Pteridio-Rubetalia DOING 1962).

Auf feuchten sauren Sandböden (Feucht-Podsole, Podsol-Gleye bzw. Podsol-Stagno-Gleye) auf potentiell natürlichen Standorten des Querco-Betuletum molinietosum, feuchten Ausbildungen des Fago-Quercetum, in einzelnen Fällen auch von frischen bodensauren Ausbildungen des Querco-Carpinetum. Besonders im Sandergebiet verbreitet.

D: R. nessensis (gegen trockene Ausbildungen).
D: R. sprengelii, R. silvaticus, R. sciocharis (in den etwas nährstoffreicheren Ausbildungen).

Hochsteter Begleiter: R. plicatus.

a) Rubus gratus -Betula pendula-Knicks.

K: R. gratus, R. fabrimontanus.

Im südlichen Holstein.

b) Rubus scissus -Betula carpatia-Knicks.

K: R. scissus.

Vikariierender Typ auf ähnlichen Standorten des mittleren Holstein und in Schleswig.

Beide Gesellschaften stehen in deutlicher Beziehung zur Rubus gratus-Ass. TX. & NEUM.. Rubus gratus und R. fabrimontanus greifen in Süd-Holstein auch auf ärmere Schlehen-Hasel-Knicks (Pruno-Carpinetum-bzw. Pruno-Carpinion-Gesellschaften) über.

B) Typenkreis der rubusreichen Prunus spinosa-Corylus-avellana-Knicks (Pruno-Carpinetum TX. 1952 ex pte., Carpino-Rubion DOING 1962).-

Wallhecken auf potentiell natürlichen, nicht zu grundwassernahen Querco-Fagetea-Standorten (anlehmige mäßig basenreiche bis kalkhaltige Sand- bis reine Lehmböden. Typen meist podsolierte Braunerden bis zu eutrophen Parabraunerden, häufig auch Übergänge zu Pseudogley und Pseudogleye). Innerhalb dieser sehr reich differenzierten Gebüschgesellschaften (die wohl eine höhere Einstufung des Pruno-Carpinetum als Verband wie bei DOING 1962 notwendig erscheinen lassen) sind hier wie auch im übrigen NW-Deutschland und anscheinend auch in weiteren Gebieten Europas zwei übergeordnete Gesellschaften zu unterscheiden, die nicht nur für Wallhecken, sondern ganz allgemein für Gebüsche gelten:

1. **Pruno-Rubetum sprengelii** WEBER 1967 (Rubus sprengelii-Rubus silvaticus-Knicks).

   K: R. sprengelii, R. silvaticus, R. pyramidalis, R. arrhenii, R. hypomalacus.
   D: R. plicatus (gegen das Pruno-Rubetum radulae).

Die charakteristischen Brombeeren sind durchwegs kalkmeidend und kennzeichnen in ihrer Kombination mit Prunetalia-Arten in bestimmten Untergesellschaften verschiedene Standortsbereiche bodensaurer **Querco-Carpineten** und ärmerer **Buchenwald-Gesellschaften**. Die diagnostisch wichtigen Arten stehen in deutlicher Beziehung zum Lonicero-Rubion-silvatici TX.& NEUM.

   a) Variante ohne R. langei.

Östlich der Linie Hamburg-Kiel.

   b) **R. langei - R. sciocharis**-Gesellschaft (Knicks).

Pflanzengeographisch bezeichnende Variante des maritimeren Gebietes.

2. **Pruno-Rubetum radulae** WEBER 1967 (Rubus radula-Rosa tomentosa-Knicks).

   K: R. radula, R. rudis, R. anglosaxonicus, R. insulariopsis, R. macrothyrsus, R. gothicus, R. warmingii var. glaber.
   D: R. sprengelii, R. silvaticus u.a. Arten des Pruno-Rubetum sprengelii (in basenärmeren Ausbildungen).
   D: R. caesius (bei stärkerem Kalkgehalt des Bodens).

Bezeichnende Gesellschaft in potentiell natürlichen **Melico-Fagetum**- und **Fraxino-Fagetum**-Gebieten, besonders im nordwestdeutschen Hügelland auch der **Kalk-Fageten**. In Schleswig-Holstein auf meso- bis eutrophen Parabraunerden und Pseudogleyen, Pararendzinen, in Niedersachsen auch auf Rendzinen. In Schleswig-Holstein als typische und vorherrschende Gesellschaft fast nur auf der baltischen Jungmoräne.

   a) Variante **ohne R. vestitus**.

In Südost-Holstein.

   b) **Rubus vestitus - R. drejeri** -Gesellschaft (Knicks).

   K: R. vestitus, R. drejeri.

Pflanzengeographisch charakteristische Gesellschaft im atlantischer getönten Gebiet nordwestlich der Linie Plön-Lensahn.

Eine südöstliche Variante sind die durch R. selmeri var. **argyriophyllus** ausgezeichneten Knicks des Ratzeburger Raums.

   3. Rubus drejeriformis - Rubus cimbricus -Gesellschaft.

K: R. drejeriformis, R. cimbricus, R. eideranus, R. phyllothyrsus, R. hystricopsis.

Rubusgesellschaft in den maritimsten westlichen Landesteilen Schleswig-Holsteins. Hier in den luftfeuchteren, frostgeschützteren, von Wallhecken einge - faßten Wegen (Reddern) hauptsächlich im Bereich des Pruno-Rubetum sprengelii auf nährstoffreicheren Altmoränen. Durch die stellenweise massenhaft auftretenden britischen Rubus drejeriformis, anscheinend auch durch andere Rubi, werden Beziehungen zu den Britischen Inseln erkennbar.

Diese hier zunächst für Schleswig-Holstein beschriebenen Gesellschaften sind zum Teil - wie das Pruno-Rubetum sprengelii und das Pruno-Rubetum radulae - vermutlich weit in Westeuropa verbreitet und dürften in verschiedenen geographisch vikariierenden Rassen auftreten, die durch eine eigene Rubusflora charakterisiert werden. Ihre Untersuchung steht noch ebenso aus wie die jener Rubus-Ruderalgesellschaften, wie sie durch bestimmte Rubi Corylifolii gebildet werden. Deren Vertreter sind in der Mehrzahl überhaupt für ruderale Standorte charakteristisch und scheinen nach vorläufigen Beobachtungen auch als Zeiger alter Wüstungen eine Rolle zu spielen.

5. Allgemeine Angaben zur Verbreitung und pflanzengeographischen Bedeutung der Brombeeren des Gebietes

Die europäischen Brombeeren (Eufruticosi) gehen wahrscheinlich alle auf nur wenige diploide Stammarten zurück, die das Diluvium überdauerten. Deren meist tetraploide Abkömmlinge - hauptsächlich wohl durch allopolyploide Hybridisation und daneben unter anderem auch durch apomiktische Autopolyploidie ent - standen - konnten sich in dem nach der Vereisung frei werdenden Lebensraum in großer Zahl entfalten und ausbreiten.

Dieser Vorgang ist noch heute nicht abgeschlossen. So hat beispielsweise der offenbar im südöstlichen Mitteleuropa entstandene R. bellardii anscheinend erst vor verhältnismäßig kurzer Zeit auch Skandinavien erreicht, wo er sich noch vor einem halben Jahrhundert rasch weiter nach Norden ausbreitete (Å. GUSTAFS - SON 1933). R. langei wurde in dem gut durchforschten Südschweden erst vor wenigen Jahren entdeckt (OREDSSON 1966), und der auf der Insel Södra Malmö vor Västervik wohl spontan entstandene R. vestervicensis hat sich hier in wenigen Jahrzehnten bedeutend vermehrt (C.E.GUSTAFSSON 1938); und es ist vielleicht nur eine Frage der Zeit, daß er auch auf das Festland hin überspringen wird. Kleinräumigere Verschiebungen sind auch in anderen Gebieten zu beobachten. So hat sich R. rudis in Schleswig-Holstein anscheinend erst in neuerer Zeit an vielen Stellen im Gebiet des Kisdorfer Wohlds angesiedelt, denn ERICHSEN er - wähnt die Art aus jenem um die Jahrhundertwende von ihm bevorzugt aufgesuchten Landstrich noch nicht. R. hypomalacus, den WEIHE (in WEIHE & NEES 1822-27 als R. macrophyllus var. velutinus) um Mennighüffen in Westfalen noch als "seltner" angibt, gehört dort heute (68!!) zu den häufigsten Arten.

Allgemein dürfte die Ausbreitung und Entfaltung der europäischen Brombeerarten entscheidend durch den Menschen gefördert worden sein. Denn spätestens seit dem Mesolithicum schuf dieser ihnen durch Auflichtungen des Urwaldes zusätzliche Standorte. Unter natürlichen Bedingungen hätten sonst die Brombeeren - jedenfalls in unserem nordwest-mitteleuropäischen Gebiet - nur einen sehr bescheidenen Lebensraum, denn natürliche Waldränder, Gebüsche und Lichtungen auf geeigneten grundwasserfernen Böden wären hier so gut wie überhaupt nicht vorhanden, abgesehen von gelegentlichen Windbrüchen wohl nur allein an den Ostsee-Abbruchs-Steilküsten und dann erst wieder an einzelnen Sonderstandorten an Felsklippen des südniedersächsischen-nordwestfälischen Hügellandes. Die späteren großen Waldrodungen und in Schleswig-Holstein dazu im 17.-19. Jahrhundert vor allem deren Umwandlung in eine Heckenlandschaft haben dann um so mehr zur Massenentfaltung und auch zur phylogenetischen Aufsplitterung der Gattung Rubus beigetragen.

Die Brombeeren zeigen insgesamt eine ausgesprochen a t l a n t i s c h e bis s u b a t l a n t i s c h e Verbreitung und lassen bereits innerhalb kleinerer Räume wie Schleswig-Holstein ein ausgeprägtes Massengefälle erkennen. So gehen 45 von den 63 vorkommenden einheimischen "guten Brombeerarten" (Eufruticosi), also fast drei Viertel des gesamten Arteninventars, anscheinend nicht weiter östlich über diese Provinz hinaus. Wenn man unter Vernachlässigung der Lokalarten die Betrachtungen nur auf weiter verbreitete Rubi beschränkt, sind es immer noch mehr als die Hälfte (28 der 47 vorkommenden Arten), die hier die absolute Ostgrenze ihrer Verbreitung erreichen. Sie dringen somit nicht mehr nach Mecklenburg hin vor, wo nur noch 20 weitverbreitete Eufruticosi (neben 9 östlichen Lokalarten) wachsen, von denen umgekehrt nur zwei - R. muenteri u. R. grabowskii (ob letzterer tatsächlich in Mecklenburg?) - westwärts nicht mehr bis Schleswig-Holstein hineinreichen. Im Bereich der nordwestdeutschen Tiefebene finden sich im Vergleich zu den östlich anschließenden Gebieten (West-Brandenburg, Altmark und nördliches Sachsen-Anhalt - s. Fig. 1) ganz ähnliche Verhältnisse.

Allein schon wegen dieses west-östlichen Verbreitungsgefälles und der Häufung der Arten in besonders maritimen Zonen gibt gerade die Brombeerflora eines Gebietes wichtige Aufschlüsse für dessen pflanzengeographische Beurteilung. Brombeeren gehören wohl überhaupt zu den auffälligsten klimatisch bedingten pflanzengeographischen Erscheinungen in der heutigen Kulturlandschaft. Das zeigt beim Durchfahren des Gebietes eindrucksvoll beispielsweise die massenhafte Verbreitung des britischen R. drejeriformis und anderer atlantischer Arten wie R. sciocharis an den heckengesäumten Wegrändern des westlichen Schleswig-Holsteins und das nach Osten zu völlige Verschwinden dieser Arten auf vergleichbaren Standorten mit fast gleicher Begleitflora.

Die insgesamt atlantische Verbreitungstendenz der Brombeeren resultiert in erster Linie wohl aus der geringen Frostresistenz ihrer nur wenig verholzten Schößlinge, die auch in unserem maritimen Klima in strengen Wintern stark leiden. Außerdem benötigen insbesondere die zartblättrigen Vertreter der Silvatici, Sprengeliani und Mucronati sowie im weiteren Sinne überhaupt die schnell aufschießenden

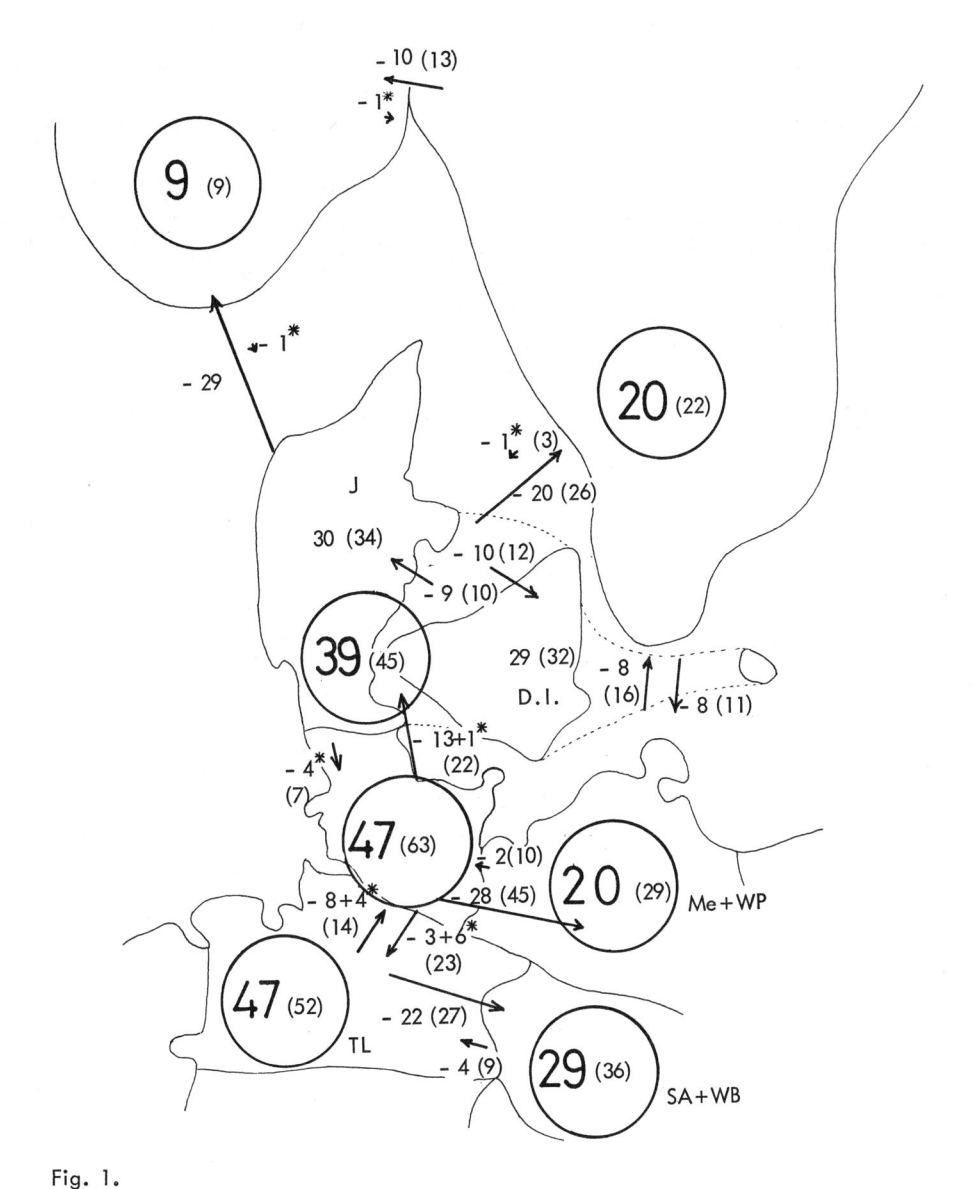

Fig. 1.
VORKOMMEN UND VERBREITUNGSGEFÄLLE VON BROMBEEREN IM NORDWESTLICHEN UND NÖRDLICHEN MITTELEUROPA UND IN SKANDINAVIEN (Eufruticosi ohne verwilderte, provisorische und ausgestorbene bzw. verschollene Arten). - J = Jütland, D.I. = Dän. Inseln, Me+WP = Mecklenburg und westliches Pommern bis zur Oder, SA+WB = nördliches Sachsen-Anhalt und westlichstes Brandenburg. Angaben für die östlichen Gebiete im wesentlichen nach GELERT 1896, HOLZFUSS 1916-17, KRAUSE 1880, 1890, MAASS 1898, MARSSON 1869. - In Klammern: Gesamtanzahl einschließlich der nur in 1 oder 2 Nachbargebieten nachgewiesenen (Lokal-)Arten; übrige Zahlen: weiter verbreitete Arten. Die Pfeile, deren Länge und dazugehörige Zahlen geben Verbreitungsgefälle an. + = Anzahl der Arten mit nur vorläufiger Verbreitungsgrenze. Vor allem die in Klammern stehenden Zahlen dürften sich in den südlich und östlich an Schleswig-Holstein anschließenden, weniger durchforschten Gebieten durch spätere Beobachtungen erhöhen.

saftreichen Schößlinge der Brombeeren ein luft- und regenfeuchtes Klima. Das gilt verstärkt für die vergleichsweise extremeren Standortsbedingungen auf Wallhecken, die allen Witterungseinflüssen wie Wind, Austrocknung und Frost in besonderem Maße ausgesetzt sind, so daß in den offenen Feldknicks viele Rubusarten gegen den relativ kontinentaleren Raum SO-Holsteins besonders scharfe Verbreitungsgrenzen bilden, die in auffälliger Parallelität zur maritim-kontinentalen Klimaabstufung stehen (vgl. Abb. 81-82 bei WEBER 1967). Östlich dieser Linien ziehen sich die entsprechenden Arten - wie schon im Zusammenhang mit der Ökologie erwähnt - ganz auf geschütztere Standorte wie die viel weniger frostgefährdeten und luftfeuchteren "Redder" (Wallhecken-Wege) und in den Bereich von Wäldern zurück, bevor sie dann weiter östlich auch hier ausklingen.

Einige Arten haben eine besonders ausgeprägte atlantische Verbreitungstendenz und finden sich nur in den westlichen maritimsten Teilen des Kontinents. So vor allem:

R. drejeriformis   R. sciocharis
R. lindleyanus   R. egregius

Die genannten Brombeeren sind alle auch in England und Irland verbreitet. Die beiden erstgenannten sind sogar ausgesprochen britische Pflanzen, die nur auf den nordwestlichen Rand des Kontinents übergreifen. Die engen batologischen Beziehungen der Britischen Inseln mit dem nordwestlichen Kontinent, wie sie ähnlich auch durch viele andere Arten belegt werden, werfen die Frage auf, ob und wie weit diese Arten nicht schon im Atlantikum, das heißt, vor Abschluß der Flandrischen Transgression und der endgültigen Ausformung der trennenden Nordsee, in diesem Raum ein zusammenhängendes Areal besaßen.

Andere (sub-)atlantische Arten strahlen im Gebiet etwas weiter östlich aus als die vorgenannten, wenn sie auch meist schon in Schleswig-Holstein die absolute Ostgrenze ihrer Verbreitung erreichen; so:

R. ammobius   R. drejeri   R. hypomalacus
R. arrhenii   R. euryanthemus   R. insularis?
R. anglosaxonicus R. flexuosus   R. langei
R. badius   R. gratus   R. leytothyrsus
R. chlorothyrsus   R. holsaticus   R. macrothyrsus
R. platyacanthus   R. schlechtendalii?   R. vestitus

Dagegen lassen im Gebiet die folgenden Arten kein klimatisch bedingtes west-östliches Verbreitungsgefälle erkennen:

R. bellardii   R. pallidus   R. selmeri
R. cloocladus   R. pyramidalis   R. vulgaris?
R. macrophyllus   R. radula   R. nessensis
R. scissus   R. plicatus   R. sprengelii

Die Brombeeren, die überhaupt am weitesten nach Osten vordringen, sind die Suberecti R. nessensis, R. scissus und R. plicatus. Sie streichen bis nach Ostpreußen und in das anschließende Rußland. Da sie ihr sommergrünes Laub früh abwerfen, scheinen sie der Frostgefahr offenbar besser angepaßt zu sein. Von den übrigen geht nur noch R. bellardii etwa so weit wie die Buche bis zu deren Ostgren-

ARTENINVENTAR UND VERBREITUNGSGRENZEN DER BROMBEEREN IN VERSCHIEDENEN GEBIETEN NORDWESTEUROPAS. - (Einheimische Eufruticosi ohne provisorische, ausgestorbene bzw. verschollene Arten. Skandinavien hier vereinfacht grundsätzlich nördlicher als Dänemark angesehen. - Vgl. auch Fig. 1)

	nw-deutsches Tiefland	Schleswig-Holstein	Dänemark	Schweden	Norwegen
Arten insgesamt	> 52	63	45	39	9
Weitverbreitete Arten	47	47	39	20	9
Bislang nur in einem Gebiet nachgewiesene (z.T. endemische ?) Arten	> 2 hirsutior myricae et div. spec. prov.	10 arrhenianthus christiansenorum eideranus echinocalyx erichsenii insulariopsis lamprotrichus noltei stormanicus subcalvatus	3 contiguus flensburgens. propexus	2 scheutzii vestervicens.	-
Bislang nur in zwei Nachbargebieten nachgewiesene Arten	3 albisequens correctispin. nuptialis		3 marianus phyllothyrsus pseudothyrs.	-	-
Absolute N-Grenzen (wie im folgenden nur bei weiter verbreiteten Arten)	8 bertramii chloocladus leucandrus lindleyanus opacus platyacanthus schleicheri winteri	13 anglosaxonicus badius candicans chlorothyrsus conothyrsus holsaticus hypomalacus maassii macrophyllus pymaeus rudis senticosus vulgaris	20 ammobius arrhenii atrichantherus cardiophyllus cimbricus cruentatus dasyphyllus drejeri drejeriformis egregius flexuosus gelertii gratus leptothyrsus macrothyrsus pallidifolius pallidus schlechtend. sciocharis silvaticus	19 affinis axillaris bellardii divaricatus fuscus infestus insularis langei lindebergii nessensis plicatus polyanthemus pyramidalis radula scissus sprengelii sulcatus thyrsanthus vestitus	9 insularis lindebergii nessensis plicatus radula scissus selmeri sulcatus thyrsanthus
Vorläufige N-Grenzen (die Arten überspringen das nördlich anschliessende Nachbargebiet, x = 2 Gebiete)	4 affinis ammobius cruentatus divaricatus	2 hartmani selmeri[x]	-	-	-
Absolute S-Grenzen	3 cimbricus gelertii sciocharis	4 drejeri drejeriformis hartmani lindebergii?	-	-	-
Vorläufige S-Grenzen (Verbreitungsschwerpunkt N = im Norden, S = im Süden)	-	6 anglosax. N atrichanth. N cardiophyll. N polyanthem. N holsaticus S pallidifolius S	4 axillaris dasyphyllus fuscus S infestus S	1 hartmani N	1 selmeri S

ze in Litauen.

Gegenüber der Fülle der Ostgrenzen fallen klimatische Westgrenzen in unserem Gebiet kaum ins Gewicht, zumal es überhaupt nur wenige großräumig verbreitete Brombeeren mit östlichen Arealzentren gibt. Hierzu gehört bei uns am ehesten R. thyrsanthus, der - außer in Norwegen - deutlich auch im Gebiet auf die östlichsten Regionen beschränkt ist. Auch die folgenden Arten zeigen unter vergleichbaren edaphischen Voraussetzungen von der Elbe an nordwärts eine deutliche Anreicherung oder eine völlige Beschränkung auf die östlichsten Teile Schleswig-Holsteins, Dänemarks und Skandinaviens:

R. cardiophyllus R. polyanthemus R. divaricatus
R. pseudothyrsanthus R. gelertii R. rudis?
R. sulcatus

Andere Arten erscheinen wegen ihrer höheren Bodenansprüche nur im fruchtbaren Osten der cimbrischen Halbinsel und bilden hier gegen die ärmeren westlichen Böden lediglich vorläufige Verbreitungsgrenzen, so R. vestitus, R. drejeri und R. radula.

Auch in süd-nördlicher Richtung nimmt die Anzahl der Rubusarten kontinuierlich ab. Einzelheiten dazu gehen aus Abb. 1 und der Übersicht auf S. 23 hervor. In diesen Darstellungen ist die Anzahl der Rubusarten in der südlich anschließenden Mittelgebirgszone nicht berücksichtigt, denn diese läßt sich vorerst nur grob abschätzen. Doch dürften hier mindestens 65 - 70 der im westlichen Mitteleuropa weiter verbreiteten Arten vorkommen neben einer unbekannten Menge von Brombeeren lokaler Verbreitung. Schon diese Angaben zeigen, daß das Verbreitungsgefälle zur nordwestdeutschen Tiefebene hin viel größer ist als von dort aus nach Schleswig-Holstein. Der Grund hierfür dürfte vor allem in den relativ einheitlicheren, durchwegs kalkarmen altdiluvialen Böden der Ebene zu suchen sein, die gegenüber der edaphischen Vielfalt der beiden anschließenden Landschaftszonen einen entsprechenden Rückgang in der Artenmannigfaltigkeit bedingen.

Vor allem folgende nach Süden zu weiter verbreitete Rubusarten gehen nordwärts nicht mehr über die Mittelgebirge (bzw. deren unmittelbar vorgelagerte Ebenen-Grenzzone) hinaus:

R. argenteus Wh. & N. R. menkei Wh.
R. banningii F. R. muelleri Lef.
R. chlorocaulon Sudre R. obscurus Kaltenb.
R. elegantispinosus (Schum.) R. phaneronothus G. Br.
R. foliosus Wh. R. rhamnifolius Wh. & N.
R. fragrans F. R. rhombifolius Wh.
R. glaucovirens Maass R. scaber Wh.
R. hercynicus G. Braun R. thyrsiflorus Wh.

Umgekehrt dagegen scheinen nur drei nach Norden zu weiter verbreitete Arten der Ebene (R. gelertii, R. sciocharis, und im Westen R. cimbrius) nicht mehr im südlich anschließenden Gebiet vorzukommen.

Am weitesten nach Norden stoßen, ähnlich wie an der absoluten Ostgrenze, einige relativ frostharte Vertreter der sommergrünen Suberecti vor, von denen in Norwegen R. sulcatus reichlich 60° nördl. Breite, R. scissus ca. 61°, R. plicatus ca. 62° und als nördlichster Vorposten R. nessensis ca. 63° erreichen, während von den wintergrünen Brombeeren nur R. thyrsanthus als ein Vertreter der eher xeromorphen Discolores in Schweden und Norwegen bis nahe an den 60. Breitengrad herankommt.

Eigentümlich sind die disjunkten Exklavenstandorte einiger südlich verbreiteter Arten wie R. affinis, R. ammobius, R. fuscus, R. infestus u. R. axillaris in Dänemark oder in Skandinavien, wo sie sich in meist nur begrenzten Arealen wiederfinden. Entsprechende nach Norden vorgeschobene Standorte nehmen in Schleswig-Holstein R. flexuosus u. R. pallidifolius ein. Derartige Verbreitungsbilder, die in einzelnen Fällen an manche boreo-(collin-)montane Disjunktionen erinnern, doch zweifellos auf anderen Ursachen beruhen, sind in ihrer kausalen Deutung vorerst unsicher, zumal im Zusammenhang mit der überwiegend ornithochoren Ausbreitung der Brombeeren und bestimmten Vogelzugstraßen eine Ausbreitung in süd-nördlicher Richtung während der Fruchtreife über derartige Entfernungen wenig wahrscheinlich ist. Diese käme allenfalls eher für die nord-südliche Ausbreitung einiger vorwiegend nordischen Arten in Frage, die wie besonders R. polyanthemus und R. cardiophyllus ihre vorläufige Südgrenze in Ost-Schleswig erreichen und nach einer großen Verbreitungslücke erst wieder in Süd-Holland auftreten.

Die Verbreitungstendenzen der Rubi Corylifolii scheinen im Prinzip denen der Eufruticosi zu entsprechen. Doch sind wegen der geringen Kenntnis dieser Gruppe ähnliche Angaben zur vergleichenden Chorologie vorerst nicht möglich. Auffallend ist jedoch, daß im Gegensatz zu den Eufruticosi in dieser Sektion anscheinend kaum Beziehungen zu Großbritannien vorliegen.

Zur Beurteilung der Verbreitungskarten für Schleswig-Holstein sind nicht nur die entsprechenden edaphischen und klimatischen Faktoren (Karten 1-2) zu berücksichtigen, sondern auch die weitgehende bis völlige Entwaldung der schleswigschen Geest sowie andererseits des Gebiets östlich des Oldenburger Grabens, die somit entsprechend ärmer an Brombeeren sind.

6. Grundlagen und Form der Fundortsangaben

a) Grundlagen

Die Verbreitungsangaben für Schleswig-Holstein (SH = Schleswig-Holstein einschließlich der nördlich der Elbe gelegenen Teile Hamburgs) basieren hinsichtlich der Quantität in der Hauptsache auf Geländebeobachtung des Verfassers. Den Grundstock dazu legte die vegetationskundliche Analyse von über 2000 Wallhecken (Knicks) in allen Teilen des Landes in den Jahren 1962-64 (vgl. dazu Karte bei WEBER 1967, 67). Die hierbei ermittelten Daten wurden in den folgenden Jahren (bis 1971) möglichst systematisch ergänzt, indem die zuvor noch nicht berührten Gebiete auf ihr Arteninventar hin untersucht und alte in der Literatur oder in Herbarien angegebene Standorte seltener oder kritischer Arten überprüft wurden.

Auf diese Weise wurden alle rund 140 Meßtischblätter im Alt- und Jungmoränengebiet sowie auf den Sandern erfaßt, das heißt, alle Gebiete Schleswig-Holsteins mit Ausnahme der brombeerfreien Marsch, wenn auch mit wechselnder Dichte. Denn obwohl alle charakteristischen Landesteile auch durch Meßtischblätter mit intensiver Beobachtung repräsentiert werden, so finden sich doch daneben auch viele andere, in denen von einem einzelnen vorerst nur ein geringer Grad der Durchforschung, oftmals nur eine Linientaxation entlang einzelner Straßen oder Wege erreicht werden konnte. Zwar dürften nach diesen Untersuchungen die Verbreitungstendenzen der einzelnen Rubi in Schleswig-Holstein nunmehr in den Grundzügen ermittelt sein, doch könnten zukünftige Mitarbeiter auf diesem Gebiet noch wesentliche Erkenntnisse dazutragen.

Als kaum minder wichtige Quelle erwies sich das Studium von Herbarbelegen. Einmal konnten nur dadurch ältere Literaturangaben und damit die Auffassungen der älteren Batologen kritisch überprüft werden. Außerdem bildeten die Exsikkate die wichtigste Grundlage für die Einarbeit in die Gattung und für die qualitative Ermittlung des Arteninventars. Durch das freundliche Entgegenkommen der im Vorwort genannten Verwalter von Herbarien konnten folgende für das Gebiet wichtige Sammlungen (mit den hier nur zum Teil genannten Sammlern) berücksichtigt werden:

1. Schleswig-Holstein-Herbar in der Vegetationskundlichen Abteilung des Botanischen Instituts der Universität Kiel (bes. ALBERTUS CHRISTIANSEN, NOLTE, ECKLON, J.LANGE, L.HANSEN, HINRICHSEN, BOCK, TIMM, ROHWEDER, RANKE, E.H.L.KRAUSE, ERICHSEN).

2. General-Herbar des Botanischen Instituts der Universität Kiel (u.a. WEIHE).

3. Herbarium KLAUS JÖNS in der Heimatgemeinschaft des Kreises Eckernförde (JÖNS, SAXEN u.a.).

4. Herbarium des Naturhistorischen Heimatmuseums der Hansestadt Lübeck (D.N.CHRISTIANSEN, ZIMPEL, TIMM, RANKE u.a.).

5. Herbarium des Allgemeinen Instituts für Botanik der Universität Hamburg (umfangreiche Rubussammlungen, darunter ERICHSEN vollständig, FRIDERICHSEN, GELERT, FITSCHEN, NOLTE, HINRICHSEN, FRIEDRICH, KLEES, KLIMMEK, TIMM, SAXEN, ZIMPEL).

6. Herbarium im Überseemuseum Bremen (FOCKE Typen u.a. Belege, BANNING, G.BRAUN, HÖLTING, FAHRENHOLTZ, ARESCHOUG).

7. Westfälisches Provinzialherbar im Landesmuseum für Naturkunde in Münster (u.a. Rubi authentici von WEIHE).

8. Herbarium des Botanischen Instituts der Universität Rostock (E.H.L.KRAUSE u.a.).

9. Herbarium des Botanischen Museums der Universität Kopenhagen (umfangreiche Sammlungen: FRIDERICHSEN, GELERT, G.JENSEN u. J.LANGE meist vollständig, NOLTE, ARESCHOUG, SONDER, M.P.CHRISTIANSEN u.a.).

Eine weitere Grundlage bildete die Berücksichtigung der Literatur. Allerdings sind unbestätigte Fundortsangaben von Brombeeren stets sehr kritisch zu beurteilen und können nur dann übernommen werden, wenn über die Artauffassung des jeweiligen Autors durch Sichtung seiner Herbarbelege oder durch Nachforschung an den von ihm genannten Standorten Klarheit besteht. Die Herbaretiketten zeigten, daß oft nur ein Bruchteil der Brombeeren richtig bestimmt war, wobei nicht selten vom gleichen Sammler verschiedene Belege ein und derselben Art für verschiedene Spezies gehalten wurden. Aus diesem Grunde konnten für Schleswig-Holstein im allgemeinen nur die Angaben zuverlässiger Brombeerkenner wie FRIDERICHSEN, GELERT, ERICHSEN, FOCKE, E.H.L.KRAUSE, A.NEUMANN, RANKE und JÖNS übernommen werden. Allerdings mußten auch hierbei in einzelnen Fällen bestimmte irrtümliche, nach den Herbarbelegen jedoch in sich einheitliche Auffassungen entsprechend korrigiert werden.

Um dennoch jede Vermischung mit unkontrollierten Daten auszuschalten, wurden die wenigen, nicht durch Herbarbelege oder gezielte Nachsuche im Gelände bestätigten Literaturangaben als solche im Text (ohne ! oder !!) und in den Verbreitungskarten (offene Kreise bzw. offene andere Signaturen) kenntlich gemacht. Unrichtige Angaben aus der Pionierzeit der Rubusforschung (z.B. SONDER 1851) wurden hier nicht abermals diskutiert, wenn sie schon von anderen (bes. durch ERICHSEN 1900) klargestellt worden sind.

Verbreitungsangaben für die übrigen Gebiete sind meist allgemeiner gehalten. Für das nordwestdeutsche Tiefland basieren sie ebenfalls meist auf eigenen Geländebeobachtungen und auf Studien in den genannten Herbarien, hinsichtlich des ermittelten Arteninventars vor allem jedoch auf Angaben zuverlässiger batologischer Autoren (z.B. FOCKE, ERICHSEN, FITSCHEN, KLIMMEK, A.NEUMANN). Auch für dieses Gebiet dürften die Verbreitungstendenzen der einzelnen Arten einigermaßen richtig erfaßt sein, doch ist das Beobachtungsnetz noch sehr unregelmäßig und stellenweise viel zu weitmaschig, um signifikante Verbreitungspunktkarten wie für Schleswig-Holstein mitteilen zu können. Deren Erarbeitung ist für Niedersachsen und anschließende Gebiete noch eine lohnende Aufgabe der Zukunft.

Angaben für das batologisch gut durchforschte Dänemark beruhen im wesentlichen auf den Arbeiten und Herbarbelegen von FRIDERICHSEN und GELERT sowie auf den von M.P.CHRISTIANSEN gesammelten Exsikkaten. Für die skandinavischen Länder konnte auf ein reiches Schrifttum zurückgegriffen werden (z.B. ARESCHOUG 1886-87, BLYTT 1906, C.E.GUSTAFSSON 1938, HULTÉN 1950, N.HYLANDER 1955, L.M.NEUMAN 1901, OREDSSON 1963), doch wurden die Angaben kritischer Arten anhand authentischer skandinavischer Herbarbelege überprüft. Die Bemerkungen über die Gesamtverbreitung der einzelnen Arten, sofern sie allein der batologischen Literatur und Lokalfloren entnommen wurden, sind wegen der Mißdeutung vieler Arten vorbehaltlich zu betrachten.

b) Form der Fundortszitate

Bei jedem Standortsnachweis ist der Findername (meist abgekürzt, vgl. Verz. der Abkürzungen) zusammen mit der Jahreszahl seiner Beobachtung oder Auf - sammlung in Klammern angegeben (! = Beleg vom Vf. gesehen). Innerhalb des Zeitraums von 1830-1929 (= 30-29) wurde auf die Jahrhundertangaben verzichtet, ebenso bei allen Geländebeobachtungen des Verfassers (62!! - 71!!, !! = Pflanze vom Vf. am Standort gesehen). Wenn der entsprechende Herbarbeleg eines bestimmten Finders vorlag, wurde nur dieser Beleg (oder gegebenenfalls auch mehrere Belege von verschiedenen Findern) als Standortnachweis hier aufgeführt, das heißt, wir haben in solchen Fällen auf die Zitierung der oft zahlreichen Literaturstellen verzichtet, in denen der auf diese Aufsammlungen ge - gründete Nachweis schon mitgeteilt worden ist. Fehlte ein solcher Herbarbeleg, dann wurde im allgemeinen nur jeweils die älteste den Standort betreffende Literaturangabe zitiert. Originalfundorte (loc.class) bestimmter Taxa sind - meist mit Hinweis auf den heutigen Zustand - nur insoweit angegeben, als daß die betreffenden Orte in Schleswig-Holstein oder im nordwestdeutschen Tiefland lie - gen.

7. Species omissae — Berücksichtigte und unberücksichtigte Taxa

a) Allgemeine Grundsätze

Im Prinzip wurde angestrebt, möglichst alle bislang sicher im Gebiet nachgewiesenen Rubusarten eingehend zu berücksichtigen. Eine Ausnahme bildeten jedoch die überaus vielgestaltige und wenig erforschte Sectio ×Corylifolii, von der hier nur die wichtigsten Vertreter ausführlicher behandelt werden. Eine eingehende Darstellung dieser Gruppe, die einen fast doppelten Umfang der Arbeit erfordern würde, wäre angesichts ihrer vielfältigen Problematik und allgemein geringen Erforschung vorerst ohnehin unmöglich gewesen (vgl. S. 337).

Verzichtet wurde auch auf die Beschreibung aller beobachteten oder angege - benen Bastarde, deren Deutung ohnedies oft zweifelhaft ist, sowie auf die Be - rücksichtigung einiger beschriebener, systematisch unwichtiger Varietäten oder Formen, wie etwa der f. umbrosa (oft auch als f. viridis) oder der f. aprica, die sich bei fast allen Brombeeren als mehr oder minder gleichsinnig auftretende Standortsmodifikationen beobachten lassen (vgl. das folgende Kapitel 8.8). Auch durch den Verzicht der Aufzählung aller im Einzelfall beobachteten teratologischen Abwandlungen sollte der Umfang nicht unnötig vergrößert werden.

Gelegentlich trifft man im Gelände auf nicht bestimmbare isolierte Sträucher, die ganz den Eindruck guter Arten machen. Oft handelt es sich dabei aber um primäre, gut fruchtende Hybriden oder um sonstige spontane Abwandlungen etwa durch Herausspaltung bestimmter heterozygoter Merkmale (vgl. LIDFORSS 1914, 13), Mutationen, schwer zu deutende Modifikationen oder pathologische Er - scheinungen. Auch in Herbarien findet man einzelne Zweige, die offenbar zu solchen Sträuchern gehören, teils unter falscher, seltener ohne Bezeichnung. Die Beschreibung aller dieser "Individualarten", von denen einzelne früher nicht selten als echte Species ausgegeben worden sind, wäre ein unnötiger Aufwand. In Schleswig-Holstein sind gut ein Dutzend davon gesammelt worden.

b) Grad der Vollständigkeit in den einzelnen Gebieten

Entsprechend dem Stand einer neueren kritischen Durchforschung ist der Grad der Berücksichtigung aller in den einzelnen Gebieten vorkommenden Brombeeren unterschiedlich. Ursprünglich sollte diese Arbeit auf Schleswig-Holstein beschränkt werden. Es zeigte sich aber bald, daß ohne wesentliche Vermehrung des Umfangs auch die wenigen zusätzlichen Arten Dänemarks, Skandinaviens und des nordwestdeutschen Tieflands mit berücksichtigt werden konnten. Mit diesem Ausblick auf die Nachbargebiete ergibt sich in Schleswig-Holstein der Vorteil, hier vielleicht noch neu zu entdeckende Arten leicht mit der Rubusflora der anschließenden Gebiete vergleichen zu können. Das gilt auch für Benutzer in Dänemark und Skandinavien, für die gleichzeitig ebenso wie für Botaniker in Norddeutschland eine Möglichkeit der leichteren Bestimmung und Erkennung von Brombeeren geschaffen werden sollte.

Eine möglichst eingehende Darstellung mit der notwendigen Klärung auch aller problematischen, zum Teil neu zu beschreibenden Arten wurde vorerst nur für Schleswig-Holstein angestrebt. Alle hier nachgewiesenen Taxa der Eufruticosi sind in der Regel ausführlich beschrieben und bis auf einige wenige, meist sehr seltene problematische oder verschollene Arten abgebildet. Dazu waren im Zusammenhang mit älteren Angaben und Herbarbelegen alle Zweifelsfälle und Seltenheiten möglichst auch durch Nachsuche am Standort zu überprüfen, nicht nur, um das jetzige Vorkommen und die Richtigkeit der Bestimmungen zu klären, sondern auch, um im Einzelfall besser entscheiden zu können, ob es sich bei den alten Funden vielleicht nur um "Individual-sträucher" oder um bekannte oder noch unbeschriebene Taxa handelte. (Bei dieser Nachsuche fanden sich übrigens selbst einzelne Stöcke in überraschender Standortstreue noch an denselben Stellen vor, an denen sie oft schon gegen Ende des vorigen Jahrhunderts von den alten Batologen entdeckt worden waren, und das oft trotz großer landschaftlicher Umgestaltungen in der unmittelbaren Umgebung).

Auch die dänischen und skandinavischen Arten, soweit sie durch die gründlichen Arbeiten der Batologen dieser Gebiete ermittelt wurden, sind mit den notwendigen Bestimmungs- und Nomenklaturkorrekturen vollständig aufgenommen. Für Dänemark noch zweifelhaft und nicht weitergehend behandelt ist der britische R. amplicatus LEES (Ser. Silvatici), den FRIDE-RICHSEN (1924,176) für Lolland und WATSON (1958,76) für Hadersleben angibt, ähnlich wie WATSON (l.c.) auch für Schleswig-Holstein ohne weiteren Nachweis R. rhodanthus WATSON (Ser. Rhamnifolii) und R. albionis WATSON (Ser. Silvatici), die hier unseres Wissens weder durch Belege noch durch Beobachtungen nachgewiesen sind.

Ebenso sind auch aus dem Gebiet des nordwestdeutschen Tieflands alle sicher nachgewiesenen Eufruticosus-Arten behandelt. Genauere Fundortsangaben wurden besonders für die nördlichen, an Schleswig-Holstein grenzenden Gebiete mitgeteilt, um diese Zone mit bestimmten Arealgrenzen bei Vergleichen mit Schleswig-Holstein besser beurteilen zu können. Dagegen wurden seltene versprengte Vorposten von Brombeeren des südlichen Hügellandes in der entsprechenden Grenzzone nicht mehr aufgenommen, wie etwa R. menkei Wh. und R. thyrsiflorus Wh. (beide bei Petershagen nördl. Minden 68!!) sowie R. foliosus Wh. (Dammer Berge u. Dümmergebiet 71!!). Eine Reihe von Angaben älterer Autoren beziehen sich auf Artenvorkommen, die vorerst als unbestätigt zu betrachten sind und deren endgültige Klärung noch eine Aufgabe der Zukunft darstellt. Sofern sie nicht in späteren Arbeiten dieser Autoren bereits berichtigt sind, seien sie lediglich hier kurz mitgeteilt (F 86 = FOCKE 1886, F 94 = FOCKE 1894, B = BRANDES 1897, Fi = FITSCHEN 1914):

Ser. Discolores:

R. aminianthus FOCKE - F 86: "ein einzelner, anscheinend zu dieser Art gehöriger Strauch" bei Rockwinkel.

Ser. Vestiti:

R. conspicuus P.J.M. - F 86 stellt einen Beleg aus Bassum "in diesen Formenkreis".

R. hirtifolius P.J.M. - F 94: "Mittelform zw. R. villicaulis, R. pyramidalis u. R. vestitus. Blumenthal b. Bremen u. anscheinend im Lüneburgischen nicht selten". (Bei B fälschlich als R.hirtiformis P.J.M. aufgeführt).

Ser. Apiculati:

R. colemanni BLOX. - Fi: nach FOCKE ein "vielleicht dazu gehörender Strauch" bei Bederkesa.

R. glaucovirens MAASS. - Fi: Harsefeld: Am Mühlenberg (Nachsuche 1968 vergeblich, Vf.).

Ser. Radulae:

R. scaber Wh. - ERICHSEN (1900): Gehölz b. Neukloster. (Nach den Belegen (!) scheint es sich eher um eine Form von R. bellardii zu handeln. Bei Fi, der zusammen mit FOCKE den Standort besuchte, wird die Pflanze zu R. radula gestellt. Nachsuchen des Vf. (62-64) verliefen ergebnislos).

Ser. Hystrices:

R. hystrix Wh. - F 94: Bred(en)beck b. Scharmbeck.

R. roseaceus Wh. - F 94: An einer "beschränkten Stelle" b. Stendorf.

R. koehleri Wh.- F 86: Varel, Lesum, B: bei Celle, Fi: Wollah (nach FOCKE). - Es handelt sich dabei um zum Teil unterschiedliche, noch ungeklärte Arten, jedenfalls wohl kaum um den südost-mitteleuropäischen R. koehleri.

R. pygmaeopsis FOCKE. - F 94: b. Beckstedt.

R. humifusus Wh. - Fi: Platjenverbe b. Lesum nach FOCKE.

Ein Teil dieser Angaben dürfte sicher auf lokalen "Individualarten" beruhen, wie anscheinend auch einzelne von KLIMMEK hauptsächlich um Leer gesammelte Belege (!), denen A.NEUMANN und KLIMMEK provisorische Bezeichnungen gaben (vgl. auch v. DIEKEN 1970). Dennoch gibt es auch nach Beobachtungen des Verfassers im Gebiet des nordwestdeutschen Tieflands offenbar noch einzelne weiter verbreitete Taxa, die hier jedoch nicht weiter behandelt werden können, da ihre endgültige Klärung noch gründlicherer weiterer Untersuchungen bedarf.

8. Die wichtigsten Merkmale der Brombeeren und ihre engere Definition für die Schlüssel und Beschreibungen

8.1. LEBENSFORM UND VEGETATIVE VERMEHRUNG (FIG. 2A)

Die europäischen Brombeeren (Subgen. Rubus) sind Scheinsträucher (Halb-, auch Staudensträucher, Hemi-Phanerophyten), deren oberirdische Teile im Gegensatz zu den echten Sträuchern in der Regel nur ein Alter von zwei Jahren erreichen und nach dem Fruchten bis auf basale Erneuerungsknospen oder manchmal auch ganz absterben. Im ersten Jahr entwickelt sich ein mehr oder minder verzweigter (fast immer) blütenloser Langtrieb, der Schößling (Sch.). Seine charakteristischen Blätter sind entweder sommergrün (Subsect. Suberecti, Sect. Corylifolii pro max. pte., R. caesius) oder bleiben bis in den Winter oder Vorfrühling erhalten (Subsect. Hiemales). Im zweiten Jahr treiben aus den Achseln der Vorjahrsblätter Seitenzweige aus, die mit einem Blütenstand und zuletzt einer Terminalblüte endigen. Sie werden hier, wie in der batologischen Literatur üblich, einschließlich des meist blütenlosen Basalabschnitts insgesamt als Blütenstand (Blüstd.) bezeichnet.

Die vegetative Vermehrung erfolgt auf zweierlei Art: Bei einigen Arten entstehen wie bei der Himbeere die neuen Schößlinge als Adventivsprosse aus weithin rhizomartig kriechenden Wurzeln und bilden auf diese Weise gewöhnlich nur lockere Gebüsche: Vermehrung durch "Wurzelausläufer" (R. nessensis, R. scissus, in aller Regel - ob immer? - auch die übrigen Suberecti, ausnahmsweise auch einige Vertreter der Hiemales). Die überwiegende Anzahl der Brombeeren vermehrt sich dagegen wie R. caesius vegetativ durch Einwurzelung der Schößlingspitzen zu einem früheren oder späteren Zeitpunkt im Spätsommer bis Spätherbst (Hiemales pro max. pte., Corylifolii). Auch die Seitenzweige des Schößlings können einwurzeln, so daß aus einer Stammpflanze in einem Jahr vegetativ viele Jungpflanzen hervorgehen und dichte Gestrüppe entstehen. Da der Schößling gewöhnlich im folgenden Winter oberhalb der Einwurzelungsstelle abfriert, läßt sich die Vermehrungsart zur Hauptsammelzeit an den überjährigen Sprossen meist nicht mehr eindeutig erkennen.

Deshalb wird hier - abweichend von den bisherigen Bestimmungsschlüsseln - das Merkmal der vegetativen Vermehrung nicht als entscheidendes Kennzeichen zur Verschlüsselung der Arten herangezogen.

Zwischen diesen beiden Vermehrungsformen gibt es zahlreiche Übergänge, vor allem bei den Silvatici, Rhamnifolii und Discolores, indem bei den entsprechenden Brombeeren beide Fortpflanzungstendenzen vorkommen und die Schößlinge eine mehr oder minder starke, manchmal auch fehlende Neigung zur Einwurzelung entwickeln.

8.2. TYPEN DER HAARE, DRÜSEN UND STACHELN (FIG. 3 A)

a) Haare

Längere einzellige Haare (ca. 0,4->1,5 mm lg.). Sie stehen entweder allein (Einzelhaare) oder sind zu zweit oder mehreren am Grunde zusammengerückt (Büschelhaare).

Sternhaare (Filzhaare): Sehr kleine (ca.< 0,1- ca. 0,3 mm lg.) aus zusammengerückter Basis ± sternförmig ausgebreitete einzellige Einzelhärchen, (also keine echten Sternhaare, sondern gleichsam eine verkleinerte Ausgabe der Büschelhaare), als feiner anliegender Flaum oder als Filz, oft auch nur als papillöse Vorstufen dazu ausgebildet (Untersuchung mit Lupe bei schräg einfallendem Licht!). Bei mikroskopischer Beobachtung zeigt sich, daß keineswegs alle dieser Filzhärchen als "Sternhaare" angeordnet sind, gelegentlich (so z.B. auf der Blattunterseite von R. ammobius) scheinen sie sogar überwiegend einzeln zu stehen. Aus praktischen Gründen werden hier jedoch wie in der sonstigen batologischen Literatur alle Härchen dieser Größenordnung als Sternhaare (gegebenenfalls auch als Sternflaum oder Sternfilz) bezeichnet.

Drüsenhaare.

b) Drüsen

Sitzdrüsen: Feine, anfangs hellorangefarbene, später zu schwarzen Pünktchen vertrocknende Häufchen von Drüsenzellen von insgesamt ca. 0,1 -0,3 mm Durchmesser (alle Gruppen, bes. einige Suberecti u. Silvatici).

Subsessile Drüsen: Sehr kurze (meist nur bis ca. 0,2 mm lg.) und äußerst zart (meist nur 1-2 Zellen breit) gestielte Sitzdrüsen, mit denen sie durch Übergänge verbunden sind. Dürfen nicht mit echten Stieldrüsen verwechselt werden (Verbreitung wie bei den Sitzdrüsen).

Stieldrüsen: Länger (ca. 0,5 -> 3 mm lg.) gestielte, anfangs oft farblose, später meist dunkel-(violett)rote vielzellige Drüsenköpfchen. Am ehesten im Blütenstand und auf dem Blattstiel oder an den Nebenblättern auftretend, nur wenigen Brombeeren ganz fehlend (so abgesehen vom Keimlingsstadium im typischen Fall besonders einigen Suberecti, Silvatici u. Discolores). Nach der Beschaffenheit des stets vielzelligen, meist mehr als 3 Zellen breiten Stiels sind zu unterscheiden: 1) gewöhnliche Stieldrüsen (kurz als Stieldr. bezeichnet) mit etwas steifem, doch weder stacheligem noch haarförmigem,

Fig. 2: A. Schema eines Brombeerstrauches: rechts diesjähriger Sproß (Schößling), links überjähriger Sproß mit Blütenzweigen. Als Herbarbeleg und zur Bestimmung geeignete Teile sind umrandet.

B. Gesamtaufbau einiger Blütenstände (schematisch): 1. breit, sperrig (R. marianus), 2. pyramidal (R. pyramidalis), 3. sehr schmal und verlängert (R. macrothyrsus).

oft wie das Drüsenköpfchen lebhaft rötlich gefärbtem Stiel; 2) Drüsenborsten mit stachelborstigem haarfeinem oder derberem, meist wie die Stacheln gelblich oder rötlich gefärbtem Stiel. Drüsenköpfchen und Teile des Stiels später oft bis auf Höcker abbrechend; 3) Drüsenstacheln: Meist kleinere Stacheln mit (leicht abfallenden) Drüsenköpfchen; 4) Drüsenhaare: Mehrzellige, bis auf das Drüsenköpfchen meist farblose Haare.

c) Stacheln

Die Haupttypen der St. gehen aus Fig. 3B hervor. Sie unterscheiden sich einmal durch ihre Krümmung und Richtung: Gerade und dann entweder abstehend oder (stets rückwärts) geneigt, mehr oder minder gekrümmt bis sichelig oder hakig gebogen, außerdem durch ihren übrigen Bau: ganz pfriemlich oder nadelig ohne deutlich verbreiterte Basis (so meist an den Blütenstielen), mit breiter meist zusammengedrückter Basis und davon abgesetzter schlankerer bis pfriemlicher Spitze (so bei den meisten Arten) oder aus solcher Basis ± allmählich in die Spitze verschmälert ("lanzettliche" Stacheln im Sinne FOCKEs), dabei bei einigen Arten bis weit hinauf "brettartig" zusammengedrückt (R. schleicheri u.a.) und manchmal von der Seite angenähert verlängert dreieckig. Die St. können auch als Drüsenstacheln entwickelt sein, Außerdem kommen Stachelhöcker vor, bei denen zwar die St.basen, dagegen nur unvollkommen die St.spitzen ausgebildet sind, oder die auch dadurch entstehen können, daß diese Spitzen später abbrechen.

Eine von der Unterlage abweichende Färbung der St. ist für viele Arten charakteristisch (R. nessensis, R. rhombifolius u.a.), und sollte, da sie gewöhnlich im Herbar verloren geht, auf der Schede vermerkt werden. Stacheln, die in der Sonne rot oder rötlich anlaufen, treten bei stärkerer Beschattung meist durch gelbliche bis gelbgrüne Tönung hervor (R. chlorothyrsus u.a.). - Obgleich die Brombeerstacheln im Gegensatz zu denen der Rosen (immer?) Trichome und nicht Emergenzen darstellen, können sie - besonders im unteren Teil - ihrerseits ebenfalls mit Trichombildungen besetzt sein (bes. mit Haaren, seltener mit Stieldrüsen u. kleinen St.chen).

8.3. SCHÖßLING (Sch.) - Soweit nicht anders vermerkt, beziehen sich alle Angaben auf die Ausbildung mittlerer Abschnitte in der Hauptsammelzeit (Ende) Juli bis Ende August.

a) Wuchsrichtung des Sch. im freien Stande (Fig. 3E). Suberekt: Aufrecht mit ± nickender Spitze, nicht bodenstrebend und einwurzelnd (Suberecti, zunächst auch viele hochbogige Arten), hochbogig: Wuchs zunächst meist aufrecht (bis 1-> 2 m), dann bogig überhängend und zuletzt ± bodenstrebend, oft einwurzelnd (Rhamnifolii, viele Silvatici, Discolores u.a.); flachbogig: Sch. zunächst nur kurz aufrecht (bis ca. 0,5 m), dann niedergestreckt oder niederliegend, zuletzt meist kriechend und einwurzelnd (z.B. Sprengeliani u. die meisten Vertreter der drüsenreicheren Series, viele Corylifolii); von Anfang an kriechend und niederliegend und dann kriechend, zuletzt in aller Regel einwurzelnd (z.B. Hystrices, Glandulosi, wie

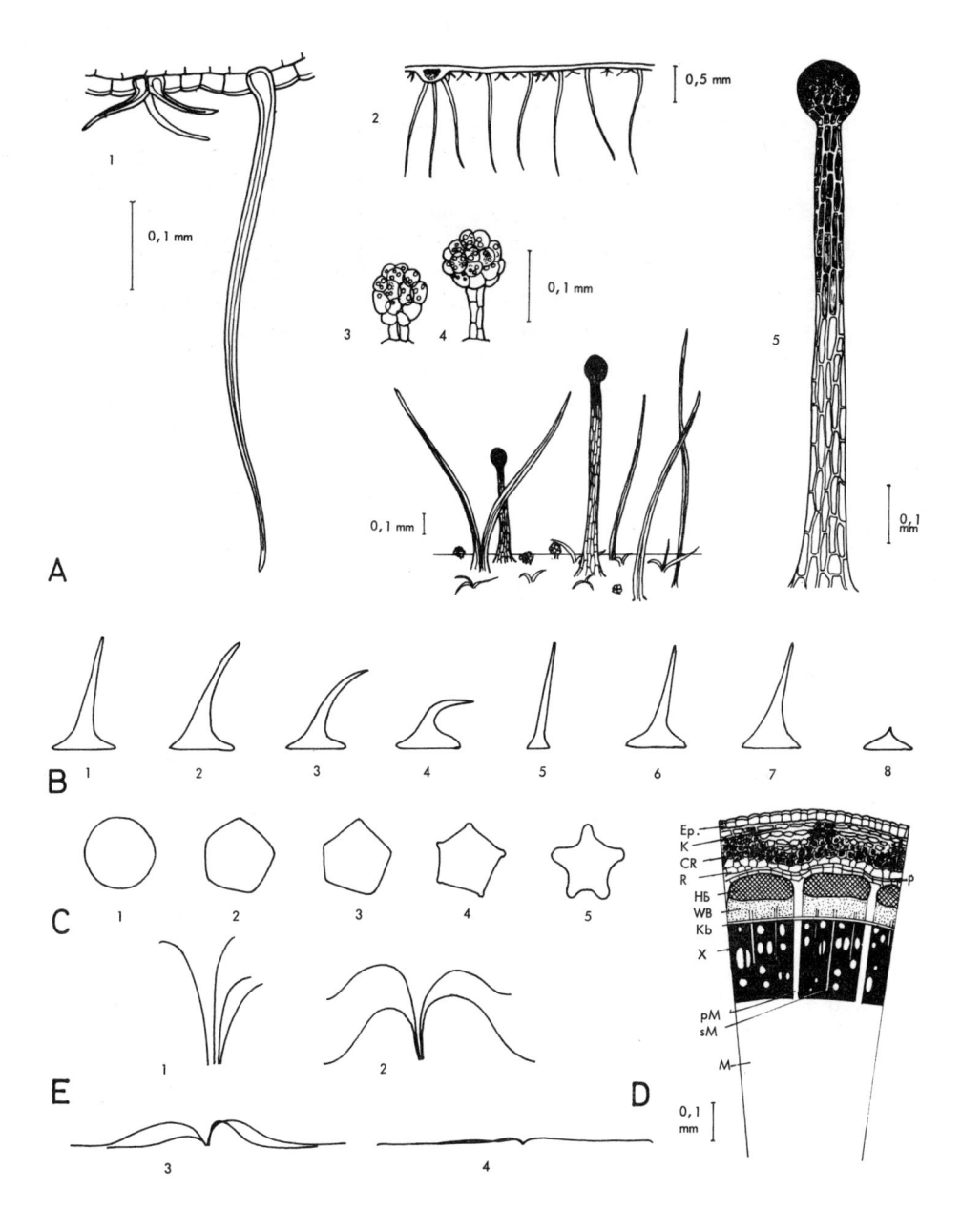

Fig.3. A. Haare und Drüsen: 1, "Sternhaar" und längeres Haar auf der Blattunterseite von R. rudis. 2. Schnitt durch dasselbe Blatt mit doppelter Behaarung bei schwächerer Vergrößerung. Verdickung: Seitennerv. 3. Sitzdrüse. 4. Subsessile Drüse. 5. Stieldrüse. 6. Einfache Haare, Büschelhaare, Sternhaare, Sitzdrüsen, subsessile Drüsen und Stieldrüsen auf einem Schößlingsstück von R. macrothyrsus.

B. Stacheln und Stachelhöcker: 1. gerade, etwas geneigt, 2. leicht gekrümmt, 3. sichelig, 4. hakig; 5. ganz pfriemlich, 6. mit verbreiterter Basis und abgesetzter schlanker Spitze, 7. ebenso, doch allmählich und breiter bespitzt, 8. Stachelhöcker.

C. Schößlingsquerschnitte: 1. stielrund, 2. stumpfkantig mit gewölbten Seiten, 3. kantig flachseitig, 4. (scharf-)kantig mit etwas vertieften Seiten, 5. tief gefurcht (rinnig).

D. Vergrößerter Querschnitt durch einen Schößling von R. nessensis im September (schematisch). Ep.: Epidermis, K: Kollenchym, CR: chlorophyllführendes Rindenparenchym, dessen ungleiche Verteilung die charakteristische Strichelung des Schößlings hervorruft, R: chlorophyllfreies Rindenparenchym, P: Phellogen, HB: Hartbast, WB: Weichbast, Kb: Kambium, X: Xylem mit großen Tracheen, pM und sM: primärer und sekundärer Markstrahl, M: Mark.

E. Wuchsrichtung des Schößlings: 1. suberekt, 2. hochbogig, 3. flachbogig, 4. kriechend.

R. caesius auch viele verwandte Corylifolii).

Zwischen den genannten Typen sind alle Übergänge vorhanden. Auch innerhalb der einzelnen Arten treten häufig - meist standortsbedingte - Abwandlungen auf. Allgemein ist die Wuchsrichtung im Schatten mehr plagiotrop bis horizontal. Dabei haben selbst suberekte Arten vor dem Laubfall und besonders auf fruchtbaren, feuchten Standorten oft bogig überhängende oder fast dem Boden angedrückte Schößlinge. Schattenformen der sonst bogig wachsenden Brombeeren zeigen auf unbesonntem Waldboden kriechenden oder liegenden Wuchs (so typisch vor allem bei R. sciocharis). In Gebüschen oder beim Vorhandensein anderer Stützpunkte klettern die meisten bogigen und viele sonst kriechende Arten zunächst mehr oder minder hoch empor (so z.B. R. macrophyllus bis über 4 m hoch !), bis sich dann die Wuchsrichtung umkehrt und die Schößlinge peitschenförmig abwärtshängen und erdwärts streben.

b) Der Durchmesser des Sch. beträgt bei dünnen Sch. ca. 3-5 mm (z.B. R. flexuosus, R. scissus), bei mittelkräftigen Arten ca. 5-8 mm (die meisten Eufruticosi), bei kräftigen und sehr kräftigen Brombeeren ca. 9 - >12 mm (z.B. Discolores, R. sulcatus, R. selmeri u. R. armeniacus).

c) Der Querschnitt (Fig. 3C) mittlerer Sch.abschnitte ist stielrund oder rundlich (z.B. R. caesius), rundlich-stumpfkantig oder (stumpf bzw. schärfer) 5-kantig mit $\pm$ gewölbten (z.B. R. egregius), flachen (z.B. R. badius), etwas vertieften (z.B. R. cardiophyllus) oder $\pm$ rinnigen (gefurchten) Seiten (z.B. R. sulcatus).

Gewöhnlich sind die Schößlinge an der Spitze mehr kantig und rinnig, am Grund dagegen meist rundlich und erreichen auch im Mittelteil das typische Querschnittsprofil erst im Hochsommer, indem $\pm$ rundliche Sch. zunächst oft lange kantig flachseitig bis rinnig bleiben und erst später eine zunehmende Tendenz zur Ausfüllung und Aufwölbung der Seiten zeigen. Nicht selten auch sind die einzelnen Seiten etwas verschieden ausgebildet. Einige drüsige Arten haben auf den Sch.flächen unregelmäßig verteilte, erhabene Streifen, die hier als Striemen bezeichnet werden (z.B. R. rudis).

d) Färbung des Sch. - Die Angaben gelten für die dem Lichte zugewandten Seiten an den für die Pflanzen typischen Standorten während der Haupt-Beobachtungszeit (ca. VII-VIII). Später dunkeln die Sch. durch Anthocyaneinlagerung (besonders in der Epidermis, zuletzt auch in subepidermalen Schichten) stark nach. - Die Farben reichen vom frischen Grün (z.B. R. nessensis), $\pm$ hellbräunlich (z.B. R. plicatus) oder (wein)rötlich (z.B. R. schlechtendalii) überlaufenen Grüntönen bis zu einer karminroten (R. cimbricus) oder intensiv dunkelviolett(-braunroten) Tönung. Vorherrschend ist eine am ehesten mit Dunkelweinrot zu umschreibende, manchmal mehr ins Violette (R. macrophyllus), manchmal mehr ins Braune (R. flexuosus) spielende Färbung. Diese kann sich nur anfangs oder auch bleibend allein auf die Kanten oder Stacheln beschränken und dabei auch nur die Stachelbasen ringförmig umfassen (z.B. R. armeniacus), sie kann auch auf den Sch.flächen $\pm$ gleichmäßig (so meist) oder aber sehr ungleichmäßig bis flekkig oder in feiner Sprenkelung verteilt sein (z.B. R. macrophyllus, R. candicans). Die matte oder glänzende Oberfläche des Sch. gibt einen weiteren Merkmalskomplex ab.

Viele Brombeeren (bes. Suberecti, Silvatici u. Corylifolii) zeigen auf grünlichem, später rötlichem Grund eine deutlich hellere, lange grünlicher bleibende Strichelung, auf die in der Literatur seit WEIHE & NEES (1822-27) anscheinend nicht mehr als Unterscheidungsmerkmal hingewiesen wurde. Sie täuscht Lentizellen vor, die bei den Brombeeren jedoch gänzlich fehlen. Die Strichelung kommt vielmehr durch die unregelmäßige Dicke einer chlorophyllreichen Rindenschicht im Wechsel mit chlorophyllfreien Kollenchymzellen zustande (Fig. 3D).

e) Reif ist ein wachsartiger (bläulich-)weißlicher Überzug des Sch. (bes. bei R. caesius), der bei einigen Arten nur stellenweise deutlich oder überhaupt nur als matter Hauch entwickelt ist (so bei vielen Corylifolii). Er ist leicht (auch durch Regen) abwischbar.

f) Haare, Drüsen und Stacheln des Sch.

Mengenangaben in Zahlen "pro 5 cm" sind Mittelwerte für einen 5 cm langen Schößlingsabschnitt (aus der Mittelregion des Sch.!). Die Angaben "pro cm Seite" beziehen sich auf die durchschnittliche Anzahl von Haaren oder auf einem 1 cm langen Abschnitt einer der fünf Seiten des Sch. oder bei rundlichen oder runden Sch. einer entsprechenden Fläche. Da vor allem die Haare durch Verkahlung oder auch von Anfang an sehr unregelmäßig verteilt sein können und sich oft an den Stachelbasen häufen, sollten zur sicheren Beurteilung des Mittelwerts stets größere Abschnitte untersucht werden.

8.4. BLATT (B. - Sofern nicht anders vermerkt, sind stets ausdifferenzierte Blätter aus der Mitte des Schößlings gemeint).

a) Blattform (Form der Spreite - Fig. 4A: 1-3)

3-zähliges B., dabei oft mit ± gelappten Seitenblättchen. Nur wenige Arten (bei uns im strengeren Sinne nur R. bellardii und anscheinend einige R. Corylifolii) haben fast ausschließlich nur 3-zählige B. Viele gewöhnlich überwiegend 3-zählig beblätterte Arten (z.B. R. egregius, R. sprengelii) bilden unter günstigeren Wuchsbedingungen zunehmend auch 4-5-zählige B. aus. Umgekehrt reduzieren viele Arten mit normalerweise 5-zähligen B. die Anzahl der Blättchen, so daß 3- oder 4-zählige B. entstehen. Für zahlreiche Arten sind an einer Pflanze alle Übergänge von 3-4- zu 5-zähligen B. charakteristisch.

Fußförmig 5-zähliges B.: Die Stielchen der äußeren Seitenblättchen (ä.Sb.) gehen von den Stielchen der mittleren Sb. (ca. 1-6 mm) oberhalb der Basis dieser Stielchen ab. Diese B.form entsteht aus dem 3-zähligen B., indem sich die Seitenblättchen bis auf einen letzten gemeinsamen Stielchenabschnitt in zwei B.chen aufgeteilt haben.

Handförmig 5-zähliges (gefingert 5-zähliges) B. Hierbei sind alle

B.chen vollständig voneinander getrennt, so daß die B.chenstiele alle von einem gemeinsamen Punkt entspringen.

7-zähliges gefingert-gefiedertes B.: Es entsteht durch Aufspaltung des Endblättchens (Eb.) in 3 B.chen. Oft ist diese Spaltung nur unvollkommen, so daß 6-zählige B. entstehen. (6-7-zählige B. treten - meist untermischt mit 5-zähligen B. - häufig auf bei R. scissus, R. nessensis, R. ammobius und R. caesius x idaeus, noch einigermaßen regelmäßig, aber sehr in der Minderheit bei R. affinis, R. polyanthemus; als seltene Ausnahme u.a. auch bei R. leptothyrsus, R. arrhenii und R. langei beobachtet).

Gefiedert 5-zählige B. wie bei Rubus idaeus kommen anscheinend nur gelegentlich bei R. caesius x idaeus vor.

b) Behaarung der Blättchen

Blattoberseite: Die Zahlenangaben pro cm^2 gelten für die Oberfläche des Endblättchens in der Mitte der Spreitenhälfte im vorderen Drittel (Fig. 4G). Bei der Zählung sind nur die auf der eigentlichen Oberfläche stehenden Haare, nicht jedoch die manchmal nur auf den Nerven inserierten und diesen ± anliegenden Trichome zu berücksichtigen, ebenfalls nicht die unmittelbar am Blattrand stehenden Härchen. Eine "kahle" Blattoberseite ist auf dieser eigentlichen Oberfläche stets ganz kahl.

In der Regel ist die B.oberseite sehr viel schwächer behaart als die Unterseite und kann bei ca. 20 und mehr Haaren pro cm^2 schon als "reichlich behaart" gelten. Die bei uns vorkommenden Brombeeren haben nur ± vorwärtsgerichtet abstehende - oft als "Striegelhaare" bezeichnete - Einzelhaare (manchmal auch Drüsen), aber keine Sternhärchen auf der B.oberfläche.

Blattunterseite. Ein Besatz mit nur ca. 20 einfachen Haaren pro cm^2 ist nicht fühlbar und kann für die meist viel dichter (mit > 100 Haaren pro cm^2) behaarten B.unterseiten als "schwach" oder "wenig behaart" angesehen werden. Als wichtigste Formen der Behaarung lassen sich unterscheiden: 1) Behaarung nur aus einfachen (längeren) Haaren bestehend. Diese stehen zwar auf den Nerven meist zahlreicher als auf der Fläche, doch sind sie hier nicht oder nur undeutlich auf den Nerven zweizeilig gekämmt. Behaarungen dieser Art sind nicht fühlbar oder mäßig bis deutlich fühlbar. - 2) (Fig. 4B): B.unterseite von auf den Nerven (zweizeilig) gekämmten Haaren (bei schräg einfallendem Licht) schimmernd und meist samtig weich (auch steifhaarig) behaart. 3) (Fig. 3A): Sternhaare (einschließlich nicht sternförmig zusammengerückter Einzelhärchen derselben Größenordnung), oft - besonders bei ungenügender Besonnung - nur als papillöser Anflug oder dünner Flaum unter der längeren Behaarung versteckt (Untersuchung mit Lupe bei schräg einfallendem Licht!), sonst auch - je nach Menge - eine graugrünliche bis ausgeprägt weißfil-

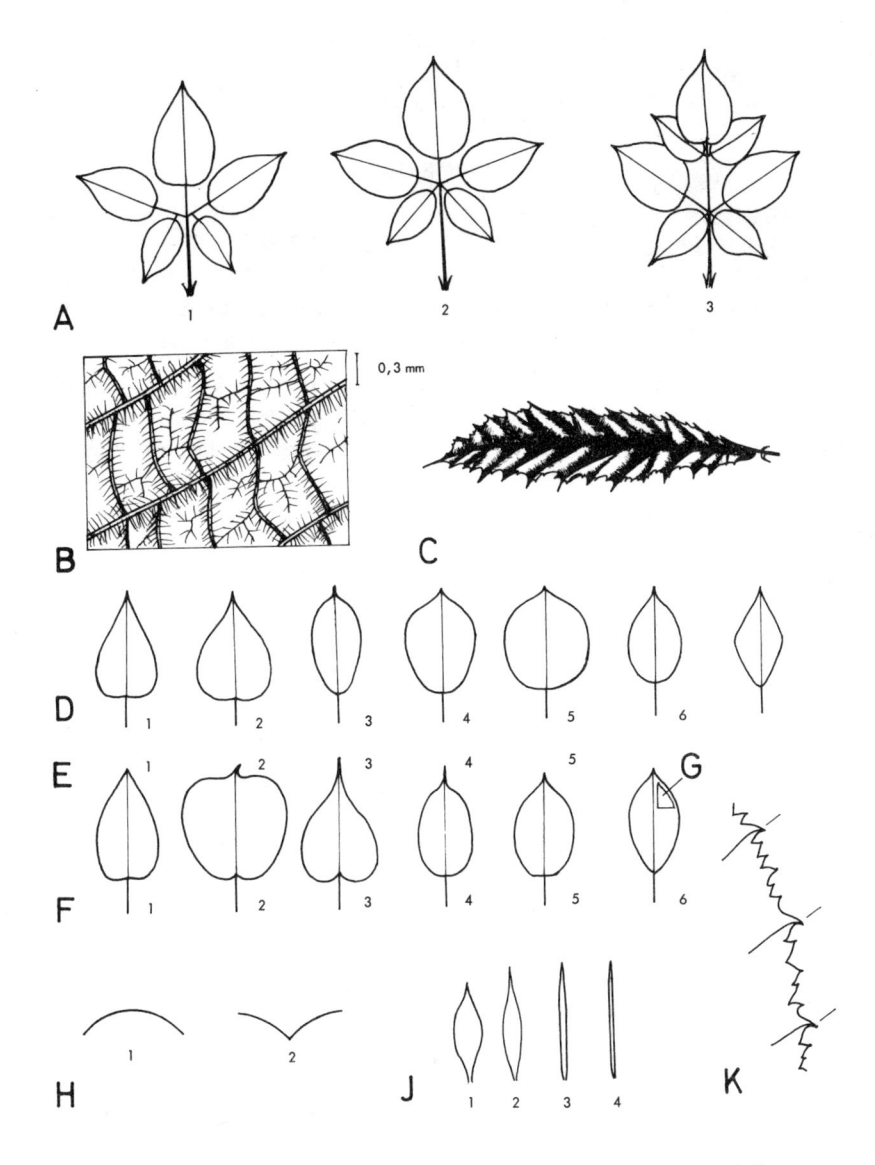

Fig. 4. A. Blattformen (schematisch): 1. fußförmig 5zählig, 2. handförmig 5zählig, 3. gefingert-gefiedert 7zählig.
B. Zweizeilig gekämmte Behaarung auf den Nerven der Blattunterseite (von R. hypomalacus mit Seitennerven 1.-3. Ordnung).
C. Gefaltetes und am Rande kleinwelliges Endblättchen von schräg seitlich gesehen (R. marianus).
D. Endblättchen-Formen (schematisch): 1. eiförmig, 2. breit eiförmig, 3. schmal umgekehrt eiförmig, 4. breit umgekehrt eiförmig, 5. rundlich, 6. elliptisch, 7. (angenähert) rhombisch.
E. Spitzen der Endblättchen: 1. breite dreieckige, nicht abgesetzte Spitze, 2. kurze aufgesetzte Spitze, 3. allmählich lang bespitzt, 4. lange aufgesetzte Spitze, 5. allmählich kurz bespitzt.
F. Basis der Endblättchenspreiten: 1. seicht ausgerandet, 2. schmal herzförmig, 3. breit herzförmig, 4. abgerundet, 5. gestutzt, 6. keilig.
G. Abschnitt zur genaueren Bestimmung der Behaarung der Blattoberfläche.
H. Haltung lebender Endblättchen im Querschnitt: 1. konvex, 2. geschwungen V-förmig.
J. Nebenblattformen: 1. lanzettlich, 2. schmal lanzettlich, 3. schmal linealisch, 4. fädig.
K. Periodische Serratur mit auswärts gekrümmten Hauptzähnen (R. pyramidalis).

zige B.unterseite ergebend. Die Sternhärchen können mit längeren - gekämmten oder ungekämmten - Haaren untermischt auftreten oder ohne diese als kaum fühlbarer angedrückter Filz entwickelt sein.

c) Endblättchen (Eb., das unpaarige B.chen)

Länge des Stielchens: Die Länge des Eb.stiels ist in Prozenten der Eb.spreitenlänge (= 100 %) angegeben: "30 % der Spreite" bedeu - tet demnach bei einer 10 cm langen Eb.spreite einen durchschnittlich 3 cm langen Stiel. Bei "kurzgestielten" Eb. beträgt die Stiellänge ca. 20-25 %, bei "langgestielten" bis ca. 50-60 % der Spreite.

Form der Eb.spreite. Dieses diagnostisch wichtige Merkmal ist erst spät (bei uns meist erst gegen Ende Juli) genügend ausdifferenziert, das heißt vor allem, daß zuletzt breite, oft rundliche Eb. oft zunächst lange viel schmaler bleiben. Die Grundformen der Eb.spreite sind aus Fig. 4D ersichtlich, die der Eb.spitzen aus Fig. 4E sowie solche des Blattgrundes aus Fig. 4F.

Die Serratur der Eb.spreite nimmt eine Mittelstellung zwischen ge- kerbtem und gesägtem Blattrand ein und nähert sich mal mehr der einen, mal mehr der anderen Form. Die Spitzen der Zähnchen, die in einer fei- nen Drüsenschwiele endigen, können $\pm$ abgesetzt sein (mucronulierte Zähnchen) oder allmählich zulaufen. Die Zähnchen, in denen die Sei - tennerven 1. Ordnung endigen, sind als Hauptzähne (Hz.) bezeich- net. Weichen diese Hz. deutlich von den übrigen Zähnchen ab, so liegt eine periodische (doppelte) Serratur vor. Dabei können die Hz. $\pm$ so lang wie die übrigen Zähnchen, jedoch als einzige auswärts gekrümmt sein, oder sie sind länger und dabei gerade oder auswärts gekrümmt (Fig. 4K). Die Angaben für die Serratur beziehen sich auf die obere Hälfte des Eb. mit Ausnahme der Spitze.

Haltung lebender Eb.: Im Querschnitt entweder $\pm$ flach, konvex oder geschwungen V-förmig (schwalbenförmig Fig. 4H) am Rande (fast) glatt, regelmäßig klein- (Fig. 4C) bis unregelmäßig grobwellig, längsseits zwischen den Hauptseitennerven aufgewölbt (= gefaltet Fig. 4C), $\pm$ glatt, oder aber zwischen der gesamten Nervatur $\pm$ aufgewölbt und dadurch runzelig.

d) Der Blattstiel kann oberseits durchgehend oder nur zum Teil (be- sonders zur Basis hin) rinnig, ganz flach oder aufgewölbt sein. Haare und Stieldrüsen finden sich überwiegend auf der Oberseite oder sind - besonders die letzteren - bei vielen Arten ganz darauf beschränkt. Die Anzahl der Stacheln schwankt, wenn auch bei vielen Arten nur innerhalb bestimmter Grenzen, und ist kein sehr zuverlässiges Merkmal.

e) Die Nebenblätter(Nb.) sind verschieden hoch am B.stiel ange - wachsen und in der Form lanzettlich (R. caesius und manche Corylifolii),

schmallanzettlich (die meisten Corylifolii, unter den Eufruticosi vor allem
R. gratus) oder schmallineal bis fädig (so bei den meisten Eufruticosi).

f) Die Färbung (Anthocyanreaktion) des Austriebs, das heißt, der
jüngsten entfalteten Blättchen an der Schößlingsspitze, ist ein sehr charak -
teristisches, in der Literatur bis heute anscheinend unbeachtetes Merkmal,
das sich bei der Untersuchung der Wallhecken in Schleswig-Holstein zur
Unterscheidung der Arten im blütenlosen Zustand gut bewährte. Während
die Blättchen einiger Arten lebhaft rotbraun gefärbt waren, zeigten andere
Rubi an denselben Standorten anthocyanfreie, frischgrüne Farben. Einige
im vegetativen Zustand manchmal ähnliche Arten konnten leicht auch dadurch unterschieden werden, daß nur eine von ihnen anthocyangefärbten
Austrieb hervorbringt (z.B. R. sprengelii im Gegensatz zu R. silvaticus).
Die Färbung reicht bei den verschiedenen Arten von einem nur randlich
und zwischen den Seitennerven die (gelblich)grünen Spreiten überhauchtem
rotbräunlichem Schimmer bis zu tiefdunkelrotbraunen Blättchen ohne Grün-
töne, so besonders bei vielen drüsenreicheren Arten (z.B. R. pallidus, R.
bellardii). Die Anthocyaneinlagerung ist (als physiologische Reaktion auf
Kälte) temperaturabhängig. So wird man bis zum Juni allgemein, von Juli
an nur noch nach kühlen (Strahlungs-)Nächten oder insgesamt kühler Witte-
rung das Merkmal deutlich ausgeprägt vorfinden, doch gehen auch in war -
men Witterungsphasen die prinzipiellen Unterschiede trotz einer gewissen
Angleichung zwischen den einzelnen Arten nicht ganz verloren. Die Angaben für die Austriebsfärbung beziehen sich jedoch auf die normale Situation
bis zur Vollblütezeit, bis zu der bei uns im allgemeinen deutlich Anthocyan-
reaktionen auf nächtliche oder allgemeine Abkühlungen zu beobachten sind.
Ungewöhnliche Witterungsverhältnisse müssen bei der Beurteilung dieses
Merkmals berücksichtigt werden.

    8.5. BLÜTENSTAND (Blüstd. - Der mit einer Terminalblüte endigende
          Blütenzweig - am typischsten aus dem mittleren Teil - des über-
          jährigen Schößlings).

a) Der Gesamtaufbau des Blüstd. (Abb. 2B: 1-3) ist sehr vom Standort, besonders von der Belichtung abhängig. Dadurch wird namentlich die unter guten Wuchsbedingungen von der Spitze aus zunächst einigermaßen ge -
setzmäßig zunehmende Blütenanzahl der Seitenäste so sehr modifiziert, daß
dieses Merkmal für eine sichere Bestimmung kaum brauchbar ist und daher
auf eingehende Rispenbeschreibungen aus Raumgründen hier meist verzichtet
wurde. Der Blüstd. kann kurz (unter 25 cm lg. - z.B. R. scissus) bis sehr
lang (bis ca. 1 m lg, z.B. R. eideranus, R. armeniacus) gebaut sein, angenähert (selten rein) traubig (mehrere Suberecti) und dann oft nur wenigblütig
oder mehr oder minder rispig (so bei den meisten Arten) und dann oft reich -
blütig entwickelt auftreten. Die Spitzenregion ist bei vielen Arten frei von
laubigen Blättern, andere Arten haben einen bis oben durchblätterten Blüstd.
Es kommen bis oben breite, oft sperrige, pyramidale, das heißt nach oben

konisch verjüngte, und außerdem durchgehend schmale Blüstde. vor. Die Seitenäste können unverzweigt sein oder Verzweigungen bis zur dritten Ordnung tragen. Dabei ist die Verzweigungstendenz in der Hauptsache entweder traubig (racemös) oder trugdoldig ($\pm$ cymös), letzteres heißt, die Äste sind 3-blütig mit einer Terminalblüte und zwei $\pm$ gegenständigen Seitenblüten oder mehrblütig, indem statt der einblütigen Seitenästchen (oder auch der Terminalblüte) abermals 3-blütige Trugdolden entwickelt sind, sofern durch weitere Seitenästchen die Blütenanzahl nicht noch weiter vermehrt wird.

Die Blüten entfalten sich von der Terminalblüte aus basalwärts fortschreitend Dabei können bei einigen Arten (z.B. R. christiansenorum) aus den Achseln der unteren Blüstd.blätter spät noch weitere Seitenäste austreiben, wenn die oberen Äste bereits fruchten oder verdorrt sind. Auch der Hauptsproß selbst kann bei einzelnen Brombeeren nach den Blüten der ersten Blütenstände aus mehr dem Grunde zu liegenden Blattachselknospen noch weitere Blütenstände hervorbringen (z.B. R. plicatus).

b) A c h s e des Blüstd. - Angaben dazu beziehen sich auf einen Abschnitt etwa ca. 10-20 cm unterhalb der Spitze. Nach oben hin werden die Behaarung, besonders der Sternfilz dichter, die Stacheln schlanker und kürzer, nach unten zu nehmen die Behaarung und die Dichte der Bestachelung ab, außerdem unterliegt diese Region im stärkeren Maße modifikatorischen Veränderungen.

c) B l ü t e n s t a n d s b l ä t t e r. Die Tragblätter der Blüstd.seitenäste sind bei den obersten Ästen gewöhnlich nur als schmallanzettliche, einfache oder in entsprechende Zipfel zerteilte, oft drüsige Deckblättchen entwickelt und werden nach unten zu von l a u b i g e n T r a g b l ä t t e r n abgelöst, auf die sich die Angaben für Blüstd.blätter in der Regel beziehen. Diese Blüstd.blätter beginnen nahe der Spitze oder bei anderen Arten mehr oder minder darunter mit meist ungeteilten Spreiten und werden nach unten zu gewöhnlich 3-4-zählig, seltener regelmäßig 5-zählig (z.B. R. sulcatus). In der Form ähneln die unteren Blätter häufig, doch nicht immer den Schößlingsblättern, sind jedoch stets kleiner und mit meist andersgeformten Endblättchen sowie bei filzblättrigen Arten gewöhnlich unterseits stärker filzig als am Schößling (Ausnahme: R. rudis).

d) Die B l ü t e n s t i e l e (Blüstiele) sind bei den einzelnen Arten unterschiedlich lang und dünn sowie hinsichtlich der Behaarung, des Drüsenbesatzes und der Bestachelung sehr verschieden. Die Länge der Haare und Stieldrüsen ist im Vergleich zum Durchmesser des Blüstiels angegeben: 1-1,5 x $\emptyset$ des Blüstiels = (am Exsikkat!) ein bis anderthalbmal so lang wie der Blüstieldurchmesser. Am noch nicht ausdifferenziertem Blüstiel (vor dem Aufblühen) sind später gerade Stacheln zunächst oft $\pm$ gekrümmt.

8.6. BLÜTE. Die Kelchzipfel (Kz.) nehmen bei den verschiedenen Arten eine charakteristische Stellung ein: aufrecht, abstehend oder zurückgeschlagen. Die Angaben beziehen sich - wenn nicht anders vermerkt - auf die Verhältnisse zur Fruchtreife. Die Färbung der Außenseite (nur diese wird im allgemeinen mitgeteilt) ist glänzend grün, grün, graugrün-, grau- oder weißfilzig, wobei auch die grünen Kz. einen $\pm$ deutlich abgesetzten grau- oder weißfilzigen Rand besitzen, der in den Beschreibungen nicht jedesmal erwähnt wird. Die Kronblätter (Krb.) sind grünlich weiß, rein weiß, zart bis lebhaft rosa, rosen- oder karminrot. Rote Krb. bleichen an sonnigen Standorten nicht selten aus (R. sprengelii u.a.), bei vielen Arten mit weißen (anscheinend nicht bei solchen mit grünlichweißen) Krb. verfärben sich die Krb. nach dem Abschneiden allmählich rötlich. Die unterschiedliche Form (schmal bis breit umgekehrt eiförmig, elliptisch, rundlich) und innerhalb gewisser Spielräume auch die Größe (Länge von ca. 7 mm z.B. R. scissus bis 20 mm R. armeniacus) sind im allgemeinen zuverlässige artspezifische Merkmale. Die Krb. können überdies (am oberen Rand) bewimpert oder kahl, an der Blüte $\pm$ glatt, ausgehöhlt, runzelig oder stark knitterig sein.

Die Staubblätter (Stb.) sind - wenn nicht anders angegeben - besonders im unteren Teil wie die Krb. gefärbt. Die Längenangaben im Verhältnis zu den Griffeln (Gr.) beziehen sich auf die Situation an der lebenden Blüte. Dabei besagt die Angabe "Stb. kürzer als Gr." lediglich, daß die Stb. von den Gr. überragt werden, wobei die Stb. für sich genommen nicht unbedingt immer kürzer als die Gr. zu sein brauchen, weil diese höher inseriert sind. Die Behaarung der Antheren (möglichst an mehreren Blüten mit der Lupe prüfen) ist für viele Arten ein gutes Bestimmungsmerkmal. Zu beachten ist ferner das Verhalten der Stb. nach der Blüte: Sie können in $\pm$ unveränderter Stellung verharren (viele Suberecti u. Sprengeliani), sich auswärts spreizen (R. alleghenienisis) oder sich über den Gr. geordnet oder wirr durcheinander zusammenneigen (so bei den meisten Arten). Weitere wichtige Merkmale sind die Farben der Griffel (weiß, grünlich,- bes. am Grunde - rötlich) sowie die Behaarung des Fruchtknotens (Frkn. - kahl, mit einzelnen oder vielen langen oder kurzen Haaren, oft besonders an der Spitze), die sich bei Entwicklung der Frucht verliert. Dagegen bleibt die bei den meisten Arten vorhandene Behaarung des Fruchtbodens (Frbod., Fruchtblattträger) erhalten und kann leicht auch im Herbar beobachtet werden. Angaben für die Blütezeit (Hauptblüte meist VII - VIII, manche Suberecti und Corylifolii schon (Ende) VI - (Ende) VII, R. silvaticus, R. winteri u.a. Arten erst VIII - IX) sind aus Gründen einer genaueren Einengung auf Schleswig-Holstein bezogen und müssen für die übrigen Gebiete entsprechend der allgemeinen phänologischen Situation umgerechnet werden.

8.7. Die SAMMELFRUCHT (Sfr.), die aus wenigen bis vielen (bis > 50) Steinfrüchtchen zusammengesetzt sein kann, ist bei den Eufruticosi meist vollkommen (d.h., zu ca. 100 %) entwickelt, während primäre Hybriden und die Rubi Corylifolii gewöhnlich nur einen Teil der Früchtchen ((0-)10-90 % der Frkn.) ansetzen. Bei den meisten Eufruticosi ist die reife Sfr. glänzend schwarz (dann in den Beschreibungen nicht eigens erwähnt), nur bei einigen Suberecti braun- oder schwarzrot, bei den Corylifolii durch kaum sichtbaren Reif etwas matt schwarz, schwach bläulich-schwarz oder schwarzrot, bei R. caesius durch dichtere Bereifung deutlich bläulich oder blau. Die Formen (flachkugelig, kugelig, verlängert zylindrisch) und der Geschmack (süß, aromatisch fruchtig säuerlich, sauer, fade) geben weitere Kennzeichen ab.

8.8. STANDÖRTLICHE MODIFIKATIONEN UND KRANKHEITEN.

Die Merkmale, die für Brombeeren an ihren charakteristischen Standorten gelten, werden besonders bei ungünstigen ökologischen Bedingungen mehr oder minder abgewandelt, so z.B. bei ungenügender Belichtung vor allem in folgender Weise: Sch. mehr niederliegend, schwächlich, mit zarteren St., ohne charakteristische Färbung, normalerweise 5-zählige B. nur 3-(4-)zählig, B.chen oberseits oft stärker, unterseits schwächer behaart, besonders Reduktion oder Verlust des Sternfilz, Blüstd. wenig oder gar nicht entwickelt. Bei zu großer Beschattung treten gänzlich undifferenzierte Kümmerformen auf, die für eine Bestimmung nicht mehr ausreichen.

Abwandlungen ergeben sich auch durch Krankheiten: Phragmidien (Phragmidium rubi WINTER u. Ph. violaceum (SCH.) WINTER) bilden auf den Blättern charakteristische schwarze Rostflecken und befallen bei uns fast ausschließlich filzblättrige Arten, dabei im besonderen Maße R. selmeri var. argyriophyllus. Die Blätter einiger Suberecti (besonders R. divaricatus, R. affinis) zeigen häufig eine unregelmäßige schwache hell(gelb-)grüne - dunkler grüne Panaschierung. Sie scheint nach LIDFORSS (1914) nicht auf einer unterschiedlichen Chlorophyllverteilung, sondern auf fermentativen Ursachen zu beruhen. Ein dichter Filzüberzug (Erineum) wird durch den Stich der Milbe Eriophyes gibbosus NAL. hervorgerufen. Am Schößling tritt er meist nur lokal auf und ist dann leicht als krankhafte Erscheinung erkennbar. Dagegen werden die Blütenstände meist an allen Achsen dicht filzig und täuschen dadurch ein besonders systematisches Kennzeichen vor, das gelegentlich auch schon in diesem Sinne mißdeutet worden ist. Derartige Erineum-Bildungen sind im Norden jedoch recht selten im Gegensatz zu den Verhältnissen z.B. in Süddeutschland.

9. Bemerkungen zur Fassung der Beschreibungen und zum Gebrauch der Schlüssel

Bei der großen modifikatorischen Variabilität der Brombeeren und wegen der somit häufigen Überschneidungen bestimmter Merkmale oder Merkmalskomplexe zwischen den Arten ergeben sich für eine eindeutige Diagnose und Abgrenzung verschiedene Schwierigkeiten. Allgemein gehaltene Beschreibungen, von denen die batologische Literatur leider zahlreiche Beispiele besitzt, sind so gut wie wertlos. Auch ausführlichere Diagnosen reichen zum Erkennen der Arten in der Regel nicht aus, wenn nicht jedes für die Bestimmung wichtige Merkmal qualitativ und quantitativ exakt angegeben wird. Um daher allge -

mein gehaltene Hinweise wie "Schößling behaart, etwas stieldrüsig" usw. zu vermeiden, werden hier möglichst absolute Maß- und Mengenangaben mitgeteilt. Ohne eine derartige Präzisierung wäre sonst allein nach der Literatur eine Bestimmung von Brombeeren nicht möglich.

Allerdings ist dabei zu beachten, daß an einem bestimmten Brombeerstrauch - auch unter normalen Wuchsbedingungen - gewöhnlich keineswegs alle Merkmale gleichzeitig typisch ausgebildet sind. So wird es meist keinerlei Schwierigkeit bereiten, beispielsweise von einer Art, die normalerweise (wie hier angegeben) ca. 5-10 Haare auf einem bestimmten Schößlingsabschnitt aufweist, gelegentlich ein Exemplar zu finden, das mehr oder auch weniger behaart ist. Es wäre aber deshalb falsch und würde eine Verschlüsselung und Bestimmung ganz unmöglich machen, wenn man nun alle überhaupt jemals beobachteten Ausnahmen den Beschreibungen mit zugrundelegen wollte. Daher werden hier nur die unter normalen Wuchsortsbedingungen in der Regel anzutreffenden Verhältnisse einschließlich der häufigeren Abweichungen angegeben. Allein schon diese Abweichungen bedingen, daß die meisten Arten doppelt und mehrfach im Schlüssel berücksichtigt werden müssen. (Nur bei den lateinischen Diagnosen wurde stellenweise auf derartige absolute Mengenangaben verzichtet, da bei eventuellen späteren Nachweisen der neu aufgestellten Taxa in anderen Gebieten mit geringfügigen Abweichungen zu rechnen ist, die die Originalbeschreibung mit einschließen soll. Die typischen bislang beobachteten Verhältnisse sind jedoch in der deutschen Fassung dieser Beschreibungen angegeben). Allgemein beschränken sich alle Beschreibungen auf die A u s p r ä g u n g   d e r   A r t e n   i m   h i e r   b e h a n d e l t e n   G e b i e t . Einige weit in Europa verbreitete Rubi weichen in südlichen (bes. submediterranen) Regionen in ihren einzelnen Merkmalen mehr oder minder ab, so daß - wegen dieser Variabilität der Merkmale und auch wegen der Beschränkung der Artenanzahl - tatsächlich brauchbare Schlüssel sich immer wohl nur für regional mehr oder minder begrenzte Gebiete einrichten lassen werden.

Detailzeichnungen und Fotos von Herbarbelegen typischer Pflanzen sollen die Bestimmung weiterhin absichern, denn gerade bei der Gattung Rubus zeigt sich, daß einer rein verbalen Diagnostik Grenzen gesetzt sind und daß ohne genaue Typisierung - ersatzweise auch durch präzise Abbildungen - ein Konsens darüber, was unter einer bestimmten Art zu verstehen sei, nicht herzustellen ist. So leicht es auch für denjenigen ist, eine ihm vertraute Rubusart auf den ersten Blick wiederzuerkennen, so schwierig ist andererseits eine Bestimmung aufgrund von Beschreibungen. Diese Schwierigkeiten gerade bei der Gattung Rubus sind kaum noch vergleichbar mit denen anderer Pflanzengattungen, sondern eher schon mit der Beschreibung eines bestimmten menschlichen Individuums, das allein aufgrund einer solchen verbalen Beschreibung aus einer größeren Gruppe ähnlicher Menschen herausgefunden werden soll, wobei "modifikatorisch" die Kleidung, Haartracht und andere Merkmale bei allen Gliedern dieser Gruppe einem ständigen Wechsel unterworfen sind.

Bei der Bestimmung von Brombeeren ist im Einzelfall grundsätzlich die Mehrzahl der zutreffenden Merkmale zu beachten, einzelne Abweichungen sind dagegen als ganz normale Erscheinungen zu vernachlässigen. Wenn die Beschreibungen und Schlüsselmerkmale entsprechend gewertet werden, dürfte die Bestimmung der Brombeeren im behandelten Gebiet keine besonderen Schwierigkeiten bereiten. Wohl nur in selteneren Fällen wird man auf Pflanzen stoßen, die nicht - oder jedenfalls zunächst nicht - zu bestimmen sind. Teils wird man sie bei größerer Erfahrung später als stark abweichende Formen bestimmter Arten erkennen, teils dürfte es sich jedoch um (hybridogene) "Individualarten" oder vielleicht auch um bislang noch nicht aus dem Gebiet nachgewiesene echte Spezies handeln.

Am besten lassen sich Brombeeren zur späten Blütezeit - bei uns etwa ab Ende Juli bis August - beurteilen, wenn sich an den Stöcken neben den letzten Blüten schon die ersten unreifen oder sogar reifen Sammelfrüchte zeigen und die Schößlinge mit den charakteristischen Blättern genügend ausdifferenziert sind. Aber auch schon bei beginnender Blütezeit (meist ab Ende Juni/ Anfang Juli) und auch danach (ab Ende August/September) lassen sich fast alle Arten recht gut erkennen, bei einiger Erfahrung sogar noch bis in den späten Winter hinein, wenn neben den noch grünen Blättern (der Hiemales) die vertrockneten Fruchtstände beobachtet werden; nicht dagegen mehr im Frühling und Frühsommer, wenn die Schößlinge erst untypische Blätter zeigen und die überjährigen Blätter gänzlich abgestorben sind. Die Schlüssel sind so aufgebaut, das sie möglichst auch noch nach der Blütezeit zum Ziele führen.

Der Bestimmung sind sachkundig gesammelte Stücke zugrundezulegen (vgl. das folgende Kapitel), auf die sich auch alle Beschreibungen beziehen. Stark modifizierte oder undifferenzierte Schattenformen sowie (von Anfängern leicht aufgelesene) Mischbelege sind normalerweise unbestimmbar. Die Längen- und Maßangaben beziehen sich (sofern nicht anders vermerkt) ebenso wie die Abbildungen auf Herbariumsstücke (die in der Regel der Bestimmung zugrundeliegen werden). Bei der Bestimmung von Lebendmaterial ist in diesem Zusammenhang zu beachten, daß hierbei die Blütenstiele fast doppelt so dick wie im Exsikkat sind! Die übrigen Achsen schrumpfen beim Trocknen meist nur um 10-30 %, während die Länge der Stacheln, Stieldrüsen und Haare sich kaum verändert. Zur Beurteilung bestimmter Merkmale darf man sich selbstverständlich nicht allein auf die Beobachtung eines der angegebenen Maßabschnitte (z.B. auf 1 cm^2 bei der Angabe: "ca. 5-10 Haare pro cm^2) beschränken, sondern sollte stets größere Abschnitte untersuchen, um dann einen typischen Abschnitt oder einen Mittelwert zugrundezulegen.

10. Hinweise zum Sammeln von Rubusexsikkaten

Von einem Brombeerstrauch sind am besten mit einer Rosenschere (empfehlenswert ist die sehr handliche "Löwe"-Schere) folgende Stücke zu sammeln (vgl. auch Abb. 2A):

1. Teile des "Schößlings" (Sch.), des blütenlosen, diesjährigen Sprosses, der die charakteristischen Blätter trägt. Aus dem mittleren Teil des Sch. (das heißt, weder von dessen Basis noch aus der Spitzenregion oder von Seitenzweigen) werden einige für den Strauch typische Blätter mit den dazugehörigen Teilen des Sch. herausgeschnitten. Außerdem sollte auch die Spitze des Sch. mit den ersten entfalteten Blättern eingelegt werden.

2. Ein oder mehrere Blütenstände des vorjährigen Sprosses derselben (!) Pflanze, und zwar möglichst aus der mittleren Region dieses Sprosses.

Zu einem wissenschaftlich brauchbaren Beleg gehören außer den üblichen Daten einige Angaben über wichtige Merkmale, die am Exsikkat nicht mehr oder nur undeutlich erkennbar sind. Bei reichlichem Sammeln von Brombeeren empfiehlt es sich, dafür Abkürzungen und Symbole zu verwenden. Dann sollte man jedoch einen Schedenvordruck zugrundelegen, auf dem diese Abkürzungen gleichzeitig erklärt sind und der außerdem ein schwarzes (bzw. dunkles) Feld besitzt, in das (z.B. mit Tesafilm) einige Kronblätter geklebt werden können, die dann ihre Form und meist auch Farbe genau behalten.

Vor allem sind folgende Angaben zur späteren Beurteilung und Bestimmung des Exsikkates wichtig:

a) Lichtverhältnisse (sonnig, halbschattig, schattig).

b) Phänologie: Vor-, Haupt-, Nach-Blütezeit (z.B. (O)), Stadium der Fruchtreife (z.B. < □ >).

c) Schößling: Wuchsform, Querschnitt, Farbe (lichtseits), besonders auch (abweichende) Färbung der Stacheln vermerken.

d) Blatt (des Sch.): Farbe (und Glanz) ober- und unterseits. Haltung des Endblättchens im Querschnitt und am Rande, Faltung zw. den Nerven.

e) Farbe der jüngsten Blättchen, d.h., Grad der Anthocyanfärbung beim Austrieb.

f) Blüte: Farbe der Kronblätter, Längenverhältnisse und Färbung von Staubblättern und Griffeln sowie Behaarung der Antheren (♀ = kahl, ⚧ ⚥ ⚦ = schwach, mittel, stark behaart), da die Antheren im Exsikkat leicht abbrechen und verloren gehen. Diese Merkmale können leicht in einer Skizze vereinigt werden, wobei im dargestellten Beispiel die oben weißen unten rosafarbenen Staubblätter mit stark behaarten Antheren die oben grünen, unten roten Griffel um ein Drittel überragen und nach der Blütezeit zusammenneigen (a):

g) Farbe der Kelchzipfel(Kz.)außen und deren Haltung an Blüte, unreifer und reifer Sammelfrucht (z.B. b). Nicht beobachtetes Stadium = o.

h) Fruchtansatz (grob in % abgeschätzt, bei Eufruticosi meist 100 %). Form (Skizze), Farbe und Geschmack der reifen Sammelfrucht.

Die Angaben können im Einzelfall noch ergänzt werden durch Notizen über die Farbe der Stieldrüsen, ob Kronblätter ± glatt oder knitterig, durch Hinweise auf Ökologie, Soziologie (Rubus - Begleitflora!) usw.

Als Anfänger sollte man sein Augenmerk zunächst nur auf einzeln wachsende Stöcke richten, um nicht Schößlings- und Blütenbelege von verschiedenen durcheinanderwuchernden Arten einzusammeln. Außerdem sollten nur Pflanzen von sonnigen oder wenig beschatteten Plätzen berücksichtigt werden, da die Brombeeren bei größerem Lichtmangel nicht ihre typische Ausprägung erreichen, sondern oft nur undifferenzierte Kümmerformen ausbilden. Die beste Sammelzeit sind (in Schleswig-Holstein) die Monate Juli und August.

11. Gruppensystematische Einteilung

Die Einteilung der Brombeeren des behandelten Gebietes, wie sie aus der Übersicht hervorgeht, lehnt sich innerhalb des Subgenus Rubus nicht in allen Teilen an die bislang vorliegenden unterschiedlichen Systeme von FOCKE (1877; 1914), SUDRE (1908-13) und W. WATSON (1958) an, von denen das letztere mit einigen Abwandlungen auch von HESLOP-HARRISON (in Fl. Eur. 1968) und HUBER (in HEGI 1961) übernommen worden ist. Vor allem erschien eine Zusammenfassung und eindeutige Bezeichnung für die große Gruppe der sogenannten "guten Rubusarten" der Batologen (Sect. Eufruticosi) notwendig, das heißt jener Brombeeren, die sich als geschlossene Gruppe eindeutig gegen die Rubi Corylifolii einerseits und Rubus caesius andererseits abgrenzen lassen. Eigenartigerweise scheint eine Bezeichnung für diese einheitliche Sektion, deren Glieder nur untereinander, jedoch nicht zu anderen Gruppen zahlreiche Übergänge besitzen, bislang noch nicht vorzuliegen.

Vielleicht könnte diese Sektion Eufruticosi auch als Sectio Rubus im engeren Sinne aufgefaßt und benannt werden, falls sie die Typusart der Gattung enthält. Als solche schlägt WATSON (1958) R. ulmifolius SCHOTT vor, der zum Typusmaterial LINNÉs gehört. Mehr noch gründete LINNÉ (1753) seinen R. fruticosus jedoch auf Material von R. plicatus Wh., wenn er wohl auch alle Brombeeren außer Rubus caesius - also die Sektionen Eufruticosi und Corylifolii - darunter verstanden haben dürfte. HUBER (1961) beansprucht den Typus-Namen Sectio Rubus dagegen für die Sectio Glaucobatus, also für Rubus caesius. WATSON (l.c.) trennt demgegenüber die Suberecti als eigenes Subgenus Ideobatus x Rubus vom Subgenus Rubus ab und engt dieses damit lediglich auf die Subsectio Hiemales ein, insofern ein weniger glückliches Verfahren, da somit das Subgenus Rubus ssu. WATSON den für die

GRUPPENSYSTEMATISCHE ÜBERSICHT

Genus RUBUS L. 1753
- Subgen. I. Chamaemorus FOCKE 1874
- II. Cylactis (RAF.)FOCKE 1874
- III. Anoplobatus FOCKE 1874
- IV. Idaeobatus FOCKE 1874
- V. Rubus (L.) (= Subg. Eubatus FOCKE 1874)

Sectio 1. Eufruticosi H.E.WEBER sect. nov. (= Subg. Rubus (L.) excl. Sect. Corylifolii et Sect. Glaucobatus; Sect. Rubus auct. plur. ex pte. non HUBER 1961) - Typus: Rubus ulmifolius SCHOTT fil. 1818 (= R.fruticosus L. 1753 ex pte. - Die für die einzelnen Untergruppen dieser Sektion angegebenen Merkmale treffen in ihrer Gesamtheit nicht auf alle darin eingeschlossenen Taxa zu).

Subsect. 1. Suberecti P.J.MÜLLER 1859 (= Subsect. Aestivales E.H.L.KRAUSE 1885, = Subgen. Idaeobatus x Rubus sec. WATSON 1958) - Sommergrün, veg. Vermehrung durch wurzelbürtige Adventivsprosse. Sch. kahl, ± aufrecht, nicht mit der Spitze einwurzelnd.Blüstd. wenig zusammengesetzt, oft angenähert traubig. Stb. postfloral nicht zusammenneigend.

Subsect. 2. Hiemales E.H.L.KRAUSE 1885 (= Subgen. Rubus (L.) WATSON 1958, = Sect. Moriferi (FOCKE) HUBER 1961 pro pte.). - Wintergrün, veg. Vermehrung durch zuletzt einwurzelnde Schößlingsspitzen. Sch. bogig oder kriechend. Blüstd. rispig.

Series Silvatici P.J.MÜLLER 1858. - Pfl. nicht oder wenig stieldrüsig. Sch. kahl oder behaart, B. oberseits meist behaart, unterseits wenig oder nicht filzig. Stb. länger als Gr., postfloral zusammenneigend.

- Sprengeliani FOCKE 1877. - Stb. kürzer als Gr., postfloral nicht zusammenneigend, im übrigen wie Silvatici, doch meist etwas stieldrüsiger.

- Rhamnifolii (FOCKE 1877) FOCKE 1914 (= Subsect. Discolorioides GENEVIER 1880 pro maj. pte.).- Sch. kräftig, mit starken St., B. oberseits oft kahl, unterseits meist graufilzig, oft ± ledrig. Pfl. meist stieldrüsenlos.

- Discolores P.J.MÜLLER 1858. - Sch. kräftig, hochwüchsig, kahl bis fein büschelhaarig. B. unterseits ± weißfilzig. Pfl. stieldrüsenlos.

- Tomentosi WIRTGEN 1858. - Thermophile Arten mit in der Regel oberseits sternhaarigen, unterseits weißfilzigen,grobgesägten B.Krb. gelblichweiß. Fehlen im Gebiet.

- Vestiti FOCKE 1868. - Sch. (anfangs) dicht behaart. B. unterseits weichhaarig und zusätzlich ± filzig, Serratur mit auswärts gekrümmten Hauptzähnen. Blüstd. regelmäßig pyramidal mit trugdoldiger Verzweigungstendenz der Seitenäste. Zumindest Blüstd. stieldrüsig.

- Mucronati (FOCKE 1914) WATSON 1958 (= Sect. Egregii FOCKE 1877 em. FRID.& GEL. 1887 ex pte.).- Blüstd. und oft auch Sch. mit meist langen zerstreuten bis zahlreichen Stieldrüsen. B.chen meist abgesetzt kurzspitzig, mit ± gleichlangen, auswärts gekrümmten Hauptzähnen, unterseits nicht oder nur wenig filzig.

- Apiculati FOCKE 1902. - Sch. mit fast gleichartigen größeren St., dazwischen mit zerstreuten bis zahlreichen ungleichen Stieldrüsen und meist auch mit einzelnen kleineren St. Wenig charakterisierte Übergangsgruppe der drüsenärmeren Series zu den Radulae und Hystrices.

- Radulae FOCKE 1868. - Sch. zwischen den größeren ± gleichlangen St. mit zahlreichen kurzen, unter sich etwa gleichlangen Stieldrüsen. Übergangsgebilde dazwischen fehlend oder zerstreut. B. unterseits filzig (Radulae (FOCKE)) oder nicht filzig (Pallidi WATS.).

- Hystrices FOCKE 1877. - Sch. in allen Übergängen mit sehr ungleichen, an der Basis breiten St. Blüstd. wie die ganze Pfl. dicht stieldrüsig bis drüsenstachelig, mit vorwiegend trugdoldig verzweigten Ästen.

- Glandulosi P.J.MÜLLER 1858. - Sch. kriechend, wie die Hystrices dicht ungleichstachelig und stieldrüsig, doch oft nur mit pfriemlich dünnen St. Blüstd.äste mit meist racemöser Verzweigung. Überwiegend Waldpflanzen.

Sectio 2. Corylifolii (FOCKE 1868) FOCKE 1914 (= Sect. Triviales P.J.MÜLLER 1858 ex pte. excl. R. trivialis MCHX. 1803 et R. caesius L., = Sect. Eufruticosi x Glaucobatus). - Artkonstante Abkömmlinge aus der Verbindung der Rubi Eufruticosi x R. caesius.

Sectio 3. Glaucobatus (DUMORTIER 1863) WATSON 1958 (= Sect. Caesii auct. plur ex pte., = Grex Caesii veri FOCKE 1914 , = Sectio Rubus (L.) sec. HUBER 1961). - R. caesius L.

Gattung und Untergattung Rubus durchaus typischen R. plicatus Wh. (= R. fruticosus L. pro maj. pte.) gar nicht mehr enthält. Angesichts dieser unterschiedlichen Typus-Auffassungen und der daraus resultierenden Verwirrung hinsichtlich der Typus-Sektion erscheint die Einführung der in jedem Fall eindeutigen Bezeichnung als Sect. Eufruticosi notwendig. Diese enthält alle echten Brombeerarten des R. fruticosus L. agg. ohne deren hybridogene Abkömmlinge mit R. caesius.

Innerhalb dieser "guten" Rubusarten werden die sommergrünen Suberecti seit KUNTZE (1867,47), FOCKE (1877, 108) und besonders KRAUSE (1899, 53) als artkonstante Kreuzungsprodukte der wintergrünen Hiemales mit den Himbeeren (Subg. Ideobatus) gedeutet und von WATSON (1958) sogar vollständig von den übrigen Brombeeren als eigenes Subgenus abgetrennt. Diese hybridogene Abkunft ist jedoch vorerst ungesichert und außerdem sind die Suberecti mit zahlreichen Übergangsarten (z.B. Semisuberecti FOCKE 1914) fließend mit den Hiemales verbunden, so daß eine so scharfe Abtrennung von diesen oft sehr ähnlichen Arten künstlich erscheint und hier aufgegeben wurde.

Von den meisten Autoren sind die Hiemales in verschiedene Sektionen weiter unterteilt worden, bzw. je nach dem hierarchischem Überbau in damit identische Subsektionen (oder - wie hier - in Series, ohne daß damit die Rangstufe als solche endgültig festgelegt sein soll). Diese Gruppen sind jedoch keineswegs immer klar zu umgrenzen und viele Arten können, wie zahlreiche Beispiele zeigen, mit mehr oder minder großer Berechtigung ganz verschiedenen solcher Abteilungen zugeordnet werden. Neuerdings haben HUBER (1961) und HESS et al. (1970) eine derartige Einteilung ganz aufgegeben oder sich lediglich auf locker gefaßte "Artengruppen" beschränkt. Aus vorwiegend praktischen Gründen ist hier jedoch eine grobe Einteilung in Series beibehalten worden. Sie richtet sich dabei im wesentlichen nach FOCKE (1914) und SUDRE (1908-13). Doch wurde unter anderem die Subsect. Appendiculati GENEVIER 1873, die bei SUDRE mit den Series Tomentosi WIRTG. einerseits und Glandulosi P.J.M. andererseits sehr heterogene Gruppen umfaßt, hier aufgegeben, zumal auch der Name dieser Sektion hinfällig ist, da der ältere R. appendiculatus TRATT. 1823 eindeutig zu den Suberecti gehört.

B. BESTIMMUNGSSCHLÜSSEL

1. Hauptschlüssel ˣ)

	1	Sproß krautig (einjährig), nicht über 30 cm hoch; Nb. frei oder meist nur mit der Basis des B.stiels verwachsen 2
	1'	Sproß (halb-)strauchig (2- bis mehrjährig) verholzend, meist höher als 30 cm; Nb. stets mit dem B.stiel verwachsen, d.h., diesem (meist einige mm) oberhalb seiner Basis aufsitzend 3
(1)	2	B. ungeteilt, stumpf (3-)5-7lappig; Sproß aufrecht, stachellos. Blü. diözisch, Sfr. rot, später orangegelb (im Süden des Gebiets meist nicht entwickelt). 1. R. chamaemorus
	2'	B. 3zählig gefingert; sterile Sprosse kriechend, fertile aufrecht, Sprosse meist ± zartstachelig. Blü. zwittrig, Sfr. leuchtend glasig rot. 2. R. saxatilis
(1')	3	B. ungeteilt 4
	3'	B. gefiedert oder gefingert 6
(3)	4	B. klein (Spreite unter 8 cm im ⌀), nierenf., gezähnt, unterseits weißfilzig. Sch. st.los oder best. (Sehr seltene, meist nur einzelne B. betreffende Varietät einer Wildpflanze). 6. R. idaeus var. anomalus
	4'	B. groß (Spreite ca. 8-25(-30) cm im ⌀), 5lappig, unters. grün. Sch. st.los, seine Rinde sich im Alter ablösend. Blü. sehr groß (3-5 cm im ⌀). - Zierpfl. 5
(4')	5	Blü. rosa-purpurn. Zweige bleibend dicht stieldrüsig. 4. R. odoratus
	5'	Blü. weiß. Zweige anfangs stieldrüsig und behaart, später glatt u. kahl. 5. R. nutkanus
(3')	6	B. 3zählig mit sitzenden oder fast sitzenden Sb. und lang gestielten Eb. oder gefiedert 5-7zählig (nur bei 146a. R. idaeus x caesius - Schl. 9' - auch gefingert 3-5zählig bzw. gefingert-gefiedert 6-7zählig). Sch. mit Ausnahme der Basis st.los, mit schwarzvioletten St. oder dicht mit langen fuchsroten Drüsenhaaren besetzt Sfr. wohlentwickelt, gelb oder rot und sich leicht vom Fr.träger

---

ˣ) Vgl. auch Zusatzschlüssel I für das Nordwestdeutsche Tiefland (S.96) und II für Dänemark und Skandinavien (S.97) sowie außerdem die Hinweise auf S.44f.

lösend oder fehlschlagend, d.h., ohne oder nur mit 1(-2) schwarz-
roten Teilfr.chen 7

6' B. gefingert 3-5zählig oder durch Spaltung des Eb. gefingert-
gefiedert 6-7zählig. Sch. stets bestachelt, ohne zottige fuchsrote
Drüsenhaare. Sfr. d.braunrot, blaubereift oder schwarz 10

(6) 7 B. unters. von kurzen Sternhärchen graugrün- bis weißfilzig, oberseits h.grün bis grün 8

7' B. unters. grün, ohne Filz, zerstreut behaart bis fast kahl, 3zäh-
lig., Eb. aus keiligem bis herzf. Grund im Umriß rhombisch bis breit
eif., periodisch und eingeschnitten gesägt. Sch. im oberen Teil
stachellos und kahl. Krb. schön purpurrosa(rot), doppelt so. lg. wie
die Kz.
           7. R. spectabilis

(7) 8 Sch., B.stiele und Blüstd. von dichtgedrängten, bis ca. 7(-8) mm
lg. fuchsroten Drüsenhaaren zottig. B. 3zählig mit breitem, oft
3lappigem Eb. Blü. rosarot.
           8. R. phoeniculasius

8' Sch. nicht drüsig-langzottig, entweder st.los oder mit schwarz-
violetten St. 9

(8') 9 B. obers. h.grün, unters. weißfilzig, 3zählig oder gefiedert 5-7-
zählig, Eb. aus meist herzf. Grund eif. bis umgekehrt eif.; Nb.
fädig dünn. Sch. aufrecht oder etwas niedergedrückt, doch nie
kriechend; kahl oder anliegend kurzfilzig, st.los oder mit zerstreuten bis dichtgedrängten ca. 1-2 mm lg. kegeligen oder pfriemlichen
$\pm$schwarzvioletten St., unbereift oder wenig bereift. Sfr. h.rot
(sehr selten gelb), wohl entwickelt (Himbeere).
           6. R. idaeus

9' B. obers. h.grün bis grün, unters. graugrün- bis graufilzig, 3zäh-
lig bis gefingert oder gefiedert 5-7zählig. Eb. breit, oft gelappt,
Nb. lineallanzettlich. Sch. bogig, zuletzt kriechend, stark bereift, kahl oder kurzhaarig, mit oder ohne Stieldrüsen, meist dicht
violettstachelig. St. oft > 2,5 mm lg. Sfr. fehlschlagend, selten
mit 1(-2) schwarzroten Fr.chen.
          146 a. R. caesius x idaeus

(6') 10 B. tief fiederteilig zerschlitzt, in der Anlage 5zählig, die einzelnen B.chen jedoch wiederum gefiedert oder fiederteilig, das Eb.
meist gefiedert mit gefiederten oder fiederteiligen Abschnitten, so
daß insgesamt der Charakter eines Brombeerblatts verwischt wird.
          55. R. laciniatus

10' B. gefingert 3-5zählig oder durch Spaltung des Eb. gefingert-gefiedert 6-7zählig; B.chen gesägt-gezähnt, manchmal etwas gelappt,
Eb. bei einigen Arten einfach fiederteilig. (Als Abnormitäten werden tiefer gesägte B.chen gelegentlich bei R. plicatus, R. gratus,

R. pallidus u.a. Arten beobachtet, dabei sind die B.chen jedoch nicht gefiedert-fiederteilig zerschlitzt, sondern maximal nur etwa zur Hälfte eingeschnitten, wobei der Brombeercharakter erhalten bleibt) 11

(10') 11 Sch. (fast) vom Grunde an oder aus ± flachem Bogen niederliegend, zuletzt kriechend und einwurzelnd, n i e s u b e r e k t, bei den meisten Arten schwach und ± rundlich, seltener kantig, bereift oder unbereift, meist grünlich mit feiner hellerer Strichelung und dazu etwas violettstichig-rötlich, gewöhnlich ungleichmäßig bis fleckig gesprenkelt überlaufen; meist (fast) kahl, seltener ± dicht behaart, doch mit geringen Ausnahmen nie dicht wirrhaarig d.braunrot, ohne oder meist mit vereinzelten, bei einigen Arten auch mit vielen kleinen Drüsenborsten. St. bei den meisten Arten schwach und mit Ausnahme der flachgedrückten Basis nadelig-pfriemlich (meist nur bis 5 mm, selten bis 7 mm lg.).- B. meist sommergrün, B.chen oft breit, sich randlich deckend, obers. oft runzelig, ä. Sb. n i c h t oder nur s e h r k u r z (bis ca. 1(-2) mm lg) gestielt; B.stiel obers. d u r c h g e h e n d r i n n i g ; Nb. relativ b r e i t , ± l a n z e t t l i c h , seltener lineal. - Krb. meist groß und breit, sich oft r a n d l i c h b e r ü h r e n d oder überdeckend, meist k n i t t e r i g . Sfr. m a t t schwarz oder etwas bläulich bereift oder schwarzrot und dann fast immer u n v o l l k o m m e n mit nur einzelnen großen Fr.chen e n t w i c k e l t , bzw. gänzlich fehlschlagend oder stark b l a u b e r e i f t und dann auch ± gut entwickelt. Kz. bei den meisten Arten die reifen Sfr. umfassend. B l ü t e z e i t f r ü h , meist ab VI. - Die meisten Arten dieser Gruppe zeigen wenig charakteristische "unordentliche" Konturen in B.form und Blütstd.aufbau (R. caesius u. Corylifolii) 12

11' Sch. bleibend ± aufrecht (suberekt) oder aus mehr oder minder hohem Bogen niederstrebend und zuletzt oft kriechend und einwurzelnd, oder auch (fast) vom Grunde an niederliegend und kriechend und dann stets zuletzt einwurzelnd, im Gebiet fast nur in Verbindung mit dichtem Stieldrüsenbesatz manchmal etwas bereift, rundlich oder (scharf-)kantig, oft sehr kräftig, grün oder h.braunrot bis weinrötlich überlaufen bzw. intensiv meist gleichmäßig (aber auch ± ungleichmäßig bis gesprenkelt) weinrot, karminrot oder d.weinrotbraun, violettstichige Farben selten, feinere hellere Strichelung vorhanden oder fehlend, Stieldrüsen fehlend bis reichlich vorhanden. St. bei den meisten Arten im unteren Teil flachgedrückt (nur oberhalb ihrer Mitte nicht selten auch nadelig-pfriemlich), oft kräftig ((3-)5 - > 10 mm lg.) - B. bei den meisten Arten wintergrün, nur bei Arten mit suberektem oder hochbogigem Wuchs auch sommergrün. B.chen sich randlich meist nicht überdeckend, obers. selten runzelig, ä. Sb. d e u t l i c h (ca. 2->8 mm lg.) g e s t i e l t (kürzer gestielt oder ungestielt nur in Verbindung mit stieldrüsenlosem, ± aufrecht wachsendem Sch. (Suberecti) oder lebhaft roten Blü. und wohlentwickelten Sfr. (bei R. badius)). B.-stiel obers. **nicht oder nur etwa bis um die Mitte deutlich rinnig**. (Nur bei R. scissus und anderen suberekten Arten auch stärker rinnig). Nb. meist **schmal lineal**, oft fädig, selten etwas breiter und ± lanzettlich. - Krb. meist (umgekehrt) eif., bei einigen Arten schmal ± spatelig, bei anderen rundlich, sich gewöhnlich **randlich nicht überdeckend**, ± **glatt** oder etwas runzelig. Sfr. **glänzend, schwarz**, seltener d.-braunrot, unbereift, **gut entwickelt** mit meist zahlreichen (> 25) Fr.chen; (überwiegend unvollkommener Fr.ansatz im Gebiet nur bei R. senticosus mit kahlem, stieldrüsenlosem Sch. und 8-10 mm lg. dichten St., bei R. opacus mit suberekt-hochbogigem Wuchs, handf. 5-zähligen B. und 6-7 mm lg. Sch.st. sowie bei R. scissus mit suberektem Wuchs und (z.T.) 6-7zähligen B.). Kz. zur Fr.zeit zurückgeschlagen, abstehend oder aufrecht. Blütezeit (mit Ausnahme einiger suberekter Arten) meist ab etwa Mitte VII. - Die Arten dieser Gruppe zeigen im allgemeinen ausgewogenere Konturen in B.form und Blüstd.aufbau (Eufruticosi) 13

(11) 12 B. 3zählig (sehr selten 4-5zählig), B.chen unters. grün, nicht filzig, Herbstfärbung gewöhnlich schön rot, Nb. (relativ) breit lanzettlich, laubig, Sch. dünn, stielrund, kriechend, auf grünem oder ungleichmäßig rötlichviolett überlaufenem Grund wie alle Achsen mit einem (abwischbaren) hellbläulich-weißlichen Wachsüberzug stark bereift, mit zarten nadeligen, nur ca. 1-2(-2,5)mm, selten bis 3 mm lg. St., daneben ohne oder mit zerstreuten kurzen Stieldrüsen, meist kahl, seltener angedrückt sternhaarig. Blüstd. wenigblütig, Krb. weiß, unbewimpert, stark knitterig, Anth., Frkn. u. Frbod. kahl, Sfr. stark hellbläulich bereift, meist gut entwickelt, von den Kz. umfaßt.
146. R. caesius

(Formen mit ebenfalls stark bereiftem Sch., doch etwas längeren, schwarz-violetten St., 3-7zähligen, obers. stark runzligen, unters. ± filzigen B. sowie mit fehlschlagenden Sfr. vgl. ebendort unter R. caesius x idaeus).

12' B. 3-5(-7)zählig, B.chen unters. filzlos grün oder graugrün bis grau(weiß)-filzig, Herbstfärbung weniger auffällig rot, meist gelblich, selten B. auch wintergrün; Nb. oft schmaler lanzettlich. Sch. oft kräftiger, rund(lich) oder ± kantig, wenig oder nicht bereift, gewöhnlich mit längeren und etwas derberen, nicht zart nadeligen, bis 4(-7) mm lg. St., kahl oder behaart, stieldrüsenlos bis dicht stieldrüsig, Krb. kahl oder bewimpert, Anth., Frkn. u. Frbod. kahl oder behaart. Sfr. matt schwarz oder schwarzrot, nicht (deutlich) blau bereift, meist bis auf einzelne gr. Fr.chen oder auch gänzlich fehlschlagend, Kz. aufrecht oder abstehend, seltener zurückgeschlagen. (Die Arten dieser Gruppe nehmen eine Mittelstellung ein zw. R. caesius einerseits und den Arten der Eufruticosi andererseits, in Einzelfällen auch zw. R. caesius u. R. idaeus).

106-145. Sect. CORYLIFOLII

Sectio EUFRUTICOSI

(11') 13 Sch. ohne oder nur mit vereinzelten echten Stieldr. (ca. 0-3(-5) auf 5 cm), mit gleichartigen oder fast gleichartigen St.; daneben kleine St.chen, St.borsten oder St.höcker fehlend oder nur vereinzelt (ca. 0-5 auf 5 cm). Blüstiel stieldrüsenlos bis stieldrüsig. B. 3-7zählig 14

13' Sch. auf 5 cm mit mehr als 5 bis vielen, oft dichtgedrängten echten Stieldrüsen (bzw. deren Stümpfe), mit gleichartigen bis sehr ungleichartigen St.; daneben kleine St.chen, St.borsten oder St. höcker (fast) fehlend bis reichlich vorhanden. Blüstiel stets (bei den meisten Arten reichlich) stieldrüsig. B. 3-5zählig 101

(13) 14 B. unterseits von auf den Nerven gekämmten, im schräg einfallenden Licht schimmernden Haaren samtig-weichhaarig. (Blattfläche unter der dichten Behaarung kaum noch fühlbar) 90

14' B. unterseits nicht fühlbar bis deutlich fühlbar, doch nicht samtigweich und schimmernd behaart. (Blattfläche durch die Behaarung hindurch noch deutlich fühlbar) 15

(14') 15 B. unterseits (manchmal unter der längeren Behaarung versteckt) durch kurze Sternhärchen graugrün- bis weißfilzig, vor allem bei schattigerem Standort) oft nur mit einem Anflug von Stern - flaum oder Filz (Beobachtung mit Lupe bei schräg einfallendem Licht!) 69

15' B. unterseits grün, ohne Sternhaare 16

(15') 16 Antheren alle oder in der Mehrzahl behaart. B. 3-5zählig 17

16' Antheren kahl (sehr selten einzelne mit einem Härchen). B. 3-7-zählig 25

(16) 17 Blüstiele durchschnittlich mit mehr als 5 Stieldrüsen, diese kurz bis sehr lang (0,8 - 4 x so lg. wie der Blüstiel-$\varnothing$). Blüstd.achse zwischen den größeren St. meist mit $\pm$ zahlreichen Nadelborsten und Stieldrüsen. Sch. nicht intensiv d.weinrot und gleichzeitig dichthaarig 18

17' Blüstiele mit 0-3 Stieldrüsen, diese kurz (bis ca. so lg. wie der Blüstiel-$\varnothing$).- (Ausnahmsweise mehr als 3 kurze Stieldrüsen bei R. leptothyrsus (Schl.Nr.23) mit tief d.weinrot-braunem, dicht behaartem Sch.). Blüstd.achse (fast) stieldrüsenlos u. meist ohne Nadelborsten zwischen den größeren St. 20

(17) 18 B.chen breit, sich randlich meist $\pm$ deckend, Blüstiel mit (0-)1-4 St. und langen (durchschnittl. 2-3 x, max. bis ca. 4 x so lg. wie der Blüstiel-$\varnothing$) Stieldrüsen, Nb. mit mehr als 5 Stieldrüsen, B.stiel

oben mit zahlreichen (> 10) Stieldrüsen bzw. Drüsenborsten. Blü. weiß, rosa oder lebhaft (rosa-)rot 19

18' B.chen schmal, sich randlich nicht deckend. Eb. aus abgerundetem oder schmal herzf. Grund elliptisch bis umgekehrt eif., mäßig lang bespitzt, Serratur ziemlich gleichmäßig, nur wenig periodisch mit geraden oder schwach auswärts gekrümmten Hz. Sch. lange grünlich mit rötlicheren St., später (etwas fleckig) wein - rötlich überlaufen; locker behaart (1-10 Haare pro cm Seite), Blüstiel mit ca. 6-12 geraden, ca. 2-3 mm lg. St. und Stieldrüsen mit der Länge von durchschnittlich ca. 0,8-1,5 x, max. bis ca. 2 x Blüstiel-Ø. B.stiel oberseits und Nb. im Gebiet meist mit weniger als 5 Stieldrüsen. Blü.h.rosa bis fast weiß.

81. R. conothyrsus

(18) 19 Sch. reichlich behaart (ca. (5-)15-30(->50) Haare pro cm Seite). Eb. aus herzf. Grund breit umgekehrt eif., zuletzt fast kreisrund, ebenso wie die Sb. mit unvermittelt aufgesetzter schmaler, oft etwas sicheliger Spitze, ziemlich gleichmäßig und fein gesägt, ä. Sb. ca. 2-4 mm lg. gestielt. Nb. schmallineal-fädig, Blü. weiß bis b.rosa, Frkn. meist behaart.

71. R. drejeriformis

19' Sch. kahl bis fast kahl (ca. 0-1(-2) Haare pro cm Seite), Eb. aus herzf. Grund elliptisch oder umgekehrt eif., mehr allmählich in eine kurze bis mäßig lange, breitere Spitze verschmälert, Serratur periodisch, ziemlich weit und geschweift mit deutlich auswärts gekrümmten Hz., ä. Sb. ca. 1-3 mm lg. gestielt, Nb. nicht fädig dünn, sondern breiter und + lanzettlich. Blü. lebhaft (rosa) rot, Frkn. kahl oder sehr spärlich behaart.

75. R. badius

(17') 20 Blüstiel nur mit 0-1(-2) St. von 1,5-2,5 mm Lge., Stb. kürzer als Gr., postfloral nicht zusammenneigend, Krb. vertrocknet noch an der reifen Sfr. haftend. Sch. (fast) kahl, B.chen mit etwas auswärts gekrümmten Hz., jüngste B. rotbraun.

36. R. arrhenianthus

20' Blüstiel mit ca. 2-17(->20) St., Stb. länger als Gr., postfloral zusammenneigend, Sch. kahl oder behaart, B.chen stets ohne deutlich auswärts gekrümmte Hz., jüngste B. frischgrün 21

(20') 21 Sch. deutlich rinnig, glänzend, kahl oder wenig behaart (meist unter 5 Haare pro cm Seite), Eb. mittellang (ca. 30-33 % der Spreite) gestielt 22

21' Sch. rundlich stumpfkantig bis flachseitig, nicht oder nur ausnahmsweise sehr schwach rinnig, matt, stärker behaart (meist viel mehr als 5 Haare pro Seite), Eb. kurz bis ziemlich lang (ca. 24-45 % der Spreite) gestielt. 23

(21) 22 Sch. grün oder wenig h.rotbräunlich überlaufen, mit zerstreuten (ca. 3-4 auf 5 cm), geraden oder ± gekrümmten ca. 6-8 mm lg. St., B.chen ziemlich fein gesägt mit etwas auswärts gekrümmten Hz., am Rande fast glatt, unters. fühlbar behaart, B.stiel mit stark gekrümmten, fast hakigen St., jüngste B. unterseits filzig. Blüstd.achse u. Blüstiele mit deutlich (oft stark) gekrümmten St., Kz. an der Sfr. zurückgeschlagen.

12. R. pseudothyrsanthus

22' Sch. bes. an den Kanten meist weinrot-bronzefarben, dichter bestachelt (ca. 6-12 St. auf 5 cm), St. gerade, ca. 4-5(-6,5) mm lg., B.chen grob gesägt mit geraden Hz., am Rande grobwellig, unters. nicht fühlbar behaart, B.stiel mit geraden oder nur wenig gekrümmten St., jüngste B. nicht filzig, Blüstd.achse und Blüstiele mit geraden, seltener sehr schwach gekrümmten St., Kz. an der Sfr. ausgebreitet oder etwas aufgerichtet.

26. R. gratus

(21') 23 Sch. u. St. bis auf die gelblichen St.spitzen intensiv d.weinrot, mit ca. 6-8 mm lg., geraden bis deutlich gekrümmten St., B.stiel mit stark gekrümmten St., Eb. lang (ca. (35-)38-45 % der Spreite) gestielt. Blüstd. sehr schmal, Blü. (h.)rosa, Kz. bestachelt.

32. R. leptothyrsus

23' Sch. grün oder weniger intensiv weinrot überlaufen, mit 3-5(-6) mm lg. St., Blü. weiß, Kz. bestachelt oder unbestachelt. 24

(23') 24 B. 3-4- deutlich fußf. 5zählig, B.chen breit, sich randlich gewöhnlich deckend; Eb. kurz (ca. 20-25 % der Spreite) gestielt, aus tief herzf. Grund breit eif. bis umgekehrt eif., ziemlich kurz bespitzt, Haltung lebend oft konvex. St. des Sch. gerade, kurz (4-5(-6) mm), ca. zu 10-15 pro 5 cm. Blüstd. ziemlich breit, Kz. grünlich, mit vielen gelben Nadelst.chen, an der Sfr. ausgebreitet, Krb. groß (ca. 13-18 mm lg.).

28. R. sciocharis

24' B. handf. (selten angedeutet fußf.) 5zählig, ohne Neigung zur Reduktion der B.chenzahl, B.chen schmal, sich randlich nicht deckend, Eb. kurz bis mittellang (ca. 25-30 % der Spreite) gestielt, aus abgerundetem bis fast keiligem, seltener angedeutet herzf. Grund schmal umgekehrt eif., mittellang bespitzt, Haltung ± flach, nie konvex. St. des Sch. kurz (3-4(-5) mm lg.), gerade oder leicht gekrümmt, ca. zu 15-25 pro 5 cm. Kz. graugrün, meist stachellos, an der Sfr. zurückgeschlagen, Krb. klein (ca. 9-11 mm lg.).

29. R. silvaticus

(16') 25 Sch. kahl oder fast kahl (0-3(-5) Haare pro cm Seite), B. 3-7zählig 26

25' Sch. zerstreut bis dicht behaart (mehr als 5 Haare pro cm Seite), B. 3-5zählig 45

(25) 26 Blüstiel mit 0-3 Stieldrüsen. Diese stets kürzer als der Blüstiel-⌀. B.stiel (mit Ausnahme von R. egregius (Schl. 29) - mit glattem B. rand -) nur mit 0-1 Stieldrüsen. Sch. fast stielrund bis scharfkantig-rinnig, oft grün oder nur schwach h.weinrot überlaufen mit heller feiner Strichelung. (Intensiver weinrot und etwas bronzefarben nur bei R. gratus (Schl. 33) mit rinnigem Sch., weinrot (braun) u. deutlich heller gestrichelt bei R. affinis (Schl. 37) und R. opacus (Schl. 38) 27

26' Blüstiel mit 3 bis vielen Stieldrüsen (nur bei R. cimbricus (Schl. 44) - mit sehr kurzen Stb., grobwelligen B.chen sowie aufgerichteten, rot stieldrüsigen Kz. - manchmal weniger). Stieldrüsen zum Teil (viel) länger als der Blüstiel-⌀. B.stiel oberseits oft mit mehr als 2 Stieldrüsen. Sch. rundlich-stumpfkantig bis kantig-flachseitig, sehr selten und dann nur angedeutet rinnig, intensiver d.weinrot, etwas violettstichig rötlich oder karminrot, meist ohne deutlich hervortretende heller grün bleibende Strichelung 43

(26) 27 Sch.st. an der Basis nicht oder kaum zusammengedrückt, kurz kegelig oder nadelig-pfriemlich, nur 1-4(-5) mm lg., B. durch Spaltung des Eb. oft 6-7zählig; bei 5zähligen B. Eb. mit tief herzf. Grund. Stb. postfloral nicht zusammenneigend, Sfr. schwarz-d.braunrot, im Geschmack etwas himbeerartig. Sch. aufrecht mit nickender Spitze (suberekt), seltener etwas niedergedrückt, nie bodenstrebend und einwurzelnd; unverzweigt oder nur wenig verzweigt 28

27' Sch.st. von der Basis bis ca. zur Mitte oder meist darüber hinaus zusammengedrückt (mit Ausnahme von R. egregius (Schl. 29) und R. gratus (Schl. 33)) kräftiger, (4-)5-10 mm lg. - B. 3-5zählig (ausnahmsweise bei R. affinis (Schl. 37) - mit 7-10 mm lg. Sch.st. - auch 6-7zählig), Eb. am Grunde abgerundet oder herzf. - Stb. postfloral ± gespreizt bleibend oder zusammenneigend, Sfr. schwarz, mit typischem Brombeergeschmack. Sch. bleibend aufrecht mit nikkender Spitze oder aus hohem bis flachem Bogen erdwärts strebend und zuletzt einwurzelnd 29

(27) 28 Sch. 0,5- über 2 m hoch, fast stielrund, kahl, Sch.st. sehr kurz (1-3(-5) mm lg.), kegelig oder pfriemlich, besonders an der Basis fast immer auffallend d.violett(rot) gefärbt, zerstreut stehend (ca. zu (0-)2-10 auf 5 cm). B.chen nicht oder kaum gefaltet, obers. frischgrün, ± glänzend, kahl oder zerstreut (bis ca. 30 Haare pro cm^2) behaart, unters. wenig und nicht fühlbar behaart. Blüstiel mit 0-3(-7) bis ca. 1,5 mm lg. St., Krb. unbewimpert oder mit einzelnen Härchen, Stb. etwas länger als Gr., Frkn. behaart oder kahl.
                                             9. R. nessensis

28' Sch. 0,5 (- ca. 1,2) m hoch, ± kantig, meist etwas behaart, Sch.st. 3-4(-5) mm lg., nadelig-pfriemlich, nicht auffallend gefärbt, dicht (ca. zu 18-30 pro 5 cm) stehend. B.chen gefaltet, obers. matt grün, stark behaart (ca. 100 Haare pro cm^2), unters. dicht und fühlbar behaart. Blüstiel mit (2-)3-9 St. von ca. (0,5-)1-2 mm Lge., Krb. reichlich bewimpert, Stb. kürzer als Gr., Frkn. dichthaarig.   10. R. scissus

(27') 29 Sch. rundlich-stumpfkantig, mit geraden, meist schwachen, lebhaft karminroten St. (die Mehrzahl nur ca. 3-4 mm lg., einzelne gelegentlich bis 5(-7) mm lg.); daneben oft mit zerstreuten (Drüsen-)St.chen u. St.höckern. - B. alle oder überwiegend 3-4zählig, B.chen obers. (mit ca. 10->20 Haaren pro cm^2) behaart, Eb. aus schmalem abgerundetem Grunde umgekehrt eif. mit aufgesetzter Spitze, ziemlich gleichmäßig gezähnt. Blüstd. schlank, mit dünnen geraden St., Kz. graufilzig, unbewehrt.   34. R. egregius

29' Sch. rundlich-stumpfkantig bis scharfkantig-rinnig, mit geraden oder krummen, kräftigeren, 4-10 mm lg. St. (schwächere Schst. ausnahmsweise und nur bei kantig-rinnigem Sch.). Sch. nur in Verbindung mit obers. kahlen B.chen (bei R. senticosus (Schl. 30)) manchmal mit einzelnen kleineren St.chen. B. alle oder in weit überwiegender Mehrzahl 5zählig, B.chen obers. kahl oder behaart 30

(29') 30 Pfl. sehr dicht bestachelt: Sch. mit ca. 13 - > 20 ca. 8-10 mm lg. meist krummen St. auf 5 cm; St. z.T. auch flächenständig und oft mit einzelnen viel kleineren St.chen untermischt. B.stiel dicht krumm bis hakig bestachelt. Blüstd.achse mit ca. 9-16 stark gekrümmten St. auf 5 cm, Blüstiel mit ca. 10- >13 ca. 4-5 mm lg. schwach gekrümmten St. B.chen oberseits (von Anfang an) kahl, Krb. weiß, Sfr. in SH unvollkommen.   22. R. senticosus

30' Pfl. weniger dicht bestachelt: Sch. mit ca. 3-13 St. auf 5 cm (ausnahmsweise dichter bestachelt nur in Verbindung mit obers. behaarten B.), St. kantenständig, kleine St.chen fehlend, B.chen obers. meist behaart, Sfr. gut entwickelt, unvollkommen nur in Verbindung mit weniger dichten St. und gleichzeit obers. behaarten B.chen   31

(30') 31 B.stiel und Blüstd. mit ausgeprägt hakigen St. - Sch.st. alle oder in der Mehrzahl gerade oder wenig gekrümmt, 6-8 mm lg., B. klein (meist unter 20 cm lg.), B.chen oberseits oft (doch nicht immer) stark glänzend, Eb. lang gestielt (40-60 % der Spreite) aus abgerundetem oder etwas herzf. Grund umgekehrt eif. bis elliptisch, mit undeutlicher breiter und kurzer Spitze. Blüstiel mit ca. 1-5(-7) St., Krb. h.rosa bis fast weiß. Im freien Stande suberekter, sparrig verzweigter, zierlicher Strauch.   20. R. divaricatus

31' Pfl. anders: B.stiel mit geraden oder krummen St., hakige St. (bei R. plicatus (Schl. 39) u. R. bertramii (Schl. 39')) nur in Verbindung mit in der Mehrzahl gekrümmten Sch.st. und anders geformten, kürzer gestielten Eb. oder (bei R. holsaticus (Schl. 42')) zusammen mit viel größeren B. und fast gerade bestachelter Blüstd.achse. Pfl. nicht gleichzeitig suberekt und stark verzweigt 32

(31') 32 Sch. auch ausgewachsen mit deutlich rinnigen Seiten 33

32' Sch. ausgewachsen rundlich stumpfkantig bis kantig-flachseitig, selten mit etwas vertieften, doch nicht rinnigen Seiten (nur ausnahmsweise manchmal angedeutet rinnig bei R. plicatus (Schl. 39) - u.a. mit nur 0-3 mm lg. gestielten ä. Sb. und R. platyacanthus (Schl. 40) mit kräftig u. krumm bestachelter Blüstd.achse) ... 36

(32) 33 B. vorwiegend etwas fußf. 5zählig, B.chen tief grob und periodisch gesägt, am Rande stark wellig, ä. Sb. ca. 4 mm lg. gestielt, Nb. relativ breit (schmallanzettlich), am Rande nicht selten mit einzelnen Stieldrüsen. Sch. mehr oder minder rotbraun - bronzefarben mit geraden 4-5(-6,5) mm lg. St. (ca. zu 6-13 auf 5 cm). St. des B.stiels gerade oder nur sehr wenig gekrümmt. Blüstd. breit, umfangreich, rispig, Achse mit geraden St., Kz. an der Sfr. abstehend oder ± aufgerichtet, Krb. rosa, groß (ca. 15 mm lg.), Sfr. groß u. vielfrüchtig.   26. R. gratus

33' B. handf. 5zählig, gleichmäßig oder nur wenig ungleichmäßig gesägt, am Rande fast glatt, ä. Sb. ca. 1-10 mm lg. gestielt. Nb. schmallineal-fädig, ohne Stieldrüsen, Sch. grün oder etwas rotbräunlich bzw. weinrot überlaufen, mit geraden oder krummen, 6-10 mm lg. St. B.stiel und Blüstd.achse mit krummen St., Blüstd. schmaler, angenähert traubig oder rispig, Kz. an der Sfr. zurückgeschlagen 34

(33') 34 B. klein, obers. mit zahlreichen Haaren (ca. 25 - > 50 pro cm^2), Sch. stark verzweigt, im Herbst einwurzelnd, St. ca. zu 8-12 auf 5 cm, gerade,(bes. an ihrer Basis) meist auffällig weinrot. Blüstd. im Gebiet sehr schmal, deutlich rispig.   45. R. maassii

34' B. größer, B.chen obers. kahl oder fast kahl (bis ca. 5 Haare pro cm^2); Sch. unverzweigt oder wenig verzweigt, sehr hochwüchsig, nicht einwurzelnd, mit zerstreuteren (nur ca. 3-5 auf 5 cm), meist etwas gekrümmten, nicht auffällig gefärbten St. Blüstd. besonders im oberen Teil angenähert (oder ganz) traubig 35

(34') 35 Sch. suberekt, nicht selten bis über 3 m hoch steigend; B. groß, B.chen zart, unters. wenig und nicht fühlbar behaart. Eb. lang gestielt (ca. 37-40 % der Spreite), lebend mit meist konvexer Haltung; ä.Sb. schon im Sommer (4-)5-10 mm lg. gestielt (Unter-

schied auch zu R. plicatus (Schl. 39)), Laub sich bereits im Spätsommer von den B.zähnen her rot verfärbend, früh abfallend, jüngste B. und Blüstd.b. unters. ohne Filz. Blüstiel grün, 2-4 cm lg., unbewehrt oder nur mit 1-2 St.chen von kaum 1 mm Lge., Kz.(oft $\pm$ glänzend)grün, Blü. weiß, Sfr. zylindrisch, sehr viel höher als breit.
            11. R. sulcatus

35' Sch. suberekt bis hochbogig, nur bis ca. 2 m hoch, B. nicht sehr groß, B.chen derber, unters. deutlich fühlbar behaart, Eb. mittellang (ca. 33 % der Spreite) gestielt, lebend $\pm$ flach, nicht konvex, ä.Sb. ca. 3-4 mm lg. gestielt. Laub im Spätsommer noch grün. Jüngste B. und oft auch Blüstd.b. unters. etwas filzig. Blüstiel $\pm$ graugrün, nur bis ca. 2 cm lg., mit ca. 4-8(-10) St. von ca. 1-2 mm Lge., Kz. matt und etwas graufilzig grün, Sfr. rundlich, nicht höher als breit.
          12. R. pseudothyrsanthus

(32') 36 Eb. am Grunde deutlich (oft tief) herzf., größte Breite in oder unterhalb der Mitte (nur bei R. affinis (Schl. 37) gelegentlich auch etwas oberhalb der Mitte) 37

36' Eb. am Grunde abgerundet oder nur wenig herzf., größte Breite in oder oberhalb der Mitte 40

(36) 37 Sch. rundlich stumpfkantig, stark verzweigt, mit kräftigen ca. 8-11(-12) mm lg., geraden oder fast geraden, am Grunde oft auffällig geröteten St. B.chen obers. meist tief d.grün, nicht gefaltet, doch grobwellig, ä.Sb. ca. 2-4 mm lg. gestielt. Blüstd.achse mit 7-8 mm lg., $\pm$ gekrümmten St., Blüstiel stark behaart, mit ca. 4 mm lg. (fast) geraden St., Kz. etwas graugrün, an der Sfr. zurückgeschlagen.
            19. R. affinis

37' Sch. rundlich-stumpfkantig bis kantig-flachseitig mit nur bis 7 mm lg., oft mehr gekrümmten St. B.chen heller grün, oft gefaltet. St. der Blüstd.achse bis ca. 5 mm, die der Blüstiele bis ca. 3 mm lg. 38

(37') 38 Sch. hochbogig, reichlich verzweigt, kantig-flachseitig, (h.)rotbraun mit ca. 6-7 mm lg., an der Basis deutlich geröteten St., ä. Sb. schon im Sommer ca. 3-5 mm lg. gestielt, B.chen nicht oder nur wenig gefaltet, Kz. abstehend oder locker zurückgeschlagen. Stb. griffellg. oder etwas länger, Frbod. behaart, Sfr. $\pm$ unvollkommen.
            18. R. opacus

38' Sch. suberekt, wenig verzweigt, rundlich-stumpfkantig bis kantig-flachseitig, grün oder nur wenig h.rotbräunlich überlaufen, mit nur ca. 5-6(-7) mm lg., nicht auffällig gefärbten St., ä.Sb. im Sommer meist nur 0-2 mm lg. gestielt, Kz. an der stets wohlentwickelten Sfr. abstehend, Stb. kürzer bis länger als die Griffel 39

(38') 39   Frbod. behaart, Stb. so lang wie Gr. oder etwas kürzer, B.chen deutlich gefaltet, Eb. aus herzf. Grund eif., mäßig lang bespitzt, Kz. kurz,(überall sehr häufige Art).

              14. R. plicatus

   39' Frbod. kahl, Stb. länger als die Gr., B.chen weniger gefaltet, Eb. aus herzf. Grund sehr breit elliptisch bis rundlich, kurz bespitzt. Kz. mit längeren Spitzen, (sehr seltene, nördlich der Elbe anscheinend fehlende Art).

              15. R. bertramii

(36') 40 B.chen mit oft etwas periodischer Serratur, deutlich gefaltet, Eb. mittellang gestielt (ca. 30-35 % der Spreite). Blüstd.achse mit ca. 15 $\pm$ sicheligen, doch nie hakigen St. auf 5 cm, Blüstiel mit ca. $\overline{9\text{-}15}$ St.

              24. R. platyacanthus

         (vgl. dazu auch 23. R. carpinifolius)

   40' B.chen ziemlich gleichmäßig gesägt, gefaltet oder ungefaltet, Eb. länger gestielt (ca. 35-60 % der Spreite). Blüstd.achse mit ca. 5-9 St. auf 5 cm, wenn ausnahmsweise mehr St., dann mit hakiger Spitze (bei R. divaricatus (Schl. 42)), Blüstiel mit 0-5 (-7) St. 41

(40') 41 Sch. hochbogig, sehr stark verzweigt, sich von den Kanten her (braun-)rot $\pm$ verfärbend, St. stets lebhaft rötlicher als der Sch. B. klein, B.chen etwas derb, oberseits mit zahlreichen Haaren (ca. 25 - > 50 pro cm^2). Eb. umgekehrt eif., auch zuletzt nicht rundlich, kurz und etwas abgesetzt bespitzt, ungefaltet mit fast glattem,zur Basis hin sehr schmal umgefalztem Rand, ä.Sb. ca. 1-3 mm lg. gestielt, B.stiel mit meist nur ca. 6-7 mäßig gekrümmten, nie hakigen St.-Blüstiel (im Gebiet) nur ca. 5-15 mm lg, mit (0-)2(-3) feinen St., Kz. graugrün filzig, Frbod. etwas behaart.

              45. R. maassii

   41' Sch. suberekt oder hochbogig, und dann nur mäßig verzweigt, grün oder wenig h.rotbräunlich überlaufen, St. ohne lebhafte Färbung. B.chen nicht derb, oberseits spärlicher behaart (meist unter 15 Haare pro cm^2), ohne schmal umgefalzten Rand, ä.Sb. ca. 2-5 mm lg. gestielt, B.stiel mit zahlreicheren (ca. 8-20) stets stark, oft hakig gekrümmten St. - Blüstiel ca. 15-25 mm lg., mit 1-5(-7) schwachen oder kräftigen St., Kz. grün, Frbod. kahl 42

(41') 42 Sch. suberekt, sparrig verzweigt, B. klein (meist deutlich unter 20 cm lg.), Eb. lang gestielt (40-60 % der Spreite), aus abgerundetem oder schwach herzf. Grund schlank umgekehrt eif. bis elliptisch mit kurzer breiter und undeutlicher Spitze, Haltung $\pm$ gefaltet, nicht konvex. B.stiel und Blüstd.achse mit (jedenfalls an ihrer Spitze) hakig gekrümmten St., Krb. meist etwas rosafarben.

              20. R. divaricatus

42' Sch. hochbogig, mäßig verzweigt, B. zuletzt auffallend groß (20 bis mehr als 30 cm lg.), Eb. etwas kürzer gestielt (ca. 35-45% der Spreite), aus abgerundetem oder gestutztem (selten etwas ausgerandetem) Grund (breit) umgekehrt eif., zuletzt oft rundlich, allmählich ± kurz bespitzt, Haltung ungefaltet, zuletzt oft konvex. B.stiel mit stark, doch nicht immer hakig gekrümmten St., St. der Blüstd.achse gerade oder nur schwach gekrümmt, Krb. weiß.

21. R. holsaticus

(26') 43 B. 3-4-fußf. 5zählig, Eb. lang gestielt (ca. 33-40 % der Spreite), aus abgerundetem oder schwach herzf. Grund umgekehrt eif. mit plötzlich aufgesetzter kurzer Spitze, fein und gleichmäßig gesägt, Hz. nicht oder kaum länger, meist etwas auswärts gerichtet, B.chen unters. wenig und nicht fühlbar behaart, Kz. graugrün, an der Sfr. abstehend.

73. R. atrichantherus

43' B. handf. oder nur angedeutet fußf. 5zählig, B.chen unters. stark und deutlich fühlbar bis fast samtig-weich behaart. Eb. kürzer gestielt (ca. 30-33 % der Spreite), mit ausgeprägt periodischer Serratur, Kz. graufilzig, an der Sfr. aufgerichtet oder zurückgeschlagen 44

(43') 44 Eb. aus tief herzf. Grund breit eif., allmählich lang zugespitzt, sehr tief und ungleich grob periodisch mit längeren geraden Hz. gesägt. B.rand grobwellig. Blüstd. bis oben durchblättert, Blüstiel mit ca. 7-20 etwa 3-5(-5,5) mm lg. St., Stb. kürzer als Gr., postfloral nicht zusammenneigend, Kz. die Sfr. umfassend.

38. R. cimbricus

44' Eb. aus abgerundetem, nicht selten seicht ausgerandetem Grund elliptisch bis schwach umgekehrt eif., zuletzt oft breit-rundlich, kürzer bespitzt, nicht sehr tief, doch deutlich periodisch gesägt mit stark auswärts gekrümmten Hz. Blüstd. im oberen Teil blattlos. Blüstiel mit ca. 3-7 etwa 2,5-4,5 mm lg. St., Stb. länger als Gr., postfloral zusammenneigend, Kz. an Sfr. zurückgeschlagen.

66. R. pyramidalis

(25') 45 Blüstiel mit 0(-2) Stieldrüsen 46

45' Blüstiel mit 3 bis vielen Stieldrüsen 52

(45) 46 St. an Blüstd.achse bis ca. 5 mm lg., Sch.st. bis ca. 6 mm lg. (nur bei R. gratus (Schl. 50') - u.a. mit rinnigem Sch. - und bei R. macrophyllus (Schl. 50) - u.a. mit büschelhaarigem violett-stichigem Sch. - gelegentlich länger), B.chen glatt oder wellig, nicht gefaltet 47

46' St. an Blüstd.achse ca. 5-7 mm lg., Sch.st. ca. 5-10 mm lg., B.chen gefaltet 51

(46) 47   Sch. rundlich-stumpfkantig, dicht bestachelt (pro 5 cm meist ca. 12-15 (z.T. bis über 20) St.), Eb. am Grunde abgerundet, seltener ganz schwach herzf. 48

47' Sch. rundlich-stumpfkantig, kantig-flachseitig oder rinnig, mit ca. 5-12 St. auf 5 cm, St. gerade oder schwach gekrümmt, Eb. mit abgerundetem bis deutlich herzf. Grund 49

(47) 48   B. handf., selten etwas angedeutet fußf. 5zählig, ohne Neigung zu 3-4zähligen B.; Sch.st. gerade oder nur schwach gekrümmt, nur ca. 3-4(-5) mm lg., etwa zu 15-25 pro 5 cm, Blüstd. schmal, Blü. weiß, Stb. länger als Gr., postfloral zusammenneigend; jüngste B. grün, selten mit geringer Anthocyanbeimengung.

29. R. silvaticus

48' B. 3-4zählig mit gelappten Sb. oder deutlich fußf. 5zählig., Sch. st. sichelig gekrümmt, 5-6 mm lg., ca. zu (8-)12-15(-20) pro 5 cm; Blüstd. dünnästig, sperrig ausgebreitet, Blü. (h.)rosa bis schön rosarot, Stb. kürzer als Gr., postfloral nicht zusammenneigend; jüngste B. mit starker Anthocyanfärbung (h.-d. rotbraun).

37. R. sprengelii

(47') 49 B. ausgeprägt fußf. 5zählig, Eb. mäßig lang gestielt (ca. 35-40 % der Spreite), am Grunde abgerundet oder seicht herzf.; Haltung flach, ungefaltet, am Rande fast glatt, Sch. rundlich-stumpfkantig, dichthaarig und mit vielen Sitzdrüsen, Gr. am Grunde rot, Kz. an der Sfr. zurückgeschlagen.

33. R. phyllothyrsus

49' B. handf. oder nur schwach fußf. 5zählig, Eb. am Grunde deutlich herzf., Sch. kantig-flachseitig bis rinnig, Gr. grün 50

(49') 50 Eb. lang gestielt (ca. (37-)40-50 % der Spreite), ziemlich gleichmäßig und wenig tief gesägt, am Rande fast glatt, lebend mit fast immer deutlich konvexer Haltung, Sch. nur schwach oder nicht rinnig, zerstreut bis meist dicht büschelhaarig, matt, violettstichig ungleichmäßig gesprenkelt oder fleckig, Blüstd.achse dicht zottig, Kz. an Sfr. zurückgeschlagen, Krb. ca. 8-12 mm lg.

30. R. macrophyllus

50' Eb. kürzer gestielt (ca. 30 % der Spreite), tief und ungleich grob periodisch gesägt, am Rande grobwellig, Haltung nicht konvex, Sch. deutlich rinnig, ± glänzend weinrot-bronzefarben, nicht fleckig, meist fast kahl, seltener mit zerstreuten, überwiegend einzelnen Haaren, Blüstd.achse nicht zottig, Kz. an Sfr. abstehend oder aufgerichtet, Krb. ca. 15 mm lg.

26. R. gratus

(46') 51 St. an Sch., Blüstd.achse u. Blüstiel gerade, selten schwach gekrümmt, am B.stiel gerade oder leicht gekrümmt, Sch. rundlich-stumpfkantig, stets deutlich (mit ca. 15- über 20 Haaren pro cm

Seite) behaart, Kz. grün, nur am Rande grauweiß filzig.

             25. R. correctispinosus

51' St. am Sch. in der Mehrzahl etwas gekrümmt, im Blüstd. u. an den B.stielen stets deutlich gekrümmt. Sch. kantig-flachseitig oder mit etwas vertieften Seiten, meist fast kahl (ca. 2-5(-10) Haare pro cm Seite), Kz. graugrün, ohne deutlich abgesetzten Rand.

             24. R. platyacanthus

(45') 52 Sch. deutlich kantig mit rinnigen oder fast ebenen Seiten, $\pm$ glänzend weinrot-bronzefarben oder ungleichmäßig violettstichig fleckig. Blüstiel wenig stieldrüsig (gewöhnlich unter 3 Stieldrüsen). Eb. am Grunde deutlich und meist tief herzf.; Kz. ohne oder fast ohne St., stieldrüsenlos oder nur mit vereinzelten Stieldrüsen.

             R. gratus
             R. macrophyllus
            (vgl. Schl. 50 - 50')

52' Sch. (abgesehen von der Spitzenregion) stumpfkantig mit gewölbten Seiten (falls ausnahmsweise stärker kantig und flachseitig, dann Blüstiel mit zahlreichen (> 10) Stieldrüsen), Eb. am Grunde abgerundet bis tief herzf., Kz. unbewehrt bis dichtstachelig, stieldrüsenlos bis reichlich stieldrüsig .... 53 + 61

Ansatz I

(52') 53 St. des Sch. und der Blüstd.achse in der Mehrzahl deutlich und oft stark sichelig gekrümmt 54

53' St. des Sch. gerade oder nur sehr wenig gekrümmt, an der Blüstd. achse gerade bis mäßig gekrümmt 56

(53) 54 Blü. rosa oder rot, Kz. ohne oder nur mit vereinzelten St.chen, Blüstiel mit ca. (1-)5-10(-12) St., Blüstd. dünnästig und sperrig, Blüstd.achse mit schwachen, nur ca. 3(-4) mm lg. St.; Sch. mit (8)-12-15(-20) St. pro 5 cm, Eb. aus abgerundetem oder schwach herzf. Grund eif. oder elliptisch, allmählich $\pm$ lang bespitzt, ziemlich schmal, nie rundlich. B.stiel mit ca. 7-12 St.

             37. R. sprengelii

54' Blü. weiß, Kz. mit vielen St.chen, Blüstiel mit 7-20(-30) St., Blüstd. nicht dünnästig, Blüstd.achse mit 3-6 mm lg. St.; Sch. mit 10-20(-25) St. pro 5 cm, Eb. elliptisch bis umgekehrt eif., zuletzt oft breit, z.T. rundlich, B.stiel mit ca. 12-20 St. ... 55

(54') 55 B. handf. oder schwach fußf. 5zählig, vereinzelt auch (3-)4zählig, Eb. kurz gestielt (ca. 25-30 % der Spreite), aus abgerundetem oder seicht und eng herzf. Grund (breit) elliptisch oder umgekehrt eif. mit wenig abgesetzter kurzer bis mittellanger Spitze, ä.Sb. ca. 2-6 mm lg. gestielt. - Blüstd. breit, oben nicht gedrungen dichtblütig; Blüstd.achse dicht krummstachelig (ca. 10-20 St. auf 5 cm), Blüstiel ca. 15-30 mm lg., mit 15-20(-30) kräftigen, ca. 2-3 mm lg. St., Kz. an der Sfr. zurückgeschlagen, Stb. so lang wie Gr. oder länger; Frkn. kahl, Sfr. länglich, höher als breit.

                 43. R. noltei

55' B. überwiegend 3-4zählig, daneben deutlich fußf. 5zählig, Eb. sehr kurz gestielt (ca. 17-26 % der Spreite), aus ± herzf. Grund breit umgekehrt eif., zuletzt oft rundlich, mit etwas aufgesetzter kurzer Spitze, ä.Sb. 1-2(-4) mm lg. gestielt. - Blüstd. schmal, oben gedrungen dichtblütig, Blüstd.achse mit ca. 5-10 krummen St. auf 5 cm, Blüstiel ca. 10-15(-20) mm lg., mit ca. 7-12 schwächeren, ca. (1,5-)2-2,5 mm lg. St., Kz. an der Sfr. abstehend oder aufgerichtet, Stb. kaum halb so lg. wie die Gr., Frkn. behaart, Sfr. (flach-)kugelig.

                 42. R. echinocalyx

(53') 56 Sch. karminrot. B. handf. bis schwach fußf. 5zählig, Eb. herzeif., allmählich lang bespitzt, sehr scharf und tief, fast eingeschnitten periodisch mit geraden Hz. gesägt, grobwellig, Blüstiel mit 7-20 ca. 3-5(-5,5) mm lg. geraden St., Stb. kürzer als Gr., Kz. lang, die Sfr. umfassend.

                 38. R. cimbricus

56' Sch. grünlich, (d.)weinrot oder etwas violettstichig. Eb. elliptisch bis umgekehrt eif. oder rundlich, nicht grob und tief gesägt. Stb. länger oder kürzer als Gr. 57

(56') 57 B. handf. bis angedeutet fußf. 5zählig, B.chen obers. kahl oder fast kahl (nur ca. 0-2 Haare pro cm^2), unters. deutlich weichhaarig, Eb. aus abgerundetem, seltener seicht ausgerandetem Grund elliptisch bis schwach umgekehrt eif., zuletzt oft ± rundlich, allmählich mäßig lang bespitzt, ausgeprägt periodisch mit stark auswärts gekrümmten etwas längeren Hz. gesägt; Blüstd. regelmäßig pyramidal, oben b.los, Blüstiel mit ca. 3-7 geraden 2,5-4,5 mm lg. St., Kz. graufilzig, mit vielen h.rötlichen Stieldrüsen, an der Sfr. zurückgeschlagen, Stb. länger als Gr.

                 66. R. pyramidalis

57' B. 3-4zählig oder handf. bis deutlich fußf. 5zählig, oberseits meist stärker behaart, unters. nicht weichhaarig, Serratur weniger stark oder nicht periodisch, ohne stark auswärts gekrümmte, längere Hz. 58

(57') 58 Sch. violettstichig rötlich angelaufen, in der Regel fast kahl (0-3 Haare pro cm Seite), St. zerstreut (ca. 3-6 auf 5 cm), sehr schlank, meist untermischt mit einzelnen St.höckern und (Drüsen-)St.chen; B. 3-4- fußf. 5zählig, Eb. lang gestielt (ca. 33-40 % der Spreite), aus abgerundetem oder seicht herzf. Grund umge-

kehrt eif. mit aufgesetzter kurzer Spitze, fein und ziemlich gleichmäßig gesägt. Stieldrüsen der Blüstiele sehr lang, (bis ca. 3-5 mal so lg. wie der Blüstiel-$\emptyset$), Kz. an der Sfr. abstehend, Stb. länger als Gr.
                                  73. R. atrichantherus

58' Sch. grünlich oder $\pm$ d.weinrot, dichter bestachelt, zerstreut bis dicht behaart, B.form anders, Stieldrüsen der Blüstiele kaum so lg. wie der Blüstiel-$\emptyset$; wenn länger, dann Stb. viel kürzer als Griffel 59

(58') 59 Sch. mit vielen (zu schwarzen Punkten vertrockneten) Sitzdrüsen. B. ausgeprägt fußf. 5zählig (einzelne auch 4zählig), Eb. lang gestielt (ca. 35-40 % der Spreite), aus seicht herzf. oder abgerundetem Grunde breit umgekehrt eif., Serratur ungleich, sehr weit und wenig tief. Stb. deutlich länger als die am Grunde rötlichen Gr.
                                  33. R. phyllothyrsus

59' Sch. nicht dicht sitzdrüsig, B. handf. oder schwach fußf. 5zählig, Eb. kürzer gestielt (30-35 % der Spreite), am Grunde abgerundet oder keilig. Stb. nur etwa so lang oder meist deutlich kürzer als die grünlichen Gr. 60

(59') 60 Schst. nur 3-4 mm lg., nicht auffällig gefärbt. B. handf. 5zählig, B.chen schmal, auffallend regelmäßig gesägt. Blüstd.achse mit ca. 3 mm lg. St. Krb. weiß, rundlich, noch an der Sfr. vertrocknet haftend, Stb. nur ca. ein Drittel so lg. wie Gr., Kz. postfloral abstehend. Austrieb anthocyanfarben (h.rotbraun).
                                  35. R. arrhenii

60' Schst. 5-7 mm lg., am Grunde gelblicher oder rötlicher als der Sch., B. meist schwach fußf. 5zählig, B.chen oft breiter, etwas ungleichmäßig gesägt, Blüstd.achse mit ca. 4-6(-7) mm lg. St., Krb. weiß oder b.rosa, elliptisch bis zunglich, postfloral abfallend, Stb. so lang oder etwas kürzer (selten auch länger) als Gr., Kz. zuletzt locker zurückgeschlagen, Austrieb grün oder nur schwach h.rotbraun überlaufen.
                                  40. R. chlorothyrsus

Ansatz II

(52') 61 Stb. alle viel kürzer bis fast so lang wie Gr., postfloral gespreizt oder aufrecht bleibend oder unregelmäßig wirr durcheinandergerichtet, Kz. an der Sfr. aufgerichtet, abstehend oder zurückgeschlagen 62

61' Stb. alle oder in der Mehrzahl deutlich länger als Gr., postfloral zusammenneigend, Kz. an der Sfr. abstehend oder zurückgeschlagen 66

(61) 62 Eb. aus tief herzf. Grund breit eif. (größte Breite deutlich unterhalb der Mitte), allmählich lang bespitzt, mit sehr tiefer, fast eingeschnittener periodischer Serratur, lebend stark grobwellig. Sch. leuchtend (h.)karminrot, mit geraden schlanken (5-)6-7 mm lg. St. Blüstd.achse mit 5-6(-7) mm lg., geraden oder fast geraden St., Blü. weiß, Kz. lang, die Sfr. umfassend.

                                                                    38. R. cimbricus

62' Eb. am Grunde nicht oder nur wenig herzf., meist elliptisch oder umgekehrt eif., Serratur nicht tief, B.chen lebend nicht grobwellig. Sch. grünlich oder (d.)weinrot, Blüstd.achse oft mit $\pm$ sicheligen St. 63

(62') 63 Kz. auffallend dichtstachelig, Krb. weiß, schmal, Stb. nur ca. ein Drittel so lg. wie Gr., postfloral wirr durcheinandergerichtet, Frkn. u. Frbod. behaart; Blüstd. ziemlich schmal, oben gedrungen dichtblütig, da Blüstiele durchschnittl. nur ca. 10-15 (-20) mm lg. - B. überwiegend 3-4zählig, daneben deutlich fußf. 5zählig, Eb. aus $\pm$ herzf. Grund breit umgekehrt eif., zuletzt oft rundlich, mit etwas aufgesetzter kurzer Spitze, Sch. mit ca. 12-20 überwiegend sicheligen, ca. 5-6(-7) mm lg. St. auf 5 cm.

                                                                    42. R. echinocalyx

63' Kz. unbewehrt oder mit $\pm$ zahlreichen St., doch nicht dichtigelstachelig. Blüstd. nicht schmal und gedrungen dichtblütig, Blüstiele ca. 15-20(-30) mm lg., Frkn. u. Fruchtboden behaart oder kahl 64

(63') 64 Sch.st. nur 3-4 mm lg., alle oder doch in der Mehrzahl gerade. B. handf. 5zählig (ohne Neigung zur 3-4zähligen B.), B.chen schmal, sehr gleichmäßig gesägt, gefaltet, Eb. elliptisch, allmählich in eine mäßig lange Spitze verschmälert, Kz. an Sfr. aufgerichtet, Krb. weiß, rundlich, kurz benagelt, postfloral vertrocknet haftend, Stb. nur ein Drittel so lg. wie Gr..

                                                                   35. R. arrhenii

64' Sch.st. 5-7 mm lg., gerade oder sichelig, B. 3-4- fußf. 5zählig, B.chen nicht auffallend gleichmäßig gesägt, ungefaltet. Kz. an Sfr. abstehend oder zurückgeschlagen, Krb. nicht rundlich, postfloral abfallend, Stb. nur wenig kürzer bis fast so lg. wie Griffel 65

(64') 65 Sch.st. deutlich sichelig, B. vorwiegend 3-4zählig mit gelappten Sb., daneben (stets deutlich fußf.) 5zählig, Eb. aus abgerundetem oder schwach herzf. Grund (schmal)eif. oder elliptisch, allmählich $\pm$ lang bespitzt; jüngste B. stark anthocyanfarben (h.-d.rotbraun). - Blüstd. sperrig dünnästig, Achse mit ca. 5 zarten 3(-4) mm lg., meist deutlich sicheligen bis hakigen, seltener auch fast geraden St. pro 5 cm; Blüstiel mit (1-)5-10(-12) nur ca. 2 mm lg. St., Blü. b.rosa bis rosarot, nicht in den B. des Blüstd. versteckt.

37. R. sprengelii

65' Sch.st. in der Mehrzahl (fast) gerade oder nur schwach gekrümmt, B. (meist nur schwach fußf.) 5zählig, Eb. aus keiligem, seltener abgerundetem Grund (zuletzt oft breit) umgekehrt eif. mit etwas aufgesetzter, mäßig langer Spitze; jüngste B. ± grün. - Blüstd. nicht sperrig-dünnästig, Achse mit ca. (5-)10-18 schlanken geraden oder meist nur wenig gebogenen 4-6(-7) mm lg. St. pro 5 cm. Blüstiel mit ca. 9-15 ca. 3-4 mm lg. St., Blü. weiß, in dem bis oben reich durchblätterten Blüstd. oft etwas versteckt.

40. R. chlorothyrsus

(61') 66 St. des Sch., der Blüstiele und besonders der B.stiele u. der Blüstd.achse deutlich sichelig, oft fast hakig gekrümmt, Blüstiel mit ca. 15-25(-30) St.

43. R. noltei

66' St. des Sch. und der Blüstd.achse gerade oder wenig gekrümmt, Blüstiel mit ca. 3-14 St. 67

(66') 67 B. handf., seltener angedeutet fußf. 5zählig, unters. weichhaarig, Serratur deutlich periodisch mit längeren, stark auswärts gekrümmten Hz., Eb. aus abgerundetem, seltener seicht ausgerandetem Grund elliptisch bis schwach umgekehrt eif., zuletzt oft ± rundlich, allmählich ± lang bespitzt. Blüstd. regelmäßig pyramidal, Kz. graufilzig-zottig, mit vielen kurzen h.rötlichen Stieldrüsen, Gr. grünlichweiß.

66. R. pyramidalis

67' B. 3-4- deutlich fußf. 5-zählig, unters. nicht weichhaarig, Serratur ohne längere und gleichzeitig stark auswärts gebogene Hz. Blüstd. nicht regelmäßig pyramidal, Kz. graugrün bis grün 68

(67') 68 Sch. ± d.weinrot, reichlich behaart, mit vielen vertrockneten schwarzen Sitzdrüsen; St. ca. zu 8-12 pro 5 cm, gerade oder etwas gekrümmt. Eb. aus breitem gestutztem, abgerundetem oder seicht herzf. Grund umgekehrt eif., dann allmählich kurz bis mäßig lang bespitzt, mit grober ungleicher, undeutlich periodischer Serratur. Blüstiel mit ca. 8-14 bis ca. 1,5-2,5 mm lg., meist etwas gekrümmten St. und kurzen Stieldrüsen (bis ca. so lg. wie der Blüstiel-∅), Gr. am Grunde rot.

33. R. phyllothyrsus

68' Sch. violettstichig-rötlich, fast kahl, nur wenig sitzdrüsig, St. nur ca. zu 3-6 auf 5 cm, gerade. Eb. aus schmalem abgerundetem oder seicht herzf. Grund umgekehrt eif. mit aufgesetzter kurzer Spitze, ziemlich regelmäßig und fein gesägt. Blüstiel mit ca. 3-5 langen (ca.3,5-4,5 mm lg.) geraden Nadelstacheln u. sehr langen Stieldrüsen (bis ca. 3-5 x so lang wie der Blüstiel-∅), Gr. blaßgrün.

          73. **R. atrichantherus**

(15) 69 Pfl. stieldrüsenlos, gewöhnlich sehr robust und üppig. Sch. hochbogig, sehr kräftig (∅ (6-)8->25 mm), scharfkantig mit etwas vertieften oder rinnigen Seiten, (fast) kahl oder locker verstreut fein büschelhaarig, stark glänzend, mit gewöhnlich grünen Seiten und lebhaft rotüberlaufenen Kanten und St.basen und kräftigen geraden (6-)7-11 mm lg. St. (ca. 4-8 auf 5 cm). - B. auffallend groß, handf. 5zählig, B.chen weich (nicht ledrig!), obers. kahl oder fast kahl, unterseits a u c h i m H a l b s c h a t t e n ausgeprägt grauweiß filzig, Eb. langgestielt (ca. 40-50 % der Spreite), aus breitem herzf. oder gestutztem Grund breit elliptisch bis etwas umgekehrt eif., mit etwas abgesetzter kurzer Spitze, ungleich scharf mit geraden Hz. gesägt, Haltung zuletzt meist konvex. Blüstd. umfangreich, breit, Achse mit geraden oder leicht gekrümmten bis ca. 7 mm lg. roten St., Blüstiel mit ca. 5-10 nur 1-2,5 mm lg. St., Krb. (14-20 mm lg.) und Sfr. sehr groß, Frkn. und Frbod. reichlich behaart. - Kulturpflanze. Vorwiegend ruderal verwildert.

          59. **R. armeniacus**

69' B.chen unters. graugrün- bis graufilzig, im Schatten oft nur mit einem Anflug von Sternhärchen, bei sonnenbeständigen Exemplaren in Verbindung mit derberen, oft etwas ledrigen B. oder anderen abweichenden Merkmalen auch grauweißfilzig. Krb. bis 14 (-15) mm lg. - Einheimische, im allgemeinen weniger ausgeprägt robuste und üppige Pflanzen 70

(69') 70 B.oberfläche (auch der jüngeren B.) vollständig kahl, Sch. kahl oder fast kahl (mit 0 bis ca. 5 Haaren pro cm Seite), kantig-flachseitig bis ± rinnig 71

70' B.oberfläche (zumindest bei den jüngeren B.) behaart, später manchmal bis auf ganz vereinzelte Härchen verkahlend, Sch. kahl bis dichthaarig, rundlich-stumpfkantig, kantig flachseitig oder rinnig 77

(70) 71 Pfl. stieldrüsig-(drüsen-)borstig: Sch. mit (0-)3-5(-15) kurzen (Stieldrüsen-)Borsten auf 5 cm, B.stiel obers. mit (0-)1->10, Blüstiel mit ca. 5->20 Stieldrüsen, Sch.st. gerade oder fast gerade, ca. 7-10 mm lg., sehr schlank und zahlreich (ca. (8-)10-15 auf 5 cm). B.handf. 5zählig, B.chen etwas ledrig derb, Eb. aus meist ± herzf. Grund (breit) umgekehrt eif., Serratur deutlich periodisch mit stark auswärts gekrümmten Hz.; Krb. weiß, Antheren oft behaart.

          57. **R. gelertii**

71' Pfl. ohne oder fast ohne Stieldrüsen bzw. (Drüsen-)Borsten (nur R. langeii (Schl.75) gelegentlich mit stärker drüsenborstiger Blüstd.-achse): Sch. mit 0-1 Stieldrüsen auf 5 cm, B.stiel oberseits mit

0-2 Stieldrüsen, Blüstiel mit 0-5 Stieldrüsen, Serratur der B.chen mit geraden oder nur mäßig auswärts gebogenen Hz., Sch.st. breiter, Antheren kahl oder behaart 72

(71') 72 St. des Sch. (in der Mehrzahl oder alle) $\pm$ deutlich gekrümmt, St. des B.stiels und der Blüstd.achse sehr stark sichelig, oft fast hakig, B.chen gefaltet, Eb. am Grunde abgerundet oder sehr schwach herzf., Antheren kahl; Pfl. reichlich, oft dicht bestachelt: Sch. mit ca. 5-13 (-> 20), Blüstd.achse mit ca. 5-10(-16) St. auf 5 cm, B.stiel mit ca. 7-20(-> 25), Blüstiel mit ca. (3-) 5-15 St. 73

72' St. des Sch. (alle oder in der Mehrzahl) gerade oder fast gerade, an Blüstd.achse und oft auch B.stiel gerade oder mäßig gekrümmt. B.chen ungefaltet, Eb. am Grunde abgerundet bis deutlich herzf., Antheren kahl oder behaart; Pfl. sehr viel weniger dicht bestachelt oder ausgeprägt geradestachelig 75

(72) 73 Pfl. auffallend dichtstachelig: Sch. mit ca. 13-> 20 kräftigen, 8-10 mm lg. St., Blüstd.achse mit ca. 9-16 sehr stark gekrümmten, zum Teil meist hakigen St. auf 5 cm, auch B.stiel dicht $\pm$ hakig bestachelt, Blüstiel mit ca. 4-5 mm lg. St., Kz. mit zahlreichen St.chen, deutlich an Sfr. zurückgeschlagen. B. vorwiegend schwach fußf. 5zählig, B.chen nicht ledrig, Eb. mit größter Breite in oder wenig oberhalb der Mitte, ä.Sb. nur ca. 1-4 mm lg. gestielt, Sch. grün, später $\pm$ violettstichig rotbraun überlaufen. Krb. weiß; Fr.ansatz im Gebiet meist $\pm$ unvollkommen.

22. R. senticosus

73' Pfl. weniger ausgeprägt dichtstachelig (hakige St. fehlend oder nur vereinzelt): Sch. mit ca. 5-13 nicht ganz so kräftigen, ca. 6-8 mm lg. St., Blüstd.achse mit ca. 5-10 St. auf 5 cm, Kz. nur mit wenigen St.chen, an Sfr. $\pm$ abstehend oder nur locker zurückgeschlagen, B. handf. 5zählig, B.chen oft $\pm$ ledrig, Eb. mit größter Breite meist deutlich oberhalb der Mitte; ä.Sb. 2,5-6 mm lg. gestielt. Krb. weiß oder rosa, Fr.ansatz gut 74

(73') 74 B.chen breit, sich randlich oft etwas deckend, obers. d.grün, Eb. aus breitem Grunde breit umgekehrt eif., zuletzt fast kreisrund mit $\pm$ abgesetzter kurzer Spitze, eng und wenig tief mit etwas längeren (fast) geraden Hz. gesägt, zum Grunde hin nicht schmal umgefalzt. Blüstiel ca. 1-2 cm lg., Krb. rosa. Pfl. im Gebiet häufig (in O-Holstein fast immer) mit Rostbefall.

50. R. selmeri

74' B.chen schmaler, sich randlich nicht deckend, obers. grün, Eb. aus stets schmalem Grund $\pm$ umgekehrt eif. (seltener auch elliptisch bis fast etwas eif.), allmählich kurz bespitzt, mäßig tief, oft $\pm$ geschweift, mit etwas auswärts gekrümmten Hz. gesägt; zum Grunde hin Serratur sehr weit und B.rand sehr schmal umgefalzt, Blüstiel 2-3 cm lg., Krb. meist weiß; Pfl. selten mit Rostbefall.

             54. R. vulgaris

(72') 75 Pfl. ausgeprägt geradstachelig, St. sehr kräftig, in normaler Dichte: St. der Blüstd.achse alle gerade, ca. 7-10 mm lg., zu 5-10 auf 5 cm, B.stiel mit ca. 12-18 geraden oder sehr schwach gekrümmten St., Blüstiel mit (3-)5-10 kräftigen geraden bis 4-6 mm lg. St., Sch. glänzend, zuletzt gleichmäßig d.weinrot, auf 5 cm mit ca. (4-)6-11(-15) geraden 7-12 mm lg. St.. B.chen ledrig derb, obers. ± glänzend d.grün, eng, nicht tief, doch mit etwas längeren Hz. periodisch gesägt, unters. außer dem Sternfilz mit zerstreuter bis reichlicher längerer Behaarung, Eb. am Grunde abgerundet oder etwas keilig, selten seicht herzf., Blüstd.achse oft etwas (drüsen)borstig, Blüstiel mit 0-2 Stieldrüsen.

             53. R. langei

75' Pfl. z.T. auch mit deutlich gekrümmten St., St. weniger kräftig, (sehr) zerstreut: St. der Blüstd.achse alle ± gekrümmt, ca. 3-5(-7) mm lg., zu (0-)1-4 pro 5 cm, B.stiel mit weniger als 10 deutlich gekrümmten St., Blüstiel mit 0-5 nur bis 2,5(-3) mm lg., etwas gekrümmten St. Sch. oft etwas violettstichig-fleckig, auf 5 cm mit meist unter 5 geraden oder wenig gekrümmten (4-)5-10 mm lg. St. B.chen meist nicht ledrig, obers. ± matt grün, ungleich grob, vorn oft etwas eingeschnitten periodisch gesägt, unters. nur mit angedrückter Filzbehaarung, Eb. am Grunde ± herzf., Pfl. stieldrüsenlos 76

(75') 76 Frkn. kahl, Krb. ca. 8-10 mm lg., Eb. kurz gestielt (ca. 25-33 % der Spreite), aus schmalem ± herzf. (seltener gestutztem) Grund (meist schmal) umgekehrt eif., fast geradlinig in eine breite, fast dreieckige Spitze auslaufend. Untere Blüstd.blätter 5zählig.

             62. R. candicans

76' Frkn. (oft dicht) behaart, Krb. ca. 11-14 mm lg., Eb. länger gestielt (ca. 35-40 % der Spreite), aus breitem ± herzf. Grund (breit) eif. bis etwas umgekehrt eif., allmählich ± eingeschwungen, nicht geradlinig bespitzt. Untere Blüstd.blätter in der Regel nur 3zählig.

             63. R. thyrsanthus
           (vgl. dazu auch 64. R. grabowskii)

(70') 77 Sch. kahl oder fast kahl (in der Regel 0-3, selten bis 10 Haare pro cm Seite). B. überwiegend 3-4zählig oder handf. 5zählig (fußf. 5zählige B. entweder nur vereinzelt den 3-4zähligen beigemischt (R.egregius,Schl.83) oder als vorherrschende B.form in Verbindung mit auswärtsgekrümmten Hz. und behaarten Antheren bei R. badius (Schl.78)). Blüstd.achse nicht dichthaarig-kurzzottig .. 78

77' Sch. zerstreut bis reichlich behaart (ca. 3- >50 - oft nur winzige

Büschelhärchen - pro cm Seite). B. (3-)4- fußf. 5zählig oder handförmig 5zählig, Blüstd.achse kurzhaarig-zottig dicht behaart... 85

(77) 78 Blü. lebhaft (rosa-)rot, Antheren dichthaarig, Blüstiel mit zahlreichen (>10) z.T. langen Stieldrüsen (die längsten ca. 3 x so lg. wie der Blüstiel-$\emptyset$), B.stiel oberseits mit meist zahlreichen Drüsenborsten u. Stieldrüsen, B. überwiegend fußf. 5zählig, Eb. aus herzf. Grund breit umgekehrt eif., kurz bespitzt, Serratur weit und geschweift, periodisch mit deutlich auswärts gekrümmten Hz., ä.Sb. ca. 1-3 mm lg. gestielt, Nb. relativ breit. Sch. und Blüstd. mit geraden oder fast geraden schlanken St.

75. R. badius

78' Blü. weiß bis b.rosa, Antheren kahl oder seltener einzelne mit einem Härchen, Blüstiel u. B.stiel oberseits mit 0-5(-10) kurzen Stieldrüsen (nur bis zur Lge. des Blüstiel-$\emptyset$), Hz. gerade oder nur wenig auswärts gebogen, Nb. schmaler 79

(78') 79 Sch. kantig mit rinnigen bis fast flachen Seiten, auf grünem oder $\pm$ rötlichem Grund d.violettstichig rotfleckig bis gesprenkelt. Pfl. mit sehr zerstreuten St.: Sch. mit (0-)1-3(-5) geraden (4-)5-10mm lg. St. auf 5 cm, B.stiel mit ca. 3-7 St., Blüstd.achse auf 5 cm mit (0-)1-3 $\pm$ gekrümmten 3-5(-7) mm lg. St., Blüstd. schmal. Eb. ziemlich kurz gestielt (25-33 % der Spreite), aus schmalem $\pm$ herzf. (seltener gestutztem) Grund ziemlich schmal umgekehrt eif. mit breiter fast dreieckiger Spitze, Serratur weit, ungleich grob, vorn fast eingeschnitten periodisch. B.chen unters. nur mit angedrückten Filzhaaren, obers. kahl, seltener nur fast kahl.

62. R. candicans

79' Pfl. dichter bestachelt (ausnahmsweise ebenso zerstreute St. an Blüstd.achse u. Sch. nur beim folgenden R. affinis (Schl. 80), der durch rundlich-stumpfkantigen Sch. u. andere Merkmale stark abweicht): Sch. mit 5-15 St. pro 5 cm, B.stiel mit 9-20 St., Blüstd. achse mit 3-10(-15) St. auf 5 cm, Endblättchenform und Serratur anders 80

(79') 80 Sch. rundlich-stumpfkantig, mit zerstreuten (ca. 5-6 auf 5 cm) sehr kräftigen 8-11(-12) mm lg., $\pm$ waagerecht abstehenden, geraden, seltener nur fast geraden, rötlichen St., Blüstd. ziemlich breit, Achse auf 5 cm mit ca. 3-8 kräftigen $\pm$ sicheligen, 7-8mm lg. geröteten St., Blüstiel mit (0-)2-3 starken bis 4 mm lg. St.; B. handf. 5zählig, B.chen grobwellig, oberseits meist auffallend tief d.grün, unters. nur schwach filzig. Eb. aus tief herzf. Grund breit elliptisch bis umgekehrt eif., Kz. (grau)grünlich, Krb. $\pm$ rundlich. Pfl. stieldrüsenlos.

19. R. affinis

80' Sch. scharfkantig-rinnig bis rundlich stumpfkantig, Pfl. mit schwä-

cherer, doch meist dichterer Bestachelung, Sch.st. bis 8 mm lg.
(nur bei R. cardiophyllus (Schl. 82) - u.a. mit scharfkantigem Sch.
- St. bis 9 mm). B.chen gefaltet oder flach, nie grobwellig, Eb.
oberseits nicht tief d.grün, unterseits oft - bei am Grunde herzf.
Eb. stets - stark filzig, Krb. nicht rundlich 81

(80') 81 St. der Blüstd.achse und des Sch. gerade, bes. auf dem Sch.
meist auffallend rötlich gefärbt, B.chen ungefaltet bis wenig gefaltet. Blüstd. schmal. Sch. kantig flachseitig bis rinnig oder
rundlich stumpfkantig 82

81' St. der Blüstd.achse deutlich gekrümmt, die des Sch. alle oder
in der Mehrzahl $\pm$ gekrümmt, nicht oder nur wenig rötlicher als
die Sch.flächen gefärbt, B.chen gefaltet, Blüstd. ausgebreitet,
Sch. kantig flachseitig oder etwas rinnig 84

(81) 82 Sch. scharfkantig flachseitig oder etwas rinnig, mit ca. (6-)7-9
mm lg. St., B. handf. 5zählig, B.chen unters. dicht grauweiß
filzig, Eb. sehr lang gestielt ((40-)50-60 % der Spreite!), aus
breitem, meist herzf., seltener gestutztem Grund eif. bis breit
elliptisch, allmählich $\pm$ lang zugespitzt, Serratur sehr eng und
spitzzähnig mit längeren geraden Hz.; Blüstiel mit ca.1-4 schwachen, nur 0,5-2 mm lg. St., Kz. grauweißfilzig, st.los, zuletzt
streng zurückgeschlagen. Pfl. stieldrüsenlos u. ohne St.höckerchen.
48. R. cardiophyllus

82' Sch. rundlich(stumpfkantig), seltener mit fast flachen Seiten, Eb.
kürzer gestielt (ca. 30-48 % der Spreite), aus schmalem abgerundetem oder keiligem Grund mit größter Breite ausgeprägt oberhalb
der Mitte, etwas abgesetzt kurz bespitzt, ziemlich gleichmäßig
oder nur schwach periodisch, nicht sehr eng gesägt, unters. weniger dicht filzig. Kz. (grün-)graufilzig, st.los oder mit einzelnen
St.chen. Pfl. meist an B.stielen und Blüstielen mit einzelnen Stieldrüsen, nicht selten auch mit einzelnen St.chen (bzw. St.höckern)
auf dem Sch. 83

(82') 83 Sch. nicht kräftig ($\emptyset$ meist nur bis ca. 5-6 mm). B. alle oder in
der Mehrzahl 3-4zählig, daneben auch fußf. 5zählig, nie 6-7zählig, Eb. ziemlich kurz gestielt (ca. 30-33 % der Spreite). Sch.st.
schwach, überwiegend nur 3-4 mm (einzelne gelegentlich bis 7 mm)
lg., St. der Blüstd.achse meist nur 3-4 mm lg., Blüstiel ca. 15-20
mm lg., mit ca. 6-12 St., Frkn. (immer?) kahl.
34. R. egregius

83' Sch. kräftig ($\emptyset$ meist deutlich > 6 mm). B. handf. 5zählig, gelegentlich auch 6- oder 7zählig, ohne Neigung zu 3-4zähligen B.,
Eb. länger gestielt (ca. 30-48 % der Spreite). Sch.st. 6-7(-8) mm,
St. der Blüstd.achse ca. 5(-6) mm lg., Blüstiel ca. 6-15 mm lg.,

mit ca. 3-7 St., Frkn. mit einzelnen Haaren.

58. R. polyanthemus

(81') 84 B.chen nicht derb, obers. (oft reichlich) behaart (ca. 5-10(->20) Haare pro cm^2), Serratur ziemlich gleichmäßig, eng mit spitzigen Zähnchen u. geraden Hz., Rand der B.chen zum Grunde hin nicht schmal gefalzt, Blüstd.achse mit ca. 15 schwach bis mäßig gebogenen St. auf 5 cm.

24. R. platyacanthus

84' B.chen etwas derb, obers. kahl oder fast kahl (bis ca. 3 Haare pro cm^2, meist nur in der Nähe des Spreitenrandes), Serratur weit, deutlich periodisch mit schwach auswärtsgerichteten Hz., Rand der B.chen zum Grunde hin nur sehr entfernt gesägt und sehr schmal umgefalzt, Blüstd.achse mit ca. 6-10 sehr stark gebogenen St. auf 5 cm.

54. R. vulgaris

(77') 85 Eb. sehr lang gestielt (40-50 % der Spreite), aus abgerundetem Grund umgekehrt eif. mit kurzer etwas abgesetzter Spitze. B.chen klein, ziemlich regelmäßig fein gesägt, unterseits dicht grau- bis grauweiß filzig, Sch. (scharf-)kantig mit rinnigen oder flachen Seiten. Pfl. mit meist lebhaft roten St. und stets frei von Stieldrüsen.

46. R. lindebergii

85' Eb. mit deutlich herzf. Grund oder mit $\pm$ abgerundetem Grund und dann viel kürzer (bis ca. 35 % der Spreite) gestielt. B.chen von normaler Größe bis sehr groß, unterseits graugrün- bis graufilzig. Pfl. ohne lebhaft rötliche St., oft mit einzelnen bis zahlreicheren Stieldrüsen an den Blüstielen 86

(85') 86 B. handf., seltener angedeutet fußf. 5zählig, B.chen nicht derb, unters. meist nur wenig filzig (in der Regel bei diesen Arten nicht filzig), St. des Sch. und der Blüstd.achse gerade oder wenig gekrümmt. Eb. am Grunde (meist deutlich) herzf., lang gestielt (ca. (35-)38-50 % der Spreite), B.stiel u. Nb nicht oder nur sehr wenig stieldrüsig. Blüstd.achse ohne oder nur mit sehr zerstreuten (Drüsen-)St.chen 87

86' B. fußf. 5zählig, zum Teil oder auch überwiegend (3-)4zählig, B.chen etwas derber, unterseits deutlich graugrün- bis graufilzig, St. des Sch. (fast) gerade bis deutlich sichelig, an der Blüstd.achse stets $\pm$ (oft stark) gekrümmt. Eb. am Grunde abgerundet bis herzf., kurz bis lang gestielt (ca. 30-50 % der Spreite), B.stiel oberseits u. Nb. oft mit zahlreichen Stieldrüsen. (Drüsen-)St.chen an der Blüstd.achse fehlend bis reichlich vorhanden 88

87 Antheren kahl; Sch. bleibend deutlich kantig, ungleichmäßig violettstichig-fleckig überlaufen, auf 5 cm mit ca. 5-12 ca. 4-6 mm lg. St.; B. manchmal auffallend groß, Eb. bis über die Mittel hin-

aus wenig verbreitet (oft fast parallelrandig), oberseits fast kahl (ca. 2-5 Haare pro cm^2), Serratur ziemlich weit, Haltung lebend fast immer konvex, Blüstd. oben gestutzt, Achse mit zerstreuten (ca. 3-5 auf 5 cm) ca. 2-5 mm lg. St.
30. R. macrophyllus

87' Antheren dichthaarig; Sch. zuletzt ± rundlich stumpfkantig, bis auf die gelblichen St.spitzen satt, d. weinrot(braun), auf 5 cm mit ca. 8-30 ca. 6-8 mm lg. St.; B. von normaler Größe, Eb. breit umgekehrt eif., zuletzt oft rundlich, oberseits meist mit mehr als 10 Haaren pro cm^2, Serratur sehr scharf und eng, Haltung flach oder mit aufwärts gebogenen Rändern. Blüstd. schmal pyramidal, Achse auf 5 cm mit ca. 6-10 ca. 5-6 mm lg. St.
32. R. leptothyrsus

(86') 88 Eb. ± lang gestielt (30-50 % der Spreite), aus breitem herzf. Grunde breit ± elliptisch bis rundlich, allmählich kurz bis mäßig lang bespitzt, Serratur ziemlich weit, ungleich und grob. B. überwiegend (3-)4zählig, B.chen sich randlich meist deckend. Sch. rundlich-stumpfkantig, mit ca. 5-7 mm lg., in der Mehrzahl deutlich sicheligen St., daneben mit zerstreuten bis dichten St.chen u. St.höckern. Blüstd.achse mit 5-6 mm lg. St., Blüstiel mit ca. 5-12 bis ca. 3 mm lg. St.; B.stiel, Blüstd.achse u. Blüstiel in der Regel reichlich stieldrüsig, Kz. oft mit zahlreichen St.chen, Krb. weiß.
79. R. albisequens

88' Eb. nur bis ca. 35 % der Spreite gestielt, aus abgerundetem, seltener schwach herzf. Grund umgekehrt eif. mit etwas abgesetzter kurzer Spitze, Serratur ziemlich fein und gleichmäßig. B. überwiegend fußf. 5zählig, B.chen sich randlich nicht deckend. Sch. mit 7-10 mm lg., meist etwas gekrümmten St., Blüstd.achse mit ca. 5-9 mm lg. St., Blüstiel mit (3-)4-6 mm lg. St., Kz. st.los oder mit einzelnen St.chen 89

(88') 89 Antheren kahl, Blü. rosa, Gr. am Grunde rot. B.stiel und Blüstd.-achse ohne Stieldrüsen, Sch. ohne Stieldrüsen, feine St.chen oder St.höcker, ± rundlich-stumpfkantig.
51. R. insularis

89' Antheren behaart, Blü. weiß, Gr. b.grün. B.stiel obers. und Blüstd.achse mit ± zahlreichen Stieldrüsen, Sch. meist mit einzelnen bis zahlreicheren feinen St.chen, St.höckern u. Stieldrüsen, gewöhnlich stärker kantig und ± flachseitig.
52. R. insulariopsis

(14) 90 Sch. kahl oder fast kahl (ca. 0-3(-8) Haare pro cm Seite); Blüstd. achse zerstreut- bis dichthaarig 91

90' Sch. zerstreut bis dicht behaart (ca. (8-)10- >50 Haare pro cm Seite); Blüstd.achse (mit Ausnahme von Formen des R. schlechtendalii (Schl. 99)) dicht und meist wirr behaart 95

(90) 91 Eb. aus tief herzf. Grund eif. (mit größter Breite unterhalb der Mitte), allmählich lang bespitzt, Serratur auffallend grob oder fein. Sfr. deutlich höher als breit 92

91' Eb. aus abgerundetem oder schwach herzf. Grund umgekehrt eif. (mit größter Breite oberhalb der Mitte), kurz bis mäßig lang und oft mehr aufgesetzt bespitzt. Serratur weder auffallend grob noch fein. Sfr. $\pm$ rundlich 93

(91) 92 Eb. sehr lang und schlank zugespitzt, Serratur äußerst scharf, fein und regelmäßig. Sch. suberekt, kantig-flachseitig bis rinnig, mit entfernten (ca. 3-5 auf 5 cm) geraden 3-9 mm lg. St.. Blüstd. ganz oder überwiegend traubig, Blüstiel mit 0-3 ca. 1-2 mm lg. St. und vielen zarten Stieldrüsen (ohne Stieldrüsen vgl. R. pergratus unter Nr. 13). Kz. zurückgeschlagen, Stb. länger als Gr., postfloral waagerecht ausgebreitet. - Gelegentlich verwilderte Kulturpflanze.

13. R. alleghen iensis

92' Eb. nicht so ausgeprägt lang und schlank bespitzt. Serratur sehr grob, fast eingeschnitten periodisch mit geraden Hz. Sch. bogig, stumpfkantig mit gewölbten bis $\pm$ flachen Seiten, mit ca. 8-12 (- > 20) geraden (5-)6-7 mm lg. St., Blüstd. stark rispig, Blüstiel mit ca. 7-20 bis 3-4(-5,5) mm lg. St. u. ca. (0-)1-5 (-bis über 30) Stieldrüsen, Kz. die Sfr. umfassend, Stb. deutlich kürzer als Gr., postfloral aufgerichtet. - Einheimische Art.

38. R. cimbricus

(91') 93 Blüstiel u. B.stiel wie die ganze Pfl. stieldrüsenlos. B. handf. 5zählig, zuletzt meist auffallend groß (mit Stiel (20-)25- > 30 cm lg.), Eb. ungefaltet, zuletzt meist konvex, Serratur ziemlich gleichmäßig und eng, Hz. $\pm$ gerade, kaum länger als die übrigen Zähne. B.chen unterseits mit wenig ausgeprägter nervenständiger gekämmter Behaarung.

21. R. holsaticus

93' Blüstiel mit (oft zahlreichen) Stieldrüsen, auch B.stiel oberseits meist etwas stieldrüsig, B. 3-4-5zählig, Eb.haltung nicht konvex, Serratur ausgeprägt periodisch mit deutlich auswärts gebogenen Hz., B.chen unterseits ausgeprägt auf den Nerven zweizeilig gekämmt, schimmernd und weich behaart 94

94 Sch. grünlich oder wenig intensiv ungleichmäßig h.violett-weinrot überlaufen mit stark hervortretender hellerer grünlicher Strichelung, mit geraden sehr schlanken, oberhalb ihrer Mitte pfriem - lichen 5-7 mm lg. St.-B. überwiegend 3-4zählig, daneben fußf. 5zählig, B.chen oberseits h.grün, $\pm$ gefaltet, Eb. nie rundlich, bes. zur Basis hin sehr weit gesägt, obers. mit ca. 10- > 20 Haaren pro cm^2. Blüstd. wenig umfangreich, nicht pyramidal, Achse

wenig behaart, stieldrüsenlos, mit ca. 4-5 mm lg. St., Blüstiel grün, oft nur locker behaart, mit 1,5-2,5 mm lg. ungleichen St., Krb. weiß.

76. R. hypomalacus

94' Sch. d.weinrot ohne deutliche Strichelung, mit breitaufsitzenden flachgedrückten geraden ca. 6-7 mm lg. St. - B. handf., seltener etwas fußf. 5zählig, ohne Neigung zur Reduktion der B.chenzahl; B.chen oberseits grün, ungefaltet, Eb. zuletzt oft + rundlich, nicht sehr weit gesägt, obers. meist fast kahl (ca. (0-)1-2 Haare pro cm^2). - Blüstd. ausgeprägt (schmal) pyramidal, umfangreich, Achse dichthaarig mit (meist zahlreichen) Stieldrüsen u. ca. 5-7 mm lg. geraden St., Blüstiel graugrün dicht zottig-filzig, mit ca. 2,5-4,5 mm lg. St., Krb. b.rosa bis weiß.

66. R. pyramidalis

(90') 95 Blüstiel mit mehr als 10 Stieldrüsen, deren längste ca. 0,9 bis 3 x so lg. wie der Blüstiel-$\emptyset$, Blüstd. stets (schlank) pyramidal, im oberen Teil blattlos. B.chen obers. kahl oder behaart, Serratur periodisch mit deutlich auswärts gekrümmten Hz. 96

95' Blüstiel mit 0-8 Stieldrüsen, deren längste nur ca. so lg. wie der Blüstiel-$\emptyset$ (nur in Verbindung mit bis oben beblättertem und breiterem, nicht pyramidalem Blüstd. manchmal auch mehr und längere Stieldrüsen), Blüstd. oben blattlos oder bis oben durchblättert. B.chen oberseits stets behaart, gleichmäßig oder periodisch gesägt, doch (im Gebiet) ohne stark auswärts gekrümmte Hz. 98

(95) 96 Frkn. kahl oder fast kahl, B.chen unterseits ohne Sternhaare, Sch. d.weinrot, oft fast kahl. Austrieb mit geringer Anthocyanfärbung (grün oder etwas h.rotbraun überlaufen).

vgl. R. pyramidalis Schl. 94'
(bei dichthaarigem Sch. vgl. auch R. teretiusculus Schl. 100')

96' Frkn. dichthaarig. B.chen (zumindest die jüngeren) unterseits unter den längeren Haaren mehr oder minder sternhaarig-graufilzig. Sch. tief und intensiv d.weinrot(-braun), meist dicht (wirr-)haarig, Austrieb mit starker Anthocyanfärbung ($\pm$ (d.)rotbraun). .. 97

(96') 97 B.chen oberseits behaart (meist 10-> 20 - oft auch weniger - Haare pro cm^2), matt, Eb. mäßig lang bis lang gestielt (33-50 % der Spreite), aus gestutztem oder seicht herzf. Grund breit umgekehrt eif., zuletzt fast kreisrund mit kurzer Spitze, Serratur mit nur wenig längeren Hz. - Sch. mit ca. 7-8(-10) mm lg. geraden, oft rechtwinklig abstehenden schlanken St., meist nur mit sehr zerstreuten bis fast fehlenden Stieldrüsen, St.chen u. St.höckern. - Blüstd. nicht extrem schmal, Achse mit 6-8 mm lg. geraden St., Blüstiel mit ca. 4-7 geraden 3-4(-5) mm lg. St., Krb. ca. 10-15 mm lg., weiß oder (rosa)rot, Antheren kahl oder behaart.

67. R. vestitus

97' B.chen oberseits kahl, etwas ledrig glänzend, Eb. mittellang gestielt (ca. 33 % der Spreite), aus gestutztem (selten seicht herzf. Grund) umgekehrt eif. mit mäßig langer Spitze, auch zuletzt nicht rundlich, Serratur tiefer mit deutlich längeren Hz., Sch. mit ca. 6-7 mm lg., meist etwas gekrümmten St., dazwischen gewöhnlich mit einzelnen bis vielen Stieldrüsen, St.chen u. St. höckern. - Blüstd. sehr verlängert und extrem schmal, Achse mit ca. 4-7 mm lg. gekrümmten St., Blüstiel mit ca. 2-4 etwas gekrümmten 1-2(-2,5) mm lg. St., Krb. ca. 7-8 mm lg. (d.)rot, Antheren kahl.
              70. R. macrothyrsus

(95') 98 Blüstd. schmal pyramidal, im oberen Teil blattlos, Blüstiel ca. 0,5-1 cm lg., mit ca. (3-)4-10 St. von 2-3,5 mm Lge., ohne oder mit 1-2(-5) sehr kurzen Stieldrüsen, Antheren dicht behaart. Sch. bis auf die gelblichen St.spitzen satt d.weinrot(-braun), stark sitzdrüsig, mit ca. 8-30 geraden oder wenig gekrümmten 6-8 mm lg. St. auf 5 cm. B. handf. (seltener angedeutet fußf.) 5zählig, Eb. lang gestielt (ca. (35-)38-45 % der Spreite), aus (meist deutlich) herzf. Grund breit umgekehrt eif. bis fast rundlich, etwas abgesetzt kurz bespitzt, Serratur scharf, eng, $\pm$ periodisch mit geraden Hz.
              32. R. leptothyrsus

98' Blüstd. breiter, bis zur Spitze oder nahe der Spitze beblättert, Blüstiel ca. 1-2 cm lg., Antheren meist kahl, seltener einzelne etwas behaart. Sch. zerstreut sitzdrüsig. Eb. mit abgerundetem oder schwach herzf. Grund, Serratur nicht scharf und eng ... 99

(98') 99 B. handf., seltener etwas fußf. 5zählig, Eb. zuletzt oft etwas rundlich. Sch. (zunächst) mit deutlicher hellerer Strichelung, mit (6-)7-10 mm lg. St., Blüstiel mit 3-6 ca. 1,5 bis 2,5 mm lg. St., stieldrüsenlos oder mit 1-2(-5) kurzen Stieldrüsen, Kz. zurückgeschlagen, Antheren manchmal etwas behaart.
              31. R. schlechtendalii

99' B. deutlich fußf. 5zählig oder (3-)4zählig, Eb. auch zuletzt nicht rundlich. Sch. $\pm$ d.weinrot ohne deutlich hellere Strichelung, mit 5-8 mm lg. St., Blüstiel mit ca. 5-15 St. und zahlreicheren(5- > 10)Stieldrüsen, Kz. an Sfr. abstehend oder $\pm$ aufgerichtet. Antheren stets kahl 100

(99')100 Blü. lebhaft (d.)rosa, Frkn. behaart, Blüstielst. bis ca. 5 mm lg., Stieldrüsen nicht länger als Blüstiel-$\emptyset$. St. der Blüstd.achse alle oder jedenfalls zum Teil $\pm$ deutlich gekrümmt. B.chen mit ziemlich gleichmäßiger, nicht periodischer Serratur, Hz. gerade.
              41. R. erichsenii

100' Blü. weiß, Frkn. kahl, Blüstielst. nur bis ca. 3 mm lg., Stieldrüsen z.T. bis doppelt so lg. wie der Blüstiel-$\emptyset$. St. der Blüstd.

alle gerade. B.chen mit (sehr) weiter Serratur, Hz. etwas auswärts gerichtet.

             68. R. teretiusculus

(13') 101 Stb. deutlich kürzer als Gr., Krb. postfloral vertrocknet haftend oder abfallend 102

   101' Stb. (alle oder in der Mehrzahl) länger als Gr., Krb. postfloral abfallend 106

(101) 102 Antheren behaart, Blüstiel wehrlos oder nur mit 1-2 St. von nur 1-2 mm Lge.; Sch. (scharf-)kantig-rinnig, fast kahl, mit 6-9 mm lg. geraden St., dazwischen mit sehr zerstreuten Stieldrüsen u. St.höckern. B. handf. 5zählig, Eb. aus abgerundetem Grund umgekehrt eif., kurz bespitzt, nicht sehr tief gesägt.

             36. R. arrhenianthus

   102' Antheren kahl (ausnahmsweise manchmal behaart bei R. flexuosus - Schl. 105' - mit rundlichem, behaartem, dicht stieldrüsigem Sch.); Blüstiel mit ca. 7-21 St., Sch. $\pm$ stumpfkantig-rundlich 103

(102') 103 Eb. aus tief herzf. Grund (breit) eif. (mit größter Breite unterhalb der Mitte), allmählich lang zugespitzt, sehr grob und tief periodisch mit geraden Hz. gesägt, am Rande stark wellig. Sch. karminrot, meist fast kahl, mit geraden (5-)6-7 mm lg. St. und nur sehr zerstreuten Stieldrüsen, St.chen u. St.höckern. St. der Blüstd.achse gerade, 5-6(-7) mm lg., Blüstiel mit 3-5(-5,5) mm lg. St., Kz. verlängert, die Sfr. $\pm$ umfassend.

             38. R. cimbricus

   103' Eb. aus abgerundetem, keiligem oder $\pm$ herzf. Grund umgekehrt eif., manchmal auch rundlich, kurz bis mäßig lang bespitzt; Serratur nicht grob und tief, Haltung wenig wellig bis fast glatt. Sch. grünlich, d. weinrot bis braunrot, zerstreut bis dicht behaart. St. der Blüstd.achse alle oder zum Teil krumm. Kz. nicht verlängert 104

(103') 104 B. schwach fußf. bis handf. 5zählig, Eb. aus keiligem, seltener abgerundetem Grund umgekehrt eif. mit etwas aufgesetzter mäßig langer Spitze; Sch. auf 5 cm mit ca. 10-20 dünnen geraden oder etwas gekrümmten 5-7 mm lg. St. und zerstreuten ungleichen (Drüsen-)St.chen u. St.höckern. Blüstd. hoch durchblättert, Achse mit (5-)10-18 dünnen, nadeligen 4-6(-7) mm lg. St. auf 5 cm, Blüstielst. 3-4 mm lg. 40. R. chlorothyrsus

   104' B. 3-4-fußf. 5zählig, Eb. am Grunde abgerundet bis herzf.; Schst. nicht sehr dünn. Blüstd.achse mit 3-5 mm lg. St., Blüstielst. bis ca. 2,5 mm lg. 105

(104') 105 B.chen breit, sich randlich deckend, unterseits filzlos, Eb. $\pm$

rundlich, ungleichmäßig gesägt. Sch. mit wenigen bis vielen, meist drüsenlosen St.höckern u. St.chen in verschiedenen Größenordnungen. Kz. dichtstachelig, Stb. kaum halb so lg. wie Gr.
42. R. echinocalyx

105' B.chen schmal, sich randlich nicht berührend, unterseits sternhaarig b.grün bis graufilzig. Sch. neben den größeren (bis ca. 5 mm lg.) St. ohne oder nur mit wenigen Übergängen zu einem dichten Besatz von kurzen (ca. 1 mm lg.) Stieldrüsen. Kz. ohne oder nur mit einzelnen St.chen, Stb. fast so lg. wie Gr. (oft auch etwas länger), Krb. weiß.
84. R. flexuosus

(Falls Sch. nur wenig stieldrüsig, Blüstd. sehr sperrig-dünnästig u. Blü. rosa(rot),vgl. auch 37. R. sprengelii, der ausnahmsweise einmal mehr als 5 Stieldrüsen auf 5 cm Sch.-Lge. besitzen kann).

(101') 106 B.chen unterseits (manchmal unter längerer Behaarung versteckt) durch Sternhärchen graugrün bis grauweiß filzig, gelegentlich nur mit einer Andeutung von Sternflaum. B.oberfläche kahl oder behaart 107

106' B.chen unterseits ± grün, ohne Sternhaare (nur bei 98. R. christiansenorum - u.a. mit dichter, sehr ungleicher Bestachelung - ausnahmsweise ein Anflug von Sternhärchen vorhanden). Oberseits kahle B.chen nur, wenn diese gleichzeitig unterseits samtig-weichhaarig oder ausnahmsweise auch in Verbindung mit behaarten Antheren 119

(106') 107 B.chen unterseits samtig-weich behaart, B.fläche unter der dichten Behaarung kaum noch fühlbar, Haare auf den Nerven zweizeilig gekämmt, im schräg einfallenden Licht schimmernd .. 108

107' B.chen unterseits mehr oder minder fühlbar, doch nicht samtig-weich und schimmernd behaart (B.fläche durch die Behaarung hindurch noch deutlich fühlbar) 110

(107) 108 B.chen sehr stark, fast eingeschnitten tief periodisch gesägt mit vorspringenden ± geraden Hz., lebend stark gefaltet und auffallend regelmäßig lebhaft kleinwellig, oberseits mit ca. 1-5 Haaren pro cm^2 behaart. Sch. d.weinrot, deutlich behaart und neben den größeren St. mit zerstreuten bis zahlreichen feinen, ca. 1 mm lg. Stieldrüsen(-Stümpfen). Blüstd. sperrig breit, Blüstiel 2-4 cm lg., mit 1-5(-10) geraden oder fast geraden (2-)3-4 mm lg. St., Kz. grünlich, zuletzt verlängert u. zurückgeschlagen, Frkn. kahl oder fast kahl.
78. R. marianus

108' B.chen nicht sehr tief periodisch mit deutlich auswärts gekrümmten Hz. gesägt, lebend nicht auffallend wellig. Blüstd. schmaler, ± pyramidal, Blüstiel bis 25 mm lg., Kz. grau(grün)filzig, nicht verlängert, Frkn. kahl bis dichthaarig 109

(108') 109 Sch. wie die St. gleichmäßig tief d.weinrot(braun), meist dicht (wirr-)haarig (ca. (10-)20-über 50 Haare pro cm Seite). Blüstd. schmal pyramidal, zum Teil sehr schmal u. verlängert, Frkn. dichthaarig. Austrieb stark anthocyanfarben (rotbraun bis d.rotbraun). - (R. vestitus u. R. macrothyrsus) 97

109' Sch. stark fleckig erscheinend, da St., St.borsten u. St.höcker auffällig intensiver violett-rötlich als Sch.flächen gefärbt. Sch. kahl oder fast kahl (0-2(-5) Härchen pro cm Seite, größere St. zerstreut (ca. zu 3-8 auf 5 cm), ca. 5-6 mm lg. - B. 3-4-fußf. 5zählig, oberseits kahl. Blüstd. undeutlich pyramidal, Achse mit 2-5 ± gekrümmten 5(-6) mm lg. St. auf 5 cm und davon abgesetzten kleineren St.chen u. Stieldrüsen, Frkn. kahl oder sehr spärlich behaart. Austrieb ± grün.

              77. R. anglosaxonicus

(107') 110 Sch. kahl oder fast kahl (0-2(-5) Haare pro cm Seite), außer den größeren St. nur mit zerstreuten (ca. 1-20 auf 5 cm) Stieldrüsen u. St.chen. B.stiel nie dichthaarig. St. des Sch. und der Blüstd.achse gerade und schlank (bei stark fleckigem Sch. u. unterseits weichhaarigen B. vgl. auch den vorstehenden R. anglosaxonicus) 111

110' Sch. behaart (ca. 3- bis mehr als 20 Haare pro cm Seite) oder kahl und dann gleichzeitig dicht stieldrüsig (d.h., mehr als 100 Stieldrüsen oder deren Stümpfe auf 5 cm). B.stiel wenig behaart bis dichthaarig. St. des Sch. und der Blüstd.achse jedenfalls z.T. meist gekrümmt; schlank oder breit 113

(110) 111 B.chen oberseits kahl oder fast kahl (0-5(-10) Haare pro cm^2), Serratur ziemlich weit, deutlich periodisch mit stark auswärts gekrümmten Hz.; Eb. am Grunde ± herzf., B.stiel oberseits oft reichlich stieldrüsig. Sch.st. nicht auffällig gefärbt. Blüstiel mit 5->20 Stieldrüsen, diese z.T. deutlich länger als der Blüstiel-Ø. Blü. weiß oder (rosa)rot, Antheren oft (locker bis dicht) behaart 112

111' B.chen oberseits stärker behaart (10->20 Haare pro cm^2), Serratur gleichmäßiger, mit nicht oder nur wenig auswärts gekrümmten Hz.; Eb. am Grunde abgerundet (selten etwas herzf.), B.stiel oberseits nur wenig (oder nicht) stieldrüsig; Schst. meist lebhaft rötlich gefärbt. Blüstiel mit ca. 0-5 Stieldrüsen, diese kaum so lg. wie der Blüstiel-Ø. Blü. (b.)rosa bis weiß, Antheren kahl oder selten einzelne mit einem Härchen. (R. egregius u. R. polyanthemus) 83

(111) 112 Blü. lebhaft (rosa)rot, Antheren dicht behaart, Kz. an Sfr. ab-

stehend oder aufgerichtet, Stieldrüsen der Blütiele die Behaarung größtenteils weit überragend, die längsten ca. 3 x so lg. wie der Blütiel-Ø. Blütiel mit ca. 1-4 ca. 2,5-3,5 mm lg. St.; B.chen oberseits mit zerstreuten Härchen, B.stiel oberseits reichlich stieldrüsig, ä.Sb. nur ca. 1-3 mm lg. gestielt. Sch. auf 5 cm mit ca. 5-8 ca. 4-5(-6) mm lg. St.   75. R. badius

112' Blü. weiß, Antheren kahl oder schwach behaart, Kz. an Sfr. zurückgeschlagen, Stieldrüsen der Blütiele alle oder fast alle kürzer als die Behaarung, die längsten bis ca. 2 x so lg. wie der Blütiel-Ø. Blütiel mit ca. 7-10 ca. 2-4 mm lg. St.; B.chen oberseits kahl, B.stiel oberseits meist nur zerstreut stieldrüsig, ä.Sb. ca. 5-8 mm lg. gestielt. Sch. auf 5 cm mit ca. (8-)10-15 ca. 7-10 mm lg. St.   57. R. gelertii

(110') 113 Sch. zerstreut bis dicht behaart, mit meist nur zerstreuten Stieldrüsen (< 100 auf 5 cm). B.chen oberseits zumindest mit einzelnen zerstreuten Härchen, Serratur ohne deutlich auswärts gekrümmte Hz. 114

113' Sch. (fast) kahl oder bei gleichzeitig sehr dichtem Stieldrüsenbesatz (weit über 100 Stieldrüsen pro 5 cm) auch behaart. B.chen oberseits kahl oder behaart, Serratur bei gleichzeitig oberseits kahlen B.chen stets periodisch mit deutlich auswärts gekrümmten Hz. 116

(113) 114 B. handf. 5zählig, B.chen sehr tief, fast eingeschnitten periodisch mit viel längeren geraden Hz. gesägt, gefaltet und regelmäßig lebhaft kleinwellig. - Sch. außer den größeren, unter sich fast gleichgroßen (ca. 6-7 mm lg.) St. ohne oder nur mit wenigen Übergängen zu zerstreuten bis zahlreichen etwa gleichlangen (ca. 1 mm lg.) Stieldrüsen(-Stümpfen). Blüstd. sperrig breit, Blütiel mit ca. 1-5(-10) ± geraden, bis 3-4 mm lg. St., Kz. grünlich, Antheren kahl.   78. R. marianus

114' B. (3-)4- deutlich fußf. 5zählig, B.chen nur undeutlich periodisch gesägt, ungefaltet, nicht oder unregelmäßiger wellig. - Sch. neben den größeren St. mit Übergängen zu kleineren St.-chen, (Drüsen-)Borsten, Stieldrüsen u. St.höckern in unterschiedlicher Länge und Anzahl. Blüstd. schmal bis ziemlich breit, doch nicht sperrig. Blütiel mit ca. 3-12 etwas gekrümmten St., Kz. grau(grün)filzig, Antheren kahl oder behaart .. 115

(114') 115 B. meist überwiegend (3-)4zählig mit breiten, sich randlich ± deckenden B.chen; Eb. aus breitem herzf. Grunde breit ± elliptisch bis rundlich, allmählich kurz bis mäßig lang bespitzt, Serratur ziemlich grob und ungleich. Sch. rundlich-stumpfkantig, mit 5-7 mm lg. St.; St. der Blüstd.achse 5-6 mm lg., die der

Blüstiele bis ca. 3 mm lg., Kz. oft reich nadelstachelig.

79. R. albisequens

115' B. überwiegend 5zählig mit randlich sich nicht deckenden B.-chen. Eb. aus abgerundetem, seltener etwas herzf. Grund umgekehrt eif. mit ± abgesetzter kurzer Spitze. Serratur ziemlich fein und gleichmäßig. Sch. ± kantig-flachseitig, mit 7-10 mm lg. St., St. der Blüstd.achse ca. 5-9 mm lg., die der Blüstiele (3-)4-6 mm lg., Kz. unbewehrt oder armstachelig.

52. R. insulariopsis

(113') 116 B. überwiegend 3zählig, daneben 4-fußf. 5zählig, B.chen schmal, oberseits behaart, ziemlich gleichmäßig mit fast geraden Hz. gesägt. Eb. aus verschmälertem abgerundetem oder etwas herzf. Grund schmal elliptisch bis umgekehrt eif., oft etwas rhombisch, allmählich lang bespitzt. Sch. rundlich, satt d.braunrot, dünn, locker behaart, dicht mit ca. 1 mm lg. Stieldrüsen besetzt, St. nur ca. 4-5 mm lg. - Blüstd.achse etwas knickig gebogen mit ca. 3-4 mm lg. St., Blüstiel mit ca. 7-21 bis nur 2 mm lg. St., Frkn. reichlich behaart, Gr. am Grunde rötlich. Austrieb stark anthocyanfarben (meist d.rotbraun).

84. R. flexuosus

116' B. fußf. bis handf. 5zählig, bei (fast) kahlem Sch. großenteils auch (3-)4zählig, B.chen oberseits kahl, periodisch mit deutlich auswärts gerichteten Hz. gesägt. Sch. kantig und ± flachseitig, kräftiger. Frkn. kahl oder fast kahl, Gr. grün 117

(116') 117 Sch. wegen intensiver gefärbter St., St.borsten u. St.höcker violett-rötlich fleckig erscheinend, neben den zerstreuten (ca. zu 3-8 auf 5 cm) ca. 5-6 mm lg. St. mit unterschiedlich großen St.chen, St.höckern u. nur zerstreuten Stieldrüsen. B.chen unterseits etwas schimmernd-weichhaarig. Blüstiel mit ca. 6-12 St., Austrieb ± grün.

77. R. anglosaxonicus

117' Sch. gleichmäßig d.weinrot, nie fleckig, zwischen den unter sich fast gleichen, etwas dichter stehenden (ca. zu 5-12 auf 5 cm) St. mit einem dichten Besatz von etwa gleichlangen (ca. 0,5-1 mm lg.) Stieldrüsen(-Stümpfen), dazwischen gewöhnlich nur wenige oder fast keinerlei Übergangsgebilde. Sch. sich daher zwischen den größeren St. im typischen Fall raspelartig rauh anfühlend. B. unterseits nicht schimmernd weichhaarig. Blüstiel mit ca. 1-7 St. Austrieb mit intensiver Anthocyanreaktion (h.-d.rotbraun) 118

(117') 118 Sch. behaart (ca. (2-)5-10 Härchen pro cm Seite), mit 6-9(-10) mm lg. wenig geneigten ± geraden St. B. auch ausgewachsen wie die Blüstd.blätter unterseits deutlich graugrün bis grau(weiß)filzig.-

Blüstd. (meist ziemlich schmal) pyramidal, Achse mit 7-8 mm lg. St., Blüstiele ca. 1-1,5 cm lg., mit 3-4 mm lg. St. und vielen Stieldrüsen. Diese etwas ungleich, bis etwa so lg. wie der Blüstiel-Ø, in weit überwiegender Mehrzahl kürzer als die den kurzen Filz überragende lockere längere Behaarung. Kz. an der Sfr. zurückgeschlagen. Krb. b.rosa bis weiß, ca. 10-13 mm lg.

82. R. radula

118' Sch. kahl, selten mit sehr vereinzelten Härchen, striemig, mit nur 4-6(-7) mm lg. stark rückwärtsgeneigten St. B. ausgewachsen wie die Blüstd.blätter unterseits viel weniger filzig als bei der vorigen Art, meist graugrün bis fast grün. - Blüstd. sperrig ausgebreitet. Achse mit nur 3-4 mm lg. St., Blüstiele ca. (1,5-)2-3 cm lg., mit 1,5-2(-3) mm lg. St. und dichtgedrängten sehr kurzen, unter sich gleichlangen Stieldrüsen (deren durchschnittliche Lge. nur ca. 0,3 bis 0,5 x so lg. wie der Blüstiel-Ø). Neben der kurzen Filzbehaarung keine längeren Haare, so daß die Stieldrüsen trotz ihrer Kürze die Behaarung überragen. Kz. an der Sfr. abstehend oder aufgerichtet. Krb. (b.)rosa, nur ca. 7-9 mm lg.

83. R. rudis

(106') 119 B. oberseits kahl, etwas ledrig glänzend, unterseits samtig weich und schimmernd behaart. Sch. intensiv d.weinrot(braun), zumindest anfangs und in der Regel auch später dicht behaart, Rispe extrem lang und schmal, im oberen Teil blattlos, mit rosa- bis d.roten kleinen Blüten.

70. R. macrothyrsus

119' B. oberseits behaart (bei R. pyramidalis - Schl. 123 - bisweilen bis auf vereinzelte Härchen, selten ganz verkahlend), Rispe u. Blüten anders 120

(119') 120 B.chen durch unterseits auf den Nerven zweizeilig gekämmte, im schräg einfallenden Licht schimmernde Behaarung samtigweich. (B.fläche unter der dichten Behaarung kaum noch fühlbar). Eb. kurz bespitzt, Serratur mit auswärts gekrümmten Hz.; Stieldrüsen, St.chen u. St.höcker auf dem Sch. stets sehr zerstreut. St. der Blüstd.achse und meist auch die des Sch. gerade 121

120' B.chen unterseits fast kahl bis dichthaarig (dabei B.fläche noch ± deutlich unter der Behaarung fühlbar) oder mit nervenständiger gekämmter, samtig-weicher und schimmernder Behaarung, dann aber Sch. gleichzeitig dicht mit Stieldrüsen(-Stümpfen) besetzt. Eb. kurz bis lang bespitzt, Serratur mit geraden oder auswärts gekrümmten Hz.; St. der Blüstd.achse und des Sch. gerade oder gekrümmt 124

(120) 121 Sch. grün oder etwas h.violett-weinrot überlaufen mit feiner hellerer Strichelung, kahl oder fast kahl (0-1(-5) Haare pro cm Seite),

stieldrüsenlos. B. vorwiegend (3-)4zählig, daneben deutlich fußf. 5zählig, B.chen obers. h.grün, gefaltet, Eb. kurz gestielt (ca. 20-25(-30) % der Spreite), mit - bes. unterhalb der Mitte - auffallend weiter, seichter und $\pm$ geschweifter Serratur, B.stiel locker behaart, Nb. relativ breit. - Blüstd. nicht pyramidal, wenig umfangreich, Achse nur locker behaart, ohne oder nur mit wenigen Sternhaaren, mit 4-5 mm lg. St., Blüstiel mit 1,5-2,5 mm lg. feinen St.

76. R. hypomalacus

121' Sch. (d.) weinrot oder d.rotbraun, ohne deutliche Strichelung, zumindest anfangs reichlich behaart (bei R. pyramidalis (Schl. 123) bis auf (0-)1-10 Haare pro cm Seite meist verkahlend), stieldrüsenlos oder etwas stieldrüsig. B.chen obers. d.grün, nicht gefaltet, Eb. länger gestielt (ca. 28-50 % der Spreite), Serratur nicht sehr weit und $\pm$ geschweift, B.stiel dicht behaart. - Blüstd. umfangreicher, mit $\pm$ zottig dichthaariger, meist auch reichlich mit Sternhaaren besetzter Achse, deren St. ca. 4-8 mm lg.; Blüstiel mit 2,5-4(-5) mm lg. St. 122

(121') 122 Blüstd. breit, umfangreich, nicht pyramidal, Blüstiel mit 5-13 ca. 3 mm lg. St., Kz. an Sfr. abstehend, B. fußf. 5zählig, z.T. auch 4zählig.-(Sehr seltene, im Gebiet verschollene Art).

68. R. teretiusculus

122' Blüstd. schlank und regelmäßig pyramidal, Blüstiel mit ca. 3-7 ca. 2,5-4(-5) mm lg. St., Kz. an Sfr. zurückgeschlagen, B. handf. oder etwas fußf. 5zählig. - (Häufige Arten). 123

(122') 123 Sch. (d.)weinrot, meist bis auf sehr zerstreute Härchen verkahlend. Eb. mittellang gestielt (ca. 28-35 % der Spreite), aus abgerundetem, seltener schwach herzf. Grund umgekehrt eif. oder auch rundlich mit kurzer Spitze, oberseits meist fast kahl (ca. 0-2 Haare pro cm^2), unterseits ohne Sternhaare. Frkn. u. Antheren kahl, Krb. b.rosa bis weiß. Austrieb $\pm$ grün.

66. R. pyramidalis

123' Sch. satt d.violett-braunrot, mit dichter, auf die St. übergehender Behaarung. Eb. länger gestielt (ca. 35-50 % der Spreite), aus breitem, seicht herzf., seltener abgerundetem Grund breit umgekehrt eif., zuletzt meist fast kreisrund, kurz bespitzt, oberseits anfangs reichlich, später oft nur zerstreut behaart, unterseits unter der längeren Behaarung durch Sternhaare graugrün- bis grauweiß filzig. Frkn. reichlich behaart, Antheren kahl oder behaart, Krb. weiß oder (rosa)rot. Austrieb mit kräftiger Anthocyanreaktion (h.-d.rotbraun).

67. R. vestitus

(120') 124 Antheren (alle oder in weit überwiegender Mehrzahl meist reichlich) behaart, B.chen unterseits wenig (nicht fühlbar) behaart. 125

124' Antheren kahl (selten einzelne mit einem Härchen). B.chen unterseits wenig und nicht fühlbar bis stark und weich behaart. 131

(124) 125 Sch. u. Blüstd. äußerst dicht mit pfriemlichen oder nadeligen, teils drüsentragenden St., Drüsenborsten u. Stieldrüsen in allen Größenordnungen besetzt.
              102. R. subcalvatus

125' Sch. nicht gedrängt mit derartigen Gebilden in allen Größenordnungen besetzt; entweder sind die Stieldrüsen, Drüsenborsten u. St.chen wesentlich mehr verstreut, oder neben den größeren St. und den nur ca. 1 mm lg. Drüsenborsten (bzw. zarten Stieldrüsen) sind nur wenige oder keinerlei Übergänge vorhanden. Größere St. stets breiter, d.h., von der Basis bis etwa zur Mitte zusammengedrückt 126

(125') 126 Sch. neben den größeren unter sich ziemlich gleichen St. mit vielen, oft dichtgedrängten ca. 1 mm lg. Stieldrüsen(-Stümpfen), dazwischen keine oder nur wenige Übergangsgebilde. Stieldrüsen des Blüstiels nur bis ca. 1,5 x so lg. wie der Blüstiel-Ø. St. des Blüstiels ca. 1,5-3,5 mm lg. 127

126' Sch. neben den größeren St. mit mehr oder minder vielen Stieldrüsen, St.chen u. St.höckern von unterschiedlicher Lge. und z.T. mit Übergängen zu den größeren St. verbunden. Stieldrüsen des Blüstiels bis ca. 2-4 x so lg. wie der Blüstiel-Ø. St. des Blüstiels ca. 2,5-4(-5) mm lg. 128

(126) 127 Sch. satt d.braunrot, zerstreut bis dicht behaart (ca. 5->10 Haare pro cm Seite), mit ca. 4-5 mm lg. St., B. vorwiegend 3(-4)zählig, daneben vereinzelt auch fußf. 5zählig. Eb. aus abgerundetem oder wenig herzf. Grund elliptisch bis umgekehrt eif., schmal, ziemlich gleichmäßig gesägt, unterseits sternhaarig graugrün bis grau filzig. Nb. stieldrüsig bewimpert. Blüstd. schmal, Achse mit etwas gekrümmten nur ca. 3-4 mm lg. St., Blüstiel mit ca. 7-21 ca. 1,5-2 mm lg. St., Austrieb intensiv anthocyanfarben (h.-d.rotbraun).
              84. R. flexuosus

127' Sch. lebhaft (karmin-)rot, fast kahl (ca. (0-)1-2(-5) Haare pro cm Seite), mit 5-8 mm lg. St.; B. handf. oder schwach fußf. 5zählig, Eb. aus deutlich herzf. Grund breit, zuletzt rundlich, tief, äußerst grob und ungleich periodisch gesägt, Nb. stieldrüsenlos. Blüstd. breit, Achse mit geraden 5-6 mm lg. St., Blüstiel mit 0-2 ca. 2-3,5 mm lg. St.; Austrieb mit nur schwacher Anthocyanreaktion (± grünlich).
              91. R. eideranus

(126') 128 Sch. kahl oder fast kahl (ca. 0-1(-2) Haare pro cm Seite). Eb. umgekehrt eif. mit kurzer bis mäßig langer Spitze, deutlich periodisch mit auswärts gekrümmten Hz. gesägt, Nb. relativ breit.

Blü. lebhaft (rosa)rot.   75. R. badius

128' Sch. zerstreut bis dicht behaart (ca. (5-)10-> 30 Haare pro cm Seite). Nb. dünn. Krb. weiß oder b.rosa 129

(128') 129 B.chen schmal, sich randlich nicht deckend.- (Die Art kommt im Gebiet nur mit fast stieldrüsenlosem Sch. vor und ist entsprechend verschlüsselt. Die hier berücksichtigte stieldrüsigere Ausbildung tritt anscheinend nur im südlichen Hügelland auf).

vgl. 81. R. conothyrsus

129' B.chen breit, rundlich, sich randlich meist deckend. Eb. aus $\pm$ herzf. Grund breit umgekehrt eif., zuletzt fast kreisrund mit aufgesetzter, oft etwas sicheliger Spitze, ziemlich gleichmäßig und nicht tief gesägt 130

(129') 130 B. größtenteils 3-4zählig, daneben meist nur einzelne (gewöhnlich fußf.) 5zählig; B.chen etwas ledrig-derb, oberseits d.grün, zerstreut behaart (ca. 1-10 Haare pro cm^2). Sch. auf 5 cm mit ca. 12-15 größeren (5-7 mm lg.) St., Blüstd.achse auf 5 cm mit ca. 9 größeren (ca. 4-5(-6) mm lg.) St., Blüstiel mit ca. (5-)10-18 langen (ca. 3-4 mm lg.) St., Stieldrüsen bis ca. 2 x so lg. wie der Blüstiel-$\emptyset$, Krb. 6-11 mm lg., Frkn. kahl. - Pfl. insgesamt kräftig u. dicht bestachelt.

72. R. drejeri

130' B. handf. 5zählig, ohne Neigung zu 3-4zähligen B.; B.chen nicht ledrig-derb, oberseits grün, dichter behaart (meist über 10 Haare pro cm^2), Eb. mit meist konvexer Haltung, Sch. auf 5 cm mit ca. 6-12 größeren (5-8 mm lg.) St., Blüstd.achse auf 5 cm mit ca. 2-5 größeren (ca. 4-6 mm lg.) St., Blüstiel nur mit ca. (0-)1-2(-3) größeren (d.h. ca. 3-4 mm lg.!) St., (bei diesem gegen die vorige Art gut trennenden Merkmal ist genau die Länge der St. zu beachten, um die 0-3 größeren St. nicht mit den zahlreicheren feinen - anfangs oft drüsentragenden - St.chen zu verwechseln). Stieldrüsen bis ca. 3-4 x so lg. wie der Blüstiel-$\emptyset$, Krb. 12-15 mm lg., Frkn. $\pm$ behaart. - Pfl. insgesamt mit schlankeren und zerstreuteren St.

71. R. drejeriformis

(124') 131 Sch. neben den größeren St. mit vielen, oft dichtgedrängten Stieldrüsen, St.chen oder St.höckern (mehr als 5 pro cm Seite). B.chen mit kurzer bis langer Spitze 135

131' Sch. neben den größeren St. mit zerstreuteren Stieldrüsen, St.-chen oder St.höckern (bis ca. 3 pro cm Seite). B.chen mit kurzer bis mäßig langer Spitze. (Vgl. auch R. atrichantherus - Schl. 133' - von dem eine ausnahmsweise stärker stieldrüsige Form in SH bei Mölln beobachtet wurde) 132

(131') 132 Pfl. dicht und krumm bestachelt: Sch. mit ca. 10-18(-25) überwiegend sicheligen St. auf 5 cm, Blüstd.achse mit ca. 10-20 stark gekrümmten St. auf 5 cm, Blüstiel mit ca. 15-20(-30) St., Sch. meist reichlich behaart (gewöhnlich mehr als 15 Haare pro cm Seite), B. handf. oder fußf. 5zählig, Stieldrüsen des Blüstiels überwiegend 1 x, die längsten bis ca. 2 x so lg. wie der Blüstiel-$\emptyset$.
            43. R. noltei

132' Pfl. weniger dicht und gerade bis schwach gekrümmt bestachelt: Sch. mit ca. 3-15 St. auf 5 cm, Blüstd.achse mit ca. 1-10 St. auf 5 cm, Blüstiel mit 1-6(selten bis 10) 2-4,5 mm lg. St., Stieldrüsen des Blüstiels bis 1-3(-5) x so lg. wie der Blüstiel-$\emptyset$ .. 133

(132') 133 B. handf. 5zählig, ohne Neigung zur Reduktion der B.chenanzahl, B.chen unterseits graugrün filzig, Eb. aus abgerundetem oder schwach herzf. Grund elliptisch oder etwas umgekehrt eif., zuletzt $\pm$ rundlich, allmählich mäßig lang bespitzt. Serratur tief u. sehr stark periodisch mit lang vorspringenden geraden Hz., stark gefaltet und am Rande auffallend regelmäßig lebhaft kleinwellig. Sch. zerstreut bis dicht behaart (meist 5-20 Haare pro cm Seite), gleichmäßig d.weinrot. - Blüstd. breit, Achse mit $\pm$ gekrümmten St., Stieldrüsen des Blüstiels durchschnittlich ca. 0,5 x, maximal bis ca. 1 x so lg. wie der Blüstiel-$\emptyset$, Kz. an der etwas zylindrischen Sfr. zurückgeschlagen.
            78. R. marianus

133' B. fußf. 5zählig oder großenteils nur (3-)4zählig, B.chen unterseits filzlos, selten nur mit einem Anflug von Sternhärchen; Eb. $\pm$ aufgesetzt bespitzt, Serratur nicht sehr tief mit gleichlangen oder längeren, oft etwas auswärtsgerichteten Hz., nicht oder wenig gefaltet, am Rande nicht lebhaft kleinwellig. - Sch. kahl oder fast kahl (ca. 0-5 (selten bis 10) Haare pro cm Seite), oft etwas ungleichmäßig und violettstichig weinrot. - Blüstd. breit, Achse mit geraden oder nur leicht gekrümmten St., Stieldrüsen des Blüstiels durchschnittlich ca. 1 x, maximal bis ca. 2-3(-5) x so lg. wie der Blüstiel-$\emptyset$, Kz. an der rundlichen Sfr. abstehend oder nur undeutlich rückwärts gerichtet 134

(133') 134 Sch. mit ca. 3-6 ca. (5-)6 mm lg. St. auf 5 cm, mit meist nur zerstreuten Stieldrüsen (meist nur bis ca. 10 pro 5 cm, seltener bis ca. 20, ausnahmsweise bei einer abweichenden Form bei Mölln in SH auch mehr), Eb. ziemlich lang gestielt (ca. 33-40 % der Spreite), mit sehr feiner und ziemlich gleichmäßiger, nicht enger Serratur, B.stiel mit ca. 4-10 St., Blüstd. nicht auffallend sperrig ausgebreitet.
            73. R. atrichantherus

134' Sch. mit ca. 5-15 ca. 5-7 mm lg. St. und vielen - oft größtenteils dekapitierten - Stieldrüsenborsten (ca. zu 25 bis 250 pro

5 cm). Eb. kurz gestielt (ca. 25-33 % der Spreite), mit anfangs sehr enger und scharfer, zuletzt (mit verlängerten Hz.) mehr periodischer Serratur, B.stiel mit ca. 10-15 St., Blüstd. oft auffallend sperrig dünnästig ausgebreitet.   74. R. nuptialis

(131') 135 Stacheln u. Stieldrüsen (bzw. Drüsen-)Borsten des Sch. deutlich auf zwei Größenordnungen verteilt: Sch. zw. den größeren, unter sich ziemlich gleichartigen St. mit zahlreichen viel kleineren Stieldrüsen(-Stümpfen) bzw. St.höckern u. St.chen von gewöhnlich nur ca. 1 mm Lge. (nur bei R. nuptialis - Schl. 140 - u. R. lamprotrichus - Schl. 137 - bis ca. 3 mm Lge.). Zwischen diesen Gebilden und den größeren St. nur wenige oder keinerlei Übergänge vorhanden. Sch.st. bei den meisten Arten nur bis ca. 15 auf 5 cm (nur bei R. pallidus - Schl. 144 - bis ca. 20 auf 5 cm). Stieldrüsen der Blüstiele bei einigen Arten kürzer oder nur so lg. wie der Blüstiel-Ø, bei einigen Arten länger . 136

135' Stacheln, Stieldrüsen, Borsten des Sch. nicht deutlich auf zwei Größenordnungen verteilt: Größere St. des Sch. mit zahlreichen Übergängen zu kleineren, unter sich ungleichen Stieldrüsen, (Drüsen-)Borsten, St.chen u. St.höckern. Größere St. des Sch. bei mehreren Arten mehr als 15 pro 5 cm, Stieldrüsen des Blüstiels durchschnittlich ca. 1-2 x, maximal bis ca. 2-4 x so lg. wie der Blüstiel-Ø 145

(135) 136 B.chen unterseits durch schimmernde, auf den Nerven gekämmte Behaarung deutlich fühlbar, oft samtig weich behaart, mit gleichmäßiger oder kaum periodischer Serratur, B. 3-4-fußf. 5zählig, Sch. stark behaart, Gr. b.grün 137

136' B.chen unterseits spärlich bis fühlbar, doch nicht weich und schimmernd behaart, mit gleichmäßiger bis deutlich periodischer Serratur, B. 3-4-fußf. oder handf. 5zählig, Sch. fast kahl bis bis dichthaarig, Gr. b.grün, grünlichweiß oder am Grunde rötlich 139

(136) 137 Eb. aus tief herzf. Grund länglich eif. - elliptisch (manchmal etwas parallelrandig), mit langer allmählich zulaufender Spitze, unterhalb oder etwa in der Mitte am breitesten. Sch. mit dichten ca. 2-3 mm lg. Stieldrüsen, Blüstiel mit ca. 2-5 ca. 2-3(-4) mm lg. St. und langen (bis ca. 4 x so lg. wie der Blüstiel-Ø) Stieldrüsen, Kz. vielstachelig.   95. R. lamprotrichus

137' Eb. aus abgerundetem oder seicht herzf. Grund ± elliptisch bis umgekehrt eif., kurz bespitzt, Sch. mit vielen nur ca. 1 mm lg. Stieldrüsen, Blüstiel mit im Durchschnitt viel kürzeren Stieldrüsen (maximal ca. 1,5 mal so lg. wie der Blüstiel-Ø), Kz. wenig bestachelt.. 138

(137') 138 B. alle oder in weit überwiegender Mehrzahl 3zählig und einzelne 4zählig, Eb. aus schmalem abgerundetem, seicht herzf. oder keiligem Grund elliptisch bis umgekehrt eif., allmählich oder etwas abgesetzt kurz bespitzt, im Umriß oft angedeutet rhombisch. - Blüstd. bis oben durchblättert, Blüstiel mit ca. 3-6 St., Behaarung bis etwa so lg. wie der Blüstiel-$\emptyset$, Stieldrüsen durchschnittlich 0,5-1 x, die längsten bis ca. 1,5 x so lg. wie der Blüstiel-$\emptyset$.
    93. R. stormanicus

138' B. überwiegend (fußf. bis handf.) 5zählig, daneben einzelne (3-)4zählig, Eb. aus etwas breiterem, stets deutlich herzf. Grund breit umgekehrt eif. mit $\pm$ abgesetzter kurzer Spitze, Gesamtumriß nie rhombisch.-Blüstd. oben meist blattlos, Blüstiel mit ca. 0-5 St., Behaarung bis etwa 2 x so lg. wie der Blüstiel-$\emptyset$, Stieldrüsen durchschnittlich ca. 0,5 x, die längsten nur 0,8-1 x so lg. wie der Blüstiel-$\emptyset$.
    94. R. propexus

(136') 139 Sch. (fast) kahl bis mäßig dicht behaart (ca. 0-15 Haare pro cm Seite), Blüstiel mit ca. (1-)3-8 St., Gr. blaßgrün, Frkn. kahl oder mit einzelnen Haaren 140

139' Sch. dichthaarig (> 20 Haare pro cm Seite), falls ausnahmsweise weniger dicht behaart, dann Blüstiel vielstachelig, Gr. am Grunde rötlich u. Frkn. reichlich behaart 141

(139) 140 Eb. aus abgerundetem, seltener schwach herzf. Grund umgekehrt eif. mit aufgesetzter schmaler Spitze, anfangs äußerst eng und spitz, später mehr periodisch mit längeren, etwas auswärtsgerichteten Hz. gesägt. Sch. mit 0-5(-10) Haaren pro cm Seite, etwas striemig, mit (weit in der Mehrzahl) geraden schlanken ca. 5-7 mm lg. St.. - Blüstd. oben blattlos, sehr sperrig, Blüstiel mit ca. 3(-4) mm lg. St. u. zum Teil langen Stieldrüsen (bis ca. 2(-3) x so lg. wie der Blüstiel-$\emptyset$). Austrieb gelbgrün.
    74. R. nuptialis

140' Eb. aus seicht herzf. Grund umgekehrt eif., allmählich mäßig lang bespitzt, etwas weit und ungleich, doch nicht periodisch gesägt, Zähne relativ stumpflich. Sch. mit ca. 0-15 Haaren pro cm Seite und meist etwas gekrümmten, breitgedrückten 5(-6) mm lg. St. und nur kurzen Stieldrüsen (bis ca. so lg. wie der Blüstiel-$\emptyset$), Austrieb mit deutlicher Anthocyanreaktion.
    97. R. treeneanus

(139') 141 Sch. rundlich stumpfkantig, auf grünlichem Grund $\pm$ fleckig rotviolett überlaufen, dichthaarig (> 30 Haare pro cm Seite) mit dichtgedrängten haarfeinen gelblichen Drüsenborsten von ca. 1-3 mm Lge., größere St. sehr dünn, schon dicht oberhalb der Basis pfriemlich verengt, bis 5(-6) mm lg., Serratur der B.chen stark periodisch mit ausgeprägt auswärtsgekrümmten Hz.,Kz. an der etwas flachkugeligen Sfr. abstehend bis aufgerichtet. Gr. weißgrün.

                105. R. pallidifolius

141' Sch. gleichmäßig d. weinrot(braun) oder grünlicher und dann kantig-flachseitig, Drüsenborsten in der Mehrzahl nur ca. 1 mm lg.. Größere St. nicht vom Grunde an pfriemlich dünn, etwas weiter hinauf ± breit zusammengedrückt, Serratur der B.chen ohne stark auswärtsgekrümmten Hz.; Kz. an der ± rundlichen Sfr. aufrecht abstehend bis rückwärtsgerichtet. Gr. rötlich oder weißlich grün 142

(141') 142 Sch. (scharf-)kantig mit flachen bis etwas vertieften Seiten u. kräftigen ca. 5-7 mm lg. St., B. ± fußf. 5zählig, Eb. lang gestielt ((32-)35-50 % der Spreite), aus gestutztem, abgerundetem oder etwas herzf. Grund elliptisch bis umgekehrt eif., kurz bis mäßig lang bespitzt, Serratur oft deutlich periodisch, B.chen unterseits etwas graugrün (doch ohne Sternhaare). Austrieb ± grün. Blüstiel kurz filzig-wirrhaarig, mit längeren, die Behaarung überragenden Stieldrüsen u. mit ca. 2-10(-12) ca. 1,5-3 mm lg. St., Krb. meist sehr schmal. Gr. weißlichgrün. Frkn. kahl.

                86. R. euryanthemus

142' Sch. rundlich(stumpfkantig), B. 3-4-5zählig, Eb. oft kürzer gestielt, Austrieb (beim folgenden R. propexus ebenfalls ?) mit intensiver Anthocyanreaktion (h.-d. rotbraun). Krb. breiter ... 143

(142') 143 Blüstiel mit nur ca. 0-5 St., Gr. grün, Blüstd. achse mit ca. 4-5 mm lg. geraden St., Sch. mit 4-6 mm lg. St., Eb. aus ± herzf. Grund breit umgekehrt eif., kurz u. ± aufgesetzt bespitzt, unterseits weich behaart.

                94. R. propexus

143' Blüstiel mit 7-25 St., Gr. am Grunde rot, Blüstd.achse mit ca. 2-4 mm lg. etwas gekrümmten St., Sch. mit 3-5 mm lg. St., Eb. anders geformt, unterseits nicht weichhaarig 144

(143') 144 B. fußf. 5zählig ohne Neigung zur Reduktion der B.chenanzahl. B.chen ± zart, unterseits spärlich, nicht fühlbar behaart. Eb. aus (tief) herzf. Grund eif. oder ± elliptisch, allmählich in eine lange schlanke, oft etwas sichelige Spitze verschmälert; ä. Sb. ca. 4-7 mm lg. gestielt. Sch. mit ca. 12-20 St. pro 5 cm. Blüstd. breit, seine B. unterseits nicht sternfilzig, Blüstiel außer kurzer ± filziger Behaarung mit (lockeren) länger abstehenden Haaren. Stieldrüsen kürzer als diese Haare. Frkn. kahl.

                85. R. pallidus

144' B. überwiegend 3(-4)zählig, daneben einzelne auch fußf. 5zählig, B.chen etwas ledrig derb, unterseits im typischen Fall angedrückt grau(grün)filzig, sonst nur schwach behaart, Eb. aus abgerundetem oder nur schwach herzf. Grund elliptisch bis etwas umgekehrt eif., oft angedeutet rhombisch, allmählich mäßig lang bis lang bespitzt, ä.Sb. ca. 2-3 mm lg. gestielt. Sch. mit ca. 6-9 St. pro 5 cm. Blüstd. schmal, seine B.chen unterseits sternfilzig, Blüstiel nur mit kurzer Filzbehaarung, die von den Stieldrüsen trotz deren Kürze noch überragt wird. Frkn. reichlich behaart.

84. R. flexuosus

(135') 145 Größere Sch.st. breit aufsitzend u. von der Basis bis fast zur Mitte oder darüber hinaus flachgedrückt, bis ca. 4-7(-8) mm lg., Sch. rundlich bis deutlich kantig, zerstreut bis dichtgedrängt stieldrüsig, B.chen unterseits wenig bis deutlich fühlbar u. weich behaart. St. des Blüstiels oft länger als 2 mm, Kz. an Sfr. aufrecht, abstehend oder zurückgeschlagen, Krb. schmal bis (mäßig) breit. Austrieb grün oder ± anthocyangefärbt 146

145' Größere Sch.st. nur im unteren Drittel etwas verbreitert und flachgedrückt, sonst pfriemlich-dünn, bis ca. 3-5(-6) mm lg., Sch. stielrund, wie die ganze Pfl. mit gedrängten haarfeinen Drüsenborsten. B.chen unterseits wenig (kaum fühlbar) behaart. St. des Blüstiels bis ca. 1,5-2(-2,5) mm lg., nur schwer gegen die zahlreichen Drüsenborsten abzugrenzen, Kz. an Sfr. abstehend oder aufgerichtet, Krb. schmal. Austrieb mit intensiver Anthocyanfärbung (rotbraun bis (d.)rotbraun) 151

(145) 146 Sch. dichthaarig (>30 Haare pro cm Seite), mit gedrängten ca. 2-3 mm lg. Stieldrüsen, größere St. ca. zu 5-10 pro 5 cm, nur 4-5 mm lg., B.chen unterseits durch nervenständige gekämmte Haare schimmernd und weich behaart, Eb. aus tief herzf. Grund länglich eif.- elliptisch (mit größter Breite in der Mitte oder unterhalb davon), allmählich in eine lange Spitze auslaufend, gleichmäßig gesägt. St. der Blüstd.achse bis 3-4(-5) mm lg., Blüstiel mit ca. 2-5 ca. 2-3(-4) mm lg. St., Kz. abstehend.

95. R. lamprotrichus

146'Sch. locker bis dicht behaart (ca. 1-30 Haare pro cm Seite), mit zerstreuten bis dichten Stieldrüsen, größere St. ca. (4-)5-7(-8) mm lg., oft zahlreicher. Eb. anders geformt. St. der Blüstd.achse bis 4-6(-7) mm lg., Blüstiel mit 5->15 ca. 1,5-4 mm lg. St., bei mehreren Arten in allen Übergängen zu kleineren St.chen u. Stieldrüsen, so daß wegen der mangelnden Abgrenzung keine bestimmten Zahlenangaben möglich sind 147

(146') 147 St. des Sch. und besonders der Blüstd.achse alle oder in der Mehrzahl mehr oder minder gekrümmt. B.chen unterseits (mit Ausnahme des R. hartmani in Schweden) nicht fühlbar behaart. 148

147'St. des Sch. und der Blüstd.achse alle oder in weit überwiegen-

der Mehrzahl gerade. B.chen unterseits nicht fühlbar bis weich
behaart 150

(147) 148 Blüstd.achse dichthaarig u. mit auffallend dichtgedrängten,
sicheligen ca. 5-6 mm lg. St. (ca. 15-> 20 pro 5 cm) sowie mit
vielen geraden Nadelst. u. Drüsenborsten, Blüstiel mit ca. (10-)
15-25 etwas gekrümmten, kräftigen ca. 2-3 mm lg. St. u. deutlich davon abgesetzten kürzeren Stieldrüsen (deren Lge. im Durchschnitt ca. 1 x, die längsten bis ca. 2 x so lg. wie der Blüstiel-
Ø), Kz. dichtstachelig, an Sfr. zurückgeschlagen, Gr. am Grunde in SH rot, in Schweden (immer?) grün. - Sch. bis auf die
gelblichen St.spitzen gleichmäßig d.(violett)weinrot, auf 5 cm
mit ca. 12-30 ca. (4-)5-6(-7) mm lg. $\pm$ sicheligen St. B. fußf.
5zählig, einzelne auch (3-)4zählig. Eb. aus abgerundetem oder
schwach herzf. Grund elliptisch oder umgekehrt eif. mit schie-
fer, ziemlich langer Spitze, Serratur periodisch, mit längeren
etwas auswärtsgekrümmten Hz., ä.Sb. ca. 4-6 mm lg. gestielt.
Austrieb stark anthocyanfarben (rotbraun - d.rotbraun).

             97. R. hartmani

148' Blüstd.achse nicht dichtgedrängt sichelstachelig, Blüstiel mit
meist weniger als 15, nicht immer klar abzugrenzenden St.,
Stieldrüsen länger (z.T. mehr als doppelt so lg. wie der Blüstiel-
Ø), Kz. in der Regel nicht dicht bestachelt, an Sfr. meist abstehend oder aufrecht, Gr. blaßgrün. B. überwiegend 3-4zäh-
lig, Eb.form anders, ä.Sb. kürzer gestielt. Austrieb ohne oder
nur mit schwacher Anthocyanreaktion ($\pm$ grün) 149

(148') 149 Sch. meist $\pm$ grünlich, mit sehr kräftigen gelblichen oder h.rot-
bräunlich überlaufenen, sehr breit aufsitzenden und bis über die
Mitte hinaus flachgedrückten "brettartigen", sicheligen, z.T.
auch hakigen (selten überwiegend geraden) St. von 6-7(-8) mm
Lge.; Stieldrüsen meist nicht sehr dicht, Behaarung zerstreut bis
mäßig dicht. Eb. kurz gestielt (ca. 20-27 % der Spreite), aus gestutztem oder etwas ausgerandetem Grund $\pm$ schlank und verlängert (gelegentlich auch breiter, doch nie $\pm$ kreisrund) umgekehrt eif., wenig abgesetzt bespitzt, Serratur periodisch mit längeren geraden oder etwas auswärtsgerichteten Hz..

             103. R. schleicheri

149' Sch. d.weinrot(braun) mit ebenso gefärbten, mehr oder minder
sicheligen, breit aufsitzenden und bis etwa zur Mitte flachgedrückten, dann pfriemlichen St. von 4-5(-6) mm Lge.; Stieldrüsen zumindest anfangs sehr dicht, später großenteils abgebrochen,
Behaarung mäßig dicht. Eb. länger gestielt (ca. 33-42 % der
Spreite), aus breitem gestutztem oder $\pm$ herzf. Grund fast kreisrund mit etwas aufgesetzter kurzer Spitze, gleichmäßig und fein
gesägt.

             100. R. rankei

(147') 150 Sch. kantig mit ± ebenen, etwas striemigen Seiten, zerstreut behaart (ca. (1-)5̄-10 Haare pro cm Seite), größere St. zu ca. 5-12 auf 5 cm, ca. 5-7 mm lg., kräftig, zur Basis hin breitflachgedrückt, daneben auf dem Sch. viele breitaufsitzende kleinere St. u. St.chen, St.höcker und ebenfalls breitfüßige, nicht haarfeine Drüsenborsten, deren Drüsenköpfchen jedoch leicht abbrechen, so daß Sch. zuletzt nur noch zerstreut stieldrüsig erscheint. B. handf. oder schwach fußf. 5zählig, Endblättchen aus schwach herzf. Grund umgekehrt eif. bis elliptisch, mit kurzer bis mittellanger, wenig abgesetzter Spitze. Serratur periodisch mit ± längeren geraden oder etwas auswärtsgerichteten Hz. Blüstiel mit ca. 7-15 ca. 2,5-4 mm lg. kräftigen St., Kz. an Sfr. locker zurückgeschlagen.

98. R. christiansenorum

150' Sch. stumpfkantig mit meist ± gewölbten Seiten, dichter behaart (ca. 10-15 Haare pro cm Seite), größere St. über 15 pro 5 cm, ca. 5-6 mm lg., nur nahe dem Grunde flachgedrückt, sonst schlank und pfriemlich, kaum abzugrenzen gegen zahlreiche kleinere, nadelige St.chen und sehr viele (meist gedrängte) vom Grunde an haarfeine bis ca. 3 mm lg. Drüsenborsten. B. überwiegend (3-)4zählig, daneben fußf. bis fast handf. 5zählig, Eb. aus abgerundetem bis herzf. Grund umgekehrt eif. elliptisch, seltener ± eif., kurz bis mäßig lang bespitzt, Serratur meist mit nur wenig längeren Hz. Blüstiel dichtgedrängt fein stieldrüsig-drüsenborstig und mit vielen (>15), schwer dagegen abzugrenzenden, bis ca. 3-4 mm lg. Nadelstacheln. Kz. an Sfr. abstehend oder aufgerichtet.

99. R. pygmaeus (und verwandte Sippen)

(145') 151 Sch. dichthaarig (>30 Haare pro cm Seite); größte St. 5(-6) mm lg., gerade. B. überwiegend 4- fußf. 5zählig, daneben auch 3zählig, Eb. ziemlich kurz gestielt (ca. 27-35 % der Spreite), aus meist herzf., seltener abgerundetem Grund elliptisch bis umgekehrt eif., allmählich kurz bespitzt, Serratur ausgeprägt periodisch mit stark auswärtsgekrümmten Hz., Blüstd. verlängert und sehr umfangreich (an typischen Standorten mit meist über 40 Blüten), größte St. der Achse ca. 4-5 mm lg., gerade, Antheren kahl (falls behaart: vgl. auch 102. R. subcalvatus u.a. mit äußerst dichtstehenden nadeligen u. pfriemlichen St.).

105. R. pallidifolius

151' Sch. fast kahl oder nur zerstreut behaart (ca. (0-)1-5 Haare pro cm Seite), größte St. 3-4(-5) mm lg., meist ± gebogen. B. sämtlich 3zählig (mehrzählige B. gelten als Seltenheit!), Eb. kurz gestielt (20-30 % der Spreite), aus herzf. oder abgerundetem Grund schwach umgekehrt eif. oder regelmäßig elliptisch, wie die Sb. mit unvermittelt aufgesetzter langer (1,5-2,5 cm lg.), schlanker, etwas sicheliger Spitze. Serratur sehr regelmäßig, doch dabei schwach periodisch mit etwas auswärtsgebogenen, meist kaum längeren Hz.. Blüstd. kurz und wenig umfangreich (meist mit weniger als 25 Blüten), größte St. der Achse ca. 2-2,5 (-3) mm lg., gebogen. Antheren kahl.

104. R. bellardii

2. Zusatzschlüssel I für einige im Hauptschlüssel nicht behandelte, meist seltenere Rubi des nordwestdeutschen Tieflands

	1	Pfl. stieldrüsenlos, höchstens im Blüstd. (bei R. lindleyanus) vereinzelte Stieldrüsen 2
	1'	Pfl. an allen Achsen mit zahlreichen Stieldrüsen 7
(1)	2	B. überwiegend 3zählig, einzelne daneben 4- fußf. 5zählig. B.-chen gleichmäßig fein gesägt, obers. mit zahlreichen Haaren, unters. ohne Sternhaare. Pfl. mit zerstreuten pfriemlichen geraden St.- (Um Soltau). 44. R. myricae
	2'	B. $\pm$ handf. 5zählig oder auch 6-7zählig 3
(2')	3	Pfl. mit schwachen dünnen St., diese am Sch. ca. 5-6 mm, an Blüstd.achse ca. 3-4(-5) mm lg.. Sch. d.rotbraun, (fast) kahl, $\pm$ suberekt. B. oft z.T. durch Spaltung des Eb. 6-7zählig. Eb. (5zähliger B.) aus herzf. Grund breit eif. bis rundlich, kurz bespitzt mit gleichmäßiger Serratur, obers. matt d.grün, striegelhaarig, unters. graufilzig u. etwas weich behaart, gefaltet. Blüstd. kurz, wenig umfangreich. - (Im äußersten Westen des Gebietes häufig). 17. R. ammobius
	3'	Kräftige, bogig wachsende Pfl. mit breiten längeren St., diese auf dem Sch. ca. 7-10 mm lg. B. 3-5zählig. Blütenstand umfangreich 4
(3')	4	B. $\pm$ sommergrün, unters. in der Regel filzlos, seltener etwas graulich-grün sternflaumig, Sch. mit zerstreuten längeren Haaren. - (Von Bremen an südwestlich zerstreut). 27. R. leucandrus
	4'	B. wintergrün, unters. stets grau- bis weißfilzig 5
(4')	5	Sch. sehr zerstreut einfach oder büschelig behaart, meist fast kahl. Eb. vorn mit $\pm$ auswärts gekrümmten längeren Hz., Blüstd. oft mit vereinzelten Stieldrüsen. - (Selten im Westen des Gebietes). 56. R. lindleyanus

5' Sch. ± dicht büschelig-sternflaumig bis filzig behaart, Serratur mit geraden Hz., Blüstd. ohne Stieldrüsen. Ausgesprochen kräftige Pflanzen 6

(5') 6 Eb. lang gestielt (ca. 40-60 % der Spreite), wie alle B.chen mit deutlich abgesetzter schlanker, oft sicheliger Spitze, scharf aufgesetzt stachelspitzig u. periodisch gesägt, unters. meist nur ± graufilzig. - (Äußerst selten im südlichen Tiefland).

60. R. winteri

6' Eb. kürzer gestielt (ca. 30-40 % der Spreite), allmählich bespitzt, Serratur weiter, nicht stachelspitzig, unters. dicht (grau-)weiß filzig. - (Selten im südlichen Tiefland).

61. R. chloocladus

(1') 7 Sch. d.violett-braunrot, mit dichter aschgrauer Behaarung, auch Blüstd. auffallend dicht zottig behaart. B. überwiegend 5zählig, Kz. die Sfr. umfassend. - (Gebiet zw. Harsefeld u. Zeven).

90. R. hirsutior

7' Pfl. ohne auffällig dichte Behaarung, Sch. nur mit ca. 5-10(-20) Haaren pro cm Seite. Kz. an der Sfr. ± zurückgeschlagen. - (Nordheide nahe Harburg).

96. R. cruentatus

3. Zusatzschlüssel II für einige im Hauptschlüssel nicht behandelte, meist seltenere Rubi Dänemarks und Skandinaviens

1 Pfl. krautig, mit stachellosen Sprossen, Blüten ansehnlich rosa, Sfr. braunrot. - (Nur in Skand. nordwärts ab ca. 60° nördl. Breite).

3. R. arcticus

1' Pfl. halbstrauchig, bestachelt. (Eigentliche Brombeeren der Sekt. Eufruticosi) 2

(1') 2 Pfl. stieldrüsenlos (allenfalls Deckblättchen im Blüstd. mit einzelnen kurzen Stieldrüsen) 3

2' Pfl. mit stieldrüsigen Achsen (zumindestens Blüstiele mit einzelnen Stieldr.) 5

(2) 3 B.chen obers. kahl, unters. ± weichhaarig und dazu sternfilzig. Sch. behaart, mit ca. 6-9 mm lg. St. - (Nur in SO-Schweden: bei Oskarshamm)

47. R. scheutzii

3' B.chen obers. behaart, Sch. kahl oder fast kahl, mit bis 5-7 mm lg. St. - (Nur DK) 4

(3') 4 B.chen unters. ohne Sternhaare, grob und tief, fast eingeschnitten gesägt, Sch. oft dichtstachelig, wie Blüstd.achse mit zahlreichen

Sitzdrüsen.-(Nur Ost-Jütland: Munkebjerg b. Vejle).

16. R. contiguus

4' B.chen unters. $\pm$ sternfilzig, ziemlich gleichmäßig eng und spitz gesägt. Sch. nicht dichtstachelig, nur wenig sitzdrüsig. - (Nur Ost-Jütland: westl. Hadersleben).

17. R. ammobius

(2') 5 Stb. deutlich kürzer als Gr., Sch. stumpfkantig, $\pm$ behaart, ohne oder mit zerstreuten Stieldrüsen. B. 3-4-fußf. 5zählig, B.chen unters. $\pm$ weichhaarig, meist filzlos. Eb. zuletzt fast rundlich. Blüstd. dünnästig, verlängert. Kz. zuletzt $\pm$ aufrecht. - (S-Schwed.: NW-Schonen, DK: N-Seeland, SÖ-Jütland. - Überall selten).

39. R. axillaris

5' Stb. die Gr. überragend 6

(5') 6 Sch. $\pm$ flaumig fein büschelhaarig, mit kräftigen bis 7-10 mm lg. geraden oder krummen St.. St. an Blüstd.achse 5-9 mm, am Blüstiel bis 5(-6) mm lg., Stieldrüsen meist nur zerstreut im Blüstd. - (Selten in SW-Schweden (Bohuslän) u. S-Norwegen (bei Grimstad)).

51. R. insularis ssp. confinis

6' Sch. fast kahl, mit zerstreuten einfachen Haaren oder dicht $\pm$ abstehend behaart 7

(6') 7 Sch. zerstreut behaart (durchschn. ca. 0-5 Haare pro cm Seite)..8

7' Sch. dicht behaart (durchschn. > 10 Haare pro cm Seite) 9

(7) 8 Sch. mit ca. 4-6 mm lg., teils geraden, teils stark gekrümmten, unter sich etwa gleichlangen St.. Eb. rundlich, ä.Sb. (fast)sitzend, Kz. zurückgeschlagen. - (Nur O-Schweden: auf einer Insel vor Västerwik).

65. R. vestervicensis

8' Sch. mit ca. 7-9 mm lg., geraden oder teils gekrümmten, unter sich oft sehr ungleichen St. und dazu meist mit zahlreichen St.-höckern und Drüsenst.chen. Eb. umgekehrt eif., ä.Sb. 1-4 mm lg. gestielt, Blüstd.achse mit kräftigen, teils geraden, teils $\pm$ hakigen, u. dazu meist auch vielen kleineren $\pm$ drüsigen St.. Kz. abstehend. - (SW-Schwed.: Bohuslän, DK: Seeland u. Jütland bei Silkeborg u. Skamlingsbanken).

80. R. infestus

(7') 9 Stieldr. der Blüstiele die Behaarung überragend. Kz. $\pm$ zurückgeschlagen 10

9' Stieldr. der Blüstiele in der Behaarung versteckt. Kz. aufrecht oder abstehend 11

(9) 10 Sch. mit ungleichen bis ca. 6(-7) mm lg. geraden St. und vielen feinen (bis ca. 3 mm lg.) Drüsenborsten. B. 4-5zählig, unters.

sternfilzig und dazu schimmernd weichhaarig. Eb. umgekehrt eif. bis rundlich, Serratur ausgeprägt periodisch mit längeren, stark auswärts gekrümmten Hz. - (DK: N-Jütland, früher auch S-Schweden).

110. R. dasyphyllus

10' Sch. mit überwiegend gleichartigen, bis ca. 5-6 mm lg. St. und oft nur zerstreuten Drüsenborsten. B. oft nur 3zählig. Eb. (breit) $\pm$ elliptisch, ohne Sternhaare, mit $\pm$ gleichlangen, fast geraden Hz. - (Nur DK: 1 Fundort auf Alsen).

96. R. cruentatus

(9') 11 Sch. dicht stieldrüsig (>100 pro 5 cm). B. unters. (anfangs), Blüstd. blätter bleibend sternfilzig. Kz. aufgerichtet. - (DK: SO-Jütland, Alsen u. Fünen. Früher auch SH: bei Flensburg).

87. R. flensburgensis

11' Sch. sehr zerstreut stieldrüsig (meist nur ca. 5-10 Stieldr. pro 5 cm). B. unters. ohne Sternhaare. Kz. locker zurückgeschlagen. - (DK: selten auf Alsen u. in S-Jütland. S-Schwed: NO-Småland).

89. R. fuscus

C. BESCHREIBUNGEN UND ABBILDUNGEN DER EINZELNEN ARTEN

Subgenus I. Chamaemorus FOCKE

Einzige Art:

1. **Rubus chamaemorus** L., Spec. Plant. ed. 1: 494 (1753). - Moltebeere, Schellbeere, DK: Multebaer, Norw.: Molter, Schwed.: Hjortron. - Schl. 2.

PFL. krautig, aus weit kriechendem verzweigtem Rhizom 5-25 cm hohe, einjährige unverzweigte, aufrechte Sprosse treibend. Diese am Grunde mit einigen schuppenf. Niederb., im übrigen mit 1-4 gestielten, ungeteilten, ± seicht abgerundet (3-)5-7-lappigen, gekerbt-gesägten, radial gefalteten, im Herbst oft schön roten Laubb., die unteren mit breiten, die obersten mit verkümmerten Nb., Blüten groß, weiß, gestielt, einzeln, endständig, durch Verkümmerung eines Geschlechts diözisch (Stb. in den weibl. Blüten ohne Antheren). Sfr. mit wenigen großen, erst roten, reif orangegelben, wohlschmeckenden Fr.chen. V-VI.- 2n = 56.

Durch die eher an Ribes erinnernden B. vollständig von allen einheimischen Rubi abweichend. Die Fr. werden in nordischen Gebieten bevorzugt als Obst gesammelt und bei uns, zu Fruchtlikör verarbeitet, importiert. Bei uns nur ausnahmsweise fruchtend, so 1956 im Ipweger Moor (LÜBBEN 1957).

ÖK. u. SOZ.: Im Hauptverbreitungsgebiet mit Ausnahme von Kalkböden in Heiden, auf Mooren, in Birken- und Fichtenwäldern auch auf trockeneren Böden weit verbreitet. Bei uns wie auch in DK nur auf Hochmooren. In SH auf Bulten vor allem zusammen mit Empetrum nigrum, Vaccinium oxycoccus, Eriophorum vaginatum u. angustifolium, Andromeda polifolia u. Erica tetralix (vgl. MÜLLER 1965). In Ns. im Ipweger Moor b. Oldenburg vor dessen Entwässerung mit denselben Begleitpflanzen, dazu u.a. auch mit Narthecium ossifragum u. Scheuchzeria palustris (vgl. MINDER 1915). Die niedersächsischen Fundorte (z.B. Ipweger, Oldenbrocker u. Kehdinger Moor) lagen einst alle oder fast alle an erhöhten Rändern von Hochmoorkolken. Die Trockenlegung dieser Standorte hat die Moltebeere besser als die meisten der Begleitpflanzen vertragen. Im Kehdinger Moor war sie (1964!!) sogar die einzige Moorpflanze, die sich an dem inzwischen auch durch Überweidung vollständig veränderten Standort u.a. zwischen Plantago major und Poa annua noch vorfand, an anderer Stelle wuchsen einzelne Exemplare auf nacktem, völlig trockenem Torf unter dichtstehenden Moorbirken.

VB.: Zirkumpolar subarktisch(-boreal). - Hfg. in Skandinavien. Im südlichen Gebiet selten. Die dän. Vorkommen finden Anschluß an das nördliche Areal. Die Glazialrelikt-Natur der disjunkt südlich vorgeschobenen Vorkommen in SH und Ns. ist umstritten. - DK: Selten in Nordjütland u. Nord-Seeland. SH: Weißes Moor b. Heide in Holstein (Hier 1963 von MÜLLER - vgl.

l.c. - entdeckt. Es handelt sich um einen Bestand von ca. 30 m Ø u. offenbar nur um männliche Pfl.). - Ns.: Insgesamt acht rezente, meist geschützte Vorkommen, alle in einem Streifen zwischen Oldenburg, Stade und der Küste. (Derselben, ehemals meist hochmoorbedeckten Zone gehört - über die Elbe hinaus nördlich erweitert - auch der sh. Fundort an): Kehdinger-(Bützflether-)Moor bei Gr. Sterneberg nördl. von Stade (vgl. FOCKE 1936. - Hier bei der ehem. Seeblecke im NSG 1964!! noch kümmerliche Reste. Außerdem 1964!! in einem Birkenbestand auf trockenem Torf ca. 250 m nördl. davon), Neuenlander-Moor b. Schwegen südl. Bremerhaven. (Bestand nimmt - nach LÜBBEN l.c. - ca. 1 ha ein), Ipweger Moor nordöstl. Oldenburg. (Hier 1913 von MINDER (l.c.) an 2 Stellen entdeckt, wo die Pfl. einst u.a. einen 90 m langen erhöhten Streifen eines Moorkolks einnahm. 1937 wurde ein weiterer Bestand gefunden (vgl. MEYER 1949 - Noch 1958!! in beiden Geschlechtern im inzwischen trockengelegten, verheideten Moor - NSG. LÜBBEN (l.c.) entdeckte 1956 ebenfalls am Rande eines Moorkolks einen weiteren Bestand ca. 50 m südl. des NSG). - Ein weiterer Fundort liegt ca. 10 km nordöstl. davon im Oldenbrocker Moor (von MINDER 1914 entdeckt, jetzt NSG, nur männliche Pfl.). Ferner zw. dem Ipweger Moor u. der Küste noch 2 Fundorte: NSG Südmentzhausen u. NSG Jader Kreuzmoor bei Jade (LÜBBEN l.c.). - Ein 1920 durch Kultivierung erloschenes Vorkommen bestand (nach LÜBBEN l.c.) im selben Gebiet im Wehler Moor b. Rastede. - Weitere VB in Mitteleuropa: Usedom (Swinemoor), Pommern (Lebamoor, früher Halbinsel Darß), West- u. Ostpreußen, früher auf dem Meißner in Hessen, am Kniebis im Schwarzwald. Außerdem im Riesengebirge u. in den Sudeten (Isergebirge). Nicht mehr weiter südlich.

Im Hauptverbreitungsgebiet sind vereinzelt Bastarde mit R. saxatilis und R. arcticus beobachtet worden, die sich u.a. durch tiefer gelappte B. unterscheiden (vgl. TRANZSCHEL 1923).

Subgenus II. Cylactis (RAF.) FOCKE

Kräuter, Nb. nicht mit dem B.stiel verwachsen, Fr.chen nur locker zusammenhängend

2. **Rubus saxatilis** L., Spec. Plant. ed. 1: 494 (1753). - Steinbeere, DK: Fruebaer, Norw.: Teiebaer, Schwed.: Stenhallon. - Schl. 2'.

PFL. krautig, sommergrün, aus kurzen, nicht kriechenden Rhizomen einjährige Laub- und Blütensprosse treibend. Sprosse dünn, rund, unbereift u. wie die rinnigen B.stiele ± behaart u. mit zerstreuten winzigen St., am Grunde mit schuppenf. Niederb. Übrige B. gefingert 3zählig. B.chen beidseits grün, dünn behaart, grob periodisch gezähnt. Eb. ± rhombisch bis eif.,bzw. umgekehrt eif., am Grunde (meist spitzwinklig) keilförmig. Nb. eif. bis lineallanzettlich, dem Stengel, aber nicht selten auch dem B.stielgrund angewachsen. Laubsprosse ausläuferartig (nach KRAUSE 1880 bis über 3 m weit) kriechend, im Herbst verzweigt u. oft einwurzelnd. Blütensprosse aufrecht, ca. 10-25 cm hoch, mit meist etwas zahlreicheren Niederb. als der Laubsproß. Blüstd. endständig, fast doldenartig, ca. 2-10-blütig. Krb. weiß, schmal, aufrecht. Sfr. aus nur ca. 1-6 kaum zusammenhaftenden, großen, glasig-roten Fr.chen gebildet, wohlschmeckend säuerlich bis fast geschmacklos. V-VI.- 2n = 28.

Auch im blütenlosen Zustand u. im Hb. leicht an den charakteristischen, keilf. verschmälerten Eb., dem krautigen dünnen, sehr zartstacheligen und behaarten Sch. u. bes. an den schuppenf. Niederb. zu erkennen. Dagegen ist das systematisch wichtige Merkmal der freien Nb. wenig zuverlässig.

ÄHNLICHE ARTEN: Vgl. 3. R. arcticus und 146a. R. caesius x saxatilis.

ÖK. u. SOZ.: In Wäldern u. Gebüschen. Gern auf frischeren humosen Böden, in vielen Gebieten kalkhaltige Unterlage bevorzugend oder ganz daran gebunden, so z.B. in England (nach WATSON 1958), meist auch in Süddeutschland!! (vgl. auch OBERDORFER 1962) sowie in DK (nach FRID. 1922). In SH dagegen verhält sich die Art (wie z.B. auch Rhamnus cathartica) eher umgekehrt, denn ihr VB-Schwerpunkt liegt hier eindeutig in den kalkärmeren feuchten Querco-Carpineten u. reicheren Alno-Padion-Gesellschaften der Altmoränen u. mehr noch in den kalkfreien Sanderniederungen. Hier findet sie sich z.B. im Neumünster auch ziemlich regelmäßig im Kontakt zu azidophilen Molinieten u. Fadenbinsenwiesen in feuchten Rhamnus frangula-reichen Salix cinera-Alnus glutinosa-Knicks u.a. zusammen mit R. scissus, R. nessensis u. R. plicatus (vgl. WEBER 1967).

VB.: (Nördl.) Euras. - In SH im Sander-u. AM-Gebiet zerstreut, stellenweise häufig!! Auf JM viel seltener, mit großen VB-Lücken. DK: Zerstreut. (Besonders in Ostjütland u. auf den Inseln). In Skand. verbreitet. Ns.: Im westl. Diluvialgebiet selten, sonst zerstreut. Im übrigen in ganz Europa bis Pyrenäen und nördl. Asien bis Japan, südl. bis Altai u. vereinzelt Himalaja.

3. **Rubus arcticus** L., Sped. Plant. ed. 1: 494 (1753). - Schwed. + Norw.: Åkerbaer. - ZSchl. II: 1.

PFL. krautig. Sprosse st. los, aufrecht, ca. 10-30 cm hoch, mit tief 3lappigen oder gefingerten 3(-5)zähl., ungleich gesägten B. Eb. umgekehrt eif. mit keilf. Grund. Blüten zu 1-3(-7), die oberste(n) endständig, die übrigen achselständig, schön rosa, Ø 1,5-2,5 cm. Sfr. mit zahlreichen Fr.chen, braunrot, sehr wohlschmeckend. V-VI. - 2n = 14.

Von R. saxatilis bes. durch das Fehlen kriechender, blütenloser Sprosse, die St. losigkeit und durch die ansehnlichen rosa Blüten unterschieden. Die im Geschmack an Himbeeren und Erdbeeren erinnernden Sfr. wurden von LINNÉ als die wohlschmeckendsten aller Beerenfrüchte Skandinaviens gerühmt. Die Art bildet gelegentlich Bastarde mit R. chamaemorus, R. saxatilis u. R.

idaeus.

VB.: Arktisch zirkumpolar. - In Skandinavien südwärts bis ca. 60° nördl. Breite, in Norwegen bis Hardangervidda, in Schweden (hier häufiger) bis Svealand; früher auch in Schottland.

Subgenus III. Anoplobatus FOCKE

St. lose Sträucher mit aufrechten 2-mehrjähr. Stämmen. B. einfach, handf. gelappt. Sfr. rot oder orange, mit flachem Fr.bod.

4. **Rubus odoratus** L., Spec. Plant. ed. 1: 494 (1753). - Zimt-Himbeere. - Schl. 5.

Strauch mit ca. 1-2(-3) m hohen mehrjähr. aufrechten Stämmen; diese mit abblätternder Rinde. B.stiele u. bes. Blüstiele dicht stieldrüsig. B. bis 8-25 (-30) cm im $\emptyset$, aus herzf. Grund breit 5lappig, mit $\pm$ spitz dreieckigen Lappen, ungleich gesägt, beidseits grün und behaart. Blüstd. doldentraubig. Blüten groß, 3-5 cm im $\emptyset$, purpurrosa(rot), wohlriechend. Sfr. orange, fade, bei uns selten entwickelt. V-VIII.

Dieser eher johannisbeerartige Strauch wird als Zierpfl. gelegentlich in Gärten und Anlagen kultiviert. - Heimat: Nordamerika. Selten verwildert beobachtet: Hamburg - Winterhude (RÖPER nach SH-Kartei), zw. Oejendorf u. Möhnsen (J.SCHMIDT 1922!), nach ER.(1922; 1931) im Raum Kiel u. Lübeck "zuweilen verwildert", südl. Idstedt b. Schleswig (72!!).

ÄHNLICHE ARTEN: Vgl. 5. R. nutkanus. - In Gärten wird außerdem (mit ähnlichen roten Blüten, doch 3zählig. B.) der Bastard R. odoratus x idaeus (= R. x nobilis REGEL) gezogen.

5. **Rubus nutkanus** MOÇINO ex DC., Prod. 2: 566 (1825). - Syn. R. parviflorus NUTTALLI, Gener. 309 (1848) non SUDRE 1901 nec FIGERT 1904 - Nutka-Himbeere - Schl. 5'.

Vom ähnlichen 4. R. odoratus durch folgende Merkmale verschieden: Stämme nur anfangs behaart u. drüsig, später kahl u. glatt. Blüten weiß, $\emptyset$ bis ca. 4 cm (vgl. dagegen den irreführenden Namen "parviflorus"). -

Heimat: Nordamerika. Selten gepflanzt, nach ERICHSEN (1922, 154) im Kieler Raum "zuweilen verwildert". - Der ähnliche, doch kleinere nordamerikanische R. deliciosus JAMES (mit stieldrüsenlosen Blüstielen u. stumpflappigen B.) scheint im Gebiet noch nicht verwildert beobachtet worden zu sein.

Subgenus IV. Idaeobatus FOCKE

6. Rubus idaeus L., Spec. Plant. ed. 1: 492 (1753). - Himbeere, DK: Hindbaer, Norw.: Bringebaer, Schwed. Hallon. - Schl. 9.

Wichtigste Kennzeichen:

SCH. adventiv aus weithin kriechenden Wurzeln entstehend, gewöhnlich aufrecht (bis ca. 2 m hoch), seltener niedergedrückt, nicht oder wenig verzweigt, grün oder ± rotbräunlich überhaucht, wenig bereift bis fast reiflos, kahl bis angedrückt filzig, drüsenlos (nur Jungtriebe mit weichen d.purpurnen Drüsenborsten), mit sehr zerstreuten bis gedrängten, nicht selten fehlenden, gleichförmigen kurzen (meist ca. 1-2 mm lg.), kegeligen oder pfriemlichen, gewöhnlich schwarz- bis d.violettroten St., im 2. Jahr mit ± abblätternder Rinde.

B. sommergrün, 3zählig oder meist gefiedert 5-(selten 7-)zählig. B.chen obers. (frisch-)grün, oft runzlig, kahl oder behaart, unters. angedrückt weißfilzig, ohne längere Haare. Eb. aus meist herzf. Grund eif. bis umgekehrt eif., meist (breit)dreieckig, nicht eingeschwungen bespitzt, oft 3lappig. Serratur periodisch, ungleich. Nb. fädig.

BLÜSTD. kurz, wenigblütig traubig-rispig. Blüstiele lang u. dünn, mit zarten, meist ± gekrümmten St., gewöhnlich nickend. Kz. lang u. dünn, beidseits dünn filzig, postfloral zurückgeschlagen. Krb. (grünlich-)weiß, sehr klein, kürzer als der K., ± spatelig bis schmal umgekehrt eif., aufrecht, kahl. Frkn. filzig. Sfr. rot, selten gelb: Himbeere, sich im Gegensatz zu den Brombeeren vom Frbod. ablösend. V-VI(-VII). - $2n = 14$.

Ohne Blüten u. Früchte von allen Brombeeren am besten durch die unterseits selbst im Schatten angedrückt weißfilzigen, gefiederten B. u. die runden dunkelstacheligen Sch. unterschieden. Die Art zerfällt in mehrere Rassen, von denen in Europa nur die ssp. **idaeus** (L.) (= ssp. vulgatus ARRHEN., Rub. Suec. Monogr. 12 (1839)) mit drüsenlosen Blüstd. u. B.stielen, in Nordamerika u. Ostasien dagegen die drüsigere ssp. **strigosus** (MICHX.) FOCKE, Spec. Rub. 2: 209 (1911) vertreten ist. Als Obststräucher werden bei uns vorwiegend Züchtungen der europäischen Rasse (z.B. "Preußen", "Deutschland"), aber auch Abkömmlinge der ssp. strigosus (z.B. "Newman"), seltener Hybriden beider Rassen kultiviert.

Als Abänderungen sind bemerkenswert:

1. f. **inermis** HAYNE, Dendr. Fl. Berl. 106 (1822), LEJ. & COURT., Comp. Fl. Belg. 2: 160 (1831), FRID. & GEL., Rub. exs. Dan. et Sl. n. 59 (1887)! - Sch. stachellos. - Verbreitet!!

2. f. **phyllanthus** FRID. & GELERT, Bot. Tidsskr. 16: 53 (1887) et ap. LANGE, Haandb. danske Fl. ed. 4: 768 (1888) (= f.strobilaceus FOCKE, Abh. Natw. Ver. Bremen 13: 470 (1893)). - Blüten zu kleinen,

dicht lanzettlich beblätterten, quastähnlichen Laubsprossen ausgewachsen. - Ziemlich selten: SH: Westerholz in Angeln (GEL. nach KRAUSE 1890, 49) außerdem nahe Lübeck bei Krummesse: Kannenbruch (SPETHMANN o. Dat.!) u. jenseits der Grenze in Me: Hohemeiler Tannen (vgl. BLOHM 1909) und Hamburg-Wandsbek (TIMM 92!). - Ns: Holthorst b. Bremen (FOCKE 1902, 445); DK: Svendborg.

3. f. leucocarpus HAYNE l.c. (= f. chlorocarpus E.H.L. KRAUSE ap. PRAHL, Krit. Fl. SH 2: 48 (1890); f. fructibus luteis hort.). - Mit gelben Früchten u. blasseren St. - Kultiviert. Ob urwüchsig? SH: Viehburger Holz (KRAUSE 86!) Drüsensee b. Mölln u. b. Nusse (vgl. ER. 1931, 54).

4. var. denudatus SCHIMPER & SPENN., Fl. Frib. 743 (1829) non R. idaeus L. var. denudatus P.J.MUELLER, Flora, ser. 2, 16: 129 (1858), ssu. KRAUSE (1890) et auct. plur. - Syn. var. viridis DÖLL, Rhein. Fl. 766 (1843). - B. unters. grün, Pfl. fast kahl. - Sehr selten (z.B. Altmark, Schwarzwald, Posen). Im Gebiet anscheinend noch nicht nachgewiesen.

5. var. anomalus ARRHEN., Rub. Suec. Monogr. 14 (1839). - Syn. R. obtusifolius WILLDENOW, Berl. Baumz. ed. 2: 409 (1811) non GENENV. nec. SERINGE; R. idaeus L. var. leesii BABINGTON ap. STEELE, Handb. Field Bot. 60 (1847). -
Blüstd. u. unterer Teil des Sch. mit ungeteilten nierenförmigen, grobzähnigen, oft ± gelappten B., obere B. des Sch. 3zählig mit breiten, sich randlich deckenden B.chen. Die meisten Fruchtb. offen mit vertrocknenden Samenanlagen. Einzelne in geschlossenen Karpellen entwickelte Samen lieferten in Versuchen FOCKEs (1886, 321) wiederum, wenn auch sehr schwächliche anomalus-Formen. Ein englischer Gärtner will (nach FOCKE l.c.) ebensolche Pflanzen aus der Verbindung von R. idaeus ♀ x Frageria spec. ♂ erhalten haben. (Auch im Hb. Hamburg befindet sich eine allerdings etwas abweichende monströse Form aus der Gärtnerei ELFERS-Stade (1925) als angeblicher Bastard R. idaeus x Fragaria vesca). - Selten. SH: bislang ohne Nachweis. Norddt. Tiefland: Bassum, Homfeld, Wachendorf, Süstedt, Henzen, Asendorf, Bleiche, Vilsen (FOCKE 1894, 289); Buchholz, Nutzhorn (FOCKE 1936, 264). DK: ?. Selten in Schweden.

6. var. maritimus ARRHEN., l.c. 13 (1839). - Sch. dicht mit bleichen Borstenst. besetzt, Stb. einwärts gerichtet. - Ostseestrand: Schweden; DK: Bornholm zw. Tejn u. Allinge (GEL. nach FRID. & GEL. 1887, 53); SH: Timmendorfer Strand (ER. 98! RK. 94 (1900, 10) - nicht eindeutig). Im übrigen selten bis Ostpreußen.

ÄHNLICHE ARTEN: Vgl. R. caesius x idaeus: Schl. 9. Sehr entfernt himbeerartig, doch ohne filzige B. ist 9. R. nessensis.

ÖK. u. SOZ.: Ziemlich bodenvag. Meidet vor allem allzu trockene, humusarme sandige Standorte, bevorzugt Halbschatten (in sh. Knicks ohne erkennbaren Konkurrenzeinfluß auf der Nordseite mit ca. 3 mal so starker Massenentwicklung wie auf der Südseite, verhält sich damit genau umgekehrt wie die Brombeeren), windempfindlich (vgl. WEBER 1967, 63f). Verbreitungsschwerpunkt (oft massenhaft) in Waldverlichtungen und auf Schlägen; (Klassenkennart der Epilobietalia angustifolii TX.) Auch in Gebüschen, vor allem in den Knicks SHs eine der häufigsten Arten, greift hier weiter als die echten Brombeeren auf ärmere und andererseits auch - zusammen mit einigen Suberecti - auf grundwassernahe Böden über.

VB.: Zirkumpolar subarktisch bis gemäßigte kühlere Zone, südwärts mehr montan. Im Gebiet überall häufig!!. In SH außer der Marsch gemein, nur in den waldfreien Gebieten östlich des Oldenburger Grabens zurücktretend.

7. **Rubus spectabilis** PURSH, Fl. N.-Am. 1: 348 (1814) non MERCIER 1856 - Schl. 7!

Aufrechter 1-2(-3) m hoher Strauch mit ausdauernden, nur im unteren Teil kurzstacheligen, sonst unbewehrten kahlen Stämmen. B. 3zählig, B.chen beidseits fast kahl, $\pm$ eingeschnitten periodisch gesägt. Eb. aus keiligem bis herzförmigem Grund rhombisch-eif., lang bespitzt, oft 3lappig. Sb. (fast) sitzend, oft eingeschnitten 2lappig. Nb. fädig. Blüten an Kurztrieben, meist einzeln achselständig, ansehnlich (2,5 bis ca. 4 cm $\emptyset$), Krb. purpurrosa(rot), doppelt so lg. wie die Kz. Frkn. kahl. Sfr. glasig blaß bis leuchtend gelb oder rot, eßbar. V-VI.

Auch ohne Blüten an den himbeerartigen, doch unters. fast kahlen B. und dem aufrechten Wuchs leicht zu erkennen. - Heimat: Nordamerika und Japan. Bei uns in Gärten kultiviert und gelegentlich ortsnah verwildert, so in SH: Niebüll (1934 ORTMANN nach SH-Kartei), Waldweg zw. Bistoftholz u. Nackholz (BOCK 94!), Schleswig: Thiergarten (SPANJER u. NEUMANN 1959 - SH-Kartei), Böken (62!!), Heide (ALPEN 1963 nach SH-Kartei), bei Kiel (WILLI CHRIST. 50!), Wedel: Knick bei der Zgl. "eingebürgert" (ESCHENBURG 1927!), Geestabhang (SCHMIDT 1925!), auch im Raum Lübeck (ERICHSEN 1931).

8. **Rubus phoeniculasius** MAXIMOWICZ, Bull. Acad. St. Petersb. 8: 293 (1871). - Rotborstige Himbeere, Japanische Weinbeere - Schl. 8.

SCH. zweijährig, hochbogig (ca. 2 m hoch), rund, fuchsrot, dichthaarig und wie alle Achsen mit dichtgedrängten $\pm$ weichen haarfeinen fuchsroten Drüsenborsten in allen Größenordnungen bis 7(->8) mm Lge. besetzt. St. gerade bis sichelig, mehr oder minder in den langen Drüsenborsten versteckt. B. 3zählig, obers. h.grün, etwas runzlig, sparsam behaart, unters. weißfilzig. Eb. aus sehr breit herzf. oder gestutztem Grund $\pm$ rundlich, schlank bespitzt, oft etwas 3lappig, Serratur kerbzähnig, vorn oft eingeschnitten periodisch. Sb. sitzend. Nb. fädig. Blüstd. an der Spitze oft langer Äste, Krb. rosarot, nur halb so lg. wie die langbespitzten, rotborstigen Kz.. Sfr. lebhaft orangerot, wohlschmeckend. VI-VII. - 2n = 14.

An dem langzottig-rotborstigen Sch. selbst im entlaubten Zustand unverkennbar. Heimat: Japan u. Nordchina. In Mitteleuropa gern kultiviert und mitunter verwildert, im Alpengebiet stellenweise eingebürgert (z.B. Steiermark - nach HUBER 1961, 279; Südtirol !!). In SH bei Plön; zw. dem Eulenkrug und Rathjensdorf (67!!).

Subgenus V. Rubus (L.)

Brombeere, DK: Klynger, Norw.: Bjørnebaer, Schwed.: Björnhallon, Björnbär.

Sectio 1. Eufruticosi H.E. WEBER

Subsectio 1. Suberecti P.J.M.

9. **Rubus nessensis** W. HALL, Trans. Roy. Soc. Edinb. 3: 21 (1794). - Syn. R suberectus ANDERSON, Trans. Linn. Soc. 11: 218 (1815) - Schl. 28 - Fig. - Tafel.

SCH. aufrecht mit nickender Spitze, nicht oder nur wenig verzweigt, 0,5- > 2 m hoch, im Schatten gelegentlich etwas mehr niedergedrückt, doch nie bogig zur Erde strebend und einwurzelnd, rundlich stumpfkantig, schwach glänzend grün, später hellrot-bräunlich überlaufen mit grünlicher bleibender Strichelung, kahl, mit zahlreichen Sitzdrüsen mit Übergängen zu einzelnen subsessilen Drüsen. St. zerstreut, ca. zu (0-)2-10 auf 5 cm, nur 1-3(-5) mm lg., kurzkegelig bis pfriemlich, gerade (selten angedeutet gekrümmt), auffällig dunkelviolett(-rot).
B. handf. 5zählig oder durch Spaltung des Eb. 6-7zählig, obers. glänzend frischgrün, fast kahl bis zerstreuthaarig (ca. 1-5(-30) Härchen pro cm^2), unters. schwach glänzend grün, zerstreut, nicht fühlbar behaart. Eb. 5zähliger B. mäßig lang gestielt (ca. 33-36 % der Spreite), aus tief herzf. Grund breit eif., in eine ± lange schlanke Spitze auslaufend. Serratur ziemlich gleichmäßig, wenig tief und eng, nicht periodisch. Haltung ungefaltet, am Rande glatt, ä. Sb. (1-)2-5 mm lg. gestielt. B.stiel wenig behaart bis fast kahl, obers. durchgehend seicht bis deutlich rinnig, mit (ca. 5-15) gekrümmten schwachen St., Nb. fädig, locker behaart. Austrieb glänzend (gelb-)grün (ohne Anthocyanreaktion), Herbstfärbung gewöhnlich schön rot, von den B.-zähnen ausgehend. Laubfall im Herbst.

BLÜSTD. traubig oder fast traubig, meist nur bis zu ca. 12 Blüten, mit 1-3zähligen B.; Achse wenig behaart bis fast kahl, auf 5 cm mit ca. 2-7 geraden oder schwach gekrümmten 2-3 mm lg. $\pm$ violettroten St., Blüstiel grün, dünn, 15-25 mm lg., locker behaart, ohne Stieldrüsen, doch mit $\pm$ vielen Sitzdrüsen, z.T. mit Übergängen zu subsessilen Drüsen (bis 0,3 x so lg. wie der Blüstiel-$\emptyset$), sowie mit 0-3(-7) zarten 0,5-1,5 mm lg., etwas gekrümmten St.. Kz. grün, st.los, an der Sfr. abstehend oder locker zurückgeschlagen. Krb. weiß, elliptisch bis (breit) umgekehrt eif., ca. 11-15 mm lg., Stbb. etwas länger als die weißlichgrünen Gr., postfloral nicht zusammenneigend. Antheren kahl, Frkn. u. Frbod. behaart oder kahl, Sfr. rundlich, d.braunrot, nicht immer vollkommen entwickelt, im Geschmack an Himbeeren erinnernd. (V-)VI(-VII). - 2n = 28.

a) ssp. nessensis

Frbod. kahl, Frkn. behaart oder kahl, Schst. zerstreut, meist zu ca. (0-)1-5 pro 5 cm, überwiegend kegelig-pfriemlich, B. obers. stark glänzend und meist verkahlend. Pfl. kräftiger, ca. 1 -> 2 m hoch.

b) nov. ssp. scissoides H.E. WEBER. - Syn. R. pseudofissus STÖLTING (nom. nud.) ex BRANDES, Fl. Prov. Hannover 115 (1897) ? - Holotypus 71.627.1a leg. H.E.WEBER 27.6. (flor.) et 11.8.71 (fol.) Wäldchen in Linnerbruch, Kreis Wittlage in Niedersachsen (in Hb. Bot. Inst. Kiel, Isotypi 71.627.1b + 1c in Hb. Bot. Inst. Hamburg et auct.).

Differt a ssp. nessense receptaculo piloso.- Praeterea germina semper hirsuta, stamina saepe stylos vix superantia. Planta aculeis crebrioribus et subulateoribus instructa. Foliola supra magis opaciora et densiora pilosa, saepe $\pm$ plicata. Frutex humilior, plerumque tantum ad 0,5 - 1 m altus. Habitus Rubum scissum monet, quo saepe commutatus est.
Crescit in Slesvico-Holsatia, Saxonia inferiore, Westfalica, Silesia et verisimile in Scandinavia.

Frbod. und Frkn. behaart, Stb. oft kaum höher als Gr., Pfl. mit dichteren und pfriemlicheren St. (auf dem Sch. ca. zu 2-10 pro 5 cm, ca. 3-4 mm lg.); B.chen obers. etwas matter, stärker behaart (bis ca. 30 Haare pro cm^2), oft $\pm$ gefaltet. Pfl. meist nur 0,5-1 m hoch, im Habitus an R. scissus erinnernd und mit diesem oft verwechselt.

Durch ihren meist niedrigeren Wuchs, die dichteren pfriemlichen, nicht immer charakteristisch d.violett gefärbten St., die stärkere Behaarung und durch die oft etwas kürzeren Stb. nähert sich diese Unterart stark R.scissus und kann als Übergangsform zu dieser Art aufgefaßt werden.

R. nessensis gehört zu den am leichtesten kenntlichen Brombeeren und ist in typischer Ausprägung wegen des suberekten Wuchses, der zerstreuten schwachen, d.violettroten St. auf dem kahlen grünen Sch. und durch seine frischgrünen, glänzenden, oft 6-7zähligen B. unverwechselbar. Dazu ist sie unter

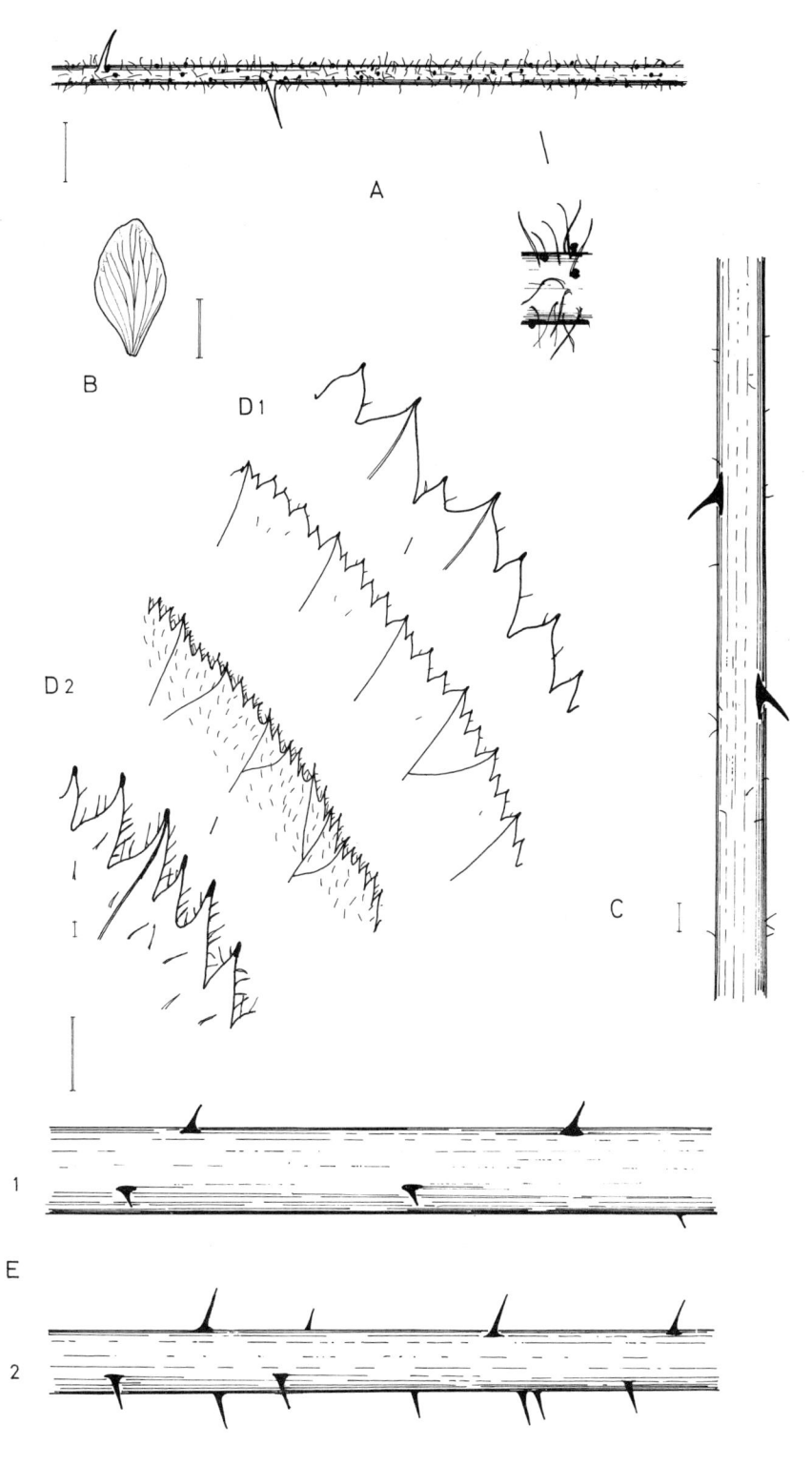

9. Rubus nessensis W. Hall. A-E excl. D2
13. Rubus alleghaniensis Porter. D2

unseren Brombeeren diejenige Art, die der Himbeere am nächsten steht. Auf diese Verwandtschaft weisen der Wuchs, die dunklen St., die 7zähligen B. und der Geschmack der braunroten Sfr. hin, die sich bei einiger Vorsicht auch wie bei R. idaeus vom Frbod. ablösen lassen.

ÄHNLICHE ARTEN: 14. R. plicatus und 11. R. sulcatus sind nur entfernt ähnlich und allein schon durch die viel kräftigeren, nicht auffällig gefärbten Sch.st. unterschieden. Ebenso auch 13. R. allegheniensis, der dazu durch unters. schimmernd weichhaarige, auffallend spitz und gleichmäßig gesägte B.chen (Fig.!) abweicht. - 10. R. scissus ähnelt R. nessensis ssp. scissoides, hat jedoch grüne, viel dichtere St. auf dem Sch., obers. glanzlose, stärker gefaltete und dichter behaarte B.chen sowie kürzere Stbb. - Vgl. ferner 17. R. ammobius.- D.violette St. kommen auch bei 6. R. idaeus vor, der leicht durch obers. matte, unters. weißfilzige B. zu unterscheiden ist.

ÖK. u. SOZ: Kalkmeidende Art $\pm$ frischer bis feuchter, sandiger bis lehmiger, humoser Böden; gern in $\pm$ halbschattiger Lage, optimal auf nicht zu nährstoffarmen Standorten an Rändern, Wegen und in Auflichtungen bodensaurer Querco-Fagetea-Gesellschaften (besonders Querco-Carpineten und Luzulo-Fageten) und von Quercion-Wäldern und standortsentsprechenden Kiefernforsten. Hauptsächlich Wald (-Schlag)-Pflanze, daneben in SH im AM- und Sander-Gebiet häufig auch an Wallheckenwegen, seltener (und fast nur in Grundwassernähe) in Feldknicks u. anderen Gebüschen. Nach TX. & NEUMANN (1950) Kennart der R. silvaticus-R. sulcatus-Ass. (Lonicero-Rubion silvatici). Nach Beobachtungen des Vf. findet sie sich jedoch ebenso häufig (die ssp. scissoides sogar überwiegend) in der zum gleichen Verband gehörigen R. gratus-Ass. und ist eher wohl nur als entsprechende Verbandcharakterart zu bewerten.

VB: Europa mit Ausnahme des Mittelmeergebietes u. des äußersten Nordens. In W-Norwegen bis ca. 63°, in Schweden bis ca. 60°, in Finnland fehlend, ostwärts bis Moskau, Kiew, Karpaten, südwärts bis Jugoslawien, Alpengebiet u. Mittelfrankreich. In Trocken- und Kalkgebieten auch in M-Europa VB-Lücken. - In SH auf AM und fast ebenso im Sandergebiet sehr häufig in Wäldern und Wegrandknicks, auf JM auf den schwereren Böden zurücktretend und östl. des Oldenburger Grabens anscheinend fehlend. - In DK hfg. bes. in Ostjütland u. auf Seeland; stellenweise, z.B. auf Lolland, selten. In Ns mit Ausnahme der Kalkgebiete hfg. - Die ssp. scissoides ist wohl oft übersehen. Nachweise aus SH: Wanderup (62!!), Angeln: zw. Torsballig u. Satrup (69!!) u. Hurupfeld (L.HANSEN 61! als R. barbeyi FAVR. & GR. ssp. ernesti-bolli E.H.L.KRAUSE teste KRAUSE), Schleswig: Bei der Gottorfer Münze (NOLTE 29!), Bargstall b. Rendsburg (70!!), Itzstedter See (RÖPER 01!), Hahnheide b. Trittau (TIMM 91!), Lienautal bei Lütau (62!!), Hamburg: Luruper Tannen am Rande u. am Hellgrundberg (ER. 94! - als R. suberectus x fissus, ER. 98! als R. ammobius F. - vgl. ER 1900, 13). - Auch im nwdt. TL. nicht selten von Buxtehude-Neukloster (62!!) bis Ostfriesland (KLIMMEK 1953!) und bis an den Rand des südl. Hügellands (68!! 71!!), streckenweise - so im Emsland und im Dümmergebiet - offenbar die vorherrschende Form!! Außerdem anscheinend sehr viel weiter verbreitet: noch in Schlesien (GÜNTHER o. Dat.!) und wohl auch in Schweden. Jedenfalls beschreibt OREDSSON (1969, 8) ohne Benennung aus Südschweden eine Brombeere, die nach seinen Angaben und der beigegebenen Abb. ganz mit ssp. scissoides übereinstimmt. Die Beziehung zu dem ebenfalls aus Schweden beschriebenen hochwüchsigen R. suberectus var. armatus NEUMAN (1883) - vgl. auch OREDSSON (l.c.)-sind noch zu überprüfen. - Die var. sextus E. H. L. KRAUSE, Ber. Dt. Bot. Ges. 5: 80 (1886) ist ungenügend charakterisiert und gründet sich auf unbedeutende Modifikationen der var. nessensis.

10. **Rubus scissus** W.C.R. WATSON, Journ. Bot. (London) 75: 162 (1937). - Syn. R. fissus auct. mult. non LINDLEY, Synopsis Brit. Fl. ed. 2: 92 (1835) - Schl. 28' - Fig. - Tafel - Karte.

SCH. aufrecht, 0,5(- ca. 1,2) m hoch, kantig mit flachen oder schwach gewölbten Seiten, matt grün, später schwach rotbräunlich überlaufen u. heller gestrichelt, kahl oder zerstreuthaarig (ca. 1-5(-10) Haare pro cm Seite), mit vielen Sitzdrüsen u. Übergängen zu subsess. Drüsen, die manchmal Stieldr. vortäuschen. St. (gelb-)grünlich, zahlreich (ca. zu 18-30 pro 5 cm), 3-4(-5) mm lg., gerade, selten angedeutet gekrümmt, aus wenig verbreitertem Grund nadelig-pfriemlich.

B. überwiegend durch Spaltung des Eb. 6-7zählig, einzelne daneben auch (hand- bis schwach fußf.) 5zählig. B.chen obers. matt (gelblich-)grün, reichlich behaart (ca. 100 Haare pro cm^2), unters. mit deutlich fühlbaren u. etwas schimmernden Haaren. Eb. bei 5zähligen B. kurz gestielt (ca. 20-25 % der Spreite), aus herzf. Grund $\pm$ breit eif. bis elliptisch, in eine mäßig lange Spitze verschmälert, oft 2-3-lappig. Serratur eng, mäßig tief, mit scharf zugespitzten Zähnen, dabei $\pm$ periodisch mit längeren geraden Hz. Haltung deutlich gefaltet; ä. Sb. nicht oder nur kurz (bis 2 mm) gestielt. B.stiel meist durchgehend, manchmal nur unterhalb der Mitte deutlich rinnig, locker behaart, mit vielen (ca. 15->30) pfriemlichen, gekrümmten St., Nb. fädig. Austrieb gelbgrünlich. Herbstfärbung gelblich, nicht auffällig rot.

BLÜSTD. überwiegend traubig, nur ca. 5-10-blütig, mit 1-3zähligen B. Achse locker behaart, auf 5 cm mit ca. 3-9 etwas gekrümmten, 2(-3) mm lg. St. Blüstiel grün, 1-2 cm lg., locker behaart mit vielen Sitzdrüsen und z.T. subsess. Drüsen (diese oft sehr kurzen Stieldr. ähnlich). St. zu ca. (2-)3-9, meist schwach gekrümmt, (0,5-)1-2 mm lg. Kz. h.grün, etwas glänzend, mit 0-1 St., an der Sfr. ausgebreitet. Krb. weiß, schmal $\pm$ elliptisch, nur 7-8 mm lg. Stbb. deutlich oder nur wenig kürzer als die b.grünen Gr., verblüht nicht zusammenneigend. Antheren kahl, Frkn. u. Fr.bod. behaart. Sfr. ähnlich wie bei R. nessensis, doch kleiner und oft unvollkommen entwickelt. VI-VII. - 2n = 28.

An der Wuchsform, den 7zähligen, gefalteten, filzlosen B. und den dichten pfriemlichen grünen St. des Sch. leicht zu erkennen.

ÄHNLICHE ARTEN: 9. R. nessensis ssp. s c i s s o i d e s : St. (meist) d. violettrot, weniger dicht, B. etwas glänzend, Blüten größer.

ÖK. u. SOZ: Kalkfliehende Art saurer, frischer bis feuchter (Quarz-) Sandböden (bes. Feucht-Podsole) und Anmoorbildungen, vorzugsweise in Lichtungen und an Rändern des Querco-Betuletum molinietosum und standortsentsprechender Kiefernforsten, gern auch an Wegrändern u. in Gebüschen im Kontakt zu (ehemaligen) Ericeten und auf $\pm$ trockenem Hochmoortorf. Von allen Brombeeren die Art mit der deutlichsten Bindung an Heide- und Moorlandschaften. Als Schlagpflanze Kennart der R. gratus-Ass. TX. & NEUM. 1950 (Lonicero-Rubion silvatici), in SH auch regionale Kennart der Rubus scissus-Betula carpatica-Knicks.

VB.: Nord- bis nördl. Mittel-Europa. - In SH vor allem in den Sanderniederungen ("Mittelrücken") zerstreut, im nördl. Gebiet und bes. um Neumünster häufig. Auf AM stellenweise: Bohmstedt (A. & WE. CHRIST. 12!), Husum (NOLTE 25!), zw. Lehmsiek u. Hollbüllhuus (66!!), Kleve in Süderdithm. (ROHW. 20!), Hohenwestedt (ROHW. 95!), Brande-Hörnerkirchen (ER. 1900, 11), Kisdorferwohld (ER. 1900, 11. - 62!!), Appen: Tävsmoor (70!!), Esinger Moor b. Tornesch (ER. 98! 01! 70!!). Auf JM auf Sandinseln: Friedeholz b. Glücksburg (LANGE? 56!), Flensburg: Marienhölzung, Schleswig: Thiergarten, Gettorf (FRD. & GEL. 1887, 56), um Süderschmedeby u. Gr. Solt (62!!), Bültsee b. Kosel (JÖNS & WEBER 63!!), Schierensee b. Wankendorf (ER. 00!), Raisdorf (NOLTE 21!), Preetz (NOLTE? 22!), Ahrensbök, in der Heide (TIMM 03!), Hamdorf (ER. 03 nach ER. 1934, 54 - hier am Wege nach Negernbötel 67!! u. Brandsmühle (ELMENDORF & STEER 1929 - ER. l.c.). Außerdem nach RANKE (1900, 11) u. ER. (1934, 54): Behl (ER. 04), Lübeck: Lauerholz (FRIED. 93), Waldhusen (GEL. 89); Heidemoor b. Sarau (ER. 03) St. Georgsdorf b. Ratzeburg (FRIED.). - Ferner mehrfach um Trittau: Moorwiese b. Trittau (ZIMPEL 98!), Lütjensee (ER. 91! ZIMPEL 02!), Stenzerteich (J.SCHMIDT 91! JUNGE 02!), Grönwohld (ER. 91!) Schleußhörn am Großensee (ER. 91! 67!!). - Weitere VB.: DK: Vereinzelt in Ost-Jütland, sonst selten. S-Norwegen u. S-Schweden. Ns.: Stellenweise in der Ebene, bes. im Norden bei Buxtehude, Neukloster, Stade, Harsefeld, Garstedt u. im Osten um Ülzen!!, im südl. Hügelland meist fehlend. Im übrigen ostwärts bis in die baltische UDSSR, südwärts mit vielen VB-Lücken bis CSSR, Österreich (auch Ungarn?), ferner angegeben für Belgien, Holland, Frankreich u. Brit. Inseln.

11. **Rubus sulcatus** VEST, Steierm. Zeitschr. 3: 162 (1821) et in TRATT., Rosac. Monogr. 3: 42 (1823), auct. omn. an VEST? - Syn. R. fastigiatus WEIHE & NEES, Rubi Germ. 16 (1822) ex pte., R. appendiculatus TRATTINNICK, Rosac. Monogr. 3: 31 (1823)? - Schl. 35 - Fig. - Tafel - Karte.

SCH. suberekt, kräftig, wenig verzweigt, 2 -> 3,5 m hoch, kantig, mit

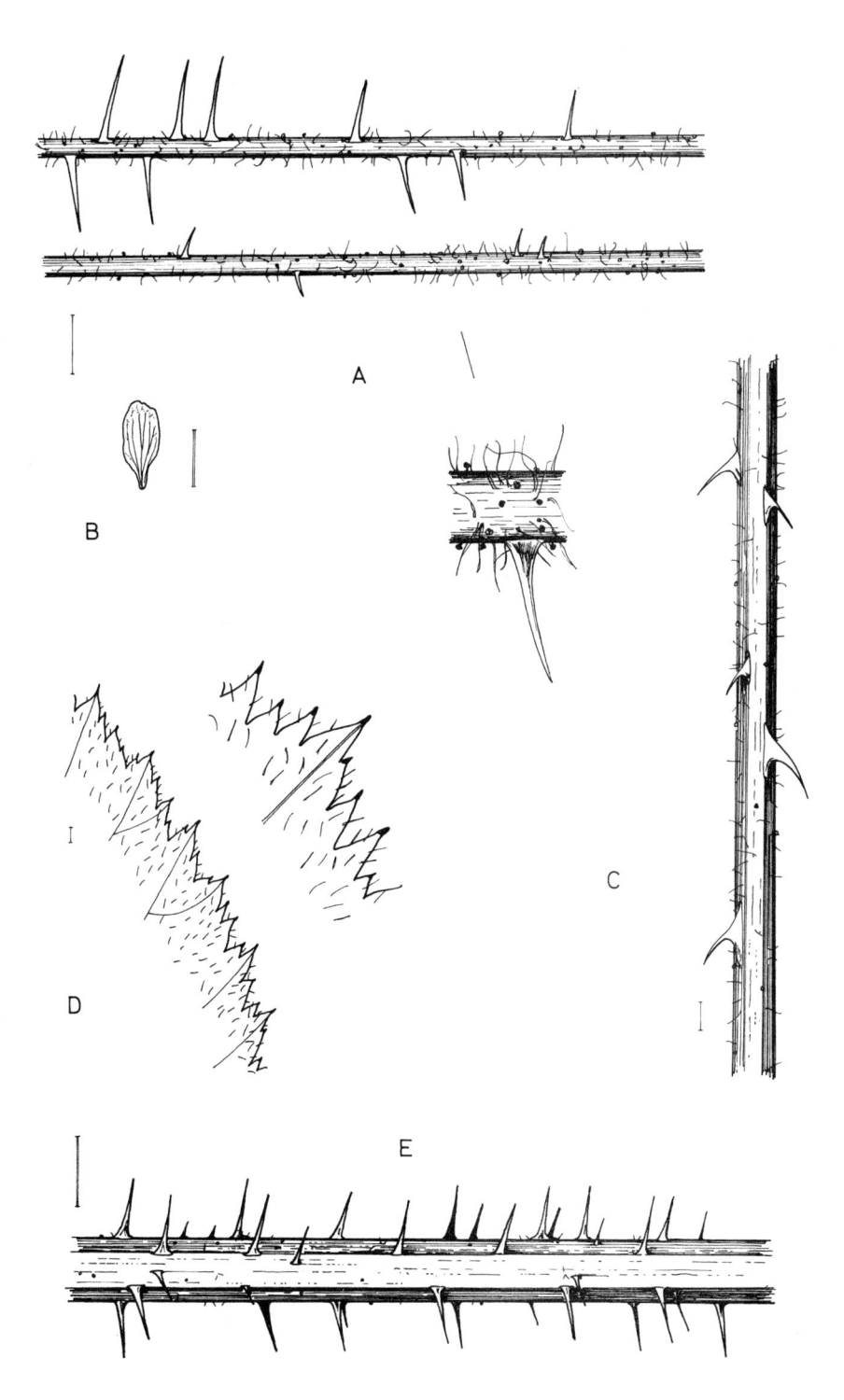

10. Rubus scissus W. C. R. Watson

deutlich gefurchten Seiten, glänzend grün, später h.rotbräunlich bis h.weinrot überlaufen, deutlich heller grünlich gestrichelt, kahl (nur nahe der Spitze mit einzelnen Härchen), etwas sitzdrüsig, mit zerstreuten (ca. 3 pro 5 cm), kräftigen, breitaufsitzenden, 6-10 mm lg., überwiegend $\pm$ gekrümmten St.

B. handf. 5zählig, B.chen zart, obers. glänzend frischgrün, kahl bis zerstreuthaarig (1-2(-5) Haare pro cm^2), unters. grün, wenig und kaum fühlbar behaart. Eb. lang gestielt (37-40 % der Spreite), aus seicht herzf. oder abgerundetem Grund umgekehrt eif. bis fast rundlich mit oft etwas abgesetzter, kurzer bis mäßig langer Spitze. Serratur mit geraden, etwas längeren Hz. spitz und periodisch (ausgeprägt bes. bei jüngeren B. - Fig.: D1), Zähne im Sommer oft mit rötlichen Spitzen. Haltung lebend deutlich konvex, ungefaltet, am Rande fast glatt. ä.Sb. schon im Sommer deutlich (ca. (4-) 5-10 mm lg.!) gestielt. B.stiel nur nahe der Basis etwas rinnig, zerstreut behaart mit (ca. 3-10) stark gekrümmten St. Nb. fädig bis sehr schmal lanzettlich. Austrieb glzd. (gelblich-)grün. Herbstfärbung vom Blattrand ausgehend, $\pm$ rot, Laubfall im Herbst.

BLÜSTD. vorwiegend traubig mit meist unter 20, oft nur um ca. 10 Blüten, an der Spitze b.los, sonst mit 1-3- im unteren Teil stets 5zähligen B. Achse locker behaart, mit zerstreuten (ca. 3-5 pro 5 cm), stark gekrümmten, fast hakigen 3-5 mm lg. St. Blüstiel (2-)2,5-4 cm lg., grün, $\pm$ behaart, zerstreut sitzdrüsig und mit 0-2 kaum 1 mm lg. schwach gekrümmten St. Kz. unbewehrt, h.grün, oft etwas glänzend, an der Sfr. locker zurückgeschlagen. Krb. weiß, umgekehrt eif. bis elliptisch, 12-16 mm lg.; Stbb. deutlich länger als die b.grünen Gr., postfloral nicht zusammenneigend; Anth. u. Frkn. kahl, Frbod. kahl oder fast kahl. Sfr. glänzend schwarz, viel höher als breit, aromatisch säuerlich-fruchtig. VI-VII. - $2n = 28$.

Der kräftige kahle, tief gefurchte Sch. mit den frischgrünen zarten B., die konvex gehaltenen Eb. und der vorwiegend traubige, armblütige Blüstd. mit 5zähligen B. sind für die Art besonders charakteristisch. Dazu kommt der sehr hohe Wuchs auch ohne Stützpunkte, wie er von keiner anderen unserer Brombeeren erreicht wird. Die taxonomische Beurteilung ist problematisch, denn nach A. NEUMANN (briefl.) ist der echte von VEST beschriebene R. sulcatus eine auf südlichere Gebiete beschränkte etwas abweichende Pflanze. Die bei uns vorkommende, in Europa weit verbreitete Art wäre demnach bislang allgemein zu Unrecht für R. sulcatus gehalten worden und müßte nach endgültiger Klärung dieses Sachverhalts (nach NEUMANN wohl in R. appendiculatus TRATT.) umbenannt werden.

ÄHNLICHE ARTEN: 9. R. nessensis zwar ähnlich in Wuchs und Laubfärbung, doch Sch. rundlich und mit viel schwächeren, d.violettroten St. - 13. R. allegheniensis (auch ebendort R. pergratus): Eb. auffallend lang bespitzt, gleichmäßig und sehr eng und ungewöhnlich spitz gesägt, B. obers. reichlich behaart, unters. schimmernd weichhaarig. - 14. R. plicatus: Sch. ungefurcht oder wenig gefurcht, Eb. viel kürzer gestielt, mit größter Breite unterhalb der Mitte, gefaltet, nicht konvex, weniger zart, ä.Sb. im Sommer fast ungestielt, auch später kaum über 4 mm gestielt, Stbb. kürzer

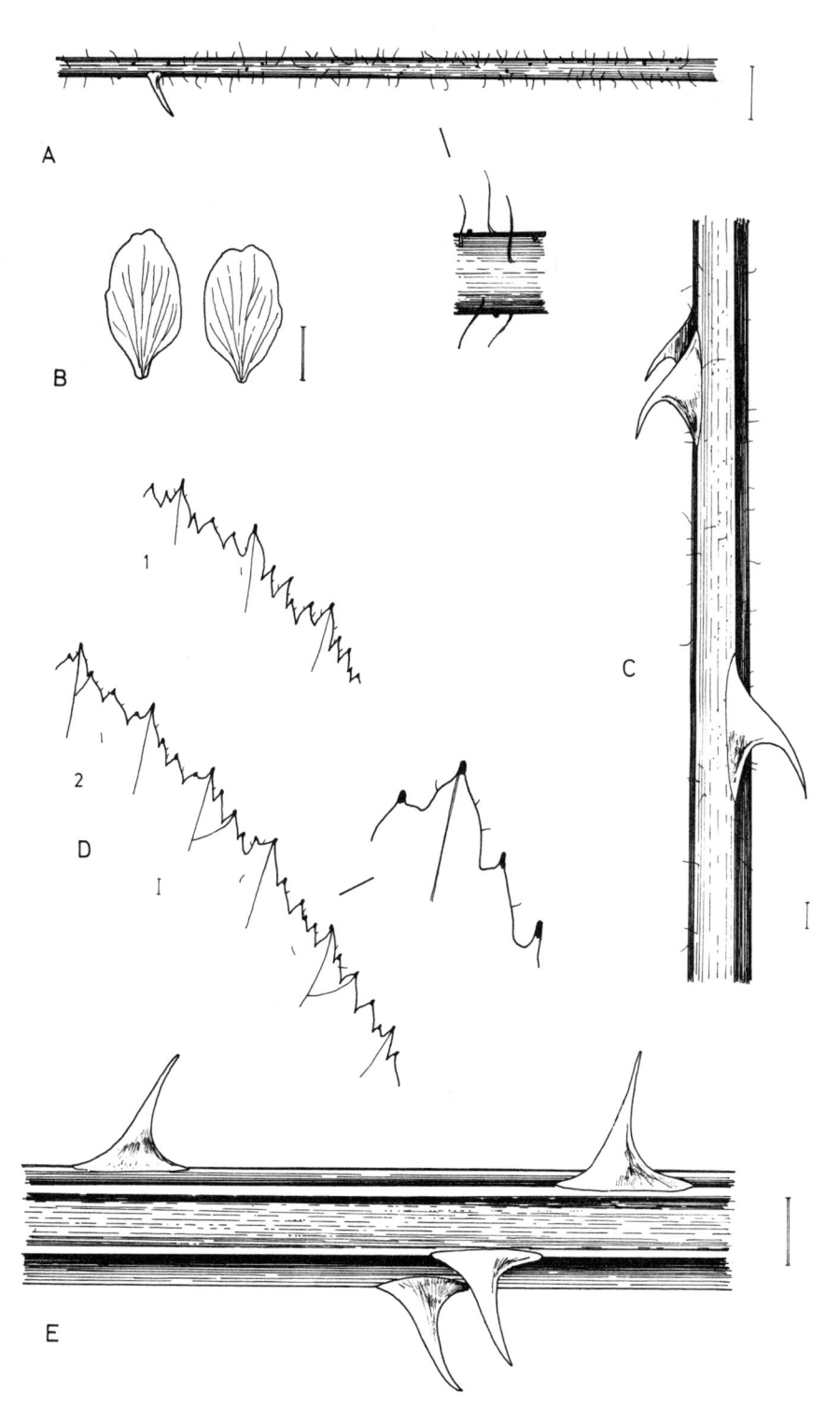

11. Rubus sulcatus Vest

als Gr., Frbod. behaart. - 18. R. opacus : Sch. bogig, ungefurcht, Eb. nicht konvex, herzeif., Frbod. behaart. - 26. R. gratus wird wegen des ebenfalls gefurchten Sch. von Anfängern gelegentlich verwechselt, doch Sch. schwächer, bogig u. einwurzelnd, bronzefarben-weinrotbraun, mit schwachen geraden St., B.chen grobgesägt, Blüstd. rispig breit und umfangreich, mit geraden St., Blüten rosa mit behaarten Anth. - Vgl. auch 12. R. pseudothyrsanthus und 15. R. bertramii.

ÖK. u. SOZ: Ausgesprochene Waldpflanze: Hier auf Schlägen, in Lücken und an Wegen und Rändern bes. von bodensauren Querco-Carpineten und reichen Fago-Querceten (bzw. standortsentsprechenden Kiefernforsten) auf vorzugsweise anlehmigen bis lehmigen, nährstoffreicheren, doch kalkarmen, gern + grundwasserbeeinflußten Böden. Selten auch in halbschattiger Lage in Gebüschen, in Wegrand-Wallhecken, doch nicht in den eigentlichen Feldknicks.

VB.: Europa (atl. - subkont.).- In SH zerstreut bis selten und fast nur in Ostholstein, besonders zwischen Mölln und dem Lübecker Raum. Um Mölln: Lusbusch (ER. 98!), bei der Franzosenschanze u. beim Ziegelhof (FRIED. 94 u. RKE. 98 - vgl. ER. 1931, 54), am Schmalsee (67!!) u. im Orte Brunsmark (69!!), Ratzeburg (KLEES 07! FITSCHEN 07!): Forst Fliegenberg b. Göldenitz (ELMENDORFF & STEER 1928 - ER. 1930, 68), Bachschlucht südl. Kühsen (STEER 1927 - ER. l.c.) u. Rand des Bartelsbusch b. Kulpin (63!!). - Um Lübeck (nach ER. 1931, 54): Waldhusen (GRIEWANCK 53), Lauerholz (HÄCKER), Schwartauer Gehölz (BREMER 77) Niedorf u. Timmendorfer Wohld (RKE. 98 bzw. 94) u. Zarpen (ROHWEDER 88!). Ferner b. Lasbek: Weg zur Mühle (TIMM 98!), b. Ahrensböck: Wahlsdorfer Holz (ER. 01) sowie b. Plön: zw. Plön u. Behl (ER. 98) u. zw. Tramm u. Eichhorst (ER. 01 - Angaben nach ER. 1931, 54), Wahlsdorfer Holz b. Preetz (A. + WE. CHRIST. 12!), (früher) noch bei Kiel: Voßbrock b. Holtenau (FRID. & GEL. 1887, 57), und angeblich in Angeln: Horstkoppel (JENSEN 67! - vgl. FRID. & GEL. l.c. - Beleg nicht eindeutig, vielleicht nur Schattenform von R. plicatus). - Auf AM in Holstein: Lienautal südl. Wangelau (62!!). Hamburg: Niendorfer Gehölz (ER. 97!), Elbufer b. Fährhaus Wittenbergen (DINKLAGE nach ER. 1900, 14, ER. 94! 95! TIMM 02!). Gehölz zw. Pinneberg u. Pein (ER. l.c.). - Die Angabe bei KRAUSE (1890, 51 - ohne Fundortsbezeichnungen) "in Schleswig nicht selten" dürfte auf Verwechslung beruhen (vgl. seine (1899, 38) aufgeführten Funde: Roermoos b. Husby (HANSEN o. Dat.! = R. plicatus) u. Hürup (HANSEN 61! - ebenso)). - Sicher in Schleswig nur: Südrand des Lehmsieker Gehölzes b. Schwabstedt (68!!). - Weitere VB.: DK: In Ostjütland zerstreut bis selten; stellenweise hfg. auf Süd-Fünen., außerdem selten auf Falster u. Langeland. Selten in Süd-Norwegen und Süd-Schweden, hier häufiger an der Ostküste von Stockholm an südwärts. - Im nwdt. TL selten: Harburg: (Meckelfeld ER 96!), Fleestedt u. bei Neukloster (ER. 1900, 14), ferner Bassum!, Immer!!, Hasbruch, Ganderkesee, Bergen a. d. Dumme. Verbreitet erst wieder im südlich anschließendem Hügelland!! Im übrigen außer in Irland in ganz West- und Mitteleuropa, südwärts bis Frankreich, Oberitalien, Jugoslawien, ostwärts bis Bulgarien, westl. Ukraine u. weiter bis z. Weichsel.

12. **Rubus pseudothyrsanthus** (FRID. & GEL.) FRIDERICHSEN & GELERT ex FRIDERICHSEN ap. RAUNKIAER, Dansk Ekskurs. - Fl. ed. 4: 150 (1922). - Syn. R. sulcatus VEST var. pseudothyrsanthus FRID. & GEL., Bot. Tidsskr. 16 : 57 (1887) - Schl. 22, 35' - Fig. - Tafel.

SCH. + suberekt, ca. 1,5-2 m hoch, an der Spitze nickend oder mehr oder minder abwärts strebend, kantig mit gefurchten Seiten, schwach glänzend grün, später h.rotbräunlich bis h.weinrot überlaufen, heller gestrichelt, kahl, etwas sitzdrüsig, mit zerstreuten (auf 5 cm ca. 3-5), geraden oder etwas gekrümmten, ca. 6-8 mm lg., am Grunde breiten St.

B. handf. bis angedeutet fußf. 5zählig, B.chen obers. grün, etwas glänzend, kahl oder zerstreut behaart (ca. 1-5 Haare pro cm^2), durch vertiefte Nervatur etwas runzlig, unters. b.grün, deutlich fühlbar kurz, aber nicht filzig behaart. Eb. kurz bis mäßig lang gestielt (ca. 33 % der Spreite), sich randlich meist mit den Sb. + deckend, aus seicht herzf. Grund breit eif. bis schwach umgekehrt eif., ziemlich kurz und wenig abgesetzt bespitzt. Serratur periodisch mit z.T. etwas auswärts gerichteten Hz., nicht sehr eng, doch mit spitzigen Zähnchen. Haltung lebend flach, ungefaltet, am Rande fast glatt. ä.Sb. bis ca. 3-4 mm lg. gestielt. B.stiel mit (ca. 8-15) stark gekrümmten bis hakigen St. Nb. sehr schmal lanzettlich-lineal. Jüngste B. gelbgrün, unters. filzig. Herbstfärbung + grün.

BLÜSTD. angenähert traubig (so in SH) bis stärker rispig, mit 1-5zählig., unters. manchmal etwas filzigen B. Achse zerstreut behaart, mit stark gekrümmten, unten sehr verbreiterten, ca. 4 mm lg. St. (ca. 5-6 auf 5 cm). Blüstiel 1,5-2 cm lg., graugrün, stark behaart (im Vergleich zu R. sulcatus), in SH mit ca. 4-8(-10), sonst auch weniger zahlreichen, krummen, ca. 1-2 mm lg. St., Kz. etwas graugrün, unbewehrt, an der Sfr. zurückgeschlagen, Krb. blaßrosa, elliptisch bis umgekehrt eif., Stb. etwas länger als die grünen Gr., Antheren kahl, ausnahmsweise einzelne etwas behaart, Frkn. (immer?) kahl, Frbod. behaart. Sfr. klein (ca. 13 mm ⌀), rundlich, nicht immer gut entwickelt. VII(-VIII).

R. pseudothyrsanthus vereinigt in charakteristischer Weise Merkmale von R. sulcatus, R. plicatus und R. thyrsanthus (Name!). Ähnlich wie bei R. sulcatus sind der Sch. und der Aufbau der schwächeren Blüstde. sowie die zurückgeschlagenen Kz., doch sind beide Arten durch die im Schlüssel (35) genannten Merkmale gut zu trennen. An R. plicatus erinnern die kürzer gestielten B.chen, doch ist dieser besonders durch seine gefalteten B.chen mit andersartiger Serratur, in der Regel ungefurchten Sch. mit schwächeren St. und durch die an der Sfr. ausgebreiteten grünen Kz. und kürzere Gr. verschieden. R. thyrsanthus weicht vor allem ab durch bogigen Wuchs, + fleckig violettstichig bis (d.purpur-)rot überlaufenen Sch. mit unters. angedrückt graufilzigen B., und durch umfangreichen, stark rispigen Blüstd. mit dicht graufilzigen Kelchen und (meist dicht) behaarten Frkn.

ÄHNLICHE ARTEN (außer den genannten): 36. R. a r r h e n i a n t h u s : Sehr kurze Stb., behaarte Antheren, fast unbewehrte Blüstiele, Krb. vertroknet an der Blüte haftend. Sch. mit vereinzelten St.höckern, B.stiel und Blüstd. meist etwas stieldrüsig. - Vgl. auch R. gratus (Schl. 22).

ÖK. u. SOZ: Wenig bekannt. In SH zusammen mit R. selmeri var. argyriophyllus in einem Wegrandgebüsch auf etwas sandigem, frischem JM-Boden.

VB.: DK + SH. - DK: Zerstreut auf Süd-Seeland, Bogø, Fünen, Tåsinge, Aebelø. Sonst nur in SH (Ostholstein): Wahlsdorfer Gehölz b. Preetz (A. CHRIST. 11! - als R. sulcatus) u. bei Plön: Zw. dem Schöh- u. dem Behler See (ER. 98! ROHW. 01! - 67!!).

13. **Rubus alleghiensis** PORTER, Bullet. Torrey Club 23: 153 (1896). - Syn. R. villosus AITON, Hort. Kew. ed. 1; 2: 210 (1789)(sec. BAILEY, Gent. Herb. 2,6: 382 (1932) cit. Å. GUSTAFSSON 1943) non THUNBERG 1784 nec. LASCH 1833. - Schl. 92 - Fig. vgl. Nr. 9: D2 - Tafel.

SCH. suberekt, ca. 1,5 m hoch, kantig und etwas rinnig, (fast) kahl, stark sitzdrüsig, mit zerstreuten (ca. 3-5 pro 5 cm) geraden, schwachen bis starken (3-9 mm lg.), unter sich etwa gleichlangen St.
B. handf. bis etwas fußf. 5zählig, B.chen ± gefaltet, obers. frischgrün, matt, reichlich behaart, unters. blasser, von auf den Nerven gekämmten Haaren schimmernd weichhaarig. Eb. aus tief herzf. Grund (breit) eif., in eine sehr lange u. schlanke Spitze allmählich verschmälert, sehr gleichmäßig, und äußerst fein und spitzig gesägt (Fig. !); ä.Sb. deutlich gestielt. B.stiel fast kahl, nur obers. behaart u. meist stieldrüsig.
BLÜSTD. ganz oder überwiegend traubig. Blüstiele ca. 2-3 cm lg., abstehend behaart, mit zahlreichen zarten Stieldrüsen (Lge. ca. 1-1,5 x so lg. wie der Blüstiel-Ø) sowie mit 0- ca. 3 schwachen, 1-2 mm lg. St. Blüten weiß, groß. Stb. mit kahlen Antheren länger als die grünlichen Gr., postfloral auffällig waagerecht ausgebreitet. Kz. grün, zurückgeschlagen. Sfr. glänzend schwarz, länglich zylindrisch. (V-)VI(-VII).

Der suberekte Wuchs in Verbindung mit den feingesägten, unters. weichhaarigen B.chen mit langausgezogenen Spitzen sowie die postflorale Haltung der Stb. unterscheiden diese nordamerikanische Art von allen europäischen Brombeeren.

ÄHNLICHE ARTEN: R. alleghiensis steht dem europäischen 11. R. sulcatus recht nahe, ist aber auch ohne Blüten allein durch die oben angegebenen Merkmale leicht davon zu unterscheiden. - Der im Blattschnitt ebenfalls ähnliche 9. R. nessensis weicht außer durch die Behaarung und Serratur der B.chen besonders durch stumpfkantigen Sch. mit d.violettroten (nicht grünlichen) St. auch im sterilen Zustand stark ab.

ÖK. u. SOZ: In Gärten als Obstpflanze (z.B. als "Taylors Fruchtbare") kultiviert und an gartennahen Stellen nicht selten verwildert.

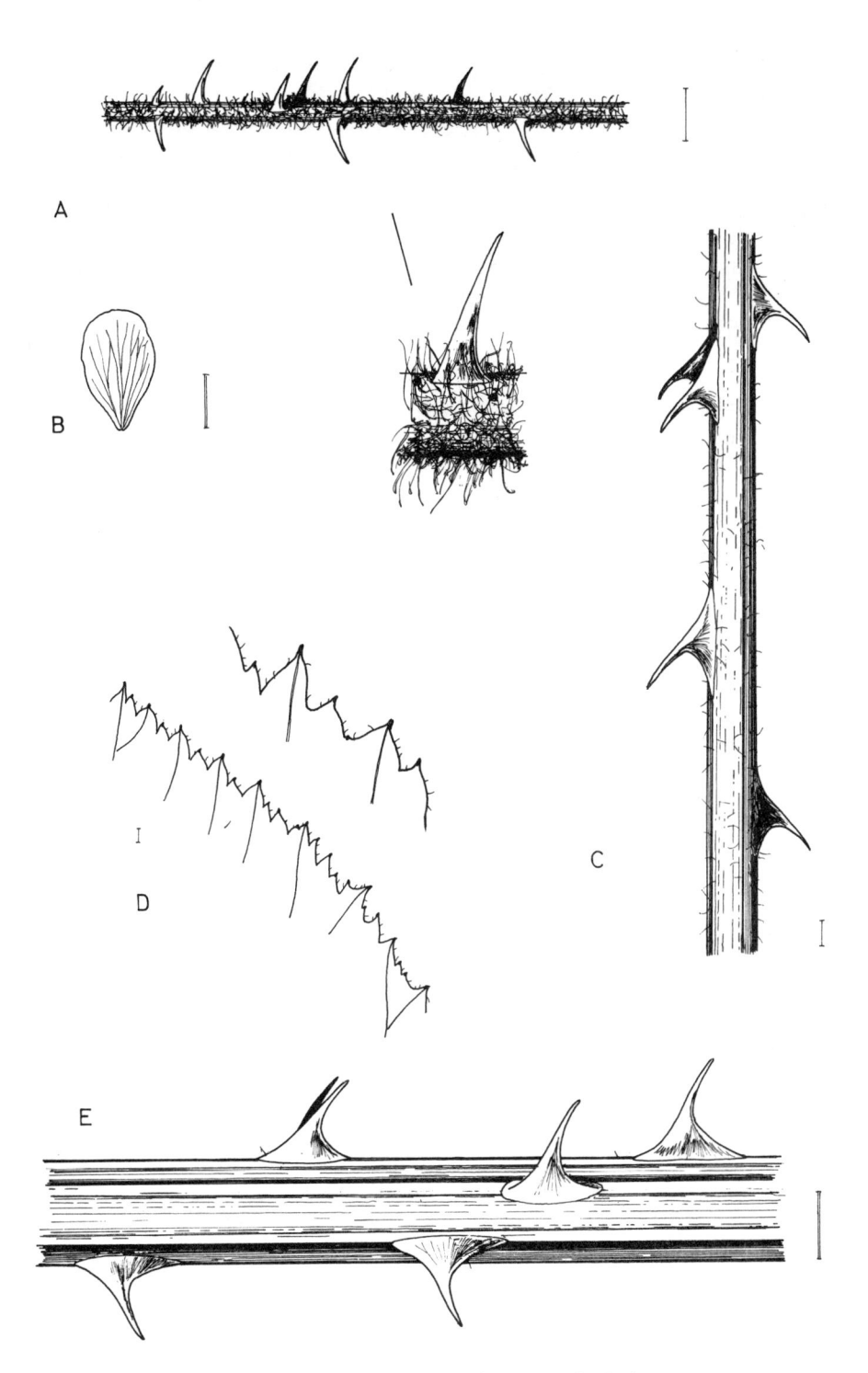

12. Rubus pseudothyrsanthus Frid. & Gel.

VB: Heimat östl. Nordamerika. - In SH verwildert beobachtet: bei Haseldorf (GEL. 89!), bei Hamburg: Eppendorfer Moor (66!!), Fuhlsbüttel mehrfach (62!!), Garstedt (70!!), Ohemoor (70!!), in Liethermoor b. Tornesch (70!!), außerdem bei Böken (63!!), Wilstedt (62!!) u. bei Dingholz in Angeln (69!!). - Ähnlich auch im nwdt. TL verwildert!!

Sehr ähnlich, doch ohne Stieldrüsen im Blüstd. und an den B.stielen, ist der nordamerikanische Rubus pergratus BLANCHARD, eine bei uns ebenfalls in verschiedenen Gartenformen (z.B. "Wilsons Frühe") kultivierte Art. Sie scheint seltener zu verwildern (Oberneuland bei Bremen 68!!).

14. **Rubus plicatus** WEIHE & NEES, Rubi Germ. 15, t. 1 (1822). - Syn. = R. fruticosus L., Spec. pl. ed. 1: 493 (1753) ex pte. non WEIHE & NEES l.c. - Schl. 39 - Fig. - Tafel.

SCH. unverzweigt oder wenig verzweigt, suberekt, ca. 0,8 - > 2 m hoch, im Schatten manchmal auch niedergedrückt, doch nicht bodenwärts strebend und einwurzelnd, im Querschnitt stumpfkantig mit gewölbten, manchmal auch flachen oder etwas rinnigen Seiten, kaum glänzend, grün, später h. rotbraun überlaufen und fein heller gestrichelt, ziemlich dicht sitzdrüsig, kahl (nur nahe der Spitze mit verstreuten Härchen). St. etwa zu (3-)5-10 pro 5 cm, unten breitgedrückt, nach oben zu pfriemlich, schwach gekrümmt, ca. 5-6 (-7) mm lg.

B. handf. 5zählig, B.chen sich randlich meist etwas deckend, obers. matt oder etwas glänzend, grün, kahl bis zerstreut behaart (meist ca. (0-)1-10 Härchen pro cm^2), unters. matt oder etwas glänzend blasser grün, deutlich fühlbar behaart, ohne Sternhärchen. Eb. kurz gestielt (ca. 25-35 % der Spreite), aus breitem und (meist tief) herzf. Grund breit eif. bis elliptisch, allmählich mäßig lang bespitzt. Serratur scharf und spitz, etwas periodisch mit geraden Hz. Haltung im Querschnitt + flach (nie konvex), längs zwischen den Seitennerven aufgewölbt gefaltet, am Rande kleinwellig, ä. Sb. im Sommer 0-2 mm lg., im Herbst bis ca. 4 mm lg. gestielt. B.stiel mit (ca. 5-15) stark gekrümmten, oft fast hakigen St. Nb. schmallanzettlich. Austrieb gelblich grün.

BLÜSTD. nur wenig rispig, die zunächst blühenden oft fast traubig, die später nachtreibenden stärker rispig, meist nur bis zu ca. 25 Blüten, im oberen Teil blattlos, zur Basis hin mit bis zu 5zähligen B. Achse zerstreut behaart, auf 5 cm mit ca. 3-7 gekrümmten, 3-5 mm lg., aus breiter Basis schlanken St. Blüstiel 2-3(-4,5) cm lg., grün, sitzdrüsig, nicht sehr dicht behaart, unbewehrt oder meist mit 1-2(-5) ca. 2 (-3) mm lg. etwas gekrümmten St. Kz. kurz, (manchmal etwas glänzend) grün, an der Sfr. ausgebreitet, Krb. weiß (seltener b. rosa), umgekehrt eif., allmählich in den Nagel verschmälert, ca. (8)-10-13 mm lg., Stb. fast so lg. bis deutlich kürzer als die grünlichen Gr., verblüht nicht zusammenneigend. Antheren kahl, Frkn. kahl oder etwas behaart, Frbod. behaart. Sfr. glänzend schwarz, rundlich, mit ca. 10-20 Fr.chen und charakteristischem (fruchtig-)angenehm-säuerlich-

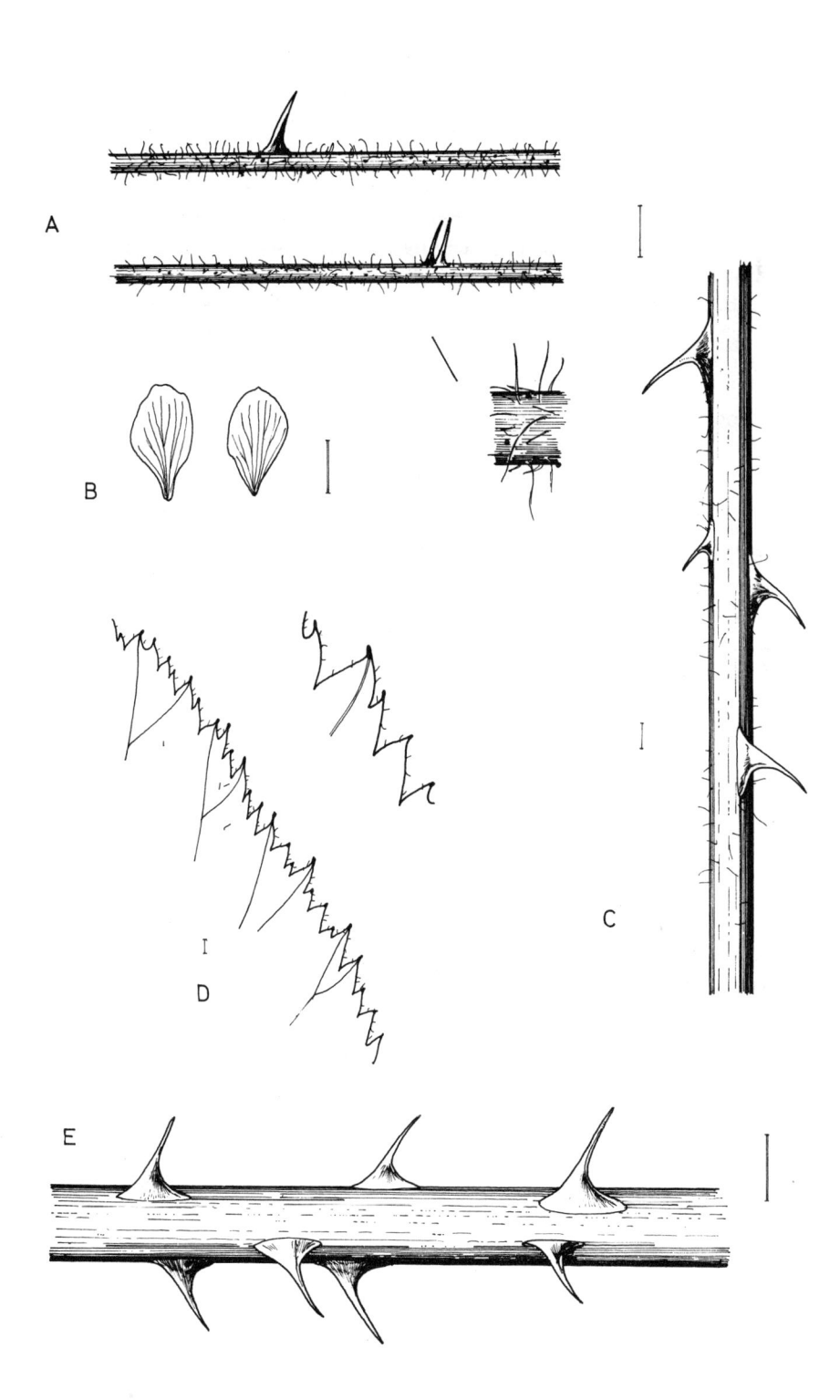

14. Rubus plicatus Wh.& N.

aromatischem Geschmack. Ende VI-VII (-VIII). - 2n = 28.

Charakteristisch sind vor allem der suberekte Wuchs und die gefalteten 5zähligen B. mit zunächst sitzenden oder kurzgestielten ä.Sb. Bei einiger Vertrautheit mit dieser allgemein häufigen Art sind auch gelegentlich anzutreffende, weniger typische Exemplare zu erkennen, die in Einzelmerkmalen abweichen. So fehlt schattenständigen Stöcken auf fruchtbaren frischen Böden oft die charakteristische Faltung der in solchen Fällen stark vergrößerten und zarten B., deren ä.Sb. dann auch länger gestielt sein können. Dazu sind die Blüstiele der dann vorzugsweise traubigen Blüstde. manchmal stark (bis ca. 5 cm) verlängert und wehrlos und die Stb. über die Gr. hinaus aufgeschossen (var. macander FOCKE). Zum Teil sind derartige Pfl. u.a. von ER., FRID. und GEL. irrtümlich als R. bertramii gedeutet worden (vgl. dort - Nr. 15). - Sonnenständige Exemplare auf trockenem Boden haben stärker gefaltete B.chen und sind in allen Teilen auffallend kleiner. (Derartige Formen gehören zu f. micranthus LANGE, Haandb. danske Fl.,ed. 4: 770 (1888)). Gelegentlich werden Pfl. mit eingeschnitten gesägten B.chen beobachtet (f.dissectus LANGE - Hierher gehören die meisten von KRAUSE für R. ernesti-bolli E.H.L. KRAUSE 1886 gehaltenen Pfl. aus SH): z.B. in SH: Hamburg-Alsterdorf (ER. 03!), Langenhorn ER. 90!, Hamburg-Niendorf und Bünningstedt (ER. 1900, 13), Hamfelde (ER. l.c. - !!), mehrfach um Lübeck sowie bei Mölln (ER. 1931, 34); Flensburg bei der Schloßruine (NOLTE o.Dat.!), im nwdt. TL z.B. Ritterhude bei Bremen (69!!). - Bemerkenswert ist auch eine von JUNGE (16!) bei Müssen b. Lauenburg und vom Vf. in Ns. bei Achmer (71!!) gesammelte Form mit blattartig stark verlängerten Kz.

Die ssp. amblyphyllus BOULAY ap. ROUY & CAMUS, Fl. France 6: 40 (1900), die noch bis in den Bielefelder Raum nordwärts vordringt (SCHUMACHER 1959 - !!) ist im Gebiet bislang noch nicht eindeutig nachgewiesen. Sie unterscheidet sich vom Typus durch unters. samtig behaarte B.chen und eif.-elliptische, am Grunde nicht oder nur seicht ausgerandete Eb.

ÄHNLICHE ARTEN: Vgl. unter 11. R. sulcatus, 12. R. pseudotyrsanthus, 15. R. bertramii, 18. R. opacus, 17. R. ammobius, 21. R. holsaticus, 20. R. divaricatus. - Außerdem gegebenenfalls: 24. R. platyacanthus, 25. R. correctispinosus, 26. R. gratus, 76. R. hypomalacus sowie den seltenen jütländischen 16. R. contiguus und den bei Ostenfeld, Kreis Husum (Schleswig) lokalen 36. R. arrhenianthus.

ÖK. u. SOZ: In sonniger bis halbschattiger Lage auf sandigen bis $\pm$ lehmigen, vorzugsweise frischen bis feuchten (aber auch auf trockeneren) sauerhumosen Böden. Kalkfliehend. Gern in Gesellschaft von Populus tremula, Betula-Arten, Sorbus aucuparia usw. in Pteridio-Rubetalia-(Pionier-)Gebüschen, als Schlagpflanze bodensaurer (eichenbeherrschter) Wälder und standortsentsprechender Forsten im Lonicero-Rubion silvatici (wohl als Verbands-Differenzialart), in Kümmerformen ziemlich regelmäßig auch in ungestörteren, lichten Eichen-Birken-Wäldern, Eichenkratts und außerdem häufig - besonders in (feuchten) Heidelandschaften - an Wegen, in Sarothamnion-Gebüschen, (feuchten) Eichen-Birken-Knicks und ärmeren Ausbildungen des Pruno Rubetum sprengelii, dabei als Vertreter der Suberecti weiter als Hiemales-Arten auch auf stärker grundwasserbeeinflußte Böden übergreifend.

VB: Europa. Nordgrenze in Norwegen bei Vadheim (nördl. Bergen), in Schwed. bis westl. Stockholm, im Osten bis Litauen, in Polen etwa bis zur Weichsel, CSSR, Ungarn, Rumänien, Bulgarien, südl. bis Jugoslawien, Alpenländer, Italien (?), Frankreich, im Westen bis zu den Brit. Inseln. Im nördl. und westl. Mitteleuropa mit Ausnahme der Kalkgebiete gemein, strekkenweise die häufigste Brombeere. - DK: mit Ausnahme von NW-Jütland hfg. - SH: Im AM- und Sander-Gebiet wohl die häufigste Art (wenn auch ohne örtliche Massenentfaltungen wie z.B. von R. sciocharis, R. gratus u.a.)!! Auf den schweren Böden der JM deutlich seltener, östlich des Oldenburger Grabens und auf Fehmarn anscheinend noch nicht nachgewiesen. - Ns.: Im gesamten TL wohl die häufigste Art!! Auf allen Ostfries. Inseln bis auf Spiekeroog und Borkum (v. DIEKEN 1970).

15. **Rubus bertramii** G. BRAUN ex FOCKE, Synops. Rub. Germ. 117 (1877). - Syn. R. biformis BOULAY ex ROUY & CAMUS, Fl. France 6: 40 (1900) - Schl. 39'.

Von 14. R. plicatus vor allem durch kahlen Frbod. verschieden, außerdem durch längere, die Gr. überragende Stb., weniger gefaltete B.chen, meist sehr verbreiterte und kurze, an der Basis tief herzf. Eb. und länger bespitzte Kz. - Im übrigen wie R. plicatus (ähnl. Arten vgl. dort). - 2n = 28.

ÖK. u. SOZ: ungenügend bekannt. Vermutlich ähnlich R. plicatus.

VB: Schwerpunkt zentraleuropäisch. Von S. Holland, Belgien und N. Frankreich durch das mitteleuropäische Hügelland durch die Altmark, Sachsen bis zur Lausitz. - In Ns. früher bei Braunschweig (hier Originalfundort am Querumer Holz; vernichtet (FOCKE 1908)), in der Ebene ein anscheinend isoliertes Areal nördl. von Leer: Logabirum, Nüttermoor, Heisfelde (KLIMMEK 1949 -51!). - In SH bislang nicht eindeutig nachgewiesen. Frühere Angaben beruhen - soweit die entsprechenden Belege dem Vf. vorlagen - alle auf Verwechslungen mit schattenmodifiziertem R. plicatus, so die Angaben: Berne! Ahrensburg! (ER. 1900, 13), Negernbötel-Hamdorf! (JUNGE 1904, 87; PIEPER 1905, 14; ER. 1922, 148 und 1931, 54). Entsprechend dürfte der Fundort "Knicks bei Lehnste" (JUNGE 1904, 87) zu bewerten sein. - DK: Auch das angebliche Vorkommen in Jütland (FRID. 1922, 150) erscheint zweifelhaft, da jedenfalls alle vom Vf. gesehenen, von FRID. für R. bertramii gehaltenen Exemplare aus dem schleswigschen Raum zu R. plicatus gehören.

16. **Rubus contiguus** (GELERT) E.H.L. KRAUSE ap. PRAHL, Krit. Flora SH 2: 55 (1890). - Syn. R. barbeyi FAVR. & GREMLI ssp. contiguus GELERT,

Bot. Tidsskrift 16: 60 (1887); R. plicatus Wh. var. contiguus (GEL.) FOCKE ap. ASCHERSON & GRAEBNER, Synopsis mitteleur. Flora 6,1: 461 (1902), non R. contiguus SUDRE, Rub. Pyr. 150 (1901). - ZSchl. II: 4.

SCH. stumpfkantig, kahl oder fast kahl, ± sitzdrüsig, mit zahlreichen (ca. 7-20 pro 5 cm), geraden, 4-6 mm lg. schlanken St. - B. (3-)4zählig oder meist schwach fußf. bis handf. 5zählig, B.chen gefaltet, breit, sich randlich ± deckend, obers. zerstreut (ca. 10 Haare pro cm^2), unters. stärker und fühlbar behaart, ohne Sternhaare. Eb. kurz gestielt (ca. 25-30 % der Spreite), aus herzf. Grund breit eif. bis elliptisch, seltener angedeutet umgekehrt eif., allmählich lang bespitzt. Serratur tief und eng, oft fast eingeschnitten, periodisch mit geraden Hz., ä. Sb. 1-3 mm lg. gestielt, B.stiel wenig behaart, mit (ca. 10-15) krummen, an der Spitze oft fast hakigen St., Nb. (wie die ganze Pfl.) stieldrüsenlos, ± lineal, wenig behaart. - BLÜSTD. rispig, ziemlich schmal, hoch durchblättert. Achse sehr schwach behaart, mit (ca. 4-10 pro 5 cm) ca. 2-4 mm lg. krummen, an ihrer Spitze zuletzt oft ± hakigen St. Kz. grün, fein nadelstachelig, abstehend. Krb. weiß, schmal umgekehrt eif., Stb. länger als die grünen Gr., Antheren und Frkn. kahl, Frbod. fast kahl.

Insgesamt sehr an R. plicatus erinnernd und vielleicht nur eine Varietät desselben, die sich vom Typus besonders durch stärker bestachelten Blüstd., gerade und zahlreichere Sch.st. und mehr eingeschnitten gesägte, dem R. cimbricus ähnliche B. unterscheidet. Von R. barbeyi stärker abweichend, besonders durch den ± suberekten Wuchs, die breiteren B.chen und längeren Stb. - GELERT (l.c.) betrachtete R. contiguus als Mittelform zwischen R. plicatus und R. sciocharis.

ÄHNLICHE ARTEN: 14. R. plicatus . - 38. R. cimbricus (u.a. mit stieldrüsigem geradestacheligem Blüstd. und längeren St.). - 28. R. sciocharis (u.a. mit viel stärker behaarten Achsen, behaarten Antheren und anderer B.serratur).

VB: Nur DK in Jütland: Reichlich in der Umgebung von Munkebjerg bei Vejle (GEL. 86! 88! HARTZ 95!).

17. **Rubus ammobius** FOCKE, Synopsis Rub. Germ. 118 (1877). - Syn. R. plicatus Wh. & N. var. pseudoplicatus FRID. & GELERT, Bot. Tidsskr. 16: 58 (1887). - ZSchl. I: 3, II: 4'. - Tafel.

SCH. ± suberekt bis (oft etwas niederliegend) bogig, rundlich-stumpfkantig (nicht schwach gefurcht, wie oft angegeben!), kahl oder fast kahl, zuerst mattgrün mit rötlichen St., zuletzt wie St. tief matt dunkelrotbraun, ohne grüne Strichelung. St. pfriemlich verschmälert, gerade oder etwas gekrümmt, nur ca. 5-6 mm lg., meist zu ca. 7-12 pro 5 cm.
B. handf. 5zählig oder durch Spaltung des Eb. auch 6-7zählig, B.chen breit, sich randlich meist deckend, obers. matt d.grün, behaart (meist >30

Haare pro cm^2), unters. ± graufilzig und daneben fühlbar, oft weich länger behaart. Eb. 5zähliger B. mäßig lang gestielt (33-40 % der Spreite), aus herzf. Grunde breit eif. bis rundlich, kurz und etwas abgesetzt bespitzt, schwach periodisch, eng und spitz gesägt, ± gefaltet; ä.Sb. 2-3 mm lg. gestielt. Austrieb grün.

BLÜSTD. im Aufbau ähnlich wie bei R. plicatus oder R. opacus. Bestachelung wechselnd, St. der Achse meist 3-4(-5) mm lg., schwach gekrümmt, Blüstiel mit 0-2 ca. 1-2,5 mm lg. St., Kz. (schwach grau-)grün, an der reifen Sfr. ± abstehend bis undeutlich zurückgeschlagen, Krb. weiß oder b.rosa, ca. 10 mm lg., Stb. wenig länger als die grünlichen, an der Basis oft rötlichen Gr., Antheren kahl, Frkn. und Frbod. (immer?) behaart. Sfr. schwarzrot, nicht immer vollkommen entwickelt. - VII.

Die Art erinnert in der B.form an R. sulcatus und R. nessensis und wegen der B.faltung auch an R. plicatus oder R. scissus, unterscheidet sich von diesen jedoch allein schon durch die oberseits viel dunkleren und unterseits graufilzigen B.chen und ist außerdem auch durch die zuletzt dunkelrotbraune Färbung der kahlen Sch. gegenüber allen übrigen Suberecti des Gebietes gut charakterisiert. Die zunächst rötlichen St. erinnern etwas an R. affinis, sind aber kaum mehr als halb so lang wie bei dieser Art.

ÄHNLICHE ARTEN: Vgl. oben! - Von den übrigen filzblättrigen Arten unseres Gebietes schon allein durch kahlen Sch. mit schwachen St. und die B.form unterschieden.

ÖK. u. SOZ: Ähnlich wie bei R. plicatus. Vorzugsweise auf sandigen Böden, aber auch auf oberflächlich entkalktem Lößlehm (Nordrand des Wiehengebirges!!, Melle!!) beobachtet.

VB: atl. westl. und nordwestl. Mitteleuropa mit Holland und DK. - DK: Westl. Hadersleben (!). Für SH nicht nachgewiesen. (Die von ER. (98!)"am Rande der Luruper Tannen" b. Hamburg gesammelte und von ihm (1900, 13) vorbehaltlich als R. ammobius gedeutete Pflanze gehört zu R. nessensis ssp. scissoides). - Im nwdt. TL östlich der Weser fehlend, im W. von Ostfriesland!! bis an den Rand der Mittelgebirge häufig!!, massenhaft im Emsland!! - Weitere VB hauptsächlich etwa bis zur Linie Bielefeld!! - Burgsteinfurt!!, außerdem in Holland (hfg. im Norden) und England (? - 1 Fundort).

18. **Rubus opacus** FOCKE ap. ALPERS, Verz. Gefäßpfl. Landdrostei Stade 25 (1874). - Schl. 38 - Tafel.

Vermittelt zwischen R. plicatus und R. affinis. Wegen des meist unvollkommenen Fr.ansatzes vermutlich entsprechenden hybridogenen Ursprungs.

Von 14. R. plicatus vor allem unterschieden durch zuletzt bogig zur Erde strebende, stärker verzweigte (h.-)rotbraunen Sch. mit kräftigeren und breiteren, 6-7 mm lg., an der Basis stärker rot gefärbten St., länger und oft etwas abgesetzt bespitztes, nicht oder nur schwach gefaltetes Eb. und schon im Sommer deutlich (ca. 3-5 mm lg.) gestielte ä.Sb. - St. auch im Blüstd. länger (an Blüstielen bis 3 mm, an der Achse ca. 5 mm lg.), Stb. griffellang oder etwas länger.

Dagegen ist 19. R. affinis allgemein wesentlich kräftiger bestachelt mit breitaufsitzenden, flachgedrückten, am Sch. meist geraden St. Lge. der St. auf dem Sch. ca. 8-11 mm, an der Blüstd.achse ca. 6-8 mm. B.chen auffallend d.grün und sehr grobwellig. Kz. $\pm$ (grau-)grün filzig, Krb. breit, fast rundlich. Der Fr.ansatz ist wie bei R. plicatus gut.

Charakteristisch für R. opacus sind die neben verlängert rispigen, stärker bestachelten Blüstd.en die fast noch häufiger vorkommenden kurzen traubigen Infloreszenzen mit auffallend langen (ca. 3-5 cm lg.), die kurzgestielte Endblüte überragenden, dünnen, fast unbewehrten Blüstielen. - 2n = 28.

ÄHNLICHE ARTEN (außer den genannten): 15. R. bertramii besonders durch kahlen Frbod. und viel schwächere Bestachelung abweichend. - Vgl. auch 11. R. sulcatus, 21. R. holsaticus und 45. R. maassii.

ÖK. u. SOZ: Anscheinend sehr ähnlich R. plicatus.

VB: - Schwerpunkt im westl. Mitteleuropa. - In SH bislang nicht nachgewiesen. Gelegentlich sind Exemplare von R. plicatus als R. opacus gedeutet worden. Dazu gehören die angeblichen Fundorte: Lübeck: Gehölz hinter Padelügge (RANKE 96! - 1900, 11; ER. 1931, 55), Niendorfer Gehege b. Hamburg (ER. 1900, 17) und ein von ER. (31!) zw. Ödendorf und Schwarzenbeck gesammelter Beleg im Hb. Hamburg. - Im nwdt. TL (Originalfundort b. Bremen 70!!) in wechselnder Menge verbreitet!!, nördlich bis in die Gegend von Harburg (ER. !) vordringend. Sonst zerstreut im nördlichen Hügelland!!, in Wf., Hessen, Franken, Pfalz, Niederlande, Belgien, Frankreich. Angeblich auch in der CSSR.

19. **Rubus affinis** WEIHE & NEES, Rubi Germ. 18, t.3 (1822) - Schl. 2, 37, 80 - Fig. - Tafel.

SCH. hochbogig (1- > 2 m hoch), stark verzweigt, rundlich-stumpfkantig, zur Spitze hin auch kantig flachseitig, gleichmäßig d.rotbraun mit deutlicher, lange heller grün bleibender Strichelung, sehr schwach glänzend, zerstreut sitzdrüsig, kahl (selten mit weit zerstreuten einzelnen Härchen), auf 5 cm mit ca. 5-6 geraden oder schwach gekrümmten, sehr kräftigen, 8-11 (-12) mm lg., breitaufsitzenden, flachgedrückten, nur an der Spitze pfriemlichen St., St.(basis) auffällig rötlicher als der Sch.

B. handf. 5zählig, obers. tief d.grün, matt, mit ca. 10-50 Haaren pro cm^2, unters. grün, oft $\pm$ glänzend, fühlbar behaart, manchmal auch schwach filzig, B.chen sich randlich etwas deckend, Eb. ziemlich lg. gestielt (35-40 % der Spreite), aus tief herzf. Grund breit elliptisch oder umgekehrt eif. mit langer, meist nur undeutlich abgesetzter Spitze. Serratur ungleich, unregelmäßig periodisch mit geraden Hz., nicht sehr eng, doch mit spitzigen

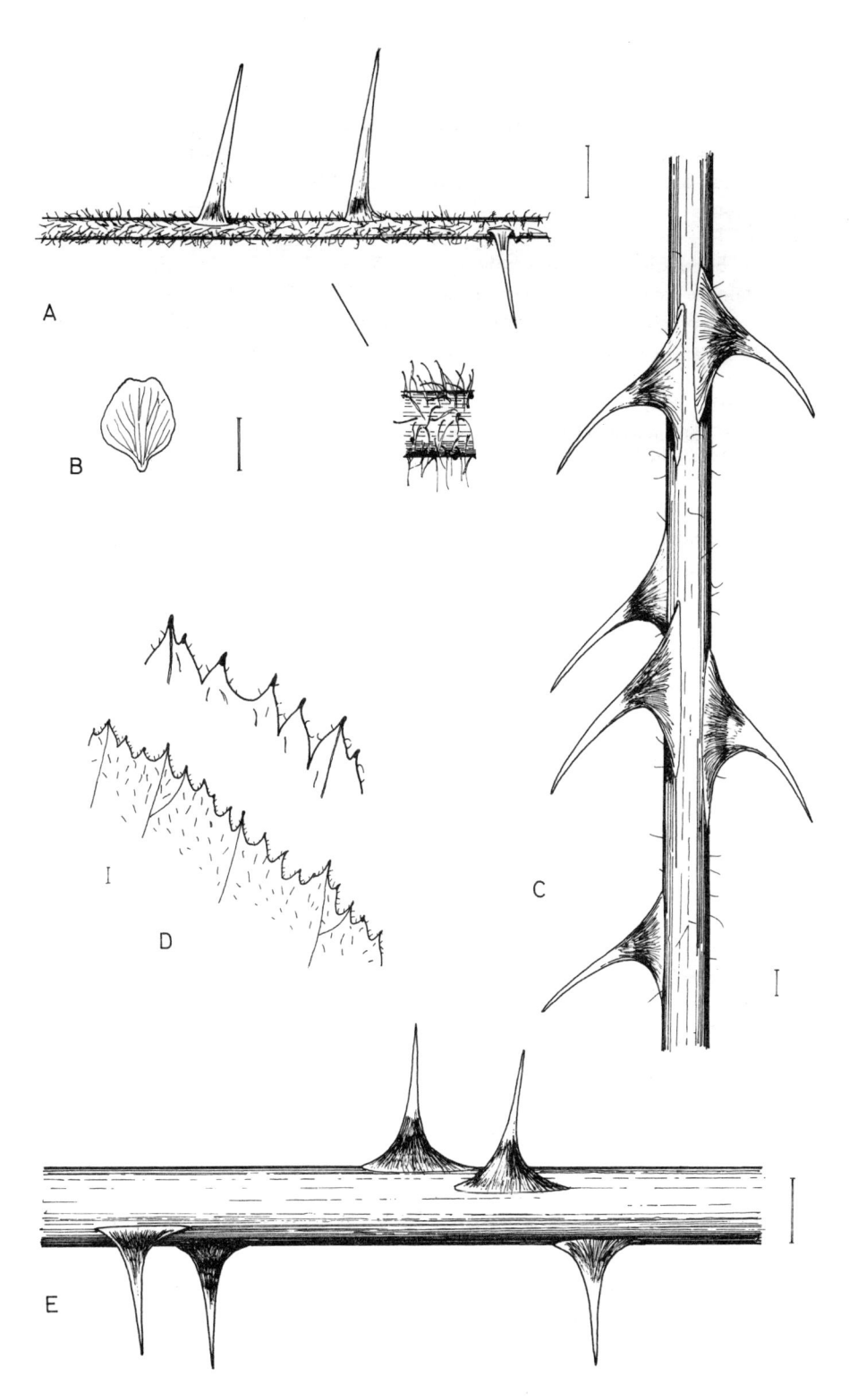

19. Rubus affinis Wh. & N.

Zähnchen. Haltung flach oder konvex, am Rande stark grobwellig, ä.Sb. 2-4 mm lg. gestielt, B.stiel zerstreut behaart,mit (ca. 10-15) kräftigen, sicheligen St., Nb. fädig bis schmallineal. Austrieb grün, nur wenig glänzend.

BLÜSTD. rispig, etwas sperrig, oben blattlos, nach unten zu mit bis zu 5zähl. B., Achse zerstreut behaart, auf 5 cm mit ca. 3-8 kräftigen, mehr oder minder krummen 7-8 mm lg. St., Blüstiel 1-3 cm lg., grün, behaart, mit (0-)2-3 kräftigen, fast geraden 4 mm lg. St., Kz. (graulich-)grün, an Sfr. locker zurückgeschlagen, Krb. weiß oder etwas rosa, 7-11 mm lg., breit umgekehrt eif. bis rundlich mit kurzem abgesetztem Nagel, Stb. viel länger als die grünlichweißen (manchmal am Grunde rötlichen) Gr., postfloral + zusammenneigend, Antheren kahl, Frkn. meist kahl, Frbod. behaart, $\overline{S}$fr. umfangreich (bis > 50 Teilfr.) rundlich bis angedeutet breit zylindrisch. (VII-)VIII. - 2n = 28.

Die auffällige Art ist besonders leicht kenntlich an ihrem hochbogigen Wuchs, den kräftigen rötlichen St., den grobwelligen (dunklen) B. und durch die breiten rundl. Krb. Statt der dunklen Laubfärbung findet sich stellenweise eine ebenso auffällige, frisch (gelb)grünliche Tönung.(Solche Stöcke herrschen anscheinend im Gebiet des loc. class. um Mennighüffen in Wf. vor!!). Gelegentlich sind 7zählige B. oder auch schlitzblättrige Formen (R. wiegmanni Wh. in sched.) beobachtet worden.

ÄHNLICHE ARTEN: 18. R. opacus (vgl. dort).

ÖK. u. SOZ: Gebüsche, Waldränder und Lichtungen (gern in Kiefern - forsten) auf kalkarmen, mäßig humosen, nicht zu trockenen Sandböden (Quercion-Gebiete). Kennart des Lonicero-Rubion-silvatici TX. & NEUM. 1950.

VB: europäisch atl.-subatl. - Von England durch Holland, Belgien, N-Frankreich, Schweiz bis Thüringen, Hessen. In NW-Dt. im Hügelland bis zum Harz, im TL besonders im W häufig!!, nach N zu seltener, doch noch bis Krs. Harburg: Zw. Tötensen und Lürade (ER. 00! als R. opacus), Kleckerwald (ER. als R. plicatus!), Land Hadeln: zw. Höftgrube und Cadenberge (FIT. 1914, 75 - !!), Sahlenburg-Spaden (HÄMMERLE & ÖLLERICH 1911, 43). - Die Art erreicht offenbar südl. des Elburstromtals eine vorläufige N-Grenze. Jedenfalls ist sie in SH bislang nicht nachgewiesen. Anderslautende Angaben bei SONDER (1851, 273) stellte bereits ER. (1900, 17) richtig, ebenso die Angabe für Segeberg von J. SCHMIDT (1878 - vgl. ER 1931, 54); entsprechend dürfte das angebliche Vorkommen b. Farmsen in Hamburg (TIMM 1878, 74) zu beurteilen sein. - Weitere VB erst wieder in DK: Nur Bogø b. Falster ! (in der var. subsenticosus K. FRIDERICHSEN ap. RAUNKIAER, Dansk Ekskursionsfl. ed. 4: 153. 1922 , abweichend durch lanzettliche 2,5-3 mm breite, an Corylifolii erinnernde Nb. und insgesamt meist schwächere St.); außerdem typisch in S-Schweden b. Västervik.

20. **Rubus divaricatus** P.J. MUELLER, Flora (Regensburg) 41 (ser. 2: 16)

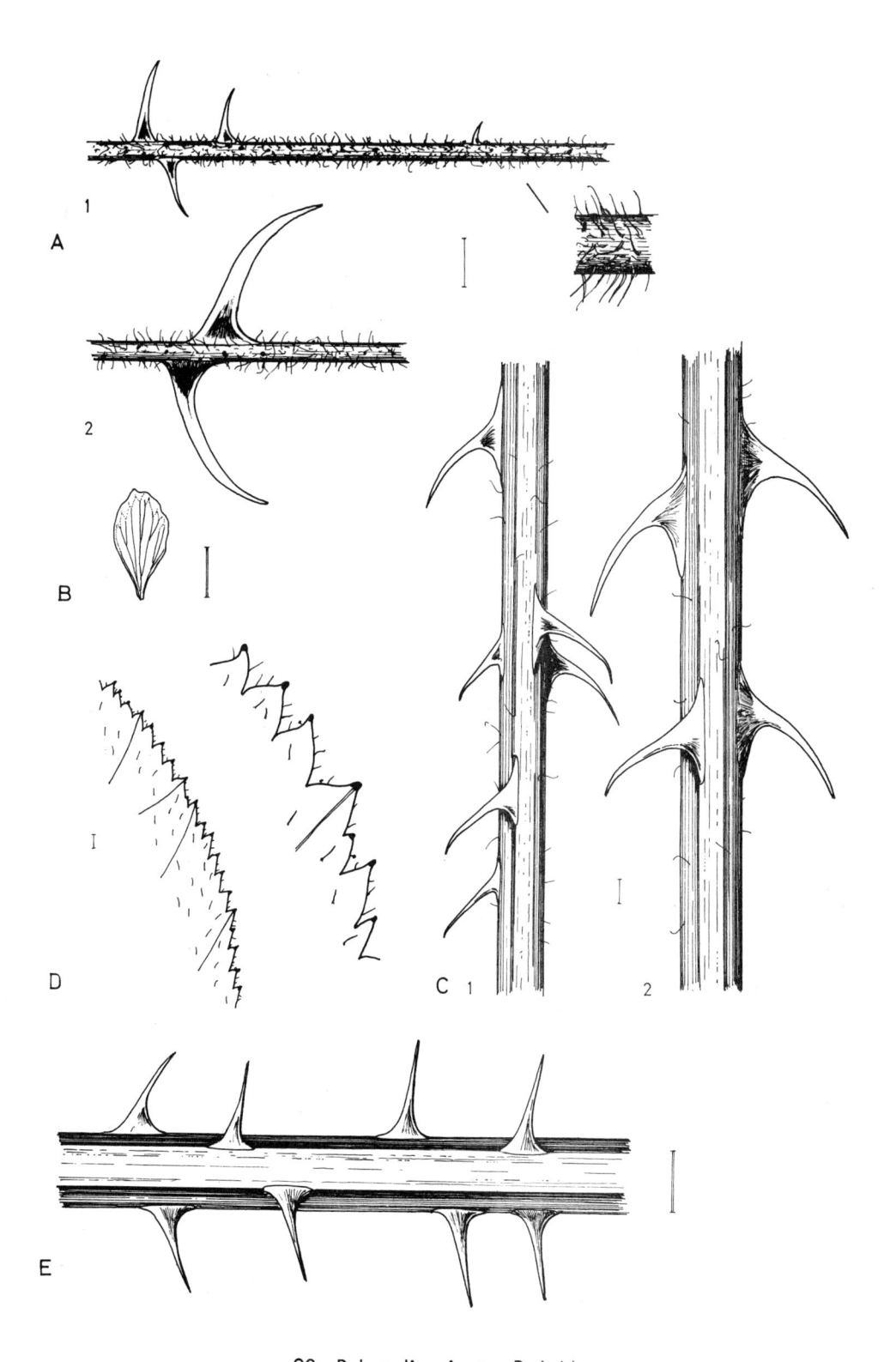

20. Rubus divaricatus P.J.M.

130 (1858). - Syn. R.nitidus WEIHE & NEES, Rubi Germ. 19, t.4 (1822) non RAFINESQUE, Fl. Ludov. 98 (1817). - Schl. 31, 42 - Fig. - Tafel.

SCH. suberekt, an sonnigen Standorten meist kaum bis 1,5 m (sonst oft bis > 2 m) hoch, schon früh sehr stark verzweigt, kantig flachseitig bis ± rinnig, glänzend grün, später h.weinrot(braun) überlaufen und heller gestrichelt, kahl, auf 5 cm mit ca. 5-12 geraden oder etwas gekrümmten, 6-8 mm lg., flachgedrückten, nach oben zu schlanken St.

B. handf. 5zählig, insgesamt klein (meist < 20 cm lg.), B.chen obers. oft stark glänzend, frisch grün, sehr oft hell-dunkelgrün fleckig, zerstreut behaart (ca. 2- > 10 Härchen pro cm^2), unters. grün, etwas fühlbar bis fast weich kurzhaarig. Eb. lang gestielt (40-60 % der Spreite), aus abgerundetem oder schwach herzf. Grund schlank umgekehrt eif. oder elliptisch mit kurzer breiter, undeutlicher Spitze. Serratur ziemlich gleichmäßig bis schwach periodisch mit kaum längeren, geraden Hz., wenig tief mit kurz bespitzten Zähnchen. Haltung fast flach bis deutlich gefaltet wie bei R. plicatus, am Rande etwas kleinwellig, ä.Sb. 2-5 mm lg. gestielt, mit ± gestutztem oder abgerundetem Grund, viel kürzer als der B.stiel. B.stiel wenig behaart, mit (ca. 10-18) stark sicheligen, in der Regel (zumindest an deren Spitze) ausgeprägt hakigen St., Nb. fädig. Austrieb glänzend frisch grün.

BLÜSTD. schlank und armblütig (und dann oft fast traubig) bis breit, fast sperrig und stark rispig mit vielblütigen Ästen. Achse zerstreut behaart, mit sehr breit aufsitzenden, zumindest an deren Spitze deutlich sicheligen bis hakigen St. in stark variierender Menge und Größe (vgl. var.!). Blütenstiel ca. 1-2,5 cm lg., mäßig behaart, ± sitzdrüsig, unbewehrt oder mit 1-5(-7) fast geraden bis sicheligen, 1-3,5(-4) mm lg. St. Kz. grün, unbewehrt oder bestachelt, an der Sfr. locker zurückgeschlagen. Krb. h.rosa bis fast weiß, umgekehrt eif., ca. 7-11 mm lg., Stb. so lg. oder etwas länger als die b.-grünlichen Gr., postfloral nicht oder nur wenig zusammenneigend, Antheren, Frkn. und Frbod. (immer?) kahl; Sfr. rundlich, klein, meist < 25 Fr.chen. VII-VIII. - 2n = 21

var. divaricatus - Fig. A1, C1.

Blüstd. mit schwachen St. (an Blüstd.achse bis ca. 4(-5) mm lg., am Blüstiel bis 2(-2,5) mm lg.), Kz. unbewehrt oder am Grunde mit vereinzelten schwachen St. Krb. (schmal) umgekehrt eif. - So meistens!!

var. hamulosus (LEF. & P.J.M.) BOULAY ap. ROUY & CAMUS, Fl. de France 6: 41 (1900), Syn. R. hamulosus LEFÈVRE & P.J. MUELLER, Jahresber. Pollichia 16/17: 76 (1859) - Fig. A2, C2.

St. im Blüstd. zahlreich und kräftig (an Blüstd.achse ca. 5-7 mm lg., zur Basis hin sehr breit; am Blüstiel 2,5-3,5(-4) mm lg.), Kz. stachelig, Krb. oft breiter mit mehr abgesetztem Nagel. - Seltener. Im Norden (DK!! und Schweden!) anscheinend vorherrschend.

Für Rubus divaricatus kennzeichnend sind besonders der meist zierliche, sparrige Wuchs (Name!), das frischgrüne, meist glänzende, oft etwas panaschierte Laub und die "wie ein Bockshorn gekrümmten" (WEIHE & NEES 1822, 20) oder hakigen St. der B.stiele und der Blüstd.achse. Die charakteristische Krümmung der St. ist nicht selten ganz auf deren äußerste Spitze verlagert, während der untere Teil geneigt ± gerade ausgebildet sein kann.

ÄHNLICHE ARTEN: 21. R. holsaticus mit (fast) geraden St. im Blüstd. und andersgeformten B. - 14. R. plicatus: Sch. weniger verzweigt, mit schwächeren und meist stärker gekrümmten St., B. und B.chen viel kürzer gestielt, Eb.form anders. Frbod. behaart. - 22. R. senticosus: viel dichter bestachelt, B.chen obers. kahl. - Vgl. auch 24. R. platyacanthus.

ÖK. u. SOZ: Gebüsche und lichte Wälder auf basenarmen, vorzugsweise frischen (Sand-)Böden (Quercion-Gebiete). Im nwdt. TL regionale Kennart der R. gratus-Ass. TX. & NEUM. 1950.

VB: europäisch subatl. - In SH angegeben von den Standorten "Flensburg" (WEIDEMANN nach FOCKE zit. bei KRAUSE 1890, 51 - bislang unbestätigt) und Lübeck: "Lauerholz hinter Karlshof" (BREHMER teste FOCKE, teste et zit. RANKE 1900, 12 und ERICHSEN 1931, 55). Das Vorkommen bei Lübeck war schon zur Zeit RANKEs nicht mehr nachzuweisen (RANKE l.c.). Heute ist auch der vielzitierte Herbarbeleg verschollen und vermutlich durch Kriegseinwirkung mit dem Museum Lübeck 1942 vernichtet. Nach den übereinstimmenden Testaten der zitierten Batologen und angesichts der geographischen Lage des Standortes, der zwischen den ns. und südschwedischen Fundorten vermittelt, darf jedoch das einstige Indeginat bei Lübeck mit hinreichender Sicherheit angenommen werden. Möglicherweise wächst die Pfl. auch heute noch irgendwo in SH. Ein von FRID. (95!) bei Ostenfeld, Krs. Husum, als "R. nitidus f." gesammelter Beleg im Hb. Kopenhagen ist allerdings wenig typisch und als hybridogener Abkömmling wohl zu R. plicatus zu stellen. - Weitere VB: S-Schweden (NW-Schonen), DK (nur Bornholm: am Hundsemyr - GEL! - 1970!!), Ns.: Vom Krs. Harburg (Ashausen ER. 00! - 70!!, Klecken ER. 1900, 14) zerstreut durch die Ebene (ohne das nördliche Stader-Cuxhavener-Gebiet, häufiger im Osten, besonders östlich Nienburg!! und in der Südheide!!) bis in die Mittelgebirge!! Durch das westliche M-Europa, Holland, Belgien, Frankreich bis Portugal, ostwärts bis Posen, CSSR, Österreich, Rumänien. Außerdem Schweiz und England.

21. **Rubus holsaticus** ERICHSEN in Verh. Nat. wiss. Ver. Hamburg ser. 3, 8: 14 (1900). - Syn. R. integribasis P.J. MUELLER ap. BOULAY, Ronces Vosg. 23 (1866) sec. auct. mult. an MUELLER? - Schl. 42', 93 - Fig. - Tafel - Karte.

Loc. class. Hamburg: beim Eppendorfer Moor (ER. 96! - 70!!).

SCH. zunächst suberekt, dann hochbogig (> 2 m hoch), zuletzt erdwärts strebend und oft einwurzelnd, mäßig verzweigt, $\pm$ kantig mit etwas gewölbten, flachen oder seltener etwas rinnigen Seiten, kaum glänzend, grün, später h.rotbraun überlaufen und heller grün gestrichelt, kahl oder mit ganz vereinzelten Härchen (0-1(-3) pro cm Seite), zerstreut sitzdrüsig. St. zu ca. 5-10 auf 5 cm, aus flachgedrücktem Grund bald verschmälert in eine schlanke, fast pfriemliche Spitze, in der Mehrzahl gerade oder fast gerade, ca. 5-7 mm lg., besonders zur Basis hin mehr gelbgrün oder h.rotbraun als der Sch.

B. insgesamt oft auffallend groß (mit Stiel 25 - > 30 cm lg.), handf. 5zählig, B.chen obers. schwach glänzend grün, mit ca. (0-)5-10 Haaren pro cm^2, unters. blasser grün, deutlich fühlbar, oft etwas weich und schimmernd behaart. Eb. ziemlich lg. gestielt (ca. 35-45 % der Spreite), aus abgerundetem, gestutztem, seltener schwach ausgerandetem Grund umgekehrt eif., zuletzt oft rundlich, allmählich $\pm$ kurz bespitzt. Serratur ziemlich gleichmäßig und eng. Haltung flach oder später konvex, nicht gefaltet, am Rande fast glatt, ä.Sb. schon im Sommer ca. 4-5 mm lg. gestielt. B.stiel mit (ca. 8-20) stark gekrümmten, z.T. etwas hakigen St., Nb. schmallanzettlich. Austrieb frisch grün.

BLÜSTD. rispig, oben blattlos, nach unten zu mit bis zu 3(-5)zähligen B., Achse wenig behaart, auf 5 cm mit ca. 5-8 sehr schlanken, geraden oder schwach gekrümmten, 3-5 mm lg. St. Blüstiel ca. 1,5-2 cm lg., (grau-) grünlich, $\pm$ sitzdrüsig, mit ca. 2-5 nadeligen, geraden oder fast geraden, ca. 1-2 mm lg. St. Kz. grün, unbewehrt, an der Sfr. locker zurückgeschlagen, Krb. weiß, umgekehrt eif., 12-16 mm lg., Stb. etwas länger als die weißlich grünen Gr., verblüht nicht oder nur wenig zusammenneigend, Antheren kahl, Frkn. kahl, seltener mit einzelnen Haaren, Frbod. kahl. Sfr. rundlich, mit meist vielen (20 - > 40) Fr.chen. VII-Anfang VIII. - 2n = 42?

Charakteristisch sind besonders die hochbogigen, kahlen schlankstacheligen Sch., die großen langgestielten B. und B.chen sowie die Form des Eb. - Die allgemein bisher angenommene Synonymie mit R. integribasis P.J.M. ist nach A.NEUMANN (briefl.) nicht gesichert. Bis zu einer endgültigen Klärung anhand eines noch aufzufindenden MÜLLERschen Typenbelegs ist die ERICHSENsche Bezeichnung daher vorzuziehen, wenn sie auch für das VB-Gebiet keineswegs charakteristisch ist.

ÄHNLICHE ARTEN: 20. R. divaricatus: Sch. suberekt, sparrig verzweigt. Pfl. in allen Teilen kleiner und zierlicher. Eb. undeutlich bespitzt, schlanker, B.chen obers. meist stark glänzend, St. im Blüstd. sichelig bis hakig gekrümmt. - 14. R. plicatus: suberekter Wuchs, St. des Sch. und besonders der Blüstd.achse stärker gekrümmt, B.chen gefaltet, Eb. mit größter Breite meist unterhalb der Mitte. B.- und B.chenstiele viel kürzer, Stb. kürzer als Gr., Frbod. behaart. - 19. R. affinis, 18. R. opacus und 15. R. bertramii sind besonders durch andere Form des Eb. unterschieden. - 50. R. selmeri mit unters. sternhaarigen B.chen, kräftigen krummen St. im Blüstd. und auch sonst stärker abweichend. - Vgl. auch 24. R. platyacanthus.

ÖK. u. SOZ: in SH vorzugsweise auf frischen podsoligen Sandböden in

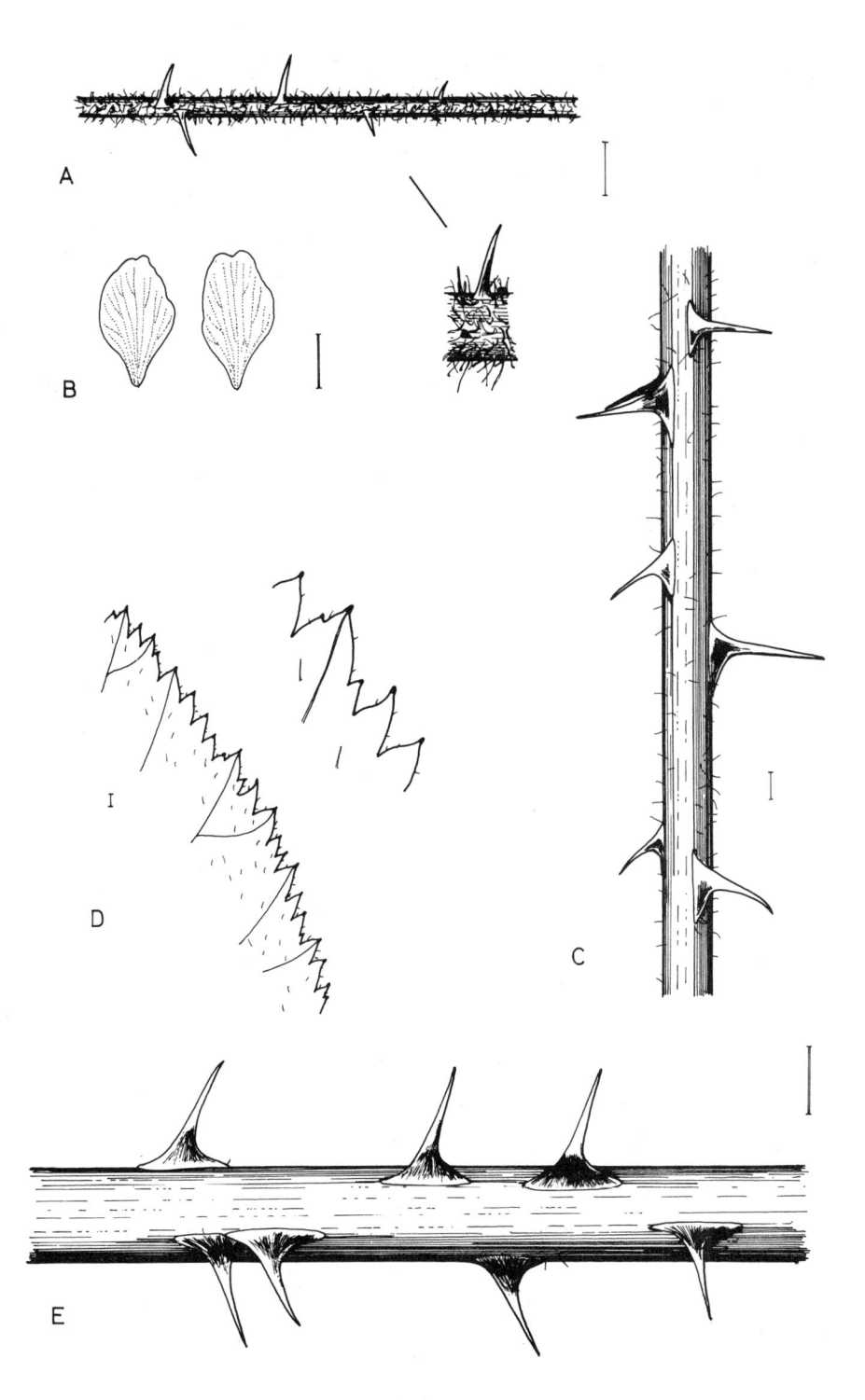

21. *Rubus holsaticus* Er.

R. gratus-Betula pendula-Knicks und -Gebüschen, dabei außer mit R. gratus vor allem mit R. plicatus, R. fabrimontanus und R. nemorosus. Auch in Holland besonders in Gesellschaften mit R. gratus!!

VB: europäisch atlantisch. - In SH an der absoluten N-Grenze der VB. Hier früher vor allem im jetzigen nördl. Hamburg sehr verbreitet und stellenweise häufig: Niendorf (ER. 96!, 97!, 98!), zw. Eidelstedt und Schnelsen (ER. 00!), zw. Eidelstedt und Burgwedel (ER. 00!), beim Eppendorfer Moor (ER. 96!, 97!, ZIMPEL 98!, FIT. 05! - 1970!!) beim Alsterkrug (ER 97!, 01!, TIMM 98!), Langenhorn (ZIMPEL 98!, FIT. 06! KINSCHER 07, SUDRE Bat. europ. 5: n 211 (1907)), Poppenbüttel (ER. 96! 99!), Hummelsbüttel (ER. 98!), Fuhlsbüttel (ER 98!), Prökelmoor zw. Kl. Borstel und Wellingsbüttel (ER. 98!), zw. Garstedt und Hasloh (ER. 00!). Weitere Angaben für diesen Raum bei ER. (1900, 16): Alsterdorf, zw. Eidelstedt und Krupunder, Müssen, dazu zit. Beobachtungen ERICHSENs: westl. von Winterhude reichlich in Feldwegen, Winzeldorf (JUNGE 1904, 87). - An den meisten der Hamburger Standorte heute durch Bebauung vernichtet!!, mit Sicherheit jetzt nur noch in spärlichen, gefährdeten Resten in Hamburg-Langenhorn im Gebiet der Max-Nonne-Str.(69!!) und beim Eppendorfer Moor (70!!) . - Außerhalb des Hamburger Raumes in SH nach ER. (1931, 55) auch bei Bosau (ER. 04) und im Sirksfelder Zuschlag (ER. 01). Nach FRID. (litt. zit. in ER. 1900, 16) angeblich auch "im südlichen Schleswig". Hier ist bislang nur ein von A. CHRIST. (1912!) entdecktes Vorkommen "Hochschaar bei Knoop" nachgewiesen (vgl. ER. 1922, 148), das 1967 (am alten Eiderkanal bei Knoop östl. der Rathmannsdorfer Schleuse!!) wiederaufgefunden wurde. - Weitere VB: Im nwdt. TL wie auch im südl. anschließenden Hügelland anscheinend fehlend. Erst wieder im Rheingebiet (hier häufig in der Pfalz). Außerdem in Holland, Belgien, Frankreich und Südengland. Angeblich auch in der Schweiz.

22. **Rubus senticosus** KOEHLER ex WEIHE ap. WIMMER & GRABOWSKI, Fl. Silesiaca 1: (51) (1829). - Syn. R. montanus WIRTGEN, Fl. Rheinprov. 150 (1857). - Schl. 30, 73 - Fig. - Tafel.

SCH. hoch bogig, stark verzweigt, kantig mit ebenen (seltener etwas rinnigen) Seiten, $\pm$ matt grün, zuletzt violettstichig rotbraun überlaufen mit hellerer Strichelung, kahl (selten mit ganz vereinzelten Härchen), $\pm$ sitzdrüsig, auf 5 cm mit ca. 13 - > 20 fast geraden bis sicheligen (Fig. E 1-2), sehr breit aufsitzenden, weit hinauf "brettartig" zusammengedrückten, kräftigen, ca. 8-10 mm lg. St. und daneben oft auch einzelnen kleineren St.chen. St.-färbung etwas gelblicher oder rötlicher als der Sch.

B. (schwach) fußf., seltener handf. 5zählig, B.chen obers. glänzend grün, kahl, unters. angedeutet schimmernd, nur schwach fühlbar behaart und unter der längeren Behaarung $\pm$ graugrün oder (grün-)grau filzig. Eb. mäßig lg. gestielt (ca. 35-40 % der Spreite), aus abgerundetem oder schwach herzf. Grund (oft breit) umgekehrt eif. bis elliptisch oder fast rundlich, gewöhnlich mit kurzer, etwas abgesetzter Spitze. Serratur periodisch, weit und wenig

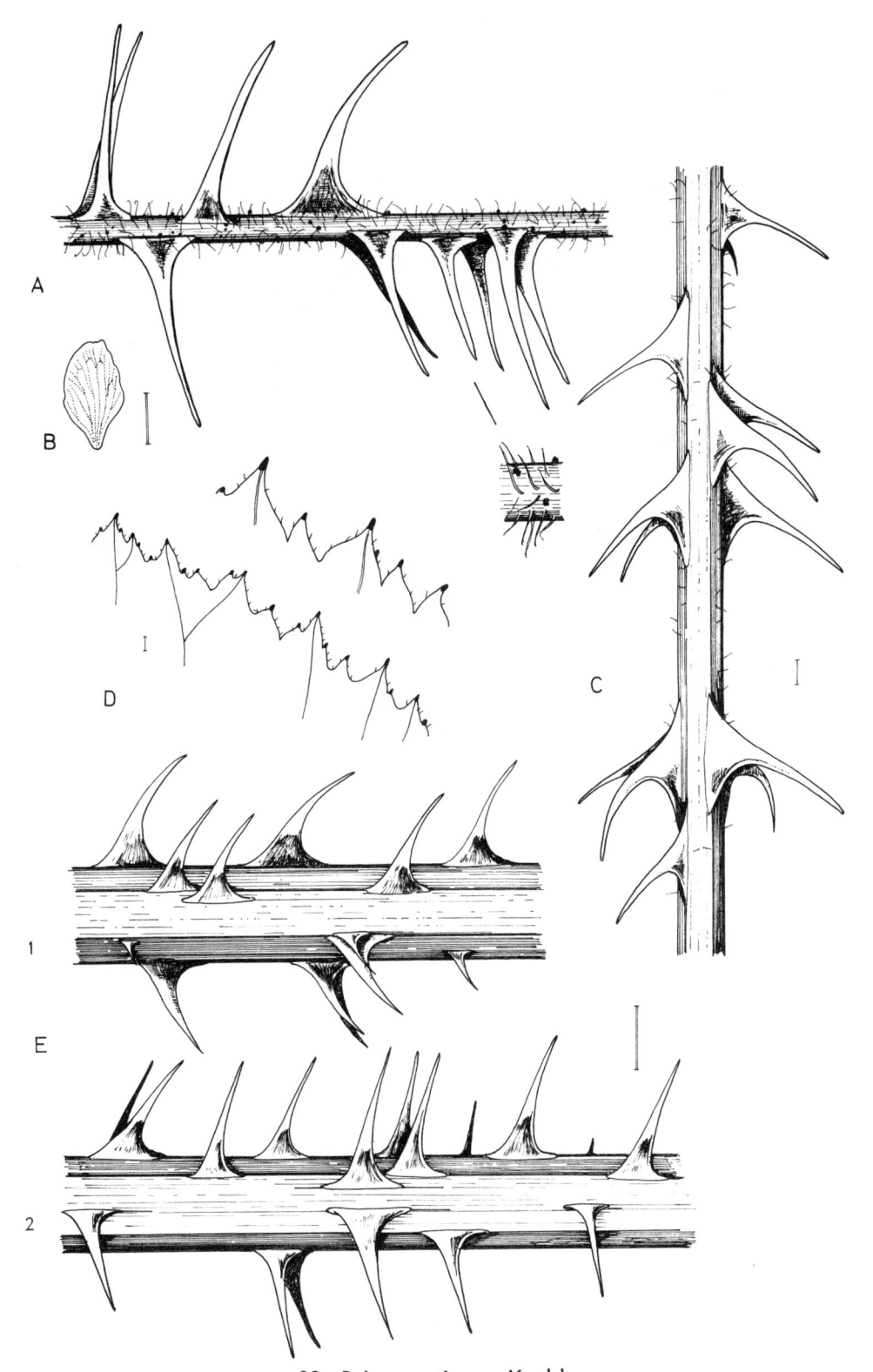

22. *Rubus senticosus* Koehl.

tief mit spitzigen Zähnchen. Hz. oft etwas auswärts gekrümmt. Haltung $\pm$ flach mit etwas aufgerichteten Rändern, zwischen den Seitennerven gefaltet, am Rande kleinwellig, ä.Sb. 1-4 mm lg. gestielt. B.stiel durchgehend rinnig, sehr zerstreut behaart, mit (ca. 15- > 25) kräftigen, stark sicheligen bis hakigen St., Nb. schmallanzettlich. Austrieb frischgrün.

BLÜSTD. wenig zusammengesetzt, oben b.los, sonst mit bis zu 3-(seltener 5-)zähligen B. Achse zerstreut behaart, auf 5 cm mit ca. 9-16, in der Mehrzahl deutlich und oft stark, z.T. hakig gekrümmten, dem Sch. ähnlichen, ca. 5-6 mm lg. an der Basis rötlichen St. Blüstiel mit drüsigem Deckb.chen, ca. 15-25 mm lg., nicht sehr dicht $\pm$ abstehend behaart, mit 10- >13 kräftigen, bis 4-5 mm lg. schwach gekrümmten St., mit Sitzdrüsen, einzelnen subsessilen Drüsen, selten mit vereinzelten Stieldrüsen. Kz. graugrün, $\pm$ stark bestachelt, an der Sfr. zurückgeschlagen. Krb. weiß, $\pm$ elliptisch, ca. 11 mm lg. Stb. etwas länger als die weißgrünen Gr., postfloral undeutlich zusammenneigend. Antheren und Frkn. kahl, Frbod. behaart, Fr.ansatz (in SH) unvollkommen. VII.

Die Pfl. fällt durch die an allen Teilen - auch an den B.chenstielen und deren Verlängerung als Mittelrippen der Spreiten - dichte und kräftige Bewehrung mit "brettartig" zusammengedrückten, meist sicheligen St. sehr auf. Durch die Kombination dieses Merkmals mit vor allem den folgenden Kennzeichen ist die Art bestens charakterisiert: Deutlich gefaltete, obers. kahle B.chen, kahler Sch., relativ breite Nb. und (bis auf die Deckb.chen) das Fehlen von Stieldrüsen. Die Blattracht lebender Pfl. erinnert wegen der Faltung, nicht wegen der Form an R. plicatus oder R. arrhenii. Der spärliche Fr.ansatz (bes. in SH), die relativ breiten Nb. sowie die oft kurzgestielten ä.Sb. ähneln eher den Corylifolii-Arten.

ÄHNLICHE ARTEN: 50. R. selmeri (vgl. auch Schl. 73) - 43. R. noltei : Sch. behaart, St. schwächer, Pfl. stieldrüsig, B.chen meist ungefaltet, obers. behaart. - 54. R. vulgaris: Eb. am Grunde keilig oder abgerundet, mit schmal umgefalztem Rand, St. schwächer und mehr zerstreut (auf dem Sch. ca. 5-13 St. von 6-8 mm Lge. auf 5 cm). - 24. R. platyacanthus, 25. R. correctispinosus, 51. R. insularis, 52. R. insulariopsis, 19. R. affinis und 20. R. divaricatus sind entfernter ähnlich und allein schon durch obers. behaarte B.chen unterschieden.

ÖK. u. SOZ: In SH in R. vestitus-R. drejeri-Knicks (Pruno-Rubetum radulae) vorzugsweise in den kalkärmeren Ausbildungen auf JM beobachtet. In Ns. in Hecken und Gebüschen auf kalkfreien Böden.

VB: Schwerpunkt mitteleuropäisch. - In SH erstmals von A. NEUMANN (1955) in O-Holstein bei Kaköhl und zw. Sehlendorf und Döhnsdorf sowie unabhängig davon vom Vf. (62) im Rahmen von Knickvegetations-Analysen im selben Gebiet entdeckt. Die Art wächst hier in Wallhecken meist zahlreich in einem nur wenige km^2 umfassenden Areal, das etwa von den Orten Sehlendorf!!, Kaköhl!!, Nessendorf!!, Wangels!!, Wasbuck!! und Döhns-

dorf!! umgrenzt wird. Dieses disjunkt nördlichste Vorkommen liegt abseits
des im Wiehengebirge!! mit vorgelagerter Zone (Stemweder Berge, Dümmer-
niederung.NEUMANN 1949 - !!, Gehn!!) beginnenden Hauptareals, das bis
Holland, Belgien, Rheinland, Hessen, Thüringen, Sachsen, Mähren und Nie-
derösterreich reicht.

Subsectio 2. Hiemales E. H. L. KRAUSE

Series 1. Silvatici P. J. M.

23. **Rubus carpinifolius** WEIHE ap. BOENNINGHAUSEN, Prod. Fl.
Monast. 152 (1824) et WEIHE & NEES, Rubi Germanici 36 (1824) non J. &
C. PRESL, Deliciae pragensis 220 (1822). - Syn. R. lentiginosus LEES ap.
STEELE, Handb. Field. Bot. 60 (1847) sec. HESLOP-HARRISON in Fl. Eur.
2: 11 (1968) an LEES? - Schl. (40).

Sehr ähnlich R. platyacanthus und mit diesem oft verwechselt, doch besonders durch anders geformtes Eb. unterschieden. Dieses ist bei R. carpinifolius am Grunde stets $\pm$ herzf. und hat seine größte Breite unterhalb, seltener in der Mitte, ist im allgemeinen länger bespitzt und außerdem nicht
selten unters. schimmernd weichhaarig. Der Sch. ist dichter behaart ((5-)
10->20 Haare pro cm Seite) und mehr bestachelt (ca. 8-22 St. pro 5 cm),
St. im oberen Teil des Blüstd. schlanker, mehr nadelig, Frkn. behaart. Sonst
wie der folgende R. platyacanthus.

Die WEIHEsche Benennung ist wegen des älteren PRESLschen Homonyms für
diese Art hinfällig. Doch werden vermutlich noch andere Namen für diese
weitverbreitete Species ausgegeben worden sein, die an die Stelle der Bezeichnung R. carpinifolius treten können, so daß von einer Neubenennung
vorerst abgesehen wird. R. lentiginosus LEES ist - jedenfalls nach der Beschreibung von WATSON (1958) - eine andersartige, für England endemische
Art, die den R. carpinifolius Wh. nicht mit einschließt.

ÄHNLICHE ARTEN: Vgl. bes. 24. R. platyacanthus auch wegen der
mangelnden Abgrenzung gegen R. carpinifolius in der Literatur. - Ähnlich ist
ferner 25. R. correctispinosus. - Andere Verwechslungsmöglichkeiten sind gering und am ehsten noch bei den unter R. platyacanthus aufgeführten Arten gegeben, für die im allgemeinen (bei Berücksichtigung der besonderen Kennzeichen des R. carpinifolius) die gleichen Unterscheidungsmerkmale gelten.

ÖK. u. SOZ: ungenügend bekannt.

VB: W? - und M-Europa. - Ein Großteil der in der Literatur für R. carpinifolius angegebenen Fundorte - so alle Angaben für SH und anscheinend auch
die Angaben FOCKEs für das nwdt.TL - beziehen sich auf R. platyacanthus,
so daß die eigentliche VB des R. carpinifolius nicht klar zu übersehen ist. Insgesamt scheint die Art eine etwas weiter östlich ausgerichtete und mehr colline

VB-Tendenz als R. platyacanthus zu besitzen. Die nächsten sicheren Vor -
kommen liegen im Wiehengebirge!! (Originalfundort b. Mennighüffen!!),
in der Ebene nur in unmittelbar vorgelagerter Zone im Heisterholz nördl.
Minden!! und im Thiener Feld nördl. Bramsche!!. Weitere VB zerstreut durch
Wf. bis Holland. Angegeben auch für Hessen, Franken, Sachsen, CSSR,
Österreich, Belgien, Frankreich und Brit. Inseln.

24. **Rubus platyacanthus** MUELLER & LEFÈVRE, Jahresber. Pollichia
16/17: 86 (1859) non UTSCH, Dt. Bot. Monatsschr. 10: 3 (1892). - Syn.
R. carpinifolius WEIHE var. inexploratus A. SCHUMACHER, Ber. Natwiss.
Ver. Bielefeld 15: 241 (1859); R. carpinifolius ssu. FOCKE, SUDRE et al.
ex pte. non WEIHE l.c., R. lindleyanus 'LEES' sec. WATSON 1958 non
LEES, Phytol. 3: 361 (1848) - Schl. 40, 51', 84 - Fig. - Tafel.

SCH. hochbogig (>1 m hoch), kantig flachseitig oder mit etwas vertieften Seiten, matt d.grün, später (h.)weinrot überlaufen mit länger grün bleibender Strichelung, zerstreut sitzdrüsig, locker und fein, z.T. flaumig und
± anliegend behaart (ca. 2-5(-10) Haare pro cm Seite), auf 5 cm mit ca.
$\overline{7}$-13(-15) kantenständigen, am Grunde stark verbreiterten, geneigten, meist
etwas gekrümmten, 7-8 mm lg., gelbgrünen St.
B. handf. 5zählig, obers. matt oder schwach glänzend d.grün, mit ca.
5-10(->20) Haaren pro cm^2, unters. fühlbar, z.T. ganz schwach schimmernd
behaart und dazu oft etwas sternfilzig. Eb. mittellang gestielt (30-35 % der
Spreite), aus abgerundetem oder sehr schwach herzförmigem Grund schwach
umgekehrt eif., seltener elliptisch, mit kurzer, wenig abgesetzter Spitze.
Serratur ziemlich gleichmäßig bis schwach periodisch mit geraden Hz., nicht
tief, doch recht eng und mit spitzigen Zähnchen. Haltung gefaltet, am Rande kleinwellig, im Querschnitt ± flach, ä.Sb. 3-4 mm lg. gestielt, B.stiel
mäßig behaart, mit (ca. 9-16) meist deutlich sicheligen St. Austrieb grün.
BLÜSTD. umfangreich, ziemlich breit, im oberen Teil fast traubig und dicht,
b. los, nach unten zu locker rispig, mit bis zu 5zähligen B., Achse nicht sehr
dicht, teils verwirrt flaumig, teils ± abstehend behaart, St. dicht (ca. 15
auf 5 cm) und kräftig (5-6 mm lg.), im unteren Teil der Achse flachgedrückt,
sehr breit aufsitzend und plötzlich in eine ± sichelige dünne Spitze zusammengezogen, im oberen Teil ebenfalls gekrümmt, doch weniger scharf in einen breiten Fuß und eine schlankere Spitze gegliedert. Blüstiel 15-25 mm lg.,
abstehend und vorwärtsgerichtet reichlich behaart, sitzdrüsig, mit ca. 9-15
kräftigen, gelblichen, 2,5-3 mm lg., geraden oder leicht gekrümmten St., Kz.
graugrün, mit einzelnen St., an der Sfr. abstehend oder undeutlich zurückge-
richtet. Krb. weiß, ± elliptisch bis schwach umgekehrt eif., 8-9 mm lg.,
Stb. länger als die weißlich grünen Gr., Antheren kahl, Frkn. kahl, selten
mit einzelnen Haaren, Frbod. behaart. Sfr. groß, mit vielen (bis >50) Teilfr., im Geschmack an R. plicatus erinnernd. - VII(-VIII).

Charakteristisch für die Art sind die breitaufsitzenden St. vor allem im unteren Teil der Blüstd.achse und die umgekehrt eif., am Grunde (fast) abge -

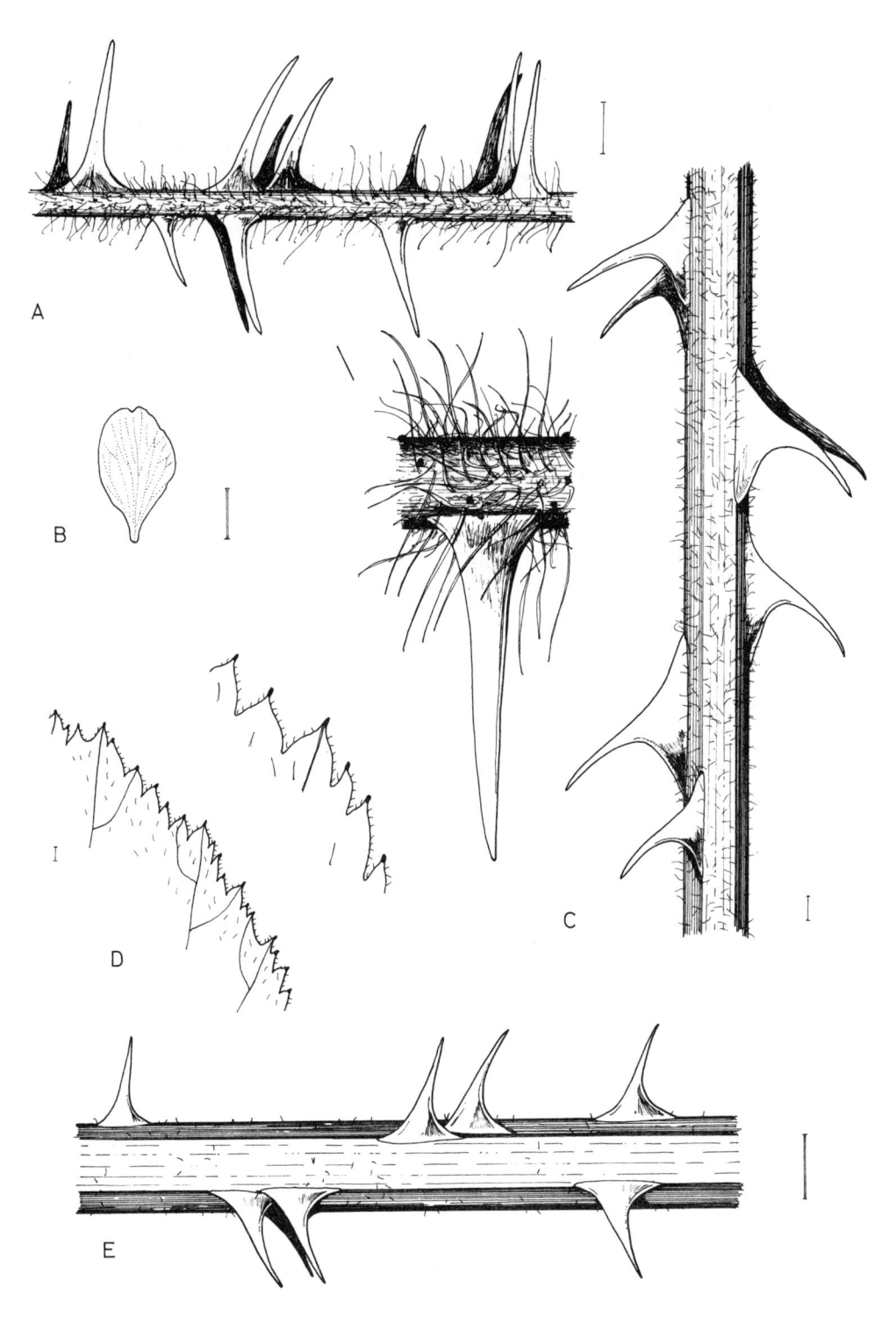

24. Rubus platyacanthus M. & Lef.

rundeten, scharf gesägten und gefalteten Eb.

Die zur engeren Verwandtschaft des R. carpinifolius WEIHE gehörenden Arten, zu denen auch Rubus platyacanthus zu zählen ist, sind bisher wegen verschiedener Mißverständnisse nicht klar auseinandergehalten worden. Schon WEIHE hat seinen R. carpinifolius zu weit gefaßt. FOCKE (1877, 131 f) umgrenzte die Art klarer, indem er die rotblühenden, auch sonst abweichenden Formen abtrennte. Aber auch FOCKE verkannte die Eigenständigkeit des R. platyacanthus und hielt ihn (wie nach ihm u.a. auch SUDRE, KRAUSE und ERICHSEN) ebenfalls für den echten R. carpinifolius. Erst durch SCHUMACHER (1959) ist der Sachverhalt richtiggestellt und der von R. carpinifolius Wh. abweichenden Ausbildung der treffende Name var. inexploratus verliehen worden. Diese Bezeichnung muß jedoch aufgegeben werden, denn die Art ist (nach NEUMANN briefl. Mitt.) identisch mit R. platyacanthus M. & L. Auch diese Brombeere ist von ihren Autoren nur unzureichend beschrieben worden, so daß sie bislang ebenfalls verkannt wurde. In neuerer Zeit ist sie von WATSON (1958) und HUBER (1961 in HEGI) zu Unrecht als identisch mit R. lindleyanus angesehen worden, eine Art, die sich u.a. durch tiefe und weite, dazu ausgeprägt periodische Serratur der oberseits fast kahlen B.-chen mit auswärtsgekrümmten Hz. erheblich von R. platyacanthus unterscheidet.

ÄHNLICHE ARTEN: Sehr ähnlich sind 23. R. carpinifolius und 25. R. correctispinosus (vgl. dort!), in geringerem Maße auch der durch folgende Kennzeichen abweichende 54. R. vulgaris: Sch. fast kahl, mit ca. 5-13 St. auf 5 cm, Eb. obers. lederglänzend, kahl oder wenig behaart (0-2(-10) Haare pro cm^2), nicht eng, sondern unregelmäßig weit und etwas geschweift gezähnt, am Rande zur Basis hin schmal nach unten umgefalzt. Blüstiel ca. 2-3 cm lg. - Nur entfernte Ähnlichkeiten bestehen mit 29. R. silvaticus: Sch. stumpfkantig rundlich, mit ca. 18-25 nur ca. 3-4 mm lg. St. auf 5 cm, Blüstd. schmal, zarter bestachelt, B.chen nicht gefaltet. - 30. R. macrophyllus: Sch. dichter behaart (ca. 10-30 (-50) Haare pro cm Seite), nur mit 5-12 ca. 4-6 mm lg. $\pm$ geraden St. auf 5 cm, Eb. lang gestielt ((37-)40-50 % der Spreite), am Grunde deutlich herzf., ungefaltet, konvex. - 31. R. schlechtendalii: B.chen ungefaltet, unters. schimmernd weichhaarig. Sch. dichter behaart (ca. (8-)10->30 Haare pro cm Seite, auf 5 cm mit 6-10 ca. (6-)7-10 mm lg. St. Blüstiel mit ca. 3-6 St., Krb. h.rosa. - 14. R. plicatus: Sch. suberekt, kahl, Eb. aus herzf. Grund eif. mit größter Breite $\pm$ unterhalb der Mitte, ä. Sb. nur 0-2 mm lg. gestielt. Blüstiel mit (0-)1-2(-5) St., Kz. grün, unbewehrt, Stb. kürzer bis fast so lg. wie Gr., postfloral nicht zusammenneigend. Pfl. allgemein schwächer und mit anders geformten St. bewehrt. - 22. R. senticosus: B.chen obers. kahl, mit $\pm$ auswärtsgerichteten Hz. - 56. R. lindleyanus vgl. oben! - 20. R. divaricatus vgl. Schl. 40f. - Vgl. auch 21. R. holsaticus.

ÖK. u. SOZ: Wenig bekannt. Offenbar kalkmeidend und mit Schwerpunkt im Lonicero-Rubion silvatici und Pruno-Rubetum sprengelii.

VB: europäisch atl. - SH: Ehemals zerstreut im heutigen westlichen Hamburger Stadtgebiet: Lokstedt (DINKLAGE nach ER. 1900, 19, TIMM 89!, ER. 91!, 95!), Neu-Lokstedt (ER. 01!), in Feldwegen zw. Eimsbüttel und Lokstedt (ER. 96!), in Knicks bei Stellingen (ER. 94!). An den genannten Orten heute anscheinend überall durch Bebauung vernichtet!! - Weitere VB: Das Areal dieser weitverbreiteten Art ist wegen der Verwechslung mit R. carpinifolius nicht eindeutig anzugeben. - Nwdt. TL: Um Bremen und bei Delmenhorst nicht selten an den von FOCKE (z.B. 1936, 267) für R. carpinifolius angegebenen Standorten!!. Auch bei Oldenburg und Visbek (KLIMMEK 1951-52!), Petershagen nördl. Minden (68!!). Nach NEUMANN (briefl.) vertritt R. platyacanthus im atl. Hügelland den echten R. carpinifolius so gut wie ganz und kommt außer in Ns. auch in Me., in der Mark, Wf. und im Rheinland vor, ferner in Holland, Belgien, N-Frankreich sowie in England (!).

25. **Rubus correctispinosus** H.E.WEBER nov. spec. - Schl. 51 - Fig. - Tafel. - Holotypus Nr. 67.825.2a leg. H.E.WEBER in Holstein: Nördl. von Einfeld, Weg westlich vom See am 25.8.1967 (in Hb. Bot. Inst. Kiel. Isotypi Nr. 67.825.2b + 2c in Hb. Bot. Inst. Hamburg et auct.).

Frutex validus. - Turio arcu exaltato (sine admiculo usque ad 1 m altus) declinatus, in fruticetis scandens, mediocriter ramosus, autumno apice radicans. In superiore parte angulatus, faciebus planis vel paulum sulcatis, in media parte obtusangulus-subteres, opace vel subnitide viridis, deinde inaequaliter (dilute) rubescens, dilutius (viride) lineolatus, praecipue pilis simplicibus patenter pilosus, glandulis stipitatis nullis, glandulis sessilibus sparsis obsitus. Aculei numerosi, maxima parte ad angulos dispositi, ca (5-)6-8 mm longi, e basi compressa dilatata in apicem subulatem angustati, ad perpendiculum recti vel leviter reclinati, rarius paulum curvati, primo magis flaviores, postea magis rubriores quam turio.
Folia 5nata (digitata vel subpedata), foliola supra obscure nitido-viridia, pilosa, subtus viridia, breviter praecipue ad nervos pubescentia. Foliolum terminale breviter petiolatum (petiolo proprio ca. ter longius), obovatum vel rarius ellipticum, postremo suborbiculatum, basi rotundatum vel subemarginatum, apice ± abrupto modice longo, saepe ± falcato acuminatum, duplicato (dentibus principalibus longerioribus rectis) inaequaliter parum grosse dentis argutis serratum, planum vel parum convexum, plicatum, margine parviundulatum. Foliola infima ca. 2-4 mm longe petiolata. Petiolus e basi usque supra ad mediam partem subcanaliculatus, aculeis reclinatis vel ± falcatis munitus, pilosus, eglandulosus. Stipulae lineares, glandulis sessilibus sparsis obsitae. Foliola novissima nitide viridia, margine saepe parum rubescentes.
Inflorescentia ampla, usque ad apicem paniculata, e media parte fere usque ad apicem foliis simplicibus, inferne foliis 3-5natis instructa foliolis termina-

libus saepe late rhombeis. Ramuli supremi ca. 2-5flori, quemadmodum ceteri ±cymosi. Ramus florifer dense patenter piloso-hirsutus et brevior ± accumbente confuso-pubescens. Aculei rami floriferi densi, ca. 5-7 mm longi, e basi valde compressa-dilatata longe subulati, recte vel parum reclinati. Pedunculi ca. 1-2 cm longi, virescentes, dense ± patenter pilis ca. 0,5-1 mm longis et insuper pubescentia breviore obsiti, glandulis subsessilibus et sessilibus multis, glandula stipitata nulla vel raro singula, aciculis ca. 10-20, rectis vel subrectis, (1-)2(-3) mm longis instructi. Sepala virescentes, albo-tomentoso marginata, inferne parce aculeata, in fructu reflexa. Petala alba vel dilute rosea, late ovata, breviter unguiculata, apice truncata et paulum emarginata, ca. 9 mm longa. Stamina stylos virescentes aequantia vel parum superantia, post anthesin conniventia. Antherae glabrae, germina et receptaculum pilis longis paucis instructa. Fructus bene evolutus, subsphaerico-conicus, nitido-niger. Floret Julio.

Planta Rubum platyacanthum P.J.M.& LEF. monet, a quo praecipue spinis contrariis differt: Spini falcati et lati Rubi platyacanthi angustati et correcti esse videntur. Iis signis species nominata est.

Crescit in Holsatia et verisimile in Saxonia inferiore.

SCH. hochbogig (freistehend bis ca. 1 m hoch), im Gebüsch über 4 m lg. klimmend, mäßig verzweigt, im Herbst mit einwurzelnden Spitzen. Mit Ausnahme der kantig flachseitigen oder auch etwas rinnigen Spitzenregion rundlich stumpfkantig, matt oder schwach glänzend grün, später ungleichmäßig (hell)weinrot überlaufen mit länger grün bleibender Strichelung, reichlich ± abstehend behaart mit ca. 15 - > 20 überwiegend einfachen Haaren pro cm Seite, Stieldrüsen fehlend, Sitzdrüsen zerstreut. St. zahlreich, meist zu ca. 15-20 auf 5 cm, vorwiegend kantenständig, ca. (5-)6-8 mm lg., aus breitem, zusammengedrücktem Grunde in eine lange schlanke Spitze verschmälert, gerade, abstehend oder etwas geneigt, seltener schwach gekrümmt, zuerst gelblicher, später etwas rötlicher als der Sch.

B. handf. bis angedeutet fußf. 5zählig. B.chen oberseits d.grün, glänzend mit ca. (5-)10->20 Haaren pro cm^2, unters. grün, kurz und dünn, wenig fühlbar, besonders auf den Nerven behaart. Eb. kurz gestielt (Stiel etwa 30-35 % der Spreitenlänge), aus abgerundetem oder schwach herzf. Grund umgekehrt eif., seltener elliptisch, zuletzt fast rundlich, mit abgesetzter, mäßig langer, oft sicheliger Spitze. Serratur periodisch mit geraden Hz., ungleich und etwas grob und tief, nicht eng mit ± spitzigen Zähnchen. Haltung ± flach, manchmal etwas konvex, gefaltet, am Rande kleinwellig, ä. Sb. ca. 2-4 mm lg. gestielt, B.stiel bis über die Mitte seicht rinnig, mit (ca. 15-20) geraden oder ± gekrümmten St. Austrieb glänzend grün, am Rande etwas anthocyanfarben.

BLÜSTD. umfangreich (bis über 50 Blüten), breit, bis oben hin rispig. Am Grunde mit 3-5zähligen B., etwa von der Mitte an bis nahe zur Spitze hin

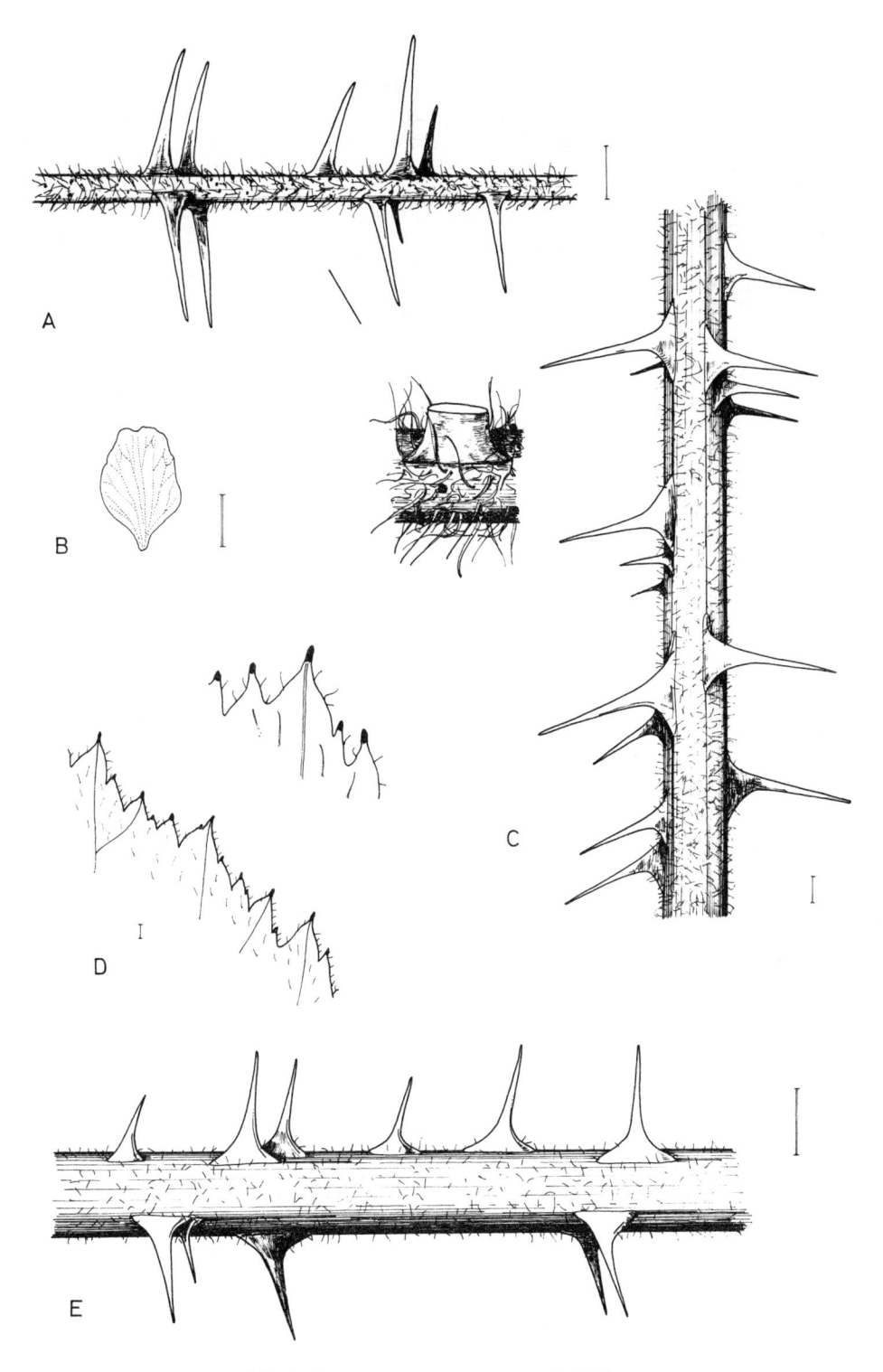

25. Rubus correctispinosus H.E. Weber

mit einfachen B. Mehrzählige B. oft mit breitrhombischen Eb. Oberste Äste
2- ca. 5blütig, wie die unteren mit ± cymöser Verzweigungstendenz. Achse
dicht abstehend und darunter dünn, sehr kurz und mehr anliegend flaumig-
wirr behaart. St. dichtstehend (ca. 10-16 auf 5 cm),breitfüßig,ca.5-7 mm lg.,
in eine lange pfriemliche, gerade abstehende oder etwas geneigte Spitze
zusammengezogen. Blüstiel ca. 1-2 cm lg., grünlich, dicht ± abstehend ca.
0,5-1 mm lg., darunter sehr kurz flaumig behaart, mit vielen Sitzdrüsen,
einzelnen subsessilen Drüsen, selten mit einer kurzen Stieldrüse, außerdem
mit ca. 10-20 nadeligen geraden oder fast geraden (1-)2(-3) mm lg. St. Kz.
grünlich mit weißfilzigem Rand, am Grunde mit einzelnen St.chen, an der
Sfr. zurückgeschlagen, Krb. weiß oder h.rosa, breit eif., vorn gestutzt
und etwas eingekerbt, mit kurzem Nagel, ca. 9 mm lg., Stb. so lang oder
etwas länger als die blaßgrünen Gr., postfloral zusammenneigend, Antheren
kahl, Frkn. und Frbod. mit einzelnen langen Haaren. Sfr. rundlich, nach
oben etwas konisch verjüngt, glänzend schwarz, gut entwickelt (bis ca. 40
Fr.chen), wohlschmeckend und an R. plicatus erinnernd. VII.

R. correctispinosus gehört zur Verwandtschaft des R. carpinifolius und
ähnelt dabei in der B.form am ehesten R. platyacanthus. Im Unterschied dazu besitzt die hier beschriebene Art jedoch gänzlich andersgeartete St., besonders im Blütenstand, an der sie leicht auch gegenüber anderen Arten des
Gebietes kenntlich ist. Es scheint so, als seien hier die breiten krummen St.
des R. platyacanthus verschmälert und geradegerichtet, worauf die Bezeichnung R. correctispinosus hinweisen soll. Gegenüber R. platyacanthus und
auch R. carpinifolius ist die Serratur der B.chen entschieden weniger eng
und spitz und der rundlich-stumpfkantige Sch. im Vergleich zu R. platyacanthus stärker behaart. Die charakteristische Art ist bislang verkannt und
in Hb. Kiel (u.a. von FOCKE, ER. u. NEUMANN) teils für R. villicaulis
und R. vestitus, teils für R. sciocharis und R. cimbricus gehalten worden.

ÄHNLICHE ARTEN: 24. R. platyacanthus (siehe oben!). - 23. R.
carpinifolius: Sch. kantig, flachseitig, Eb. herzeif., mit viel engerer
Serratur, St. im Blüstd., besonders an der Achse gekrümmt. - 14. R. plicatus wegen der gefalteten B.chen ähnlich, doch Sch. kahl, suberekt, Eb.
herzeif., Blüstd. in Aufbau und Bestachelung vollständig anders. - 32. R.
leptothyrsus: Sch. intensiv d.weinrot, B.form sehr ähnlich,doch Eb.
länger gestielt (35-40 % der Spreite), Blüstd. schmal, weniger dicht bestachelt, Antheren behaart. - 38. R. cimbricus: Sch. fast kahl, B. grobwellig, B.stiel obers. und Blüstd. stieldrüsig, Blüstiel mit 5- >50 Stieldrüsen,
Stb. kürzer als Gr. - Die folgenden Arten sind nur entfernt ähnlich: 28. R.
sciocharis: B. großenteils 3-4zählig, Eb. ungefaltet, obers. matt, am
Grunde tief herzf., St. insgesamt sehr viel schwächer, Antheren behaart. -
31. R. schlechtendalii: Pfl. insgesamt viel weniger dicht bestachelt,
B.chen ungefaltet, unters. schimmernd weichhaarig, Blüstiel nur mit 3-6 St. -
R. villicaulis, 51. R. insularis und 52. R. insulariopsis wenig ähnlich, mit krummen breiten St. im Blüstd., B.chen unters. filzig. -
50. R. selmeri und 22. R. senticosus: Sch. (fast) kahl. B.chen obers. kahl,

unters. filzig, St. besonders im Blüstd. krumm. - 54. R. vulgaris : Sch. (fast) kahl, mit ca. 5-13 St. auf 5 cm, St. vor allem im Blüstd. krumm. - 67. R. vestitus sehr unähnlich, u.a. mit dicht wirrhaarigem, tief d.- weinrotbraunem Sch. unters. schimmernd weichhaarigen und dazu filzigen B. und stieldrüsigem Blüstd.

ÖK. u. SOZ: Vorwiegend beobachtet in Pruno-Rubetum sprengelii-Gesellschaften, aber auch im Pruno-Rubetum radulae auf kalkärmeren, anlehmigen Böden der Jung- und Altmoränen u.a. zusammen mit R. macrothyrsus, R. selmeri und R. badius.

VB: SH u. Ns. - In SH (nur in Holstein) in Feldwegen westlich des Einfelder Sees zw. Mühbrook und Einfeld an mehreren Stellen!! Hier schon von A. CHRIST. gesammelt (1911! 4 Belege als R. villicaulis, R. sciocharis und R. vestitus - jetzt in Hb. Kiel). - Weitere Standorte: Zw. Mörel und Breitenstein (67-69!!) und in stattlichen Beständen zw. Mörel und Heinkenborstel (67-69!!). Die Art scheint nicht nur auf SH beschränkt zu sein, wie ein von KLIMMEK (1952!) bei Wildeshausen, Krs. Oldenburg i. Oldbg., gesammelter Beleg in Hb. Hamburg erkennen läßt, der augenscheinlich hierher zu rechnen ist.

26. **Rubus gratus** FOCKE in ALPERS, Verz. Gefäßpfl. Landdrostei Stade 26 (1875). - Schl. 22', 33, 50', 52 - Fig. - Tafel - Karte.

SCH. hochbogig (freistehend ca. 1 m hoch) mäßig verzweigt, kantig mit deutlich rinnigen Seiten (selten einzelne Seiten flach oder sogar etwas gewölbt), lichtseits gleichmäßig schwach glänzend bronzefarben-weinrotbraun, ziemlich dicht sitzdrüsig, $\pm$ spärlich behaart, später verkahlend, meist mit ca. 3-5 Haaren pro cm Seite. Auf 5 cm ca. 6-12 kantenständige, gerade, rechtwinklig abstehende oder rückwärtsgeneigte, relativ schwache, aus breitem Grunde schlanke, wie der Sch. gefärbte St. von ca. 4-5(-6,5) mm Lge.

B. schwach fußf. (seltener handf.) 5zählig, obers. matt d.grün, durch vertiefte Nervatur oft etwas rundlich, behaart (ca. 20 Haare/cm^2), unters. blasser grün, zerstreut und kaum fühlbar behaart, in SH stets, auch sonst in der Regel ganz ohne Sternhaare. Eb. ziemlich kurz gestielt (ca. 30 % der Spreite), aus herzf. Grunde elliptisch oder meist umgekehrt eif. mit etwas abgesetzter schlanker, mäßig langer Spitze. Serratur nicht immer ausgeprägt periodisch, doch stets sehr grob, tief und ungleich mit geraden Hz. B.haltung $\pm$ flach, am Rande grobwellig, ä.Sb. ca. 4 mm lg. gestielt. B.chenstiele obers. am Grunde zottig behaart, B.stiel meist nur zerstreut behaart, mit (ca. 8-15) geraden oder nur schwach gekrümmten schlanken St., Nb. schmallanzettlich, zerstreut behaart und meist mit einzelnen sehr kurzen Stieldrüsen. Austrieb glänzend gelbgrün, am Rande h.rotbraun überlaufen. Herbstfärbung fleckig, (zunächst zwischen den Nerven) $\pm$ d.rot.

BLÜSTD. sehr umfangreich (30 $\overline{-}$ > 50 Blü.), durch verlängerte Seitenäste oft breit und etwas sperrig, im oberen Teil mit einfachen, unten mit 3(-5)zähligen B., Äste meist racemös verzweigt, Achse kantig, $\pm$ rinnig, im oberen

Teil dicht, nach unten zu zerstreut behaart, auf 5 cm mit ca. 6-8 schlanken geraden, 3-4(selten -5) mm lg. St., Blüstiele 1-2 cm lg., grünlich, abstehend lang, darunter kürzer flaumig und z.T. anliegend behaart, sitzdrüsig, seltener mit einzelnen subsessilen Drüsen oder mit einer sehr kurzen Stieldrüse, mit (0-)2-5 ca. 1-2 mm lg. geraden oder schwach gekrümmt nadeligen St., Kz. (grau-)grün, ziemlich lang mit oft laubigen Spitzen, unbewehrt, seltener mit 1 St.chen, an der Sfr. abstehend oder $\pm$ aufgerichtet. Krb. rosa, breit $\pm$ elliptisch bis umgekehrt eif., auffallend groß (ca. 15 mm lg.), Stb. länger als die (gelblich-)grünen Gr., Antheren alle oder in der Mehrzahl behaart, sehr selten alle kahl. Frkn. (immer?) kahl, Frbod. behaart. Sfr. groß, mit ca. 30-50 Fr.chen, meist etwas höher als breit, wohlschmeckend säuerlich süß. VII-VIII. - 2n = 28.

Die grobe, oft fast eingeschnittene Zahnung verstärkt sich gelegentlich bis zu tief eingeschlitzten B.chen. Fundorte solcher "laciniatus"-Formen in SH: Hamburg: Zw. Tarpenbek und Niendorf (TIMM 00!), Harburg (ER. 00!), Langenhorn (J.SCHMIDT 99!) Stellau (62)!! - Formen mit ausgeprägt blattartigen Kz. wurden bei Witzhave (LABAN 84!) und in Hamburg beim Grünen Jäger (LABAN 74!) gesammelt.

Rubus gratus ist gut charakterisiert besonders durch den gerillen, bronzefarbenen-rotbraunen Sch., die schlanken geraden und relativ schwachen St. am Sch. und im Blüstd., die oft sehr großen, grobgesägten, beidseits zerstreut behaarten B., ferner durch den umfangreichen breiten Blüstd. mit langen, oft etwas laubig bespitzten Kz., sehr großen Blüten und Sfr. sowie durch die behaarten Antheren. Die Art neigt sehr zur Massenentfaltung und bildet an geeigneten Standorten ausgedehnte Gebüsche, die streckenweise den vorherrschenden Bewuchs der Wallhecken und Feldwege ausmachen. In Gebüschen und lichten Wäldern klettert R. gratus mit mehrere m langen Sch. hoch im Gesträuch empor.

ÄHNLICHE ARTEN: Vgl. 27. R. leucandrus. - Die folgenden Arten sind nur entfernt ähnlich, werden jedoch von Anfängern gelegentlich mit R. gratus verwechselt: 28. R. s c i o c h a r i s: Sch. rundlich stumpfkantig, grün, stärker behaart, B. großenteils oder alle 3-4zählig, B.chen breiter und anders geformt, sich randlich deckend, Kz. mit mehreren gelben Nadelst., Blü. rein weiß. - 11. R. s u l c a t u s (nur entfernt ähnlich): Sch. suberekt, grün, kahl, St. bes. an B.stielen und an der Blüstd.achse deutlich gekrümmt, Blüstd. wenig umfangreich, $\pm$ traubig, Antheren kahl. - 66. R. p y r a m i d a l i s: u.a. Sch. nicht gefurcht, B.chen feiner gesägt mit deutlich auswärtsgerichteten Hz. unters. schimmernd weichhaarig, Blüstd. stieldrüsig und dicht wirrhaarig, Kz. zurückgeschlagen, Antheren kahl. - 53. R. l a n g e i: B.chen derb, oberseits lederglänzend und kahl, unters. graufilzig, St. viel kräftiger (am Sch. 7-12 mm lg.). - 30. R. m a c r o p h y l l u s: Sch. stärker behaart (10 - > 30 Haare/cm Seite), in der Regel ungefurcht oder nur undeutlich gefurcht, Eb. sehr lang gestielt, konvex, am Rande nur wenig wellig, Blüstd.achse rundlich, dichthaarig, Kz. zurückgeschlagen, Anth. kahl. - 31. R. s c h l e c h t e n d a l i i: Sch. rundlich-stumpfkantig, reichlicher be-

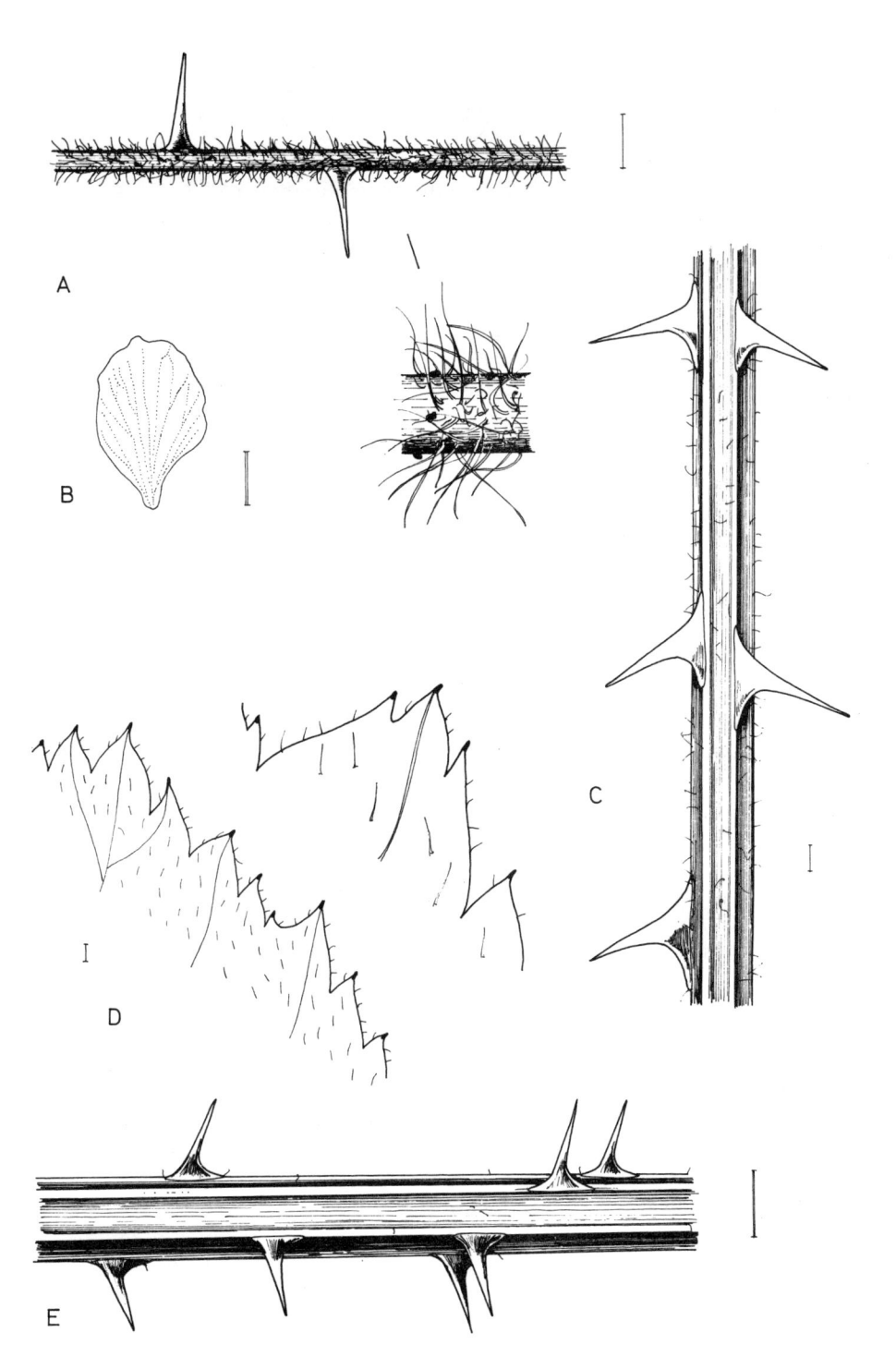

26. Rubus gratus Focke

haart, mit (6-)7-10 mm lg. St., B. feiner gesägt, unters. schimmernd weichhaarig, Kz. zurückgeschlagen. - R. pseudothyrsanthus vgl. Schl. 22. - Vgl. auch 14. R. plicatus, 32. R. leptothyrsus und 50. Rubus selmeri.

ÖK. u. SOZ: Vorzugsweise auf sauren, gern frischen, sandigen Böden (Quercion-Betuletum (-molinietosum)-Standorte), stellenweise auch in Pruno-Rubetum sprengelii-Gesellschaften übergreifend. In SH Kennart der (in Südholstein im Bereich des Quercion verbreiteten) Rubus gratus-Betula pendula-Knicks (vgl. WEBER 1967, 126 f). Hier gern in Gesellschaft von R. plicatus und R. fabrimontanus. Außer in Knicks und Gebüschen häufig auch an Waldrändern und in lichten Wäldern und Forsten besonders auf Querco-Betuletum molinietosum-Standorten, aber auch in feuchtere, erlenbeherrschte Gesellschaften eindringend. In Niedersachsen mit ähnlicher Ökologie Kennart der R. gratus-Ass. TX. & NEUMANN 1950.

VB: (n)w-europäisch atl. - In SH (Karte !) an der absoluten O-Grenze der VB mit ausgeprägtem S-N-Massengefälle. (Viele ältere VB-Angaben - so z.B. bei KRAUSE 1890, 67 - sind unzutreffend und beziehen sich auf Rubus sciocharis, der zunächst als Var. des R. gratus angesehen wurde. In der Karte sind daher als unbestätigte Literaturangaben nur solche von ER., RANKE und JÖNS berücksichtigt). R. gratus ist im südl. Holstein auf AM und Sandern sowie sandigen JM eine der häufigsten Arten, dabei stellenweise in großen Mengen vorherrschend im Raum Hamburg ostwärts bis um Trittau, nördlich bis um den Kisdorfer Wohld, westl. bis etwa Pinneberg-Barmstedt!! Darüber hinaus in O-Holstein (O-Grenze der Gesamt-VB): nördl. Schnakenbek (62-63!!), nördl. Schwarzenbek (62!!), Linau b. Trittau (67!!), südl. Gr. Schenkenberg (62-63!!), um Lübeck: bei Ovendorf (63!!) und (nach ER. 1931, 58): Waldhusen (GRIEWANK 53), Dummersdorfer Traveufer (ER. 98), Seeretz (FRIEDRICH 94). Außerdem (nach ER. l.c.): Ahrensbök, Siblin, Gleschendorf (ER. 98), Plön: am Schöh- und Behler-See (ER. 98), Albrechtshof bei Schlamersdorf (ER. 09), ferner bei Eisendorf bei Bordesholm (A. CHRIST. 12!). In (N)W-Holstein: Boostedt (A.CHRIST. 13!), Weddelbrook bei Barmstedt (D.N.CHRIST. 23!), Mörel (63!), Stafstedt, Luhestedt (64!!), Bockelrehm (70!!), Hochdonn (ROHW. 22!). - In Schleswig auf JM im Kreis Eckernförde (nach JÖNS 1953): zw. Holzbunge und Bünsdorf, zw. Gettorf und Felm (ER. 32), zw. Brekendorf und Grevenberg (ER. 35), Goosefeld, zw. Lehmsiek und Holtsee, Osterby, Lundshof (JÖNS 35). Außerdem sicher noch bei Falkenkrug bei Schleswig (W. HANSEN 95!), angeblich (nach FOCKE zit. FRID. & GEL. 1887, 72) auch bei Glücksburg, doch hier vermutlich mit R. sciocharis verwechselt. - Im W: Um Burg in S-Dithmarschen mehrfach (70!!), Kleve (ROHW. 21!), westl. Rendsburg zw. Fockbek, Hohn (GEL. 98!) und Elsdorf nicht selten (67-70!!), Ellingstedt (62!!), um Schwabstedt: Rantrum und Winnert (62!!), Lehmsiek (FRID. 95! - 62-68!!). Rimmelsberg bei Janneby (67!!). - Weitere VB: In DK nur in S(W)-Jütland (FRID. & GEL.! - !!) an der N-Grenze der VB. - Ns.: In der Ebene, besonders im W neben R. plicatus wohl die häufigste Art!!, im O mehr durch R. selmeri ersetzt!! - Im übrigen verbreitet durch Wf., Rheinland, Holland, Belgien, N-Frankreich und Brit. Inseln. Vorgeschobene isolierte östl. Fundorte (so z.B. in Me. bei Parchim (nach KRAUSE 1890), in der CSSR und sogar in den Karpaten) erscheinen fraglich.

27. **Rubus leucandrus** FOCKE in ALPERS, Verz. Gefäßpfl. Landdrostei Stade 27 (1875) non SAMPAIO, An. sc. Nat. ser. 8 (1902) - ZSchl. I: 4 - Tafel.

Loc. class.: Bremen-Oberneuland (FOCKE! - 69!!)

Dem R. gratus ähnlich, doch durch folgende Merkmale abweichend:

SCH. kaum rinnig, meist stumpfkantig mit flachen oder etwas gewölbten Seiten, + weinrot, ohne den bronzefarbenen Glanz, meist etwas stärker behaart, St. kräftiger, ca. 6-7 mm lg., breiter zusammengedrückt, oft + gekrümmt.

B. + sommergrün, kleiner, obers. heller grün, weniger behaart (< 10 Haare pro cm^2), unters. meist stärker, gewöhnlich etwas weich, gelegentlich dazu auch + sternfilzig behaart. Eb. länger(bei den jüngsten B. manchmal auffallend lg.) gestielt (30-40 % der Spreite), in Form und Serratur ähnlich R. gratus, doch meist schlanker und im typischen Fall mit mehr aufgesetzter, langer schmaler Spitze. B.stiel mit meist stärker gekrümmten, oft sicheligen St., Nb. schmal lineal.

BLÜSTD. schmaler, oben mehr traubig, Achse mit längeren (ca. 5-6 mm lg.) meist + gekrümmten St. Kz. (deutlich!) zurückgeschlagen, Krb. viel schmaler, umgekehrt eif., vorn (immer?) mit einer Einkerbung, von oberhalb der Mitte an in einen langen Nagel allmählich verschmälert, rein weiß (nach dem Abschneiden gelegentlich mit rosa Schimmer), Stb. weiß (Name!), viel länger (ca. 2 x so lg.) als die b.grünen Gr., (wie bei R. gratus) Antheren behaart, (seltener?) kahl, Frkn. kahl.

Die zuverlässigsten Unterscheidungsmerkmale sind der stumpfkantige Sch., die längeren, oft gekrümmten St., die zurückgeschlagenen Kz., die ganz anders geformten weißen Krb. und vielleicht auch die reinweißen Stb. Am auffälligsten erscheinen die in der Regel aufgesetzt langspitzigen B.chen, doch kommen hierin gelegentlich Überschneidungen mit R. gratus vor. Trotz der nahen Verwandtschaft mit dieser Art, die sich auch in den behaarten Antheren zeigt, stellte FOCKE (1914) R. leucandrus - wohl wegen der unterseits oft weichhaarigen B.chen - zusammen mit R. schlechtendalii zu Rubus macrophyllus.

ÄHNLICHE ARTEN: R. gratus s.o.! (und im wesentlichen wie dort). - Außerdem: 31. R. schlechtendalii: Sch. dichter behaart, mit (6-) 7-10 mm lg. St., Eb. (breit) umgekehrt eif. mit ganz andersartiger, ziemlich gleichmäßiger Serratur, Krb. b.rosa, Stb. nur wenig länger als Gr., Frkn. (meist) behaart. - Vgl. auch 32. R. leptothyrsus.

ÖK. u. SOZ: Wenig bekannt, anscheinend vor allem in Pruno-Rubetum sprengelii- und Lonicero-Rubion silvatici-Gesellschaften.

VB: West- bis west-mitteleuropäisch. - Im Nwdt. TL an der N-Grenze der VB. Um Bremen: Oberneuland und Rockwinkel (FOCKE! - 69!!), Linteln bei Scharmbek, Moordeich, Bassum, Syke, Vilsen (FOCKE 1936, 268), Oldenburg: Nutzhorn (FOCKE l.c.), Dreibergen (FOCKE 1877, 212), zw. Tweelbäke und Kirchhatten (KLIMMEK 1954!), ferner: Stelle bei Gr. Makkenstedt (KLIMMEK 1954!) und nach NEUMANN (1958, 269) am Westrand der Dümmerniederung: bei Borringhausen(71!!), Rottinghausen, Kamphausen, Rüschendorfer Moor. - Weitere VB: Vom Westrand des Harz über das Porta-Gebiet bis Burgsteinfurt, zerstreut durch Wf., am Niederrhein, sehr häufig um Aachen, außerdem in Belgien, Holland und auf den Brit. Inseln.

28. **Rubus sciocharis** SUDRE, Bat. eur. 68 (1907). - Syn. R. sciaphilus LANGE, Icon. Pl. Fl. Dan. (Fl. Danica) fasc. 51: 7, t. 3026 (1883) non R. sciophilus LEFEVRE & P.J.MUELLER, Jahresber. Pollichia 16/17: 205 (1859) nec. R. sciaphilus FOERSTER, Fl. Excurs. Aachen 121 (1878), R. gratus F. ssp. sciocharis SUDRE, Rubi Eur. 26 (1908) et auct. mult., R. sciocharis (SUDRE 1908), W.C.R.WATSON, Journ. Ecol. (London) 33: 339 (1946), R. gratus ssu. E.H.L.KRAUSE ap. PRAHL, Krit. Fl. Prov. SH 2: 67 (1890) ex pte. non FOCKE 1875. - Schl. 24 - Fig. - Tafel - Karte.

Loc. class. DK: auf Fünen bei Nyburg (LANGE 1867!)

SCH. mäßig hochbogig (im freien Stande kaum 1 m hoch), im Schatten kriechend, wenig verzweigt, zuerst kantig $\pm$ flachseitig oder sogar etwas rinnig, später rundlich stumpfkantig, im $\emptyset$ ca. 5-11 mm, (im Sommer) matt grün, dicht sitzdrüsig, fein behaart (5-)10-30(-50) Haare pro cm Seite), St. zu ca. 10-15 pro 5 cm, kantenständig, aus etwas verbreitertem Grunde schlank, gerade, etwas rückwärtsgeneigt, nur 4-5(-6) mm lg., gelblicher als der Sch.
B. ausgeprägt fußf. 5zählig, großenteils jedoch (im Schatten gewöhnlich alle) 3-4zählig. B.chen breit, sich randlich überdeckend, zart und etwas schlaff, obers. matt, zuerst lange hell-, dann sehr dunkel-grün, fühlbar abstehend behaart (ca. 20->50 Haare pro cm^2), unters. blasser grün, wenig dicht und oft kaum fühlbar behaart. Eb. kurzgestielt (20-25 % der Spreite), aus herzf. Grund breit eif. bis umgekehrt eif. mit ziemlich kurzer, wenig abgesetzter Spitze. Serratur meist kaum periodisch, doch weit und ziemlich grob, ungleichmäßig und tief. Haltung zuletzt ausgeprägt konvex, ungefaltet, am Rande schwach kleinwellig oder glatt, ä.Sb. 2-4 mm lg. gestielt, B.stiel kurz, ziemlich dicht behaart, mit (ca. 8-17) $\pm$ sicheligen, schwachen St., Nb. fädig-schmallineal, hoch (ca. 1 cm) am B.stiel ansetzend, behaart, selten mit 1-2 kurzen Stieldrüsen. Austrieb glänzend gelbgrün. B. lange durch den Winter grün bleibend.
BLÜSTD. ziemlich breit, unregelmäßig pyramidal, mit ca. 25->40 Blüten, oben b.los, zur Mitte hin mit breiten einfachen, nach unten zu mit 3zähligen B., Achse rundlich, ziemlich dichthaarig, auf 5 cm mit ca. 4-8, aus

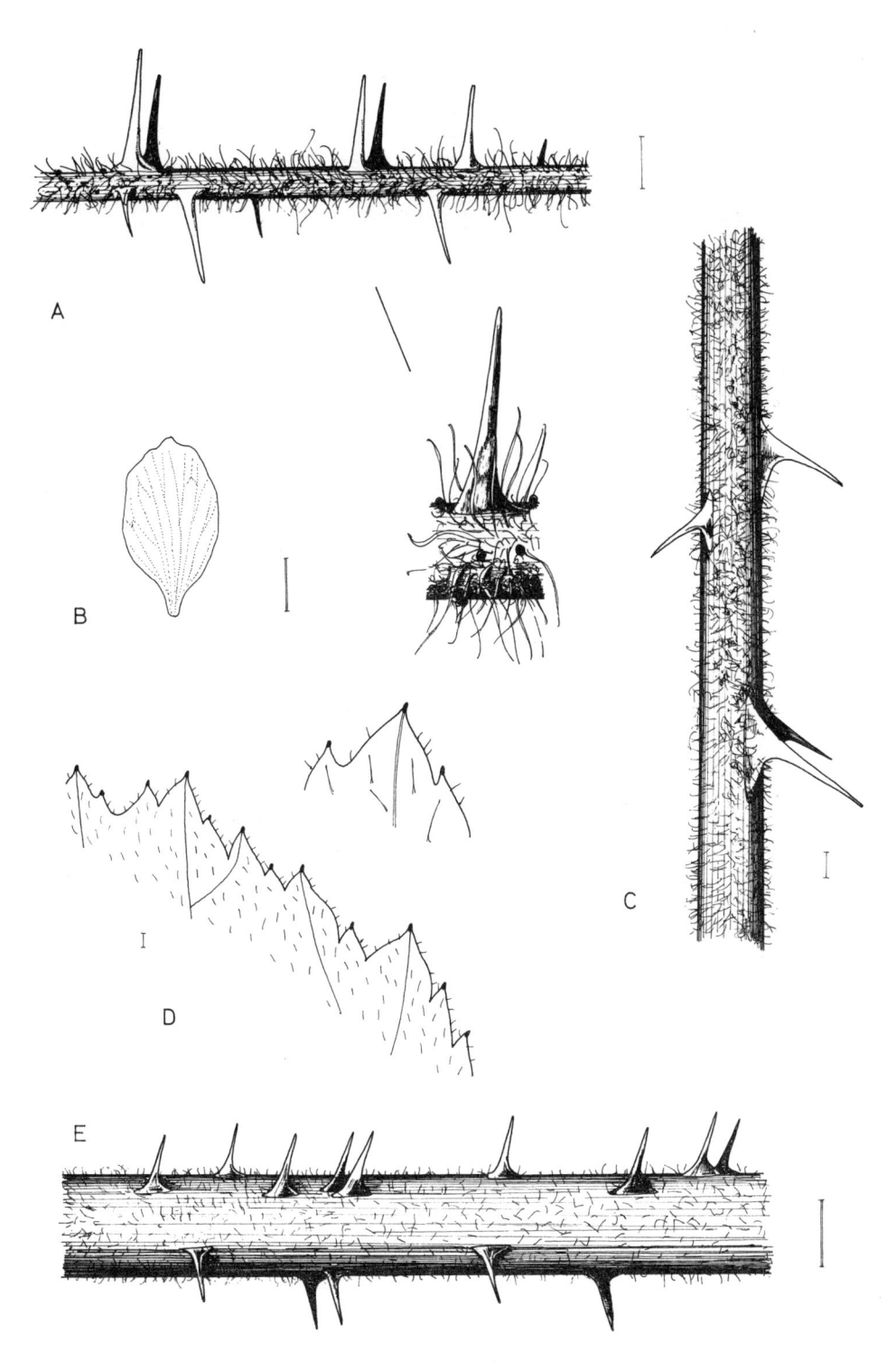

28. *Rubus sciocharis* Sudre

breitem Grunde pfriemlichen, 3-4 mm lg., geraden St., Blüstiele ca. 0,5-1 cm lg., grünlich, dicht vorwärts abstehend länger, darunter sehr kurz flaumig behaart, sitzdrüsig, manchmal mit einzelnen subsessilen Drüsen, selten mit 1 kurzen Stieldrüse, mit ca. 8-12 schlanken geraden, seltener ganz schwach gekrümmten St. von 1,5-2,5 mm Lge, Kz. grünlich, lang, oft mit kleinen laubigen Spitzen, außen mit mehreren kleinen gelblichen Stachelchen, abstehend, Krb. reinweiß, $\pm$ elliptisch, ziemlich breit und sehr groß (ca. 13-18 mm lg.), Stb. etwas länger als die (gelblich)grünen Gr., Antheren (meist reichlich), auch Frkn. und Frbod. behaart, Sfr. wenig höher als breit, kleiner als bei R. gratus, wohlschmeckend. VII-VIII. - $2n = 28$.

Die Art ist von vielen der älteren Autoren (u.a. von FOCKE, SUDRE und KRAUSE) als ssp. oder auch nur als Rasse von R. gratus aufgefaßt worden. Sie ist jedoch, wie schon ERICHSEN (1900, 25) betont, von R. gratus vollständig verschieden und auch durch keinerlei Übergänge mit dieser nur entfernt verwandten Art verbunden. Kennzeichnend für R. sciocharis sind besonders der rundlich stumpfkantige, grüne und behaarte Sch. mit schwachen geraden St., die stets vorhandenen 3-4zähligen B. mit randlich sich überdeckenden, kurzgestielten, zuletzt konvex gehaltenen B.chen sowie die zahlreichen großen weißen Blüten mit behaarten Antheren und gelb nadelstachligen Kz. Die B. machen oft einen etwas schlaffen Eindruck, da die B.- und B.chenstiele und auch die Spreiten etwas nach unten geneigt sind. Im Schatten kriecht R. sciocharis auf dem Boden und bildet nur 3(-4)zählige, dunkelgrüne B. aus, deren gewölbte B.chen sich gegenseitig randlich überdecken und auch wegen der kurzen Sch.internodien zum Teil übereinanderliegen, ein charakteristisches Bild, das in gestörten, nicht zu schattigen Wäldern besonders im westlichen SH fast allerorten beobachtet werden kann. Dennoch sind die Namen R. sciocharis und R. sciaphilus (Schattenliebende Brombeere) nicht ganz zutreffend, denn ebenso wie bei den meisten anderen Rubi ist im Schatten die Entwicklung dieser Art, die hier meist steril bleibt, stark gehemmt, so daß man sie eher als Schattenertragende Brombeere bezeichnen müßte. Allgemein neigt R. sciocharis ebenso wie R. gratus zu großer Massenentfaltung und bildet namentlich in Angeln mit ihren großen weißen Blüten einen charakteristischen Schmuck der Knicks.

ÄHNLICHE ARTEN: 75. R. badius: Sch. dunkelrot, (fast) kahl, B.chen obers. dunkler, $\pm$ glänzend, mit auswärts gekrümmten Hz., B.stiel obers. und Blüstiele lang stieldrüsig, Blüten rosarot. - 31. R. schlechtendalii: Sch. rötlich, mit 6-10 ca. (6-)7-10 mm lg. St. auf 5 cm, B.unterseits schimmernd weichhaarig, Blü. b.rosa. - 30. R. macrophyllus: B.5zählig, ohne Neigung zur 3-4Zähligkeit, Eb. sehr lang gestielt ((37-)40-50 % der Spreite), Antheren kahl. - 37. R. sprengelii: St. sichelig, Blüstd. stieldrüsig, Blüten rosa mit kahlen Antheren. - R. leptothyrsus und R. silvaticus vgl. Schlüssel Nr. 23. - Vgl. auch 26. R. gratus, 25. R. correctispinosus und 39. R. axillaris.

ÖK. u. SOZ: Besiedelt altdiluviale kalkfreie, sauerhumose, nicht zu trockene ($\pm$ podsolierte) Sandböden bis zu oberflächlich entkalkten Parabraunerden und Pseudogleye der AM und JM (Querco-Carpinion- und Melico-Fagetum-Wuchsgebiete) in feuchtklimatischer Lage. Vor allem in Gebüschen und Knicks, in Wald-Mänteln und -Säumen im Bereich des Pruno-Rubetum sprengelii. Kennart der R. langei-R. sciocharis-Knicks des westlichen und nördlichen SH, als Diff.-Art auch übergreifend in kalkarme Ausbildungen der R. vestitus-Knicks (Pruno-Rubetum radulae - Typen ohne R. caesius). Außerdem mit herabgesetzter Vitalität auf entsprechenden Böden oft massenhaft in aufgelichteten Wäldern und Forsten sowie in besserer Entwicklung auf entsprechenden Schlägen besonders in (reicheren) Lonicero-Rubion silvatici-Gesellschaften.

VB: (w.)europäisch atl. - In SH (Karte!) an der absoluten O-Grenze der VB. Westlich der Linie Hamburg - Öring - Neumünster - Kiel eine der häufigsten Arten, besonders in N-Angeln und im Bereich des Kisdorfer Wohlds in großen Mengen!!, dagegen auf der (an geeigneten Standorten armen) nw-schleswigschen Geest noch nicht nachgewiesen, auf Sylt an der Vogelkoje zw. Kampen und List (67!!). Östl. der genannten Linie selten oder meist fehlend, vorgeschobene östliche Fundorte: Lauenburger Elbufer bei Glüsing (67!!), zw. Wentorf (ER. 1900 - 62 !!) und Wohltorf (62-63!!), Lütjensee (ER. 1900) und (nach ER. 1931,58) Wahlsdorfer Holz b. Ahrensbök (ER. 00) und Albrechtshof b. Schlamersdorf (ER. 09), außerdem: Wankendorf (67!!), Wahlsdorf bei Preetz (67!!), Gut Wahlstorf (67!!), östl. Rastorf (62!!), westl. Selent (62!!). - Weitere VB: DK: Fünen: b. Nyborg und Glansbjaerg sowie häufig in SO-Jütland nordwärts bis Aarhus. - Me: nach KRAUSE (1890, 68) angeblich vorkommend, doch unbestätigt und wenig wahrscheinlich. - Nwdt. TL: Im Gebiet zw. Harburg!! - Jesteburg!! - Raum Zeven!! und Stade!! nicht selten, stellenweise, z.B. b. Harsefeld, häufig!! - Dann anscheinend nur noch in Ostfriesland: Möhlenwarf bei Leer (KLIMMEK 1953!) zu einem letzten Festlands-Fundort in N-Holland vermittelnd. Im übrigen auf den Brit. Inseln verbreitet.

29. **Rubus silvaticus** WEIHE & NEES, Rubi Germanici 41, t.15 (1825). - Schl. 24', 48. - Fig. - Tafel - Karte.

SCH. (im freien Stande) aus kaum 50 cm hohem Bogen niederliegend und kriechend, zunächst stumpfkantig mit flachen Seiten, später rundlich stumpfkantig, matt weinrot, pro cm Seite mit 5-10 (-> 20) einfachen oder büscheligen Haaren, reichlich sitzdrüsig, St. dicht (pro 5 cm ca. 15-25), nur 3-4 (-5) mm lg., aus flachgedrückter Basis schlank, rückwärtsgeneigt gerade oder leicht gekrümmt.

B. handf. (seltener angedeutet fußf.) 5zählig ohne Neigung zur 3-4Zähligkeit, B.chen obers. matt d.grün, fast kahl oder meist mit 2-5(-10) Haaren pro cm^2, unters. grün, meist nur wenig, kaum fühlbar, behaart. Eb. kurz gestielt (25-30 % der Spreite), aus abgerundetem oder etwas keiligem (ausnahmsweise auch schwach herzf.) Grunde schmal umgekehrt eif. mit mittellanger Spitze, Serratur wenig tief und eng, unregelmäßig schwach periodisch mit (fast) geraden Hz., Haltung flach, ungefaltet, am Rande (fast) glatt, ä.Sb. (2-)3-4(-5) mm lg. gestielt, am Grunde keilig, B.stiel abstehend reich behaart, mit (ca. 20-30) schwachen, ± gekrümmten St.; Austrieb glänzend grün, gelegentlich schwach ± h.rotbraun überlaufen.

BLÜSTD. ziemlich schmal, unregelmäßig pyramidal, im unteren Teil mit entfernteren längeren Ästen und mit 3-4(-5)zähligen B., deren Eb.-Grund keilig zuläuft, nach oben zu mit gedrängteren kürzeren Zweigen und mit dreilappigen oder ungeteilten B., an der Spitze b.los oder mit schmallanzettlichen Tragb., Achse rundlich, abstehend dichthaarig, darunter ± sternfilzig und reichlich sitzdrüsig; auf 5 cm mit ca. 9-15 dünnen, 3-4(-4,5) mm lg., geraden oder etwas sicheligen St. Blü.stiele 1-1,5(-2) cm lg., grün, (meist dicht) abstehend behaart (Haarlänge bis ca. 1,5 x Blüstiel-Ø), darunter dünn sternfilzig, reichlich sitzdrüsig, z.T. mit einzelnen subsessilen Drüsen, ausnahmsweise mit 1 kurzen (Lge.< 1 x Blütenstiel-Ø) Stieldrüse, St. zu (5-)7-17(->20), von ungleicher Länge (ca. 1-2,5 mm lg.), gerade oder etwas gekrümmt. Kz. graulich grün, dicht abstehend behaart und dazu filzig, (meist) st.los, zuletzt zurückgeschlagen, Krb. weiß (an abgeschnittenen Zweigen sich zuweilen blaßrosa verfärbend), eif., meist nur 9-11 mm lg., an der Blüte löffelförmig ausgehöhlt und schüsselförmig zusammenstehend, Stb. wenig, doch eindeutig länger als die b.grünen Gr., Antheren alle oder jedenfalls z.T. behaart, selten alle kahl, Frkn. und Fr.bod. dicht zottig. Sfr. rundlich, mit kleinen Fr.chen, fest, süßlich. Ende VII-IX. - 2n = 28.

Rubus silvaticus schwankt zwar in Einzelmerkmalen, wie in der Dichte der St. im Blüstd. sowie in der Behaarung der B.oberseiten und der Antheren, ist aber dennoch eine unverwechselbare Art, die stets durch eine Reihe von Merkmalen vorzüglich charakterisiert bleibt. So vor allem durch die dichten und zarten St. des Sch. sowie die schmalen, am Grunde keiligen oder abgerundeten B.chen, die nur ausnahmsweise an einzelnen Stöcken auch einmal aus herzf. Basis breiter sein können. Ein auffälliges Kennzeichen ist außerdem die krugförmige Stellung der Blütenblätter. R. silvaticus gehört bei uns zu den am spätesten blühenden Arten.

ÄHNLICHE ARTEN: 37. R. sprengelii (nur bezüglich der Sch.teile mit R. silvaticus zu verwechseln), vgl. Schlüssel Nr. 48. - 35. R. arrhenii mit vollständig verschiedenem Blüstd. (Stbb. viel kürzer als die Gr., Krb. postfloral nicht abfallend, Blüstiele 2-3 cm lg., stieldrüsig, Frkn. und Frbod. kahl), doch manchmal mit ähnlichen B. und Schößlingen. Hauptsächliche Unterschiede: Serratur der B.chen auffallend gleichmäßig, B.chen gefaltet, obers. glänzend, Austrieb stark anthocyanfarben (rotbraun). - 81. R. conothyrsus: Sch.st. länger (meist 5-6 mm lg.), mehr zerstreut (ca. 5-10(-13) auf 5 cm), B.stiel obers. oft mit einzelnen Stieldr., Blüstd. stieldrüsig, so an Blüstielen (5-)15->30 Stieldrüsen bis 2 x Blüstiel-Ø Lge., Krb. h.rosa. - 40. R. chlorothyrsus nur entfernt ähnlich, Sch.st., viel kräftiger (5-7 mm lg.), B.stiel obers. mit einzelnen bis vielen Stieldr., B.std. reichlich stieldrüsig. - Vgl. auch 24. R. platyacanthus 31. R. schlechtendalii und R. sciocharis (Schl. Nr. 24f.).

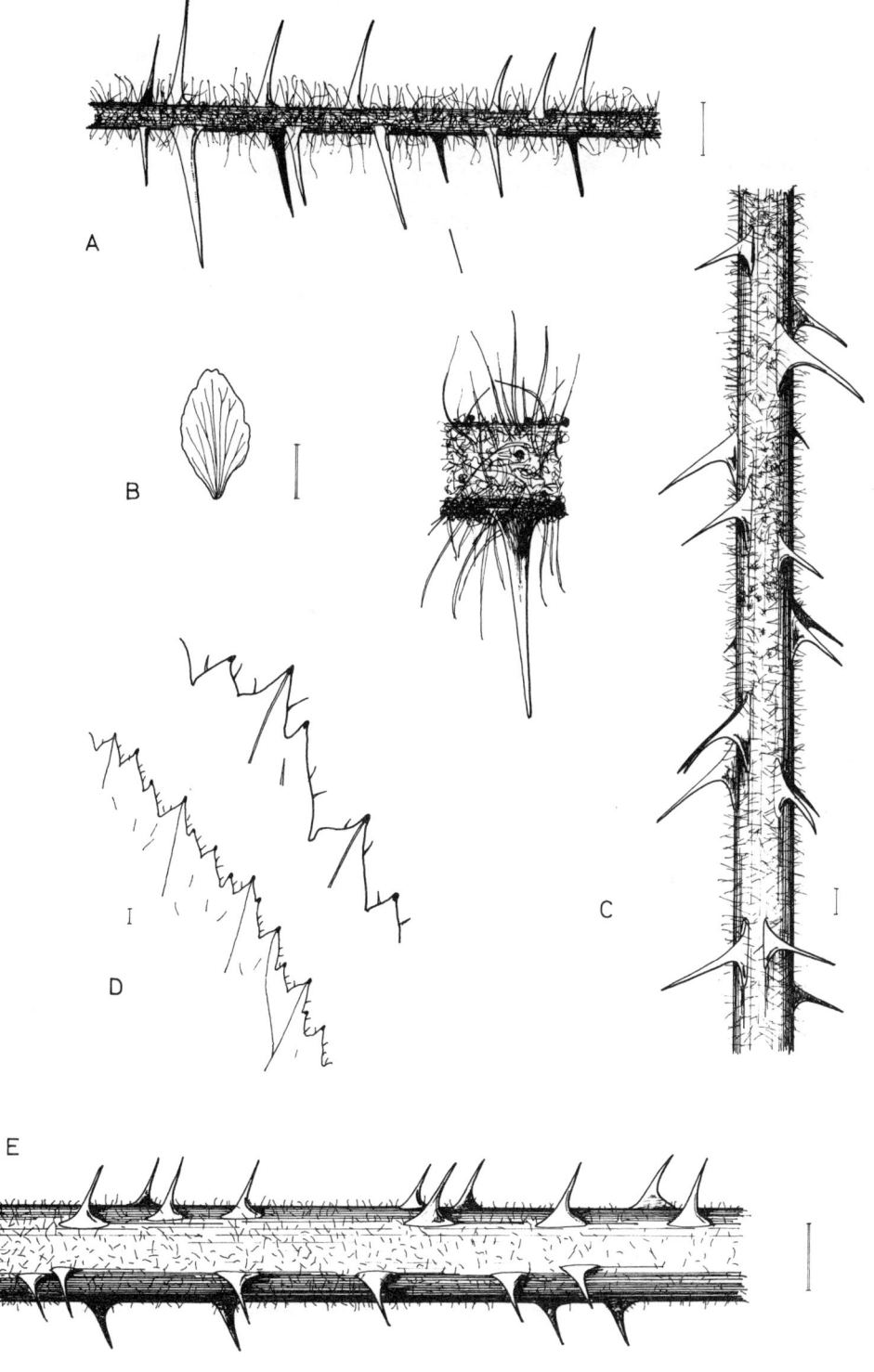

29. Rubus silvaticus Wh. & N.

ÖK. u. SOZ: Kalkmeidende, anspruchslose Art. Als Heckenpflanze in SH Kennart der Rubus sprengelii-R. silvaticus-Knicks besonders auf bodensauren Querco-Carpinion-Standorten, übergreifend auch in ärmere Ausbildungen der R. radula-Rosa tomentosa-Knicks (WEBER 1967). Daneben häufig auch in verlichteten Wäldern und Forsten sowie an Waldrändern vorzugsweise im Bereich des Quercion. Von ähnlichen Standorten in Niedersachsen als Kennart des Lonicero-Rubion-silvatici TX. & NEUM. beschrieben.

VB: W- und M-Europa. - In SH vor allem auf altdiluvialen Böden sehr verbreitet, stellenweise häufig!!, auf Jungmoränen besonders um Trittau und auf Endmoränen zwischen Flensburg und Neumünster, daneben aber auch auf der kalkärmeren kuppigen Grundmoräne Angelns ziemlich regelmäßig!! Auf den basenreichen Böden besonders in O-Holstein seltener und weithin (z.B. im Lande Oldenburg und auf Fehmarn) fehlend. Sonstige VB: DK: Nur 1 Fundort: Holte auf Seeland. Durch Ns. bis in die Altmark und ins nördliche Westfalen vielerorts verbreitet und streckenweise häufig!! Weiter südlich selten (Montabaur). Außerdem: Holland (besonders häufig im Norden), Belgien (selten), angeblich auch N-Frankreich, Schweiz, Österreich und sogar CSSR. Außerdem zerstreut auf den Britischen Inseln.

30. Rubus macrophyllus WEIHE & NEES, Rubi Germ. 35, t.12 (1825). - Schl. 50, 52, 87. - Fig. - Tafel - Karte.

SCH. mäßig hochbogig (freistehend bis > 1 m), in Gebüschen mit bis über 6 m langen Sch. oft mehr als 3 m hoch kletternd, mäßig verzweigt, kantig mit flachen oder etwas vertieften, seltener schwach gewölbten Seiten, zuerst matt grün, heller gestrichelt, später von Kanten und St. basen aus violettstichig d. rot überlaufen mit grüner bleibender Strichelung, zuletzt ungleichmäßig, meist fleckig, schmutzig rötlichviolett, an der Spitze meist dicht kurzfilzig, später mehr verkahlend, doch meist noch mit ca. 10-30 (-50) Haaren pro cm Seite, Behaarung gemischt aus sehr kurzen angedrückten Sternhärchen sowie längeren einfachen und büscheligen Haaren, Stieldrüsen fehlend, Sitzdrüsen zahlreich. St. zu 5-12 pro 5 cm, aus verbreitertem Grunde pfriemlich, rückwärtsgeneigt gerade, seltener etwas sichelig, nur ca. 4-6 mm lg.

B. handf. oder schwach fußf. 5zählig, B.chen obers. glänzend (d.)grün, mit ca. 2-5 Haaren pro cm^2, unters. grün, dünn und kaum fühlbar behaart, bei Besonnung dazu angedeutet bis deutlich filzhaarig graugrün. Eb. (meist auffallend) lang gestielt ((37-)40-50 % der Spreite), aus herzf. Grund verlängert umgekehrt eif. bis fast parallelrandig mit dreieckiger, nur zuletzt ± abgesetzt verschmälerter Spitze, später oft auch breit rundlich und kürzer bespitzt. Serratur ungleich und besonders vorn periodisch mit etwas auswärtsgerichteten Hz., nicht tief und eng, doch mit etwas spitzigen Zähnchen; B.haltung ausgeprägt konvex, ungefaltet, am Rande wenig kleinwellig bis glatt, ä.Sb. 5-8 mm lg. gestielt, B.stiel zerstreut bis dichthaarig, mit (ca. 10-15) schwachen, fast geraden bis sicheligen St.; Austrieb glänzend, ± hellrotbraun

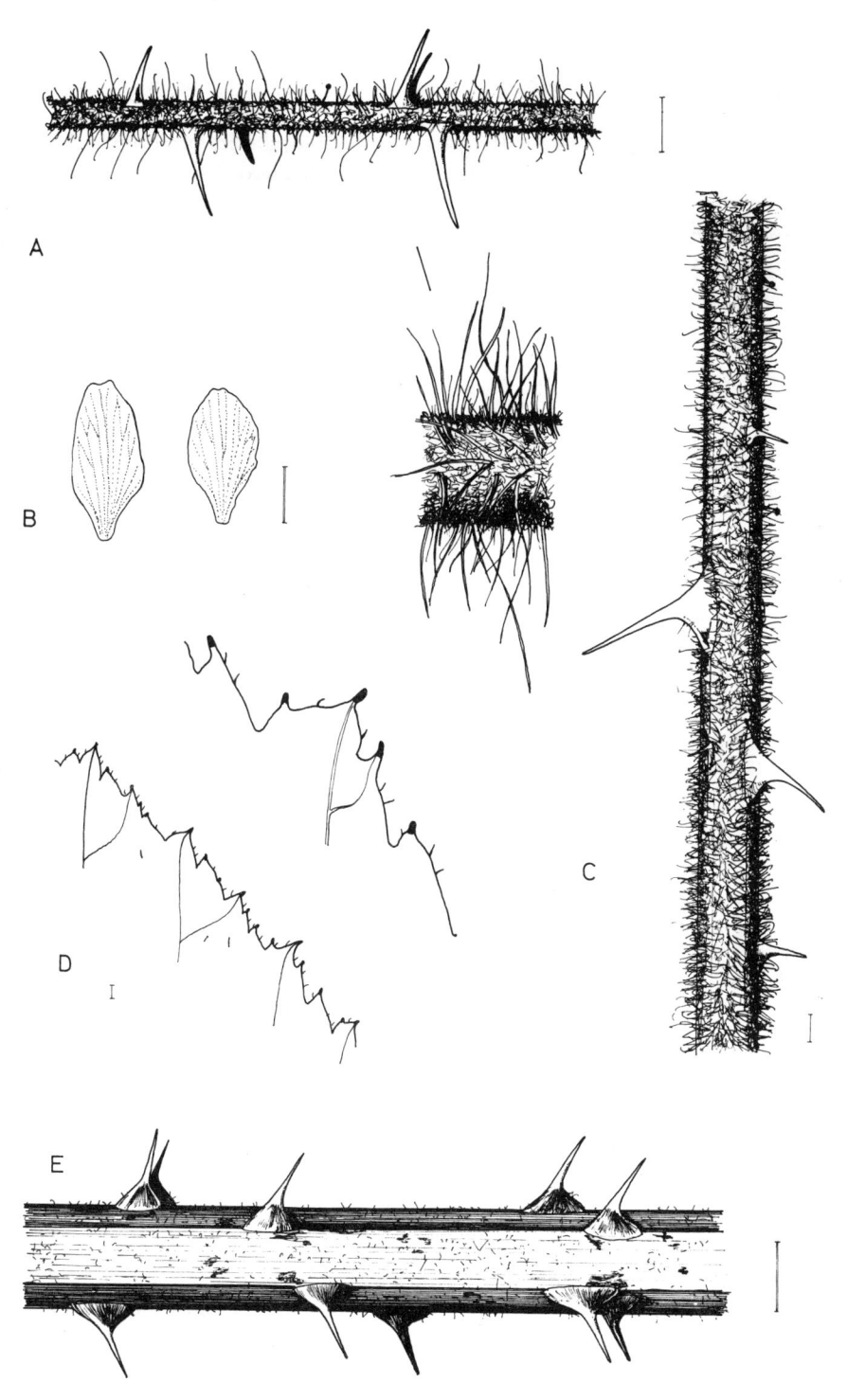

30. Rubus macrophyllus Wh. & N.

überlaufen.

BLÜSTD. wenig umfangreich (meist unter 25 Blü.), mit langen Seitenästen, oben gestutzt mit kurzgestielter Endblüte, die von den seitlichen Ästen überragt wird, nur wenig bis über die Mitte hinaus 3(-5)zählig beblättert, Achse besonders im oberen Teil dicht abstehend kurzzottig und darunter angedrückt kurzfilzig. Dichte der Bestachelung wechselnd, auf 5 cm meist ca. 3-5 schlanke, gerade oder leicht gekrümmte St. von 2-5 mm Lge., daneben auch zerstreute kleinere St.chen und oft auch vereinzelte kurze Stieldrüsen. Blüstiel 5-20(-30) mm lg., anliegend graugrün filzig und dazu dicht abstehend länger behaart, mit Sitzdrüsen, einzelnen subsessilen Drüsen und meist auch mit ca. 1-2 Stieldrüsen (bis 1 x Blüstiel-Ø Lge.). Zahl und Größe der St. unbeständig, meist 2-8(nicht selten aber auch bis ca. 15) leicht gekrümmte, schlanke, ca. 1,5-2,5 mm lg. St., Kz. (grünlich)grau, (meist) unbewehrt, a.d. Sfr. zuletzt streng zurückgeschlagen, Krb. weiß oder h.rosa, umgekehrt eif., 8-12 mm lg., Stb. die grünlichweißen Gr. überragend, Antheren kahl, Frkn (fast) kahl, Fr.bod. reichlich behaart. Sfr. rundlich. VII (relativ früh). - $2n = 28$.

R. macrophyllus ist im allgemeinen schon allein an dem schmutzig violett-rötlich fleckigen, behaarten und stieldrüsenlosen Sch. sowie an den langgestielten, ausgeprägt löffelförmig konvexen und charakteristisch geformten Eb. gut zu erkennen. Auch der gestutzte Blüstd., besonders dessen im oberen Teil dichtfilzig-zottige, wenig bestachelte Achse sind ungemein typisch. Seinen Namen trägt R. macrophyllus zu Recht, doch zeigt er seine Tendenz zur Ausbildung vergleichsweise riesiger Blätter (in SH bis zu fast 40 cm Länge beobachtet) meist nur an fruchtbaren, etwas schattigen Stellen.

ÄHNLICHE ARTEN: 31. R. schlechtendalii: Sch.st. 6-10 mm lg., Eb. am Grunde abgerundet (selten schwach herzf.), enger gesägt (mit in SH stets geraden Hz.), flach (nicht konvex!), unters. schimmernd weichhaarig, Blüstd. bis oben durchblättert. - R. leptothyrsus vgl. Schl. Nr. 87. - Nur wenig ähnlich ist: 28. R. sciocharis: Sch. grün, B. großenteils nur 3-4zählig, Eb. sehr kurz gestielt, Antheren behaart. - Vgl. auch 33. R. phyllothyrsus, 24. R. platyacanthus und 26. R. gratus.

ÖK. u. SOZ: Auf kalkärmeren lehmigen humosen, gern etwas frischen Böden an Waldrändern, in aufgelichteten Wäldern sowie in Gebüschen des Pruno-Rubetum sprengelii und ärmeren Pruno-Rubetum-radulae-Gesellschaften. Offenbar mit etwas höheren Ansprüchen an Luft- und Bodenfeuchtigkeit, insofern in Knicks der freien Feldmark viel seltener als in Heckenwegen.

VB: W-Europa bis östl. Mitteleuropa. - In SH zerstreut und die Nordgrenze der VB erreichend. Nach Angaben ERICHSENs (1900, 27) ehemals ziemlich häufig im heutigen westlichen Hamburger Stadtgebiet und im anschließenden Kreis Pinneberg. Hier inzwischen großenteils durch Bebauung vernichtet: Gehölz bei Langenhorn (ER. 97!, ZIMPEL 98!, TIMM 00!) und in Knicks bei der Mühle (ER. 91!), Bramfeld (TIMM 98!), Lokstedt (TIMM 88!, ER. 95!,96!), Eidelstedt (FITSCHEN 05!), Schnelsen und Halstenbek (ER. 1900, 28), Stellingen (ER. 97! JUNGE 02! - 1970 noch am "Deelwisch"!!), Niendorfer Gehege (ER. 97! - 1966!!). Ferner nach ER. (1900, 28): Krupunder, Egenbüttel, Hasloh, Renzel (70!!), Pinneberg - Prisdorf (hier auch FITSCHEN 24!), Kummerfeld (1970 reichlich!!), Ellerbek (1969!!), außerdem bei Quickborn, im Bilsener Wohld und zw. Kisdorf und Kisdorferwohld (00! - 1962 dort nicht mehr gefunden). Spätere Angaben: Wulfsmühle (ER. in JUNGE 1904, 88), Lurup (ER. 26 nach ER. 1930); Appen (70!!), Borstel-Hohenraden (70!!). - Weiter nordwestlich vorgeschobene Fundorte: Hohenwestedt (Fl.-BZ. 88! ER. 00!), zw. Gravel und Neuenjahn (ER. 00!), Todenbüttel-Pfennigkrug (71!!), zw. Steenfeld und Beldorf (66!!), Odderade in S-Dithm. (KLIMMEK 1951!), nach JUNGE (1904, 88) auch bei Kuden. - Auf JM: Graskoppel b. Reinfeld (ROHW. 96!), bei Mölln im "Blöcken" (FRIEDRICH 94 nach RANKE 1900, 16), "Lübeck" (FOCKE 1877, 217, ohne weitere Angaben), Dummersdorfer Traveufer (ER. & PETERS. 27), Wahlsdorfer Holz b. Ahrensbök (ER. 00) und Niendorf b. Zarpen (ROHW. unbestätigt - wie vor. nach ER. 1931, 58), Wahlsdorfer Holz b. Eutin, Hohwacht und Strandesberg (ER. 1922, 149). Häufiger im Kreis Eckenförde: Rathmannsdorf (ER. 24 nach ER. 1924), Gettorf (ER. 32), Lindhöft (ER. 24), Loisenlund (FRID., ER. 24 nach ER. 1925), zw. Fellhorst und Fleckeby (HINR. 84!, FRID. 86!), zw. Fellhorst und Ascheffel (HINRICH. nach FRID. & GEL. 1887, 70) und zw. Eckenförde und Fleckeby (JÖNS & WEBER 63!!), außerdem: Schleswig (HINR. nach ER. 1922, 149) und Kensby (HINR. nach FRID. & GEL. 1887, 70). Als eventuell nördlichster Punkt der Gesamt-VB ist ferner zu erwähnen ein 1826 (anscheinend von NOLTE)im Marienholz b. Flensburg (o. Dat.!) gesammelter Beleg, der jedoch als sicherer Nachweis nicht eindeutig ist. - Weitere VB: Me: Rostock (KRAUSE 1890). - Im nwdt. TL zerstreut bis selten: Neukloster (ER. 1900, 28), nach FOCKE (1936)bei Rahden, Dobrock (Wingst) und bei Bremen zw. Ritterhude und Blumenthal (bei Marßel 70!!), bei Stenum und Bassum sowie (nach FOCKE zit. FIT. 1914) Osterhagen b. Stendorf, ferner b. Bergen a.D. (BRANDES 1897) und in Ostfriesland: Holthusen Krs. Leer (KLIMMEK 1953-54!). - Etwas häufiger wieder im südl. Hügelland!! und von hier besonders im westl. Mitteleuropa bis Holland, Belgien, Mittel-Frankreich, aber auch ostwärts bis Elbing und zu den mittleren Karpaten, südwärts bis Österreich, N-Italien (Südtirol!!) und Schweiz. Außerdem auf den Brit. Inseln.

31. Rubus schlechtendalii WEIHE in BOENNINGHAUSEN, Prodomus Florae Monast. 152 (1824). - Syn. R. rhombifolius 'WEIHE' ssu. ERICHSEN, FRIDERICHSEN, GELERT, RANKE, FOCKE ex parte et auct. plur non WEIHE l.c.; R. albionis W.C.R. WATSON, Watsonia 1: 73 (1948) ex pte. ? - Schl. 99 - Fig. - Tafel - Karte.

SCH. bogig, mäßig verzweigt, im Frühsommer kantig und etwas rinnig, später kantig flachseitig bis rundlich stumpfkantig, zunächst schwach glänzend grün und dazu ungleichmäßig, oft etwas gesprenkelt weinrot überlaufen mit hellerer grünlicher Strichelung, später ± gleichmäßig matt weinrot, mit ca. (8-)10-20(->30) einzelnen oder büscheligen Härchen pro cm Seite, daneben oft auch mit Sternhärchen, zerstreut sitzdrüsig, St. zu ca. 6-10 pro 5 cm, aus breitem zusammengedrücktem Grunde allmählich verschmälert, gerade oder etwas sichelig, (6-)7-10 mm lg.

B. handf., seltener angedeutet fußf. 5zählig, B.chen obers. d.grün und etwas glänzend, mit meist >10 Haaren pro cm^2, unters. auf den Nerven schimmernd weichhaarig, ohne Sternfilz, Eb. ziemlich lang gestielt (35-40 % der Spreite), aus abgerundetem, seltener etwas herzf. Grund umgekehrt eif. mit leicht abgesetzter, mittellanger Spitze, in SH zuletzt oft breit und fast rundlich, Serratur nicht tief, ziemlich gleichmäßig, nicht oder kaum periodisch, (in SH stets) mit geraden Hz., Haltung flach, selten angedeutet konvex, ungefaltet, am Rande unregelmäßig kleinwellig, ä.Sb. 4-6 mm lg. gestielt, B.stiel meist ziemlich dicht behaart, mit (ca. 8-14) krummen St., Austrieb glänzend frisch grün, nicht oder nur wenig hellrotbraun überlaufen.

BLÜSTD. ziemlich umfangreich, mit verlängerten, meist + trugdoldigen oder trugdoldentragenden Ästen, oben gestutzt, oft bis zur Spitze durchblättert, am Grunde mit 3zähligen B., Achse mäßig dicht bis dichtzottig abstehend und dazu + sternfilzig behaart, mit vielen Sitzdrüsen und auf 5 cm mit 3-5 ca. 4-6 mm lg., geraden oder leicht gekrümmten, schlanken St., Blüstiel 1-2 cm lg., graugrün filzig und abstehend dichthaarig, mit vielen Sitzdrüsen, einzelnen subsessilen Drüsen und 0-2(-5) kurzen (bis 0,5 x Blüstiel-Ø) Stieldrüsen sowie mit 3-6 ungleichen geraden oder schwach gekrümmten 1,5-2,5 mm lg. St., Kz. graugrün filzig und dazu dicht zottig, oft mit verlängerten laubigen Spitzen, meist unbestachelt, nicht selten mit rosafarbenen, sehr kurzen, fast sitzenden Drüsen, an der Sfr. zurückgeschlagen; Krb. blaßrosa, elliptisch oder eif., 10-13 mm lg., Stb. mit kahlen, seltener etwas behaarten Antheren kaum länger als die meist grünlichweißen, manchmal auch rosafarbenen Gr., Frkn. meist (in SH offenbar immer) und Frbod. behaart. Sfr. abgerundet breit walzlich-konisch, mit vielen (bis > 50) Teilfr., im Geschmack an R. gratus erinnernd. VII(-VIII). - 2n = 28?

Die hier beschriebenen Pfl. SHs sind bislang für R. rhombifolius WEIHE gehalten worden. Nach dem Studium des echten R. rhombifolius und des R. schlechtendalii, die im Gebiet des Originalfundorts bei Mennighüffen in Westf. vom Vf. (1968!!) wiederaufgefunden wurden, sind sie jedoch - wie schon A. NEUMANN (in sched.) angenommen - vielmehr als Vorposten der letzteren Art aufzufassen. Allerdings unterscheiden sich die in SH vorkommenden Pflanzen, auf die sich unsere Beschreibung bezieht, in einzelnen Merkmalen vom WEIHEschen Typus, der vor allem etwas schlankere St. und schmalere, länglichere B.chen mit mehr auswärtsgerichteten Hz. besitzt. Doch reichen diese Abweichungen nach den bisherigen Untersuchungen nicht aus, um darauf ein besonders Taxon zu gründen.

Die in SH bislang beobachteten Ausbildungen stellen auch unter sich eine nicht ganz einheitliche Gruppe dar, von denen sich einzelne Vertreter zum Teil weiter vom Typus entfernen und nur vorbehaltlich noch mit dazu gerechnet werden können. Unsere Formen lassen sich vorläufig gliedern in

a) dem Typus näherstehende Ausbildungen mit einzelnen kurzen Stieldrü-

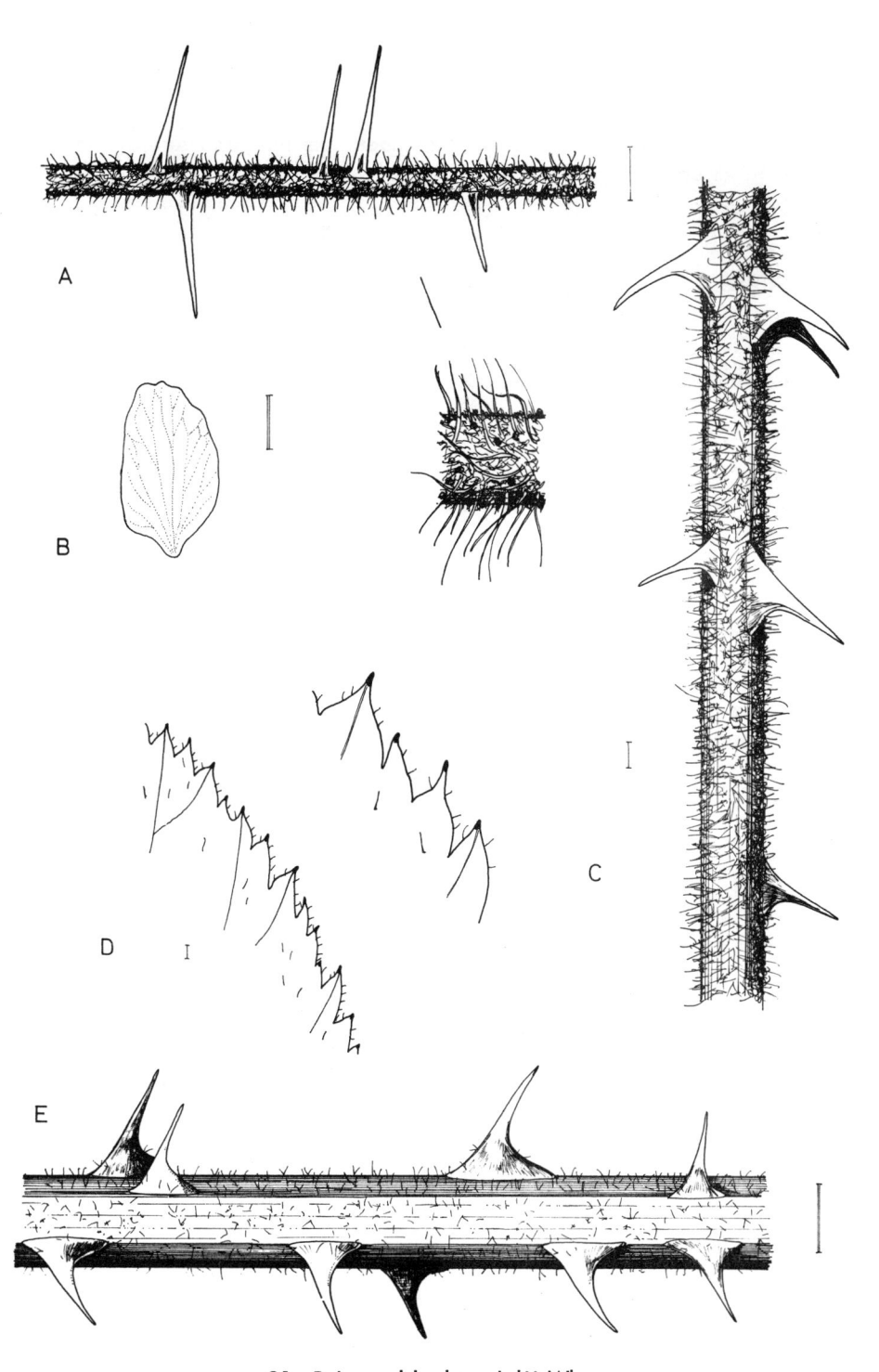

31. Rubus schlechtendalii Wh.

sen an Kz. und Blüstielen, mit umfangreichen, bis oben durchblättertem Blüstd. mit dichtzottiger Achse und meist schmalerem Eb. (So im W. des Landes);

b) mehr abweichende Formen mit fehlenden oder nur ganz vereinzelten Stieldrüsen im Blüstd. Dieser ist weniger entwickelt, oben b. los und an der Achse weniger dicht behaart. Eb. dieser Formen zuletzt oft sehr breit bis rundlich und am Grunde etwas herzf. (So in O-Holstein).

Trotz dieser gewissen Heterogenität sind die Vertreter des R. schlechtendalii insgesamt doch gut von anderen Arten abzugrenzen, allein schon durch die Kombination der folgenden Merkmale: Behaarter, stieldrüsenloser Sch., unters. schimmernd weichhaarige, doch nicht filzige B.chen, fehlende oder nur sehr vereinzelte Stieldrüsen an den zottigen Blüstielen und Kelchen und große rosafarbene Blüten.

ÄHNLICHE ARTEN: Der habituell oft ähnliche 66. R. pyramidalis unterscheidet sich durch meist vorhandene Stieldrüsen an der B.stieloberseite sowie eindeutig vor allem durch ungleich zahlreichere (10->50) und längere (1,5 - 3 x Blüstiel-Ø) Stieldrüsen an den Blüstielen, ferner durch den regelmäßig schmal pyramidal gebauten, oben b. losen Blüstd. sowie durch die periodisch gesägten, obers. meist fast kahlen B.chen mit stark auswärts gebogenen Hz. - 29. R. silvaticus: Sch.st. nur 3-4(-5) mm lg., viel dichter stehend (ca. 15-25 auf 5 cm), B.chen unters. ungleich weniger, oft kaum fühlbar, niemals weich und schimmernd behaart, Blü. reinweiß. - R. erichsenii und R. teretiusculus vgl. Schl. Nr. 99f. - Vgl. ferner 49. R. rhombifolius. Ähnlich kann auch der (allerdings seltene) intermediäre Bastard R. pyramidalis x gratus werden, der an der periodischen Blattserratur mit auswärts gekrümmten Hz., sowie an den reichlicher und länger drüsigen Blüstielen und unvollkommenen Fr.ansatz von R. schlechtendalii unterschieden werden kann. - Vgl. ggf. auch 24. R. platyacanthus, 27. R. leucandrus, 28. R. sciocharis, 26. R. gratus, 30. R. macrophyllus, 32. R. leptothyrsus und 25. R. correctispinosus.

ÖK. u. SOZ: Wenig bekannt. Offenbar kalkmeidende Art. In (Pruno-Rubetum sprengelii-)Gebüschen und auf Waldlichtungen beobachtet.

VB: europ. atlant. - SH: Mölln: am Hegesee (nach RANKE 1900 und ER. 1931: FRIEDRICH, RANKE u. ER. 98 als R. rhombifolius - so auch, falls nicht anders vermerkt, alle weiteren Angaben. - 67!!), am Schmalsee (RANKE 97. - 1967 dortselbst auf dem Klüschen-Berg!!), Lüttauer See (FRIEDRICH, RANKE, ER. 98!), Langemoorthal (FRIEDRICH 96!), Raakmoor in Hamburg-Langenhorn (62!!), zw. Wedel und Holm (ER. 98! als R. pyramidalis - Hier am Geestabhang beim Krankenhaus 71!!), Prisdorf b. Pinneberg (ER. 98! als R. pyramidalis), Wald zw. Gr. Offenseth und Lutzhorn (71!!), zw. Gnutz und Heinkenborstel (64-67!!), zw. Oha und Bargstall (GEL. 98!), zw. Bargstall und Elsdorf (ER. 98!), Friedeholz bei Glücksburg (GEL. 98!) und nach ER. (1922, 149) bei Loisenlund. Nach JUNGE (1904) und A. CHRIST. (1913, 16) angeblich auch zw. Dahme und Bockhorst. - Die Gesamtverbreitung ist wegen der

Verwechslungen mit R. rhombifolius nicht zu beurteilen. - DK: R. "rhombifolius", vermutlich die hier behandelte Art, wird von FRID. (in FRID. & GEL. 1887, 66 und noch bei FRID. 1922, 154) für Erigstedt b. Haderslev in SO-Jütland angegeben, ebendort bei Haderslev soll nach FRID. (1922) früher einmal R. schlechtendalii gefunden worden sein, war dort aber 1922 offenbar bereits verschollen. Nach FRID. (1924, 176) wurde später aber b. Sosmark auf Lolland von OSTENFELD eine Brombeere gefunden, die FRID. (l.c.) als R. schlechtendalii var. a m p l i f i c a t u s (LEES) bestimmte. Die systematische Zuordnung dieses Fundes (vielleicht nur eine "Individualart") ist vorerst jedoch noch unsicher. Jedenfalls weicht die Pfl. erheblich (u.a. durch krummstacheligen Blüstd.) von R. schlechtendalii ab, und es dürfte sich ebenfalls wohl kaum um den echten britischen R. amplificatus ED.LEES handeln, der hier auf Lolland ein ganz versprengtes Festlandsvorkommen hätte. - Nwdt. TL: Kreis Stade: Harsefeld (FIT. 10!), Kakerbek (67!!), sonst anscheinend selten noch um Bremen und bei Bederkesa (FOCKE als R. rhombifolius zit. FIT. 1914, 77). Im Hügelland im südl. Mindener Raum (loc.class. 68!!) bis in das Bielefelder Gebiet (SARTORIUS 88! - 71!!). - Anscheinend weiter verbreitet durch das Rheinland bis Frankreich sowie auf den Brit. Inseln.

32. **Rubus leptothyrsus** G. BRAUN, Herb. Rub. Germ. n. 68 (1877), - Syn. R. danicus FOCKE ex FRIDERICHSEN & GELERT, Bot. Tidsskr. 16: 71 (1887) descr., Abh. Naturwiss. Ver. Bremen 9: 322 (1886) nomen, R. stenothyrsus G. BRAUN prius in sched. - Schl. 23, 87', 98. - Fig. - Tafel - Karte.

SCH. bogig, kantig mit flachen oder etwas vertieften, im Spätsommer zunehmend gewölbten Flächen, bis auf die gelblichen St.spitzen gleichmäßig intensiv matt d.weinrot, stark und vorwiegend büschelig (mit 15->50 Haaren pro cm Seite) behaart, darunter flaumig-sternhaarig, ohne Stieldrüsen, doch mit vielen schwarzen Sitzdrüsen, St. dichte schwankend zw. ca. 8-30 St. pro 5 cm, meist zu ca. 10-15, St. ca. 6-8 mm lg., aus breiter Basis schlank rückwärtsgeneigt, gerade oder etwas sichelig, seltener waagerecht abstehend und dann meist dichter gestellt (Fig. E 1).
B. schwach fußf. oder handf. 5zählig, B.chen obers. matt (d.)grün, mit zahlreichen Haaren (ca. (5-)10->20 Haare pro cm^2), unterseits (graulich-)grün, deutlich fühlbar, gelegentlich etwas schimmernd und weich behaart, dazu oft mit einem Anflug von Sternfilz, seltener etwas graufilzig. Eb. lang gestielt ((35-)38-45 % der Spreite), aus (meist deutlich) herzf. Grund breit umgekehrt eif., zuletzt oft rundlich, mit abgesetzter, ziemlich kurzer Spitze, Serratur mit spitzigen Zähnchen scharf, eng und ziemlich tief, (oft undeutlich) periodisch mit geraden Hz., B.rand (im Vergleich zu anderen Rubi) lang bewimpert. Haltung flach oder mit etwas aufwärts gebogenen Rändern, ungefaltet, am Rande vorn kleinwellig, ä.Sb. 3-7 mm lg. gestielt, Ansatzpunkt der B.chenstiele obers. dicht graufilzig-zottig, B.stiel dichthaarig u. etwas filzig, mit (meist 10->15) kräftigen sicheligen St., Nb. schmallanzett-

lich. Austrieb glänzend grün.

BLÜSTD. schmal pyramidal, im unteren Teil lockerblütig mit sehr entfernten Ästen in den Achseln 3zähliger B., zur Spitze hin blattlos, sehr schmal und dichtblütig. Achse rundlich, abstehend dicht kurzzottig, darunter filzig mit vielen Sitzdrüsen, zur Spitze hin zottig und graufilzig; St. schlank (nach oben zu nadelig), zu ca. 6-10 pro 5 cm, gerade oder leicht gekrümmt, 5-6 mm lg. Blüstiele in der Mehrzahl nur 0,5-1 cm lg., graufilzig und abstehend dichthaarig, mit vielen Sitzdrüsen, Übergängen zu subsessilen Drüsen und nicht selten mit 1-2(-5) kurzen (ca. 0,5 x Blüstiel-$\emptyset$) Stieldrüsen. St. zu ca. (3-)4-10, nadelig, gelblich, ungleich groß, gerade oder fast gerade, 2-3,5(-4) mm lg., Kz. graugrün, filzig und zottig, mit einzelnen gelben Nadelst., zuletzt abstehend oder locker zurückgeschlagen. Krb. weiß oder häufiger h. rosa, undeutlich eif., ca. 9-12 mm lg., Stb. viel länger als die b.-grünen Gr., Antheren dichthaarig, Frkn. kahl (oder fast kahl), Frbod. mit einzelnen Härchen. Sfr. rundlich. VII(-VIII).

Die Art ist auch ohne Blüten leicht kenntlich an der eigentümlichen Eb.-form und an dem dichtbehaarten, dabei aber stieldrüsenlosen tief d. weinroten Sch., der nur im Schatten nicht seine satte Färbung erreicht. Dagegen variieren die Anzahl und Krümmung der St. (vgl. Fig. E 1 und E 2). Das sichere Merkmal der dichten Antherenbehaarung steht im auffälligen Gegensatz zum kahlen oder fast kahlen Frkn. und Fr. bod. Im übrigen ist R. leptothyrsus unter unseren Arten die einzige mit derart schmalem, filzigem und gleichzeitig (fast) stieldrüsenlosem Blüstd. mit unters. grünen B.

ÄHNLICHE ARTEN: 66. R. pyramidalis: Sch. weniger behaart, B.-chen unters. schimmernd weichhaarig, obers. gewöhnlich fast kahl, periodisch gesägt mit stark auswärts gebogenen Hz., ä. Sb. am Grunde keilig zusammenlaufend (bei R. leptothyrsus abgerundet oder etwas herzf.), Blüstd. stieldrüsenreich, so an Blüstiel ca. 10->50 längere (bis 1,5-3 x Blüstiel-$\emptyset$) Stieldrüsen, Antheren kahl. - 30. R. macrothyrsus mit ebenfalls sehr schlanker, doch etwas stieldrüsiger Rispe, Blü. einschließlich der Gr. schön rosarot. Antheren kahl (selten mit einem einzelnen Härchen), Frkn. dichthaarig, B. obers. kahl, glänzend, unters. filzig und weichhaarig schimmernd, periodisch und bei weitem nicht so eng gesägt, Hz. auswärts gekrümmt. - Weniger ähnlich sind 53. R. langei und 50. R. selmeri, die allein schon an den obers. kahlen B. zu unterscheiden sind. - 52. R. insulariopsis ebenfalls unähnlich, mit zerstreuten oder dichteren Drüsenborsten an der Blüstd. achse und auf der B. stieloberseite, Blüstd. breit. St. sehr kräftig, an Achse 6-9 mm lg. - Ferner vgl. im Schlüssel R. macrophyllus (unter Nr. 87) und R. schlechtendalii (unter Nr. 98), außerdem 25. R. correctispinosus, 27. R. leucandrus (mit geringer behaartem Sch. u. breitem Blüstd.) und 33. R. phyllothyrsus.

Ök. u. SOZ: Auf nicht zu nährstoffarmen, humosen, doch kalkfreien Böden in luftfeuchter und wintermilder Klimalage an Waldrändern, in Gebüschen und in Heckenwegen. Wegen der Empfindlichkeit gegen Trockenheit und Frost in den Knicks der offenen Feldmark vergleichsweise seltener und (in SH) nur

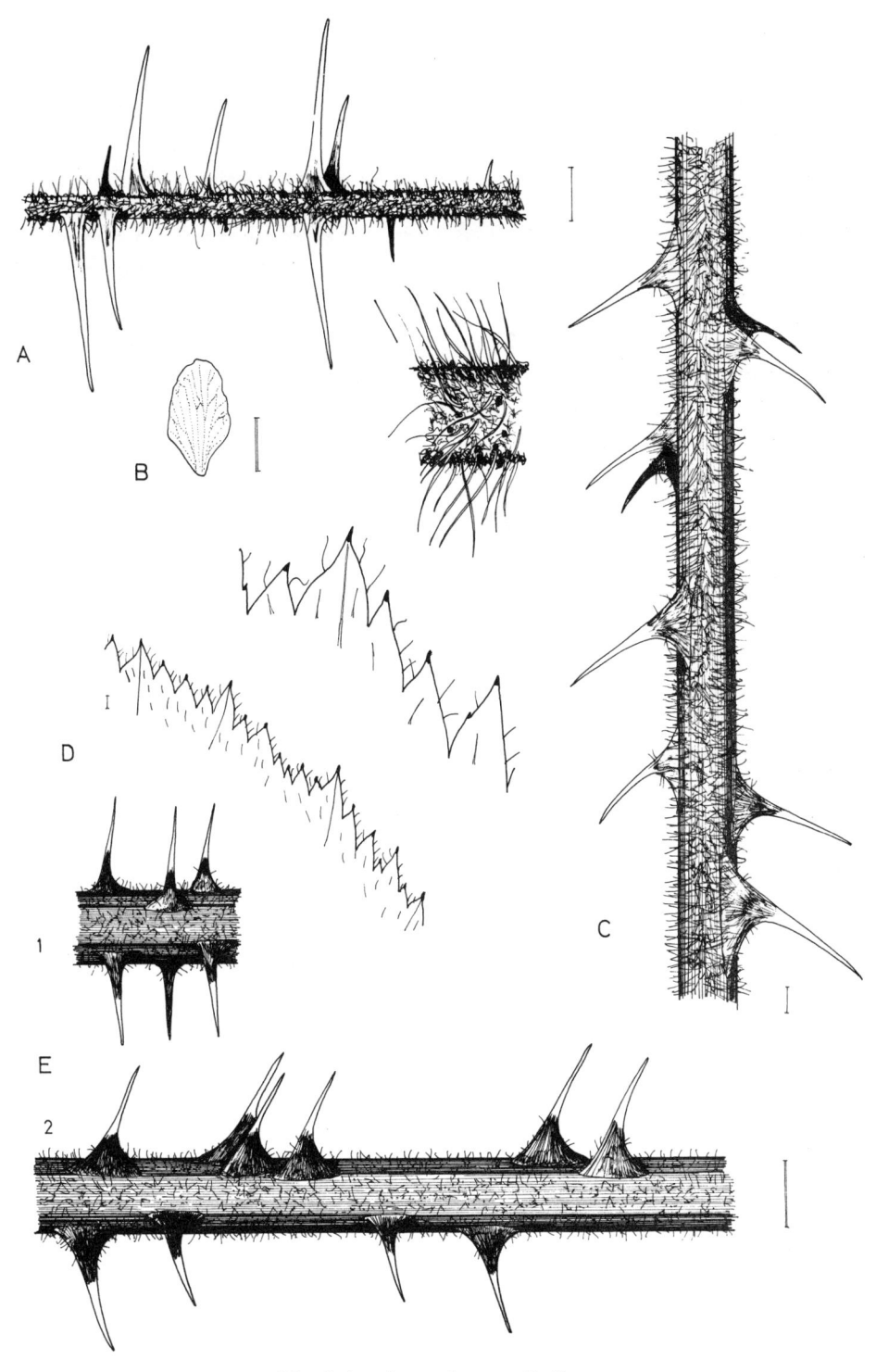

32. Rubus leptothyrsus G. Braun

in den klimafeuchtesten Landesteilen. Hier Kennart der R. langei-R. sciocharis-Knicks im Bereich bodensaurer Querco-Carpineten und Fageten, darüber hinaus nicht selten auch in ärmeren Ausbildungen der R. radula-Rosa tomentosa-Knicks.

VB: W- bis mittleres M-Europa. - VB-Schwerpunkt anscheinend in SH und in Schottland. Von diesem nördlichen atlantischen Areal dringt R. leptothyrsus vereinzelt bis nach S-England vor und auf dem Festland von SH nordwärts nur bis zu einzelnen Vorposten in SO-Jütland und b. Jels in DK (die Bezeichnung FOCKEs als R. danicus war wenig glücklich) sowie südwärts in einem breiten Streifen durch Ns. unter Aussparung des Gebietes zw. Stade, Bremerhaven und der Küste mit z.T. reichlichen Vorkommen in den Räumen Harburg!! Harsefeld!!, Zeven!!, Tostedt!! (vgl. auch FIT. 1914) bis nach Soltau!!, Petershagen b. Minden (G. BRAUN 73!), in den Harz!! und nach Sachsen! Angeblich auch in Niederhessen. Im W des nwdt. TL anscheinend fehlend. Selten in Holland und N-Frankreich? - In SH (Karte!) auf geeigneten Standorten ziemlich häufig und stellenweise in Mengen, doch nur westlich der Linie Hamburg - Süllfeld - Kiel, dabei mit der Tendenz, sich nach O zu mehr auf mikroklimatisch feuchtere Waldränder und Heckenwege zurückzuziehen. Östl. der genannten Linie selten oder ganz fehlend. Östlichste Fundorte: zw. Ötjendorf und Todendorf (67!!) und zw. Jersbek und Bargfeld (70!!) sowie (noch zu bestätigende) Vorkommen: Timmendorfer Strand und Rohlfshagener Kupfermühle b. Oldesloe (ER. 1931, 58), angeblich auch Probstei und in Me. bei Schönberg-Dassow (KRAUSE 1890, 68).

33. Rubus phyllothyrsus (phyllothyrsos) K. FRIDERICHSEN, apud. BOULAY & BOULY DE LESDAIN, Rubi praesertim Gallici exsiccati n. 81 (1896) non HAYEK, Fl. Steiermark 1: 798 (1908-11). - Syn. R. babingtonii BELL. SALT. var. phyllothyrsus (FRID.) ROGERS, Handbook Brit. Rubi: 70 (1900) ex pte., R. inopacatus P.J.MÜLLER var. phyllothyrsus (FRID.) SUDRE, Rubi Europae: 117 (1913). - Schl. 49, 59, 68 - Fig. - Tafel

Loc. class. Schleswig: Staatsforst Lehmsiek, Kreis Husum (K.FRID. 26.7. + 4.8.1895!)!!

SCH. mäßig hochbogig, rundlich stumpfkantig, $\emptyset$ bis ca. 7 mm, ungleichmäßig, oft etwas fleckig d. weinrot überlaufen, reichlich einfach und büschelig behaart ((15-)20->40 Haare pro cm Seite), ohne Stieldrüsen, doch dicht sitzdrüsig. St. zu ca. 8-12 auf 5 cm, ca. 5-6(-7) mm lg., rückwärtsgeneigt gerade oder schwach gekrümmt, aus stark verbreitertem Grund stechend dünn, bis etwa zur Mitte behaart, kleinere St.chen oder St.höcker nur sehr vereinzelt, in der Regel fehlend.
B. ausgeprägt fußf. 5zählig, daneben einzelne auch 4zählig, B.chen obers. matt d.grün, zerstreut behaart (ca. 5-10 Haare pro cm^2), unterseits blasser, sehr dünn und nicht fühlbar behaart, ohne Sternhärchen. Eb. lang gestielt (35-40 % der Spreite), aus seicht herzf. oder abgerundetem Grund breit umge-

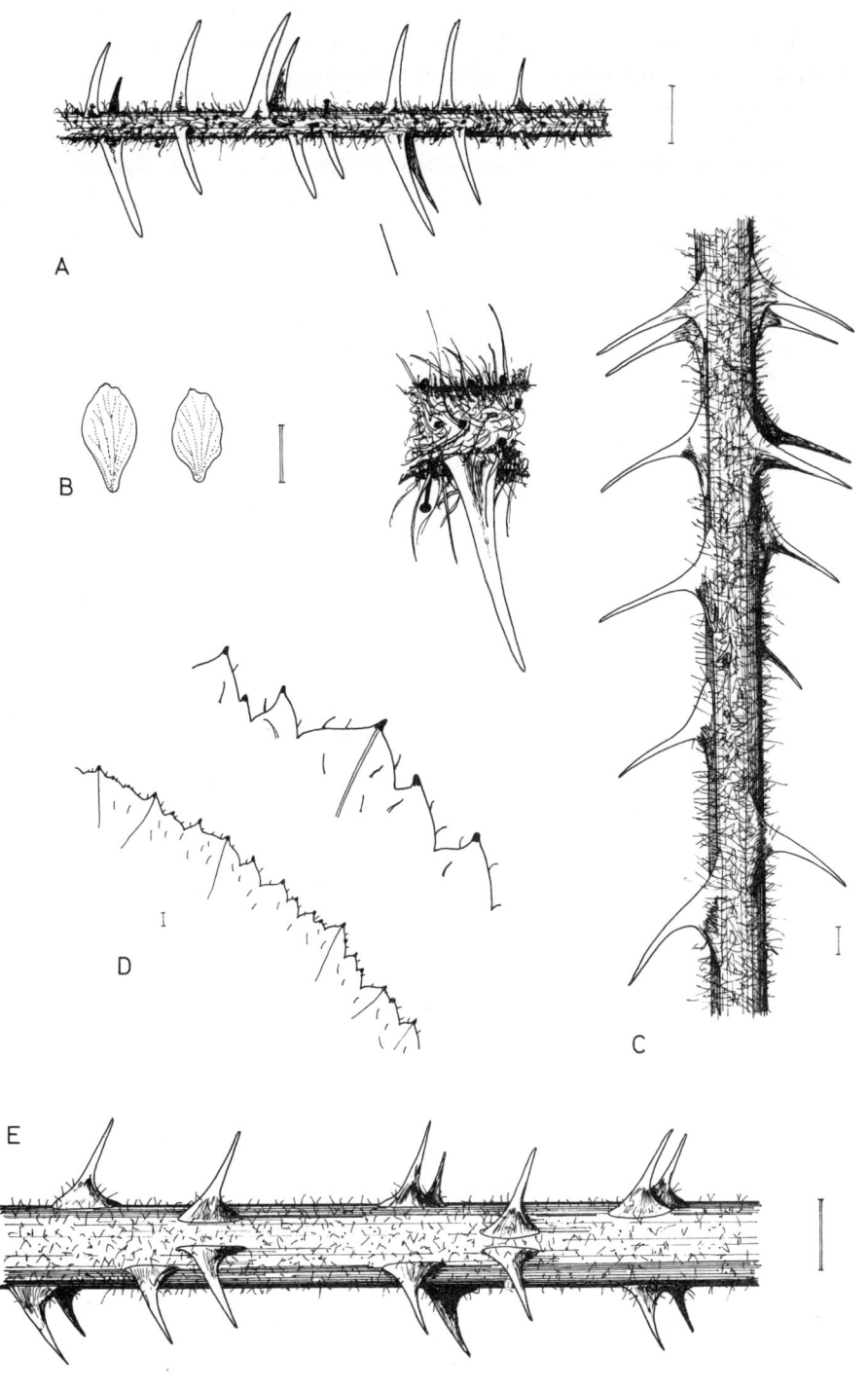

33. Rubus phyllothyrsus K. Frid.

kehrt eif., allmählich in eine ziemlich breite, oft fast dreieckige kurze bis mäßig lange Spitze verschmälert. Serratur ungleich, sehr weit, doch wenig tief, angedeutet periodisch mit geraden oder fast geraden Hz. Haltung flach, ungefaltet (zwischen den Seitennerven ganz flach!), am Rande fast glatt, ä. Sb. 5-10 mm lg. gestielt, viel kürzer als der B.stiel. B.stiel dichthaarig, ohne oder oberseits mit nur vereinzelten Stieldrüsen, mit (ca. 12-25) $\pm$ gekrümmten St., Austrieb $\pm$ rotbräunlich glänzend.

BLÜSTD. verlängert schmal oder auch gestutzter und $\pm$ sperrig, weit hinauf, oft bis zur Spitze beblättert, B. 1-3zählig. Achse dicht abstehend und verwirrt behaart und (nach oben zunehmend) sternfilzig, auf 5 cm mit 1 -> 30 kurzen, in der Behaarung versteckten Stieldrüsen. Größere St. zu ca. 8-15 pro 5 m, ca. 5 mm lg., teils leicht gekrümmt, teils $\pm$ gerade, untere von der Mitte bis zur Basis hin stark verbreitert, obere insgesamt pfriemlicher und dichter stehend. Kleinere St.chen sehr vereinzelt bis zahlreich. Blüstiel ca. 1,5-2,5 cm lg., grünlich, dicht und vorwiegend kurz behaart und dazu sternhaarig. Sitzdrüsen zahlreich in der Behaarung versteckt, Stieldrüsen zu (0-)1-5(->20); Lge. überwiegend nur 0,3-0,5x, maximal bis ca. 1 x Blüstiel-$\emptyset$. St. zu ca. 8-14, leicht gekrümmt, 1,5-2,5 mm lg. Kz. grünlich, $\pm$ bestachelt und oft kurz stieldrüsig, von der Blüte bis zur Fr.reife zurückgeschlagen. Krb. weiß oder b.rosa, eif. bis umgekehrt eif., klein (nur ca. bis 10 mm lg.). Stb. mit kahlen Antheren etwas länger als die oben weißlichen, an der Basis lebhaft rötlichen Gr., Frkn. kahl, Frbod. behaart. Sfr. ziemlich klein, rundlich, etwas höher als breit. VII-VIII.

Die auf den ersten Blick hervortretenden Kennzeichen dieser Art sind ihre dichtstacheligen Blüstde. und die langgestielten, deutlich fußf. B., deren ebenfalls langgestielte B.chen auf ihrer Oberfläche zwischen den Nerven keinerlei Wölbung zeigen, so daß sie nur durch das gleichmäßig vertiefte Nervennetz ein etwas runzliges, im übrigen aber ganz glattes Aussehen erhalten. Ein gutes Merkmal sind ferner die am Grunde deutlich rötlichen Gr., die von FRID. in seiner sehr kurzen Originaldiagnose (1896) nicht mit erwähnt werden. - Verschiedentlich und mit wenig Glück ist versucht worden, R. phyllothyrsus einer anderen Art als intraspezifisches Taxon zuzuordnen, zunächst durch ROGERS (l.c.) dem verwandten englischen R. babingtonii, eine Auffassung, der sich auch FOCKE (1902, 566) und FRIDERICHSEN (1922, 160) anschlossen. ROGERS scheint aber heterogene Ausbildungen unter seiner "var. phyllothyrsus" vereinigt zu haben. Daher trennte bereits SUDRE (1916, 142) unseren R. phyllothyrsus von der ROGERschen Varietät wieder ab und stellte ihn nunmehr als var. zu R. inopacatus MÜLL., der - wenn überhaupt - jedoch nur sehr weitläufig mit unserer Pflanze verwandt ist. - Schließlich hielt WATSON (1958, 105), wohl infolge eines Mißverständnisses, R. phyllothyrsus gar für identisch mit dem ganz andersartigen R. chlorothyrsus F. Aus diesen unterschiedlichen Zuordnungsversuchen geht die Eigenständigkeit unserer Pflanze um so deutlicher hervor.

ÄHNLICHE ARTEN: 32. R. leptothyrsus ist im Blatthabitus und auch bezüglich des Sch. recht ähnlich, jedoch auch ohne Blüten an seinen schlankeren St. und vor allem an seinen wesentlich enger und spitzer gezähnten B.-

chen gut zu unterscheiden. Auch Blüstd. sehr verschieden: sehr schlank, oben b. los, Antheren behaart, Gr. grünlich. - 30. R. macrophyllus: Sch. kantig, ± flachseitig, schmutzig violettrötlich fleckig, B. (wenn überhaupt) nur schwach fußf., B.chen konvex, Blüstd. mit wenig bewehrter, dicht zottiger Achse, Gr. grün.

ÖK. u. SOZ: Auf reichen Altmoränenböden an Waldrändern und in Knicks beobachtet u. a. in Gesellschaft mit R. sprengelii, R. arrhenii, R. langei, R. leptothyrsus, R. egregius, R. radula, R. cimbricus und R. insularis.

VB: SH u. DK. Selten und sehr disjunkt: In SH im Kreis Husum: Staatsforst Lehmsiek (FRID. 95!, 96!, 98!). Hier in zum Teil reicher Entwicklung besonders am Ostrand in Richtung auf Hollbüllhuus (1963-68!!) sowie im Süden und in Knicks in Richtung auf Schwabstedt (1963-68!!). - Ferner in vollkommen übereinstimmender Form in DK: Jütland: Hannerup Skov bei Fredericia (GELERT 96!, M. P. CHRISTIANSEN 1964!). - Das von ERICHSEN (1900, 29) erwähnte Exemplar von Neukloster bei Buxtehude (ER. 00!) dagegen ist nicht R. phyllothyrsus, sondern R. silvaticus.

34. **Rubus egregius** FOCKE, Abh. Natw. Verein Bremen 2: 463 (1871) - Schl. 29, 83, 111' - Fig. - Tafel - Karte.

SCH. (flach-)bogig, nicht kräftig (meist nur bis ca. 5-6 mm ⌀), stumpfkantig mit gewölbten, seltener flachen Seiten, (fast) matt, grün mit karminroten Kanten, später ungleichmäßig bis fleckig (h.-)rot überlaufen, fast kahl (ca. 0-1 Härchen pro cm Seite), zerstreut sitzdrüsig, Stieldrüsen fehlend oder nur vereinzelt (ca. 0-2 pro 5 cm). St. lichtseits lebhaft karminrot (im Schatten gelbgrün), ca. zu 9-15 pro 5 cm, etwas ungleich, die größten bis ca. 4-5(-7) mm lg., die meisten nur 3-4 mm lg., aus breitaufsitzendem Grunde dünn, rückwärtsgeneigt gerade (ausnahmsweise einzelne leicht gekrümmt), kleinere St.chen sehr zerstreut oder fehlend.

B. alle oder in der Mehrzahl 3zählig, daneben auch 4zählig oder (unter besonders günstigen Wuchsbedingungen zunehmend) zum Teil (meist deutlich) fußf. 5zählig. B.chen obers. matt (h.-)grün, mit ca. 10->20 Haaren pro cm^2, unterseits meist nur anfangs deutlich graugrün- bis graufilzig, zuletzt oft nur (blaß) grün, filzig oder nur mit einem dünnen, unter der zerstreuten längeren Behaarung versteckten, im Schatten lediglich angedeuteten Schleier von Sternhärchen. Eb. ziemlich kurz gestielt (ca. 30-33 % der Spreite), aus schmalem abgerundetem, seltener angedeutet herzf. Grund ausgeprägt umgekehrt eif., mit kurzer ± dreieckiger, abgesetzter Spitze. Serratur nicht tief, ziemlich weit und etwas geschweift, schwach periodisch mit etwas auswärtsgerichteten, nicht oder kaum längeren Hz., alle Zähnchen mit feinen rötlichen Spitzen. Haltung im Querschnitt und auch zwischen den Seitennerven ± flach, am Rande vorn sehr schwach kleinwellig. ä. Sb. ca. 2-3(-5) mm lg. gestielt, mit keiligem oder abgerundetem Grund, so lang oder etwas länger als der B.stiel. Dieser mit (ca. 10-15) feinen rückwärtsgeneigten, meist leicht gekrümmten St., wenig behaart, obers. mit 1-5(->10) kurzen Stieldrüsen. Austrieb (gelb-)grün, + rotbraun überlaufen.

BLÜSTD. ziemlich lockerblütig, schmal und verlängert, im oberen Teil b. los, mit + trugdoldigen wenigblütigen Ästen, unten mit 3zähligen B. - und mehr racemösen Ästen. Achse unten zerstreut, oben etwas dichter sternhaarig und kurz abstehend behaart, auf 5 cm mit ca. (0-)1-2(-5) kurzen Stieldrüsen. St. zu ca. 7-13 pro 5 cm, gerade und + geneigt, teils (besonders die unteren) aus breitfüßiger Basis, teils (besonders die oberen) fast vom Grunde an sehr dünn, oft fast nadelig, nur 3-4(-5,5) mm lg. Feine St. borsten fehlend oder sehr vereinzelt. Blüstiel ca. 1,5-2 cm lg., anliegend filzig und dazu kurz abstehend behaart, versteckt sitzdrüsig und mit schwankender Anzahl (ca. (0-)1-3(-10)) sehr kurzer Stieldrüsen (Lge. ca. 0,3-0,5 x Ø des Blüstiels). St. in wechselnder Menge (meist ca. zu 6-12) und Größe (meist nur 1-2 mm lg.), nadelig, (überwiegend oder meist alle) gerade. Kz. kurz, graugrün- bis graufilzig, unbewehrt, zurückgeschlagen, Krb. weiß, umgekehrt eif., 10-15 mm lg., Stb. deutlich länger als die grünlichweißen Gr., Antheren alle kahl oder einzelne schwach behaart, Frkn. kahl, Frbod. behaart. Sfr. rundlich, kaum so hoch wie breit. VII(-VIII). - $2n = 28$.

Die Art ist vor allem kenntlich an dem (fast) kahlen Sch. den ziemlich schwachen, lichtseits lebhaft karminrot gefärbten, geraden St., den in der Regel 3zähligen, unters. dünn sternhaarigen, auch obers. behaarten B. mit umgekehrt eif., kurz bespitzten Eb. sowie an der schlanken, zartstacheligen Rispe. Auf schattigem Waldboden kriecht R. egregius mit dünnen, gelblich und zart best. Sch. und stets 3zähligen, unters. nur angedeutet sternhaarigen B. Kräftigere Stöcke auf lichtreichen, fruchtbaren Standorten haben (etwas) robustere, rotstachelige Sch. und oft viele 4-5zählige B., doch bleibt auch hier die starke Neigung zu 3zähligen B. stets deutlich erkennbar. R. egregius nimmt zwischen den Silvatici und den Rhamnifolii - hier besonders zu R. polyanthemus - sowie andererseits auch zu den Mucronati eine vermittelnde Stellung ein.

ÄHNLICHE ARTEN: Gut entwickelte Pfl. von R. egregius können 58. R. polyanthemus überaus ähnlich werden. Beide Arten stimmen dann neben den ohnehin vorhandenen vielen gemeinsamen Einzelmerkmalen auch habituell weitgehend überein. Als hauptsächliche Trennungsmerkmale des R. polyanthemus gegenüber R. egregius können gelten: Pfl. insgesamt kräftiger mit längeren St., B. handf. 5zählig (teils sogar 6-7zählig), ohne jede Neigung zur 3Zähligkeit, stärker filzig. Blüten an den Enden der unteren Seitenäste des Blüstds. gedrängt auf kurzen Stielen (bei R. egregius auf längeren Stielen locker auf den Seitenästen verteilt), Frkn. behaart. - Nur entfernt ähnlich sind 44. R. myricae, 45. R. maassii, 46. R. lindebergii und 48. R. cardiophyllus.

ÖK. u. SOZ: noch wenig erforscht. Relativ schattenertragende, optimal jedoch nur im Licht gedeihende, Luftfeuchtigkeit liebende Art gern etwas besserer, doch meist kalkfreier, nicht zu trockener Böden besonders in + bodensauren Fagetalia-Wuchsgebieten an Waldrändern, in Lichtungen und Gebüschen, gern auch an flußbegleitenden Hängen.

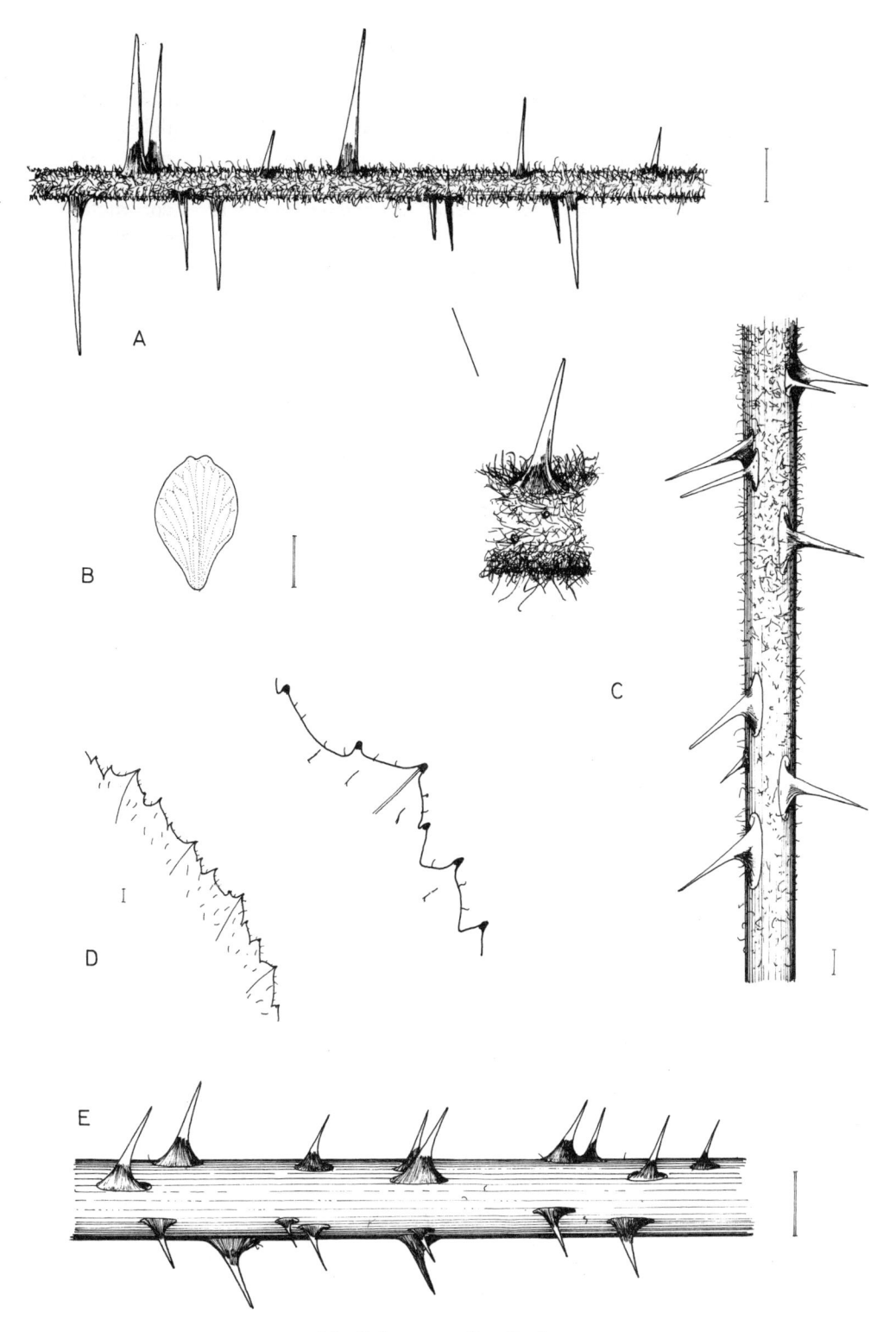

34. Rubus egregius Focke

VB: atl. (W-Europa und westl. M-Europa). - In SH sehr zerstreut bis selten und an der absoluten O-Grenze der VB. Flensburg: "In Hecken" (PRAHL 79!), "Knicks an der Klaus-Groth-Straße" (BOCK 1922! als R. sciocharis), Schleswig: Thiergarten (HINR. 82!, 85!), Kreis Husum: Straßenrand zw. Zgl. Lehmsiek und Hollbüllhuus nahe dem Ostrand des Forstes (62!! -1966 dort nicht mehr!!), Redder auf dem "Glockenberg" zw. Fresendelf und Hude (66!!, 67!! - z.Z. einziges gesichertes Vorkommen in SH; sonst typische Form mit nicht ganz kahlen Frkn), Kiel-Dietrichsdorf (A.CHRIST. 92!), Lütjenburg (nach FOCKE zit. b. KRAUSE 1890, 62), Hohenwestedt (ER. 1922, 150), Hamburg-Altona: Bahrenfelder Steindamm (ER. 99! - erloschen!!), zw. Eidelstedt und Krupunder (ER. 97! - anscheinend erloschen!!). Fuß des Elbhangs beim Fährhaus Wittenbergen zw. Blankenese und Wedel (DINKLAGE nach ER. 1900, 32; ER 92!, 94!, 95!, ZIMPEL 98!, TIMM 02!, FIT. 06! - 1966!! am vielzitierten Standort noch ein kümmerlicher Rest. 1970 auch an dieser Stelle verschwunden!!). - Weitere VB: DK: SO-Jütland (südl. von Kolding zerstreut), hier und da auf den Inseln, besonders auf Süd-Fünen. - Nwdt. TL: Am Kugelfang bei Harburg-Heimfeld (ER. 98! - ob noch?) zw. Sinstorf und Langenbek (ER. 96!) und bei Ashausen (ER. 1900, 32), heute noch stellenweise an den Lesum-Hängen nordwestl. von Bremen (loc. class. 69!!), ferner zerstreut durch Oldenburg!, den Hümmling! bis nach Ostfriesland!! und bes. NO-Holland. Außerdem stellenweise im n-wf.-ns. Hügelland zw. Minden und Burgsteinfurt sowie im Schwarzwald, in Belgien, selten in Frankreich sowie häufiger auf den Brit. Inseln. Fraglich sind Angaben für die Schweiz. In Österreich (nach NEUMANN 1967, 188) fehlend.

Series 2. Sprengeliani F.

35. Rubus arrhenii LANGE, Haandb. Danske Flora ed. 2: 347 (1859) - Schl. 60, 64 - Fig. - Tafel - Karte.

Loc. class.: Schleswig: Marienhölzung bei Flensburg (8.1846 LANGE)!

SCH. flachbogig, nicht kräftig (meist unter 5 mm $\emptyset$), rundlich stumpfkantig, matt grün oder blaß weinrot überlaufen, abstehend mit ca. 10 - >20 einfachen oder gebüschelten Haaren pro cm Seite behaart, ohne Sternhaare, Sitzdrüsen zerstreut bis reichlich, Stieldrüsen und Drüsenhöcker fehlend. St. ziemlich dicht (ca. 13-18 pro 5 cm), aus breitem zusammengedrücktem Grund rückwärtsgeneigt, gerade, seltener einzelne leicht gekrümmt, nur 3-4 mm lg.

B. handf. 5zählig, B.chen schlank, obers. (schwach) glänzend d.grün, mit ca. 2-10 Haaren pro cm^2, unters. grün, mit geringer, nicht fühlbarer Behaarung, Eb. ziemlich kurz gestielt (ca. 30 % der Spreite), aus abgerundetem, selten etwas herzf. Grund elliptisch (mit größter Breite um die Mitte), allmählich in eine mäßig lange Spitze verschmälert. Serratur auffallend gleichmäßig, wenig tief, doch eng, mit spitzigen Zähnchen, nur gelegentlich auch angedeutet periodisch mit geraden Hz. Haltung flach oder geschwungen V-

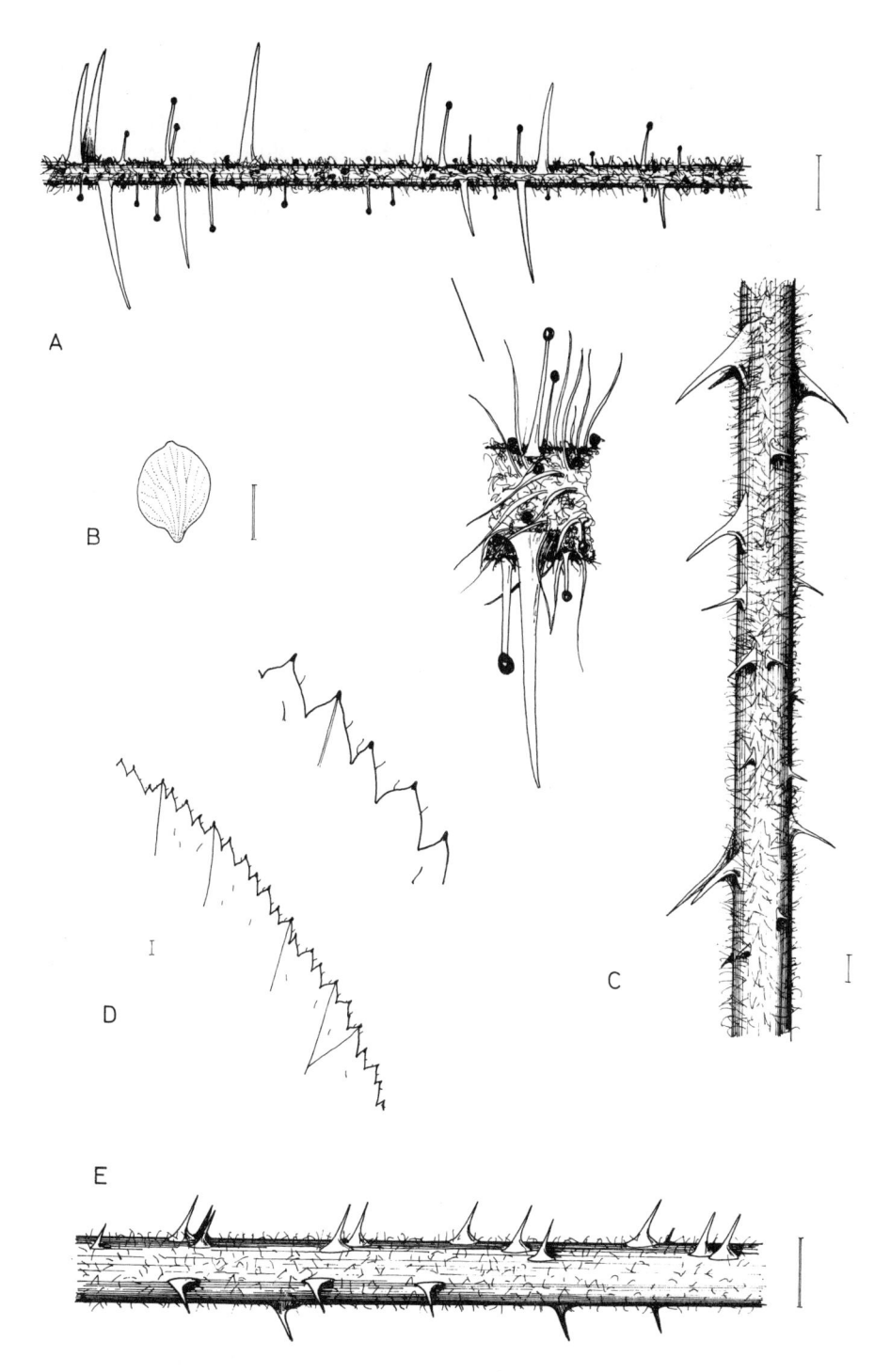

35. *Rubus arrhenii* Lge.

förmig, gefaltet, am Rande fast glatt, ä.Sb. 2-4 mm lg. gestielt, mit $\pm$ keilf. Grund, B.stiel ziemlich dicht behaart, obers. mit 0-1 kurzen Stieldrüsen, mit(ca. 15) zarten geraden oder wenig krummen St.; Austrieb glänzend, mit meist intensiver Anthocyanfärbung (rotbraun bis d.rotbraun).

BLÜSTD. verlängert, im unteren Teil mit bis zu 5zähligen B., oben (oft schon von der Mitte an) blattlos und kaum verschmälert traubig-rispig mit abstehenden dünnen, meist $\pm$ trugdoldig verzweigten Ästen, schmal bis ziemlich sperrig. Achse rundlich, ziemlich dicht abstehend behaart und mit zerstreuten Sternhaaren, sitzdrüsig, und $\pm$ stieldrüsig (ca. 5->30 Stieldrüsen auf 5 cm), St. zu ca. 10 auf 5 cm, nur ca. 3 mm lg., schlank, gerade; zw. den größeren St. in wechselnder Anzahl feine Nadelst. Blüstiel ca. 2-3 cm lg., dicht abstehend und darunter filzig behaart, mit vielen (z.T. versteckten) Sitzdrüsen. Stieldrüsen zerstreut bis zahlreich (8->50), Länge im Durchschnitt ca. 1,5 x , maximal bis 2-4 x Blüstiel-$\emptyset$, St. zu ca. 5-10, nadelig, etwas gekrümmt, 1,5-2,5(-3) mm lg. Kz. mit verlängerten laubigen Spitzen, graugrün zottig-filzig, mit feinen gelben St.chen, $\pm$ dicht stieldrüsig, zuletzt abstehend. Krb. weiß, breit rundlich, ca. 10 mm lg., postfloral nicht abfallend, sondern meist noch an der reifen Sfr. vertrocknet vorhanden, Stb. in der Regel nur ein Drittel, maximal nur 0,6(-0,7) x so lg. wie die b.grünen Gr., Antheren kahl, Frkn. und Frbod. kahl oder seltener nur fast kahl. Sfr. rundlich, im Geschmack wie R. sprengelii. VII. - $2n = 28$.

R. arrhenii gehört zu den am besten charakterisierten Brombeeren. Im typischen Fall reicht schon eine einzige Blüte oder ein einziges seiner feingezähnten Eb. zur sicheren Bestimmung aus. Die Blüten erinnern in Form und Stellung der Krb. an Erdbeerblüten. Bemerkenswert ist auch das Haften der abgeblühten Krb., das sonst nur noch bei R. arrhenianthus und schwächer auch bei R. echinocalyx beobachtet werden kann. Auch ein blütenloser Stock des R. arrhenii ist an seinen eleganten, regelmäßig gezähnten, glänzenden und gefalteten B.chen sofort zu erkennen.

ÄHNLICHE ARTEN: 42. R. echinocalyx hat ebenso kurze Stb., weicht aber in allen übrigen Merkmalen vollständig ab, so u.a. durch krumme St. und unregelmäßig gesägte, breite B.chen. - Auch 39. R. axillaris ist nur durch kurze Stb. ähnlich, im übrigen jedoch nicht zu verwechseln. - Der sehr seltene 36. R. arrhenianthus besitzt wie R. arrhenii postfloral haftende Krb., unterscheidet sich aber leicht durch behaarte Antheren, nur 0-2 St. und meist keinerlei Stieldrüsen an den Blüstielen sowie durch gänzlich andersartige (kantig-rinnige) Sch. und B. - Andere Rubusarten sind nur beim Fehlen von Blütenständen und bei untypisch entwickelten Pflanzen zu verwechseln. Vgl. hierzu vor allem: 29. R. silvaticus, 37. R. sprengelii, ferner auch R. chlorothyrsus (im Schl. Nr. 60) und 81. R. conothyrsus.

ÖK. u. SOZ: Auf anlehmigen humosen, doch kalkarmen Böden (potentielle Querco-Carpineten oder ärmere Fageten) vorwiegend in luftfeuchter und wintermilder Klimalage in Knicks, an Waldrändern, seltener in aufgelichteten Wäldern. In SH Kennart des Pruno-Rubetum-sprengelii. Wegen der ungünstigeren mikroklimatischen Bedingungen in frei verlaufenden Feldknicks viel seltener als in geschützten Heckenwegen und an Waldrändern.

VB: atl., Schwerpunkt im nordwestl. M-Europa. - In SH vor allem in den maritimeren Landesteilen westlich der Linie Hamburg-Kiel besonders auf nährstoffreichen AM und kalkärmeren JM in Knicks und in anderen Gebüschen zerstreut bis häufig. Östlich der genannten Linie nur vereinzelt und offene Feldknicks streng meidend. Im Gebiet die Ostgrenze der VB. erreichend: Schönhorst in d. Probstei (FI-BZ. o. Dat.!), Kisdorferwohld (ER. 1900, 29), um Ahrensbök, bei Bosau, bei Negernbötel und Schäckendorf, Gr. Rönnau (ER. 1931, 58), Wandsbek (PRAHL 91!, KLEES 07!, TIMM 13!) Ahrensburg (FLÖGEL 96!), zw. Hoisdorf u. Gölm (71!!); Lübeck: Lauerholz, Gehölz b. Padelügge und bei Krummesse (RANKE 1900, 17), zw. Basthorst und Hamfelde (ER. 98! - 62-66!!), Wulfsdorf, Beimoor, Hinschendorf, zw. Trittau und Bollmoor (ER. 1900, 29), Schönberger Zuschlag (ER. 1931, 58). - Weitere VB: DK: zerstreut im südlichen Jütland. - Im nwdt. TL bes. in den Krs. Stade und Bremervörde häufig!!, östlich zerstreut bis Ülzen!! und Braunschweig, im W bis Ostfriesland!, südlich bis ins nördl. Wf. (Minden!!), Osnabrück!! und Burgsteinfurt! Ferner in Holland und sehr selten in England. Angeblich auch in der CSSR.

36. Rubus arrhenianthus K. FRIDERICHSEN apud BOULAY & BOULY DE LESDAIN, Rubi praesertim Gallici exs.156 (1901). - Schl. 20, 102 - Fig. - Tafel.

Loc. class.: Schleswig (Kreis Husum) zw. Ostenfeld und Rott (leg. K.FRID. 1897-98!)!!

SCH. hochbogig, ziemlich kräftig (meist > 6 mm $\emptyset$) scharfkantig mit vertieften Seiten, weinrotbraun überlaufen mit grünlicher Strichelung, $\pm$ glänzend, fast kahl (0-5 Haare pro cm Seite), St. zu ca. 8-12 auf 5 cm, aus breitem Grund lang pfriemlich, gerade, $\pm$ geneigt, 6-9 mm lg., daneben zerstreute kleinere St.chen und St.höcker; Stieldrüsen fehlend oder nur ca. 1 pro 5 cm.

B. handf. 5zählig, B.chen obers. $\pm$ glänzend d.grün, mit ca. 2-5(-10) Haaren pro cm^2, unters. grün, wenig, nicht fühlbar behaart. Eb. mittellang bis lang gestielt (35-43 % der Spreite), aus breitem gestutztem (selten sehr seicht herzf.) Grunde elliptisch bis umgekehrt eif., mäßig lang bespitzt. Serratur wenig tief, unregelmäßig, $\pm$ geschweift gezähnt, schwach periodisch mit etwas auswärtsgerichteten Hz., Zähnchen mit z.T. verschiedengerichteten feinen Spitzen, Haltung im Querschnitt fast flach, längs schwach gefaltet, am Rande unregelmäßig kleinwellig, ä.Sb. ca. 5 mm lg. gestielt, B.stiel behaart, mit (ca. 10) schlanken, leicht gekrümmten St., obers. mit ca. (0-)1-8 Stieldrüsen. Austrieb stark glänzend, auf grünem Grund (d.)rotbraun überlaufen oder gänzlich anthocyangefärbt.

BLÜSTD. breit umfangreich, stark rispig, nur im unteren Teil bis 3zählig beblättert, oben blattlos, kaum verschmälert, mit sperrigen, dichtblütigen (angenäherte Dichasien tragenden) Ästen. Achse kantig, zerstreut behaart, auf 5 cm mit nur 1-5 geraden oder fast geraden, schlanken 4-6 mm lg. St., dazwischen mit zerstreuten St.chen und St.höckern, ohne Stieldrüsen. Blüstiele 1,2-2 cm lg., grün, ziemlich dicht behaart, darunter locker sternfilzig und reichlich sitzdrüsig, Stieldrüsen 0-1, kurz (ca. 0,5 x Blüstiel-$\emptyset$), St. fehlend oder selten mehr als 2 gerade nadelige 1,5 - 2,5 mm lg. St., Kz. grünlich, ohne laubige Spitzen, unbewehrt und ohne Stieldrüsen, zuletzt abstehend oder etwas rückwärtsgerichtet, Krb. weiß, ca. 9-10 mm lg., zunglich, postfloral an der Blüte vertrocknend, nicht abfallend, Stb. nur ca. halb so lang wie die weißlichen Gr., postfloral nicht zusammenneigend, Antheren behaart, Frkn. kahl, Frbod. schwach behaart. Sfr. gut entwickelt, mit vielen (bis > 40) Fr.chen, rundlich, meist etwas höher als breit. VII.

Die kurzen Stb. und besonders die postfloral haftenden Krb. dieser Art deuten auf eine hybridogene Abkunft von R. arrhenii hin. Der höhere Wuchs des R. arrhenianthus macht dabei eine Beteiligung eines Vertreters der Suberecti wahrscheinlich. Allerdings dürfte die Deutung FRIDERICHSENs (in sched.) als R. arrhenii x bertramii kaum zutreffen, da R. bertramii in SH fehlt. FOCKE sieht in R. arrhenianthus ein Zwischenglied "zwischen R. arrhenii und den Suberectis" ähnlich einer Kreuzungsform R. arrhenii x plicatus (1914, 334). Die vermutlich im Gebiet spontan entstandene Brombeere ist durch ihre R. arrhenii-ähnlichen Blüten, durch die behaarten Antheren, ihre armstacheligen Blüstiele sowie durch die schlanken geraden St. des rinnigen Sch. und ihre Blattform gut charakterisiert und nicht zu verwechseln.

ÄHNLICHE ARTEN: 35. R. arrhenii ist nur bezüglich der Blüten ähnlich, weicht aber in allen anderen Merkmalen gänzlich ab. - 14. R. plicatus hat wegen der Faltung der Blätter eine gewisse Ähnlichkeit, hat andererseits jedoch - abgesehen von vollständig verschiedenen Blüstd. - kürzer gestielte, am Grunde herzf. und anders gesägte Eb., (fast) ungestielte ä. Sb. und kahle, kürzer und krummer bestachelte Sch. ohne kleinere St.chen. - 75. R. badius und 81. R. conothyrsus vgl. Schlüssel 18-19.

ÖK. u. SOZ: Bisher nur auf nährstoffreicheren Altmoränen in der R. drejeriformis-R. cimbricus-Gesellschaft (Pruno-Rubetum sprengelii) in Heckenwegen (Reddern) beobachtet zusammen mit R. leptothyrsus, R. euryanthemus, R. langei, R. pallidus, R. sprengelii, R. arrhenii, R. cimbricus, R. drejeriformis, R. insularis, R. hypomalacus und R. plicatus.

VB: SH (endem.?). - Sehr selten im Kreis Husum. Hier besonders im Gebiet zw. Ostenfeld und Rott (loc. class. FRID. 97!, 98!, GEL. 98!) noch heute an mehreren Stellen (67-68!!). Außerdem bei Oster-Winnert (FRID. 97!) und in einem sterilen Exemplar am Ostrande des Lehmsieker Forstes nahe Hollbüllhuus (66!!). - Angaben aus Gebieten außerhalb SHs (so nach HRUBY 1950, 16 angeblich bei Karlsruhe) erscheinen fraglich.

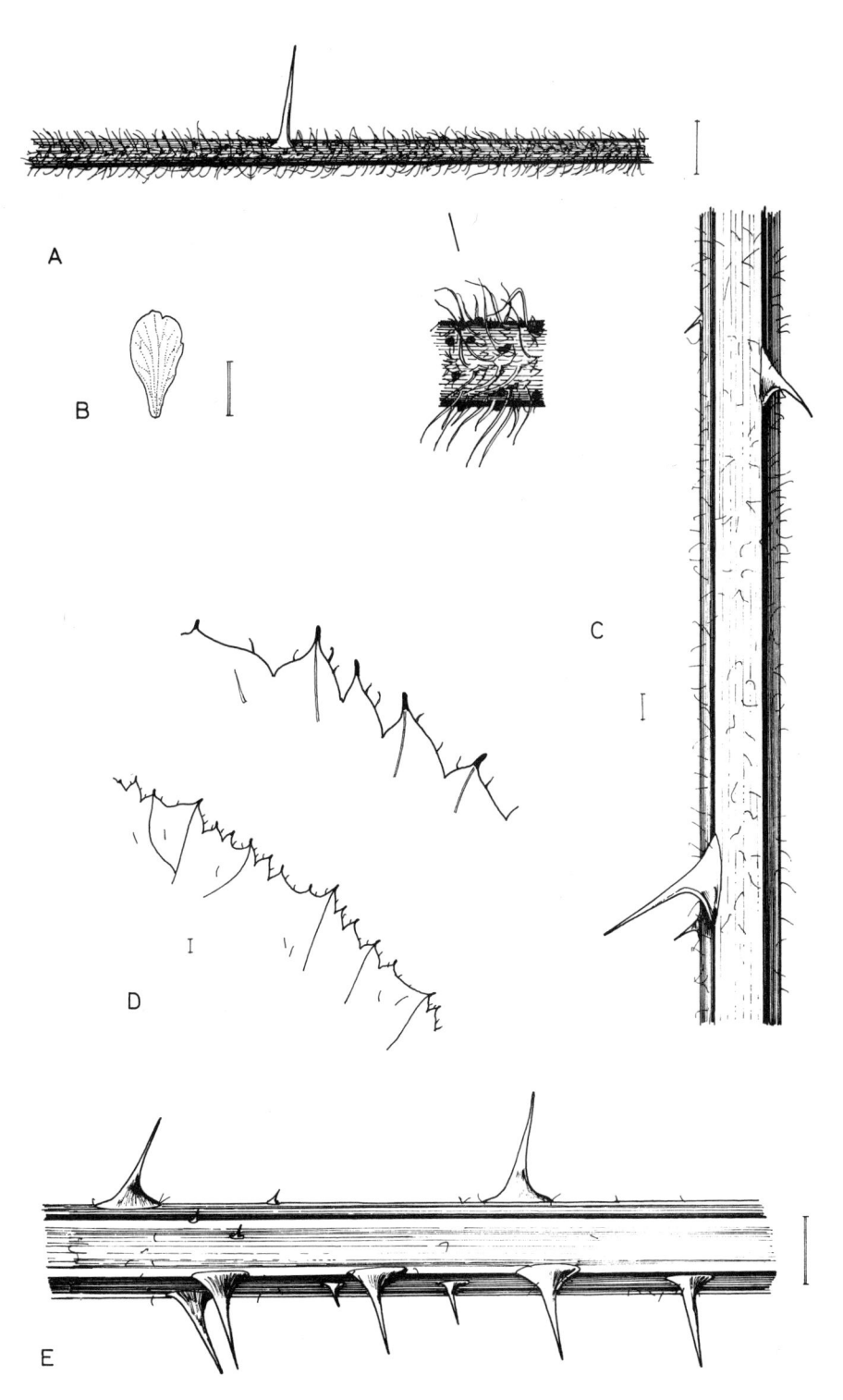

36. Rubus arrhenianthus K. Frid.

37. **Rubus sprengelii** WEIHE in Flora (Regensburg) 2: 18 (1819). - Schl. 48', 54, 65 - Fig. - Tafel - Karte.

SCH. flachbogig, ziemlich schwach (meist nur bis ca. 6 mm $\emptyset$), rundlich-stumpfkantig, matt grün oder weinrot überlaufen mit lange grünlich bleibender Strichelung, $\pm$ sitzdrüsig, behaart (ca. 10- >30 einfache oder gebüschelte Härchen pro cm Seite); St. 5-6 mm lg., nicht alle kantenständig, aus stark verbreiterter, flachgedrückter Basis (in der Mehrzahl) sichelig, ca. zu (8-)12-15(-20) auf 5 cm. Zw. den größeren St. gewöhnlich vereinzelte feine St.chen oder St.höcker (meist 1-2, seltener bis > 10 pro 5 cm).
   B. teils alle oder in der Mehrzahl 3-4zählig mit gelappten Sb., teils meist auch (an üppig entwickelten Stöcken sogar überwiegend) deutlich fußf. 5zählig, B.chen obers. (matt)d.grün, mit ca. 1-2(-5) Härchen pro cm^2, unters. grün, wenig (nicht fühlbar) behaart, ohne Sternhaare. Eb. kurz gestielt (20-25 % der Spreite), aus abgerundetem oder schwach herzf. Grund eif. oder elliptisch, allmählich in eine $\pm$ lange Spitze verschmälert. Serratur ungleichmäßig, meist undeutlich periodisch mit geraden oder etwas auswärts gekrümmten Hz., mäßig tief und eng, Zähnchen mit aufgesetzten Spitzchen. Spreite flach oder mit etwas aufwärtsgerichteten Rändern, ungefaltet, am Rande schwach kleinwellig bis fast glatt, ä.Sb. (1-)2(-3) mm lg. gestielt, B.stiel mit (ca. 7-12) krummen St., obers. meist mit einzelnen kurzen Stieldrüsen. Austrieb glänzend, mit intensiver Anthocyanfärbung (meist ganz (d.)braunrot).
   BLÜSTD. sperrig und lockerblütig, mit dünnen, oft fast waagerecht abstehenden, oben $\pm$ trugdoldigen Ästen, bis nahe an die Spitze mit einfachen, bis ca. zur Mitte mit 3zähligen B. durchblättert. Achse rundlich, ziemlich dicht abstehend und kraus mit feinen längeren Haaren und darunter flaumigsternhaarig behaart, auf 5 cm mit ca. 5 zarten, 3(-4) mm lg., meist deutlich sichligen bis hakigen, seltener fast geraden St., dazwischen mit 0-5(->10) winzigen St.chen sowie mit 0-2(->5) kurzen Stieldrüsen. Blütiele 1,5-2 cm lg., graugrün, dicht $\pm$ abstehend mit längeren (bis 1-1,5 x Blütiel-$\emptyset$) zarten Haaren und darunter filzig behaart, sitz- und subsessil drüsig, dazu meist mit 1-2(seltener bis 10) Stieldrüsen (bis 1 x Blütiel-$\emptyset$ Lge.) und ca. (1-)5-10(-12) $\pm$ gekrümmten, bis ca. 2 mm lg. St. Kz. grau(grün)-filzig und zottig, mit einzelnen feinen St.chen und oft mit vielen sehr kurzen orangefarbenen Stieldrüsen, zuletzt abstehend oder undeutlich zurückgeschlagen, Krb. (h.-) rosa bis schön rosarot, eif., ca. 10 mm lg., Stb. unten rosa, oben $\pm$ weiß, deutlich kürzer bis fast so lang wie die b.grünen Gr., verblüht nicht zusammenneigend. Antheren kahl, Frkn (+) und Fr.bod. behaart. Sfr. klein, rundlich, von charakteristischem angenehmem, etwas herbem Geschmack. VII-VIII. - 2n = 28.

Die Art bietet mit ihrem sperrigen, dünnstieligen Blüstd., den rosafarbenen Blüten und den kurzen, postfloral nicht zusammenneigenden Stb. keinerlei Erkennungsschwierigkeiten, wenn auch die Blüten namentlich bei starker Besonnung oft ausbleichen, jedenfalls nicht die intensivere Färbung halbschattig gewachsener Stöcke erreichen. Im typischen Fall sind auch nichtblühende Pflan-

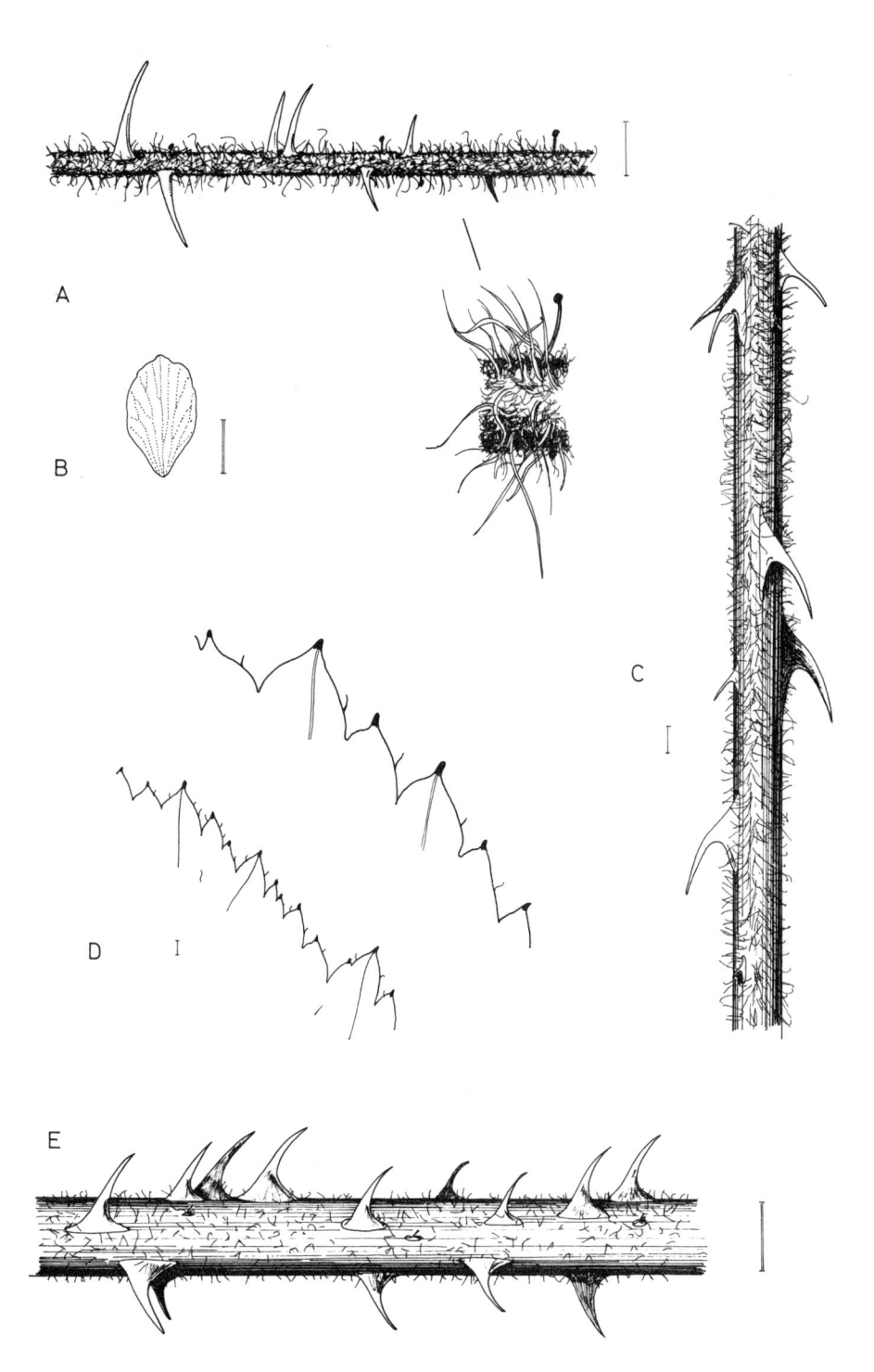

37. Rubus sprengelii Wh.

zen auf den ersten Blick an den charakteristisch geformten 3-4zähligen B. und den sicheligen Sch.st. sicher zu erkennen. Selbst, wenn bei besonders günstigen Standortsbedingungen 5zählige B. überwiegen, so finden sich bei R. sprengelii im Unterschied zu R. arrhenii, R. silvaticus und anderen ähnlichen Arten stets auch zahlreiche 3-4zählige B. Im übrigen ist die auffallend intensive Anthocyanfärbung der jüngsten B. besonders im Frühsommer ein ausgezeichnetes Unterscheidungsmerkmal namentlich gegenüber Vertretern der Silvatici.

ÄHNLICHE ARTEN: 35. R. arrhenii (Verwechslungen mit dieser Art sind nur beim Fehlen von Blüten und bei nicht ganz typisch entwickelten B. denkbar): B. handf. 5zählig ohne Neigung zur Reduktion der B.chenzahl, B.chen auffallend gleichmäßig, nicht periodisch gesägt, St. des Sch. rückwärtsgeneigt, gerade oder fast gerade, nur 3-4 mm lg., St. des B.stiels schwächer, gerade oder wenig gekrümmt. - 41. R. erichsenii durch ebenfalls rosa Blüten und 3-4zählige B. entfernt ähnlich, doch B.chen unters. schimmernd weichhaarig, St. schlanker, weniger gekrümmt, an Blütstd.achse 4-6 mm lg., Stb. viel länger als die Gr., postfloral zusammenneigend. - Leichter (im blütenlosen Zustand!) zu verwechseln ist 29. R. silvaticus (vgl. auch Schlüssel Nr. 48). - Ferner vgl. im Schlüssel R. noltei und R. echinocalyx unter Nr. 55 sowie R. chlorothyrsus unter Nr. 65.

ÖK. u. SOZ: Optimal auf anlehmigen humosen, kalkärmeren Böden (potentielle bodensaure Fagetalia-, besonders Querco-Carpinetum-Standorte), vor allem in Knicks und anderen Gebüschen, an Waldrändern, auf Waldblößen, mit geringerer Vitalität auch in aufgelichteten Wäldern. In SH Kennart des Pruno-Rubetum-sprengelii WEBER 1967 im Bereich bodensaurer Querco-Carpineten und Fageten, mehr als andere Rubi dieser Gesellschaft als Begleiter auch im Pruno-Rubetum-radulae der jungdiluvialen Melico-Fagetum-Landschaften. In Ns. von TX. & NEUMANN 1950 als Verbandskennart des Lonicero-Rubion silvatici beschrieben. Nach unseren Beobachtungen ist R. sprengelii entschieden anspruchsvoller als R. silvaticus und tritt daher als Schlagpflanze am ehesten im reicheren Flügel dieser in Quercion-Gebieten entwikkelten Gesellschaften auf.

VB: W- bis östl. M-Europa. - In SH (s. Karte!) mit Ausnahme der Nordseeinseln und der Gebiete östlich des Oldenburger Grabens im ganzen Diluvialgebiet verbreitet, stellenweise sehr häufig,vor allem auf nährstoffreichen AM-Böden, selten nur streckenweise auf den schwersten JM. Ohne NW-SO-Verbreitungsgefälle. - Weitere VB: Von S-Schweden über DK durch Mitteleuropa (hier häufig auch im nwdt. TL!!) ostwärts bis zur Weichsel, Posen, Sachsen, Nordböhmen, südlich bis ins Maingebiet, ferner in Holland, Belgien, N-Frankreich und auf den Brit. Inseln. Wird auch für Ungarn angegeben.

38. **Rubus cimbricus** FOCKE, in Abh. Naturwiss. Verein Bremen 9: 334 (1886). - Schl. 44, 56, 62, 92', 103 - Fig. - Tafel - Karte.

Loc. class.: Kollund bei Flensburg (FOCKE 1878).

SCH. aus mäßig hohem Bogen kriechend, stumpfkantig mit gewölbten, seltener fast flachen Seiten, leuchtend (h.-)karminrot, nicht glänzend, zerstreut fein büschelig behaart, meist weitgehend verkahlend (ca. (0-)1-5(selten auch bis 10) Härchen pro cm Seite), zerstreut sitzdrüsig, ohne oder mit 1-2(-5, selten mehr) Stieldrüsen auf 5 cm, größere St. zu ca. 8-12 (-> 20) auf 5 cm, alle oder in der Mehrzahl gerade, etwas rückwärtsgeneigt, aus breitem Grunde lang pfriemlich, (5-)6-7 mm lg., kleinere St.chen fehlend oder weit zerstreut.

B. handf. oder schwach fußf. 5zählig, B.chen breit, sich randlich deckend, obers. (matt)grün mit ca. 1-5 Haaren pro cm^2, unters. b.grün, deutlich fühlbar und oft weich und schimmernd behaart (selten auch mit einem Anflug von Sternhärchen), Eb. kurz gestielt (ca. 30 % der Spreite), aus tief herzf. Grund breit eif., allmählich lang bespitzt, Serratur eng, ungleich, auffallend tief, oft fast eingeschnitten, ausgeprägt periodisch mit geraden oder fast geraden Hz., Haltung mit aufgerichteten Rändern, Rand unregelmäßig sehr stark grobwellig, ä.Sb. ca. 2-4 mm lg. gestielt, B.stiel behaart, mit (ca. 10-20) $\pm$ gekrümmten St., obers. mit 1 - ca. 20 (Drüsen-)St.chen. Austrieb glänzend $\pm$ h.rotbraun.

BLÜSTD. mit unregelmäßigem Aufbau, unten mit langen Ästen in Achseln 3zähliger B., oben $\pm$ verschmälert, mit wenigblütigen Ästen, reichlich und $\pm$ bis zur Spitze durchblättert, Achse ziemlich dicht büschelhaarig und darunter fein sternflaumig, auf 5 cm mit 0-2(-5) Stieldrüsen, zerstreuten feinen Nadelst.chen und mit ca. 7-15 kräftigen geraden oder fast geraden, schlanken 5-6(-7) mm lg. St., Blüstiele ca. 1-2(-3) cm lg., dicht kurz (bis ca. 0,5 x Blüstiel-Ø Lge.) filzig-wirrhaarig, Sitzdrüsen $\pm$ versteckt, doch reichlich vorhanden, Stieldrüsen zu (0-)1-5(-10 seltener bis > 30), rot, bis ca. 1,5 x so lg. wie der Blüstiel-Ø, St. zu ca. 7-20, gerade oder fast gerade, 3-5(-5,5!) mm lg., Kz. grünlich oder g.grün filzig, Spitzen nach dem Aufblühen sich stark verlängernd und $\pm$ blattartig, mit einzelnen St.chen und oft zahlreichen roten Stieldrüsen, zuletzt die Sfr. $\pm$ umfassend. Krb. weiß oder b.rosa, eif., ca. 12 mm lg., Stb. nur ca. 0,$\overline{5}$-0,8 x so lang wie die b.grünen Gr., postfloral nicht zusammenneigend, Antheren kahl, Frkn. (fast) kahl, Fr.bod. spärlich behaart. Sfr. höher als breit, mit vielen (oft > 50) Teilfr. VII. - 2n = 28.

R. cimbricus stellt unter den Sprengeliani vom habituellen Eindruck her den diametralen Gegensatz zu R. arrhenii dar: Ebenso auffällig wie dessen elegant geformte, schmale und feingesägte B.chen springt hier das breitblättrige, ungemein tiefgesägte, am Rande ausgeprägt grobwellige Laub ins Auge, das diese Art im Gelände auch ohne Blüten auf den ersten Blick erkennen läßt. Zu ihren hauptsächlichen Kennzeichen gehört auch die intensiv karminrote (nicht d.weinrote!) Färbung des Sch., wie sie in dieser Intensität nicht einmal von R. badius erreicht wird. Die langen geraden St. im blattreichen

Blüstd., sowie die Stb. und Kz. geben darüberhinaus die besten Merkmale ab.

ÄHNLICHE ARTEN: Im Herbar leicht zu verwechseln ist vor allem 78. R. marianus (Unterschiede vgl. dort!). - 126. R. gothicus (Corylifolii-Art) ist ebenfalls gerade im Exsikkat recht ähnlich, aber bei Beachtung der folgenden Merkmale nicht zu verwechseln: St. viel schwächer, am Sch. nur bis 5(-6) mm, an der Blüstd.achse nur bis ca. 5 mm lg., B.stiel obers. durchgehend rinnig (bei R. cimbricus nur seicht im unteren Teil), B.chen schmaler, unters. oft etwas sternfilzig, ä.Sb. nur 0-1 mm lg. gestielt, Kz. graufilzig, kurz, ohne laubige Spitze, Krb. sehr breit rundlich, Stb. länger als Gr., Fr.ansatz unvollkommen. - Vgl. auch den sehr seltenen dänischen 16. R. contiguus!

ÖK. u. SOZ: In SH auf nicht zu trockenen, ± anlehmigen sandigen bis lehmigen kalkarmen Böden (Fago-Quercetum-oder bodensaure Querco-Fagetea-Bereiche) in luft- und regenfeuchter Klimalage. In Feldknicks wegen der mikroklimatisch ungünstigeren Bedingungen selbst in den klimafeuchten Landesteilen selten oder ganz fehlend, hier aber fast überall in den kleinklimatisch feuchteren Feldwegknicks und an Waldrändern zusammen mit dem euatlantischen R. drejeriformis eine pflanzengeographisch ungemein charakteristische Gebüschgesellschaft bildend (R. drejeriformis-R. cimbricus-Gesellschaft, vgl. WEBER 1967, 147).

VB: Mitteleuropa. - In SH besonders in den niederschlagreichsten und gleichzeitig lehmigen Altmoränengebieten westlich etwa der Linie Kiel - Pinneberg verbreitet und stellenweise, so besonders in den Kreisen Husum, Süderdithmarschen und Steinburg, häufig!! außerdem nicht selten stellenweise auch im westlichen Jungmoränengebiet des Kreises Flensburg: Flensburg (PRAHL 03!, GEL. 98!, BOCK 23!), Tastrup (66!!), Glücksburg (FRID. & GEL. 1887,84). Östlich des umschriebenen Raumes nur sehr vereinzelt (die seit FOCKE 1902, 535 in der Lit. tradierten Angaben, daß die Art besonders an der Ostseeküste SHs häufig sei, sind unzutreffend): Süderbrarup (GEL. 85!), um Kiel: Friedrichsort (FRID. & GEL. 86!), Holtenau (A.CHRIST. 11!), Kielerhof (FA. 11!), Suchsdorf (67!!), Viehburger Holz (ER. 88!), Mühbrook b. Bordesholm (A.CHRIST. 11!), Hohenhorst (GEL. 86!), Götzberg (62!!), Kisdorfer Wohld (70!!), bei Hamburg-Lurup (ER. 1929), zw. Lasbek und Hammoor (63!!); Lübeck: Grönauer Heide (RANKE 96!, 98!), Lauerholz (GEL. 89!). - Weitere VB: Wenn auch der Schwerpunkt der Gesamtverbreitung zweifellos auf der cimbrischen Halbinsel, und hier eindeutig in SH liegt, so erstreckt sich das Gesamtareal dieser Art doch von Jütland (von Apenrade an südwärts) über SH bis ins nordwestliche elbnahe Ns.-(Wingst (FIT. 1914, 80. - häufig!!), bei Bremervörde und Harsefeld (FIT. l.c.), Bederkesa (FOCKE 1904, 38)-und von hier aus in einem breiten Streifen sehr zerstreut am Rande des Elburstromtals über Bergen a.d. Dumme!, Neuhaldersleben! bis nach Sachsen (um Chemnitz)!, angeblich sogar bis in die CSSR und auch bei Coburg. Dieses weit nach SO reichende Areal der demnach eher als "R. albingius" zu bezeichnenden Art steht anscheinend im Widerspruch zu ihrem pflanzengeographischen Verhalten

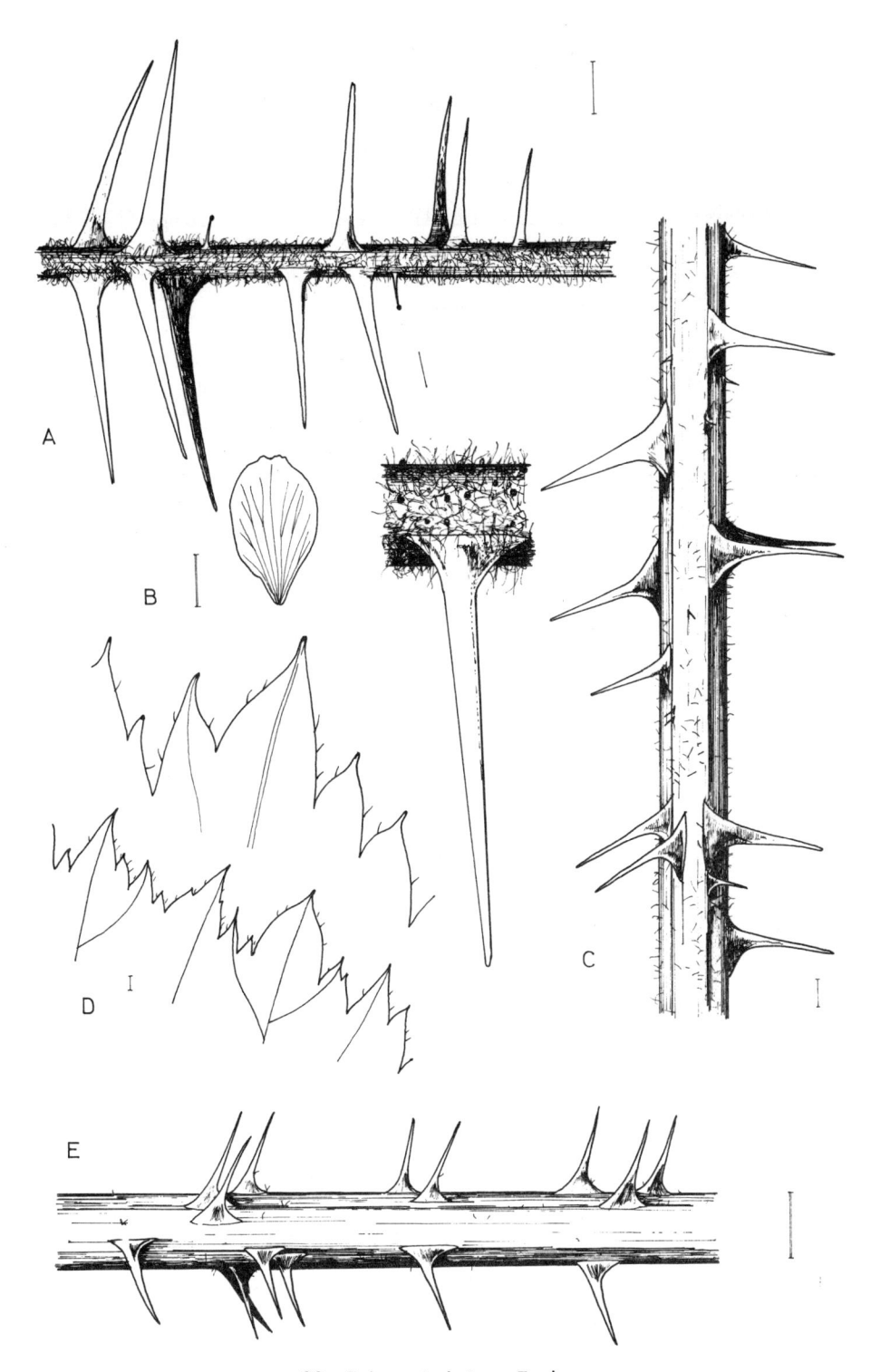

38. Rubus cimbricus Focke

in SH, doch fällt auf, daß selbst noch die sächsischen Fundorte (z.B. bei Waldenburg!, Hohenstein-Ernstthal! usw.) in Gebieten reichen Niederschlags (ca. 800 mm Jahresdurchschnitt) liegen.

39. **Rubus axillaris** LEJEUNE in LEJEUNE & COURTOIS, Comp. Fl. Belg. 2: 166 (1831) non P.J. MUELLER, Flora, ser. 2, 16: 139 (1858). - Syn. R. leyi FOCKE, Synopsis Rub. Germ. 268 (1877), R. scanicus ARESCHOUG, Skanes Flora ed. 2: 570 (1881). - ZSchl. II: 5. -

SCH. stumpfkantig, abstehend behaart, oft ± verkahlend (ca. 1- >30 Haare pro cm Seite), ohne oder mit sehr zerstreuten Stieldrüsen auf 5 cm mit ca. (5-)7-20 geraden, geneigten, seltener leicht gekrümmten 4-5(-6) mm lg. St.

B. 3-4- fußf. 5zählig, B.chen obers. mit zerstreuten Haaren (ca. 2-10 pro cm^2), unters. auf den Nerven schimmernd ± weich behaart, manchmal auch etwas sternfilzig, Eb. ziemlich kurz gestielt (ca. 20-33 % der Spreite), aus (schwach) herzf. Grund breit elliptisch bis umgekehrt eif., zuletzt meist rundlich, nicht selten aber auch schmaler bleibend, kurz und wenig abgesetzt bespitzt. Serratur periodisch mit (fast) geraden Hz, ä.Sb. ca. 2 mm lg. gestielt.

BLÜSTD. dünnästig, verlängert schlank, meist hoch durchblättert, Achse abstehend behaart, nicht oder wenig sternhaarig, oft etwas knickig, mit zerstreuten bis zahlreichen ca. 3-4 mm lg. geraden oder etwas gebogenen St., mit einzelnen bis zahlreichen kurzen Stieldrüsen (ca. 1-10(-> 20) pro 5 cm). Blüstiel ca. 1 cm lg., kurzhaarig, mit (0-)5-30 kurzen Stieldrüsen (Lge. durchschn. ca. 0,5 x, max. bis ca. 1 x so lg. wie der Blüstiel-Ø) und mit ca. 3-10(-20) nur 1-2 mm lg., meist etwas gekrümmten St. Kz. graulich grün, ± stieldrüsig und bestachelt, zuletzt ± aufrecht. Krb. b.rosa, breit elliptisch bis rundlich, Stb. wenig bis deutlich kürzer als die grünlichen Gr. Antheren kahl, Frkn. und Frbod. behaart. 2n = 28.

Besonders ausgezeichnet durch die kurzen Stb., die schwachen St. und die unters. schimmernd behaarten B. mit oft fast kreisrundem Eb.

ÄHNLICHE ARTEN: 40. R. chlorothyrsus mit viel längeren, nadeligen St. besonders im Blüstd., unters. nicht weichhaarigen 5zähligen B. mit andersgeformten, am Grunde keiligen bis abgerundeten gleichmäßiger gesägten Eb. - 41. R. erichsenii: Bestachelung wie bei R. chlorothyrsus, B.chen mit regelmäßiger Serratur, Eb. mehr elliptisch, Stb. viel länger als die Gr. - 28. R. sciocharis: B.chen obers. reichlicher, unters. viel weniger, kaum fühlbar behaart, gleichmäßiger gesägt. Blüstd. umfangreicher, breiter, Stb. länger als Gr., mit (meist reichlich) behaarten Antheren.

VB: N-, W- und M-Europa, sehr disjunkt. - Schwed.: selten in NW-Schonen (Kullen!, Väderö!, Söderåsen!), DK: N-Seeland (Gribskov b. Esrom!), SO-Jütland (Nørreskov an der Genner-Bucht - M.P.CHRIST. 1964!). - Dann erst wieder um Aachen und im angrenzenden Belgien (besonders Ardennen!), in der Altmark u. in Pommern, selten in England.

40. **Rubus chlorothyrsus** FOCKE, Abh. Naturwiss. Ver. Bremen 2: 462 (1871). - Schl. 60', 65', 104' - Fig. - Tafel - Karte.

Loc. class. Wollah b. Bremen (FOCKE 1870! = Rubi selecti n. 44).

SCH. flachbogig, stumpfkantig mit gewölbten, seltener fast flachen Seiten, meist nur 4-6 mm im $\varnothing$, matt grün oder $\pm$ ungleichmäßig (d.)weinrotbraun überlaufen, mit grünlicher bleibender Strichelung, abstehend behaart, Haare einfach und gebüschelt, (ca. zu 10- >20(- >50) pro cm Seite), Sitzdrüsen reichlich, Stieldrüsen kurz, auf 5 cm zu ca. 1-10(- >30). St. ca. zu 10-20 auf 5 cm, deutlich gelblicher oder rötlicher als der Sch., ca. 5-7 mm lg., aus breitem Grunde dünn, fast nadelig, in der Mehrzahl rückwärtsgeneigt gerade oder schwach gekrümmt, daneben einzelne stärker sichelig; feine St.chen oder St.höcker sehr zerstreut bis fast fehlend.

B. vorwiegend schwach fußf. einzelne auch handf. 5zählig, B.chen obers. $\pm$ matt d.grün, mit (5-)10-20 Haaren pro cm^2, unters. grün, nicht oder nur wenig fühlbar behaart, Eb. ziemlich kurz gestielt (30-35(-40) % der Spreite), aus keilförmig zulaufendem, seltener abgerundetem Grunde umgekehrt eif. mit etwas aufgesetzter, mäßig langer Spitze. Serratur wenig tief und etwas ungleichmäßig, nicht periodisch. Zähnchen mit deutlich abgesetzten Spitzchen, B.haltung flach oder etwas gewölbt, ungefaltet, am Rande fast glatt bis schwach kleinwellig, ä.Sb. ca. 3 mm lg. gestielt, B.stiel stark behaart, obers. wenig bis reichlich stieldrüsig, mit (ca. 10-20) sicheligen St., Austrieb glänzend grün oder nur schwach h.rotbraun überlaufen.

BLÜSTD. verlängert (ca. 30-40, oft >50 cm lg.), über die Mitte hinaus bis meist bis zur Spitze durchblättert, mit besonders oben fast waagerecht abstehenden Ästen in der Achsel breitlanzettlicher Tragblätter, untere B. 3zählig, Achse abstehend dichthaarig und dazu locker sternflaumig, mit 1- > 30 Stieldrüsen auf 5 cm; St. zu (5-)10-18 pro 5 cm, 4-6(-7) mm lg., aus verbreitertem Grunde sehr schlank, teils gerade, teils leicht gekrümmt, einzelne stärker sichelig, kleinere St.chen zerstreut. Blüstiel ca. 1,5-2(-3) cm lg., dicht (bis ca. 0,5-0,7 x Blüstiel-$\varnothing$ Lge.) abstehend behaart, daneben sternfilzig, mit Sitzdrüsen und mit (3-)5- > 10 meist d.roten Stieldrüsen (bis ca. 0,3-0,7 x Blüstiel-$\varnothing$ Lge.), St. zu ca. 9-15, ungleich, größere ca. 3-4 mm lg., nadelig und schwach gebogen, Kz. (g.)grün, reichlich bestachelt und mit kurzen, meist d.roten Stieldrüsen, zuletzt locker zurückgeschlagen. Krb. weiß, elliptisch bis zunglich, nur ca. 7-10 mm lg., Stb. meist etwas kürzer als die weißlich grünen Gr., selten so lang oder gar länger, verblüht nicht zusammenneigend. Antheren und Frkn. kahl, Fr.bod. kahl oder wenig behaart. Sfr. meist etwas höher als breit, im Geschmack wie R. sprengelii. - VII-VIII. - 2n = 28.

Das hervorstechende Merkmal dieser Art ist der keilig zulaufende Eb.grund im Verein mit dem behaarten, stieldrüsenarmen Sch. mit seinen schlanken, im Schatten gelblichen, sonst rötlichen St. An der Rispe fallen neben ihrer reichlichen Durchblätterung, der die Art ihren Namen verdankt, vor allem die vielen langen und dünnen St. auf. Die kurzen und postfloral nicht zusammenneigenden Stb. und der Geschmack der Sfr. kennzeichnen sie eindeutig als zur Gruppe der Sprengeliani gehörig.

ÄHNLICHE ARTEN: 29. R. silvaticus: Pfl. mit viel schwächeren St.: St. des Sch. nur 3-4(-5) mm lg., an den (meist stieldrüsenlosen) Blüstielen nur 1-2,5 mm lg.; Sch. und B.stiele ohne Stieldrüsen, B.form und Blü.-standsaufbau anders, Stb. mit (meist) behaarten Antheren länger als die Gr., Frboden und Frkn dicht zottig. - Ferner vgl. 41. R. erichsenii, R. arrhenii (Schl. Nr. 60), R. sprengelii (Schl. Nr. 61) und 43. Rubus noltei.

ÖK. u. SOZ: In SH und im nwdt. TL bislang nur in klimatisch feuchteren Gebieten auf Altmoränen in Pruno-Rubetum-sprengelii-Gesellschaften in Knicks, Gebüschen und an Waldrändern im Kontakt zu bodensauren Querco-Carpineten beobachtet. Offenbar relativ schattenertragend.

VB: (N)W- und nordwestl. M-Europa. - In SH selten:1) Nördlich Elmshorn: Knicks und Gehölz zw. Hahnenkamp und Horst.(An diesem schon von ER. 1900! entdeckten Standort 1968!! nur noch in spärlichen, gefährdeten Resten unmittelbar am Rande der B 5), 2) bei Bergenhusen (FRID. 95!, 96!, GELERT 98! = Nr. 138 Rubi praes. Gallici exs. 1897. Hier (an der absoluten Nordgrenze der Gesamtverbreitung) vor allem westlich des Ortes und in Richtung nach Wohlde 1968 in Knicks und an Waldrändern noch in schönen Beständen!!). - Weitere VB: Im nwdt. TL besonders westlich der Linie Hamburg - Bremen bis nach Ostfriesland (!) und in den Raum Osnabrück (!!),nur stellenweise häufig, meist zerstreut bis selten (!!), ostwärts bis in die Gegend von Hannover (!!), südwärts bis ins nördl. Wf. (!!), selten auch in Holland, Belgien und auf den Brit. Inseln. - Angaben für DK beziehen sich auf den verwandten, doch nicht identischen R. axillaris. - Weitere Angaben für Me., Sachsen, CSSR, Österreich und vor allem für Polen und Ungarn erscheinen angesichts der ausgeprägten atlantischen VB-Tendenz des bei uns vorkommenden echten R. chlorothyrsus zweifelhaft.

41. **Rubus erichsenii** H.E.WEBER nov. spec. [+). - Holotypus Nr. 66.828.1a leg. H.E.WEBER in Holstein: Südl. Kisdorferwohld, Feldweg zum Staatsforst Endern (in Hb. Bot. Inst. Kiel. Isotypi Nr. 66.828.1b + 1c in Hb.

[+) Nominatus ex C.F.E. (CHRISTIANO FRIEDO ECKHARDO) ERICHSEN (18.10.1867 - 25.7.1947), magister in Hamburgo, egregie meritis exploratione Ruborum et Lichenium praecipue in Slesvico-Holsatia et regionibus finitimis.

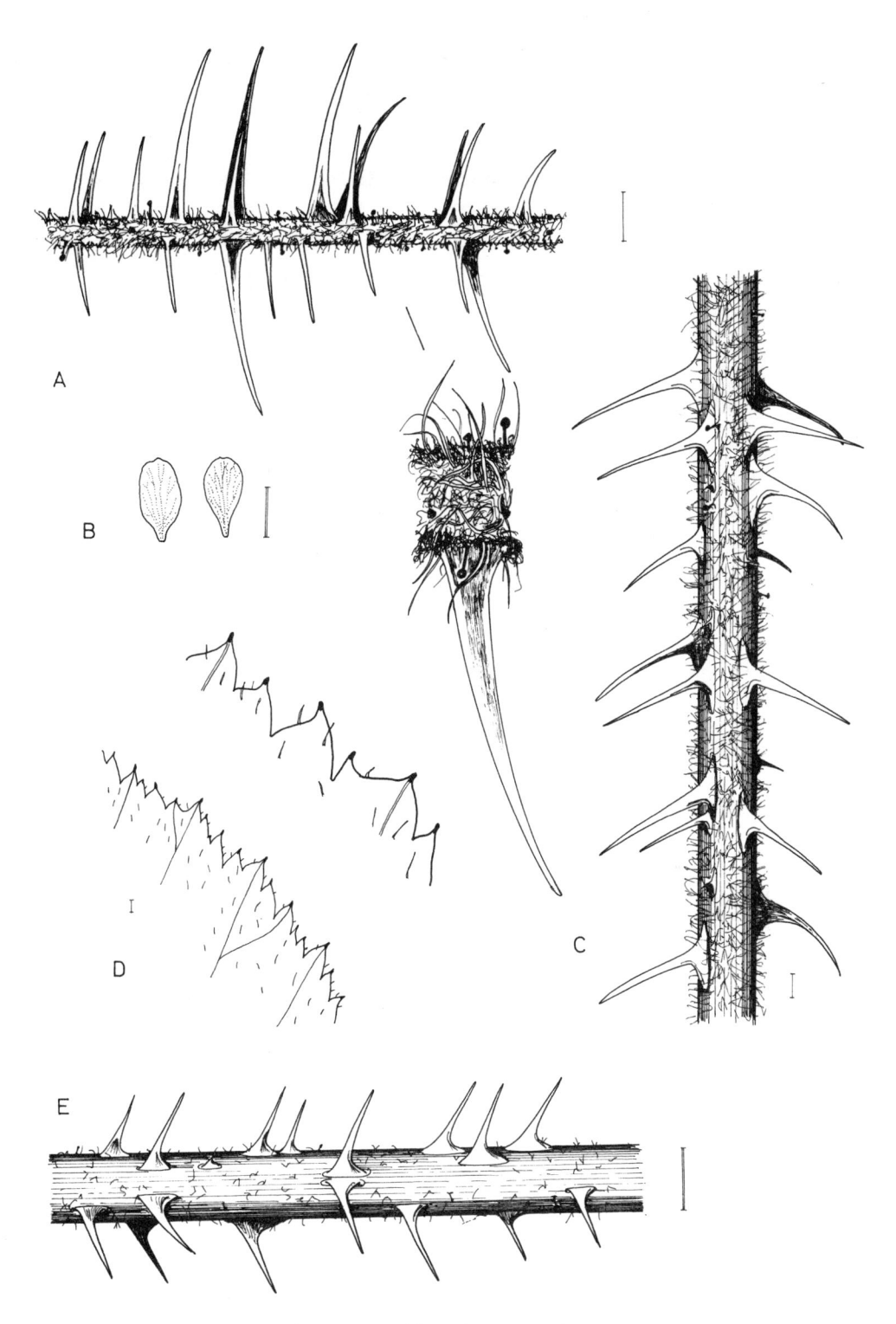

40. Rubus chlorothyrsus Focke

Bot. Inst. Hamburg et auct.). - Schl. 100 - Fig. - Tafel.

Planta in aculeis, pubescentia, glandulis et aliis notis praecipue in turione et habito inflorescentiae Rubo chlorothyrso FOCKE simillima , sed a quo hoc modo manifeste differt:
Folia partim, saepe majore ex parte tantum 3-4nata, foliola parum crassiuscula, subtus viridia, molliter et micanter pilis ad nervos pectinatis obsita. Foliolum terminale subobovatum, ellipticum vel paulum cordatum, basi truncatum vel paulum cordatum, sed numquam cuneatum. - Sepala in fructu maturo apicibus erectis patenta. Petala laete rosea, ca. 11-13 mm longa, stamina rosea styli albi-virescentes longe (vulgo duplo longie) superantes, post anthesin conniventes. Germina praecipue in apice $\pm$ pilosa, receptaculum pilis numerosis longis instructum. Floret praecox: (Junio -) Julio. - Fructus ut in R. chlorothyrso perfectus.

Pflanze in Bestachelung, Behaarung, Drüsenbekleidung, wie auch im übrigen, besonders auch im Bau des Sch. und des Blüstds. ganz mit 40. R. chlorothyrsus F. übereinstimmend, doch in folgenden Merkmalen deutlich abweichend:

B. zum Teil, oft in der Mehrzahl nur 3-4zählig, B.chen etwas derber, unterseits von auf den Nerven gekämmten Haaren schimmernd weichhaarig, Eb. undeutlich umgekehrt eif., elliptisch oder angedeutet eif., am Grunde gestutzt oder etwas herzf., nie keilig, Kz. an der reifen Sfr. abstehend mit aufgerichteten Spitzen, Krb. schön rosa, ca. 11-13 mm lg., Stb. rosafarben, deutlich länger, meist fast doppelt so lang wie die weißlichgrünen Gr., verblüht zusammenneigend, Frkn. besonders an der Spitze mit $\pm$ zahlreichen langen Haaren, Frbod. reichlich behaart, Blütezeit früh (VI-)VII, Fr.ansatz (wie bei R. chlorothyrsus) vollkommen.

Die Verwandtschaft mit R. chlorothyrsus F. tritt deutlich hervor. Sie zeigt sich im Herbar auch an dem zum Gelbbräunlichen tendierenden Kolorit der B. unterseiten, das bei R. erichsenii noch eine Spur mehr ins Rötliche verschoben ist. Dennoch erscheinen die Abweichungen namentlich in den Blütenmerkmalen systematisch zu bedeutsam, um noch eine Auffassung als intraspezifisches Taxon von R. chlorothyrsus zu rechtfertigen. Nach Länge und postfloralem Verhalten der Stb. gehört die Art nicht einmal mehr zur Series der Sprengeliani, zu der wir sie wegen der Affinität zu R. chlorothyrsus hier dennoch zuordnen. Eine hybridogene Entstehung mit Beteiligung eben dieser im weiteren Umkreis des Standorts fehlenden und in SH überhaupt sehr seltenen Art ist zwar nicht auszuschließen, doch nicht eben wahrscheinlich. - Die Pflanze ist bereits von ER. (1898!-1900!) an mehreren Stellen des Kisdorfer Moränengebietes als "daselbst sehr häufige .., in der Regel sogar vorherrschend(e)" Brombeere gesammelt worden, bevor wir unabhängig davon erstmals 1962 im selben Gebiet darauf stießen. ER. hielt sie (in sched.) zunächst für R. chlorothyrsus, dann für eine andere, ihm unbekannte "gute Art". FRID. bestimmte die ihm von ER. zugesandten Proben als "R. silvaticus Wh.N. f.

glanduligera K.FRID." und forderte damit zu Recht den Widerspruch ERICHSENs heraus, da die ihm besser als FRID. vertraute Pflanze zu R. silvaticus tatsächlich keinerlei erkennbare Beziehungen aufweist. Solche scheinen außer zu R. chlorothyrsus am ehesten noch zu R. schlechtendalii vorzuliegen.

ÄHNLICHE ARTEN: 40. R. chlorothyrsus vgl. oben! - R. schlechtendalii und R. teretiusculus (vgl. Schlüssel Nr. 90 f). - 66. Rubus pyramidalis: Sch. meist nur spärlich behaart, B. ohne Neigung zur Reduktion der B.chenzahl, B.chen oberseits in der Regel fast kahl, periodisch gesägt mit deutlich auswärts gekrümmten Hz., Blütsdsaufbau gänzlich anders: verlängert pyramidal, oben b.los und dichtblütig, St. der Achse alle oder fast alle gerade, Kz. an der Sfr. locker zurückgeschlagen, Frkn. kahl - Vgl. auch 39. R. axillaris und 37. R. sprengelii.

ÖK. u. SOZ: In Knicks (meist Pruno-Rubetum sprengelii) und lichten Wäldern auf nährstoffreichen, doch kalkarmen Altmoränenböden u.a. in Gesellschaft von R. leptothyrsus, R. sprengelii, R. silvaticus, R. sciocharis und R. bellardii beobachtet.

VB: Lokalart in SH im Kisdorfer Moränengebiet in Holstein. - Zw. Kisdorf und Kisdorferwohld mehrfach in Knicks und an Wegen und an Waldrändern (ER. 00!, 1962-1971!!), Nordrand des Staatsforstes Endern im Wald und in einem Feldweg außerhalb des Waldes (66-70!!), Bauerngehölz zw. dem Winsener und dem Kisdorfer Wohld (ER. 1900! - im selben Gebiet in schönen Beständen auch an einem Feldweg 70!!), Winsener Buschkoppel b. Kaltenkirchen (ER. 98!).

42. **Rubus echinocalyx** ERICHSEN, Verh. Naturwiss. Verein Hamburg, ser. 3,8: 31 (1900) - Schl. 55', 63, 105 - Fig. - Tafel.

Loc. class.: SH: Zw. Hohenfelde und Billbaum in Holstein (ERICHSEN 22.7. 1900! - 1962-67!!).

SCH. flachbogig, rundlich oder stumpfkantig-rundlich, ∅ bis ca. 7 mm, grünlich oder (besonders die St.) weinrot überlaufen, matt, mit ca. 5-10 (-20) locker abstehenden einfachen oder büscheligen Haaren pro cm Seite, ohne Sternhärchen, mit Sitzdrüsen und auf 5 cm mit ca. 10->50 (z.T. dekapitierten) kurzborstigen Stieldrüsen. Größere St. zu ca. 15-20 auf 5 cm, 5-6(-7) mm lg., aus breiter, flachgedrückter Basis in der Mehrzahl deutlich sichelig, einzelne auch rückwärtsgeneigt und $\pm$ gerade, kleinere St., St.-chen und St.höcker in wechselnder Menge, meist mehr als 30 auf 5 cm.

B. überwiegend 3-4zählig, daneben auch fußf. 5zählig; B.chen breit, sich randlich deckend, obers. $\pm$ d.grün, mit ca. 2-10 Härchen pro cm^2, unters. spärlich und nicht fühlbar behaart. Eb. kurzgestielt (ca. 17-26 % der Spreite), aus $\pm$ herzförmigem Grund breit umgekehrt eif., zuletzt oft rundlich, mit etwas aufgesetzter, lebend oft schief verdrehter, kurzer Spitze. Serratur ungleichmäßig, weit und wenig tief, oft etwas periodisch mit angedeutet auswärtsgekrümmten Hz., Haltung geschwungen V-förmig, zw. den Seitennerven seicht aufgewölbt gefaltet, am Rande fast glatt oder etwas wellig, ä.Sb. 1-2(-4) mm lg. gestielt. B.stiel kürzer als die ä.Sb., behaart, mit (15-20) stark sicheligen oder hakigen St., obers. $\pm$ stieldrüsig. Austrieb hellgrün.

BLÜSTD. angenähert $\pm$ pyramidal, wenig verschmälert, gestutzt, unten mit 3zähligen B. und sehr entfernten kurzen Zweigen, im oberen Drittel oder Viertel blattlos, zur Spitze hin mit $\pm$ trugdoldig verzweigten Ästen sehr dichtblütig und gedrungen. Achse rundlich, dicht abstehend behaart und darunter sternhaarig, mit $\pm$ zahlreichen kurzen Stieldrüsen und meist vielen, in der Behaarung versteckten Nadelst.chen; größere St. zu ca. 5-10 auf 5 cm, 3-5 mm lg., stark rückwärtsgeneigt und $\pm$ sichelig. Blüstiele nur 1-1,5(-2) cm lg., grünlich, abstehend und verwirrt vorwärtsgerichtet behaart, darunter dünn sternhaarig, mit versteckten Sitzdrüsen und meist zahlreichen ((5-) 10->30) Stieldrüsen, deren Lge. durchschnittlich 0,5-1 x, maximal bis 1,5-3 x Blüstiel-Ø. Größere St. zu ca. 7-12, $\pm$ sichelig, ungleich groß, ca. (1,5-)2-2,5 mm lg., mit Übergängen zu kürzeren St.chen, Kz. länglich, graugrün zottig-filzig, mit versteckten Stieldrüsen und dicht mit kleinen St.-chen besetzt, an der Sfr. aufgerichtet oder abstehend; Blü. weiß, Krb. schmal zunglich-spatelig, ca. 11 mm lg. und bis 4(-5) mm breit, postfloral $\pm$ lange haftend. Stb. kaum halb so lang wie die b.grünen Gr., postfloral wirr durcheinander gerichtet. Antheren kahl, Frkn. und Frboden behaart. Sfr. (flach-) kugelig. VII(-VIII).

R. echinocalyx ist im blühenden Zustand wegen seiner kurzen Stb. und den im Gegensatz zu R. arrhenii sehr schmalen Krb. und igelstacheligen Kelchen unverkennbar und zeichnet sich im übrigen vor allem durch die kurzstieligen breiten, oberseits glänzend d.grünen B. am dicht sichelstacheligen Sch. aus. ERICHSEN ordnete diese von ihm entdeckte Brombeere zunächst (1900, 31; 1909, 155) den Sprengeliani zu. Später (1931, 60) stellte er sie in die Nähe von R. drejeri (Mucronati). SUDRE (1911, 152), der nur getrocknete Stücke davon kannte, hielt die Art für eine ssp. von R. thyrsiflorus Wh. (Radulae). - R. echinocalyx ist vermutlich hybridogener Herkunft und dürfte im Gebiet spontan entstanden sein. Dabei ist mit einiger Wahrscheinlichkeit R. arrhenii als einer der Stammeltern anzunehmen, denn die charakteristischen kurzen Stb. und die länger haftenden Krb. können im Verbreitungsgebiet wohl nur von dieser Art herrühren. Weitere Deutungen über die Entstehung sind jedoch allein aus der Morphologie der Pflanze heraus, ohne experimentelle Kreuzungsnachweise, nicht mit hinreichender Wahrscheinlichkeit abzuleiten. Wegen der an R. arrhenii erinnernden Merkmale schließen wir die Art hier an die Sprengeliani an, obwohl sie mit gleichem Recht auch der Apiulati-Gruppe zuzuordnen wäre.

ÄHNLICHE ARTEN: 72. R. drejeri hat im Blattschnitt einige Ähnlichkeit, doch eine viel feinere Serratur mit sehr spitzigen Zähnchen und außerdem vorwiegend gerade oder nur schwach gekrümmte St. am Sch. und im Blüstd. Im Blütenbau gänzlich verschieden: Antheren behaart, Stb. viel länger als Gr., Krb. breit eif. bis rundlich, postfloral schnell abfallend. - Vgl.

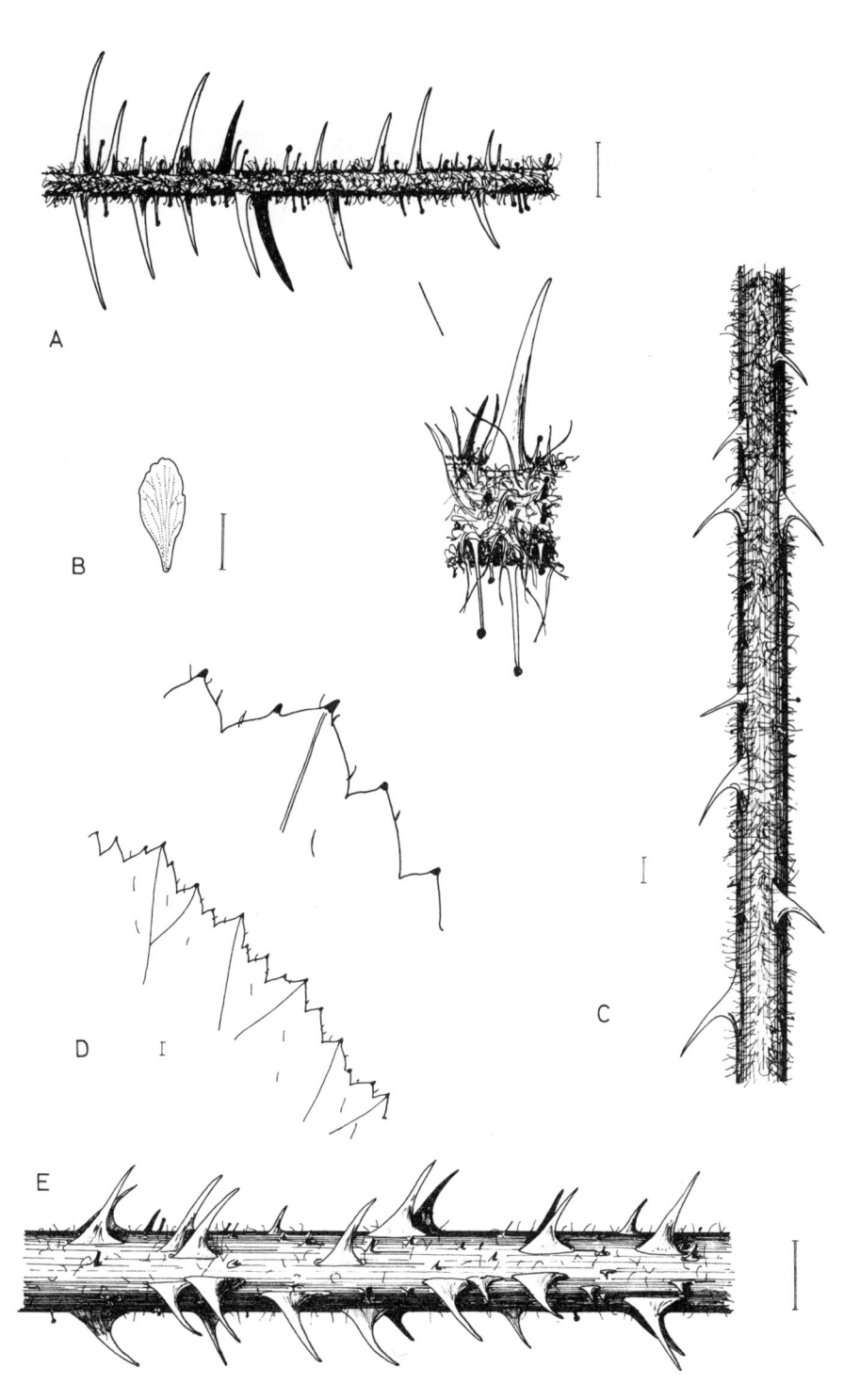

42. Rubus echinocalyx Er.

auch 43. R. noltei, 97. R. hartmani sowie den rotblühenden 37. R. sprengelii.

ÖK. u. SOZ: Bisher nur auf entkalkten Jungmoränen in ärmeren Pruno-Rubetum radulae-Gesellschaften in Knicks und an Wegrändern u.a. zusammen mit R. conothyrsus, R. sprengelii, R. radula und R. silvaticus beobachtet.

VB: SH (wohl endemisch). - Selten: Krs. Stormarn: zw. Hohenfelde und Billbaum (ER. 00! - nach ER. 1900, 31 hier "in großer Menge, als vorwiegende Art", heute jedoch (62-67!!) - vielleicht infolge der Vernichtung vieler Knicks - dort nur noch sehr spärlich); in Hohenfelde (ER. loc.cit.), Feldwege zw. Linau und Sierksfelde (ER. 04!), zw. Hohenfelde und Linau (ER. 04!), angeblich (nach SUDRE loc.cit.) auch in Frankreich und Belgien.

43. **Rubus noltei** H.E.WEBER nov. spec. [+]) - Holotypus 70.722.1a leg. H.E.WEBER 22.7.1970 flor. et 17.8.1970 fol. in Holstein: westlich Ahrenlohe. (In Hb. Bot. Inst. Kiel. Isotypi 70.722.1b + 1c in Hb. Bot. Inst. Hamburg et auct.). - Schl. 55, 66, 132 - Fig. - Tafel.

Frutex mediocris. - Turio mediocris, arcuato procumbens (sine admiculo usque ad ca. 1 m altus), apice autumno radicans, in media parte obtusangulo subteres vel subcylindricus, opacus, in partibus insolatis inaequaliter, saepe submaculate (obscure) rubescens, pilis simplicibus et fasciculatis obsitus, glandulae sessiliae sparsae vel copiosae, glandulae stipitatae sparsissimae vel nullae. Aculei 10-18(-25) ad 5 cm, e basi dilatata sat gracilei, majora parte reclinato-falcati, praeterea singuli ± recte-reclinati, 4-6(-7) mm longi, aciculi (vel gibbi) sparsissimi.

Folia 5nata, pedata vel digitata, praeterea partim (3-)4nata. Foliola subplicata vel implicata, supra subnitido-obscure viridia, pilis numerosis obsita, subtus sparsim sensimque pilosa, pila stellata nulla. Foliolum terminale breviter petiolatum (petiolo proprio quadruplum bis usque ad ter longius), (late) ellipticum vel obovatum, basi rotundatum vel angui-subcordatum, parum abrupte breve vel mediocriter acuminatum. Serratura dentibus principalibus longioribus et rectis composita, inaequaliter subvagans et non profunda dentibus mucronatis serrata. Foliola infima ca. 2-6 mm longe petiolata. Petiolus patenter hirsutus (semper ?) eglandulosus, aculeis falcatis munitus. Stipulae lineares, ciliatae, glandulis (sub-)sessilibus sparsis instructae. Foliola novissima ± nitida, (dilute) brunne-rubescente picta vel rubiginosa.

[+]) Nominatus ex ERNESTO-FERDINANDO NOLTE (24.12.1791 - 13.2.1875), professor Botanicae Universitate Kiloniense, egregie meritis de investigatione florae Slesvigiae et Holsatiae.

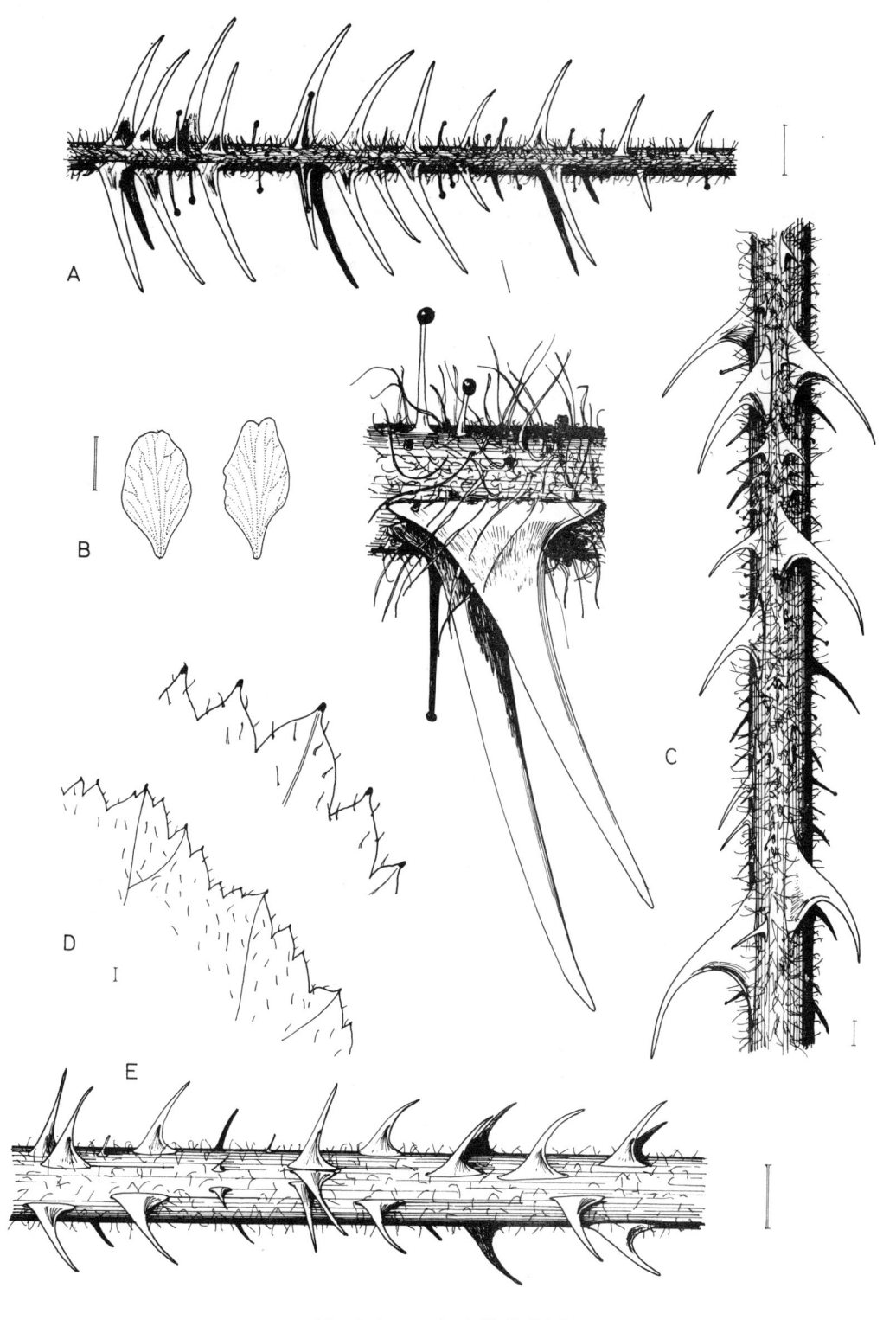

43. Rubus noltei H. E. Weber

Inflorescentia oblonga, divaricata, apice ramis longis subhorizontaliter patentibus, laxefloris, ± subcymosis, plerumque 2-3floris truncata, inferne ramis magis racemosis vel cymosis instructa, plerumque basi ex axilla bracteae ramum principalem et insuper pedunculum gerit, usque ad mediam partem vel prope ad apicem foliis 1-5natis obsita. Ramus florifer patenter pilosus ut in ramis aculeis curvatis dense munitus. Aculei majores rami floriferi 4-6 mm longi, in spinulis aciculisque numerosis transeuntes. Glandulae stipitatae sparsae vel copiosae. Pedunculi 1,5-3 cm longi, virides, (± patenter) pilosi et glandulis sessilibus numerosis instructi. Aculei majori pedunculi ca. 15-20 (-30), majore parte vel omnes parum curvati, ca. 2-3 mm longi, praeterea pedunculus aciculos minores gerit. Glandulae stipitatae sparsae vel copiosae (ca. 5->30), circiter (in herbario) sicut diametro pedunculi longae, singulae usque ad duplo longae. Glandulae sessiles numerosae. Sepala viridia, margine albo-cana, aciculis numerosis et glandulis stipitatis sparsis instructa, in flore et fructu reflexa. Petala alba, linguiformes vel (late) ovata, ± abrupte in unguiculam angustatam attenuata, apice ± emarginata. Stamina maxima parte parum longiora quam styli virescentes, post anthesin non vel admodum nihil conniventia. Antherae glabrae, germina (semper?) glabra, receptaculum pilosum. Fructus bene evolutus, drupeolis numerosis compositus, manifeste altior quam latus. Floret VII-VIII.

Crescit in Holsatia.

SCH. flachbogig (freistehend bis ca. 0,5 m hoch), im Herbst einwurzelnd, nicht kräftig, meist nur ca. 5 mm ∅, rundlich stumpfkantig bis fast stielrund, matt, lichtseits etwas ungleichmäßig, oft etwas fleckig (d.)weinrot, mit einfachen und gebüschelten Haaren (ca. (8-)15->30 Haare pro cm Seite), ohne Sternhärchen. Sitzdrüsen zerstreut bis reichlich, Stieldrüsen sehr vereinzelt oder fehlend, St. zu 10-18(-25) pro 5 cm, 4-6(-7) mm lg., aus verbreiterter Basis ziemlich schlank, in der Mehrzahl rückwärtsgerichtet und deutlich sichelig, daneben einzelne auch ± gerade, kleinere St.chen oder St.höcker zerstreut (meist ca. 1-5 auf 5 cm).

B. hand- oder fußf. 5zählig, einzelne (nur an Seitenzweigen oft auch überwiegend) 3-4zählig, B.chen obers. schwach glänzend d.grün, reichlich behaart (mit meist über 20 Haaren pro cm²), unterseits wenig, nicht fühlbar behaart, ohne Sternhärchen. Eb. kurzgestielt (25-30 % der Spreite), aus abgerundetem oder seicht und eng herzf. Grund (breit) elliptisch oder umgekehrt eif. mit wenig abgesetzter kurzer Spitze. Serratur periodisch mit längeren, fast geraden Hauptzähnen, ungleichmäßig, weit und wenig tief, Zähnchen mit aufgesetzten Spitzen. Haltung ± flach, nicht oder schwach gefaltet, am Rande kleinwellig, ä.Sb. 2-6 mm lg. gestielt. B.stiel abstehend ± dichthaarig, (immer?) ohne Stieldrüsen, mit ca. 12-17 (oft stark) sicheligen St., Nb. fädig-lineal, bewimpert, mit einzelnen (sub-)sessilen Drüsen. Austrieb ± glänzend (h.)rotbraun überlaufen oder ganz rotbraun.

BLÜSTD. verlängert, sperrig, bis zur Mitte oder nahe der Spitze beblättert (B. 1-5zählig), oben gestutzt mit langen, fast waagerecht abstehenden, ± angenähert locker trugdoldigen, meist 2-3blütigen Ästen, darunter mit mehr traubig verzweigten, aber auch mit Dichasien besetzten Ästen, meist ganz am Grunde aus der Tragblattachsel neben dem Hauptast noch ein Blüstiel. Achse (meist dicht) abstehend und sternflaumig-filzig behaart, wie die Äste mit vielen krummen St. Größere St. ca. 4-6 mm lg., zu ca. 10-20 pro 5 cm (oben dichter, nach unten zu zerstreuter), mit vielen Übergängen zu zahlreichen kleineren St. und St.chen. Stieldrüsen zerstreut bis reichlich. Blüstiel 1,5-3 cm lg., grün, ($\pm$ abstehend) behaart, dazu $\pm$ etwas sternhaarig und reichlich sitzdrüsig, dicht bestachelt. Größere Blüstiel-St. ca. 2-3 mm lg., in der Mehrzahl oder alle etwas gekrümmt, zu ca. 15-20(-30), daneben einzelne kleinere St.; Stieldrüsen zerstreut bis zahlreich (ca. 5->30), durchschnittlich so lang, vereinzelt auch bis doppelt so lang wie der Blüstiel-$\emptyset$, Sitzdrüsen zahlreich. Kz. grün, grauweiß berandet, mit vielen Nadelstacheln und einzelnen Stieldrüsen, an der Blüte und Sfr. zurückgeschlagen. Blü. weiß, Krb. ca. 12-15 mm lg., zunglich bis breit eif. mit $\pm$ abgesetztem schmalem Nagel, vorn $\pm$ ausgerandet. Stb. in der Mehrzahl etwas länger als die b.grünen Gr., postfloral nicht oder nur undeutlich zusammenneigend. Antheren kahl, Frkn. (immer?) kahl, Fr.bod. behaart. Sfr. vielfrüchtig, gut entwickelt, deutlich höher als breit. VII-VIII.

Charakteristisch für diese Pflanze ist besonders der sperrige, dicht sichelstachelige Blüstd. mit ebenfalls dichtstacheligen grünen Kelchen. Sie wurde vom Vf. erstmals im Oktober 1962 südöstlich von Hainholz bei Elmshorn gefunden und von NEUMANN als R. echinocalyx bestimmt. Trotz mancherlei Übereinstimmung sind jedoch die Unterschiede zu dieser Art (vgl. auch Schl. 55) zu tiefgreifend, als daß beide sich unter diesem Taxon vereinigen ließen. R. echinocalyx hat zwar ebenfalls dichtstachelige Kelche und ähnelt auch in gewisser Hinsicht im Habitus unserer Art, unterscheidet sich andererseits doch eindeutig durch folgende Merkmale: Stb. nur halb so lang wie die Gr., Frkn. behaart, Kz. graugrün, an der Sfr. abstehend oder aufgerichtet. Sfr. rundlich oder flachkugelig. Blüstd. nicht sperrig, mit Ausnahme der Kz. ungleich weniger dicht bestachelt, doch viel dichter behaart. Sch. und B.stiele stärker stieldrüsig, B. ausgeprägter fußf. 5zählig, großenteils doch nur 3-4zählig, Eb. am Grunde deutlich eng herzf., breit umgekehrt eif. oder rundlich mit aufgesetzter kurzer Spitze. - Die Zuordnung zu den Sprengeliani erfolgt lediglich wegen der Ähnlichkeit mit R. echinocalyx und ist nicht als endgültig zu betrachten.

ÄHNLICHE ARTEN: 42. R. echinocalyx siehe oben und Schl. 55! - 37. R. sprengelii - mit ebenfalls sichelstacheligem Sch. - ist sonst nur entfernt ähnlich: B. großenteils oder alle nur 3-4zählig, B.chen schmaler, Blüstd. mit zarteren Zweigen und viel weniger dicht mit sehr viel schwächeren an der Achse nur 3(-4) mm lg. St. bewehrt. Blü. rosa bis rosarot, Stb. kaum so lg. wie Gr., meist deutlich kürzer, Kz. wenig bestachelt. - Vgl. ferner: 97. R. hartmani, 40. R. chlorothyrsus und 22. R. senticosus.

ÖK. u. SOZ: Bisher in ärmeren Pruno-Rubetum sprengelii-Gesellschaften in Knicks und an Waldrändern beobachtet u. a. in Gesellschaft mit Rubus plicatus, R. cimbricus, R. silvaticus, R. leptothyrsus, R. sprengelii, Rubus sciocharis und R. macrophyllus.

VB: SH (endemisch?). Bislang nachgewiesen an mehreren Stellen zwischen Tornesch und Elmshorn: Liethermoor (62!!, 67!!), südlich von Seeth-Eckholt (67!!, 68!!) sowie außerdem nördlich von Pinneberg bei Kummerfeld (69!!). Vermutlich weiter verbreitet.

44. Rubus myricae FOCKE, in ALPERS, Verz. Gefäßpfl. Landdrostei Stade 27 (1875). - ZSchl. I: 2 -

SCH. flachbogig niedergestreckt, stumpfkantig mit gewölbten bis fast flachen Seiten, fast wie bereift überhaucht + matt, grün, heller gestrichelt, später - besonders die St. - h.rotbräunlich überlaufen, fast kahl (0-2(-4) Haare pro cm Seite), spärlich sitzdrüsig und wie die ganze Pfl. stieldrüsenlos. St. zerstreut (zu ca. 3-6 pro 5 cm), aus breitem Grunde pfriemlich, ca. 4-5 mm lg., geneigt gerade, seltener schwach gekrümmt.

B. 3zählig, einzelne 4- fußf. 5zählig, B.chen obers. + matt grün, mit zahlreichen Haaren (>20 pro cm^2), anfangs angedeutet schimmernd und fast weich, später kaum noch fühlbar behaart. Eb. kurz gestielt (20-30 % der Spreite), aus (schwach) herzf. Grund breit elliptisch bis schwach umgekehrt eif., allmählich kurz bespitzt. Serratur fein und gleichmäßig. B.stiel schwach behaart, nur mit wenigen (ca. 3-4) pfriemlichen geraden oder wenig gekrümmten St., Nb. fast fädig.

BLÜSTD. oben + blattlos, fast traubig, nach unten zu mit kurzen traubigen Ästen in den Achseln längerer 3zähliger Tragblätter. Achse wenig behaart, mit zerstreuten (ca. 2-4 auf 5 cm) pfriemlichen, geneigten geraden ca. 3-4 mm lg. St. Blüstiel dünn, 1,5-2 cm lg., kurz filzig-wirr und dazu länger (bis ca. 1 x Blüstiel-Ø) abstehend behaart, unbewehrt oder mit 1 (-2) feinen geraden 1-2 mm lg. St.chen. Kz. graulich grün, st.los, zuletzt + aufrecht, Krb. schmal elliptisch bis + umgekehrt eif., weiß, ca. 11-12 mm, Stb. (kaum) so hoch wie die b.grünen Gr., postfloral nicht zusammenneigend, Antheren gewöhnlich kahl (s.u.!), Frkn. schwach behaart, Frbod. (immer?) kahl. Sfr. gut entwickelt. VII(-VIII).

R. myricae, die "Lüneburger Heidebrombeere", abgeleitet von "myrica", der mittelalterlichen lat. Bezeichnung der (Lüneburger) Heide, ist eine isoliert stehende, unverkennbare Art. Sie verbindet in eigentümlicher Weise das Merkmal der Stieldrüsenlosigkeit mit dem Habitus reichdrüsiger, überwiegend 3zählig beblätterter Arten (z.B. R. cruentatus). In dieser Kombination geben dazu der fast kahle Sch. sowie die zerstreute Bestachelung (vor allem auch des B.stiels und des Blüstds.) weitere auffällige Kennzeichen ab. Der eigenständige Charakter der Pflanze erschwert ihre systematische Zuordnung. FOCKE stellte sie zunächst (1877, 224) zu den Silvatici, später (1914, 184) zu den Egregii (= Mucronati (F.)WATS.). Dagegen ordnete SUDRE (1908-13) sie den Sprengeliani zu. Diese Auffassung erscheint am besten begründet, denn die relativ kurzen, nach der Blüte nicht zusammenneigenden Stb. sind typische Kennzeichen dieser Gruppe.

Abänderungen und verwandte Taxa:

1. Zw. Soltau und Mittelstendorf fand der Vf. (69!!) eine sonst typische Form mit sehr kurzen Stb. und behaarten Antheren. Wie die Kürze der Stb. erinnerte auch das Haften der abgeblühten Krb. an R. arrhenii. Somit könnte es sich hierbei trotz wohlentwickelter Früchte vielleicht um eine Bastardbildung mit dieser Art handeln, wenn diese in der unmittelbaren Umgebung auch nicht beobachtet wurde. Vielleicht handelt es sich aber auch noch um eine typische Pflanze, zumal auch KINSCHER (1910, 28) behaarte Antheren für R. myricae aus dem loc. class.-Gebiet angibt.

2. R. pervirescens SUDRE ap. GANDOGER, Nov. Concp. Fl. Eur. 137 (1905). - Syn. R. virescens G. BRAUN ex FOCKE, Synopsis Rub. Germ. 224 (1877) non P.J. MUELLER (1859) nec BOULAY & PIERRAT (1873). - Von R. myricae durch überwiegend fußf. bis handf. 5zählige, etwas ledrige, in der Form an R. macrophyllus erinnernde, doch viel kleinere B. mit länger bespitztem Eb. sowie durch kürzere Stb. unterschieden. - Diese hauptsächlich im Wesergebiet zw. Hameln und Minden wachsende Art soll auch bei Wohlsdorf an der Wümme bei Rotenburg (FOCKE 1914, 334 u. nach FIT. 1914, 79) sowie nach FIT. (l.c.) "vielleicht" zw. Heeslingen und Zeven vorkommen; von BRANDES (1897, 120) wird dazu eine nicht näher beschriebene "var. glandulosus FOCKE" von Bergen a.D. erwähnt. Während im letzteren Fall vielleicht eine Verwechslung mit R. cimbricus F. vorliegt, werden weitere Nachweise klären müssen, ob es sich bei den Rotenburger Sträuchern statt um R. virescens nicht eher um kurzgriffelige Formen des R. myricae handelt, die hier nur unweit vom Fundortsgebiet der typischen Form vorkämen.

ÄHNLICHE ARTEN: Bei Beachtung der angegebenen Merkmale ist R. myricae wohl mit keiner bei uns vorkommenden Art zu verwechseln. Ähnlich in der B.form und im Sch. ist allenfalls 76. R. hypomalacus, doch hat dieser u.a. dichter best. Sch., viel weiter und mit auswärts gekrümmten Hz. gezähnte B.chen sowie stieldrüsige Blüstiele. - Entfernter noch ähnlich ist 34. R. egregius, abweichend u.a. durch dichter bestachelten Sch., sternhaarige B.chen, ausgeprägt umgekehrt eif., am Grunde meist abgerundetes Eb., Blüstd. mit sternfilziger Achse, zahlreicheren St. (am Blüstiel ca. zu 6-12) und zuletzt zurückgeschlagenen Kz.

ÖK. u. SOZ: In Wäldern und Gebüschen auf kalkfreien ± sandigen Böden zusammen mit R. selmeri, R. leptopetalus, R. silvaticus, R. nessensis und R. plicatus beobachtet.

VB: Ns. wohl endemisch. (Standortsangaben aus anderen Gebieten - z.B. N-Frankreich, Schweiz - sind zweifelhaft). In der Lüneburger Heide von

FOCKE bei Soltau entdeckt. Trotz mehrfach geäußerter Vermutung eines viel größeren VB-Gebietes (FOCKE 1877, 224; 1894, 299; 1902, 528) scheint die eigenartige Pflanze ganz auf dieses Areal, die nähere und weitere Umgebung von Soltau beschränkt zu sein, z.B. zw. Soltau und Rotenburg und bei Alvern (KLIMMEK 1954!), zw. Harber und Öningen (69!!) und noch am Wilseder Berg (FOCKE 1914, 185).

Series 3. Rhamnifolii F.

45. Rubus maassii FOCKE in BERTRAM, Flora von Braunschweig 75 (1876). - Schl. 34, 40' - Fig. - Tafel - Karte.

SCH. hochbogig, sehr stark verzweigt, kantig flachseitig oder meist etwas rinnig, erst (schwach) glänzend grün, später (braun-)rot überlaufen und matter, (fast) kahl (0-1(-2) Härchen pro cm Seite). St. zu ca. 8-12 pro 5 cm, kantenständig, aus breitem Grunde schlank zugespitzt, rückwärtsgeneigt gerade oder häufiger etwas gekrümmt, ca. 6-7 mm lg., deutlich rötlicher als der Sch.
B. handf. 5zählig, auffallend klein (Eb. mit Stiel unter 10 cm lg.); B.chen obers. glänzend grün, mit ca. 25->50 Haaren pro cm^2, unters. grün, fühlbar kurzhaarig und manchmal darunter angedeutet filzig, Eb. lang gestielt (40-50 % der Spreite), aus abgerundetem Grund umgekehrt eif., mit $\pm$ aufgesetzter kurzer Spitze. Serratur ziemlich regelmäßig eng und fein mit spitzigen Zähnchen. Haltung flach, ungefaltet, mit sehr schmal umgerolltem, lebend fast glattem Rand; ä.Sb. ca. 1-3 mm lg. gestielt, deutlich kürzer als der B.stiel. B.stiel zerstreut behaart, mit (ca. 7-12) kräftigen krummen St., Austrieb glänzend grün, $\pm$ rotbraun berandet.
BLÜSTD. schmal und wenig umfangreich (in SH meist unter 20 Blüten), im oberen Teil blattlos, nach unten zu mit 3zähligen B., Achse zerstreut $\pm$ flaumig behaart, auf 5 cm mit ca. 5 krummen, rötlichen, etwa 3-5 mm lg. St.; Blüstiel (in SH) kurz, nur ca. 5-15 mm lg., graugrün filzig und $\pm$ abstehend behaart, mit ca. 0-2(-3) schwachen, etwas gekrümmten, ca. 1-1,5 mm lg. St., manchmal auch mit einer vereinzelten kurzen Stieldrüse. (Ausbildungen außerhalb SHs z.T. auch mit stärker bestachelten längeren Blüstielen). Kz. graugrün filzig, an der unreifen Fr. deutlich, zur Fruchtreife meist nur undeutlich zurückgeschlagen oder auch $\pm$ abstehend, Krb. reinweiß, ziemlich schmal, nur 8-10 mm lg., Stb. etwas länger als die grünlichweißen Gr., Antheren und Frkn. kahl, Frbod. etwas behaart. Sfr. rundlich. VII-VIII.

Charakteristisch für die Art sind besonders die im Vergleich zu den kräftigen Sch. auffallend kleinen, obers. glänzenden B., die Form des (wie die übrigen B.chen) randlich schmal umgefalzten Eb. sowie die rötlichen St. - Nach FOCKE (1914, 349) kann außer dem Typus (= var. maassii (F.), = var. lamprocladus FOCKE l.c.) mit unbereiftem glänzendem Sch. (hierzu gehören die in SH vorkommenden Pfl.) eine var. glaucocladus KRETZER mit mattem, etwas bereiftem Sch. unterschieden werden, die um Braunschweig und am

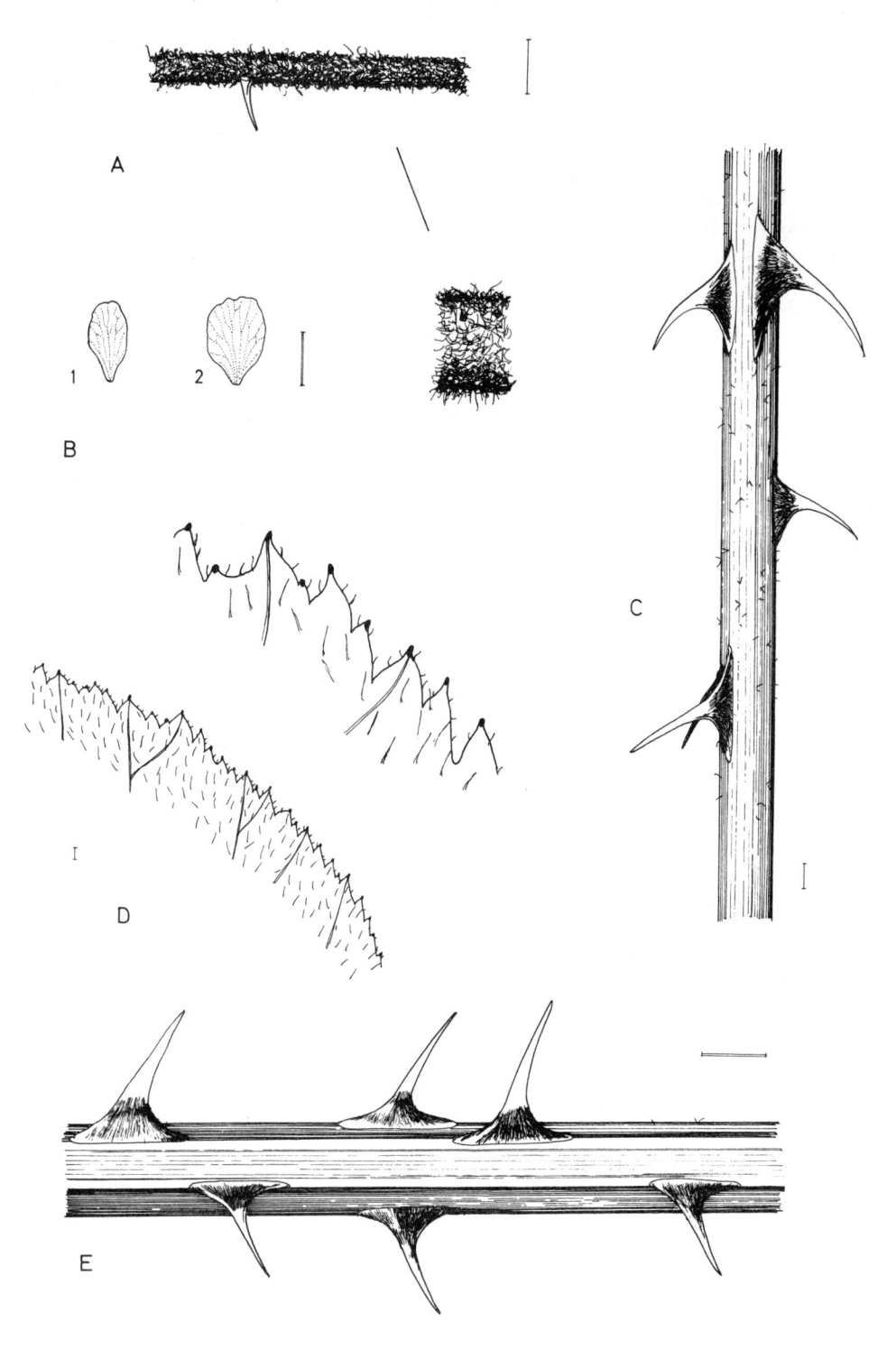

45. Rubus maassii Focke. A-E excl. B2
46. Rubus lindebergii P.J.M. B2

Nordrande des Harz nachgewiesen ist.

ÄHNLICHE ARTEN: Vgl. 46. R. lindebergii. - Weniger ähnlich sind: 58. R. polyanthemus: Sch. stumpfkantig, mit ± gewölbten Seiten, B. größer (Eb. mit Stiel in der Regel entschieden länger als 10 cm), obers. weniger glänzend, unters. graufilzig. Eb. zuletzt viel rundlicher mit ± auswärtsgerichteten Hz., Blüstd. viel umfangreicher, mit 30->40 Blüten, Achse dichter behaart mit schlanken, geraden 5(-6) mm lg. St., Blüstiele mit 3-7 geraden, 2-3 mm lg. St. - 34. R. egregius: Sch. schwächer, rundlich stumpfkantig, dichter und kürzer bestachelt, B. fußf. 5zählig, mit starker Neigung zur 3Zähligkeit, Eb. breiter, zuletzt oft rundlich, mit etwas auswärtsgerichteten Hz., Blüstd. ähnlich wie bei R. polyanthemus, Blüten rötlich. - 53. R. langei und 50. R. selmeri: B. oberseits kahl. - 54. R. vulgaris: St. nicht auffallend rötlicher als der Sch., B.chen schmaler, obers. kahl oder fast kahl, unters. deutlich filzig, am Rande ungleich und grob gesägt, ohne abgesetzte Spitze, Blüstd. umfangreich (>25 Blüten), sperrig, Blüstiele mit kräftigen St. - 19. R. affinis recht unähnlich, mit viel kräftigeren St. und anders geformten, am Grunde tief herzf., lebend grobwelligen Eb. - R. divaricatus und R. holsaticus vgl. Schl. 41f. - Vgl. auch 48. R. cardiophyllus.

ÖK. u. SOZ: In SH in Gesellschaft von R. sprengelii, R. langei, R. rudis und R. selmeri var. argyriophyllus beobachtet auf jungdiluvialen kalkarmen sandigen z.T. kiesigen Endmoränen sowie auf entkalkten, anlehmigen Grundmoränen in Knicks des Pruno-Rubetum sprengelii sowie in ärmeren Ausbildungen des Pruno-Rubetum radulae (Typen ohne R. caesius).

VB: Mittleres M-Europa und England. - In SH selten und nur in SO-Holstein: früher bei Lübeck: Rittbrook nahe dem Forsthause (RANKE 96!) und am Rande des Lauerholzes bei Karlshof (RANKE 1900, 12). Bislang in neuerer Zeit dort noch nicht wieder aufgefunden. Hauptsächlich früher zw. Trittau und Lütjensee (FIT. 09!), besonders bei Bollmoor nach ER. (1900, 20 und 1931, 55) "häufig": Trittau am Mönchsteich (ER. 03!), Bollmoor (ER. 91!). - Bei Bollmoor 1962!! noch in spärlichen, jetzt durch Bebauung vernichteten Resten, sonst offenbar an den von ER. beobachteten Stellen schon früher verschwunden. 1967!! noch einige kräftige Büsche an der Straße zw. Grönwohld und Linau, die z.Z. das einzige bekannte, aber wohl nicht das einzige tatsächliche Vorkommen der Art in SH repräsentieren. - Weitere VB: Aus dem nwdt. TL angegeben von: Dauelsen b. Verden (FOCKE 1902, 478), Donnerstedt b. Thedinghausen (FOCKE 1894, 296. - Später nicht mehr zitiert und wohl zweifelhaft) und Sulingen (nach BRANDES 1897, 116 - unbestätigt). - Häufiger erst wieder bei Helmstedt! und am nördlichen Harzrand; von dort zerstreut westlich bis Westfalen, östlich bis Sachsen! und Berlin (MAASS 1898, 396 - ?). Außerdem in einer filzblättrigen Ausbildung in S- und O-England.

46. **Rubus lindebergii** P.J. MUELLER, Pollichia 16-17: 292 (1859). - Syn. R. muenteri ssu. FOCKE pro pte. non MARSSON 1869. - Schl. 85 - Tafel - Karte.

Sehr ähnlich R. maassii und nur in folgenden Merkmalen davon abweichend: Sch. dunkler gefärbt, viel stärker behaart (meist ca. (5-)10-20 $\pm$ büschelige Härchen pro cm Seite), St. bis 8-9 mm lg., etwas zahlreicher (ca. 10-15 auf 5 cm), B. oft etwas fußf. 5zählig, obers. (fast) matt, unterseits dicht grau- bis grauweiß filzig, Eb. oft noch länger gestielt. Blüstd. umfangreicher mit kräftigeren St. (an der Achse bis 7(-8) mm lg., Krb. breiter (Fig. bei Nr. 45 B 2). Im übrigen vgl. 45. R. maassii. - 2n = 28.

Charakteristisch für R. lindebergii sind besonders der behaarte Sch. mit langgestielten, unterseits ausgeprägt filzigen, auch oberseits reichlich behaarten, nicht glänzenden B. mit ebenfalls langgestieltem, umgekehrt eif., kurz und abgesetzt bespitztem, feingesägtem Eb.

ÄHNLICHE ARTEN: sind außer 45. R. maassii ferner 58. R. polyanthemus (vgl. ebendort auch R. egregius), der sich vor allem durch fast kahlen Sch., anders geformtes, breiteres Eb. und gerade St. am Sch. und im Blüstd. unterscheidet, dessen untere Äste länger sind und der dazu meist etwas stieldrüsig ist. - 48. R. cardiophyllus besitzt anders geformte Eb. mit breitem, oft herzf. Grund, verkahlenden Sch. mit zerstreuteren (ebenso wie an der Blüstd.achse geraden) St. (ca. 4-10 pro 5 cm). - 51. R. insularis und 52. R. insulariopsis haben kräftigere und breitere, nicht auffällig gefärbte St. (diese am Sch. ca. 7-10 mm, an Blüstd.achse ca. (5-)6-9 mm lg.), stumpfkantige, gleichmäßig d.weinrote Sch. und nur mäßig lang (ca. 27-35 % der Spreite) gestielte Eb., B.chen unters. nur grün- bis graugrün-filzig, Blüstde. breit, umfangreich, oft $\pm$ stieldrüsig. - Vgl. auch 53. R. langei (mit $\pm$ ledrigen, obers. kahlen B.chen und fast kahlem Sch.), 54. R. vulgaris, 59. R. armeniacus sowie die schwedische Lokalart 47. R. scheutzii.

ÖK. u. SOZ: In SH nur 1 Fundort in einem lichten Wegrandgebüsch im jungdiluvialen Endmoränengebiet.

VB: NW-Europa. - Auf den Brit. Inseln (vor allem im N), SO-Norwegen, S-Schweden und DK (O-Jütland: südl. Kolding, bei Haderslev; häufiger auf Fünen, seltener auf Seeland und Lolland). - Angaben für Mitteleuropa (Ns.: bes. Harzgebiet; Pommern) z.B. bei FOCKE (1902, 475) sind problematisch, da FOCKE und nach ihm andere R. lindebergii nicht genügend von R. muenteri MARSSON unterschieden haben. FOCKE ging sogar soweit, R. muenteri lediglich als Schattenform des R. lindebergii zu bewerten. Zweifellos ist R. muenteri jedoch eine von R. lindebergii verschiedene Pflanze. MARSSON (1969, 144), der die Art unter verschiedenen Wuchsbedingungen gründlich studierte, gibt für den echten R. muenteri fast kahle Sch., unterseits grüne, nahezu fast kahle (!), jedenfalls nicht filzige B. und ein aus herzf. Basis fast kreisrundes Eb. an. - In SH soll R. lindebergii nach FOCKE (zit. b. FRID. &

GEL. 1887, 62, vgl. auch KRAUSE 1890, 56) schon im 19. Jh. von HIN-
RICHSEN "bei Schleswig" gefunden worden sein. FOCKE hielt die Pflanze
zunächst für R. muenteri, später, seiner Auffassung des R. muenteri gemäß,
für R. lindebergii. Darauf dürften seine Angaben (1902, 475 und 1914, 347)
im "östlichen Schleswig-Holstein" zurückzuführen sein, die seitdem in der
Literatur tradiert werden (zuletzt bei HUBER in HEGI 1961, 331). Der alte
Beleg, auf dem diese Zitate wohl alle beruhen, konnte im Westf. Provinzialherbar Münster wiederaufgefunden werden: "Rubus Muenteri Marss. - Schleswig: 12.-24. Aug. 81. Klensby, auf fruchtbarem Waldboden in Zaeunen"
leg. N. HINRICHSEN" (= Dr. C. BAENITZ, Herbarium Europaeum, Nr. -).
Es handelt sich dabei jedoch nicht um R. muenteri, sondern einwandfrei um
eine Schattenform des R. langei, so daß damit die alten Angaben hinfällig
werden. - 1963!! fanden JÖNS & WEBER jedoch in den Hüttener Bergen bei
Schleswig zw. Brekendorf und dem Scheelsberg in einem Feldweg eine zunächst unbestimmte Pflanze, die erst später vom Vf. genauer untersucht und
als R. lindebergii erkannt wurde. Sie stimmt in allen Teilen bestens mit Exemplaren aus DK und Schweden überein. Bei einer erneuten Überprüfung des
Standortes (1970!!) wurden jedoch an den sonst durchaus typischen Stöcken
vereinzelt 6-7zähl., an R. polyanthemus erinnernde B. gefunden, wie sie
gelegentlich auch bei R. muenteri beobachtet wurden. Das sh. Vorkommen
von R. lindebergii umfaßt - soweit bekannt - nur wenige, doch gut entwik-
kelte Sträucher. - Ob dieses Vorkommen überhaupt das einzige in Dt. ist,
bleibt zu untersuchen. Eine zumindest sehr nahestehende, wenn nicht identische Pfl., die für eine eindeutige Bestimmung nicht ausreichend entwickelt
war, wurde vom Vf. (1971!!) in den Stemweder Bergen bei Haldem im nördl.
Wf. gefunden.

47. Rubus scheutzii LINDEBERG, Herb. Rub. Scand. n. 32 (1885). - Syn.
R. lindebergii P.J.M. v. viridis ARESCHOUG ap. HARTMAN, Skand. Fl.
ed. 11: 281 (1879). - ZSchl. II: 3.

SCH. hochbogig, kantig, behaart, mit kräftigen 6-9 mm lg., geraden oder
gekrümmten St. B. (3-)fußf. 5zählig, B.chen kurzgestielt, sich $\pm$ deckend,
obers. kahl, unters. weichhaarig, Eb. aus etwas herzf. Grund rundlich mit
abgesetzter kurzer Spitze und enger feiner Serratur mit geraden Hz. - BLÜSTD.
wie die ganze Pfl. stieldrüsenlos, mit krummen bis hakigen St., oben blattlos
und dichtblütig. Kz. graufilzig, Krb. weiß, rundlich, Stb. länger als die
Gr., Antheren und Frkn. kahl. - 2n = 28.

Von dem nahe verwandten 46. R. lindebergii besonders durch kürzer-
gestielte obers. kahle, unters. filzlose B. und das rundliche, plötzlich zuge-
spitzte Eb. sowie die rundlichen Krb. verschieden. Ähnlich ist auch 50. R.
selmeri, der vor allem durch kahleren Sch., länger gestielte unters. $\pm$
filzige B.chen und schmalere Krb. abweicht.

VB: Schweden (endemisch). - Nur an der schwed. SO-Küste bei Oskarshamn, hier häufig. - England betreffende Angaben beziehen sich auf R. errabundus W. WATSON, Journ. Ecol. 33: 339 (1946).

48. **Rubus cardiophyllus** LEFEVRE & P.J. MUELLER, Jahresber. Pollichia 16/17: 86 (1859). - Syn. R. rhamnifolius Wh. N. ssp. muenteri MARSS. var. pseudodumosus K. FRIDERICHSEN ap. BOULAY, Ass. rub. Nr. 1157 (1893)!; R. dumosus ('LEF.') FOCKE, Abh. Naturwiss. Ver. Bremen 9: 99 (1886); FRID. & GELERT, Bot. Tidsskrift 16: 61 (1887) et Rubi exs. Dan. et Slesv. Nr. 33 (1887), KRAUSE in PRAHL, Krit. Flora Prov. SH 2: 56 (1890) non LEFEVRE. - Schl. 82 - Fig. - Tafel - Karte.

Loc. class. bei Retz und Lévignen (Frankreich), für R. pseudodumosus K. FRID.: Glücksburg (K.FRID. 1890!)!!.

SCH. wie die ganze Pflanze ohne Stieldrüsen, hochbogig (bis ca. 1,5 m hoch), kräftig (5->10 mm $\emptyset$), kantig mit vertieften oder rinnigen, seltener zuletzt auch flachen Seiten, $\pm$ glänzend, von den St. und Kanten aus sich $\pm$ gleichmäßig d. weinrot verfärbend, mit einzelnen feinen Büschelhaaren, später verkahlend (bis ca. 0-3 Härchen pro cm Seite). St. zu ca. 4-10 pro 5 cm, flachgedrückt, kurz oberhalb der breiteren Basis allmählich geradlinig verschmälert, gerade, abstehend oder etwas geneigt, (6-)7-9 mm lg., Basis zunächst deutlich rötlicher als der Sch.
B. handf. 5zählig, B.chen obers. grün, $\pm$ matt, behaart (ca. (5-)10->15 Haare pro cm^2) und von winzigen subsessilen farblosen Drüsen sehr fein punktiert (Lupe!), unters. dicht (grün-)grau- bis weißfilzig, längere abstehende Haare fehlend oder undeutlich vom Filz abgesetzt. Eb sehr lang gestielt ((40-)50-60 % der Spreite), aus breitem herzf. oder gestutztem (bei jüngeren B. auch abgerundetem) Grunde eif. oder $\pm$ breit elliptisch, oft mit angenähert parallelen Seiten, allmählich $\pm$ lang bespitzt. Serratur sehr eng, periodisch mit längeren geraden Hz., Zähne lang zugespitzt. Haltung ungefaltet, Rand vorn deutlich kleinwellig, Querschnitt $\pm$ flach. ä. Sb. ca. 4-6 mm lg. gestielt, B.stiel locker flaumig-filzig behaart, mit (ca. 10-12) $\pm$ sicheligen St., Nb. schmallineal. Austrieb glänzend frischgrün.
BLÜSTD. pyramidal, im oberen Teil verlängert, b. los und dichtblütig, unten mit (3-)5zähligen, wie die des Sch. geformten B.; Achse flaumig anliegend wirrhaarig, nach oben zunehmend, zuletzt dicht filzig; St. zu ca. 4-6 pro 5 cm, aus stark verbreiterter, sockelförmiger Basis plötzlich verschmälert, etwas geneigt, gerade (seltener einzelne schwach gekrümmt), weit hinauf fein flaumig behaart, ca. 4-6 mm lg., Blüstiele fast doldentraubig an den Seitenästen, nur 0,5-1(-1,5) cm lg., dicht graufilzig (längste Haare nur bis ca. 0,3 x Blüstiel-$\emptyset$ abstehend), Sitzdrüsen sehr versteckt, St. zu ca. 1-4, zart, leicht gekrümmt, nur 0,5-2 mm lg., Kz. kurz, dicht weißgrau filzig, nicht zottig, st. los, nach der Blüte locker, später streng zurückgeschlagen, Blü. weiß, Krb. sich nicht überdeckend, doch sehr breit, fast rundlich, stark bewimpert, unregelmäßig eingekerbt, abgesetzt benagelt, schwächer als bei anderen Arten geadert, ca. 10-12 mm lg., Stb. so lang oder wenig länger als

die grünlichweißen Gr., Antheren in der Mehrzahl kahl, einzelne oft etwas behaart, Frkn. (fast) kahl, Frbod. behaart. Sfr. rundlich, nicht höher als breit. VII-VIII. - 2n = 28.

Eine stattliche und hübsche Art, vor allem charakterisiert durch die kurzen, unbewehrten, auffallend dicht filzigen Kz. Die zarten St. der sehr kurzen Blüstiele stehen ganz im Gegensatz zu den kräftigen St. des Sch. Das Eb. erinnert durch sein langes Stielchen, aber auch in der Form an das von R. macrophyllus, unterscheidet sich aber davon leicht durch den dichten Filz und die vollständig andersartige, spitze Serratur. Eigentümlich sind ferner die auch bei Lupenvergrößerung als nur farblose Pünktchen erkennbaren Drüsen auf der B.oberseite. - Unsere Pflanzen stimmen trotz der großen geographischen Disjunktion in allen Teilen vollständig mit denen des weitabliegenden südlichen Hauptverbreitungsgebietes überein! Bereits FRIDERICHSEN erkannte diesen Sachverhalt und ließ daraufhin seine jüngere Bezeichnung R. pseudodumosus fallen. Zu R. rhamnifolius Wh. N. besitzt R. cardiophyllus wohl nur gruppensystematische, nicht aber intraspezifische Beziehungen, wie u.a. von FRIDERICHSEN angegeben wird.

ÄHNLICHE ARTEN: 58. R. polyanthemus mit ebenfalls rötlichen St. und filzigen B. wächst bei uns in Gesellschaft von R. cardiophyllus, unterscheidet sich aber leicht durch ungefurchten Sch., kürzer gestielte und anders geformte, am Grunde abgerundete, umgekehrt eif., plötzlich bespitzte Eb., Blüstd.blätter mit ebensolchem Eb. meist nur 3zählig, Blüstiele stärker bestachelt, Kz. weniger dicht filzig, meist bestachelt, Krb. anders. - Entsprechende Unterschiede gelten für den stärker noch abweichenden 34. R. egregius mit 3-(fußf.)5zähligen B., der vor allem schwächer bestachelt ist. - Ähnlicher ist der sehr seltene 46. R. lindebergii - 53. R. langei, 50. R. selmeri, 51. R. insularis und 52. R. insulariopsis sind allein schon durch viel kräftiger bestachelte Blüstiele und auch sonst stark unterschieden. - Vgl. auch 62. R. candicans (mit ganz anders geformten B.), 45. R. maassii und 59. R. armeniacus.

ÖK. u. SOZ: In SH in sonnigen Gebüschen und Knicks auf Jungmoränen in R. vestitus-R. drejeri-Gesellschaften (Pruno-Rubetum radulae) beobachtet, vor allem zusammen mit R. radula, R. vestitus, R. polyanthemus.

VB: W- und nordwestl. M-Europa. - Von den Dänischen Inseln aus (Alsen!, Fünen!, Langeland) in das nordöstlichste SH übergreifend (einzige Fundorte in Deutschland): Vor allem auf der nach N vorspringenden Halbinsel zw. Glücksburg und Holnis: Zw. Sandvig und Schaunsende (FRID. & GEL. 1887, 62 - !!), wohl identisch mit "Glücksburg" (FRID. 90! = Ass. rub. n. 1157 (1893) als R. pseudodumosus; FRID. 93!, FRID. 94! = Rubi praes. Gall. exs. n. 19 (1895) als R. cardiophyllus, GEL. 98!). Im angegebenen Gebiet in neuerer Zeit an zwei Stellen in Gebüschen an der Küste zw. Sandvig und Schaunsende nachgewiesen (67-69!!), dazu zw. Bockholm und Drei (69!!). - Nach GEL. (FRID. & GEL. 1887, 62) außerdem bei Lutzhöft in Angeln. Anscheinend auch bei Langballigau (JÖNS 1932! - nur Sch.stück als Schatten-

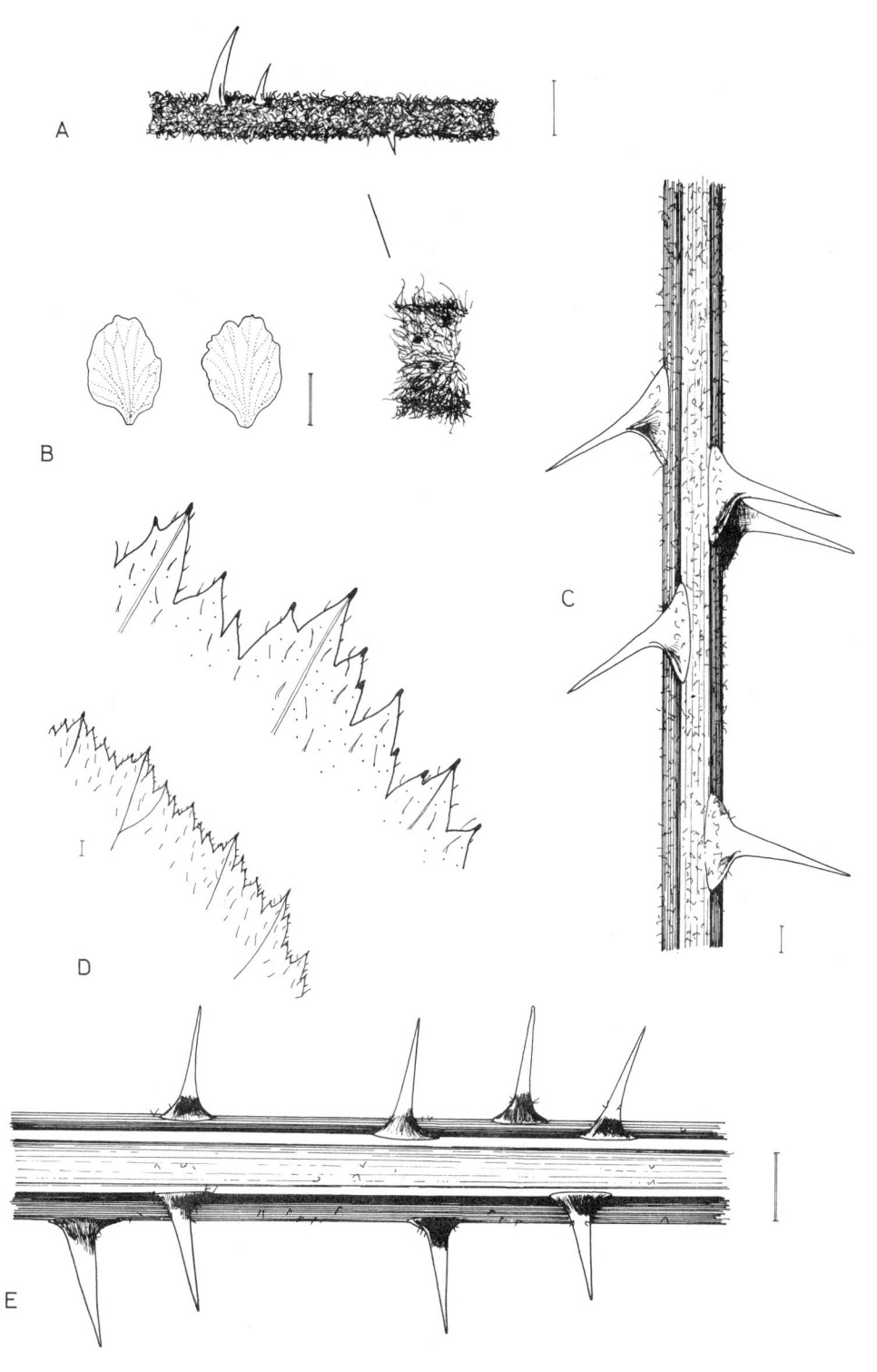

48. Rubus cardiophyllus Lef.& M.

form), ferner am Bültsee bei Eckernförde (JÖNS & WEBER 63!! - Nach Ortsveränderung durch Wochenendgrundstück Standort 1967 nicht mehr zugänglich und wohl erloschen). - Weitere VB: Erst wieder in Holland und Frankreich sowie auf den Brit. Inseln.

49. **Rubus rhombifolius** WEIHE in BOENNINGHAUSEN, Prod. Florae Monast. 151 (1824). - Syn. R. vulgaris var. rhombifolius WEIHE & NEES, Rubi Germ. 38 (1825), R. rhombifolius ssu. FOCKE, Synopsis Rub. Germ. 204 (1877) non R. rhombifolius 'WEIHE' ssu. SUDRE, ERICHSEN, RANKE, FRID. & GEL., FOCKE ex. parte et auct. al. mult., R. rhodanthus W. WATSON, Journ. Bot. 71: 224 (1933) ex pte?, R. argenteus ssu. WATSON 1958 non WEIHE & NEES, Rubi Germ. 45 (1825). -

Diese Art ist seit FOCKE (1877) zunehmend verkannt und vor allem mit R. schlechtendalii verwechselt worden, in erster Linie wohl deshalb, weil allein aus der Beschreibung WEIHEs nicht zu ersehen ist, welche Pflanze er darunter verstanden haben mochte. Wie die neueren batologischen Veröffentlichungen zeigen, ist die Verwirrung mittlerweile so groß, daß allein nach Literatur- und Herbarstudien niemand mehr den echten R. rhombifolius aus der Vielfalt der unterschiedlichsten Auffassungen herausfinden könnte. Klarheit erbrachte erst wieder eine Durchforschung des WEIHEschen Arbeitsgebietes bei Mennighüffen in Wf., wo R. rhombifolius und R. schlechtendalii im Bereich ihrer Originalstandorte in typischer Ausprägung wiedergefunden wurden (1968!!).

Nach diesen Ergebnissen trifft von den zur Zeit verfügbaren Beschreibungen am ehesten die von FOCKE in seiner Synopsis Rub. (1877, 204) zu, die allerdings die Unterschiede gegen R. schlechtendalii nicht berücksichtigt. Beide Arten sind lebend sehr unähnlich und auch getrocknet leicht zu unterscheiden. Die wichtigsten (in der Literatur oft falsch angegebenen) Kennzeichen des R. rhombifolius gegenüber R. schlechtendalii sind: Sch. stumpfkantig, mit auffallend rötlichen St., B.chen ± ledrig derb, unters. graufilzig, am Rande zum Grunde hin schmal umgefalzt (wie bei dem naheverwandten R. vulgaris); Eb. am Grunde keilig oder abgerundet, im Umriß angedeutet rhombisch, Serratur seicht, etwas geschweift, mit auswärtsgekrümmten, kaum längeren Hz., Blüstd. reicher bestachelt, Kz. graufilzig mit ca. 5-10 feinen Nadelstacheln, Blü. rosa(rot), Stb. mit kahlen Antheren wenig länger als die d. roten Gr.

VB: Sicher im mittleren nwf. - südns. Hügelland (bes. westliches Porta-Gebiet!!). - In SH fehlend. Anderslautende Angaben bisheriger Autoren beziehen sich (wie z.B. auch in DK) auf R. schlechtendalii. Die Gesamtverbreitung ist vorerst nicht zu umgrenzen. Angeblich außer in Deutschland auch in Holland, Belgien, Frankreich, Portugal und auf den Brit. Inseln.

50. **Rubus selmeri** LINDEBERG, Herb. Rub. Scand. n. 33 (1884). - Syn. R. nemoralis ssu. W.C.R. WATSON et alior. an P.J. MUELLER Flora 41: 139 (1858)?, non R. nemoralis ARESCHOUG (1876); Syn. alior. vide var. - Schl. 74 - Fig. - Tafel - Karte.

SCH. ($\pm$ hoch-)bogig, kräftig (7->13 mm $\varnothing$), kantig flachseitig oder etwas rinnig, zuletzt intensiv d.weinrot, fast matt, wenig behaart mit verkahlender Tendenz (meist ca. (0-)1-5(-10, selten mehr) $\pm$ büschelige Härchen pro cm Seite), mäßig sitzdrüsig, ohne Stieldrüsen; St. zu ca. 5-11 pro 5 cm, breit flachgedrückt, 6-8 mm lg., $\pm$ gekrümmt, gewöhnlich einzelne (selten alle) gerade.
B. handf. 5zählig, B.chen breit, sich randlich oft deckend, sehr oft mit Rostbefall, oberseits $\pm$ glänzend (d.)grün, kahl, unterseits (grau-)grün, sternflaumig bis ausgeprägt grauweiß filzig, und dazu fühlbar länger behaart. Eb. mäßig lang bis lang gestielt (30-42 % der Spreite), aus breitem gestutztem, abgerundetem oder auch etwas herzf. Grund breit umgekehrt eif., zuletzt oft fast kreisrund mit $\pm$ abgesetzter kurzer Spitze. Serratur eng und wenig tief, dazu periodisch mit etwas längeren (fast) geraden Hz., alle Zähnchen mit verlängerten feinen Spitzen; Haltung im Querschnitt $\pm$ flach, längsseits $\pm$ gefaltet, am Rande deutlich kleinwellig, ä.Sb. 3-6(-10) mm lg. gestielt, so lang oder kürzer als der B.stiel. Dieser locker $\pm$ abstehend behaart und dazu oft etwas sternhaarig, ohne Stieldrüsen, mit (ca. 7-17) deutlich, meist stark gekrümmten St. Austrieb glänzend, $\pm$ h.rotbraun angehaucht. Herbstfärbung vom Rande aus und zw. den Seitennerven fleckig d.rot.
BLÜSTD. umfangreich, mäßig breit, bis nahe zur Spitze durchblättert, obere B. breit und ungeteilt, untere 3-5zählig. Achse abstehend $\pm$ locker (büschel-)haarig (zuletzt nicht selten $\pm$ verkahlend) und dazu (besonders spitzenwärts) sternhaarig. Sitzdrüsen zerstreut, Stieldrüsen fehlend. St. zu ca. 5-10 auf 5 cm, kräftig, 6-9 mm lg., breit flachgedrückt, alle oder in der Mehrzahl $\pm$ sichelig. Blüstiel ca. 1-2 cm lg., graugrün filzig und dazu abstehend $\pm$ zottig, meist ohne, seltener mit 1-5(-9) sehr kurzen Stieldrüsen (Lge. ca. nur bis 0,2 x Blüstiel-$\varnothing$). St. zu ca. 5-13, etwas gekrümmt, in der Größe schwankend, meist bis ca. 2-3 mm, gelegentlich jedoch auch bis ca. 5 mm lg. Kz. zunächst kurz, graugrün bis grau filzig-zottig, mit einzelnen St.-chen, ohne Stieldrüsen, an der Blüte $\pm$ abstehend, an der Sfr. abstehend oder locker zurückgeschlagen. Krb. (blaß-)rosa, umgekehrt eif., ca. 10-13 mm lg., Stb. so lang oder etwas länger (sehr selten auch kürzer) als die grünlichweißen Gr., Antheren kahl, Frkn. wenig behaart oder kahl, Frbod. behaart. Sfr. groß, vielfrüchtig (oft >50 Fr.chen) deutlich höher als breit. VII-VIII. - 2n = 28.

Nach der Behaarung der B.unterseiten (auf vergleichbaren, nicht zu schattigen Standorten!) können zwei Varietäten unterschieden werden:

a) var. selmeri; Syn. R. vulgaris Wh. & N. ssp. viridis Wh.N. ssu. ERICHSEN in Verh. Bot. Verein Hamburg ser. 3; 8: 17 (1900), A.CHRIST. (1913) non WEIHE & NEES 1824. -

B.chen unters. zuletzt graugrün filzig, kürzer gestielt und stärker gefaltet, nicht ledrig. - So besonders in Niedersachsen und in Mittel-Holstein.

b) var. argyriophyllus (RANKE) H.E.WEBER comb. nov. pro: R. villicaulis KOEHLER var. argyriophyllus O.RANKE, Mitt. Geograph. Ges. Nat. hist. Museum Lübeck ser. 2; 14: 14 (1900), Syn. R. marchicus E.H.L. KRAUSE ad. int., Arch. Ver. Freunde Naturgesch. Mecklenburg 34: 194 (1880) pro pte. (fortasse pro toto), R. argentatus MUELL. ssu. PRAHL & JUNGE, Flora Prov. SH ed. 5: 186 (1913) non P.J. MUELLER (1858), R. rhamnifolius Wh. N. ssu. JUNGE, Jb. Hamburg Wiss. Anstalt. 22: 87 (1904), ERICHSEN (1900, 19; 1922, 149; 1931, 56) non WEIHE & NEES (1822).

B.chen unters. bleibend grau bis ausgeprägt grauweiß filzig (Name!), bei uns fast immer mit Rostbefall, länger als bei der Hauptform gestielt (daher früher Verwechslung mit R. rhamnifolius), nicht oder kaum gefaltet, oft ledrig derb. - So in O-Holstein.

Beide Ausbildungen sind im Gebiet lebend gewöhnlich so unähnlich, daß ERICHSEN und andere, die den typischen R. selmeri gut kannten (wenn sie diesen irrtümlicherweise auch für R. vulgaris hielten), lange Zeit (bis ER. 1931, 56) beide als getrennte Arten ansahen. Die in SH und im nwdt. TL vorkommenden Pflanzen lassen sich trotz einiger Übergänge im allgemeinen zwanglos auf die beiden Varietäten verteilen. Dagegen zeigen Exemplare aus südlicheren Gebieten (z.B. Pfalz! und Sachsen!) oft stark graufilzige B.chen, die im übrigen ganz dem Typus entsprechen. Die von uns in Herbarien gesehenen Pflanzen aus Skandinavien, England und Schottland gehören eindeutig zur var. selmeri. Soweit ein von KRAUSE stammender Herbarbeleg von R. marchicus (in Hb. Rostock) eine Beurteilung zuläßt, scheint diese nach KRAUSE besonders in Mecklenburg und Brandenburg verbreitete Brombeere mit R. selmeri var. argyriophyllus identisch zu sein. Diese Varietät zeigt demnach insgesamt eine mehr subkontinentale Ausbreitungstendenz als der Typus.

Die wesentlichen Kennzeichen des R. selmeri s.lt. sind das rundliche, kurz bespitzte, oberseits kahle Eb., der krummstachelige, (fast) stieldrüsenlose Blüstd. sowie auch die krummen St. der B.stiele. Die var. selmeri fällt dazu vor allem durch die Faltung der B.chen, die var. argyriophyllus durch den in SH fast regelmäßigen Befall eines Rostpilzes auf (wohl Phragmidium spec.), der an anderen, selbst in unmittelbarer Nachbarschaft wachsenden, ebenfalls filzblättrigen Brombeeren gar nicht oder doch in ungleich geringerem Maße parasitiert.

ÄHNLICHE ARTEN: Vgl. bes. 54. Rubus vulgaris. - 26. R. gratus: B.chen grob gesägt, oberseits behaart, unters. ohne Sternhaare, St. im Blüstd. gerade, Antheren (meist) behaart. - 45. R. maassii, 51. R. insularis, 52. R. insulariopsis und 79. R. albisequens weichen ebenfalls allein schon durch obers. behaarte B. ab. - Vgl. auch 53. R. langei (mit obers.

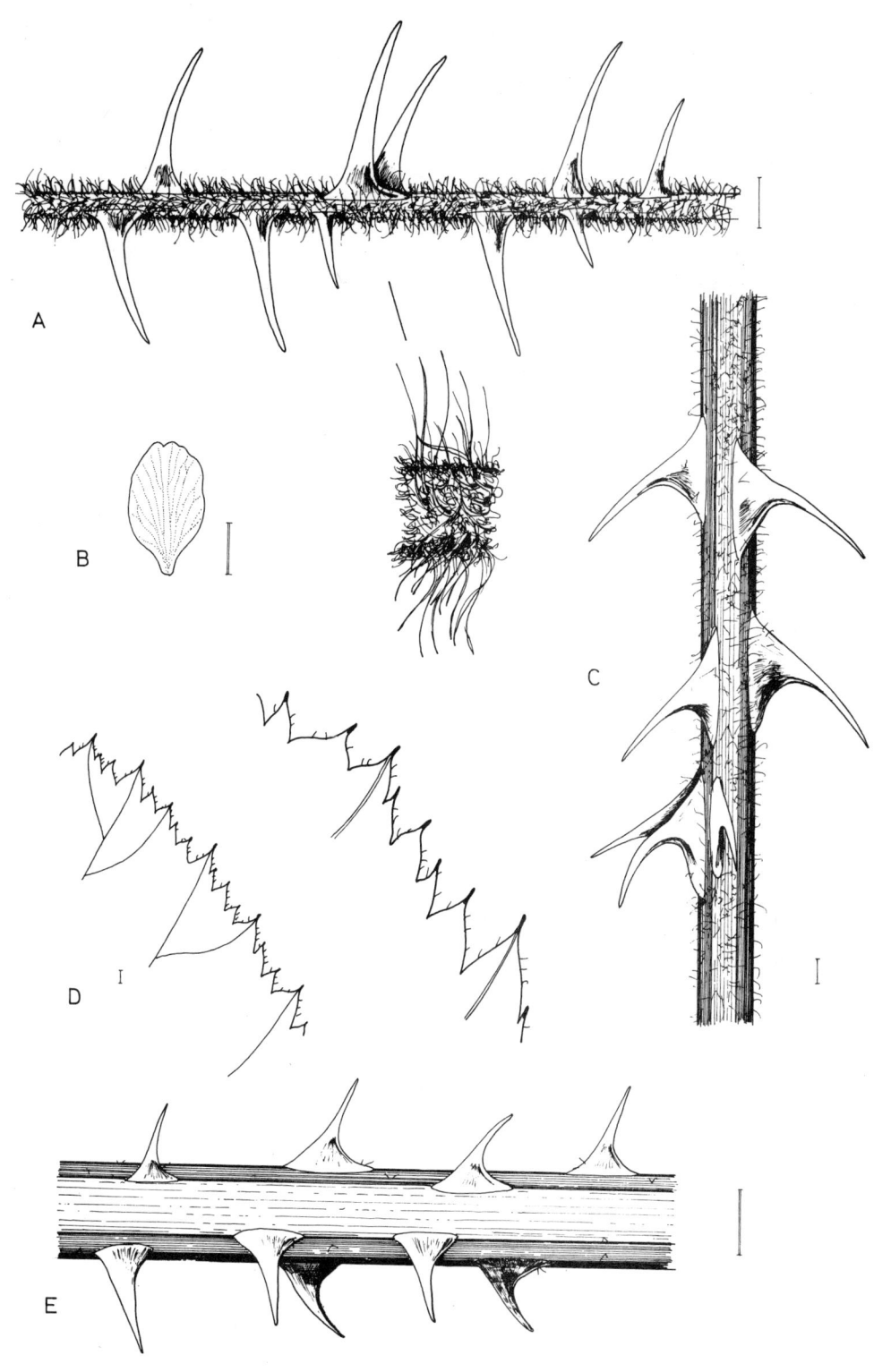

50. Rubus selmeri Lindeberg

kahlen B., doch mit geraden St.), 25. R. correctispinosus, 21. R. holsaticus, 22. R. senticosus und den seltenen schwedischen 47. R. scheutzii.

ÖK. u. SOZ: R. selmeri var. selmeri findet sich in SH und Ns. in Pruno-Rubetum-sprengelii-Gebüschen an Waldrändern sowie in Lichtungen von Quercion- und ärmeren Querco-Carpinion- und Fagion-Gesellschaften, in letzteren als Art des Lonicero-Rubion silvatici TX. & NEUM. Die var. argyriophyllus erscheint dagegen stärker beschränkt auf lichtreiche Gebüsche und Knicks im östlichen Jungmoränengebiet und tritt hier als Begleiter in ärmeren Pruno-Rubetum-radulae-Gesellschaften auf.

VB: W- u. M-Europa mit Exklave in Norwegen. - In SH beide var. nur in O-Holstein westlich bis zur Linie Kiel - Pinneberg. Daneben nur noch ein versprengter Standort auf Sylt an der Vogelkoje zw. Kampen und List (var. selmeri - wohl verschleppt 67!!). - Die var. argyriophyllus stellt dabei die betont östlichere Ausbildung dar und ist insgesamt viel häufiger als der Typus. Stellenweise massenhafte Vorkommen dieser var. finden sich vor allem bei Ratzeburg (hier loc. class. für R. argyriophyllus RANKE) besonders auf den kuppigen Moränen westlich vom Ratzeburger See bei Kulpin!!, Einhaus!!, Gr. und Kl. Disnack!!, aber auch bei Bäk!! Ein zweiter Schwerpunkt liegt im weiteren Umkreise von Plön (ER. 98!, 01!, A.CHRIST. 12!, 13! - 66-67!!). Im übrigen meist nur vereinzelt: Ahrensbök: zw. Armenholz und Spechserholz (ER. 00!), westlich von Scharbeutz (70!!), bei Pönitz und Schürsdorf (RANKE 1900, 14), bei Stubbendorf (63!!), Steensrade und Rethwischdorf (62!!), bei Krummesse, Anker, Panten und Poggensee (62!!), am Hegesee b. Mölln (67!!). Außerdem bei Trittau: Bollmoor (63!!), zw. Hamfelde und Köthel (62!!). - Westlichste Fundorte bei Stapelfeld (62!!), Hamburg-Hummelsbüttel: "Am Tegelsbarg" (66!!), Harksheide (66-67!!). Ein südlichster noch zu bestätigender Fundort liegt nach ER.(1924, 58) zw. Gülzow und Juliusburg (ohne Angabe der Varietät, möglicherweise liegt hier eine Verwechslung mit R. albisequens vor). - R. selmeri var. selmeri ist in SH selten. Die schönsten Vorkommen liegen südlich von Mühbrook am Einfelder See (67-70!!), sonst nur einzeln: Wahlsdorf b. Preetz (67!!), zw. Ahrensbök und Siblin (62!!), Renzel bei Quickborn (in Richtung auf das Himmelmoor ER 00! und westlich des Ortes 70!!). Früher auch bei Hamburg Wellingsbüttel (in Richtung auf Kl.-Borstel ER 98! als R. argentatus und "bei der Mühle" ER 00!). Außerdem auf Sylt (67!! s.o.!). - Weitere VB: Das Verbreitungsgebiet der var. argyriophyllus setzt sich anscheinend in Mecklenburg fort (s.o.!) - Übrige VB der Gesamtart: Nördlich von SH nur noch in SW-Norwegen. Im nwdt. TL (stets als var. selmeri) besonders im Raum zw. Stade und Harburg!! und südwärts bis nach Oldenburg!!, Delmenhorst!!, Damme!!, Nienburg!! und Soltau!! sehr verbreitet, stellenweise eine der häufigsten Arten. Auch bei Bremen!! (hier eigenartigerweise von FOCKE nicht erwähnt). Im mitteleuropäischen Hügelland südöstlich bis Sachsen!, Schlesien!, westlich bis zur Pfalz! und Holland. Außerdem auf den Brit. Inseln.

51. **Rubus insularis** F. ARESCHOUG, Bot. Notiser 1881: 158 (1881) et in
Skånes Fl. ed. 2: 570 (1881). - Syn. R. villicaulis KOEHLER ssp. euvillicaulis FOCKE ap. ASCHERS. & GR., Syn. mitteleur. Fl. 6:515 (1902) ex
pte., R. villicaulis ssp. incarnatus FOCKE, ibid. 516 ex pte. non R. incarnatus P.J.M. 1859, R. villicaulis ssu. auct. slev.-hols. ex pte. non KOEHLER 1824, R. villicaulis f. thyrsanthoides E.H.L.KRAUSE ap. PRAHL,Krit.
Fl.Prov.SH 2:67(1890) ex pte. - Schl. 89 - Fig. - Tafel - Karte.

SCH. ziemlich hochbogig, stumpfkantig mit gewölbten bis flachen Seiten,
gleichmäßig einschließlich der St. d.weinrot, matt, fein flaumig (büschel-)
haarig ((1-)3-10(->20) Haare pro cm Seite), dazu oft auch mit ± zerstreuten winzigen Sternhärchen (an der Spitze dicht sternhaarig), Sitzdrüsen ziemlich reichlich, Stieldrüsen fehlend. St. zu ca. (3-)6-10 pro 5 cm, breit zusammengedrückt, alle oder doch großenteils deutlich gekrümmt, 7-10 mm lg.,
feine St.chen oder St.höcker fehlend.
  B. deutlich fußf. (seltener einzelne handf.) 5zählig, z.T. oft auch nur
4zählig. B.chen obers. (d.-)grün, matt, behaart (3->10 Haare pro cm^2),
unters. angedrückt graugrün bis fast grün filzig (oft nur schwach), dazu von
zahlreichen längeren Haaren fast weichhaarig. Eb. mäßig lang gestielt (ca.
27-35 % der Spreite), aus abgerundetem oder seicht herzf. Grunde umgekehrt eif., mit abgesetzter kurzer Spitze. Serratur fein, mit spitzigen Zähnchen, nicht eng, etwas geschweift, Hz. nicht länger als die übrigen Zähnchen, doch oft etwas auswärts gerichtet. Haltung ungefaltet mit aufwärtsgerichtetem (fast) glattem Rand, ä.Sb. 2-3 mm lg. gestielt, kürzer als der B.-
stiel. Dieser ziemlich dicht flaumig behaart und dazu ± fein sternhaarig,
ohne Stieldrüsen, mit (ca. 7-12) sicheligen St., Nb. schmallineal. Austrieb
± glänzend grün, nicht oder nur schwach h.rotbraun überlaufen.
  BLÜSTD. ziemlich breit, bis fast zur Spitze beblättert, B. im unteren Teil
3-4zählig, Achse d.weinrot, reichlich sternhaarig und dazu sehr zerstreut
bis dicht abstehend und wirr (büschel-)haarig. St. zu ca. 5-7 pro 5 cm, breit
zusammengedrückt, geneigt mit sicheliger Spitze, (5-)6-9 mm lg., Stieldrüsen und feine St.chen fehlend. Blütiele ca. 0,5-1,5 cm lg., graufilzig und
dazu dicht ± abstehend länger behaart, Sitzdrüsen versteckt; Stieldrüsen zu
0-2, Lge. bis zu ca. 1,2 x Blütiel-Ø. St. zu 3-6, meist sehr kräftig (wie
in Fig.) bis 4-5(-6) mm lg., leicht gekrümmt, gelegentlich auch viel schwächer. Kz. filzig graugrün, mit einzelnen feinen St.chen ohne Stieldrüsen, an
der Blüte bis zur Fr.reife (oft nur locker) zurückgeschlagen. Blü. h.rosa, Krb.
oval bis umgekehrt eif., mäßig lang benagelt, vorn bewimpert und ± eingekerbt, ca. 11-13 mm lg., Stb. die am Grunde rosafarbenen Gr. ± deutlich
überragend. Antheren stets, Frkn. meist kahl, Frbod. reichlich behaart. Sfr.
rundlich, oft etwas höher als breit, sehr wohlschmeckend süß. VII-VIII. -
2n = 28.

  Diese Art, die wegen ihrer ausgezeichneten Früchte gärtnerisches Interesse
verdient, ist vor allem charakterisiert durch die drüsenlosen, krummstacheligen, behaarten, matt d.weinroten Sch., die Form, Behaarung, Serratur und
Haltung der Eb. und durch die ebenfalls krummstacheligen, breiten und kräf-

tigen Blüstde. mit rosafarbenen Blüten, kahlen Antheren und am Grunde rötlichen Gr.

ÄHNLICHE ARTEN: Vgl. bes. 52. R. insulariopsis. - Außerdem: 46. R. lindebergii, 50. R. selmeri, 53. R. langei, 54. R. vulgaris und 79. R. albisequens (auch Schl. Nr. 88).

ÖK. u. SOZ: Lichtliebende Prunetalia-Art, bezüglich des Bodens deutlich anspruchsvoller als der verwandte R. langei. Vorzugsweise auf anlehmigen bis lehmigen, kalkärmeren, aber auch etwas kalkhaltigen, gern frischeren Böden (potentielle Querco-Fagetea-Standorte), in Pruno-Rubetum radulae und reicheren Pruno-Rubetum sprengelii-Gesellschaften, vorzugsweise in Knicks, an gebüschreichen Mergelkuhlen und in anderen Gebüschen, mit herabgesetzter Vitalität auch in aufgelichteten Wäldern.

VB: Schwerpunkt westliche Ostseeländer. - In SH (siehe Karte) besonders im N auf nährstoffreichen AM und auf JM verbreitet bis häufig, nach S zu seltener und anscheinend streckenweise fehlend!! - Die Gesamt-VB ist wegen zahlreicher Verwechslungen in der Lit. nicht genau anzugeben. Sicher in Südschweden, in DK häufig in SO-Jütland und auf den Inseln, bes. auf Fünen; im nwdt. TL bei Bokel südl. Zeven (65!!), zw. Zeven u. Heeslingen(FIT. 10!), Ülzen (NEUMANN briefl.), Bassum (BECKMANN 86!); noch in N-Wf. bei Mennighüffen (68!!). Sehr wahrscheinlich auch in Mecklenburg. Nach GEL.(1896,110) auch b. Böhne in Sachsen, doch scheint es sich nach Belegen im Hb. Kopenhagen um eine abweichende Sippe zu handeln,(nicht identisch mit var. mutatus GEL. l.c., die -jedenfalls nach einem Beleg aus Angeln (GEL. 86!)- modifizierter R.insularis zu sein scheint). Außerdem für Südengland angegeben.

ssp. confinis (LDGB.) ARESCHOUG, Lunds Univ. Årsskr. 22: 142 (1886). - Syn. R. confinis LINDEBERG, Herb. Rub. Scand. n. 12 (1882) non P.J. MUELLER (1859), R. septentrionalis W.WATSON, Journ. Ecol. (London) 33: 338 (1946), R. umbraticus LINDEBERG, Herb. Rub. Scand. n. 11 (1882) non P.J.MUELLER (1859), R. broensis W.WATSON l.c. (1946). - ZSchl. II: 6.

Kleiner als der Typus. Sch. kantig, $\pm$ flachseitig, mit dichteren, etwas ungleichen St. - Eb. mehr rundlich eif. Blüstd. schmaler, Krb. weiß, Gr. grün. R. umbraticus ist die Schattenform. $2n = 28$.

Selten an der schwed. Westküste (Bohuslän: um Bro) und b. Grimstad in Süd-Norwegen. Angeblich auch in England.

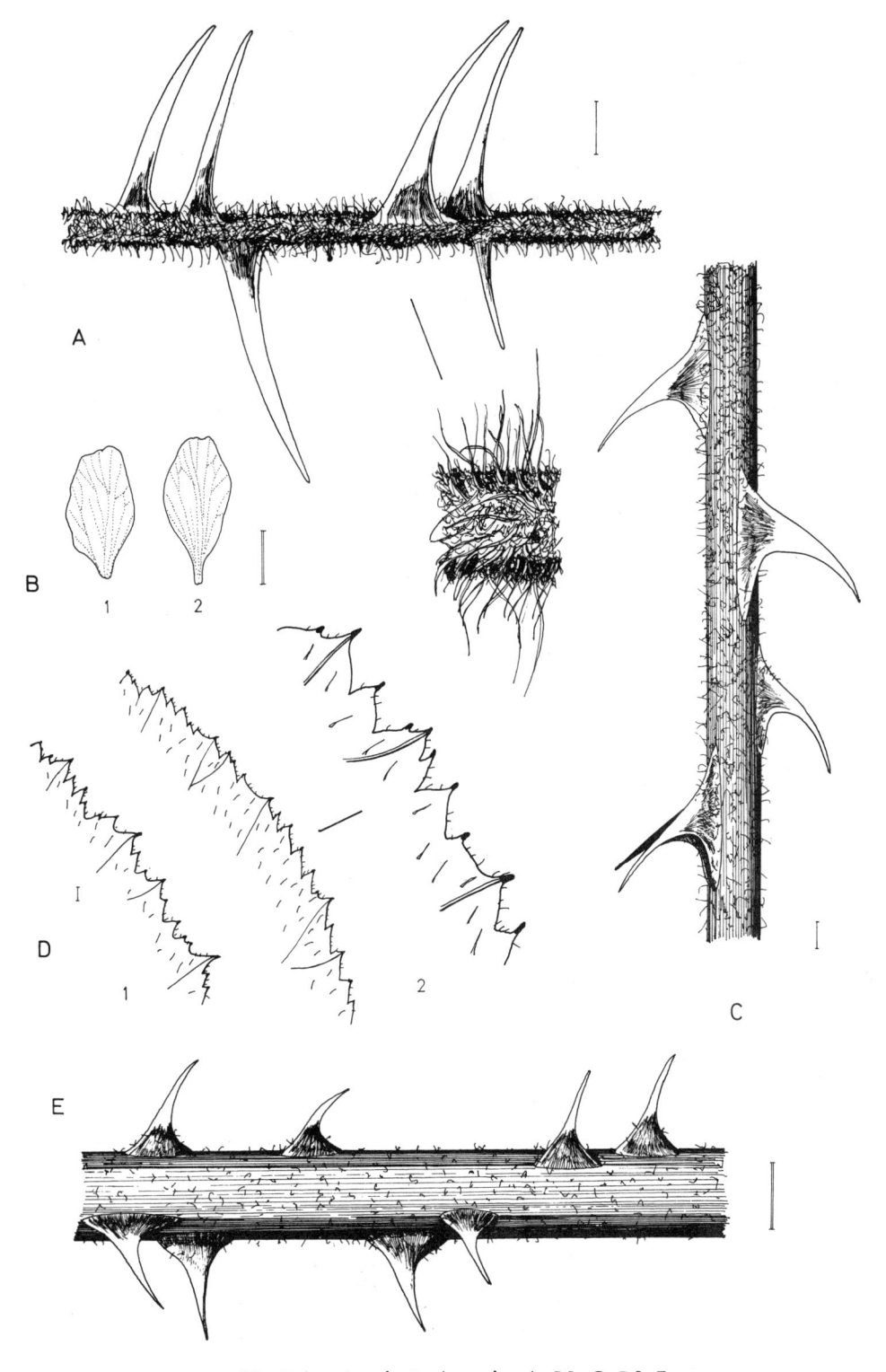

51. Rubus insularis Aresch. A, B1, C, D2, E
52. Rubus insulariopsis H. E. Weber. B2, D1

52. **Rubus insulariopsis** H.E.WEBER nov. spec. - Syn. R. villicaulis s. str. ssu. ERICHSEN, Verh. Naturwiss. Ver. Hamburg, ser. 3, 8: 21 (1900) et post. , RANKE, Mitt. Geogr. Ges. Naturhist. Museum Lübeck, ser 2, 14: 13 (1900) non KOEHLER ex WEIHE & NEES, Rubi Germ. 30 (1824); R. spec. (R. insularis verwandt) in WEBER (1967, 102 et tab. 1,6,12 et 39). - Holotypus Nr. 67.712.1a leg. H.E.WEBER in Holstein: Linau bei Trittau, 12.7.1967 flor. et 4.9.1967 fol. (in Hb. Bot. Inst. Kiel. Isotypi Nr. 67.712.1b + 1c in Hb. Bot. Inst. Hamburg et auct.). - Schl. 89', 115 - Fig. - Tafel - Karte.

In habito Rubo insulare ARESCHOUG simillimus (nomen!), sed a quo hoc modo distincte differt:

Flores candidi (raro dilutissime roseoli), petala longiore unguiculata (fig. ad 52:B2). Styli virescentes, antherae pilosae. - Inflorescentia et plerumque turio glandulas stipitatas gerunt. Foliola turionis supra parum rugosa, serratura dentibus principalibus parum longioribus et paulum excurvatis evidentius composita (fig. ad 52: D2). Foliolum terminale magis ad 5angulatum. Turio angulatus, faciebus ± planis. Praeterea ut in R. insulare et quam ille fructus bene evolutus.

Crescit in Holsatia, an quoque in Megapolitania?

Sehr ähnlich R. insularis (Name!), doch von diesem vor allem durch folgende Merkmale verschieden: Blüten rein weiß (selten mit schwach rosa Schimmer), Krb. länger benagelt (vgl. Fig. B 1-2), Griffel blaß grün, Antheren behaart, Blüstd. und meist auch Sch. und B.stiel stieldrüsig. B.chen mehr periodisch gesägt mit etwas längeren, schwach auswärts gekrümmten Hz. (vgl. Fig. D 1-2). Eb. in der Form mehr fünfeckig, obers. etwas runzlig, Sch. kantiger und ± flachseitig. Im übrigen wie R. insularis. (Auch ebensogut fruchtend).

Die Anzahl der Stieldrüsen, Stachelchen und Stachelhöcker zwischen den größeren St. schwankt auf den Sch. zwischen 0 und mehr als 30 pro 5 cm, ähnlich wechselnd auch auf dem B.stiel. Die Blüstd.achse trägt derartige Gebilde ca. zu 5->50 pro 5 cm, an den Blüstielen finden sich meist nur ca. 1-3 Stieldrüsen, dagegen sind die meist feinbestachelten Kz. gewöhnlich wieder stärker stieldrüsig. Häufig ist der nicht oder kaum ausgerandete Eb.-grund im Vergleich zu R. insularis breiter und gestutzt, und die bei jener Art mehr in einer Linie verlaufende Serratur wird bei R. insulariopsis von etwas längeren Hz. durchragt, die den B.rand lebend vergleichsweise schärfer und mehr kleinwellig gestalten. - Die zuletzt genannten Merkmale sind jedoch nicht immer prägnant genug entwickelt, um die beiden naheverwandten Arten auch ohne Blüten auseinanderzuhalten, wenn nicht auch die Stieldrüsen und St.chen auf dem Sch. und B.stiel berücksichtigt werden. Fehlen diese, so müssen die stets sicheren Unterscheidungsmerkmale des Blüstds. mit herangezogen werden.

R. insulariopsis ist eine bislang verkannte Art, die wie R. insularis in den vielgestaltigen Verwandschaftskreis um R. villicaulis KOEHL. einzureihen ist. Möglicherweise ist sie aus einer Verbindung von R. langei und R. insularis hervorgegangen. Auf ersteren deuten die behaarten Antheren, die Stieldrüsen im Blüstd. und die Krb.form hin. - ER. (1900, 21; 1931, 57), RANKE (1900, 13) und FRID. (in sched. et litt.), auf den diese Deutung auch wohl zurückgeht, hielten R. insulariopsis für identisch mit R. villicaulis KOEHLER s.str. - Dieser echte, vorzugsweise im südöstlichen Mitteleuropa wachsende R. villicaulis wird allgemein weiter als tatsächlich verbreitet angegeben, (z.B. bei HUBER in HEGI 1961. - Die dort aus W.C.R. WATSON 1958, 227 als R. villicaulis übernommene Abb. stellt überdies eine ganz andere Pflanze dar). Tatsächlich kommt R. insulariopsis (wie auch R. insularis) dem R. villicaulis sehr nahe, doch hat letzterer dichter behaarte Sch. (Name!), kahle Antheren, (immer?) rosafarbene Blüten, keine oder doch bei weitem nicht so zahlreiche Stieldrüsen, dichter bestachelte Blüstiele (St. hier oft mehr als 10, bei R. insulariopsis nur zu ca. 3-7) sowie auf der B.unterseite neben dem Filz eine weichere, meist etwas schimmernde Behaarung.

A. NEUMANN hielt dagegen Belege unserer Art für R. langei. Dieser weicht u.a. jedoch durch oberseits kahle, lederglänzende B., gerade St. und gänzlich anderen Habitus stark ab. Nähere Beziehungen scheinen mit dem in Mecklenburg, besonders um Rostock vorkommenden R. obotriticus E.H.L. KRAUSE, Arch. Ver. Freunde Nat.gesch. Mecklenburg 34: 132 (1880) vorzuliegen, der ebenfalls behaarte Antheren aufweist. Soweit das uns vorgelegene, meist kümmerliche Herbarmaterial eine Beurteilung zuläßt, ist diese Pflanze jedoch insgesamt, besonders auch an den Blütstielen dichter bestachelt. Außerdem hat R. obotriticus, den der Autor später (1887) gar mit R. vestitus (!) zu R. bremon vereinigte, nach der Originaldiagnose nicht schmale weiße, sondern breitelliptische rosenrote Krb., rote Stb. und Griffel.

ÄHNLICHE ARTEN: R. insularis, R. langei und R. villicaulis vgl. oben! Ferner: R. albisequens (Schl. Nr.88). - 57. R. gelertii: B. oberseits kahl, Eb.form anders, St. des Sch. und im Blüstd. sehr schlank und gerade, Blüstiele meist viel stärker stieldrüsig. - Vgl. auch 46. R. lindebergii, 48. R. cardiophyllus, 50. R. selmeri und 54. R. vulgaris.

ÖK. u. SOZ: Prunetalia-Art auf anlehmigen bis lehmigen kalkarmen und kalkreicheren Böden vorzugsweise in Knicks und ähnlichen Gebüschen in Pruno-Rubetum radulae-Gesellschaften, für die sie in SH als regionale Kennart mit angesehen werden kann.

VB: SH (siehe Karte) endemisch? - Zerstreut in SO-Holstein, stellenweise häufig, besonders südöstlich von Oldesloe um Rethwisch (62-67!!) und im Raum westlich von Trittau (62-67!!). Vikariiert mit R. insularis, ohne daß sich beide Arten jedoch einander streng ausschlössen. Die West- und Nordgrenze des Areals verläuft von Hamburg (Eidelstedt ER. 00!, Schnelsen und Schiffbek ER. 1900, 21 - wie alle zit. Lit.angaben als R. villicaulis KOEHL. s.str.), Wandsbek(TIMM 97!) über Stapelfeld (ER. 98!), Ahrensburg (ER. 00!), Oldesloe (62-67!!), den Raum Ahrensbök (mehrere Fundorte ER 98!, 00!, 1931, 57. - 1967!!), Pönitz bis Scharbeutz (ER. 1931, 57). - Die Angaben "Hüttblek und Kisdorferwohld" (bei ER. 1900, 21) erscheinen zweifelhaft. Südöstlich der angegebenen Grenze findet sich die Art außer an den bereits angeführten Stellen auch bei Lübeck (Israelsdorf und Bargerbrück. - Nach RANKE 1900, 13) bei Basthorst (62!!), südl. von Schwarzenbek (ER. 00!), bei Ratzeburg (KLEES 07!), Mölln (RANKE l.c.), Sterley (69!!) und in einer zweifelhaften Form beim Bhf. Büchen (ER. 94!). Wie weit die von ER. (1931, 57) angegebenen Fundorte abweichender Formen besonders um Lübeck ebenfalls hierher zu rechnen sind, ist nicht zu entscheiden, da entsprechende Herbarbelege fehlen. Fundorte von R. insulariopsis sind außerhalb SHs bislang nicht nachgewiesen, doch dürfte die Art zumindest auch im angrenzenden Mecklenburg zu finden sein.

53. **Rubus langei** G. JENSEN em. FRIDERICHSEN & GELERT, Bot. Tidsskrift 16: 67 (1887) non G. JENSEN in sched. prius. - Syn. R. villicaulis KOEHL. ssp. rectangulatus MAASS ex FOCKE, Synopsis Rub. Germ. 209 (1877); R. rectangulatus MAASS, Verh. Bot. Ver. Prov. Brandenburg 38: 109 (1896); R. atrocaulis 'MUELLER' ssu. ERICHSEN, FRID., GELERT et al. non P.J.MUELLER, Jahresber. Pollichia 16-17: 163 (1859); R. villicaulis auct. mult. ex pte. non KOEHLER (1824). - Exs. FRID. & GEL. exs. n. 9 (1885!) et 34 (1887 ! = var. parvifolia), Rubi praes. Gall. exs. n. 18 (1895 !). - Schl. 75 - Fig. - Tafel - Karte.

Loc. class.: SH: bei Quern in Angeln (G.JENSEN 18.8.1867!)!!

SCH. hochbogig, kräftig (Ø 5- ca. 12 mm), (scharf-)kantig mit rinnigen bis fast flachen Seiten, ± glänzend, sich von den Kanten her mit zunächst hervortretender hellerer Strichelung weinrot verfärbend, zuletzt gleichmäßig dunkel (-violett-)weinrot; ohne Stieldrüsen, sitzdrüsig und besonders auf den St. und Kanten mit zerstreuten, feinen flaumigen (Büschel-)Härchen, verkahlend (0-2(-5, selten mehr) Härchen pro cm Seite). St. zu (4-)6-11(-15) pro 5 cm, flachgedrückt, sehr kräftig, 7-12 mm lg., aus verbreitertem Grund allmählich verschmälert, waagerecht abstehend oder etwas geneigt, gerade, selten z.T. auch etwas gekrümmt, kleine St.chen sehr vereinzelt oder fehlend.
B. handf. oder angedeutet fußf. 5zählig, B.chen derb, oberseits d.grün, mit Lederglanz, (vollständig!) kahl, unters. in der Sonne (grün-)graufilzig, im Schatten graugrün bis grün mit fast schwindenden Sternhärchen, längere Behaarung zerstreut bis reichlich (dann fast weichhaarig). Eb. mäßig lang gestielt (ca. 30-40 % der Spreite), aus abgerundetem oder sehr schwach herzf. Grund ± breit elliptisch, allmählich kurz bespitzt, Serratur sehr scharf und eng, wenig tief, mit längeren ± geraden Hz., Haltung sehr schwach gefaltet

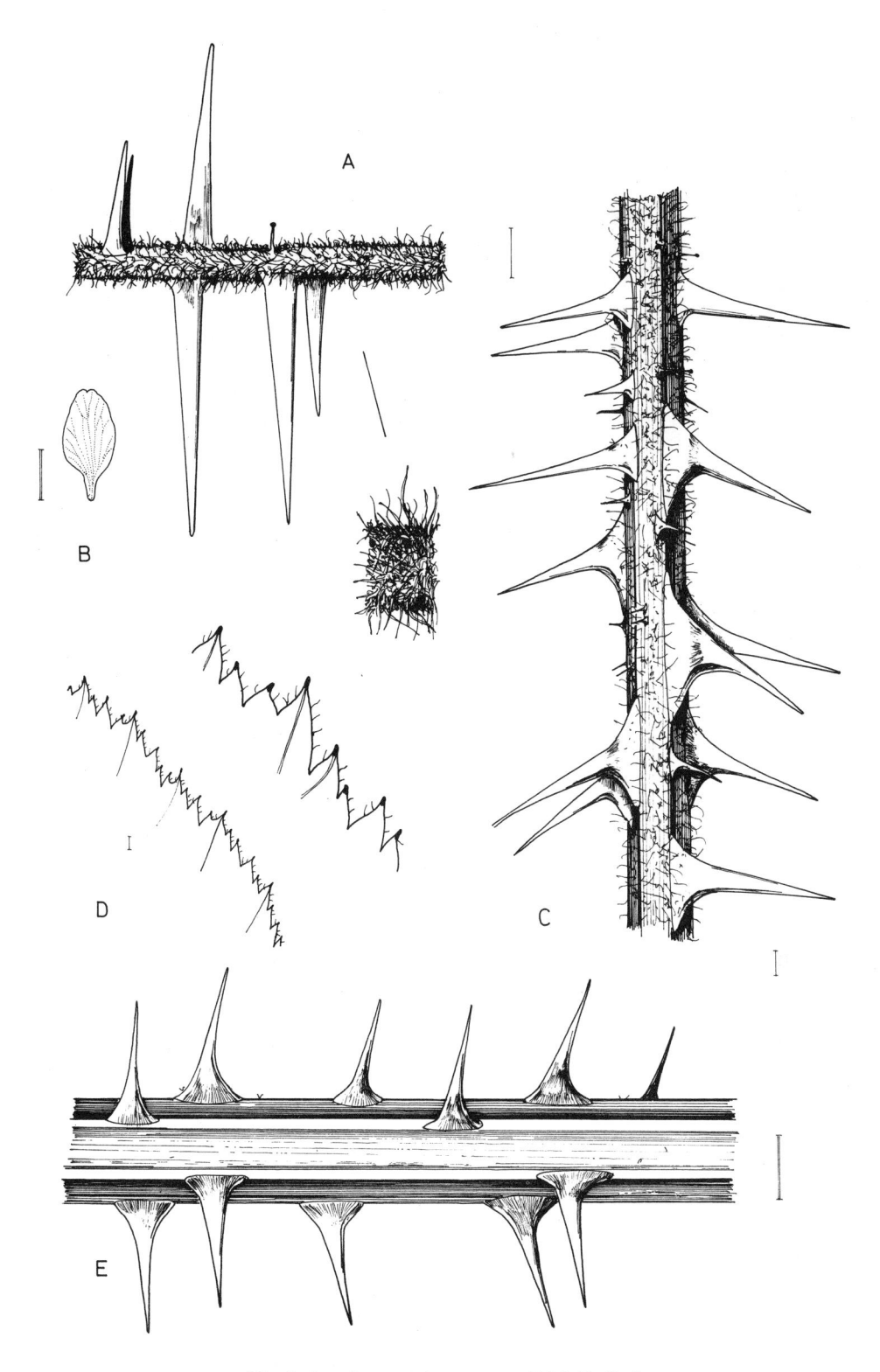

53. Rubus langei Jens. em. Frid. & Gel.

bis fast glatt, am Rande kleinwellig, im Querschnitt $\pm$ flach, ä. Sb. ca. 4-5 mm lg. gestielt, mit keiligem oder abgerundetem Grund, kürzer als der B.-stiel. Dieser $\pm$ locker (meist flaumig wirr-)haarig, obers. seicht bis über die Mitte hinaus rinnig und oft mit einzelnen (Drüsen-)Borsten, mit (ca. 12-18) geraden oder wenig gekrümmten St., Nb. relativ breit (ca. 1 mm) linealisch, Austrieb glänzend, wenig rotbraun angehaucht oder grün.

BLÜSTD. unregelmäßig pyramidal, wenig breit, bis fast zur Spitze durchblättert, B. im unteren Teil 5zählig. Achse kantig, $\pm$ locker flaumig bis filzig sternhaarig und dazu $\pm$ abstehend länger behaart; größere St. zu ca. 5-10 auf 5 cm, sehr kräftig, 7-10 mm lg., gerade, abstehend oder etwas geneigt, die unteren weit hinauf sehr breit zusammengedrückt, die oberen wie auch die der Seitenäste fast vom Grunde an dolchartig; kleinere St.chen und nadelförmige (Drüsen-)Borsten fast fehlend bis reichlich vorhanden. Blüstiele 0,5-1,5 cm lg., graugrün filzig und dazu locker abstehend behaart, versteckt sitzdrüsig und nicht selten auch mit ca. 1-2 Stieldrüsen bis ca. 1 x Blüstiel-Ø Lge.; St. zu ca. (3-)5-10, ungleich groß, bis 4-6 mm lg., $\pm$ waagerecht abstehend, gerade. Kz. graugrün filzig, mit $\pm$ zahlreichen St.chen, an der Blüte abstehend, zur Fr.reife zurückgeschlagen. Blü. h.rosa, Krb. oval oder umgekehrt eif., allmählich in den langen Nagel verschmälert, ca. 8-10 mm lg., Stb. die b.grünen Gr. weit überragend, Antheren in der Regel zumindest z.T. behaart, seltener alle kahl. Frkn. meist kahl, Frbod. dichthaarig, Sfr. rundlich. VII-VIII. – $2n = 28$.

Eine charakteristische Art, gekennzeichnet besonders durch die kräftigen geraden St. und durch die oberseits ledergänzenden, stets kahlen B. Die kantigen Sch., die sich waagerecht aus den Knicks vorstrecken – in SH ein kennzeichnendes Bild – sind an der Spitze bis zum Spätsommer aufwärtsgebogen und unterstreichen mit den derben B. den robusten Eindruck dieser Pflanze. Sie variiert gelegentlich in der B.größe (sehr kleinblättrige Formen sind als var. parvifolia G. JENSEN ex. FRID. & GELERT 1887, 68 beschrieben worden), ferner in der Behaarung der Antheren und in der Menge der St.borsten im Blüstd. Letztere finden sich im Hauptverbreitungsgebiet der Art in SH nur in geringer Anzahl, mehren sich jedoch bei den südöstlicheren Formen besonders jenseits der Elbe, wo in der Altmark von MAASS weiter abweichende, doch durchaus noch im Rahmen der Art liegende Ausbildungen mit besonders kräftigen (bis 10-12 mm lg.!), waagerecht abstehenden St. an der Blüstd.achse als R. rectangulatus beschrieben worden sind.

G. JENSEN hat die Bezeichnung R. langei (nach Prof. J.M.CHR. LANGE, Kopenhagen – 1818-98) vorübergehend für den seinerzeit noch nicht richtig erkannten R. silvaticus verwendet und – wie seine Herbarbelege im Hb. Kopenhagen zeigen – die hier beschriebene Pflanze für R. vulgaris WH. gehalten. Erst später bezeichnete er die neue Art, und zwar vorzugsweise kleinblättrige Formen mit kahlen Antheren, mit dem Namen R. langei, den FRID. & GELERT (1887, 67) mit Einschluß auch der typischen Formen dann gültig veröffentlichten.

ÄHNLICHE ARTEN: 50. R. selmeri: St. des Sch. alle oder in der Mehrzahl meist ± gekrümmt, an den B.stielen und im Blüstd. stets stark gekrümmt. Eb. rundlich, mit etwas aufgesetzter Spitze, Antheren stets kahl. - 57. R. gelertii: Sch. meist ± stieldrüsig, mit dichteren und viel schlankeren St., Eb. mit ± herzf. Grund und stark auswärtsgekrümmten Hz., Blüstiele mit > 5 Stieldrüsen. Krb. weiß, breiter. - 54. R. vulgaris: B.chen obers. heller grün, oft mit vereinzelten Härchen, gefaltet, St. der B.stiele und im Blüstd. krumm, auch auf dem Sch. überwiegend gekrümmt, Antheren stets kahl. - 51. R. insularis und 52. R. insulariopsis mit fußf., oberseits behaarten B. und gekrümmten St. besonders im Blüstd. und am B.stiel. - 45. R. maassii und 46. R. lindebergii mit obers. behaarten B. und auch sonst stark abweichend. - Vgl. gegebenenfalls auch den viel schwächer bestachelten und auch sonst unähnlicheren 26. R. gratus sowie 63. R. thyrsanthus, 62. R. candicans, 59. R. armeniacus und 67. R. pyramidalis.

ÖK. u. SOZ: Lichtliebende Gebüschpflanze (in Wäldern nur kümmernd), auf sandigen bis lehmigen, kalkärmeren Böden (vorwiegend potentielle Quercion- und ärmere Querco-Fagetea-Standorte). Kennart der pflanzengeographisch bezeichnenden R. langei-R. leptothyrsus-Knicks (Pruno-Rubetum sprengelii) in regenfeuchten Lagen SHs, als Differenzialart oft übergreifend in ärmere Pruno-Rubetum radulae-Gesellschaften.

VB: W- bis mittleres M-Europa und S-Schweden. - In SH (Karte!) mit ausgeprägtem NW-SO-Massengefälle und die Ostgrenze der Gesamt-VB erreichend. Nordwestlich der Linie Itzehoe - Neumünster - Neustadt (dabei besonders im Kreis Husum und in Westangeln) eine der häufigsten Arten!!, seltener nur in Süderdithmarschen. Südöstlich der genannten Linie zerstreut bis selten, offene Feldknicks meidend und nur noch in vereinzelten Stöcken in klimatisch geschützteren Wegrandknicks oder an anderen Standorten. Südöstlich vorgeschobene Fundorte: Ratzeburg: bei Bäk (70!!) und Einhaus (FRIEDRICH 1895, 19 - vermutlich Verwechslung mit R. selmeri var. argyriophyllus), zw. Hoisdorf und Gölm (67-70!!), zw. Grönwohld und Linau (66-67!!), Dwerkathen (ER. 1908 b), Möhnsen (ER. 1900, 23 - 66!!), um Tesperhude (ER. l.c. - 66!!), Müssen (ER. 98!), Dalldorf (62-63!!), Lütau (63!!) und Wangelau (66!!). - Die übrige VB ist wegen zahlreicher Mißdeutungen nicht immer klar anzugeben. Sicher in S-Schweden (1 Fundort bei Ystad) und in DK: nur in Jütland: bei Ribe und besonders häufig im SO. - In Me. bislang ohne Nachweis. Im nwdt. TL von Cuxhaven!! südwestlich bis ins Emsland!! und nach Holland (1 Fundort), südwärts mindestens bis Osnabrück!!, N-Wf. (Exter!!), Hessen. Im SO zerstreut durch die Lüneburger Heide!! bis in die Mark! und (nach A. NEUMANN briefl.) bis Thüringen. Außerdem auch für Südengland angegeben.

54. **Rubus vulgaris** WEIHE & NEES, Rubi Germanici 38 (1824) non ssu. TIMM, Verh. Nat.wiss. Verein Hamburg, ser. 2, 3: 74 nec ERICHSEN, ibid. ser. 3, 8: 17 (1900) nec. A.CHRISTIANSEN, Verz. Pfl.-Standorte SH 15 (1913). - Schl. 74', 84' -

a) ssp. vulgaris. - Syn. ssp. viridis WEIHE & NEES, loc. cit. et alior., R. vulgaris ssp. mollis ssu. ERICHSEN, loc. cit., non WEIHE & NEES, loc. cit. - Fig. - Tafel - Karte.

SCH. hochbogig, (scharf-)kantig mit gefurchten oder seicht vertieften, zuletzt auch $\pm$ flachen Seiten, sich von den Kanten und St. her $\pm$ gleichmäßig weinrot verfärbend, mit heller bleibender Strichelung, matt oder schwach glänzend, kahl oder fast kahl (durchschnittlich (0-)1-3 Härchen pro cm Seite), sitzdrüsig. St. zu 5-13 pro 5 cm, 6-8 mm lg., vom Grunde an bis etwa zur Mitte sehr stark verbreitert und zusammengedrückt, rückwärtsgeneigt, alle oder doch in der Mehrzahl gekrümmt.

B. handf. 5zählig, B.chen schmal, sich randlich nicht deckend, etwas derb, obers. grün, (etwas)ledrig glänzend, spärlich behaart (ca. 1-2(-5) Haare pro cm^2) oder kahl; unterseits anliegend graugrün bis graufilzig, längere Behaarung gering, meist kaum fühlbar. Eb. mäßig lang gestielt (ca. 33-40 % der Spreite), in der Form $\pm$ variabel: aus stets schmalem, abgerundetem oder keiligem Grund meist schmal, seltener breiter umgekehrt eif. (mit größter Breite manchmal erst im oberen Viertel), bis $\pm$ elliptisch oder (nur angedeutet)eif., Spitze im allgemeinen kurz und breit, wenig oder nicht abgesetzt, Serratur mit scharf zugespitzten Zähnchen ungleich, mäßig tief, oft $\pm$ geschweift, zum Blattgrund hin sehr weit, vorn mit kaum längeren, doch zum Teil auswärtsgekrümmten Hz., Haltung gefaltet, im Querschnitt geschwungen V-förmig bis fast flach, zur Basis hin stets am Rande sehr schmal nach unten umgefalzt, Rand vorn kleinwellig, ä. Sb. 2,5-5(-7) mm lg. gestielt, kürzer als der B.stiel, mit keiligem Grund. B.stiel wenig behaart, mit zahlreichen (ca. 15->20) kräftigen krummen, breitfüßigen St.; Austrieb glänzend h.grün, ohne oder mit schwacher Anthocyanreaktion.

BLÜSTD. breit, oben wenig verschmälert, oft etwas sperrig, nur bis unterhalb der Spitze durchblättert, B. bis 5zählig. Achse kantig, mäßig dicht oder meist nur locker abstehend behaart, Sternhärchen nur im oberen Teil $\pm$ zerstreut, sonst meist fehlend. St. zu ca. 6-10 pro 5 cm, (4-)5-7 mm lg., rückwärtsgeneigt sichelig, oft auch hakig, zur Basis hin sehr stark verbreitert, Blüstiel 2-3 cm lg., abstehend locker behaart, schwach filzig und reichlich sitzdrüsig, ohne oder mit ca. 1-2 versteckten sehr kurzen Stieldrüsen, St. zu ca. (3-)7-15, breitaufsitzend, kräftig, meist $\pm$ gekrümmt, bis 2-4 mm lg. Kz. graugrün filzig, am Grund meist mit einzelnen kleinen St.chen, von der Blüte bis zur Fr.reife $\pm$ abstehend oder undeutlich zurückgeschlagen, Krb. weiß (selten mit zartrosa Schimmer), verkehrt eif., 10-15 mm lg., Stb. kaum länger als die grünlichen Gr., Antheren kahl, Frkn. mit einzelnen langen Haaren oder kahl, Frbod. behaart, Sfr. ziemlich klein, rundlich, wohlschmeckend säuerlich. VII(-VIII). - 2n = 21.

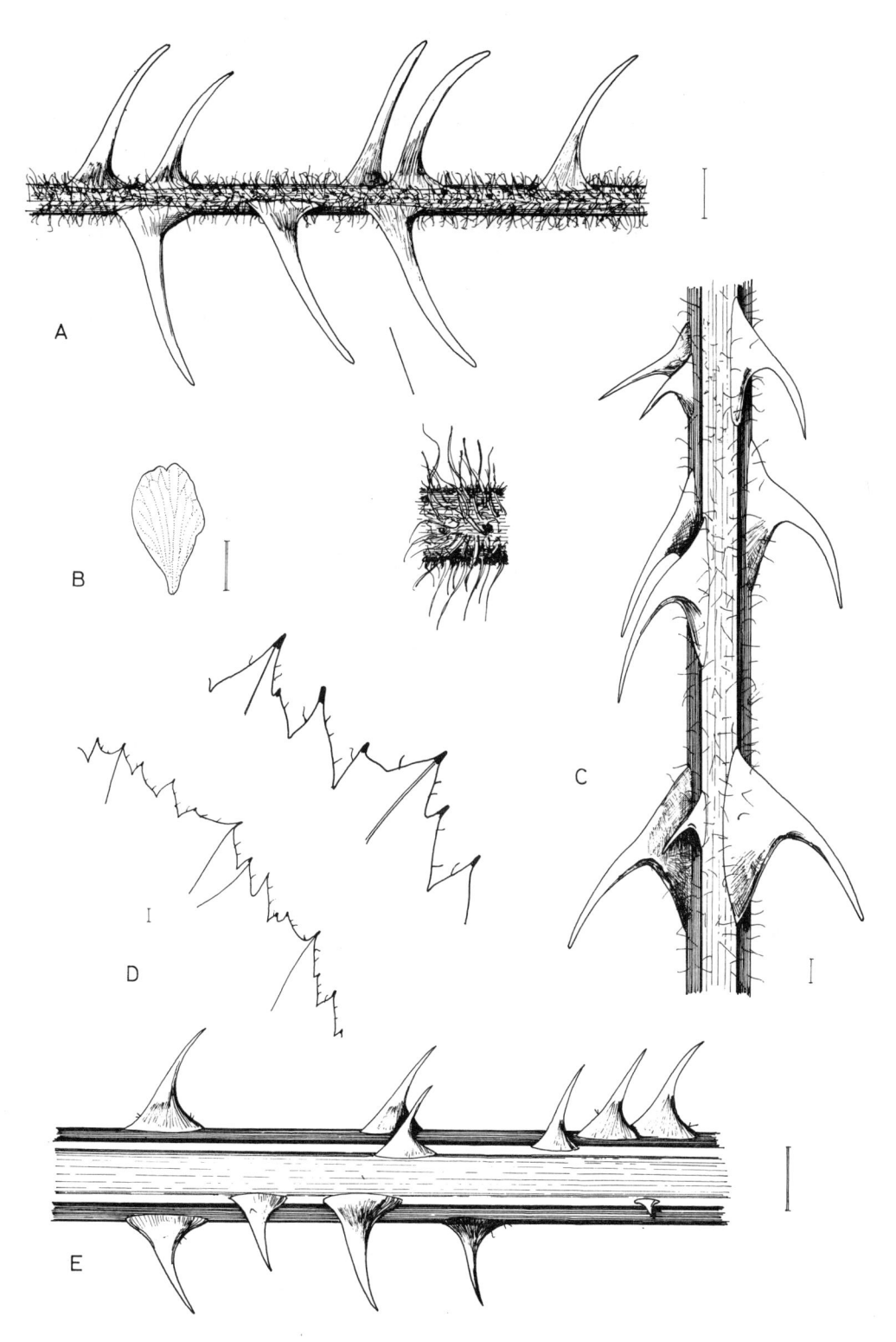

54. Rubus vulgaris Wh. & N.

b) ssp. mollis WEIHE & NEES, Rub. germ. 38 (1824) non ERICHSEN loc. cit.

B.chen unterseits stärker filzig und dazu von auf den Nerven gekämmten längeren Haaren schimmernd weichhaarig, Serratur enger, Blüstd. schmaler, oft etwas stieldrüsig, Blütezeit etwas früher. - Diese Unterart kommt anscheinend nur im Wesergebiete, besonders im weiteren Umkreis der Porta Westfalica (!!) vor.

Rubus vulgaris ssp. vulgaris fällt besonders auf durch den kräftig und krumm bestachelten, stieldrüsenlosen, etwas sperrigen Blüstd. sowie durch die schmalen, am Grunde keiligen oder abgerundeten, ledergländzenden, gefalteten, am Rande stets umgefalzten B.chen. Die zur Spitze der B.chen hin kräftige Serratur mit verschiedengerichteten Zähnchen steht im auffälligen Gegensatz zum wenig gesägten, oft fast ganzrandigen unteren Teil. Die gleiche Erscheinung wiederholt sich - oft deutlicher noch - bei den mehrzähligen B. des Blüstds.

ÄHNLICHE ARTEN (des typischen R. vulgaris): Vgl. bes. 56. R. lindleyanus, ferner 50. R. selmeri: B.chen viel breiter, sich randlich oft deckend, obers. stets kahl, am Rande undeutlicher umgefalzt, Eb. aus stets breitem Grund zuletzt fast kreisrund, Serratur viel enger mit etwas längeren, (fast) geraden Hz., Blüstiel durchschnittlich kürzer (1-2 cm lg.), Krb. rosa, Sfr. größer. - 51. R. insularis und 52. R. insulariopsis weichen vor allem ab durch stärker behaarten ((1-)3-10(->20) Härchen pro cm Seite), matt d. weinroten, oft rundlicheren Sch., obers. stärker behaarte, mattgrüne, ungefaltete, anders gesägte und randlich nicht umgefalzte B.chen, durch dicht sternfilzige Blüstd achsen und -Zweige sowie durch rosa Krb. und Gr. (R. insularis) bzw. behaarte Antheren und ± stieldrüsigen Blüstd. (R. insulariopsis). - 22. R. senticosus hat längere, sehr dichtgestellte St. (auf dem Sch. oft >20, auf der Blüstd.achse ca. 9-16 pro 5 cm), schwächer entwickelten Blüstd. und (bes. in SH) unvollkommenen Fr.ansatz. - 53. R. langei hat ähnlich ledergländzende, doch dunklere B.chen und unterscheidet sich im übrigen leicht vor allem durch die geraden, sehr kräftigen St. am Sch. und im Blüstd., rosa Blüten und in der Regel auch durch behaarte Antheren. - 45. R. maassii und 46. R. lindebergii haben oberseits stets viel dichter behaarte B.chen mit engerer gleichmäßiger Serratur, schwachbewehrte kürzere Blüstiele und auf dem Sch. viel zerstreuter stehende, auffallend rötliche St. - Vgl. auch 24. R. platyacanthus und 25. R. correctispinosus.

ÖK. u. SOZ: Kalkmeidende Art vorzugsweise schwach anlehmiger Böden in reicheren Quercion-Wuchsgebieten in Gebüschen, an Waldrändern und als Schlagpflanze in Lichtungen. Als solche in Ns. als Kennart der R. silvaticus-R. sulcatus-Ass. TX. & NEUM. (1950) beschrieben. In SH auf vergleichbaren Standorten und in Knicks.

VB (ssp. vulgaris): W- und M-Europa. - In SH in wenigen Vorposten an der absoluten N- und W-Grenze der Verbreitung. Angaben früherer Autoren (TIMM,

ER., A.CHRIST. l.c.) beziehen sich jedoch auf R. selmeri var. selmeri. Der echte R. vulgaris wurde erst 1962 (!! vom Vf.) in SH am Elbhang bei Glüsing westlich von Lauenburg entdeckt und 1966!! mehrfach auch in Lichtungen der bewaldeten Elbhöhen von dort in Richtung auf Tesperhude (bes. in der Höhe von Stromkilometer 578). Außerdem wächst R. vulgaris zahlreich in einem Knick zwischen Oststeinbek und Willinghusen (63!!). - Weitere VB: Die sh. Vorposten finden unmittelbar Anschluß an zerstreute Vorkommen auf der anderen Seite des Elburstromtals von der Nordostheide (Tosterglope!!) bis in die Gegend von Harburg (ER. mehrfach um 1900, teils als R. rhombifolius, meist als R. vulgaris ssp. vulgaris f. - vgl. ER. 1900, 18). Im südwärts anschließenden TL fehlt die Art jedoch besonders im W fast durchwegs und erscheint erst wieder stellenweise häufig im südnieders. - nordwestf. Mittelgebirge vom Harz!! bis Burgsteinfurt!! Die weitere VB erstreckt sich bis nach Thüringen und zum Schwarzwald, bis Holland, Belgien und Frankreich. Außerdem in England, angeblich auch in der CSSR.

55. **Rubus laciniatus** WILLDENOW, Hort. Berolinensis tom. 2, t. 82 et pag. apud tab. (1806 - sic!) - Schl. 10 - Tafel.

SCH. mit handf. 5zähligen B., B.chen tief eingeschnitten fiederteilig oder (unpaarig) gefiedert mit $\pm$ fiederteiligen Abschnitten. In letzterem Fall wirkt das ganze B. wegen des gefiederten Eb. insgesamt mehr gefiedert. - BLÜSTD. mit ähnlich zerschlitzten B. und vorn $\pm$ tief eingeschlitzten Krb. Pfl. in den übrigen Merkmalen R. vulgaris sehr ähnlich und möglicherweise ein Abkömmling dieser Art. - $2n = 28$.

Das eigentümlich zerschlitzte Laub des R. laciniatus erinnert auf den ersten Blick eher an Umbelliferen (z.B. an Anthriscus silvestris) als an eine Brombeere. Ansätze zu tiefer eingeschnittenen B. kommen zwar auch bei anderen Rubi ausnahmsweise vor (laciniatus-Formen vor allem bei R. gratus, R. plicatus und R. pallidus, seltener auch bei anderen, z.B. bei R. platyacanthus, beobachtet), doch sind die B.chen bei jenen maximal nur bis zur Hälfte eingeschnitten, wobei ihr Brombeer-Charakter durchaus gewahrt bleibt.

R. laciniatus ist nur als Kulturpflanze bekannt. Wegen seines eigentümlichen Habitus wird er (mindestens seit dem 17. Jh.) in Gärten gezogen, meist als Zierstrauch, neuerdings, besonders in den USA, auch als Obstpflanze. Seine Herkunft ist unsicher.

VB: spontan unbekannt. - Gelegentlich in Gärten und Anlagen gepflanzt und hin und wieder verwildert. So in SH schon im 19. Jh. in Hamburg-Wandsbek (TIMM 1880, 74 - Standort nach RÖPER in sched. längst vernichtet). Später in Hamburg-Niendorf (1919! SCHMIDT), Altona (D.N.CHRIST!), Billstedt: Kirchlinden und Elbinsel Pagensand (MANG 1971 bzw. 1964 - in litt.), Garstedt: Ohemoor (FRAHM 1971!), Pinneberg und zw. Sülldorf und Schenefeld (URBSCHAT in litt. 1971), Kl. Offenseth (71!!), Sachsenwald: Bille und Aumühler Schadenbek,(RÖPER 28, in Verh. Natw. Verein Hamburg 1930), Buchhorst bei Lauenburg (1928 RÖPER in SH-Kartei), Rodesholz b. Lübeck (KONOPKA 1964!). Außerdem beobachtet auf dürrem Dünensand in Aufforstungen auf Amrum (63!!), ähnlich auch auf der dänischen Insel Röm (66!!). Auch sonst in DK!! und in anderen Gebieten hier und da verwildert.

56. **Rubus lindleyanus** LEES, Phythologist (NEWMAN) 3: 361 (1848). - ZSchl. I: 5.

Von Rubus v u l g a r i s durch folgende Merkmale zu unterscheiden:

SCH. mit weniger breiten, doch meist längeren (7-10 mm lg.) St. - B. oft etwas fußf. 5zählig, Eb. aus mehr keiligem Grund elliptisch bis schwach umgekehrt eif., Rand zur Basis hin nicht so deutlich schmal umgefalzt. Serratur im oberen Teil ausgeprägt periodisch, fast eingeschnitten, mit viel längeren, ± deutlich auswärts gerichteten Hz., insgesamt weiter und nicht so spitzig gesägt und dadurch nicht an R. vulgaris, sondern an R. candicans erinnernd. - BLÜSTD. oft mit einzelnen Stieldrüsen, mehr verlängert, oben mit mehr waagerecht abstehenden Ästen. St. schlanker, viel weniger gekrümmt, besonders oben an der Achse und an den Seitenästen meist (fast) gerade. Kz. deutlich zurückgeschlagen, Krb. breit elliptisch, oft fast rundlich, mit abgesetztem kurzem Nagel, weiß. Stb. entschieden (ca. 1,5 x) länger als die Gr. - $2n = 28$.

Als beste Unterscheidungsmerkmale der "Englischen Brombeere" (SCHUMACHER 1959) gegen R. vulgaris erscheinen die Blüten, dazu vor allem die andersartige Serratur des Eb. und die weniger krummen St. des Blüstds. Dagegen nähert sich die B.form oft sehr dem typischen R. vulgaris und mehr noch dessen var. mollis, die sich u.a. jedoch durch gekämmte, schimmernde und sehr weiche Behaarung auf der B.unterseite unterscheidet, daneben auch durch längere B.stiele, die im Gegensatz zu R. lindleyanus - ähnlich wie meist auch beim typischen R. vulgaris - die ä. Sb. gewöhnlich deutlich an Länge übertreffen. Ohne Blütenmerkmale bereitet die Unterscheidung beider Arten im Herbar zuweilen Schwierigkeiten, doch sind beide deutlich getrennte Taxa, die nicht (wie von FOCKE 1914, 134) als synonym betrachtet werden können.

ÄHNLICHE ARTEN: wie bei 54. R. v u l g a r i s.

ÖK. u. SOZ: Wenig bekannt. Von DOING (1962) in Holland zum Sambuco-Prunetum spinosae (Prunetalia) sowie zum Sambuco-Salicion capraea gestellt und demnach anspruchsvoller als R. vulgaris.

VB: europäisch atlantisch. - Von Holland aus in einzelnen Vorposten in das westliche nwdt. TL einstrahlend: Ostfriesland, Krs. Leer: Wymeer, Steenfelde, Filsum, Julianenpark in Leer (KLIMMEK 1949-53!), Lehe, Krs. Aschendorf (KLIMMEK 1952!), Grohn b. Vegesack und früher bei Zwischenahn (FOCKE 1894, 296). Dann erst wieder häufig bei Bentheim (FOCKE l.c. -!) und um Burgsteinfurt (BANNING! - 71!!). Weitere VB: östlich vereinzelt durch Wf.

bis Bielefeld, südwärts bis ins Rheinland, anscheinend versprengt noch in Hessen. Ferner in Holland, Belgien, Nordfrankreich und sehr häufig auf den Brit. Inseln.

57. **Rubus gelertii** K. FRIDERICHSEN, Bot. Tidsskr. 15: 237 (1886). - Schl. 71, 112' - Fig. - Tafel.

SCH. bogig, kantig mit flachen oder etwas rinnigen Seiten, besonders an den Kanten und an den St.basen weinrötlich überlaufen, zuletzt $\pm$ gleichmäßig d.weinrot, fast matt, mit ungleich verteilten, spärlichen Haaren (durchschnittlich nur 0-1(-3) Haare pro cm Seite), $\pm$ sitzdrüsig und mit (0-)3-5(-15) kurzen (Stieldrüsen-)Borsten auf 5 cm, St. zu ca. (8-)10-15 pro 5 cm, ca. 7-10 mm lg., sehr schlank, gerade (einzelne manchmal etwas gekrümmt), geneigt oder (seltener) senkrecht abstehend.

B. handförmig 5zählig, B.chen derb, meist rostfleckig, oberseits d.grün mit Lederglanz, kahl, unterseits angedrückt graufilzig, ohne oder nur mit spärlichen längeren Haaren. Eb. mäßig lang gestielt (ca. 30 % der Spreite), aus schmalem, etwas herzf., seltener gestutztem oder abgerundetem Grund ausgeprägt (zuletzt breit) umgekehrt eif., allmählich kurz bespitzt. Serratur periodisch mit stark auswärtsgekrümmten Hz., anfangs enger (Fig. D 1), zuletzt weiter und $\pm$ geschweift, besonders nahe der Spitze sehr grob (Fig. D2), alle Zähnchen mit aufgesetzten rötlichen Spitzen. Haltung flach, ungefaltet, am Rande vorn kleinwellig, ä.Sb. 5-8 mm lg. gestielt, so lang oder länger als der B.stiel. Dieser mäßig $\pm$ flaumig behaart, mit (ca. 10-15) geraden oder etwas gekrümmten schlanken St., oberseits mit (0-)1->10 kurzen Stieldrüsen. Austrieb $\pm$ rotbraun überlaufen.

BLÜSTD. unregelmäßig pyramidal, mit (bis 3-5zähligen) B. bis nahe der Spitze durchblättert, Blüten erst darüber dichter an 3-5blütigen Ästen, darunter lockerer an entfernten kurzen Zweigen. Achse flaumig sternhaarig, zur Spitze hin zunehmend auch länger und abstehend behaart. St. zu 3-7 auf 5 cm, aus breiter Basis sehr schlank, fast pfriemlich, gerade, geneigt, bis 6-8 mm lg. Anzahl der kleineren St.chen und Stieldrüsen sehr schwankend (meist zu ca. 5-20 pro 5 cm), unten meist sehr zerstreut, nach oben zu dichter. Blüstiel 1-2 cm lg., graugrün filzig und dazu $\pm$ abstehend kurzzottig, sitzdrüsig und mit 5->20, die Haare nicht überragenden Stieldrüsen (Lge. durchschnittlich nur ca. 0,5 x, selten einzelne bis 2 x Blüstiel-Ø). St. zu 7-10, nadelig, gerade, 2-4 mm lg. Kz. dicht graufilzig, $\pm$ feinstachelig, von der Blüte an locker zurückgeschlagen. Krb. weiß, eif. mit kurzem Nagel, vorn mit einer Kerbe und bewimpert. Stb. deutlich länger als die h.-grünen Gr. Antheren behaart oder wie der Frkn. kahl, Frbod. behaart. Sfr. rundlich, nach oben zu etwas verjüngt. VII-VIII. - 2n = 28.

Die Art vereinigt in gewisser Weise Merkmale von R. candicans, an den namentlich die B.serratur erinnert, mit R. radula, auf den die Bewehrung der Blüstiele und entfernter auch der Blüstd.aufbau hindeuten. Durch die dichtstehenden,schlanken geraden St. des kahlen Sch. im Verein mit den obers.

kahlen, unters. filzigen B., deren zuletzt stark auswärtsgerichtete Hz. wie auch die übrigen Zähne aufgesetzte Spitzen tragen, sowie durch den stieldrüsigen Blüstd. mit eif. weißen Krb. ist die Art hinreichend von allen übrigen bei uns vorkommenden Brombeeren unterschieden.

ÄHNLICHE ARTEN: vgl. 53. R. langei, 62. R. candicans, 77. R. anglosaxonicus und 79. R. albisequens. - Ähnlicher als diese ist R. elegantispinosus (SCHUM.), der jedoch erst vom Wiehengebirge (!!) an südwärts verbreitet ist. Er unterscheidet sich von R. gelertii u.a. durch geringeren Stieldrüsenbesatz, unters. schimmernd-weichhaarige B.chen, rosa Blüten und behaarten Frkn.

ÖK. u. SOZ: Die Fundorte in DK und SH liegen alle in Jungmoränengebieten und bei Vorkommen in Gebüschen wohl wie in SH in R. vestitus-R. drejeri-Gesellschaften (Pruno-Rubetum radulae). Nach FRID. & GEL. (1888, 775) auch in Wäldern.

VB: NW-Europa mit Schwerpunkt in DK. - In DK besonders in SO-Jütland um Hadersleben!, ferner auf Fünen, Brandsø und Alsen. In SH nur in sehr seltenen südlichen Vorposten in Angeln: zw. Ringsberg und Rüde (GEL. nach FRID. & GEL. 1888, 775 - hier noch jetzt(67!!, 69!!) in den verbliebenen Knickresten an der Straße), Engelsby (FRID. 98! = Rubi praes. Gall. exs. 1901, Nr. 170), Quern (JENSEN 70! als R. rhamnifolius Wh.N.), Steinberg (FRID. 99!), Jürgensby und zw. Sörup und Schwensby (nach ER. 1923, 259). - Weitere VB: "ein Stock" bei Stendorf nahe Bremen (FOCKE 87! - 1902, 494), außerdem bei Nienburg/Weser (NEUMANN in litt.). Nach HUBER (1961, 354) angeblich auch im nördlichen Wf., doch hier vermutlich mit R. elegantispinosus (SCHUM.) verwechselt. Selten in England.

58. **Rubus polyanthemus** (polyanthemos) LINDEBERG, Herb. Rub. Scand. 1: no. 16 (1882) et Bot. Notiser 1883: 105 (1883), non R. polyanthus P.J. MUELLER 1859. - Syn. R. pulcherrimus L.M. NEUMAN, Oefvers. Vet. Acad. Förh. Stockh. 8: 63 (1883) non HOOKER 1848; R. neumani FOCKE in POTONIE, Illustr. Flora N.- u. Mitteldt. ed 1: 257 (1885). - Schl. 83', 111' - Fig. - Tafel.

SCH. bogig oder kletternd, kräftig (Ø ca. 6->8 mm), kantig mit flachen oder meist gewölbten, seltener etwas vertieften Seiten, fast matt, zunächst grünlich mit auffallend rötlich gefärbten St. und Kanten, später auf den Seiten ungleichmäßig bis fleckig (d.-)weinrot bis karminrot mit hellerer Strichelung; spärlich büschelig behaart, ± verkahlend (nur ca. (0-)1-5 Haare pro cm Seite), reichlich sitzdrüsig. Stieldrüsen fehlend oder sehr vereinzelt (ca. 1 auf 5 cm). St. zu ca. 7-15 pro 5 cm, (5-)6-7(-8) mm lg., aus breiter Basis sehr schlank, gerade, etwas geneigt. Kleinere St.chen dazwischen sehr zerstreut oder meist fehlend.

B. handf. 5zählig, einzelne (besonders nahe der Basis des Sch.) durch geteiltes Eb. nicht selten auch 6-7zählig, doch keinerlei Neigung zur 3Zählig-

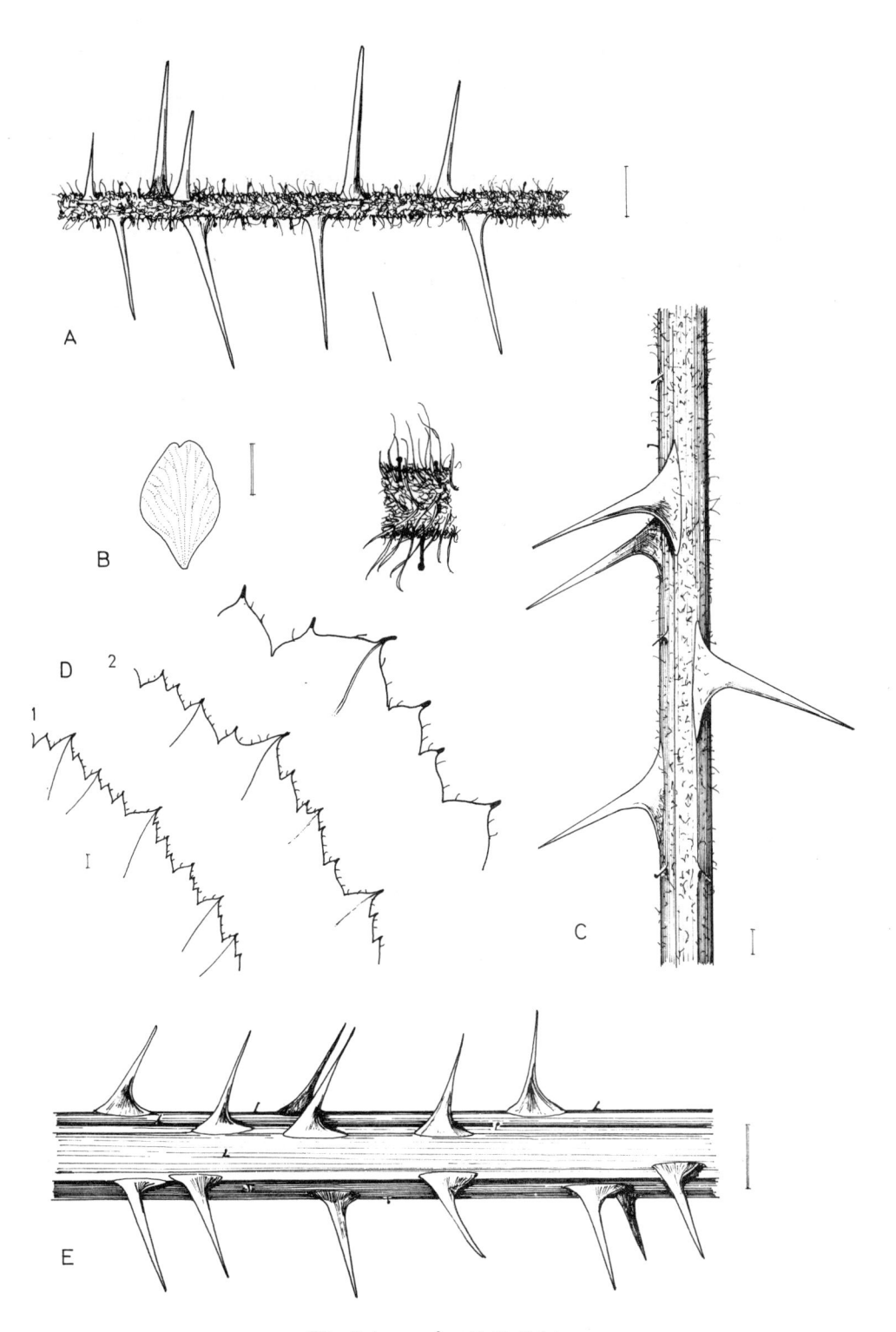

57. Rubus gelertii K. Frid.

keit. B.chen derb, oft rostfleckig, oberseits (d.-)grün, (fast) matt, mit ca. 10-20 Haaren pro cm^2, unterseits angedrückt graugrün- bis graufilzig, mit spärlicher, kaum fühlbarer, längerer Behaarung. Eb. (5zähliger B.) mäßig bis sehr lang gestielt (ca. 30-48 % der Spreite), aus abgerundetem oder gestutztem, selten sehr schwach herzf. Grund breit umgekehrt eif. bis rundlich mit aufgesetzter kurzer Spitze. Serratur wenig tief, mit rotspitzigen Zähnchen, schwach, seltener ausgeprägter periodisch mit geraden oder $\pm$ auswärtsgekrümmten Hz. Haltung schwach konvex, seicht gefaltet, am Rande vorn etwas kleinwellig, ä. Sb. 3-5 mm lg. gestielt, kürzer oder länger als der B.-stiel. Dieser mäßig behaart, mit (ca. 10) $\pm$ sicheligen rötlichen, wenig kräftigen dünnen St. Austrieb grünlich oder $\pm$ rotbräunlich überlaufen.

BLÜSTD. schmal pyramidal, mit 3(-5)zähligen B. meist nur bis unterhalb der verlängerten Spitze durchblättert. Blüten im unteren Teil nur an den Enden der Seitenzweige auf kurzen Stielen. Achse besonders im oberen Teil dicht sternfilzig und verwirrt behaart, längere abstehende Haare oft nur spärlich. St. meist nur zu ca. 5 auf 5 cm, bis ca. 5(-6) mm lg., aus breiter Basis sehr schlank, die oberen wie an den Seitenästen auch ganz nadelig-pfriemlich, gerade, geneigt. Kleinere St.chen und kurze versteckte Stieldrüsen sehr zerstreut. Blüstiele meist nur ca. 0,6-1,5 cm lg., graugrün filzig und dazu $\pm$ abstehend kurzzottig. Sitzdrüsen zahlreich, Stieldrüsen oft nur undeutlich davon abgesetzt, Anzahl ca. (0-)1-5, Länge meist nur 0,5 x, einzelne bis ca. 1 x Blüstiel-$\emptyset$. St. zu ca. 3-7, nadelig, gerade, meist etwas geneigt, bis ca. 2-3 mm lg. Kz. graufilzig, kurz, ohne oder nur mit vereinzelten St.chen, an der Blüte locker, zuletzt deutlich zurückgeschlagen. Krb. weiß oder zart rosa, breit eif. mit kurzem Nagel, vorn bewimpert, ca. 10 mm lg., Stb. wesentlich länger als die grünlichweißen Gr. Antheren alle kahl oder (meist nur einzelne) schwach behaart, Frkn. behaart, Frbod. fast kahl. Sfr. rundlich, breiter als hoch. VII-VIII. - 2n = 28.

Kennzeichnend für R. polyanthemus ist vor allem die Kombination der folgenden Merkmale: Rötliche schlanke und gerade St. auf dem verkahlenden Sch., handf. 5zählige (gelegentlich 6-7zählige), oben behaarte, unterseits kurzfilzige B. mit eigentümlich geformten Eb., schlanker verlängerter, wenig drüsiger Blüstd. mit nadeligen St. an den sternfilzigen Ästen und an der oberen Achse.

ÄHNLICHE ARTEN: Vgl. 34. R. egregius (auch Schl. 83), 45. R. maassii, 48. R. cardiophyllus und 46. R. lindebergii. - 71. R. drejeriformis, 73. R. atrichantherus und 72. R. drejeri sind nur in der B.form entfernt ähnlich, unterscheiden sich jedoch stark in vielen anderen Merkmalen, vor allem durch die filzlosen B. sowie zahlreichere und längere Stieldrüsen besonders im Blüstd. und meist auch auf den B.stielen.

ÖK. u. SOZ: Die wenigen Vorkommen in SH liegen in R. vestitus- R. drejeri-Gesellschaften (Pruno Rubetum radulae) des Jungmoränengebietes, vor allem in lichtreichen Gebüschen und Knicks.

VB: Vorwiegend nw-europäisch. Brit. Inseln, Südschweden; DK (Jütland: Grenaa, Sundewitt; Seeland selten!, häufiger auf Alsen!). - In SH sicher

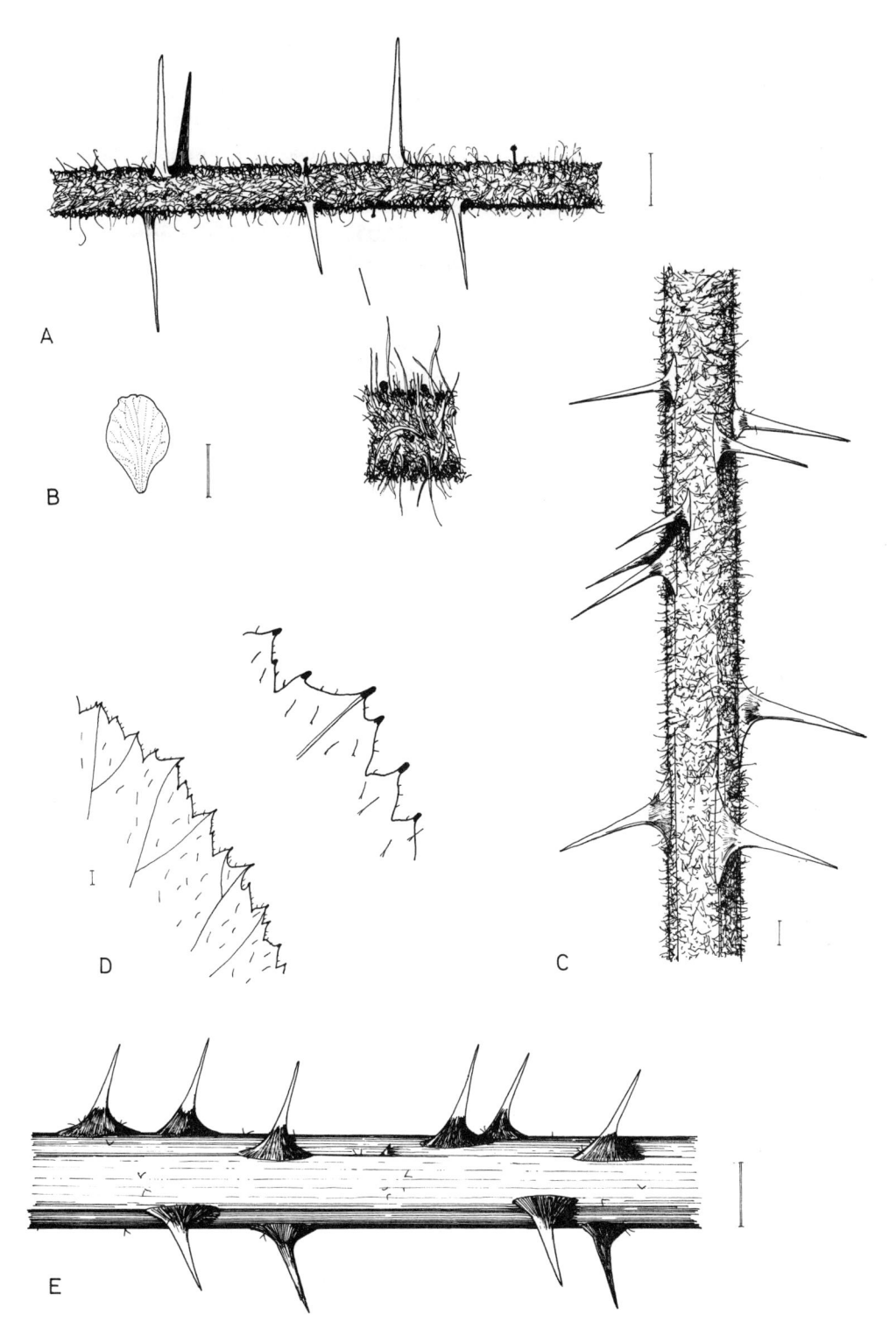

58. Rubus polyanthemus Lindeberg

nur im äußersten Nordosten ein schon von GELERT entdecktes Vorkommen auf der Halbinsel Holnis nördlich von Glücksburg (GEL. 85! 92! 93!, FRID. 97! - 67-69!!). Hier vor allem zwischen Sandwig und Schausende (FRID. 95! - 1967-69!!) und zahlreicher noch zw. Schausende, Bockholm und Drei (69!!). Nach ER. (1934, 13) auch bei Scharbeutz (ER. 31) sowie zw. Kollerup und Sörup (ER. 88! - zit. bei KRAUSE 1890, 62). Von ersterem Fundort liegt - soweit wir sahen - kein Herbarbeleg vor. Soweit ein entsprechender Beleg ERICHSENs vom letztgenannten Fundort eine Beurteilung zuläßt, scheint es sich dabei um eine aberrante Lokalausbildung einer anderen Art, jedenfalls nicht um R. polyanthemus zu handeln. - Südlich von SH kommt die Art anscheinend nur noch ein einem begrenzten Areal im deutsch-holländischen Grenzgebiet zwischen Kleve und Nimwegen auf dem Festland vor.

Series 4. Discolores P.J.M.

59. **Rubus armeniacus** (hort.) FOCKE, Abh. Naturwiss. Ver. Bremen 4: 183 (1874). - Syn. R. procerus P.J.MUELLER apud. BOULAY, Ronces Vosg. 7 (1864) (= R. hedycarpus FOCKE, Synopsis Rub. Germ. 190 (1877), = R. macrostemon FOCKE, ibid. 192 (1877)) var. hort.? - Schl. 69 - Fig. - Tafel.

SCH. hochbogig, mächtige Büsche bildend, sehr kräftig ($\emptyset$ (6-)8->25 mm), stark verzweigt, scharfkantig mit rinnigen oder vertieften, seltener flachen Seiten, stark glänzend, zunächst grün, heller gestrichelt, später von den St. und Kanten her h. weinrot überlaufen, (fast) kahl oder mit zerstreuten feinen (Büschel-)Haaren ((0-)1-5 Haare pro cm Seite), Sitzdrüsen vereinzelt, Stieldrüsen fehlend. St. zu ca. 4-8 auf 5 cm, sehr kräftig, aus stark verbreiterter, lebhaft rötlicher Basis waagerecht oder wenig geneigt abstehend, gerade oder fast gerade, (6-)7-11 mm lg., kleinere St.chen fehlend.

B. groß, handf. 5zählig, B.chen oberseits d.-grün, fast matt, kahl oder wenig behaart (0-5(-10) Haare pro cm^2), unterseits angedrückt weiß- im Schatten (grün-)grauweiß-filzig, längere Haare fehlend oder zerstreut. Eb. langgestielt (40-50 % der Spreite), aus herzf., seltener gestutztem Grund breit elliptisch oder schwach umgekehrt eif. bis rundlich mit etwas abgesetzter, ziemlich kurzer Spitze. Serratur ungleich, ziemlich eng, mit bespitzten Zähnen, unregelmäßig periodisch mit $\pm$ längeren, geraden Hz. B.haltung zuletzt ausgeprägt konvex, ungefaltet, am Rande etwas wellig, ä. Sb. ca. 5 mm lg. gestielt, B.stiel wenig behaart, mit (ca. 6-15) rötlichen, breitfüßigen, sicheligen St.; Austrieb (gelblich)grün.

BLÜSTD. sehr umfangreich, breit, gestutzt, im oberen Teil b. los, sonst mit bis zu 5zähligen B., Achse $\pm$ kantig, mit verwirrten und abstehenden Büschelhaaren, dazu reichlich sternhaarig, ohne Stieldrüsen und kleine St.chen. St. zu ca. 5-9 auf 5 cm, gerade oder wenig gekrümmt, fein büschelhaarig, bis 7 mm lg., Blüstiel ca. 0,7-1,5 cm lg., graugrünlich- bis graufilzig und dazu

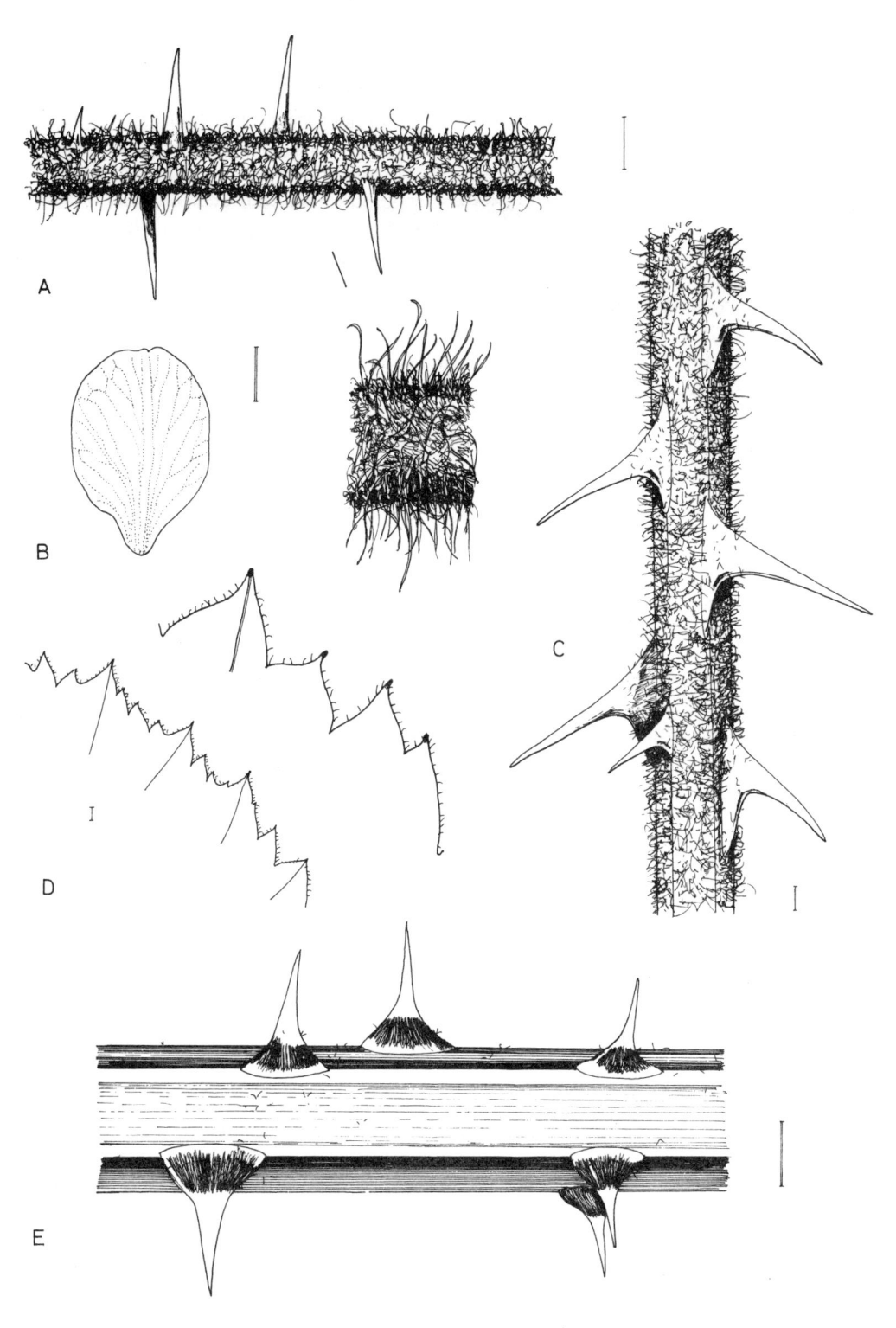

59. *Rubus armeniacus* Focke

länger, + abstehend, reichlich behaart, (fast) ohne Sitzdrüsen und stieldrüsenlos. St. zu ca. 5-10, gerade oder schwach gekrümmt, 1-2,5 mm lg. Kz. grau(grün)-filzig, st.- und stieldrüsenlos, streng zurückgeschlagen. Blü.(blaß) rosa, Krb. breit oval, 14-20 mm lg., dicht bewimpert. Stb. viel länger als die (b.)rosa angehauchten, weißlichen Gr., Antheren kahl oder behaart, Frkn. und Frbod. reichlich behaart. Sfr. sehr groß, vielfrüchtig, höher als breit, wohlschmeckend. VI-VII. - 2n = 28.

Diese viel in Gärten gezogene und häufig verwilderte Brombeere ist nächstverwandt mit R. procerus P.J.M., einer wärmeliebenden, von Frankreich bis zum Balkan verbreiteten Pflanze, die in Nordwestdeutschland spontan nicht vorkommt. Beide Arten sind - wenn überhaupt - nur durch systematisch unbedeutende Kennzeichen unterschieden. R. armeniacus hat bleibend rosafarbene Krb. und Gr., ist etwas geringer bestachelt und durch züchterische Auslese besonders hinsichtlich der Früchte üppig entwickelt. Er kann somit vielleicht nur als Kulturvarietät des R. procerus betrachtet werden, die auf eine armenische Wildform zurückgehen soll.

Die "Armenische, großfrüchtige, vorzügliche" wurde (nach KRAUSE 1931, 89) bei uns anscheinend erstmals 1860 als teure Neuheit beim Händler BOOTH-Altona angepriesen. Heute ist sie wegen ihres Ertragreichtums und ihrer Anspruchslosigkeit sowie wegen der wohlschmeckenden Früchte die am meisten gebaute Gartenbrombeere Europas, vor allem in der Form "Theodor Reimers" (in Amerika als "Himalaya" und "Youngbeere"). Da sie häufig verwildert, könnte sie von Anfängern leicht für eine unserer einheimischen Arten gehalten werden. Von diesen ist sie jedoch in erster Linie unterschieden durch ihre besonders üppige Entfaltung und Robustheit, insbesondere durch den mächtigen Blüstd. sowie durch den daumendicken, glänzenden und kantigen Sch. mit (an der Basis oft ringförmig) lebhaft rötlichen St., ferner durch die großen, unterseits ausgeprägt weißfilzigen B., die auch im Schatten stärker filzig als die B. einheimischer Rubi auf vergleichbaren Standorten bleiben. Kennzeichnend sind dazu das löffelförmig gewölbte Eb. und der vorwiegend ruderale, gartennahe Standort dieser Art, der meist frei von anderen Rubi Eufruticosi ist.

ÄHNLICHE ARTEN: Verwechslungsgefahren bestehen im Gebiet nur mit dem hier jedoch äußerst seltenen 60. R. winteri. - Entfernter ähnlich ist der ebenfalls seltene 48. R. cardiophyllus mit sehr langgestieltem, obers. stärker behaartem, länger bespitztem (herz-)eif. Eb. u. viel schmalerem Blüstd. mit weißen Blüten. - Ferner vgl. 53. R. langei (mit derberen, obers. lederglänzenden d.grünen kahlen B.chen und u.a. sehr kräftigen St. an den Blüstielen), 46. R. lindebergii, 62. R. candicans und 63. R. thyrsanthus.

ÖK. u. SOZ: Kulturpflanze. Wärmeliebend, frostempfindlich, bezüglich des Bodens anspruchslos. Auf sandigen kalkfreien bis schweren kalkhaltigen Böden in (sub-)ruderalen Gebüschen und an Wegrändern verwildert beobachtet.

VB: In SH zunächst von ER. (1900, 23) bei Hamburg-Schiffbek als Gartenpflanze (ER. 96!) beobachtet. 1925 von D.N.CHRIST. (1928, 412) verwildert in Hamburg-Altona gesehen. Heute in ganz SH (wie auch in DK!!, Ns.!! und Wf.!! und anderen Gebieten) an vielen Stellen als Gartenflüchtling beobachtet!!, im Gebiet allerdings nur in unmittelbarer Ortsnähe. Allein auf der wintermilden und sommerwarmen Insel Fehmarn wurde die frostempfindliche Art auch in ortsfernen Knicks gefunden (1962-69!!).

60. **Rubus winteri** P.J. MUELLER ex FOCKE, Synopsis Rub. Germ. 196 (1877). - Syn. R. argentatus ssu. FOCKE et al. an P.J.MUELLER, Flora ser. 2, 17: 71 (1859)? - ZSchl. I: 6.

Wichtigste Unterscheidungsmerkmale gegen den verwandten R. armeniacus:

SCH. matt oder fast matt, grün oder $\pm$ weinrot(-bräunlich), doch (jedenfalls bei uns) ohne die charakteristische, hervortretend lebhafte Rotfärbung der Kanten und St., meist viel dichter (büschelig-sternflaumig) behaart, zur Basis hin bereift. - B. nicht so groß (meist nur bis ca. 20 cm lg.), oft etwas angedeutet fußf. 5zählig, B.chen oft länger gestielt, unters. dünner, nur grau-(bis graugrün-)filzig, Eb. aus keiligem oder abgerundetem Grund (schmal bis breit) elliptisch mit abgesetzter ziemlich langer, oft sicheliger Spitze. Serratur viel schärfer, aufgesetzt (lang) stachelspitzig, stärker periodisch mit deutlich längeren (geraden) Hz. Haltung meist nicht konvex, am Rande $\pm$ grobwellig. - BLÜSTD. schmaler, wie bei R. armeniacus oft mit behaarten Antheren und stets reichlich behaarten Frkn., doch St. oft mehr gekrümmt, Krb. nur ca. 10-13 mm lg., weiß bis (b.)rosa, Blütezeit später (als alle übrigen Arten im Gebiet), ca. Ende VII- IX. - $2n = 28$.

Diese robuste, prächtige Pflanze, die besonders auch durch die abgesetzt bespitzten B.chen auffällt, gehört nicht mehr zum eigentlichen Florenbestand unseres Gebietes. Hier kommt sie vielmehr nur noch in sehr seltenen, nach Norden versprengten Exemplaren vor, von denen allerdings durch spätere Beobachtungen noch weitere Nachweise erbracht werden könnten.

ÄHNLICHE ARTEN: R. armeniacus (siehe oben und die unter 59. R. armeniacus genannten Arten).

ÖK. u. SOZ: Wenig bekannt, anscheinend wärmeliebend.

VB: W- und M-Europa. - Von den Brit. Inseln über Süd-Holland, Belgien (nach BEJERINCK 1956), Frankreich durch Mitteleuropa bis zum Harz, Hessen, Bayern (selten), Österreich?, Schweiz, häufig vor allem am Niederrhein und von hier entlang der holl. Grenze bis Burgsteinfurt (FOCKE - 71!!) vordringend. In der Ebene bislang nur an der Weserterrasse bei Nienburg (NEUMANN in litt.) sowie bei Fürstenau (BUCHENAU nach FOCKE 1877, 198) gefunden.

61. **Rubus chloocladus** W.C.R. WATSON, Watsonia 3: 288 (1956). - Syn. R. pubescens WEIHE ap. BOENNINGHAUSEN, Prod. Fl. Monast. 152 (1824) non RAFINESQUE, Med. Repos. N.York, ser. 3, 2: 33 (1811) nec VEST ex TRATTINNICK, Rosac. Monogr. 3: 34 (1823). - ZSchl. I: 6.

SCH. kräftig, kantig mit flachen oder vertieften Seiten, besonders die St. und Kanten ±violett-h.rotbraun überlaufen, durch sehr kurze büschelige bis sternflaumige Behaarung etwas schimmernd. Behaarung in der Regel dicht (>20->100 Härchen pro cm Seite), St. kräftig, breit, ca. 7-10 mm lg., gerade geneigt oder ± gekrümmt.

B. hand- bis angedeutet fußf. 5zählig, B.chen obers. d.grün, kahl, (fast) matt, unters. grau- bis weißfilzig, ohne längere Haare. Eb. mäßig lang gestielt (30-40 % der Spreite), aus schmalem, abgerundetem bis gestutztem Grund (schmal) elliptisch, allmählich ziemlich lang bespitzt. Serratur tief, vorn periodisch mit längeren geraden Hz. (an R. candicans erinnernd), ungefaltet. ä.Sb. 3-8 mm lg. gestielt, mit keiligem Grund.

BLÜSTD. verlängert, oben blattlos, unten mit (4-)5zähligen B. Achse kräftig, filzig-wirrhaarig, mit robusten, sehr breiten, 6-8 mm lg., sicheligen bis hakigen St. Blüstiele wie die Kz. (grau-)weiß filzig, mit einzelnen, relativ schwachen St. Kz. zurückgeschlagen, Krb. umgekehrt eif., ca. 12-16 mm lg., weiß oder b.rosa. Stb. wenig bis deutlich höher als die Gr., Antheren kahl, Frkn. kahl oder wie der Frbod. behaart. VII-VIII. - $2n = 28$.

Die Merkmalskombination dicht büschelhaariger Achsen mit Stieldrüsenlosigkeit und einem insgesamt etwas an R. candicans erinnernden Habitus kommt im Gebiet nur bei dieser kräftigen, schlankblättrigen Art vor. Daher und weil sie nicht mehr zu den eigentlichen Tieflands-Brombeeren zählt, kann die Beschreibung auf die wesentlichsten Merkmale beschränkt werden.

ÄHNLICHE ARTEN: Im Gebiet fehlend. Vgl. allenfalls 60. R. winteri (u.a. mit (fast) geraden St. im Blüstd. und anderer B.form).

ÖK. u. SOZ: Auf basenreichen, gern kalkhaltigen, steinigen, sandigen bis reinen Lehmböden, wärmeliebend. Im südl. Hügelland gern in alten Steinbrüchen und lockeren Prunetalia-Gebüschen, besonders in Melico- und Kalk-Fagetum-Wuchsgebieten.

VB: Schwerpunkt (westl.) Mitteleuropa. Die Angaben reichen von Portugal über Frankreich, Belgien, Holland und durch Mitteleuropa bis zur Altmark, Thüringen, CSSR, Österreich, Rumänien und Schweiz; außerdem selten in England. Im ns-wf. Hügelland nicht selten, stellenweise verbreitet bis häufig!! und im wesentlichen schon hier an der absoluten N-Grenze der VB. Diese wird nur von vereinzelten Vorposten vor allem in der vorgelagerten Ebenenregion überschritten, so Schaumburger Wald b. Minden (69!!), nach NEUMANN (1949, 141) im Dümmergebiet bei Hüde (hier auf den nahen Stemweder Bergen auf Kalk, NEUM. l.c. - 71!!) und von Borringhausen (71!!) bis Osterfeine, Astrup. Außerdem Schandorf b. Menslage (MÖLLMANN n. FOCKE 1904, 38), auf dem Hümmling am Bhf. Kluse (KLIMMEK 1952! - wohl verschleppt), noch am Ostufer des Zwischenahner Meers, zw. Harpstedt und Twistringen, Donnerstedt b. Thedinghausen (FOCKE 1894, 297) sowie bei Bassum (BECKMANN 82!).

62. **Rubus candicans** WEIHE ap. REICHENBACH, Flora Germ. Excurs. 601 (1832). - Syn. R. fruticosus 'L'. ssu. WEIHE & NEES, Rubi Germ. 24 (1822) non L. 1753. R. thyrsoideus WIMMER (1840) pro pte.?; R. thyrsoideus WIMMER ssp. candicans (WEIHE) FOCKE, SUDRE, ERICHSEN et auct. mult. - Schl. 76, 79 - Fig. - Tafel - Karte.

SCH. hochbogig (bis>2,5 m hoch), schmächtig bis kräftig (Ø ca. 4->12 mm), kantig mit gefurchten, vertieften bis fast flachen Seiten, matt grün, violett gesprenkelt, später (h.-)violettstichig rötlich und dunkler kleinflekkig gesprenkelt, ± sitzdrüsig, anfangs sehr zerstreut flaumig büschelhaarig, später ganz oder fast ganz verkahlend (0(-1-3) Härchen pro cm Seite). St. entfernt, zu (0-)1-3(-5) pro 5 cm, mit sehr breiter allmählich verschmälerter Basis, gerade (seltener nur fast gerade) abstehend oder geneigt, (4-)5-10 mm lg., nicht auffällig rötlicher als der Sch. gefärbt.

B. handf. oder angedeutet fußf. 5zählig, B.chen obers. (zumindest ausgewachsen) kahl, matt oder schwach glänzend grün, unters. graugrün oder (grün-)grau angedrückt kurzfilzig, ohne längere Haare. Eb. kurz bis mäßig lang gestielt (ca. 25-33 % der Spreite), aus schmalem, seicht ausgerandetem, seltener gestutztem Grund (schmal)umgekehrt eif. mit breiter, fast dreieckiger, mäßig langer Spitze; Serratur zuletzt weit, ungleich und grob, vorn oft ± eingeschnitten, periodisch mit längeren geraden oder fast geraden Hz., Zähne mit abgesetzten rötlichen, schwieligen Spitzchen, diese später oft eng nach unten umgebogen (zuletzt meist absterbend), so daß die Serratur eigenartig stumpflich erscheint. Haltung ungefaltet, mit aufwärtsgebogenen, vorn etwas welligen Rändern, ä. Sb. (1-)2-3(-4) mm lg. gestielt, mit schiefem, dabei keiligem oder abgerundetem Grund. B.stiel locker behaart, mit (ca. 3-7) sicheligen St., Nb. fädig lineal. Austrieb gelbgrünlich, wenig glänzend.

BLÜSTD. meist schmal, (bei üppigen Pflanzen gelegentlich ziemlich breit), unten mit (3-)5zähligen B. mit am Grunde schmal abgerundeten oder seicht ausgerandeten Eb., ohne oder nur mit wenigen Blüten, im oberen Teil meist b.los, verlängert und kaum verschmälert, mit aufrecht abstehenden Ästen; diese ± traubig-rispig verzweigt ohne deutliche Tendenz zur Dichasienbildung. Achse bis etwa zur Mitte locker flaumig und abstehend behaart, ohne oder nur mit zerstreuten Sternhärchen, nach oben hin etwas reichlicher sternhaarig. St. nur zu ca. (0-)1-3 pro 5 cm, ± gekrümmt, 3-5(-7) mm lg., zur Basis hin oft stark verbreitert. Blüstiele ca. 1-2 cm lg., dicht filzig und teils verwirrt, teils (bis ca. 0,5-1 x Blüstiel-Ø) abstehend ± reichlich behaart, sitzdrüsig, oft mit Übergängen zu feinen subsessilen Drüsen (selten auch 1-2 sehr kurz (bis ca. 0,3 x Blüstiel-Ø) gestielte Drüsen). St. zu 0-4, gekrümmt, meist nur bis 1,5, seltener bis 2,5(-3) mm lg., Kz. kurz, graugrün filzig, st.los, streng zurückgeschlagen, Blü. h.rosa bis fast weiß, duftend. Krb. klein und ca. 8-10 mm lg., ziemlich schmal verkehrt eif., Stb. die meist b.grünen Gr. überragend. Antheren und Frkn. kahl, Frbod. behaart. Sfr.

klein, rundlich. VII. - 2n = 21.

In typischer Ausprägung unverkennbar vor allem an dem unregelmäßig dunkler gesprenkelten, kahlen Sch. und den eigentümlich geformten und gesägten, oberseits kahlen, unterseits nur angedrückt filzig behaarten B. sowie an dem verlängerten, oben oft scheinbar traubigen Blüstd. mit wenig bestachelten Blüstielen; dazu im Herbar vor allem an den kahlen Frkn. Die St. des Sch. treten im Gegensatz zu vielen anderen discoloren Arten nicht durch intensive rötliche Färbung hervor, dazu stehen sie im Vergleich zu anderen Arten oft sehr zerstreut und fehlen manchmal streckenweise auf dem Sch. ganz (= f. inermis ADE 1957). - R. candicans zeigt jedoch vor allem in seinem südlichen Hauptverbreitungsgebiet Übergangsformen zu ähnlichen Arten, die im Herbar ohne Kenntnis der Lebendmerkmale nur schwer zu trennen sind. Auch im hier behandelten Gebiet lassen sich die Exemplare nicht immer zwanglos R. candicans zuordnen, sondern nähern sich zum Teil R. thyrsanthus. Im Gegensatz zu KRAUSE (1890, 63), der die sh. Formen wie auch FOCKE (1877, 68) irrtümlich alle als R. thyrsanthus F. deutete, verzichteten RANKE (1900) und ERICHSEN (1931) wegen der Übergänge auf eine Aufgliederung der alten Sammelart R. thyrsoideus((WIMMER 1840) FOCKE 1877), in die Teilarten R. candicans, R. thyrsanthus und R. grabowskii. - Für diese Sammelart schlug übrigens FRIDERICHSEN (1899, 72) zu Unrecht die Bezeichnung R. arduennensis LIBERT (1813) vor. Entsprechende Angaben für DK beziehen sich daher nicht auf den im Norden gänzlich fehlenden R. arduennensis s.str., sondern im wesentlichen auf R. thyrsanthus.

ÄHNLICHE ARTEN: 63. R. thyrsanthus und 64. R. grabowskii. - R. fragrans FOCKE (mit behaartem Frkn., rosaroten Blüten, obers. d.-grünen, ± glänzenden B.chen und keilig am Grunde verschmälerten, umgekehrt eif., vorn oft nur sehr kurz und undeutlich bespitzten Eb.) hat bereits im südlichen (ns-wf.) Hügelland seine Nordgrenze. - Unähnlicher sind: 53. R. langei (vgl. auch Schl. Nr. 75) und 57. R. gelertii (dieser mit viel dichteren Sch.st. - ca. (8-)10-15 pro 5 cm -, mit Stieldrüsen im Blüstd. und meist auch auf dem Sch. und in anderen Merkmalen abweichend. - Andere bei uns vorkommende discolore Arten wie 59. R. armeniacus, 48. R. cardiophyllus, auch 58. R. polyanthemus und 46. R. lindebergii haben alle ganz anders geformte, zum Teil auch oberseits behaarte B. mit anderer Serratur sowie anders gefärbte Sch. mit rötlich hervortretenden St.

ÖK. u. SOZ: Wärme- und lichtliebende Art, vor allem in offenen Gebüschen, an sonnigen Hängen, in Steinbrüchen und an Waldrändern vorzugsweise auf kalkhaltigen, doch auch auf kalkfreien Böden (Fagion-Wuchsgebiete). Im Schwerpunkt anscheinend Gebüschpflanze (Pruno-Rubetum radulae-Gesellschaften), aber auch (vielleicht nur als Differenzialart?) in Sambuco-Salicion-capreae-Schlägen, für die sie von TX. & NEUM. (1950) als Kennart beschrieben wurde. In SH wie im nwdt. TL gern an sonnexponierten Hängen am Rande größerer Flüsse: Weser (und Nebenflüsse b. Bremen), Elbe und Trave.

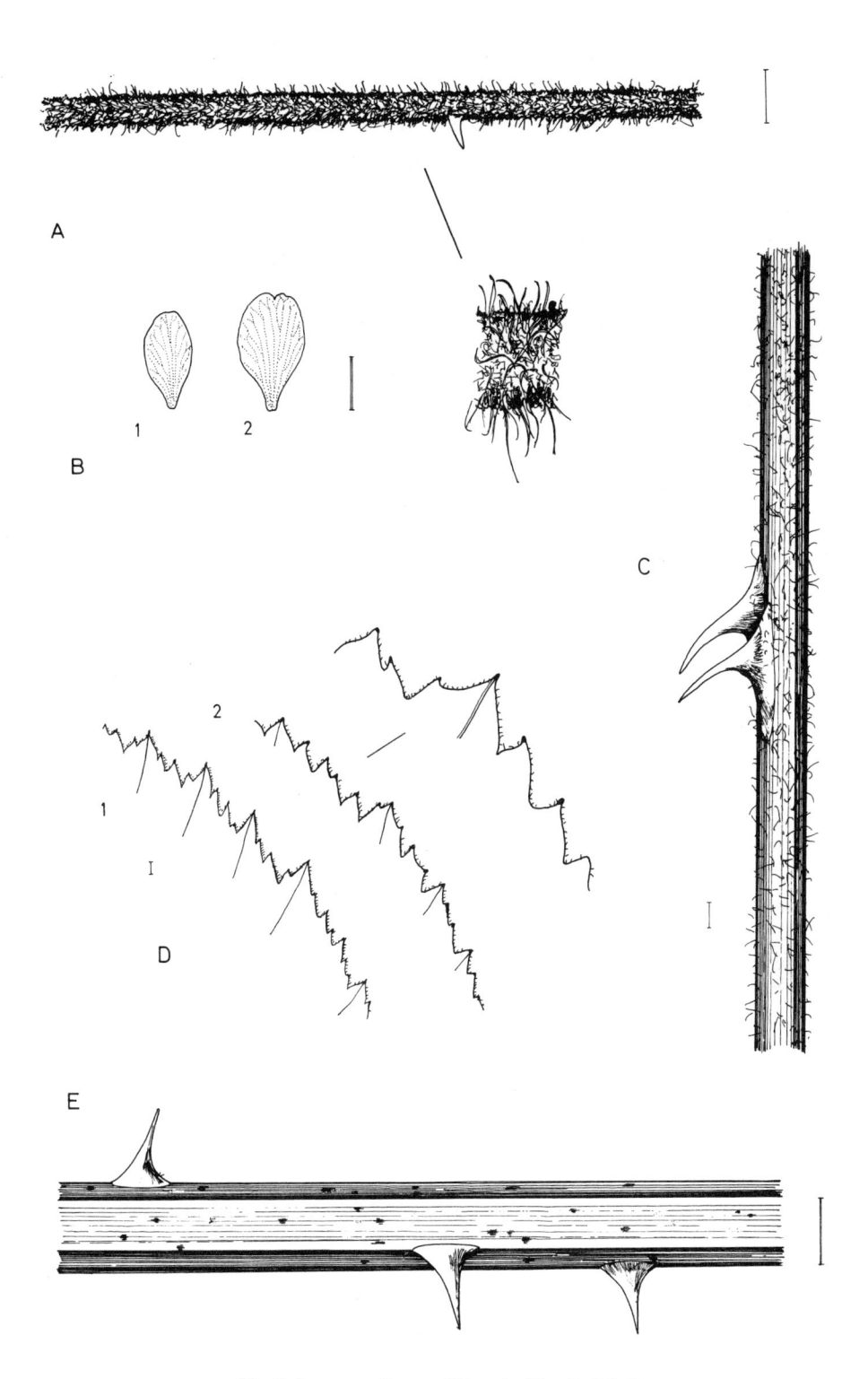

62. Rubus candicans Wh. A, B1, C, D2, E
63. Rubus thyrsanthus Focke. B2, D1

VB: Schwerpunkt SW-Europa und (südl.) Mitteleuropa. Hauptsächlich im mitteleuropäischen Hügelland in den unteren Lagen, westwärts bis Südholland, Belgien, O-Frankreich, südlich bis Schweiz, N-Italien, Österreich, östlich bis zur Herzogowina, Schlesien, Posen. Im Ostteil des Areals hinter dem nahe verwandten R. thyrsanthus zurücktretend. - Im ns. Hügelland besonders auf Kalk häufig!!, im Tiefland (abgesehen von der Grenzzone zum Hügelland) sehr selten: anscheinend nur am Rande des Weser- und Hammetals westlich Bremen (Wallhöfen, Linteln, Bredenberg, Lesum (FOCKE n. FIT. 1914, 76); nach HÄMMERLE & ÖLLERICH (1911, 43) auch bei Sahlenburg b. Cuxhaven. - In SH in wenigen Vorposten an der absoluten N- und W-Grenze der VB (Karte!), dabei heute anscheinend seltener als im vorigen Jh., zumindest ohne Ausbreitungstendenz in den Knicks, wo die Art in über 2000 Vegetationsaufnahmen und bei zahlreichen Beobachtungsgängen nicht ein einziges Mal angetroffen wurde. Fundorte: Am Elbhang beim Fährhaus Wittenbergen nahe Hamburg-Blankenese (DINKLAGE nach ER. 1900, 20 - ER. 94! 95!, ZIMPEL 98!, TIMM 02!, FIT. 06!, KLEES 07! - An diesem einzigen in neuerer Zeit bestätigten Standort 1966!! nur noch in spärlichen gefährdeten Resten, von denen 1970!! nach Anlage eines Groß-Parkplatzes nur noch ein kümmerndes Stück vorhanden war, mit dem der Fundort inzwischen erloschen sein dürfte). Außerdem zw. Ratzeburg und Farchau (FIT. 01! - untypisches, R. thyrsanthus angenähertes Stück), Lübeck: Sandbergtannen und Rittbrook (RANKE 96! - als R. grabowskii), Schwartau: beim Eutiner Bahnhof (RANKE 94! - als R. thyrsanthus), Dummersdorfer Traveufer (JUNGE 09!). Ferner zw. Övelgönne und Süsel (ER. 01!), Dahme (FIT. 05!) und Dahmeshöved (TIMM 05!) sowie bei Plön: am Trammer See (ER. 98!), Behler See (ER. 00!) und am Schöhsee (ER. 98!).

63. **Rubus thyrsanthus** FOCKE, Synopsis Rub. Germ. 168 (1877). - Syn. R. thyrsoideus (FOCKE) SUDRE, Rubi Europae 91 (1910) et auct. mult., R. thyrsoideus WIMMER, Fl. Schlesien, ed. 1: 131 (1822) sec. A. NEUMANN ap. EHRENDORFER, Liste Gefäßpfl. Mitteleur. 190 (1967) (= nomen ambiguum). - Schl. 76' - Fig. ap. Nr. 62 : B2, D1 - Tafel - Karte.

Unterscheidet sich von dem nahe verwandten R. candicans durch folgende Merkmale:

Sch. auch am Grunde gefurcht (bei R. candicans hier $\pm$ stumpfkantig-rundlich), Sch.st. nicht selten etwas gekrümmt, zuerst rötlicher als der Sch., oft etwas dichter stehend. B.chen breiter, Eb. etwas länger gestielt (ca. 35-40 % der Spreite), aus breitem, $\pm$ herzf. Grund (breit) eif., elliptisch oder etwas umgekehrt eif., allmählich und meist kürzer, oft mehr eingeschwungen (nicht $\pm$ gradlinig) bespitzt, insgesamt mehr abgerundet als bei R. candicans, Serratur meist spitzer, ä.Sb. 3-5 mm lg. gestielt. - Blüstd. reicher entwickelt, mit kräftigeren St. an Achse und Blüstielen, B. fast immer nur bis 3zählig (bei R. candicans meist bis 5zählig), Krb. deutlich größer (ca. 11-14 mm lg.), breiter, mit längerem Nagel und mehr umgekehrt eif., Frkn. (oft dicht) behaart (sicherstes Kennzeichen im Hb.!) manchmal auch Antheren z.T. mit einzelnen Haaren. Fr.ansatz nicht immer vollkommen. - 2n = 21 und 28.

Nach NEUMANN (l.c.) ist R. thyrsanthus identisch mit R. thyrsoideus WIMMER s.str. Nach FOCKE (l.c.) soll WIMMER jedoch seinen R. thyrsoideus durch Hinzunahme auch anderer Formen weiter gefaßt haben, so daß FOCKE diese Bezeichnung daher nur als Gruppen-Benennung verwendete. Da R. thyrsoideus auch in der späteren Literatur bislang immer nur in diesem Sinne (dabei oft nur für R. candicans) verwendet wurde und den Charakter eines nomen ambiguum hat, behalten wir zur Vermeidung von Mißverständnissen zur Bezeichnung der hier umschriebenen, enger gefaßten Art die sichere FOCKEsche Benennung als R. thyrsanthus bei.

ÄHNLICHE ARTEN: 12. R. pseudothyrsanthus, 64. R. grabowskii, im übrigen vgl. wie bei 62. R. candicans.

ÖK. u. SOZ: Anscheinend ähnlich R. candicans, doch häufiger als jener auch in lichten Wäldern beobachtet.

VB: Gesamtareal wie bei R. candicans, doch mehr im O und weiter nach N vordringend (angeblich auch einmal in England gefunden). - Im ns-wf. Hügelland von Burgsteinfurt!! über Osnabrück!! nach Osten zunehmend, insgesamt aber viel seltener als R. candicans, erst am Rande des Harzes deutlich überwiegend!! In der Ebene selten und anscheinend nur im östl. Gebiet: Ebstorf b. Ülzen (KLIMMEK 1954!), Drögenindorf b. Lüneburg (SCHNEDLER 1967!) und Tosterglope b. Dahlenburg (62!!). Auch in SH selten und nur im O (dabei früher oft mit R. candicans verwechselt): Ratzeburg (KLEES 07!, FIT. 07!): Pfaffenmühle (FRIEDRICH 94!) und Bäk (TIMM, ER. 87! - 1970!! beim "Kupfermühlenweg" wiederaufgefunden). (Vermutlich gehören auch die Angaben für R. thyrsoideus coll. von RANKE (1900, 13) und ER. (1931, 56) aus dem Raum Mölln - Ziegelholz und Ziegelkrug sowie an der Stecknitz (FRIEDRICH 94 und 96) - am ehesten zu R. thyrsanthus). Ferner: Neukoppel b. Haffkrug (ER. 98!), Wahlsdorfer Holz b. Preetz und Borby b. Eckernförde (ER. 1922, 149 - als R. grabowskii). Schleswig: Thiergarten (HANSEN!, HINR. 80!, ER. 84!) und Gr. Dannewerk (ER. 1924, 57 als R. grabowskii), Flensburg: Klusries (HOLM - zit. FRID. & GEL. 1887, 63), vielleicht identisch mit Kupfermühlenholz (LANGE 85!). - Weitere VB: DK auf den Inseln, besonders N-Seeland! und Bornholm!!, aber auch Moen, Lolland, Fünen; ferner in S-Schweden und S-Norwegen.

64. **Rubus grabowskii** WEIHE ex WIMMER & GRABOWSKI, Fl. Silesiae 2, 1: (32) (1829). - Syn. R. thyrsoideus ssp. thyrsanthus var. grabowskii (WEIHE) SUDRE, Rubi Europae 91 (1910) et auct. mult. - Schl. (76').

Als R. grabowskii findet man in den Herbarien gewöhnlich breitblättrige Formen von R. thyrsanthus. Auch in der Literatur wird R. grabowskii in der Regel nur als breitblättrige Varietät des R. thyrsanthus mit reichblütigem Blstd.

aufgefaßt. Da aber solche Blüstde. durchaus auch für den typischen R. thyrsanthus charakteristisch sind, blieben demnach als einziges Merkmal die breiteren B.chen übrig, die man (zumindest einzeln beigemischt) ebenfalls nicht gerade selten beim typischen R. thyrsanthus beobachten kann, so daß nach dieser Auffassung R. grabowskii höchstens als eine in dieser Hinsicht extremere, doch systematisch unbedeutende forma jener Hauptart zu gelten hätte.

Tatsächlich jedoch scheint der echte R. grabowskii eine von R. thyrsanthus auch in anderen Merkmalen durchaus verschiedene Art zu sein. Zwar konnte bislang noch kein Typenbeleg dieser Art aufgefunden werden, doch sah der Vf. Belege, die sich durch einige der wesentlichen, von R. thyrsanthus abweichenden Merkmale entsprechend der Originalbeschreibung deutlich auszeichnen und wahrscheinlich den echten R. grabowskii repräsentieren. Demnach scheint R. grabowskii vor allem durch folgende Merkmale von R. thyrsanthus unterschieden zu sein:

SCH. mit meist gekrümmten St., B.chen breit, sich randlich deckend, ledrig derb (bei R. thyrsanthus nicht immer), Eb. oft länger gestielt (bis ca. 45 % der Spreite), aus deutlich herzf. meist breiter Basis sehr breit rundlich eif. (bis schwach umgekehrt eif.), kurz und ± abgesetzt bespitzt. Serratur schärfer, Zähnchen schmal "pyramidenförmig spitz" ("dentibus pyramidatis acutis" - nicht ± aufgesetzt bespitzt wie bei R. thyrsanthus) - Blüstd. oft sperrig, mit breiteren B.chen; besonders die obersten einzähligen B.chen oft viel breiter (d.h., ± eif.) und nach unten zu erst breit 2-3lappig, dann bis 3zählig werdend. Verzweigung der Äste mit stärkerer Tendenz zur Trugdoldenbildung. - Insgesamt ähnelt die Art habituell mehr R. armeniacus oder auch in der Blattracht einigen Arten der Silvatici, z.B. breitblättrigen Ausbildungen von R. gratus.

ÖK. u. SOZ: unbekannt.

VB: unsicher. Originalfundort in Schlesien (zw. Riemberg und Hauffen), doch scheint die Art zumindest durch das südl. und mittlere mitteleuropäische Hügelland westwärts bis Holland hin vorzukommen. - Angaben aus dem nwdt. TL, SH und nördlicheren Gebieten beziehen sich jedoch auf breitblättrige Ausbildungen von 63. R. thyrsanthus (gelegentlich auch auf solche von 62. R. candicans - vgl. dort!), die sich R. grabowskii habituell sehr nähern, doch in allen Übergängen mit der Ausgangsart verbunden bleiben.

65. **Rubus vestervicensis** C.E. GUSTAFSSON, Bot. Notiser 1938: 402 (1938). - Syn. R. wahlbergii ARRH. var. vestervicensis C.E. GUST., Bot. Not. 1920: 211 (1920). - ZSchl. II: 8.

SCH. bogig und kriechend, mit einzelnen Härchen und Stieldrüsen; St. ca. 4-6 mm lg., ± gerade, mit einzelnen sicheligen oder hakigen St. untermischt. - B. 5zählig, obers. fast kahl, unters. graugrün filzig. Eb. kurzgestielt, aus herzf. oder abgerundetem Grund rundlich oder breit (umgekehrt) eif., **lang bespitzt**, Serratur eng und etwas periodisch mit geraden Hz., ä. Sb. fast sitzend,

Nb. fädig. - BLÜSTD. oben blattlos, zerstreut stieldrüsig und mit wenigen dünnen, ± geraden St.; Kz. graugrün, zurückgeschlagen, Krb. weiß bis b.rosa, schmal, Stb. länger als die grünen Gr. - $2n = 35$.

Erinnert wegen der sitzenden ä.Sb. an Corylifolii-Arten, besonders an R. wahlbergii, im übrigen R. thyrsanthus nahe stehend. Nach GUSTAFSSON (l.c.) vermutlich aus der Verbindung R. thyrsanthus x bellardii hervorgegangen.

VB: Schwed. - Lokalart auf der der Ostküste vorgelagerten Insel Södra Malmö nahe Västerwik. Hier seit der Entdeckung (1915) in starker Ausbreitung begriffen.

Series 5. Vestiti F.

66. Rubus pyramidalis KALTENBACH, Flora des Aachener Beckens 2: 275 (1844). - Schl. 44', 57, 67, 94', 96, 123 - Fig. - Tafel.

SCH. im allgemeinen nur mäßig hochbogig bis flachbogig, bei optimaler Entwicklung höher (bis ca. 1 m hoch), dann überhängend und niedergestreckt, im Frühsommer kantig mit flachen oder wenig gewölbten, seltener etwas rinnigen Seiten, später meist rundlich-stumpfkantig, Ø bis ca. 7 mm, matt d.weinrot, mit vorwiegend büscheligen Haaren zerstreut oder dichter behaart, meist weitgehend bis auf einzelne Partien in Nähe der St. verkahlend ((0-)1-10 (-30) Haare pro cm Seite), wenig sitzdrüsig, ohne oder nur ausnahmsweise mit vereinzelten Stieldrüsen (ca. 1-5 pro 5 cm). St. zu ca. 12 auf 5 cm, 6-7 mm lg., am Grunde stark verbreitert, dann geradlinig verschmälert, gerade abstehend oder geneigt, nicht selten auch etwas gekrümmt.

B. handf. oder angedeutet fußf. 5zählig, B.chen mit ± abwärts hängenden Spitzen, obers. matt grün, meist fast kahl ((0-)1-2 Haare pro cm^2), unterseits von auf den Nerven gekämmten Haaren schimmernd weichhaarig-samtig, ohne Sternhaare. Eb. kurz bis mäßig lang gestielt (ca. 28-35 % der Spreite), aus abgerundetem, seltener seicht ausgerandetem Grund elliptisch oder schwach umgekehrt eif., zuletzt oft fast rundlich, mäßig lang ± allmählich bespitzt. Serratur ziemlich scharf, ausgeprägt periodisch. Hz. fast gleichlang oder länger, (zumindest z.T.) deutlich auswärts gekrümmt. Spreite mit etwas aufwärts gebogenen Rändern, sehr schwach gefaltet, am Rande kleinwellig, ä.Sb. 3-4 mm lg. gestielt, mit keiligem Grund, länger oder kürzer als der B.stiel. B.stiel ± dichthaarig, oberseits mit (0-)1->20 Stieldrüsen, mit (ca. 12-20) fast geraden oder mehr sicheligen St. Nb. sehr schmallanzettlich (nicht fädiglineal!), Austrieb glänzend h.grün, ohne oder nur mit geringer Anthocyanreaktion.

BLÜSTD. verlängert pyramidal, im oberen Teil mit ± trugdoldig geteilten, (1-)2-3(->4)blütigen Ästen dichtblütig, wenig verschmälert, stumpf endend, gewöhnlich unbeblättert, nach unten zu lockerer, mit 1-3(-5)zähligen B., deren Eb. am Grund stark verschmälert keilig oder abgerundet. Achse ziemlich dicht verwirrt und abstehend einfach und büschelig behaart, dazu sternflaumig bis filzig. Stieldrüsen zerstreut oder zahlreich (ca. 5->50 pro 5cm). Größere St. zu ca. 5 auf 5 cm, 5-6(-7) mm lg., aus stark verbreitertem Grund verschmälert, alle oder doch die meisten rückwärtsgeneigt, gerade, einzelne nicht selten auch leicht gekrümmt. Kleinere St.chen sehr kurz (ca. 1 mm lg.), meist zahlreich, doch zwischen der Behaarung wenig auffallend. Blüstiel 1-1,5(-2) cm lg., graugrün oder d.weinrötlich, filzig und $\pm$ dicht abstehend zottig, mit versteckten Sitzdrüsen und zahlreichen (10->50) dunkelroten Stieldrüsen (Lge. durchschnittlich 0,8-1,2 x, maximal 1,5-3 x $\emptyset$ des Blüstiels). St. ca. zu 3-7, gerade, kräftig, 2,5-4,5 mm lg., Kz. graugrün zottig-filzig, mit einzelnen feinen St. und vielen h.rötlichen Stieldrüsen, innen am Grunde oft rötlich, zuletzt locker zurückgeschlagen. Blü. (b.-)rosa, seltener weiß, Krb. elliptisch oder umgekehrt eif., ca. 13-16mm lg., Stb. länger als die grünlichweißen Gr., Antheren und Frkn. kahl, Fr.-boden etwas behaart. Sfr. rundlich, meist nur wenig höher als breit. VII-VIII. - $2n = 28$.

Eine gut charakterisierte Art: Im Blüstd. besonders durch dessen pyramidalen Bau, die Bekleidung und Bewehrung der Blüstiele und die hellrötlichen Stieldrüsen der grauzottigen, filzigen Kelche. Kennzeichnender noch ist der charakteristische Habitus der sich teilweise überdeckenden Blätter, deren B.-chen durch hängende Spitzen einen insgesamt schlaffen Ausdruck besitzen. Ein sicheres Merkmal geben ferner im Verein mit der B.form und - Behaarung die auswärtsgekrümmten Hz. der periodisch gezähnten B.chen ab.

ÄHNLICHE ARTEN: 76. R. hypomalacus mit ebenfalls unters. samtig weichhaarigen, z.T. ähnlich gesägten B.chen (vgl. auch Schl. Nr. 94). - Vgl. ferner 26. R. gratus, 31. R. schlechtendalii, 32. R. leptothyrsus, 41. R. erichsenii sowie (im Schl. Nr. 96f) R. vestitus und R. macrothyrsus. - Entfernt nur ähnlich ist ebenfalls 53. R. langei: B.chen derb, obers. d.grün, lederglänzend, ganz kahl, unters. $\pm$ graufilzig, ohne auswärts gekrümmte Hz., Pfl. auffallend kräftig bestachelt.

ÖK. u. SOZ: Vorzugsweise auf humosen, gern etwas frischen, anlehmigen, doch kalkarmen Böden im Wuchsbereich (reicherer) Quercion- und saurer Querco-Fagetea-Ausbildungen vor allem in Gebüschen (in offenen Knicks der Feldmark vergleichsweise seltener als in Heckenwegen), an Waldrändern, seltener und weniger vital auch in aufgelichteten Wäldern und Forsten. Als Gebüschpflanze Kennart des Pruno-Rubetum-sprengelii WEBER. Als Schlagpflanze von TX. & NEUMANN (1950) als Verbandskennart des Lonicero-Rubion silvatici beschrieben.

VB: (N-) u. W-Europa bis östl. Mitteleuropa. - In SH im ganzen Gebiet verbreitet und häufig!! besonders auf den nährstoffreicheren AM und in jungdiluvialen Endmoränengebieten. Dagegen stark zurücktretend auf den kalkreicheren schweren Böden des östlichen Holsteins (Pruno-Rubetum radulae-Wuchsgebiete mit Rubus caesius). - Weitere VB: Von S-Schweden über DK

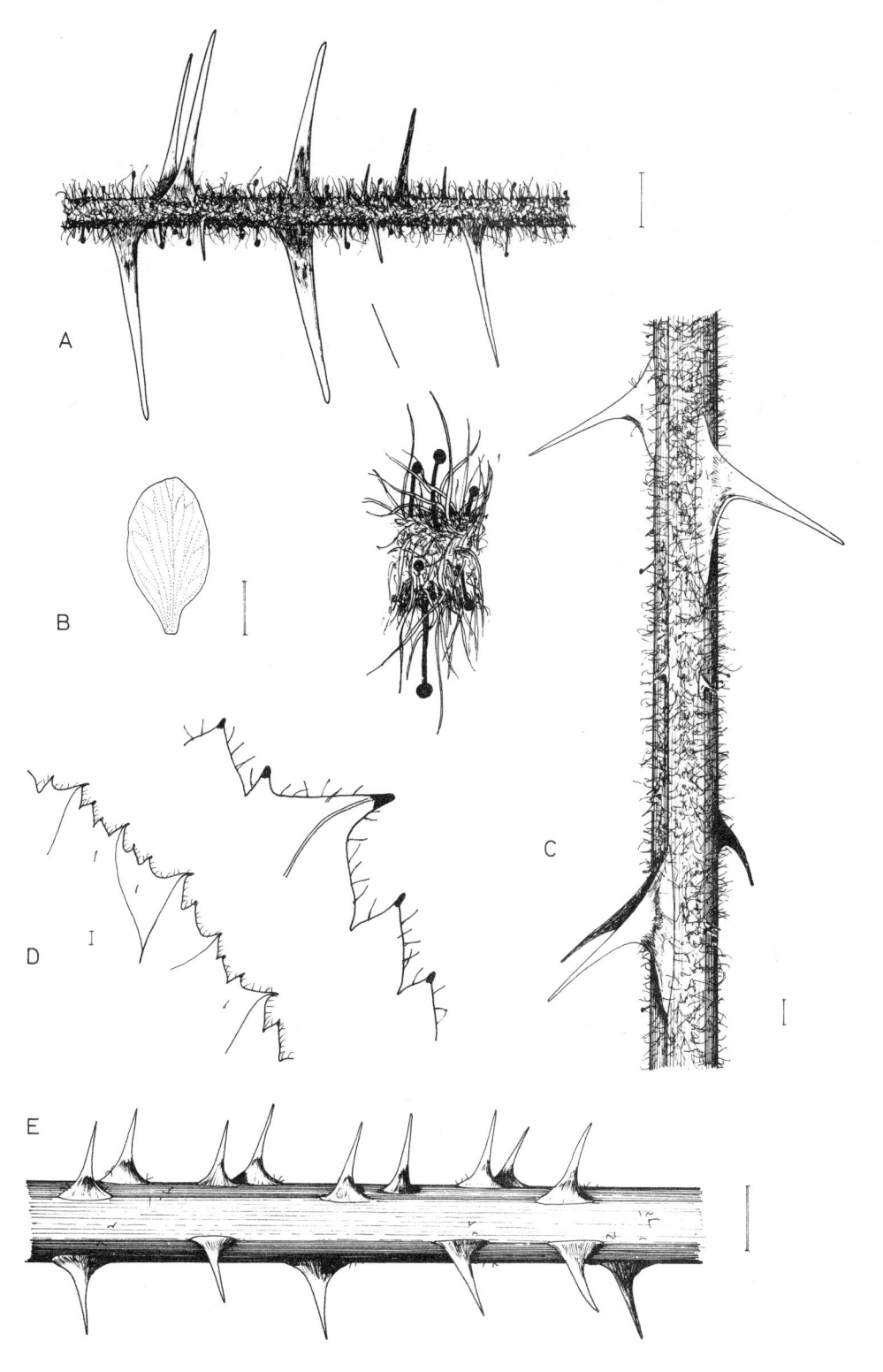

66. Rubus pyramidalis Kalt.

(bes. W- und S-Jütland, auch Seeland, Fünen, Alsen) durch SH und das nwdt. TL (hier meist häufig!!) westlich bis Holland und Belgien, südlich bis SW-Dt. (angeblich auch Schweiz), seltener in Mitteldeutschland, in Bayern fehlend, östlich angegeben bis zur Weichsel und Österreich und N-CSSR. Außerdem auf den Brit. Inseln.

67. **Rubus vestitus** WEIHE ap. BLUFF & FINGERHUTH, Comp. Florae Germ. 1: 684 (1825) non ssu. SONDER, Fl. Hamburgensis 278 (1851). - Syn. R. leucostachys ssu. auct. mult. non SMITH, Eng. Flora 2: 403 (1824). - Schl. 97, 109, 123 - Fig. - Tafel - Karte.

SCH. hochbogig, kräftig ($\emptyset$ bis >12 mm), zunächst (etwa bis Juli) meist $\pm$ flachseitig, dann rundlich stumpfkantig, glanzlos, gleichmäßig d.violettbraunrot mit aschgrauer Behaarung. Haare sehr dicht, auf die St. übergehend, aus ca. 1-1,5 mm lg., meist gebüschelten Haaren (ca. zu (10-)20->50 pro cm Seite) und anfangs reichlicheren, später schwindenden anliegenden Sternhärchen bestehend. Sitzdrüsen zahlreich, Stieldrüsen fehlend oder zerstreut (ca. zu (0-)1-2(-20) pro 5 cm), (Drüsen-)St.chen und St.höcker zerstreut bis fehlend. Größere St. zu ca. 5-12 pro 5 cm, aus breitem Grund verschmälert, gerade, abstehend oder etwas geneigt, ca. 7-8(-10) mm lg., einzelne oft kleiner, doch ohne Übergänge zu den evtl. vorhandenen viel kleineren (Drüsen-)St.chen und St.höckern.

B. fußf. oder handf. 5zählig, auf weniger nährstoffreichen Böden und im Schatten gewöhnlich überwiegend nur (3-)4zählig. B.chen dick, obers. tief d.grün und matt, zunächst sehr reichlich behaart (>30 Haare pro cm^2) und mit vielen, bald vertrocknenden Sitzdrüsen, später oft weitgehend (< 10 Haare pro cm^2) verkahlend, unters. graugrün- bis grauweißfilzig und von auf den Nerven gekämmten Haaren schimmernd und samtig weich. Eb. mäßig lang bis lang gestielt (ca. 35-50 % der Spreite), aus breitem, seicht herzf., seltener gestutztem Grund (breit) umgekehrt eif., zuletzt im typischen Fall $\pm$ kreisrund, mit kurzer, kaum bis deutlich abgesetzter Spitze. Serratur nicht tief, anfangs schärfer und enger, später mehr geschweift, mit ($\pm$) gleichlangen, doch deutlich auswärtsgerichteten Hz., Zähnchen mit feinen abgesetzten, verlängerten Spitzen. Haltung im Querschnitt seicht geschwungen V-förmig, längs etwas gefaltet, am Rande kleinwellig, ä.Sb. ca. 3-6 mm lg. gestielt, mit keiligem bis gestutztem Grund, kürzer als der B.stiel. B.stiel mit (ca. 8-15) geneigten fast geraden bis etwas sicheligen St., anliegend sternhaarig und dazu (meist dicht) abstehend länger behaart, obers. mit 0->10 Stieldrüsen, Nb. schmal, lang bewimpert, ohne oder mit einzelnen kurzen Stieldrüsen. Austrieb h.- bis d.rotbraun.

BLÜSTD. regelmäßig pyramidal, oben b.los, unten mit 3-5zähligen B. Äste $\pm$ trugdoldig (zwei-)dreiblütig oder mit entsprechenden Nebenästen mehrblütig. Achse abstehend dichtzottig und anliegend dicht sternhaarig. Größere St. zu ca. 6-10 pro 5 cm, schmal und gerade, $\pm$ geneigt, einzelne nicht selten leicht gekrümmt, 6-8 mm lg. Kleinere St.chen fehlend oder zerstreut, Stieldrüsen größtenteils in der Behaarung versteckt (ca. 10->100 pro 5 cm). Blü-

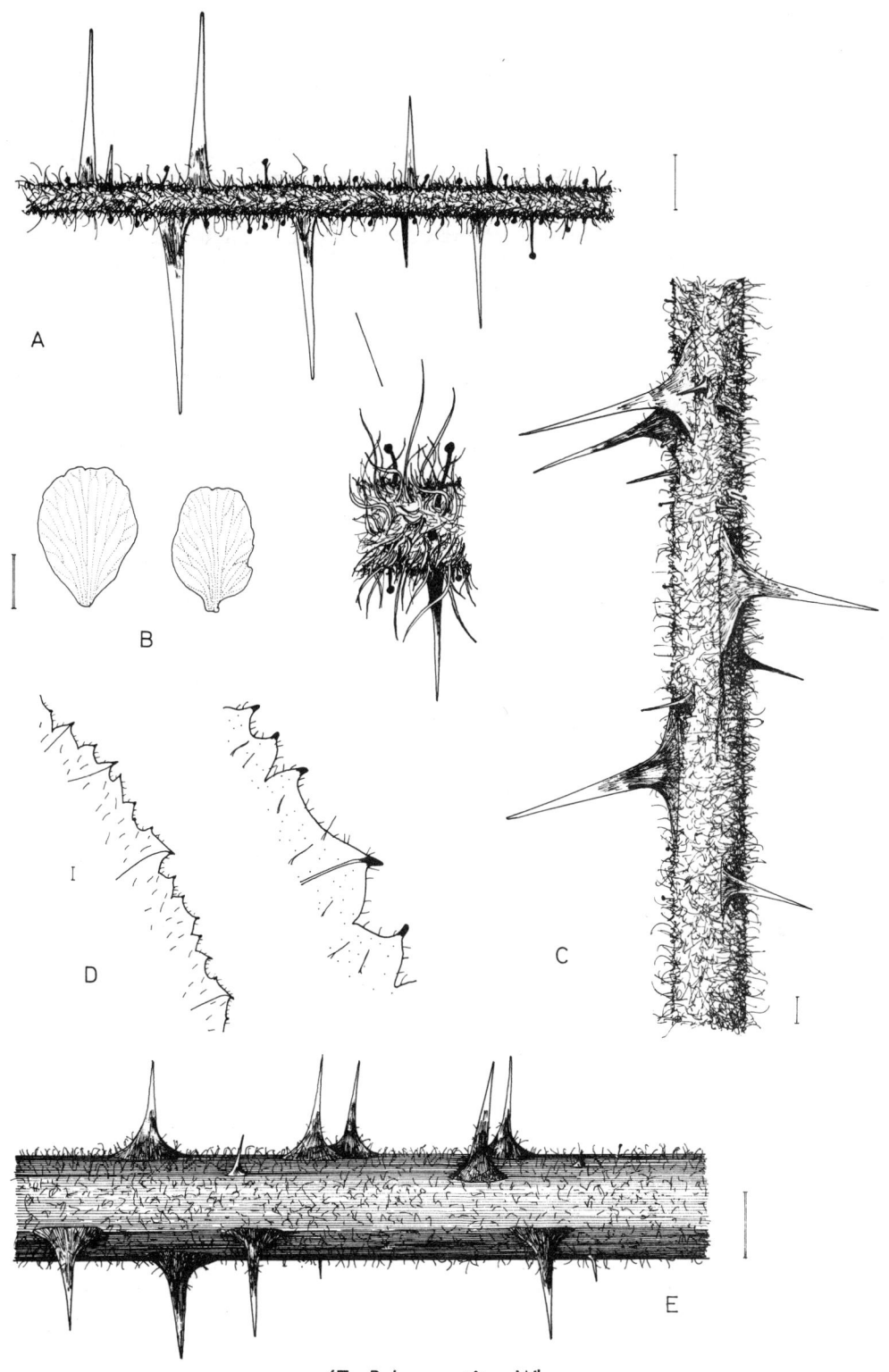

67. Rubus vestitus Wh.

stiel ca. 1-2 cm lg., (grün-)grau, meist d.weinrot überlaufen, mit dreifacher Behaarung: lockere (manchmal auch ganz fehlende) lang abstehende Haare (Lge. ca. 1-1,5 x Blüstiel-Ø), sehr dichte wirre, kürzere Haare (Lge. ca. 0,3-0,5 x Blüstiel-Ø) und viele ± anliegende Sternhaare. Größere St. zu ca. 4-7, gerade abstehend oder etwas geneigt, 3-4(-5) mm lg., daneben in geringerer Zahl oft einzelne kleinere St.chen oder (Drüsen-)Borsten. Stieldrüsen dunkelrot, zahlreich (>10), größtenteils die wirre dichte Behaarung überragend. Kz. graufilzig-zottig, mit einzelnen feinen St.chen und zahlreichen kurzen d.roten Stieldrüsen, zurückgeschlagen. Krb. rosenrot oder weiß, ca. 10-15 mm lg., breit umgekehrt eif. oder breit elliptisch, dicht bewimpert. Stb. (meist deutlich) länger als die grünlich weißen, bzw. am Grunde geröteten Gr., Antheren kahl oder behaart. Frkn. reichlich behaart, Frbod. mit vielen langen Haaren. Sfr. rundlich, ziemlich klein und fest, ohne besonderen Wohlgeschmack. VII - VIII. - 2n = 28.

Nach der Blütenfarbe lassen sich (im Gebiet ohne Übergänge) unterscheiden:

a) var. vestitus (WEIHE), Syn. R. vestitus var. chloroscarythros E.H. L.KRAUSE ap. PRAHL, Krit. Flora Prov. SH 2: 74 (1890).

Blüten (zumindest die Stb.) rosenrot, Krb. in der Sonne oft auch blasser. (Da gleichzeitig vor allem auf ärmeren Böden verbreitet, oft nur mit (3-)4zähligen B.).

b) var. albiflorus BOULAY, Fl. Cent. Fr. 6: 89 (1900), Syn. R. leucanthemus P.J.MÜLLER, Jahresber. Pollichia 16/17: 122 (1859), R. vestitus var. leucostachys (SCHLEICHER) ssu. E.H.L.KRAUSE loc. cit., non R. leucostachys SCHLEICHER ex SMITH, Engl. Flora 2: 403 (1824).

Blüten reinweiß.

Rubus vestitus gehört zu unseren prächtigsten und am leichtesten kenntlichen Brombeeren, gleichzeitig zu unseren charakteristischsten Zeigerpflanzen. Sie variiert zwar in Einzelmerkmalen, bleibt aber stets gut gegen andere Rubi abgegrenzt. Sehr typisch sind vor allem der dichthaarige, tief dunkelfarbige Sch. mit den langen schlanken und geraden St., die obers. meist reichlich behaarten, dunklen, unters. schimmernd weichhaarigen und filzigen B.chen sowie besonders auch das an sonnigen Standorten ± kreisrunde Eb. An diesen Merkmalen ist die Art im allgemeinen auch ohne den charakteristischen Blüstd. auf den ersten Blick leicht zu erkennen. Abgesehen von der Blütenfarbe ändert sie vor allem in Form und Behaarung der B.chen ab. So wird, wie schon WEIHE und NEES (1825, 92) bemerkten, im Schatten das Eb. (der dann meist nur 3-zähligen B.) schmaler und länger und wie auch bei anderen Brombeeren die Filzbehaarung dünner und blasser (f. viridis G.LANGE ex FRID. & GEL., Bot. Tidsskr. 16: 87. 1887). Eine durch tief eingeschnittene Blüstd.blätter stärker abweichende Form fanden wir in SH bei Plön: zw. dem Schöhsee und dem Behler See (67!!). - (R. piletostachys ssu. FRID. & GEL., von KRAUSE (1890, 74) zu R. vestitus gestellt, vgl. unter 84. R. flexuosus P.J.M.).

ÄHNLICHE ARTEN: R. macrothyrsus (vgl. Schl. Nr. 97) und R. pyramidalis (vgl. Schl. Nr. 123).

ÖK. u. SOZ: Lichtliebende Art basenreicher, oft kalkhaltiger, vorzugsweise anlehmiger bis tonig-lehmiger Böden. Frostempfindlich. In SH im Wuchsgebiet reicherer Fagetalia-Wälder (vor allem Melico-Fagetum pulmonarietosum, auch reiche Ausbildungen des M.F. typicum, außerdem Fraxino-Fageten und Aegopodio-Fraxineten) in Pruno-Rubetum radulae-Gesellschaften. Die anspruchsvollere var. albiflorus hier als Kennart der R. vestitus- R. drejeri-Knicks, dem bezeichnenden Wallheckentyp der reichsten JM-Böden nördlich der Linie Kisdorf- Plön - Lensahn. In Wäldern nur kümmernd. (Die von TX. & NEUMANN 1950 aufgestellte R. vestitus-Ass., die als Schlaggesellschaft auf Querco-Carpineten beschränkt sein soll, erscheint nach unseren Beobachtungen auch in Ns. und Wf. problematisch).

Die beiden (samenbeständigen) Varietäten sind in SH in ihrem ökologischen und soziologischen Verhalten deutlich verschieden. Bislang wurde vor allem angenommen, sandiger und kalkreicher Boden würde weiße, undurchlässiger Ton dagegen rote Blüten hervorrufen (WEIHE & NEES 1825, 92, vgl. auch FOCKE 1877, 294). Vegetationskundliche Analysen erbrachten den Nachweis, daß die var. albiflorus zumindest in SH eindeutig die reichsten, gleichzeitig kalk-, aber auch lehmhaltigeren Böden bevorzugt, während die var. vestitus mit großer Regelmäßigkeit fast nur auf kalkärmeren, sandigeren und damit durchlässigeren Böden zu finden ist. (Ausführlicher dazu vgl. WEBER 1967, 93 f und tab.). Eine Ausnahme bildet allein das Vorkommen der var. vestitus auf den schweren Böden Fehmarns, wo wie auf den dänischen Inseln die var. albiflorus stark zurücktritt.

VB: (N-u.) W-Europa bis nordwestl. u. südl. Mitteleuropa. - Im Gebiet an der klimatisch bedingten absoluten Ostgrenze (Frostgrenze) und an einer edaphisch zu deutenden vorläufigen Süd- und Westgrenze der Verbreitung. In SH (s. Karte!) streng auf die nährstoffreichen JM und die damit vergleichbaren AM um Kisdorf in Holstein beschränkt. Sonst auf AM selten und nur in versprengten Exemplaren (anscheinend stets als var. vestitus): in einem nährstoffreichen Wald süd. von Winnert, Krs. Husum (62!!), bei Hohenwestedt (ROHW. 88!), südl. von Ulzburg (KINSCHER 1909, 53), subruderal am Mühlenweg in Harksheide (66!!) sowie früher in Hamburg-Langenhorn (ER. 94!, ZIMPEL 98!). Dagegen auf Jungmoränen von Flensburg bis etwa zur Linie Bordesholm - Plön - Lensahn eine der gemeinsten Arten (nur im südlichen Angeln streckenweise selten oder fehlend) , auf den besten Böden oft massenhaft, besonders in N-Angeln!! und in der Probstei!! In den einartigen "künstlichen" Knicks des Landes Oldenburg ebenso wie in NW-Fehmarn anscheinend fehlend. Südlich der bezeichneten Linie sehr stark zurücktretend, die frostgefährdeteren Feldknicks zunehmend meidend und nur noch an geschützteren Stellen, besonders am Rande von Hecken- und Waldwegen. Weil gerade das Lübecker Gebiet (bes. von RANKE) gut durchforscht ist und insofern relativ mehr Verbreitungsangaben vorliegen, kommt das Massengefälle in der Karte undeutlicher als tatsächlich zum Ausdruck. Die südöstlichsten Vorposten sind: Jersbek

(MEINTS 62!), Tremsbüttel (ER. 1907, SH-Kartei), südl. Sprenge (70!!), Nusse (RANKE 1900, 19), Hornsbeker Mühlental (KONOPKA 1960!), Seedorf (69!!) und Marienstedt am Schaalsee (64!!), Feldweg zum Salemer Moor (NEUMANN 1964 nach KONOPKA 1966, 432), Ratzeburg (REINKE nach KRAUSE 1890, 74). Angeblich auch bei Mölln (KONOPKA 1966, 432. - Die schon von RANKE (1890, 19) von dort angegebene Ausbildung (ER. 98!) ist eine Hybride). Die Angaben um Hamburg von SONDER (1851, 278) sind unzutreffend. - In SH ist die var. albiflorus die weitaus vorherrschende Form. Die var. vestitus ist viel seltener und im wesentlichen auf die Endmoränengebiete sowie auf Fehmarn beschränkt. - Weitere VB: S-Schweden: NW-Schonen (Söderåsen), DK: häufig in O-Jütland, in N-Jütland bei Bangsbo, außerdem auf Fünen, S-Seeland, Laaland, Falster und Møn. In Me. nur eben jenseits der sh. Grenze bei Schönberg!, Schlagbrügge und Dutzow. - Nwdt. TL: Auf linkselbischem Gebiet vorübergehend bei Buxtehude-Altkloster (FIT. 06! - vgl. FIT. 1914, 82) und einmal ruderal bei Harsefeld-Griemshorst (FIT.10!). Dann erst wieder im südlichen Hügelland, bes. im Westen!!, östlich bis zum Harz. Von hier verbreitet durch das westliche Mitteleuropa bis CSSR, Österreich, Schweiz, Frankreich, Belgien und Holland. Außerdem häufig auf den Brit. Inseln.

68. Rubus teretiusculus ssu. ERICHSEN, Verh. Natw. Ver. Hamburg ser. 3, 8: 40 (1900) an KALTENBACH, Fl. Aach. Beckens: 282 (1845)? - Schl. 96, 100', 122 -

SCH. ± rundlich, dichthaarig, mit geraden geneigten, am Grunde sehr breiten, sonst dünnen, ca. 5-8 mm lg. St (ca. 8-15 pro 5 cm). Ohne oder nur mit vereinzelten Stieldrüsen. B. fußf. 5zählig, z.T. auch 4zählig, B.chen obers. reichlich behaart, unters. von auf den Nerven gekämmten Haaren schimmernd weichhaarig, im Gebiet (immer?) ohne Sternhaare. Eb. mäßig lang gestielt, aus ± abgerundetem Grund elliptisch bis umgekehrt eif., kurz und etwas abgesetzt bespitzt. Serratur weit, mit etwas auswärtsgerichteten, gleichlangen Hz. B.stiel obers. stieldrüsig. - BLÜSTD. breit, umfangreich, Achse dichthaarig, drüsenborstig und mit 4-7 mm lg., dünnen, geraden, geneigten St., Blüstiel mit (ca. 5 - 13) geraden, bis ca. 3 mm lg. St., stieldrüsig, Kz. bestachelt, abstehend. Krb. weiß, Antheren und Frkn. kahl. - Ähnelt am meisten R. hypomalacus, doch von diesem vor allem durch den dichthaarigen Sch. und den Blüstd. bau verschieden.

Diese von ER., vorbehaltlich auch von FOCKE (in sched.) zu R. teretiusculus KALT. gezogene Pflanze, deren systematische Zuordnung jedoch nicht gesichert ist, wuchs früher zahlreich in SH in Knicks zw. Basthorst und Hamfelde in Lauenburg (ER. 98! 00!, JUNGE 03!, FIT. 07!, KLEES 08!). Nach Rodung der meisten dortigen Wallhecken scheint sie jedoch heute dort nicht mehr vorzukommen (erfolglose Nachsuche 62-63), könnte aber noch an anderen Stellen in SH entdeckt werden und wäre dann hinsichtlich ihrer taxonomischen Stellung genauer als nach den alten Herbarbelegen zu beurteilen. -

Der echte R. teretiusculus scheint bislang nur um Aachen, im Rheingebiet, in Belgien und außerdem angeblich selten auch in England gefunden worden zu sein.

69. Rubus monachus G. JENSEN ex FRID. & GELERT, Bot. Tidsskrift 16: 88 (1887). -

SCH. ähnlich wie bei R. macrothyrsus. - B. (3-)4- fußf. 5zählig. B.chen schmal, obers. zerstreut behaart, unters. $\pm$ graufilzig und etwas samtig-weichhaarig. Eb. kurzgestielt, aus abgerundetem Grund schmal $\pm$ elliptisch, lang (ähnlich wie bei R. pallidus) bespitzt. Serratur grob, periodisch mit geraden Hz. (ähnlich R. pallidus). - BLÜSTD. kurz, etwas sperrig. Achse zottig-filzig, $\pm$ gerade bestachelt. Blüstiel mit ca. 2-4 geraden oder fast geraden 2-3 mm lg. St., reichlich stieldrüsig. Kz. abstehend oder aufgerichtet. Krb. weiß, schmal, Antheren kahl, Frkn. behaart.

Diese Pflanze kam früher in SH bei "Munkenskors" nahe dem "Magisterholz" zwischen Steinberg und Hattlundmoor in Angeln vor, wo sie 1867 von JENSEN entdeckt wurde (JENSEN 67!, 68!, 70! = Ass. rub. exs. no. 1089 (1882), FRID. 86!, GEL. 85! 86!). Sie war Gegenstand lebhafter Diskussionen u.a. zw. FRID., GEL., FOCKE und GENEVIER. Als R. mutabilis GEN. (forma)? fand sie sogar Eingang in FOCKEs Synopsis Rub. Germ. (p. 325 (1877)). Heute ist sie verschollen, jedenfalls wurde sie 1967 trotz eingehender Absuche des gut umgrenzten Standortbereichs nicht mehr aufgefunden. R. monachus vereinigt Merkmale des R. vestitus mit solchen von R. pallidus und war vermutlich als Bastard aus jenen beiden, im Fundortsbereich häufigen Arten entstanden.

70. Rubus macrothyrsus J. LANGE, Icon. Plant. Florae Danicae (Fl. Danica) 48: 6, t. 2832 (1870). - Syn. R. gymnostachys ssu. FOCKE, Abh. Natw. Ver. Bremen 13: 147 (1894), ERICHSEN, Verh. Bot. Ver. Hamburg ser 3, 8: 38 (1900) non GENEVIER, Mém. Soc. Maine et Loire 10: 28 (1862), R. longithyrsus ssu. FRIDERICHSEN, apud. BOULAY, Association rubologique exs. n. 949 (1890) non P.J. MÜLLER ap. BOULAY, Ronces vosg. 96 (1868). - Schl. 97', 109, 119 - Fig. - Tafel - Karte.

Loc. class. Viehburger Holz bei Kiel (8.1845 leg. J. LANGE)!

SCH. mäßig hochbogig, oft kräftig, kantig mit $\pm$ flachen oder gewölbten Seiten, in Farbe und Behaarung wie R. vestitus. Größere St. zu ca. 6-10 pro 5 cm, sehr breit aufsitzend, allmählich in eine pfriemliche Spitze verschmälert, deutlich rückwärtsgeneigt, gerade oder etwas gekrümmt, 6-7 mm lg., einzelne kleiner. St. höcker und feine (Drüsen-)St. chen zerstreut bis zahlreich; zarte, in den Haaren versteckte Stieldrüsen zu ca. 5-50 (->100) pro 5 cm, Sitzdrüsen zahlreich.

B. fußf. 5zählig. B.chen ± ledrig derb, obers. sehr dunkel grün, etwas ledrig glänzend, kahl, unters. wie bei R. vestitus filzig und samtig weich behaart. Eb. mäßig lang gestielt (ca. 33 % der Spreite), aus breitem ge - stutztem, nicht oder nur an der Mittelrippe seicht ausgerandetem Grund bis über die Mitte hinaus verbreitert, dann allmählich in eine mäßig lange, ± dreieckige Spitze verschmälert, im Umriß insgesamt mehr angenähert 5eckig, nicht abgerundet umgekehrt eif. Serratur ziemlich weit, ungleich grob und periodisch mit längeren, auswärtsgerichteten Hz. Alle Zähnchen mit abgesetzten Spitzen. Haltung ± flach, ungefaltet, mit vertieftem Adernetz, am Rande grobwellig, ä.Sb. 3-5 mm lg. gestielt, am Grunde abgerundet. B.stiel kaum bis deutlich länger als die ä.Sb., mit (ca. 10-15) geneigten, etwas sicheligen St., dicht abstehend und dazu anliegend sternflaumig behaart, obers. mit 0->10 Stieldrüsen. Nb. ± fädig, ohne oder mit einzelnen Stieldrüsen. Austrieb (d.-)rotbraun.

BLÜSTD. verlängert und auffallend schmal, oben b. los mit (überwiegend) ± trugdoldigen 3blütigen Ästen, unten mit 3(-4)zähligen B. Achse in Behaarung und Drüsenbesatz zottig-filzig wie bei R. vestitus. Größere St. 4-7 mm lg., zu ca. 5 pro 5 cm, aus breitem Grunde dünn, fast pfriemlich, alle oder fast alle ± sichelig. Blüstiel sehr kurz (durchschnittlich nur bis ca. 1 cm lg.), dicht und kurz (ca. bis 0,3-0,5 x Blüstiel-Ø) abstehend filzig-zottig, längere Haare locker oder fehlend. Größere St. zu ca. 2-4, etwas gekrümmt, nur bis ca. 1-2(-2,5) mm lg. Stieldrüsen d.rot, zerstreut bis zahlreich (5-> 20), kürzer als der Blüstiel-Ø. Kz. graufilzig-zottig, mit kurzen feinen Nadelst. und sehr kurzen roten Stieldrüsen, an der Blüte deutlich, an reifer Sfr. meist nur locker zurückgeschlagen. Blüten (d.)rosenrot, seltener nur rosarot, Krb. klein, nur ca. 7-8 mm lg., breit umgekehrt eif., Stb. mit kahlen Antheren deutlich länger als die am Grunde rötlichen Gr., Frkn. und Fr.bod. reichlich behaart. Sfr. rundlich, klein. VII - VIII. - 2n= 28.

Eine durch ihre schmalen, lebhaft rotblühenden Rispen ungemein auffällige Art, deren Verwandtschaft mit R. vestitus besonders durch die Farbe und Behaarung aller Achsen sowie durch die Behaarung der B.unterseiten deutlich hervortritt. Die obers. glänzenden, kahlen, ganz anders geformten und gesägten, vor allem viel schmaleren und lebend welligen B.chen, die geneigten oft krummen St. und der ganz andere Blüstd. u.a. auch mit viel kleineren Blüten, lassen die Art vom rotblühenden R. vestitus dennoch leicht unterscheiden.

ÄHNLICHE ARTEN: R. vestitus (vgl. oben und Schl. Nr. 97). - Vgl. ferner unter 32. R. leptothyrsus, 69. R. monachus und 77. R. anglosaxonicus.

ÖK. u. SOZ: Lichtliebende Art besserer, doch meist kalkarmer, nicht zu trockener Böden. Hauptsächlich in Pruno-Rubetum radulae-Gesellschaften in Knicks und anderen Gebüschen beobachtet.

VB: NW-Europa. - In SH zerstreut bis selten an der absoluten Ostgrenze der VB. Hauptsächlichstes Vorkommen im Jungmoränengebiet zwischen Kiel und

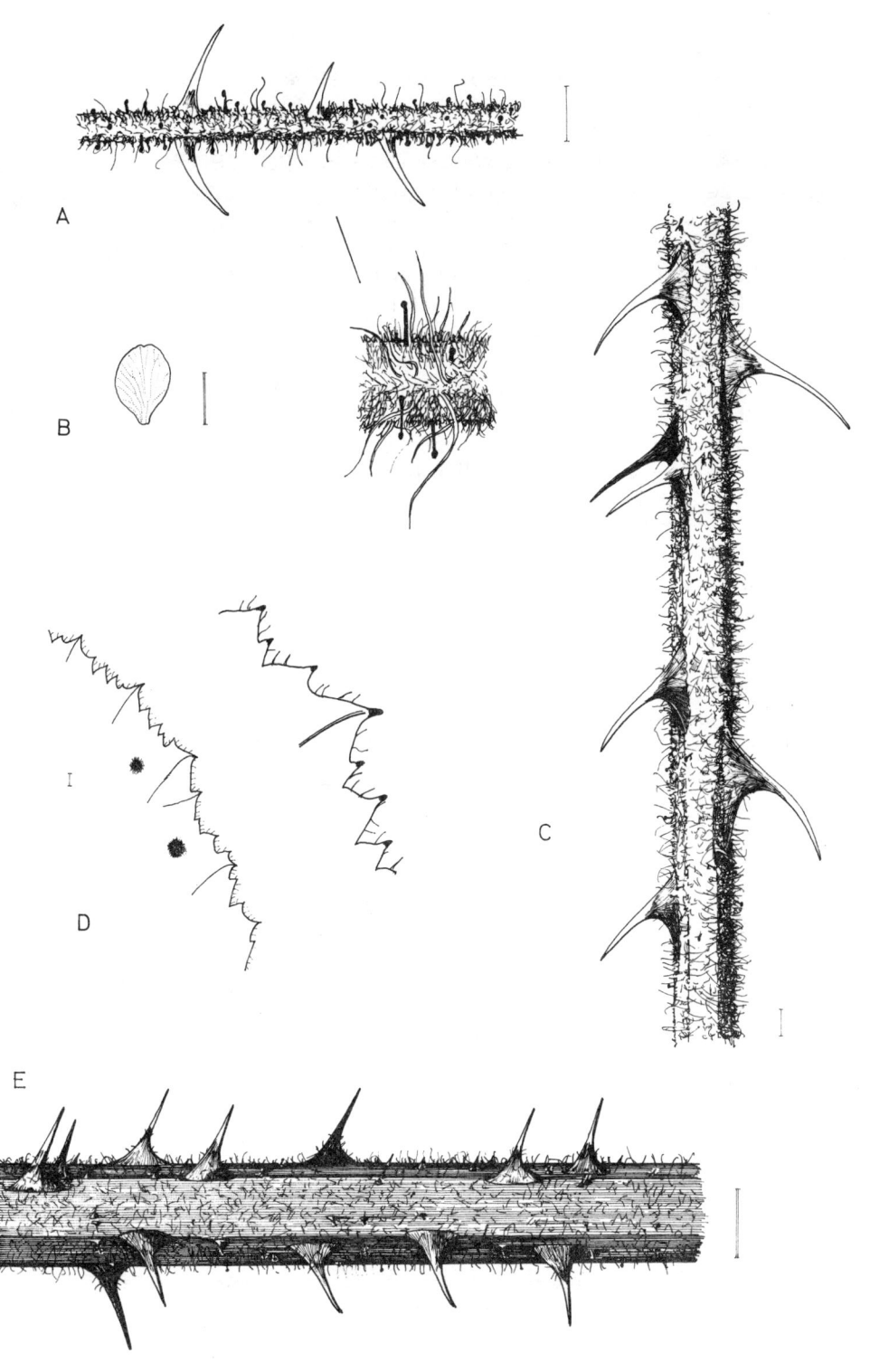

70. Rubus macrothyrsus Lge.

Neumünster: Viehburger Holz b. Kiel (LANGE 45! 47!, GEL. 86!, FRID. 86! - wohl identisch mit "Kiel" Fl-BZ. o. Dat.! = Ass. rub. exs. 949 (1890) als R. longithyrsus P.J.M., s. o.!), Meimersdorf (ER. 91!), Meimersdorfer Moor (A. CHRIST. 11!), zw. Wellsee und Rönne (KR. 88!), Rönne (A. CHRIST. 11!), zw. Schmalstede und Flintbek (62!!), Brügge (TIMM 98!), zw. Bordesholm und Brügge (Fl.-BZ. 89!), Bordesholm (LANGE 47!, GEL. 85!, 86!), Schönhorst (A. CHRIST. 11!), Mühbrook (67!!), Wald am Einfelder See (A. CHRIST. 11!), Einfeld (JÖNS 1938!) und etwas östlicher bei Wankendorf (ER. 07!). Außerdem in Mittelholstein: Brammer (ER. 25 - 1925, 166), zw. Mörel und Heinkenborstel (67!!, 68!!), südl. von Hennstedt (62!!), Haslohfeld (TIMM 00! - wohl = zw. Haslohfeld und Sültkuhlen ER. 00!), Quickborn (Fl.-BZ. nach ER 1900, 38), Hüttblek (ER. ibid.), um Kisdorferwohld (ELMENDORFF & STEER 1927 - ER. 1930, 68) östlich von Kisdorf an 2 Stellen (62!!, 67!!); früher in Hamburg: Wellingsbüttel: Gehölz b. Grünen Jäger (ER. 98! - ob noch?), westlich Langenhorn (ZIMPEL 98!). In Ostholstein zw. Gömnitz und Kasseedorf (ER. 96!), zw. Stendorf u. Hohes Holz und b. Schwarzenbek: an der alten Mühle (ER. 1924, 57). Außerdem angeblich südlich Basthorst (ELMENDORFF und STEER 27 - ER. 1930, 68. - Angabe dürfte auf Verwechslung beruhen). - In Schleswig nur: Loisenlund (ER. 24 - 1925, 166), Schleswig: Thiergarten (HINR. 56!), zw. Stenderup und Stenderupau (SAXEN 32!). Die von KRAUSE (1890, 75) erwähnte Pfl. von Sörup in Angeln (GEL. 85!) gehört nicht dazu. - Weitere VB: Sehr selten in DK: N-Seeland, Fanö, Jütland: Frederecia und Heijls. - Im nwdt. TL vereinzelt im Kreis Stade: Altkloster b. Buxtehude (D.N. CHRIST.? 15!), Horst bei Kakerbek (FIT. 10! - Nach FIT. 1914, 83 dort "in großer Menge". Nachsuche 1967 erfolglos). - Sonst am nordwestlichen Harz!, selten in Holland u. häufiger auf den Brit. Inseln, besonders in SO-England.

Series 6. Mucronati (F.)WATS.

71. **Rubus drejeriformis** (K. FRIDERICHSEN) H.E. WEBER comb nov. pro R. mucronatus BLOX. var. drejeriformis K. FRID., Bot. Centralb. 70: 407 (1897). - Syn. R. mucronatus BLOXAM in KIRBY, Fl. Leicester: 43 (1850) non SERINGE in D.C., Prod. 2: 585 (1825); R. mucronifer SUDRE, Rub. Herb. Bor. 56 (1902) ex pte., R. mucronulatus ssu. ROGERS, Handb. Brit. Rubi: 55 (1900) et auct. div. non BOREAU, Fl. Centr. Fr. ed. 3,2: 196 (1857). - Schl. 19, 130' - Fig. - Tafel - Karte.

SCH. bogig, mäßig kräftig (ca. 4-10 mm ⌀), rundlich stumpfkantig, ± gleichmäßig (h.)weinrot überlaufen, locker bis ziemlich dicht behaart ((5-)15-30(->50) einfache und büschelige Haare pro cm Seite), größere St. zu ca. 6-12 auf 5 cm, aus breiterer Basis sehr schlank, rückwärtsgeneigt gerade oder leicht gekrümmt, 5-8 mm lg., mit einzelnen kleineren St. und St.höckern als Übergänge zu zahlreicheren feinen, unter sich ungleichen, ca. 0,5-2 mm lg.

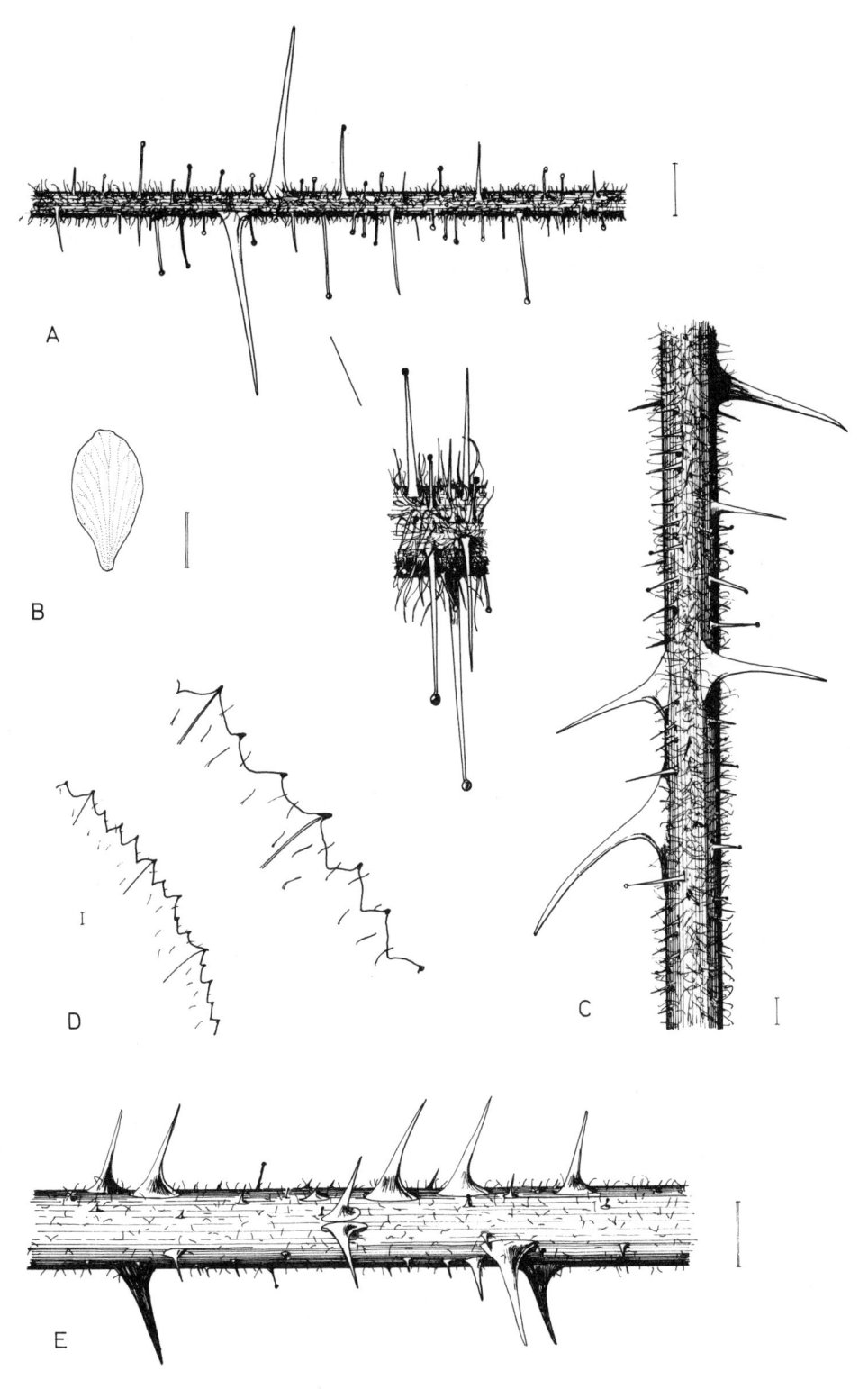

71. Rubus drejeriformis (Frid.) H. E. Weber

zunächst drüsenköpfigen St.borsten (ca. (5-)10-100(->100) pro 5 cm), leicht brechend und oft großenteils nur als drüsenlose St.chen und St.höcker erhalten; Sitzdrüsen zerstreut.

B. handf. 5zählig (4zählige B. nur ausnahmsweise und vereinzelt), B.chen nicht derb, breit, sich randlich deckend, obers. (d.)grün, schwach glänzend, mit ca. (10-)15-30 Härchen pro cm^2, unters. blasser grün, fast glänzend, sehr dünn, nicht fühlbar behaart, ohne Sternhaare. Eb. mäßig lang gestielt (ca. 30-35 % der Spreite), aus breitem, deutlich herzf. Grund bis über die Mitte hinaus verbreitert, dann abgerundet und mit unvermittelt aufgesetzter ca. 1,5-2 cm lg., meist etwas sicheliger Spitze, im Gesamtumriß ohne die Spitze sehr breit umgekehrt eif. bis rundlich, zuletzt $\pm$ so breit wie lg. Serratur sehr fein, etwas geschweift, kaum tiefer als 1,5-2 mm, Zähnchen im ungleichen Abstand, Hz. z.T. etwas auswärtsgerichtet. Haltung flach oder schwach konvex, seicht gefaltet, am Rande fast glatt, ä.Sb. 2-4 mm lg. gestielt, am Grunde abgerundet oder herzf., B.stiel locker bis dicht behaart, mit (ca. 5-10) $\pm$ gekrümmten St., oberseits mit (meist) zahlreichen((10-)50->100) sehr feinen, bis 2 mm lg. (Drüsen-)Borsten. Nb. schmallineal-fädig, stieldrüsig. Austrieb glänzend grün, nicht oder nur schwach h.rotbraun überlaufen.

BLÜSTD. verlängert, dünnästig und lockerblütig, im oberen Teil b.los, unten mit 3-5zähligen B., Achse abstehend wirrhaarig und besonders im oberen Teil $\pm$ sternfilzig; größere St. zu ca. 2-5 auf 5 cm, breitfüßig, sonst sehr dünn, ca. 4-6 mm lg., gerade oder gekrümmt, dazwischen besonders im oberen Teil $\pm$ zahlreiche (>30 pro 5 cm) nadelf., anfangs drüsenköpfige St.chen und feine Stieldrüsen unterschiedlicher Länge. Blüstiel 1,5-3 cm lg., etwas filzig und kurz wirrhaarig-zottig, mit (0-)1-2(-3) gerade abstehenden oder leicht gekrümmten, 3-4 mm lg. Nadelst. sowie mit zahlreichen bis ca. 2 mm lg., feinen, zunächst drüsenköpfigen St.chen mit Übergängen zu vielen (>30) kleineren, die Behaarung größtenteils jedoch noch weit überragenden $\pm$ farblosen Stieldrüsen unterschiedlicher Länge (bis 3-4 x Blüstiel-$\emptyset$). Kz. grünlich, stieldrüsig und meist mit einzelnen St.chen, anfangs locker zurückgeschlagen, zuletzt z.T. auch abstehend. Krb. weiß oder zart rosa, umgekehrt eif., ca. 12-15 mm lg., Stb. etwas länger als die b.grünen Gr., Antheren vielhaarig, Frkn. mäßig oder wie der Frbod. reichlich behaart. Sfr. rundlich. VII - VIII.

R. drejeriformis gehört zu unseren charakteristischsten Brombeergestalten. Die breiten B.chen mit ihren aufgesetzten Sichelspitzen erinnern an alte preußische Pickelhauben und haben in unserer Flora nur in R. drejeri und R. fabrimontanus Doppelgänger, die aber dieses Merkmal bei weitem nicht so deutlich zum Ausdruck bringen. Der treffende Name R. mucronatus, den BLOXAM 1850 der Art beilegte, kann wegen des älteren SERINGEschen Homonyms nicht beibehalten werden. Ein Irrtum FRIDERICHSENs war die Ursache dafür, daß die Art fast 50 Jahre später noch einmal als besondere Varietät drejeriformis (wegen der Ähnlichkeit mit R. drejeri) beschrieben wurde, da FRID. zunächst R. atrichantherus KR. für den typischen R. mucronatus BLOX. gehalten hatte. Diese Varietätsbezeichnung kann jedoch nunmehr als gültige Speziesbenennung die hinfällige Bezeichnung des R. mucronatus ersetzen. Der SUDREsche Name

R. mucronifer kommt dafür nicht in Betracht, da SUDRE dieses Taxon - u.a. durch Einschluß von R. atrichantherus - zu weit gefaßt hat.

ÄHNLICHE ARTEN: Vgl. R. drejeri (Schl. Nr. 130). - 143. R. fabrimontanus (Corylifolii-Art). Sch. oft sehr dichtstachelig (häufig >15 St. pro 5 cm), ä. Sb. 0-1 mm lg. gestielt, B.chen unterseits fühlbar behaart, kürzer bespitzt, Nb. schmallanzettlich (nicht fädig-lineal!), Blüstd. klein, Krb. sehr breit eif., Antheren und Frkn. kahl. - Vgl. auch 74. R. nuptialis und 73. R. atrichantherus, die u.a. beide kahle Antheren besitzen.

ÖK. u. SOZ: Lichtliebende Art auf nicht zu trockenen, etwas anlehmigen Böden (im Wuchsbereich der Pruno-Rubetum-sprengelii-Gesellschaften) in luftfeuchter, wintermilder Klimalage. In SH wohl wegen Trocken- und Frostgefahr nur selten auf frei im Gelände verlaufenden Wallhecken, sondern fast nur in knickgesäumten Feldwegen (Reddern) und an Waldrändern in den regenfeuchtesten Landesteilen. Hier zusammen mit R. cimbricus und zahlreichen anderen Rubi die ausgesprochen atlantische R. drejeriformis-R. cimbricus-Gesellschaft bildend (WEBER 1967, 147).

VB: Britische Art (N-England, Schottland, Irland), nur stellenweise auf das Festland übergreifend, vor allem nach SH, wo sie - kaum über das westliche Altmoränengebiet hinaus ostwärts dringend - die absolute W-Grenze der VB erreicht. - Das sh Areal (s. Karte!) umfaßt die Diluviallandschaften von Husum mit der Ostenfelder Geest über Rendsburg, Bargstedt, Bramstedt, Kisdorferwohld über Ahrensburg bis Hamburg!!, stellenweise auf besseren Böden, besonders um Albersdorf (Regenzentrum!), findet sich die Art in großer Massenentfaltung. Mit ihrem auffälligen W-O-Gefälle, das im Gegensatz zu vielen anderen, vorwiegend edaphisch bedingten Verbreitungsbildern in allererster Linie klimatisch zu deuten ist, stellt R. drejeriformis eine der prägnantesten pflanzengeographischen Erscheinungen des Landes dar. Östlichster Fundort nach ER (1924, 58) Böklund b. Schleswig, doch ist (entsprechend einem ERICHSENschen Beleg von Ahrensbök im Hb. Hamburg!) eine Verwechslung mit dem gerade bei Schleswig verbreiteten R. drejeri nicht ausgeschlossen. Außerdem (nach ER. 1922, 150) bei Schlamersdorf, Krs. Segeberg, sowie bei Hoisdorf (ER. 1900, 36). Die östlichsten, vom Vf. bislang überprüfbaren Vorposten liegen im Kisdorfer Wohld (70!!) und in NO-Hamburg (ER. 95! 96! - heute wohl erloschen). Ältere östliche Angaben - außer bei ER. - beziehen sich meist auf die alte Sammelart R. mucronatus coll., also auch auf R. atrichantherus KR. Weitere VB auf dem Festland: In DK anscheinend nur in SW-Jütland um Lügumkloster (ER.1923, 259). Ns.: Nur 1 Fundort eben südl. der Elbe: Gehölz zw. Buxtehude u. Neukloster (ER. 00!, KLEES 07! - Nachsuche 1963 erfolglos, schon FIT. 1914, 81 vermerkt das Erlöschen des Standorts). Außerdem noch mehrfach in N-Holland und W-Frankreich (?) sowie in einer drüsenärmeren, sonst offenbar nahestehenden Form bei Burgsteinfurt (71!!). Von SCHUMACHER (1959, 258) in einer überwiegend 3zählig beblätterten Ausbildung auch für Bielefeld angegeben (Nachsuche am Standort 1971!! erfolglos). Angaben aus östlicheren Gebieten, z.B. Steiermark, sind unzutreffend (NEUMANN briefl.).

72. **Rubus drejeri** G. JENSEN in LANGE, Icon. Pl. Fl. Danicae (Fl.Dan.) fasc. 51: 7, t. 3023 (1883). - Syn. R. horridicaulis ssu. JUNGE, Beitr. Kenntnis Gefäßpfl. SHs 88 (1904), A. CHRISTIANSEN, Verz. Pfl. Standorts SH: 16 (1913) non P.J. MUELLER, Bonplandia 9: 284 (1861). - Schl. 130 - Fig. - Tafel - Karte.

Loc. class: westlich von Quern (SH: Angeln, leg. G. JENSEN Okt. 1867!, -1962!!).

SCH. ± flachbogig, ziemlich kräftig (Ø ca. 6->12 mm), rundlich stumpfkantig, matt, ungleichmäßig, fast fleckig (violettstichig-)d. braunrot überlaufen, dabei St.basen deutlich intensiver und heller gefärbt, reichlich einfach und büschelig behaart (ca. 20->50 Haare pro cm Seite). Größere St. zu ca. 12-15 auf 5 cm, 5-7 mm lg., alle oder doch die Mehrzahl gerade und rückwärtsgeneigt, einzelne nicht selten leicht gekrümmt. Kleinere St. in ± allen Übergängen zu feinen St.chen und St.höckern, in geringerer oder fast gleicher Anzahl, daneben viele feine Nadelborsten mit hinfälligen Drüsenköpfchen und etwas zerstreuter davon abweichende, kleine, meist d. rote Stieldrüsen. Gesamtzahl der Drüsenborsten u.a. Stieldrüsen ca. 10->50 pro 5 cm.

B. überwiegend, selten in der Minderheit 3-4zählig, die übrigen fußf. (ausnahmsweise einzelne auch handf.) 5zählig. B.chen etwas ledrig derb, ziemlich breit und sich randlich meist etwas überdeckend, obers. matt oder schwach glänzend d.grün, mit ca. 1-10 Härchen pro cm^2, unters. matt grün, sehr dünn, nicht fühlbar und ohne Sternhaare behaart. Eb. kurz bis mäßig lang gestielt (ca. 30-40 % der Spreite), aus schwach bis deutlich herzf. Grund umgekehrt eif., zuletzt oft sehr breit bis rundlich, mit aufgesetzter kurzer (meist< 1 cm lg.) Spitze. Serratur sehr seicht und geschweift, Zähnchen meist fast in einer Linie, doch mit stark unterschiedlichem Abstand, besonders die (oft etwas längeren) Hz. ± auswärtsgerichtet. Haltung ± flach, Nerven eingesenkt, Rand fast glatt. ä. Sb. ca. 2-4 mm lg. gestielt, am Grunde gestutzt oder herzf., B.stiel mit (ca. 5-15) sicheligen St. und lockerer Behaarung, obers. mit vielen feinen (Drüsen-)Borsten. Austrieb stark glänzend grün, nicht oder nur randlich etwas anthocyanfarben.

BLÜSTD. verlängert pyramidal, oben b. los und dichtblütig, sonst mit bis zu 3zähligen B. Achse abstehend behaart und etwas sternhaarig, nach oben zunehmend zottig und ± filzig. Größere St. schwer gegen die übrigen abzugrenzen, meist zu ca. 9 pro 5 cm, ca. 4-5(-6) mm lg., vorwiegend gerade und geneigt, einzelne gekrümmt. Dazwischen in allen Übergängen zahlreiche kleinere St.chen, St.höcker und feine (drüsenköpfige) Nadelborsten sowie in den Haaren versteckte Stieldrüsen. Blüstiel 1-1,5 cm lg., (grau-)grünlich, abstehend ± dichthaarig und etwas filzig; größere St. kräftig, zu ca. (5-)10-18, schwach sichelig, ca. 3-4 mm lg.; dazwischen einzelne kleinere, gerade, (teils drüsenköpfige) St.chen und zahlreiche (>30) ± b.grünstielige, die Haare meist überragende Stieldrüsen (Lge. bis ca. 2 x Blüstiel-Ø). Kz. (grau-)grünlich, reichlich stieldrüsig und mit einzelnen, sehr feinen St.chen, zuletzt abstehend. Krb. b.rosa bis fast weiß, breit umgekehrt eif., sehr klein, ca. 8-11 mm lg., Stb. deutlich länger als die weißgrünen Gr., Antheren reich-

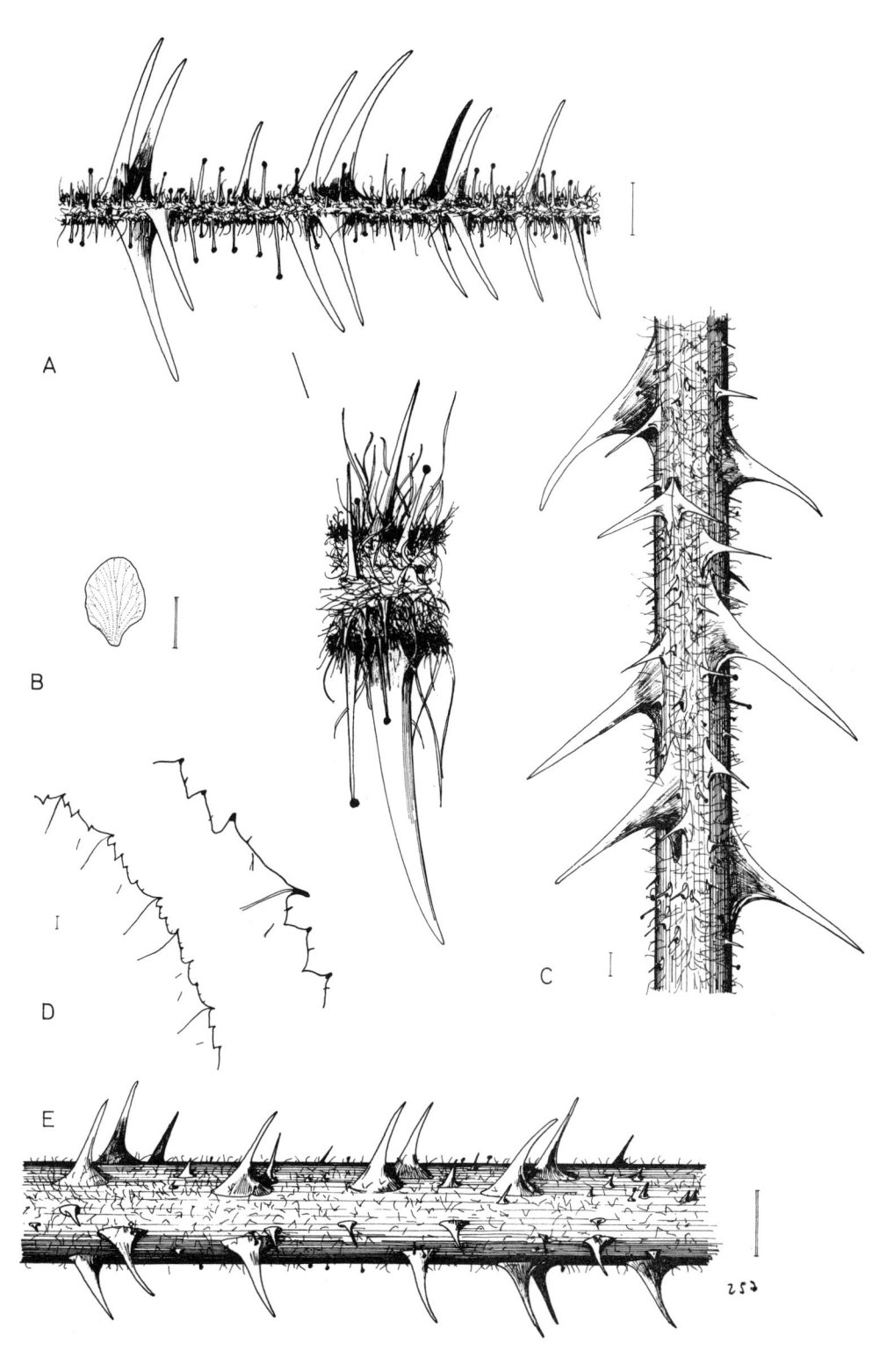

72. Rubus drejeri G. Jensen

lich behaart, Frkn. kahl, Frbod. mit einzelnen Haaren, Sfr. etwas breiter als hoch, sauer. VII - VIII. 2n = 28.

Charakteristisch für diese reich bestachelte Art sind die kurzen, aufgesetzten Spitzen der breiten, feingesägten, etwas "hartlaubigen" B.chen, die kleinen Blüten mit behaarten Antheren und kahlen Frkn. sowie die im Gegensatz zu R. drejeriformis auch bei üppig entwickelten Pflanzen reichlich vorhandenen 3-4zähligen B.

ÄHNLICHE ARTEN: R. drejeriformis (vgl. Schl. Nr. 130). - Die folgenden Arten weichen allesamt durch kahle Antheren ab: 143. R. fabrimontanus (vgl. auch unter 71. R. drejeriformis), 73. R. atrichantherus, 74. R. nuptialis, 42. R. echinocalyx und 100. R. rankei.

ÖK. u. SOZ: In SH lichtliebende Art in Gebüschen und an Waldrändern auf nährstoffreicheren Jungmoränen (Melico-Fagetum-Wuchsgebiete). Hier Kennart der R. vestitus-R. drejeri-Knicks (Pruno-Rubetum radulae).

VB: britische, nach N-Mitteleuropa übergreifende Art. - In SH (Karte!) in einem breiten Bogen im nordöstlichen Jungmoränengebiet von Flensburg über Schleswig, Kiel bis Plön und zum Bungsberg zur Ostseeküste hin zerstreut, stellenweise häufig, so besonders in Angeln!! und östlich von Kiel!!. Im Gebiet mit absoluter S- und O-Grenze und vorläufiger W-Grenze der Gesamtverbreitung, wobei die W-Grenze wegen der ärmeren Altmoränenböden wie bei R. vestitus wohl edaphisch zu deuten ist. Vorgeschobene Standorte: Bordesholm (GEL. in FRID. u. GEL. 1887, 89) und Ahrensbök (ER. 00!, 01!). Die Angaben "Hohn b. Rendsburg" (ER. 1922, 152) ist problematisch und dürfte auf Verwechslung beruhen (hier wohl mit R. nuptialis), ähnlich auch im Fall "Hamburg-Langenhorn" (nach E. zit. b. FOCKE 1902, 539 - hier wahrscheinlich Verwechslung mit R. drejeriformis, zumal die entsprechende FOCKEsche Beschreibung eher auf diesen als auf R. drejeri zutrifft und R. drejeriformis bei Langenhorn nachweislich vorkam). Unzutreffend sind wohl auch Angaben von Bad Harzburg (FOCKE loc. cit.) sowie aus Belgien (bei VANNEROM 1967 wohl deswegen nicht mehr aufgeführt), so daß Ahrensbök der südlichste gesicherte Festlandsstandort sein dürfte. - Das sh Areal setzt sich in DK im angrenzenden ostseenahen O-Jütland bis Kolding fort und umfaßt dazu Fünen, Lolland, Falster, Alsen u. seltene Vorposten in S-Seeland. Im übrigen auf den Brit. Inseln weit verbreitet.

73. **Rubus atrichantherus** (atrichantheros) E.H.L.KRAUSE in PRAHL, Krit. Flora Prov. SH 2: 61 (1890). - Syn. R. mucronulatus ssu. FRID. & GELERT, Bot. Tidsskrift 16: 82 (1887), Rubi exs. Dan. et Slesv. n. 15-16 (1885), in LANGE, Haandb. Danske Fl. 785 (1888), E.H.L.KRAUSE in PRAHL, Krit. Flora Prov. SH 1: 55 (1888) non BOREAU, Fl. Centr. Fr. ed. 3,2: 196 (1857), R. mucronatus ssu. FRID. & GELERT, loc. cit., KNUTH, Flora Prov. SH 819 (1888), non BLOXAM in KIRBY, Fl. Leicester 43 (1850) nec. SERINGE in D. C., Prod. 2: 585 (1825) R. mucronatus BLOX. ssp. (var.) atrichantherus

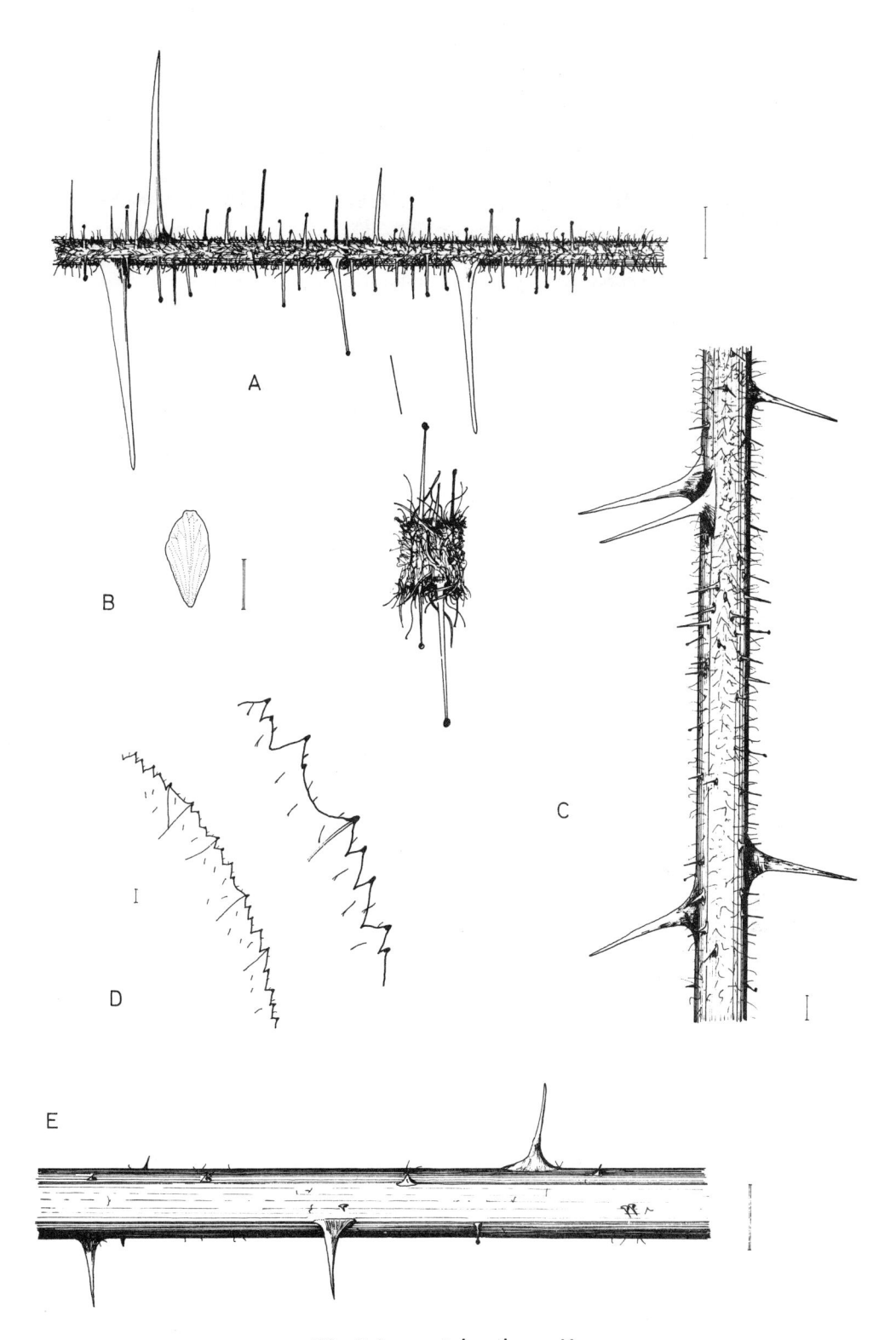

73. Rubus atrichantherus Kr.

(KR.) ERICHSEN et auc. plur., R. mucronifer SUDRE, Rub. Herb. Bor. 56 (1902) ex pte. - Schl. 43, 58, 68', 134 - Fig. - Tafel - Karte.

Loc. class: DK: Haderslev (leg. K.FRID. 7.84! et 5.8.91! als R. mucronulatus BOR., = Rubi exs. Dan. et Slesv. n. 15-16).

SCH. mäßig flachbogig, rundlich stumpfkantig, seltener mit $\pm$ flachen Seiten, fast matt violettstichig rötlich überlaufen, (fast) kahl bis zerstreut behaart (0-3(-5, selten >10) flaumige Härchen pro cm Seite). St. zu ca. 3-6 auf 5 cm, aus breiterem Grunde mit langausgezogener, sehr dünner, stechender Spitze, gerade oder fast gerade, ca. (5-)6 mm lg. Dazwischen sehr zerstreut, oft streckenweise fehlend, viel kleinere (brüchige) St.chen, St.- höcker und vereinzelte, oft nur in B.stielnähe vorhandene, feine Stieldrüsen (ca. (0-)1-10(->20) pro 5 cm).

B. teils fußf. (selten $\pm$ handf.) 5zählig, teils, meist die Minderheit, (3-)4zählig. B.chen sich randlich nicht deckend, obers. matt oder etwas glänzend d.grün mit ca. 10-20 Haaren pro cm^2, unters. matt grün, dünn, nicht fühlbar behaart. Eb. mäßig bis ziemlich lg. gestielt (ca. 33-40 % der Spreite), aus gestutztem, abgerundetem oder seicht herzf. Grund umgekehrt eif. mit kurzer $\pm$ abgesetzter Spitze. Serratur sehr fein und gleichmäßig erscheinend, doch die nur bis 1,5-2 mm lg. Zähnchen in verschiedenem Abstand, Hz. nicht oder kaum länger, meist etwas auswärts gerichtet. Haltung $\pm$ flach oder schwach konvex, etwas gefaltet, am Rande fast glatt, ä.Sb. (2-)3-5 mm lg. gestielt, mit keiligem oder abgerundetem Grund. B.stiel länger als die ä.Sb., zerstreut behaart bis fast kahl, mit (ca. 4-10) dünnen, $\pm$ sicheligen St., obers. mit (0-)1-5(->10) Stieldrüsen. Austrieb glänzend (gelblich-)grün, ohne oder nur mit angedeuteter Anthocyanreaktion.

BLÜSTD. locker, meist ohne prägnanten Aufbau, oben b.los, kaum verschmälert, mit $\pm$ trugdoldig verzweigten Ästen, unten mit 3-4zähligen B. Achse abstehend locker bis mäßig dicht behaart, nach oben zunehmend sternhaarig. Größere St. zu ca. 3-6 auf 5 cm, sehr dünn, alle oder doch die Mehrzahl gerade, 5-7 mm lg., dazwischen in wechselnder Menge feine St.- chen, (drüsenköpfige) Nadelborsten und zarte Stieldrüsen (meist >20 pro 5 cm). Blüstiel (1,5-)2-3 cm lg., grün, etwas filzig und $\pm$ dicht kurz abstehendverwirrt behaart. Größere St. zu ca. 3-5, nadelförmig, gerade abstehend, meist sehr lang (3,5-4,5 mm lg.), daneben einzelne kleinere (drüsenköpfige) St.chen und zahlreiche (mindestens 20) feine, die Behaarung zumeist weit überragende, $\pm$ farblose Stieldrüsen (Lge. bis 3-5 x Blüstiel-Ø). Kz. graugrün, mit meist zahlreichen feinen Nadelst. und zarten langen Stieldrüsen, zuletzt abstehend. Krb. weiß (seltener rosa angehaucht), ziemlich schmal elliptisch bis umgekehrt eif., 10-15 mm lg. Stb. mit kahlen Antheren (Name!) wenig bis deutlich länger als die blaßgrünen Gr., Frkn. kahl oder mit einzelnen Haaren, Frbod. schwach behaart. Sfr. rundlich, meist etwas höher als breit. VII. - 2n = 28.

R. atrichantherus erinnert mit seinen langen Stieldrüsen und dünnen St. besonders an R. drejeriformis, hinsichtlich der Serratur an R. drejeri, während er im B.umriß am besten mit R. insularis übereinstimmt. Diese eigentümliche Merkmalsmischung in Verbindung mit kahlen Antheren, fast kahlem, zerstreutstacheligem Sch. mit einzelnen St. höckern läßt die Art im allgemeinen leicht erkennen. Eigentümlich ist das nicht seltene Auftreten rostfleckiger B., wie sie sonst nur bei filzblättrigen Arten beobachtet werden. Graufilzige B. wurden bei R. antrichantherus erst einmal gefunden (ER. 00! - vgl. unten), als eine andere Abweichung ist eine Form mit stark behaartem, dicht stieldrüsigem Sch. bei Mölln bemerkenswert (ER. 98! - siehe unten).

ÄHNLICHE ARTEN: vgl. 74. R. nuptialis. - Entfernter ähnlich ist 71. R. drejeriformis: Sch. dichter bestachelt, reicher (drüsen-)borstig, B. handf. 5zählig, B.chen sich randlich deckend, rundlich mit unvermittelt abgesetzter (sicheliger) Spitze, Antheren dichthaarig. - 72. R. drejeri: viel dichter und kräftiger bestachelt (Sch. mit ca. 12-15 St. pro 5 cm), reichlich behaart und (drüsen-)borstig, Blüstiel mit (5-)10-18 kräftigen St., Krb. klein und breit, Antheren dichthaarig. - 51. R. insularis nur im B.schnitt ähnlich, sonst gänzlich abweichend.

ÖK. u. SOZ: Lichtliebende, aber relativ schattenertragende Art etwas besserer, doch kalkarmer Böden (ärmere Fagetalia-Wuchsgebiete). In SH auf Wallhecken vorzugsweise in ärmeren Pruno-Rubetum radulae- aber auch in reichen Pruno-Rubetum sprengelii-Gesellschaften, außerdem in Fagetalia-Lichtungen.

VB: (nord-)mitteleuropäisch-britische Art mit Schwerpunkt in SH. Hier fast im ganzen Diluvialgebiet verstreut und dabei meist nur einzeln vorkommend. Vorzugsweise im jungdiluvialen Osten (26 Fundorte), weniger auf nährstoffreichen Altmoränen (9 Fundorte). Auf AM: Ostenfeld, Krs. Husum (GEL. 98!, FRID. 98! - Hier in Knicks südlich des Ortes und im Forst Langenhöft 62!!), zw. Ostenfeld und Rott (68!!), zw. Hohenwestedt und Grauel (ER. 00! - sonst typische Form mit graufilzigen B., von FRID. als R. caesius x leucostachys f. obovatus FRID. bestimmt), Itzehoe: zw. Winseldorf u. Schlotfeld (ER. 00! als R. conothyrsus), Kisdorferwohld (ER. 00! - Hier in Jagen 9 im Staatsforst Endern 66!!), Kattendorf (ER. 1904, 88), Weddelbrook b. Bramstedt (ER. 1924, 58). - JM: Markerup (ER. 1923, 259), Winderatterholz (66!!), zw. Kollerup u. Ausackerbruck (ER. 88!), Süderholz b. Süderschmedeby (67!!), zw. Süderschmedeby und Sieverstedt (62!! 66!!), zw. Satrup u. Ülsby (66!!), Schleswig (HINR. teste KRAUSE 1890, 62 et ER. 1922, 150, vermutlich identisch mit "Grüner Redder" b. Johannisthal b. Schleswig HINR. 82! und wohl auch mit Klensby: "Grüner Weg" nahe Schleswig ER. 88!, ob auch mit "Boeckhorst" HINR. 84-85! - ?), Wankendorf (67!!), Dahme (FIT. 05!), Dahmeshöved (TIMM 05!), Kirchnüchel (ER. 1922, 150), Ahrensbök: Spechser Holz (ER. 96!, 98!), im "Grünen Redder" u. b. Havighorst (ER. 97 u. 00 - nach ER. 1931, 59. - Gemeint ist wohl Havekost, gleiches Versehen bei anderer Gelegenheit eindeutig), westlich Haffkrug (70!!), b. Zarpen u. Kannenbruch b. Krummesse (RANKE 1900, 18), zw. Schönböken u. Padelügge (RANKE 96!), Holstendorf (ER. 98 - 1931, 59), mehrfach bei Mölln: Im "Blöcken" am Hegesee (ER. 98! - Hier eine schon von RANKE 1900, 18 erwähnte Form mit dichthaarigem, stark stieldrüsigem Sch. - 67!!), am Lüttauer See (RANKE 1900 18), zw. Mölln u. Brunsmark (69!!), zw. Brunsmark u. Alt-Horst (69!!), am Ringwall bei Koberg (68!!), sowie bei Sterley (69!!). - Weitere VB: DK: Ostjütland nordwärts bis Skanderborg, auf W- u. S-Fünen häufig. - Im an SH anschließenden Mecklenburg b. Grevesmühlen (KRAUSE 1890, 62) und wohl auch sonst noch. Aus Ns. noch nicht bekannt. Selten in England und in Belgien.

74. **Rubus nuptialis** H.E.WEBER nov. spec. - Syn. R. scabriusculus GELERT in sched., R. pseudoegregius (GELERT) K.FRIDERICHSEN in sched., R. dithmarsicus H.E.WEBER in sched. prius. - Holotypus Nr. 67.719.1a leg. H.E.WEBER in Schleswig-Holstein: Süderdithmarschen, Feldweg bei der Ziegelei Wolmersdorf, 19.7.1967 (in Hb. Bot. Inst. Kiel. Isotypi Nr. 67.719.1b et 1c in Hb. Bot. Inst. Hamburg et auct.). Schl. 134', 140. - Fig. - Tafel.

Frutex mediocris. - Turio ex modico arcu repens, autumne apice radicans, mediocriter validus, obtusangulus vel subteres, paulum caelato-lineatus, opacus, ± intense (dilute) rubens, pilis praecipue singulis sparsim vel sparsissime obsitus. Aculei majores 5-15 ad 5 cm, ca. 5-7 mm longi, e basi dilatata graciles, reclinati, pauci interdum leviter curvati, praeterea varie numeri aculeis parvioris instructi, qui transgrediunt in aciculos numerosos et plurimas glandulas fragiles, 1-2,5(-3) mm longe stipitatas.

Folia (manifeste pedata vel subdigitata) 5nata, magna parte (3-)4nata. Foliola parce plicata, supra opace et obscure viridia, paulum pilosa, subtus viridia, non sentientur vel submolliter pubescentia, pila stellulata nulla vel rarissime tamquam fere nulla. Foliolum terminale modico breviter petiolatum (ca. petiolo proprio quadruplum usque ad ter longium), obovatum, basi rotundatum vel rarius subcordatum, abrupte mediocriter et gracile acuminatum, dentibus acutissimis primo argute dentibus principalibus vix longioribus, deinde dentibus principalibus prolongatis partem paulum excurvatis plerumque manifeste composite serratum. Foliola infima ca. (3-)4-6 mm longe petiolata, basi cuneata vel rotundata. Petiolus aculeis leviter curvatis munitus, subtus pilis sparsis vel mediocriter densis, glandulisque stipitatis nullis vel singularibus obsitus, supra densior pilosus et glandulis stipitatis gracilibus vel aciculis instructus. Stipulae filiforme lineares, ciliatae et glandulis stipitatis obsitae. Foliola novissima nitido-flavo-virescentes.

Inflorescentia ramis tenuibus lata et divaricato-diffusa, superne aphylla et tamquam paulum attenuata, ramis ± cymosis, saepe horizontaliter patentibus, inferne foliis 3(-4)natis, ramisque magis racemosis et multifloris instructa. Ramus florifer laxe pilosus, pilis stellulatis nullis vel paucis, aculeis gracilibus reclinatis vel leviter curvatis, 4-5 mm longis, aculeisque minutis, saepe difficile a ceteris distinguendis et aciculis (glandulosis) tenuitibus numerosis obsitus. Pedunculus ca. 1,5-2,5 cm longus, breviter patenter et confuse pilosus, pilisque stellulatis raris vel paucis obsitus et ca. (1-)3-6 aculeis singulis rectis vel subcurvatis 3(-4) mm longis, aculeolisque primo glandulas ferentibus

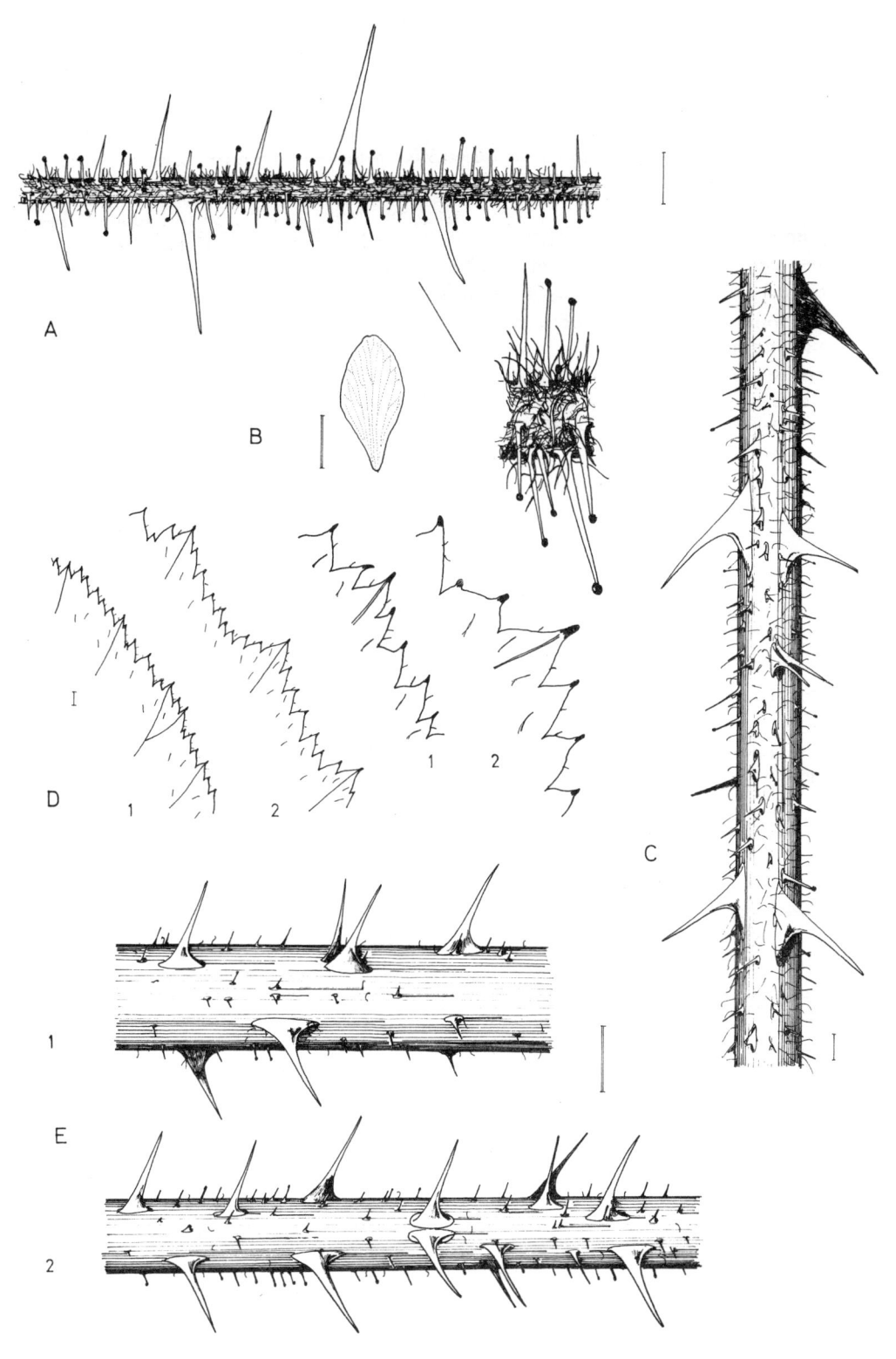

74. Rubus nuptialis H.E. Weber

munitus et aciculis glanduliferis numerosis, pilas maxima parte superantibus, facile decapitatis instructus; aciculi glanduliferi (in herbario) maxima parte ca. sicut diametro pedunculi longi, singulae usque ad bis (vel ter) longei. Sepala (± cano-)viridia, aciculis glandulis rubris ferentibus copiosis (vix ad 1 mm longis) glandulisque rubris tenuibus obsita, in flore et fructu immaturo reflexa, deinde singula saepe ± patentia. Petala alba, anguste obovata, gradatim unguiculata, apice plerumque paulum crenata, ca. 11-14 mm longa. Stamina antheris glabris stylos virescentes longe superantia, post anthesin conniventia. Germina glabra vel pilis raris instructa, receptaculum pilosum. Fructus bene evolutus, sphaericus. Floret VII-VIII.

Inflorescentiae diffusae in planta viva attingunt et fruticem indumento florae tenuiter velant, quod nomine indicetur.

Crescit in Slesvico-Holsatia et Saxonia inferiore.

SCH. freistehend aus bis ca. 0,8 m hohem Bogen kriechend, zuletzt wurzelnd, im Gebüsch über 2 m hoch kletternd, mäßig kräftig, rundlich stumpfkantig bis fast stielrund, etwas striemig, matt, ± intensiv (h.-)weinrot, mit (sehr) zerstreuten, vorwiegend einzelnen Haaren (ca. 0-5(-10) Härchen pro cm Seite). Größere St. zu ca. 5-15 pro 5 cm, ca. 5-7 mm lg., aus breitem Grunde sehr schlank, rückwärtsgeneigt und gerade, einzelne nicht selten etwas gekrümmt, daneben in wechselnder Anzahl einzelne kleinere St. als Übergänge zu meist zahlreicheren, feinen St.chen, St.höckern und vielen sehr feinen, brüchigen, 1-2,5(-3) mm lg., oft größtenteils dekapitierten Drüsenborsten (ca. zu 1-10 pro cm Seite, bzw. zu ca. 25-250 pro 5 cm Sch.).

B. deutlich fußf. bis fast handf. 5zählig, großenteils nur (3-)4zählig, B.-chen obers. ± matt d.grün, zerstreut behaart (ca. 10(-20) Haare pro cm^2), unters. grün, dünn und nicht fühlbar bis etwas weich abstehend behaart, ohne oder nur ausnahmsweise mit einem kaum wahrnehmbaren Anflug von Sternhärchen. Eb. ziemlich kurz gestielt (ca. 25-33 % der Spreite), aus abgerundetem, seltener etwas herzf. Grund umgekehrt eif. mit abgesetzter mäßig langer schlanker Spitze. Serratur mit sehr spitzen Zähnchen, anfangs äußerst eng und scharf mit kaum längeren Hz. (Fig. D1), zuletzt mit verlängerten, teils etwas auswärtsgerichteten Hz. meist sehr stark periodisch, dabei der B.chenrand zwischen den Hz. oft buchtig erscheinend (Fig. D2). B.haltung ± geschwungen V-förmig, etwas gefaltet, am Rande kleinwellig, ä.Sb. (3-)4-6mm lg. gestielt, am Grunde keilig oder abgerundet. B.stiel mit (ca. 10-15) leicht gekrümmten St., unters. mäßig dicht bis locker behaart, ohne oder mit vereinzelten (Drüsen-)Borsten, obers. dichter behaart und mit vielen feinen (Drüsen-)Borsten. Nb. fädig lineal, behaart und stieldrüsig. Austrieb glänzend gelbgrün, ohne Anthocyanreaktion.

BLÜSTD. dünnästig, sehr breit und sperrig, oben oft wenig verschmälert, (oft bis ca. 15 cm herab) b.los, mit waagerecht abstehenden, langen, wiederholt (± dichasial) verzweigten, (1-)3->10blütigen Ästen, unten mit 3(-4) zähligen B. und mehr traubig-rispigen vielblütigen Zweigen. Achse abstehend locker behaart, nicht oder nur oben etwas sternhaarig, auf 5 cm mit ca. 1-8 geraden und geneigten oder leicht gekrümmten, schlanken, 4-5 mm lg. St. sowie mit oft schwer dagegen abzugrenzenden, zahlreicheren kleineren St.chen und vielen feinen (Drüsen-)Borsten. Blüstiel ca. 1,5-2,5 cm lg., kurz abstehend und verwirrt behaart, dazu wenig oder kaum sternhaarig, mit (1-)3-6 geraden oder leicht gekrümmten 3(-4) mm lg. St., einzelnen ca. 2 mm lg. (anfangs drüsenköpfigen) St.chen und mit vielen (>30), größtenteils die Behaarung überragenden, nadelf., leicht dekapitierbaren Drüsenborsten, durchschnittlich ca. 1 x, maximal bis 2(-3) x so lg. wie der Blüstiel-Ø. Kz. ± gräulich grün, mit vielen sehr feinen, kaum 1 mm lg. nadelf. rotköpfigen Drüsenst.chen und zarten (roten) Stieldrüsen, an Blüte und unreifer Sfr. zurückgeschlagen, zuletzt einzelne auch ± abstehend. Krb. weiß, schmal umgekehrt eif., allmählich benagelt, vorn meist etwas eingekerbt, ca. 11-14 mm lg. Stb. mit kahlen Antheren die b.grünen Gr. weit überragend, Frkn. kahl oder mit vereinzelten Härchen, Frbod. behaart. Sfr. gut entwickelt, rundlich. VII - VIII.

Charakteristisch sind vor allem die sperrigen, oben blattlosen Blütenstände, die mit ihren langen, waagerecht gespreizten Ästen sich gegenseitig berühren und so den Stock zur Blütezeit im Gegensatz zu anderen Brombeeren nicht mit klar begrenzten Rispen, sondern mit einem zarten, gleichmäßig verteilten Blütenschleier überziehen, auf den der Name R. nuptialis (= Hochzeitliche Brombeere) hinweisen soll.

Die Art wurde in Hb. u. litt. von uns zunächst als R. dithmarsicus bezeichnet, da sie dem Vf. erstmals in Dithmarschen begegnete und eine Durchsicht des Hb.Kiel ebenfalls nur Aufsammlungen aus diesem Gebiet zum Vorschein brachte. Diese Bezeichnung wurde jedoch fallengelassen, nachdem wir die Art nicht nur bei Rendsburg, sondern auch in Ost-Niedersachsen fanden. Wie die Herbarstudien erkennen ließen, war die Pflanze schon ER. u. GEL. 1898 auf einer gemeinsamen Exkursion bei Rendsburg aufgefallen. FOCKE teilte ER. (in litt. 1899) dazu mit: "Mit keinem mir bekannten Rubus übereinstimmend." FRID. sprach die Art aufgrund desselben Belegs als R. pseudoegregius GEL. an und deutete sie als Varietät des R. mucronatus BLOX., GEL. dagegen hat seine eigenen Exsiccate im Hb. Kopenhagen als R. scabriusculus n. spec. signiert. Die GELERTschen Bezeichnungen sind beide nicht sehr glücklich gewählt, da unsere Art weder zu R. egregius noch zu R. scaber nähere Beziehungen aufweist und besonders lebend von beiden gänzlich abweicht. Verwandtschaftliche Beziehungen sind am ehesten zu R. atrichantherus gegeben, vor allem wegen der Bekleidung und Bewehrung der Blütenstiele und des Blütenbaus, doch ist R. nuptialis durch seinen sperrigen Blüstd. sowie durch den viel reicher (drüsen-)borstigen Sch., kürzer gestielte B. und B.chen mit gänzlich anderer Serratur und vor allem im Gelände durch ganz abweichenden Habitus entschieden auch von dieser Art abgesetzt (vgl. auch Schl. 134).

ÄHNLICHE ARTEN: R. atrichantherus s.o.!. - 83. R. rudis: Sch. kahl, mit vielen, unter sich gleichartigen, nur bis ca. 1 mm lg. Drüsenborsten,

B.chen obers. kahl, unters. $\pm$ filzig, anders gesägt, Austrieb intensiv anthocyanfarben, Blüstiele mit gedrängten, sehr kurzen Stieldrüsen. Krb. klein, h.rosa. - 72. R. drejeri und 71. R. drejeriformis mit dichthaarigen Antheren und auch sonst abweichend.

ÖK. u. SOZ: Bislang beobachtet in Pruno-Rubetum sprengelii-Gesellschaften auf Altmoränen u.a. in Gesellschaft von R. sprengelii, R. drejeriformis, R. cimbricus und R. leptothyrsus.

VB: SH und Ns. - In SH in Süderdithmarschen: Bargenstedt (ROHW. 1921! als "R. rudis oder egregius"), ebendort und bei Farnewinkel (KLIMMEK 1951! als R. mucronatus BLOX.), Tensbüttel (KLIMMEK 1951! als R. drejeri), Wolmersdorf b. der Ziegelei (1966!! 1967!!), an der Str. zw. Süderhastedt und der Tannenkoppel b. Köhler (71!!). - Raum Rendsburg: zw. Hohn und Oha (ER. 98! indet. - 70!!), zw. Hohn und Elsdorf (ER. 98! - FRID. det. R. pseudoegregius GEL.), Hohn: am Wege nach Westermühlen (GEL. 98! als R. scabriusculus n. spec.), zw. Oha und Bargstall (GEL. 98! det wie vor. - 70!! in Sophienhamm). - Weitere VB: In Ns. ca. 12 km südöstl. von Ülzen zw. Proitze und Göhr (68!!). Ferner (nach NEUMANN in sched.) außer bei Ülzen "gut übereinstimmend" auch bei Diepholz. Demnach scheint es sich bei R. nuptialis um eine zwar seltene, doch zumindest im nwdt. TL weithin verstreute Art zu handeln.

75. **Rubus badius** FOCKE, Synopsis Rub. Germ. 276 (1877). - Syn. R. glandithyrsos G.BRAUN, Herb. Rub. Germ. n. 7 (1877), R. decorus ssu. FITSCHEN, Abh. Naturwiss. Ver. Bremen 23: 83 (1914) non P.J.MUELLER, Flora 41: 151 (1858), R. cruentatus ssu. FITSCHEN ibid., non P.J.MÜLLER, Mitt. Pollichia 16/17: 294 (1859). - Schl. 19', 78, 112, 128 - Fig. - Tafel - Karte.

SCH. flachbogig, im Gebüsch kletternd, doch früh bodenstrebend, zuletzt kriechend und einwurzelnd, kantig mit flachen oder etwas gewölbten, seltener seicht vertieften Seiten, matt bis schwach glänzend sonnseits satt d.weinrot(braun), oft ins Karminrötliche oder ins Violettstichige spielend, kahl oder fast kahl (0-1(-2) Härchen pro cm Seite). Größere St. zu ca. 5-8 auf 5 cm, nicht alle kantenständig, breitfüßig, plötzlich in eine lange pfriemliche Spitze verschmälert, ca. (4-)5-6 mm lg., alle oder doch die meisten gerade und etwas geneigt, einzelne gelegentlich etwas gekrümmt, kleinere St. und St.-höcker fehlend oder zerstreut, feine bis 2,5 mm lg. Stieldrüsen zu ca. 0-10 pro 5 cm, Sitzdrüsen zerstreut.

B. fußf. (seltener $\pm$ handf.) 5zählig, einzelne gelegentlich nur (3-)4zählig. B.chen zuletzt breit, sich randlich berührend oder deckend, obers. d.-grün, etwas glänzend, fast kahl bis zerstreuthaarig ((0-)1-5(-10) Härchen pro cm^2), unters. blasser, dünn und kaum fühlbar bis fast weich behaart, gelegentlich dünn graugrün (als Seltenheit auch stärker) filzig. Eb. ziemlich kurz gestielt (ca. 30 % der Spreite), aus breitem herzf. Grund breit umgekehrt eif. oder breit $\pm$ elliptisch, mit kurzer, meist breiter, etwas abgesetzter Spitze.

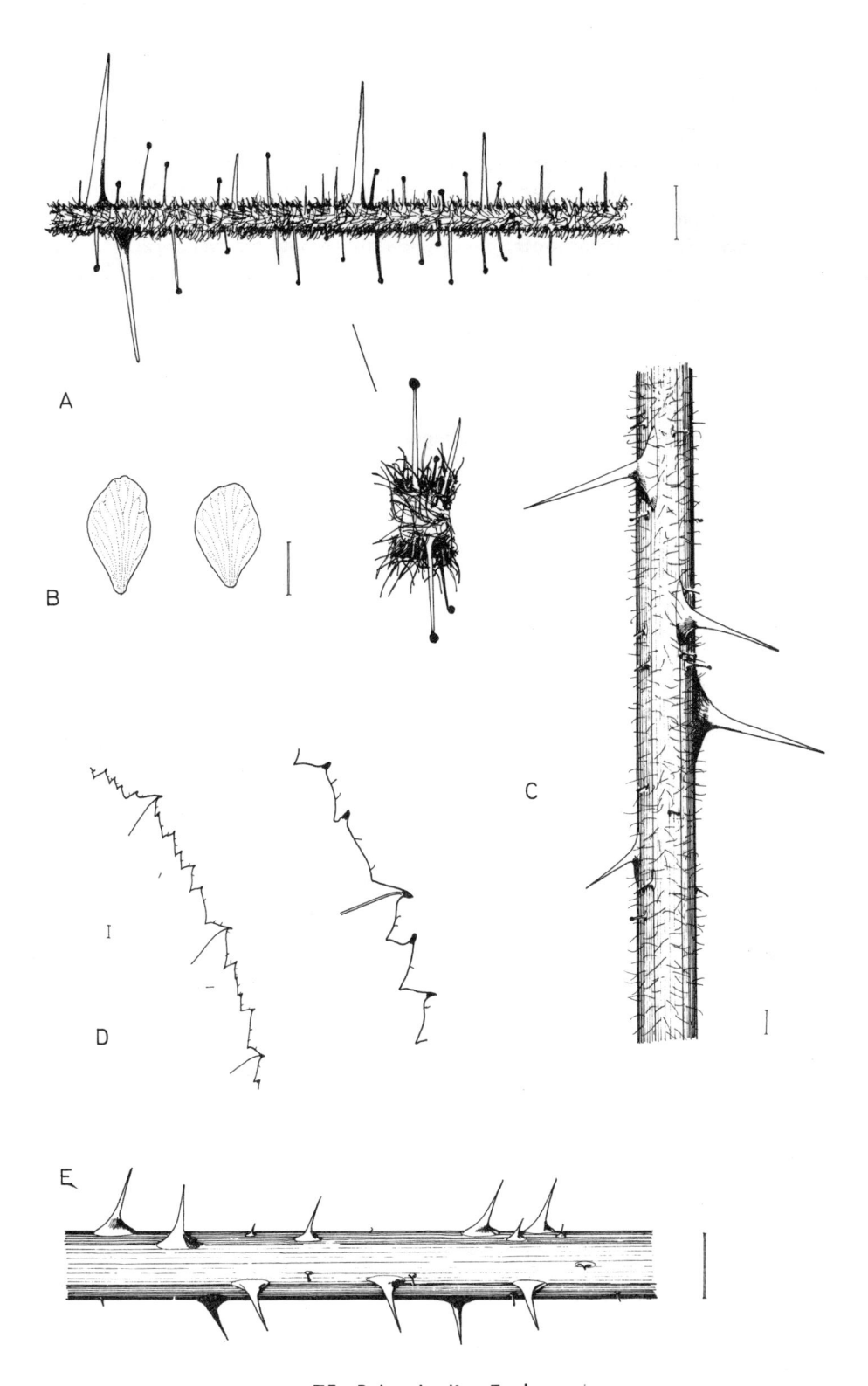

75. Rubus badius Focke

Serratur seicht, ziemlich weit und geschweift, mit ± gleichlangen, doch deutlich auswärtsgerichteten Hz.; alle Zähnchen mit abgesetzten Spitzen. Haltung mit meist aufgerichteten Rändern, seltener etwas konvex, sehr schwach gefaltet und meist etwas runzlig, am Rande fast glatt bis deutlich kleinwellig; ä. Sb. nur 1-3 mm lg. gestielt, am Grunde abgerundet bis fast herzf. B. stiel deutlich länger als ä. Sb., mit (ca. 8-15) dünnen geneigten, etwas gekrümmten St., unters. fast kahl, obers. locker behaart, mit zahlreichen, oft gedrängten, seltener nur einzelnen feinen (Drüsen-)St.chen und Stieldrüsen. Nb. schmallanzettlich (nicht fädig!), haarig und stieldrüsig bewimpert. Austrieb grün, höchstens mit schwacher randlicher Anthocyanreaktion.

BLÜSTD. undeutlich pyramidal, oben b. los mit ± trugdoldig verzweigten Ästen, unten mit vielblütigen, oft langen Ästen in Achseln 3(-4)zähliger B. Achse locker abstehend behaart, oben dichter und etwas filzhaarig. Größere St. zu ca. 5-10 pro 5 cm, aus breiterem Grund pfriemlich dünn, gerade, etwas geneigt, seltener schwach gekrümmt, bis 5-6 mm lg. Dazwischen viel kleinere (Drüsen-)St.chen und zartere Stieldrüsen unten sehr zerstreut, nach oben zu reichlich vorhanden. Blüstiel 1-1,5(-2) cm lg., grün, kurz, mäßig dicht bis dicht abstehend wirr und etwas filzig behaart. Größere St. zu ca. 1-4, nadelig, abstehend und gerade, seltener leicht gekrümmt, 2,5-3,5 mm lg. Daneben einzelne kleinere (Drüsen-)St.chen und zahlreiche (>10), die Haare größtenteils weit überragende, z.T. lange (bis 3 x Blüstiel-Ø), meist rotköpfige Stieldrüsen. Kz. graulich grün, kurzhaarig-filzig mit zahlreichen, z.T. drüsigen Nadelst.chen und vielen feinen langen roten Stieldrüsen, zur Fr.reife abstehend oder ± aufgerichtet, vorher locker zurückgeschlagen. Krb. lebhaft violettstichig-rot bis b. rosarot, 10-14 mm lg., breit elliptisch eif. bis umgekehrt eif., Stb. kaum länger bis deutlich länger als die b. grünen Gr. Antheren reichlich behaart, Frkn. kahl, seltener wie der Frbod. spärlich behaart. Sfr. gut entwickelt, groß, stumpfkegelig, höher als breit. VII - VIII.

R. badius ist bei uns die einzige Brombeere mit lebhaft roten Blüten, behaarten Antheren und gleichzeitig (fast) kahlem Sch. und insofern - zumal auch wegen der langen Stieldrüsen im Blüstd. - unverwechselbar. Ohne Blüstd. sind vor allem die stets vorhandenen Stieldrüsen auf dem B. stiel sowie die auswärtsgekrümmten Hz. das wichtigste Kennzeichen zur Unterscheidung von im B.-habitus ähnlichen Arten der Silvatici. Die Art variiert vor allem hinsichtlich der Behaarung der B. unterseite. Bemerkenswert ist in diesem Zusammenhang eine Ausbildung mit unters. dicht grauweißfilzigen B.chen (f. aprica TH. BRÄUCKER, 292 Dt., vorzugsweise rhein. Rubus-Arten 79 (1882), die M. P. CHRIST. - Kopenhagen 1967! bei Flensburg sammelte. In der Wingst (Ns.) fanden wir (67!!) eine sonst typische Form mit kahlen Antheren. Am Grunde rötliche Gr., wie sie SCHUMACHER (1959, 242) bei Bielefeld beobachtete, wurden bei uns nicht gesehen.

ÄHNLICHE ARTEN: 28. R. sciocharis in der Tracht lebend recht ähnlich, doch: B. obers. heller, matt, Sch. grün, reichlich behaart, B. stiel u. Blüstd. ohne Stieldrüsen, Hz. nicht auswärts gebogen, Krb. reinweiß. - Weniger ähnlich ist 77. R. anglosaxonicus mit obers. kahlen, unters. graufilzigen, etwas ledrigen B.chen. Sch. (h.violett-)rötlich fleckig, Antheren kahl, Pfl. anders bestachelt. - 81. R. conothyrsus: Sch. meist reichlicher behaart, B.chen schmaler, sich randlich nicht deckend, Serratur enger, B.stiel (in SH) obers. mit nur 0- ca. 5 Stieldrüsen, Nb. linealisch, oft stieldrüsenlos oder nur mit einzelnen Stieldrüsen, Blüstiel 1,5-2,5 cm lg., mit ca. 6-12 größeren St., mit kürzeren Stieldrüsen, Kz. an der Sfr. zurückgeschlagen, Krb. weiß oder b.rosa, schmaler, Frkn. reichlich behaart. - Wegen der breiten Nb. und der kurzgestielten ä.Sb. könnte man R. badius zunächst für eine Corylifolii-Art halten, obgleich es bei uns keine eigentlichen Doppelgänger in dieser Gruppe gibt. Als sichere Unterschiede allgemein gegen die bei uns vorkommenden Corylifolii können besonders die roten Blüten mit behaarten Antheren und das völlige Fehlen von Reif am Sch. des R. badius gelten, ferner seine wohlentwickelten glänzend schwarzen, wohlschmeckenden Sfr.

ÖK. u. SOZ: In SH in Gebüschen, an Wegen und in Waldlichtungen auf kalkfreien, + sandigen, gern etwas frischen Böden, vorwiegend im Quercion-Standortsbereich sowie in bodensauren Fagetalia-Wuchsbezirken. In Gebüschen vor allem in ärmeren Pruno-Rubetum sprengelii-Gesellschaften beobachtet. Als Schlagpflanze anscheinend Lonicera-Rubion silvatici-Art.

VB: atl. NW-Europa. - In SH zerstreut bis selten und die absolute N- u. O-Grenze der Gesamtverbreitung erreichend. Vor allem im mittleren Holstein auf Sandern, seltener auf AM und jungdiluvialen Endmoränen. In Schleswig nur zw. Flensburg und Niehuus (M.P.CHRIST. 1967! - f. aprica mit graufilzigen B.) und bei Kollerupholz (ER. nach KRAUSE 1890, 60). In Holstein Verbreitungsschwerpunkt im Raum Neumünster-Rendsburg-Bordesholm: Neumünster und Wasbek (ER. 1922, 152 - hier besonders nördl. u. westl. von Wasbek 62!! 66!! 67!!), zw. Nortorf u. Gnutz (67!!), Schülper Moor (62!!), Warder See, Krs. Rendsburg (A. CHRIST. 12! - Form mit tiefer eingeschnittenen B.chen), Einfeld und am Einfelder See (A. CHRIST. 11!, ER. 1922, 152 - In schönen Beständen am Westufer 67!!), Bordesholm (GEL. 85!), bei Hohenhorst und Eiderstede (FRID. nach KRAUSE 1890, 60), Viehburger Holz b. Kiel (GEL. 85!, FRID. 86!, ER. 88!, PRAHL 88!, LANGE 88! - 66!!), Rönne (A. CHRIST 11!), Hohenwestedt (KRAUSE 1890, 60; ER. 1922, 152). Ferner b. Bramstedt: Feldwege an der Badeanstalt (ER. 00!) und früher in Hamburg: Langenhorn im Gehölz b. der südl. Schule (ER. 97! 98!, ZIMPEL 98!, TIMM 00!, FIT. 06!, KLEES 07! - 1967 dort nicht mehr gefunden) und am Diekmoorbek (ER. o. Dat.!) sowie zw. Saselerheide und dem Grünen Jäger (TIMM 98!). Östlichste Fundorte: Waldlichtung zw. Börnsen und Bergedorf (67!!) und Lauerholz b. Lübeck (ER. 10 - zit. 1931, 59). - Weitere VB: Im TL anscheinend nur im Niederelbegebiet: Wingst (FIT. 1914, 83 als R. decorus P.J.M.! - stellenweise zahlreich 1967!!), Cadenberge (67!!), Armstorf (64!!), sowie in Ostfriesland: b. Leer (KLIMMEK 1954!). Dann erst wieder im ns.-wf. Hügelland von Helmstedt ins mittlere Wesergebiet (68!!), Bielefeld (!!) und Osnabrück (!!) bis ins Rheinland und nach Holland. Außerdem auf den Brit. Inseln.

76. **Rubus hypomalacus** FOCKE, Synopsis Rub. Germ. 274 (1877). - Syn. R. hansenii E.H.L.KRAUSE, in PRAHL, Krit. Flora Prov. SH 1: 55 (1888) et ibid. 2: 60 (1890). - Schl. 94, 121 - Fig. - Tafel - Karte.

SCH. anfangs suberekt, dann bogig niederstrebend, Ø bis ca. 6 mm, rundlich stumpfkantig, seltener flachseitig, schwach glänzend, nicht gleichmäßig, oft ± fleckig h.violett-weinrot überlaufen, mit deutlich hervortretender grünlicher Strichelung, erst spät mit satterer weinrötlicher Färbung, sehr zerstreut behaart, meist ± verkahlend (ca. 0-1(-5) Haare pro cm Seite), Sitzdrüsen zerstreut, Stieldrüsen fehlend. St. zu 8-12(-20) auf 5 cm, 5-7 mm lg., kurz oberhalb des wenig verbreiterten Fußes sehr schlank, fast pfriemlich, gerade und rückwärtsgeneigt. Kleinere St.chen fehlend oder sehr vereinzelt.

B. vorwiegend 3-4zählig, daneben deutlich fußf. 5zählig. B.chen oberseits lebhaft (h.-)grün, striegelhaarig (ca. 10- >20 Haare pro cm^2), unterseits blasser, etwas gelblich oder graulich, gekämmt und schimmernd ausgeprägt weichhaarig-samtig, gelegentlich dazu auch etwas sternhaarig. Eb. sehr kurz gestielt (20-25(-30) % der Spreite), aus abgerundetem, seltener seicht herzf. Grund umgekehrt eif., mit kurzer, wenig abgesetzter Spitze. Serratur ungleichmäßig, seicht und geschweift, auffallend weit (besonders unterhalb der Mitte, Fig. D1), dazu periodisch mit kaum längeren, doch deutlich auswärts gekrümmten Hz. Spreite deutlich gefaltet, im Querschnitt ± flach, am Rande schwach kleinwellig, ä.Sb. ca. (2-)3-4 mm lg. gestielt, oft kürzer als der B.stiel. Dieser nur oberseits dichter, sonst sehr zerstreut behaart, ohne oder nur mit vereinzelten Stieldrüsen, mit (ca. 13-20) langen, pfriemlichen, geraden oder fast geraden St., Nb. schmallanzettlich (nicht fädig lineal!). Austrieb glänzend gelbgrün, ± h.rotbräunlich überlaufen.

BLÜSTD. wenig entwickelt, im unteren Teil blütenlos und nur mit 3zähligen B., von der Mitte an mit einzelnen blütentragenden Ästen, erst an der Spitze b.los und mit wenigen dichter gestellten Blüten. Achse ± kantig, locker abstehend behaart (selten auch etwas sternhaarig), ohne Stieldrüsen, St. zu 2-5 pro 5 cm, sehr dünn, rückwärtsgeneigt gerade, 4-5 mm lg., kleinere St.chen fehlend oder nur vereinzelt. Blütstiele 0,5-1(-1,5) cm lg., grün, sternhaarig, dazu locker oder auch dichter abstehend behaart, mit Sitzdrüsen und ± zahlreichen ((3-)10- >20) Drüsenhaaren und einzelnen Drüsenborsten (Länge im Durchschnitt ca. 1 x, maximal bis ca. 2 x Blütstiel-Ø), St. zu 2-7, nadelig, gerade abstehend, ca. 1,5-2,5 mm lg. Kz. graulich grün, ± feinstachelig, und mit (meist rötlichen) Stieldrüsen, nach der Blütezeit abstehend, locker zurückgeschlagen oder etwas aufgerichtet. Blü. weiß, Krb. breit umgekehrt eif., 8-10 mm lg., Stb. wenig länger als die b.grünlichen Gr., Antheren kahl (selten einzelne behaart), Frkn. meist kahl, seltener wie der Frbod. behaart. Sfr. flachkugelig, klein. VII - VIII.

Mit ihren frischgrünen, gefalteten B.chen und durch die zunächst suberekten, fast kahlen Sch. erinnert die Art auf den ersten Blick an R. plicatus, wegen der breiten Nb. und nach dem Blütstd.bau könnte man sie auch für einen Corylifolii-Vertreter halten. Sie ist jedoch hinreichend schon dadurch charakterisiert, daß sie (bei uns) die einzige Brombeere ist mit fast kahlem, stieldrü-

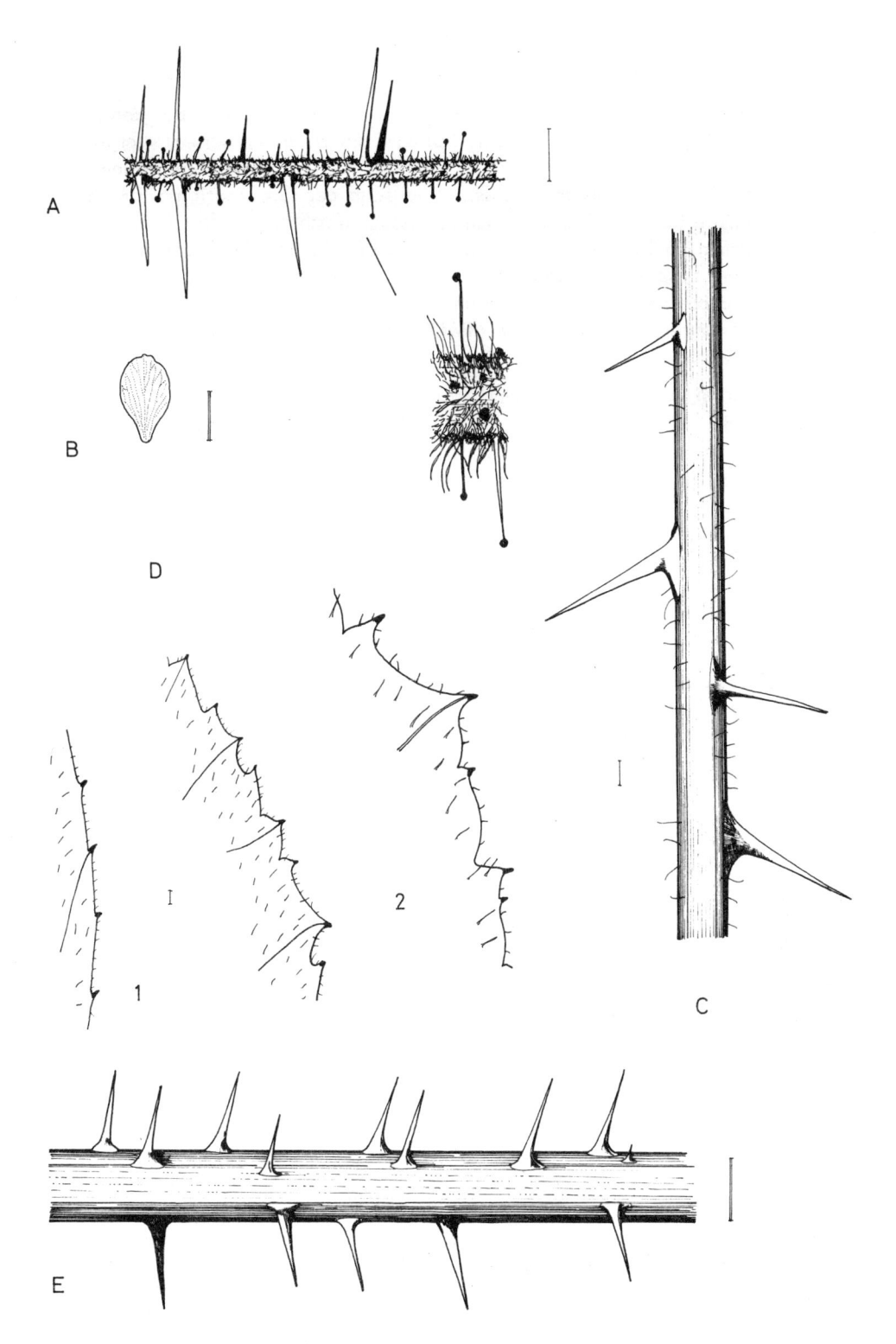

76. Rubus hypomalacus Focke

senlosem Sch. und großenteils 3-4zähligen, unterseits samtigen B., deren
Hz. auswärts gekrümmt sind. Zusätzlich wird das Erkennen der Art sehr er-
leichtert durch die dünnen langen St. und die überaus weite Serratur namentlich unterhalb der Mitte der B.chen. Angesichts der Kombination aller dieser Merkmale lassen sich auch unschwer gelegentlich anzutreffende Exemplare bestimmen, bei denen die weiche, samtige Behaarung der B.unterseiten
oder andere Einzelmerkmale nicht ganz typisch hervortreten. Dazu gehört
auch die unbeständige, systematisch wertlose, drüsenärmere Modifikation
mit etwas längeren Stb., die von KRAUSE (loc. cit.) als R. hansenii unterschieden wurde.

ÄHNLICHE ARTEN: 14. R. plicatus nur grob habituell ähnlich, in
Einzelmerkmalen wie Wuchs, Serratur der B.chen, Behaarung und Blüstd.bau
jedoch stark abweichend. - 66. R. pyramidalis, der keine Tendenz
zur 3-4Blättrigkeit zeigt, vgl. Schl. Nr. 94. - Corylifolii-Arten haben
meist schwächere St., oft was bereiften Sch., (bei uns) ganz andere B.for-
men mit anderer Behaarung und Serratur, außerdem nur unvollkommen ausge-
bildete glanzlose Sfr. - Andere Arten mit unterseits samtigen B. wie 31. R.
schlechtendalii und 68. R. teretiusculus weichen allein schon
durch behaarte Sch. ab. - Vgl. auch den recht unähnlichen 44. R. myricae.

ÖK. u. SOZ: Auf nährstoffreicheren, doch kalkarmen Böden (besonders ±
bodensaure Fagetum-Wuchsbezirke) in Knicks u.a. Gebüschen, an Waldrändern und gern auch in Waldlichtungen. Für solche Standorte von TX. & NEUM.
(1950) in Ns. als regionale Kennart der R. silvaticus-R. sulcatus-Ass. beschrieben. Als Gebüschpflanze in Pruno-Rubetum sprengelii- und ärmeren
Pruno-Rubetum radulae-Gesellschaften.

VB: W-Europa bis mittleres M-Europa. - In SH (Karte!) vor allem in SO-
Holstein auf nährstoffreicheren AM und stärker entkalkten JM im Raum zwi-
schen Hamburg, Lauenburg, Ratzeburg und Ahrensburg nicht selten!! Nach
N zu bis zur absoluten N-Grenze mehr abnehmend und fast nur auf JM ohne
Land Oldenburg und Fehmarn: Nach RANKE (1900, 17) noch verbreitet um
Lübeck und im Küstenraum bis Neustadt: Schwartau, Pariner Berg, am Voß-
berg, Ratekau, am Hemmelsdorfer See, Timmendorfer Wohld!, Neukoppel
b. Haffkrug!!, Scharbeutz und Gleschendorf. Ferner nach ER. (1931, 55)
Gnissau, Wensin, Curau, Schwinkenrade, um Ahrensbök mehrfach, bei
"Havighorst" (= Havekost), Schwöchel, Böbs, zw. Grömitz u. Kassedorf!,
sw. Wangels (62!!), Plön u. (nach ER. 1922, 148) bei Preetz u. Kasdorf.
Auch um Kiel: Meimersdorfer Moor (A.CHRIST. 11!), Heikendorf (62!!),
Viehburger Holz (GEL. 85!, KRAUSE 88! = R. hansenii-Typus, ER. 87!),
zw. Friedrichsort u. Holtenau (A.CHRIST. 11!). Noch bei Eckernförde:
Karlsminde (67!!), Gr. Waabs (JÖNS & WEBER 63!!), und Schleswig: Breck-
linger Hölzung (HINR. 81!). Nördlichste Fundorte: Angeln: Quern (GEL.96!),
Steinberg (GEL. 85! - Beleg nicht eindeutig), Gremmerup (62!!), Süder-
schmedeby (66!!), Flensburg: Engelsby (GEL. 92! = Ass. rub. Nr. 1152 (1893)),
Marienhölzung (GEL. 98!) bis zur absoluten Nordgrenze: Kupfermühlenholz
(NOLTE? 26!). Auf westlichen Altmoränen nur Krs. Husum: Feddersburg (A.

CHRIST 11!) und zw. Ostenfeld und Rott (67!!) sowie weiter südlich (nach ER. 1900, 34) bei Kisdorf, Kisdorferwohld, Alveslohe und Bilsen. - Weitere VB: Angaben aus DK (bei HESLOP-HARRISON in Fl. Eur. 1968) sind bislang unbestätigt. Auch in Me. anscheinend fehlend. Nicht selten dagegen im anschließenden elbnahen Ns.!! Von hier sehr zerstreut durch das TL, häufiger erst wieder im ns.-wf. Hügelland!! und von dort bis ins Rheinland, nach Holland und Belgien und südöstlich bis ins Erzgebirge.

Series 7. Apiculati F.

77. Rubus anglosaxonicus GELERT, Bot. Tidsskrift 16: 81 (1887). - Syn.: R. apiculatus ssu. auct. plur. (ex pte.) non WEIHE & NEES, Compend. Fl. Germ. 1: 680 (1825), R. micans GODRON in GRENIER & GODRON, Fl. France 1: 546 (1848)?. - Schl. 109, 117' - Fig. - Tafel - Karte.

Loc. class.: Viehburger Holz bei Kiel(13.8.1886 leg. O. GELERT!)

SCH. aus (mäßig) hohem Bogen zuletzt kriechend und einwurzelnd, ⌀ ca. 5-10 mm, kantig mit flachen oder meist etwas vertieften, seltener einzelnen schwach gewölbten Seiten, etwas striemig, ± matt, auf grünlichem Grund wegen (h.violett-)weinrötlicher St., St.höcker und St.chen und ebenso überlaufener Kanten ungleichmäßig bis gesprenkelt gefärbt erscheinend, kahl oder fast kahl (0-2(-5) Haare pro cm Seite), größere St. zu ca. 3-8 auf 5 cm, aus stark verbreitertem Grund mit rückwärtsgeneigter schlanker Spitze, alle oder doch in der Mehrzahl gerade, ca. 5-6 mm lg., dazwischen in etwa gleicher Anzahl ähnlich geformte kleinere St. als Übergänge zu zahlreichen winzigen, unter sich ungleichen, breitaufsitzenden St.chen und St.höckern von nur 0,1-1,5 mm Lge. (ca. zu 2-15 pro cm Seite), mit hinfälligen, am ausgewachsenen Sch. nur noch vereinzelt vorhandenen Drüsenköpfchen (= ca. (0-)2-20 Stieldrüsen pro 5 cm).
B. großenteils nur (3-)4zählig, daneben fußf. (seltene einzelne fast handf.) 5zählig, B.chen etwas ledrig, obers. ± matt d.grün, kahl, unters. blaßgrün- bis grüngrau-filzig und dazu etwas schimmernd samthaarig. Eb. mäßig lang gestielt (ca. 30-35 % der Spreite), aus abgerundetem bis schwach herzf. Grund undeutlich umgekehrt eif., mit kurzer, nicht oder wenig abgesetzter Spitze. Serratur ungleich, nicht tief, ziemlich weit, ausgeprägt periodisch mit deutlich auswärtsgekrümmten, etwas längeren Hz., Haltung ± flach, zw. den Nerven glatt, am Rande schwach kleinwellig, ä.Sb. mit ± keiligem Grund, (3-)4-6 mm lg. gestielt, B.stiel ziemlich locker behaart, mit (ca. 7-12) wenig kräftigen, sicheligen St., ± vielen kleinen St.chen und obers. mit zahlreichen kurzen (Drüsen-)Borsten. Austrieb gelbgrün, ohne oder nur am Rande mit angedeuteter Anthocyanbeimengung.
BLÜSTD. undeutlich pyramidal, unten mit bis zu 3(-4)zähligen B., oben blattlos, gestutzt, mit etwa in der Mitte ± trugdoldig verzweigten dreiblüti-

gen Ästen. Achse im oberen Teil filzig-zottig, nach unten zu lockerer sternhaarig und + flaumig, größere St. zu ca. 2-5 auf 5 cm, 5(-6) mm lg., aus sehr breiter Basis dünn, die meisten + gekrümmt. Kleinere St.chen und St.-höcker meist deutlich davon abgesetzt, großenteils in der Behaarung versteckt, ihre Drüsenköpfe gewöhnlich nur zu ca. 10-20(-30) pro 5 cm erhalten. Blüstiele ca. 15-25 mm lg., graugrün filzig und wirrhaarig, längste Haare durchschnittlich nur bis 0,5 x Blüstiel-$\emptyset$, einzelne etwas länger abstehend, von den meisten der zahlreichen ((20-) >50) roten Stieldrüsen überragt (längste Stieldrüsen bis 2 x Blüstiel-$\emptyset$). Größere St. zu 6-12, gerade abstehend oder leicht gekrümmt, bis ca. 3 mm lg., daneben einzelne feinere St.chen. Kz. grau(-grün) filzig, mit kurzen d.roten Stieldrüsen, ohne oder nur mit einzelnen, sehr zarten St.chen, zuletzt + zurückgeschlagen. Krb. h.rosa, (breit-)elliptisch, ca. 10-12 mm lg., Stb. etwas länger als die b.grünen Gr., Antheren kahl, Frkn.meist kahl, seltener wie der Frbod. spärlich behaart. Sfr. meist höher als breit. VII.

Auffallend bei dieser Art ist besonders der fast kahle, lichtseits ausgeprägt fleckige Sch., da alle St., St.chen und (Drüsen-)St.höcker an ihrer Basis (h.violett)rötlich gefärbt sind und diese Tönung hofförmig etwas auf die zunächst grünliche, später ebenfalls rötliche, doch viel heller gefärbte Sch.-epidermis übergeht. Durch dieses Merkmal in Verbindung mit der Form, Serratur und Bekleidung der B. ist R. anglosaxonicus auch im blütenlosen Zustand hinreichend und in unserer Flora unverwechselbar charakterisiert. Die Art scheint nach dem uns vorgelegenen Material vollkommen identisch zu sein mit dem französischen R. micans GODR. (= R. schummelii WEIHE?). Zwar wird für diesen eine andere Stellung der Kz. angegeben, doch wäre dieses allein kein systematisch hinreichendes Trennungsmerkmal, zumal auch bei R. anglosaxonicus gelegentlich + abstehende Kz. beobachtet werden. Bereits FRIDERICHSEN (1896, 1) hielt beide Arten für übereinstimmend und gab daher folgerichtig der älteren Benennung R. micans den Vorzug. Bis zur endgültigen Klärung anhand von authentischem Material (wir sahen bislang nur Aufsammlungen anderer Autoren), haben wir hier jedoch die für unsere Pflanzen gesicherte Bezeichnung R. anglosaxonicus beibehalten.

ÄHNLICHE ARTEN: 83. R. rudis: Sch. gleichmäßig d.weinrot; zw. den größeren St. und sehr zahlreichen, ca. gleichlangen (0,5-1 mm lg.) Drüsenborsten keine oder nur wenige Übergänge. Austrieb stark anthocyanfarben. Blüstd. sperrig, Stieldrüsen an Blüstielen dichtgedrängt, Lge. nur 0,3-0,5 x Blüstiel-$\emptyset$, Kz. abstehend oder aufrecht. - 57. R. gelertii: Sch. nicht fleckig, B. ohne Neigung zur 3-4Zähligkeit, Eb. viel breiter, Pfl. mit viel kräftigeren, sehr schlanken und geraden St., Antheren oft behaart. - Unähnlicher sind: 70. R. macrothyrsus: Sch. gleichmäßig tief d.violettrot, reichlich behaart, Blüstd. auffallend lang und schmal mit rosenroten Blüten. - Vgl. auch R. radula (Schl. Nr. 117) und 75. R. badius.

ÖK. u. SOZ: In SH nur auf JM und hier auf mittleren bis ärmeren Böden (Melico-Fagetum-typicum- und M.-F.-polytrichosum-Wuchsgebiete) besonders in ärmeren R. vestitus-Rubus drejeri-Knicks (Pruno-Rubetum radulae) be-

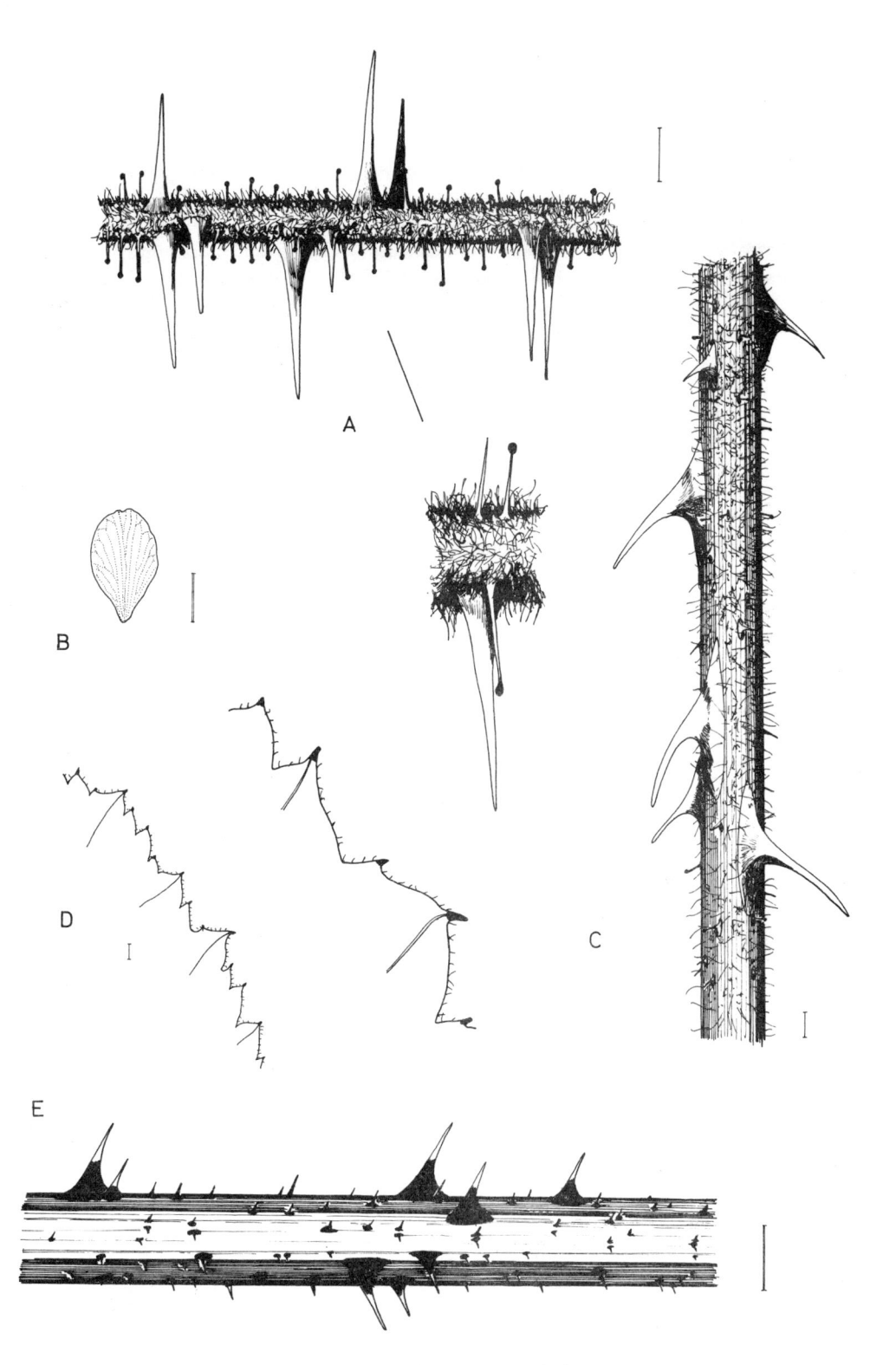

77. Rubus anglosaxonicus Gelert

obachtet.

VB: W- und M-Europa. - In SH anscheinend nur im Raum zwischen Gettorf - Kiel - Bordesholm - Plön - Lütjenburg und der Ostseeküste mit Schwerpunkt in der südlichen Probstei: Gettorf (ER. 1922, 151), Gr. Wittensee? (SH Fundortkartei nach A. CHRIST. 1911 - unbestätigt), zw. Friedrichsort und Voßbrock (A. CHRIST. 11!), Holtenau (KRAUSE 91!), Viehburger Holz (GEL. 85! 86!), Bordesholm in Richtung auf Hohenhorst (FRID. 85! 86! GEL. 93!), Kiel-Dietrichsdorf:Schwentinetal (FA. 11!), Kitzeberg (FA. 11!), Kiel-Gaarden u. Probsteierhagen (A. CHRIST. 11!), zw. Probsteierhagen u. Muxall (KRAUSE 88!), nördlich von Tökendorf (1962!! 63!! 66!!), nördlich vom Selenter See, besonders zahlreich zw. Pülsen u. Dransau (66!!), zw. Rathmannsdorf u. dem "Eulenkrug" b. Plön (1967!!). - Weitere VB: Auf den Brit. Inseln weit verbreitet, außerdem (als R. apiculatus WEIHE angegeben) anscheinend: Holland (der bei BEIJERINCK 1956 aufgeführte R. anglosaxonicus 'GEL.' ist jedoch eine ganz andere Art), Belgien, Rheinland bis Schwarzwald und Vogesen, angegeben darüber hinaus bis zur Schweiz, östl. sogar bis Ungarn. Angaben für R. micans dürften sich zumindest zum Teil auf unsere Art beziehen: England, Belgien, Frankreich, zerstreut durch SW-Dt. bis zur Rhön, angeblich auch Beskiden und Steiermark.

78. **Rubus marianus** (KRAUSE) H.E. WEBER comb. nov. pro R. infestus WEIHE var. marianus E.H.L. KRAUSE in PRAHL, Krit. Flora Prov. SH 2: 61 (1890). - Syn. R. prahlii FOCKE in Hb., R. pseudoinfestus FOCKE in litt., R. chaerophyllus ssu. FOCKE, ERICHSEN, FRID. et al. ex pte. non SAGORSKY & SCHULTZE, Dt. Bot. Monatsschr. 12: 1 (1884), R. schlickumi ssu. ERICHSEN ex pte. non WIRTGEN, Herb. Rub. Rhean. ed. 1: n.95 (1858). - Schl. 108, 114, 133 - Fig. - Tafel - Karte.

Loc. class.: SH: Marienhölzung (nomen!) bei Flensburg (PRAHL 1878!, FOCKE). -

SCH. hochbogig, nicht kriechend, stumpfkantig mit gewölbten oder flachen Seiten, 5-6 mm im $\emptyset$, gleichmäßig matt d.weinrot, abstehend mit vorwiegend einfachen Haaren behaart (ca. (3-)5-20(->30) Haare pro cm Seite), auf 5 cm mit ca. (5-)20-50(->100) - oft großenteils dekapitierten - Stieldrüsen von ca. 1 mm Lge. und mit ca. 6-10 breitfüßigen, sonst schlanken, geraden oder etwas gekrümmten, 6-7 mm lg. St. Kleinere St. oder St. höcker dazwischen sehr zerstreut oder fast fehlend.

B. handf. 5zählig, B.chen obers. matt (d.)grün, mit ca. 1-5 Härchen pro cm^2, unters. fühlbar kurzhaarig und graugrün filzig. Eb. mittellang gestielt (30-36 % der Spreite), aus abgerundetem oder eng herzf. eingezogenem Grund elliptisch bis schwach umgekehrt eif., später oft fast rundlich, allmählich $\pm$ lang bespitzt. Serratur tief und sehr stark periodisch mit vorspringenden, $\pm$ geraden Hz., Haltung flach geschwungen V-förmig, deutlich gefaltet und wegen der zwischen den Hz. hoch aufgewölbten Spreite am Rande auffallend

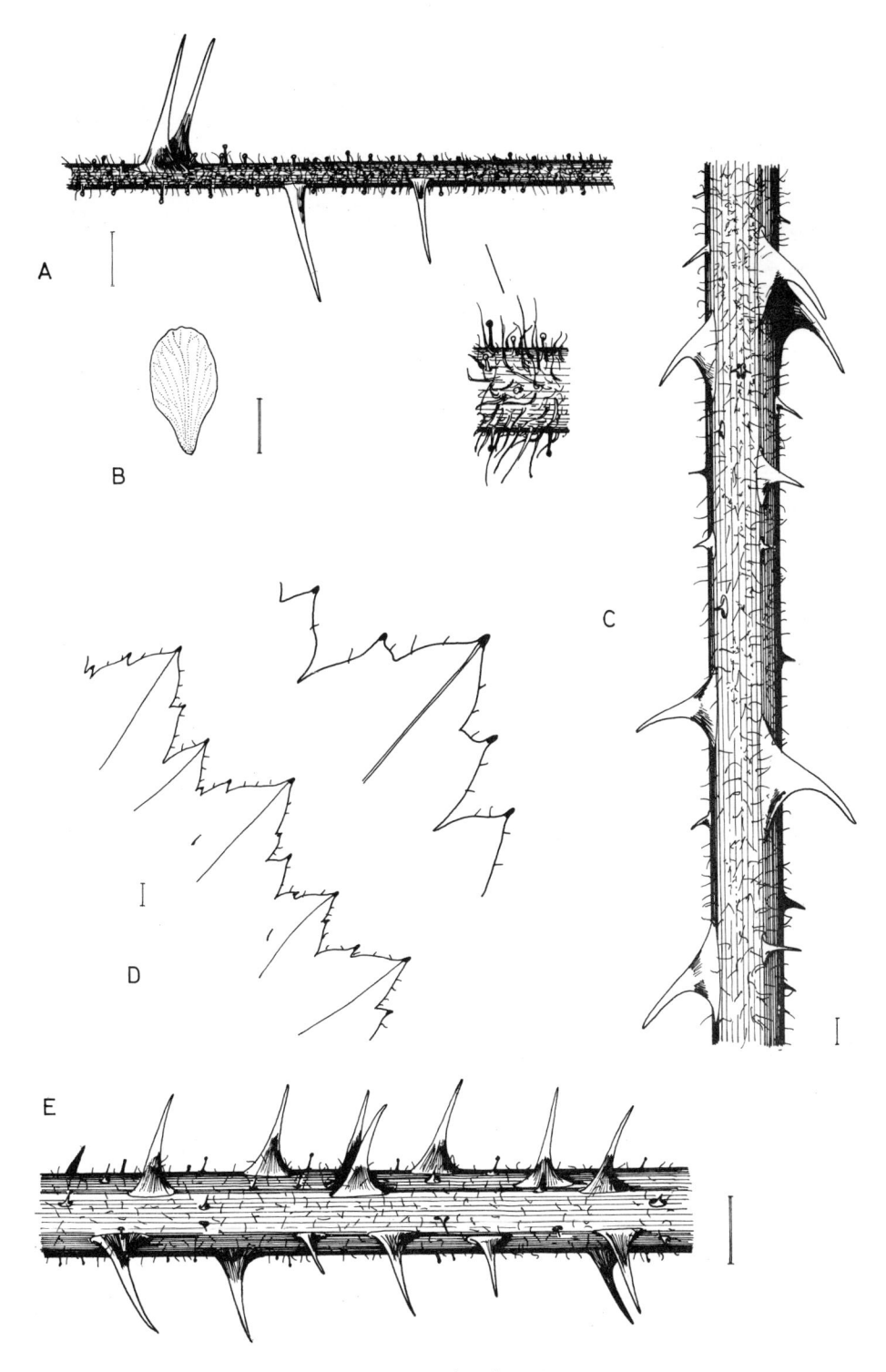

78. Rubus marianus (Kr.) H. E. Weber

regelmäßig und stark kleinwellig, ä.Sb. ca. 5-7(-10) mm lg. gestielt, B.-stiel mit (ca. 12-17) krummen St., stark behaart, obers. meist ± stieldrüsig. Austrieb glänzend, mit leichter Anthocyanfärbung.

BLÜSTD. bis zur Spitze breit und kaum verschmälert, oben mit langen abstehenden, 1-2blütigen Ästen, bis zur Mitte oder bis zur Spitze durchblättert, B. 1-3zählig, Achse ± dicht abstehend behaart und etwas sternhaarig, auf 5 cm mit ca. 4-7 in der Mehrzahl gekrümmten, um 5 mm lg. St., daneben mit etwas kleineren St. und St.höckern, oft reichlichen feinen Nadelst.chen und zerstreuten Stieldrüsen. Blüstiele 2-4 cm lg., ziemlich dicht ± abstehend (bis ca. so lg. wie der Blüstiel-∅) behaart und dazu locker sternfilzig, mit vielen ((20-)>50) kurzen Stieldrüsen (Lge. ca. 0,5-1 x so lg. wie der Blüstiel-∅), sowie mit 1-5(selten - 10) geraden oder fast geraden (2-)3-4 mm lg. St., Kz. grünlich, später oft etwas laubig verlängert, st.los oder nur mit ca. 1-2 St.chen, zuletzt zurückgeschlagen, Krb. weiß oder b.rosa, schmal umgekehrt eif., ca. 11-13 mm lg., Stb. länger als die b.grünen Gr., Antheren kahl, Frkn. kahl oder wie der Frbod. fast kahl. Sfr. deutlich höher als breit. VII.

Durch die überaus regelmäßige starke Wellung des Blattrandes (vgl. auch Fig. 4c) hebt sich diese Art auf den ersten Blick von allen anderen Brombeeren unseres Gebietes ab und erhält dazu einen eigenen ästhetischen Reiz. Dieses auffälligste Merkmal geht im Herbar verloren und wurde daher von KRAUSE, der sich bei der Beschreibung allein auf Exsikkate anderer Finder stützte, nicht erwähnt. Seine Diagnose ist auch im übrigen - z.B. bezüglich der St.form und Richtung der Kz. - so unzureichend ausgefallen, daß vor unserer Untersuchung von Herbarmaterial in Kopenhagen die Identität unserer Pflanze mit dem von KRAUSE aufgestellten Taxon nicht einmal vermutet worden war.

KRAUSE (l.c.) faßte R. marianus als Varietät von R. infestus WEIHE auf. Diese Deutung erscheint uns jedoch nach dem Studium des echten R. infestus an WEIHEschen Originalstandorten nicht haltbar, auch wenn FOCKE die Art zunächst als "R. pseudoinfestus" angesehen hat. FOCKE und andere hielten R. marianus später dann für eine Form von R. chaerophyllus. Diese Zuordnung hält jedoch einem Vergleich der beiden stark unterschiedenen Arten ebensowenig stand. Eher könnte man - eine allerdings nur entfernte - Beziehung zu R. cimbricus vermuten.

ÄHNLICHE ARTEN: R. marianus ist im lebenden Zustand wegen der eigentümlichen Blattwellung nicht zu verwechseln, wird aber im Herbar leicht für 38. R. cimbricus gehalten. Besonders hierfür gelten dessen abweichende Merkmale: Sch. mit schlankeren St., weniger behaart und nur mit ca. 1-2 Stieldrüsen auf 5 cm, B.chen unters. nicht oder kaum filzig, Eb. mit tief herzf. Grund, Blüstd. schmaler, Achse mit viel dichteren und kräftigeren 5-6(-7) mm lg.,geraden St., Blüstiele kürzer, viel weniger stieldrüsig, doch mit ca. 7-20 St., Stb. kürzer als Gr., Kz. postfloral aufgerichtet, oft reichlich stieldrüsig. - Ähnlichkeiten liegen sonst am ehesten noch mit 126. R.

gothicus vor (Unterscheidungsmerkmale vgl. bei 38. R. cimbricus). - Vgl. allenfalls auch 82. R. radula und 80. R. infestus.

ÖK. u. SOZ: In Gebüschen, an Waldrändern und in Knicks, besonders in Gesellschaft von R. cimbricus, R. langei, R. arrhenii, R. sprengelii, R. drejeriformis und R. gratus beobachtet.

VB: SH u. DK. - SH: 1) Im Raum Flensburg: Marienhölzung (PRAHL 78!, GELERT 98!, FRID. 98! 29!), Flensburger Wald (LANGE? 96!), Handewittholz (NN.o. Dat.!), zw. Padborg und Niehuus (M.P.CHRIST. 1967!), Sankelmarkfeld b. Oeversee (BOCK 1922!),Wallsbüller Kratt (63-67!!).- 2) Bei Rendsburg: zw. Hohn und Elsdorf (ER. 98!, FRID. & GEL. 98!, A.CHRIST. 12! - 68!!), zw. Hohn u. Garlbek (ER. 98!) und nordöstl. von Bargstall (70!!). - Außer in SH nur in DK in SO-Jütland nahe Flensburg (Padborg! u. Kollund!) u. (nach FRID. 1922, 156) auf Seeland (Jaegerpris) sowie unsicher auf Bogø b. Falster nachgewiesen.

79. **Rubus albisequens** H.E.WEBER nov. spec. - Holotypus 66.802.1a leg. H.E.WEBER 2.8.1966 in Holstein: Feldweg westlich von Wangelau.(In Hb. Bot. Inst. Kiel. - Isotypi 66.802.1b + 1c in Hb. Bot.Inst. Hamburg et auct.). - Schl. 88, 115 - Fig. - Tafel.

Frutex validus. - Turio arcu mediocriter exaltato deinde repens,autumno apice radicans, obtusangulus, faciebus convexis, primo opace viridis aculeis rubrioris diffuse rubescens, deinde $\pm$ saturate obscure ruber, pilis fasciculatis et modico dense pilis minutis stellatis tabescentibus obsitus. Glandulae sessiles multae, sed latentes, glandulae stipitatae singulae; aculei ca. 8-14 ad 5 cm, majores ca. 5-7 mm longi, basi valde dilatati, reclinati, leviter curvati vel subrecti, majore parte ad angulos instructi, praeterea aculei minori inaequales in aciculos minutos transgredientes multi vel rari.

Folia foliolis lateralibus late 2lobatis (3-)4nata, partim praeterea pedato 5-nata. Foliola lata, marginibus sese tegentia, paulum plicata et rugosa, margine grosse undulata, supra subnitido obscure viridia, pilosa, subtus adpresse cano-viridia vel cano-tomentosa et pilis longioribus patenter et $\pm$ copiose pilosa vel hirsuta. Foliolum terminale modice longe petiolatum (petiolo proprio ca. duplo usque ad fere ter longius), late ovatum vel suborbiculatum, basi late cordatum, apice gradatim breviter vel modice longe acuminatum. Serratura dentibus latis et mucronatis parum vagans, grosse et inaequaliter serrata, obliterate dentibus principalibus $\pm$ rectis composita. Foliola infima foliorum 5natorum 3-8 mm longe petiolata. Petiolus patenter pilosus, supra insuper pilis stellulatis obsitus, aculeis manifeste falcatis et praecipue supra aciculis (glanduliferis) obsitus. Stipulae angustissime lanceolatae vel sublineatae,glandulis stipitatis pilisque ciliatae. Foliola novissima totaliter viridia vel margine parum rubiginosa.

Inflorescentia oblonge pyramidalia, apice aphylla, ramis (1-)2-3(-5)floris dense paniculata, inferiore parte laxiora et foliis 3-4natis instructa. Ramuli alternatim late diffundi. Ramus florifer ad apicem versus tomentoso-hirsutus, inferiore parte praecipue adpresse pilis fasciculatis pubescens et pilis minutis stellulatis sparsim obsitus. Aculei rami floriferi ca. 5-6 mm longi, basi dilatati, ± curvato-reclinati, aculei minores inaequales et aciculi glandulaeque stipitatae plerumque numerosi. Pedunculi 1-2(-3) cm longi, tomentoso-hirsuti, ca. 5-12 aculeis rectis vel leviter curvatis usque ad ca. 3 mm longis muniti. Glandulae stipitatae pedunculi sparsae vel copiosae, maxima parte (in herbario) sicut diametro pedunculi longae, singulae ad duplo longiae. Sepala cano-viridia, tomentosa et laxe hirsuta, glandulis stipitatis rubris copiose et inferiore parte aciculis pallidis, plerumque glanduliferis (generaliter numerosis) instructa, reflexa. Petala alba, obovata, apice dense ciliata, ca. 10-12 mm longa. Stamina stylos virescentes paulum superantia. Antherae glabrae, raro singulae sparse pilosae. Germina et receptaculum pilosa. Fructus bene evolutus est, drupaeolis numerosis composita, parum altior quam lata. Floret VII (- VIII).

Crescit in Holsatia et Saxonia inferiore vicinitate Albis, quod nomine speciei indicetur.

SCH. mäßig hochbogig, zuletzt kriechend mit einwurzelnden Spitzen, Ø ca. 5-10 mm, stumpfkantig mit gewölbten Seiten, zuerst matt grün, weinrot überlaufen und mit etwas rötlicheren St., zuletzt ± gleichmäßig d.weinrot, flaumig-büschelig behaart (ca. 20->30 Haare pro cm Seite), dazu mit schwindenden Sternhärchen, vielen versteckten Sitzdrüsen und einzelnen Stieldrüsen (ca. (0-)1-3 pro 5 cm). St. zu ca. 8-14 pro 5 cm, die größeren ca. 5-7 mm lg., aus breitem zusammengedrücktem Grund rückwärtsgeneigt, schwach gekrümmt bis fast gerade, in der Mehrzahl kantenständig. Dazwischen kleinere St.chen u. St.höcker in allen Übergängen und in wechselnder Menge (ca. 5->40 pro 5 cm).

B. (3-)4zählig mit breiten zweilappigen Sb., zum Teil auch fußf. 5zählig. B.chen breit, sich randlich deckend, obers. ± schwach glänzend d.grün, behaart (mit ca. (5-)10(-15) Haaren pro cm2), unterseits angedrückt graugrün- bis graufilzig und mit ± zahlreichen, nicht bis deutlich fühlbaren, abstehenden längeren Haaren. Eb. mäßig lang bis lang gestielt (ca. 30-50 % der Spreite), aus breitem herzf. Grund eif. bis rundlich (mit größter Breite um die Mitte), allmählich kurz bis mäßig lang bespitzt. Serratur ziemlich weit, grob und ungleich, undeutlich periodisch mit ± geraden Hz., Zähnchen breit,mit abgesetzten Spitzen. Haltung geschwungen V-förmig,mit ± aufgerichteten, grobwelligen Rändern, Spreite zw. den Seitennerven 1., aber auch 2. Ordnung etwas aufgewölbt und dadurch gefaltet und runzlig erscheinend. ä.Sb. 3-8 mm lg. gestielt. B.stiel abstehend, oberseits auch ± sternfilzig behaart, mit (ca. 7-13) stark sicheligen St. und besonders oberseits mit ± vielen, meist zahlreichen feineren St.chen und (drüsenköpfigen) Nadelborsten. Nb. sehr schmal lanzettlich bis fast lineal, stieldrüsig. Austrieb nicht oder nur

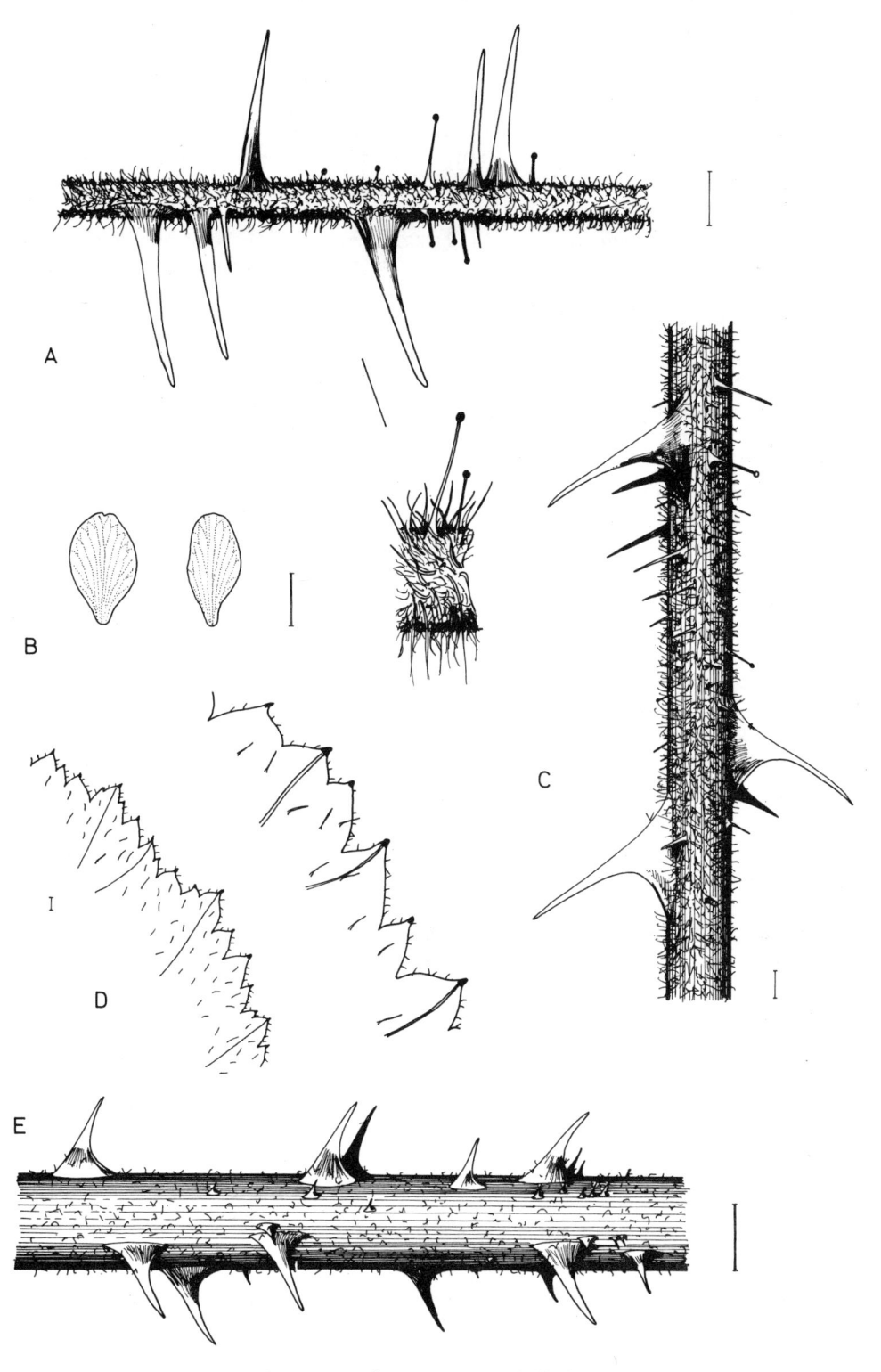

79. Rubus albisequens H. E. Weber

am Rande etwas anthocyanfarben.

BLÜSTD. verlängert pyramidal, ziemlich schlank, im oberen Teil b.los und mit (1-)2-3(-5) blütigen Ästen, rispig dichtblütig, nach unten zu lockerer und mit 3-4zähligen B., Ästchen alternierend verzweigt. Achse oben dicht kurzzottig-filzig, nach unten zu vorwiegend anliegend flaumig-büschelhaarig und nur locker sternhaarig, größere St. zu ca. 5 auf 5 cm, 5-6 mm lg., breitaufsitzend rückwärtsgeneigt und in der Mehrzahl + deutlich gekrümmt. Dazwischen kleinere St.chen und Nadelborsten in wechselnder Menge, meist zahlreich, Stieldrüsen zu 2->20 pro 5 cm. Blüstiel 1-2(-3) cm lg., zottig und filzig, mit ca. 5-12 geraden oder etwas gekrümmten, bis ca. 3 mm lg. St.; Stieldrüsen borstig, zu 2-10(->20), durchschnittlich ca. 1 x, maximal bis ca. 2 x so lg. wie der Blüstiel-Ø. Kz. graugrün filzig und locker zottig, mit zahlreichen rotköpfigen Stieldrüsen, am Grunde mit (meist zahlreichen) blassen, gewöhnlich drüsigen Nadelst., zurückgeschlagen, Krb. weiß, 10-12 mm lg., umgekehrt eif., löffelf. ausgehöhlt, vorn dicht bewimpert, Stb. etwas länger als die grünlichen Gr., Antheren kahl, seltener einzelne behaart, Frkn. und Frbod. behaart. Sfr. gut entwickelt, etwas höher als breit, mit bis zu ca. 50 Teilfrüchten. VII (-VIII).

Weitläufig an R. insularis und R. insulariopsis erinnernd und von diesen vor allem durch die grobere Serratur der B.chen, breite rundliche Eb. und besonders durch den Reichtum an Stieldrüsen und St.chen unterschieden. Von R. infestus vor allem durch behaarten Sch., schwächere St. und andere B.-form abweichend. Der Name Elbfolgende Brombeere weist auf die bislang bekannte Verbreitungstendenz hin.

Charakteristisch sind vor allem die breiten, etwas runzligen B.chen, besonders die meist rundlichen, kurz, doch nicht abgesetzt bespitzten Eb., die vorwiegend nur 4zähligen B., der schlanke, oben b.lose Blüstd. mit vielen (Drüsen-)Borsten, stieldrüsigen Kz. und weißen Krb. in Verbindung mit Merkmalen der R. villicaulis-Verwandtschaft, besonders hinsichtlich der Behaarung der B. und des Sch. Die ungleich grobere Serratur der B.chen zeigt sich schon an den Keimlingen im Vergleich zu solchen von R. insularis und stimmte, wie auch die übrigen Merkmale, bei den vom Vf. aus Samen erzogenen Exemplaren vollständig mit den Stammpflanzen überein. Die wechselnde Menge der St.chen und Stieldrüsen am Sch. und im Blüstd. teilt R. albisequens mit vielen anderen Vertretern der Übergangsgruppe Apiculati FOCKE, zu der die Art wegen ihres Reichtums an diesen Gebilden wohl eher zu stellen ist als zu den Rhamnifolii. Möglicherweise ist sie hybridogenen Ursprungs unter Beteiligung von R. insulariopsis, mit dem habituell und auch in Einzelmerkmalen die größten Übereinstimmungen in unserer Flora vorliegen.

Die auffällige Art begegnete dem Vf. zuerst 1962 in SH sehr zahlreich in den vielen, inzwischen ausnahmslos gerodeten Knicks zwischen Lütau und Basedow, 1963 auch mehrfach westlich von Wangelau. ERICHSEN und andere Batologen scheinen sie entweder nicht gefunden oder für R. insularis gehalten zu haben. - Obgleich sie noch heute in schönen Beständen an verschiedenen Stellen westlich von Wangelau in Holstein wächst, schien sie uns zunächst als Lokalform für eine Beschreibung zu unbedeutend. Später entdeckten wir sie jedoch in völlig übereinstimmender Ausprägung ebenfalls in dem bislang batologisch wenig durchforschten Gebiet auf der anderen Elbseite in ca. 40 km Entfernung stromaufwärts bei Drethem. Offenbar handelt es sich demnach doch nicht um eine enge Lokalform, sondern um eine Pflanze mit weiterer Verbreitung, die wohl noch an anderen Stellen am Rande des Elburstromtals , vermutlich auch auf der mecklenburgischen Seite, zu finden sein wird.

ÄHNLICHE ARTEN: 51. R. insularis: St. viel kräftiger, am Sch. 7-10 mm lg., an Blüstd.achse (5-)6-9 mm lg., stärker gekrümmt, an Blüstielen meist 4-5(-6) mm lg., Eb. umgekehrt eif. mit abgesetzter Spitze, viel feiner gesägt. Blüstd. breiter, Blüten rosa. Sch. ohne St.chen und Stieldrüsen. - 52. R. insulariopsis: Bestachelung, B.form und Blüstd.bau ähnlich wie bei vorigem, Antheren stets behaart. - 57. R. gelertii: Nur entfernt ähnlich, B. obers. ledrig glänzend, nicht runzlig, kahl, Pfl. mit schlanken und geraden St. - Vgl. auch 80. R. infestus.

ÖK. u. SOZ: In SH in fruchtbaren Altmoränenknicks (Pruno-Rubetum radulae-Gesellschaften), in Ns. in einem lichten Fago-Quercetum beobachtet.

VB: SH, Ns,(Me.?). - In SH früher (62!!) zahlreich zw. Lütau und Basedow. Alle dortigen Standorte inzwischen durch Rodung der Knicks vernichtet (66!!). - 1963!! 66!! 67!! noch mehrfach in Knicks westlich von Wangelau. Weitere VB: Ns: Elbhöhen zw. Drethem und Thiemesland beim Aussichtspunkt "Kniepenberg" (1968!!). Vermutlich auch in Me.

80. **Rubus infestus** WEIHE ap. BOENNINGHAUSEN, Prod. Fl. Monast. 153 (1824), ssu. SUDRE, FOCKE et auct. mult. non W.C.R. WATSON (1958) nec HESLOP-HARRISON in Fl. Europaea 2: 20 (1968). - Syn. R. taeniarum LINDEBERG, Novit. Fl. Suec. 5, t. 1 (1858), Rubus spurius L.M.NEUMAN, Bot. Notiser 1915: 90-91 (1915); R. infestus Wh. var. okerensis NEUMAN, l.c. 91 (1915). - ZSchl. II: 8. - Tafel.

SCH. bogig, kantig flachseitig oder etwas rinnig, oft striemig, ± d.weinrot, fast matt, spärlich behaart bis verkahlend, mit breiten St.höckern, Stieldrüsen und St.chen in unterschiedlicher Größe und sehr ungleicher Menge, oft sehr zahlreich und Sch. dann Hystrices-artig (so besonders im oberen Teil), nicht selten streckenweise auch ganz fehlend. Größere St. ca. zu (3-)5-11 pro 5 cm, gerade oder ± sichelig, zur Basis hin stark verbreitert, ca. 7-9 mm lg.

B. handf. bis etwas fußf. 5zählig, B.chen obers. deutlich behaart (ca. 10->20 Härchen pro cm^2), unters. graulich grün bis grau sternhaarig und mit fühlbarer längerer Behaarung. Eb. lang gestielt (ca. 33-45 % der Spreite), aus etwas herzf. Grund umgekehrt eif., oft breit, in eine mäßig lange Spitze verschmälert, Serratur ziemlich eng, nicht tief, vorn etwas periodisch mit (fast) geraden Hz., ä.Sb. 1-4 mm lg. gestielt, Nb. fädig, nicht oder wenig stieldrüsig. B.stiel wenig behaart, mit stark gekrümmten bis hakigen St.

BLÜSTD. ziemlich schlank, hoch hinauf durchblättert, rispig, Achse mäßig behaart, nicht oder wenig sternhaarig, mit kräftigen 5-6(-9) mm lg., teils schwächer gekrümmten, oft fast geraden, teils ± hakigen St. Kleinere St., St.höcker und Stieldrüsen in sehr wechselnder Menge, selten fehlend. Blüstiel 1-2 cm lg., kurzhaarig, mit zahlreichen (>20) kurzen Stieldrüsen (Lge. durchschnittlich ca. 0,5-0,8 x, längste bis ca. 1,2 x Blüstiel-$\emptyset$), St. zu ca. 2-7, derb, krumm, bis 2-3(-4) mm lg. Kz. graugrün, stieldrüsig und ± stachelig, mehr oder minder abstehend. Krb. und Filamente weiß bis b.rosa, Stb. die manchmal am Grunde etwas geröteten Gr. überragend. Antheren kahl, Frkn. dichthaarig, Frbod. schwächer behaart. Sfr. rundlich. (VI-)VII(-VIII). - 2n = 28?

Charakteristisch sind besonders die B.form, die den geraden St. beigemischten, stark sicheligen bis hakigen St. an der Blüstd.achse sowie die sehr wechselnde Menge der Stieldrüsen, St.chen und St.höcker auf dem Sch. und an der Blüstd.achse. Je nachdem, welchen Merkmalen jeweils mehr Gewicht beigemessen wurde, ist die Art sehr unterschiedlichen Sektionen zugeordnet worden: SUDRE rechnete sie zu den Radulae, FOCKE zunächst (1877) zu den Adenophori (Apiculati), später dann (ab 1902) wenig glücklich zu den ganz andersartigen Suberecti. R. infestus gehört zu jenen Brombeeren, von denen sich von einem Stock ganz verschiedene "Herbar-Arten" zurechtschneiden lassen, da die Sch. meist in einen glatten unteren und einen zunehmend dichter stachelhöckerigen oberen Teil differenziert sind. Der Gefahr, besondere "Varietäten" oder "Arten" aus derartigen Exsikkaten herauszulesen, ist L.M. NEUMAN zum Opfer gefallen, der einen von ARESCHOUG gesammelten Beleg mit schwächeren St. vom Originalfundort des R. infestus Wh. als R. spurius und einige weniger stieldrüsige Zweige aus dem Okertal bei Goslar als var. okerensis beschrieb. In beiden Fundgebieten wurde bislang (1968!!-71!!) nur typischer R. infestus beobachtet.

Bereits FOCKE (1877, 274) erkannte die Identität von R. infestus und R. taeniarum. Sie wurde besonders von ARESCHOUG (1886, 129) bestätigt, der beide Pflanzen an ihren originalen Fundorten studierte. Seitdem wurden sie korrekt als synonym behandelt. Durch W.C.R. WATSON ist dieser Sachverhalt in der gesamten neueren Literatur wieder verwirrt worden, da dieser nach Herbarstudien eine abweichende Pflanze (u.a. mit kahlen Frkn.) für R. infestus hielt und die Synonymie mit R. taeniarum für irrtümlich erklärte. - Der Vf. hat den echten R. infestus im originalen Fundgebiet bei Mennighüffen in Wf. (68!!-71!!), wo die Art noch heute häufig wächst, eingehend studieren können. Ein Vergleich mit reichlichem Material des R. taeniarum aus Schweden und Dänemark, das uns auf freundliche Vermittlung von Herrn A. HANSEN aus dem Bot. Museum in Kopenhagen zugeschickt wurde, läßt die Identität beider Arten bis in alle Einzelheiten eindeutig erkennen. Die nordischen Pflanzen zeigen gegenüber den westfälischen allenfalls unters. etwas filzigere B. mit etwas schlankeren Eb. und oft kürzer gestielte ä.Sb., doch lassen sich ähnliche Ausbildungen auch bei Mennighüffen in allen Übergängen finden.

ÄHNLICHE ARTEN: Vgl. 78. R. marianus und 80. R. albisequens. - Eigenartigerweise gibt FOCKE (1877 u. 1902) eine Ähnlichkeit mit R. plicatus an, die jedoch nur als sehr entfernt angesehen werden kann.

VB: W- und (nw.) M-Europa (besonders in Gebüschen). Schwed.: W-Küste: Bohuslän-Gebiet sw. von Uddevalla an verschiedenen Stellen! DK: Seeland: Stevns!, Vordingborg. Jütland: Silkeborg!, Skamlingsbanken! Dann (SH u. das nwdt.TL überspringend) erst wieder im Mittelgebirgsgebiet vom Wiehengebirge!! und Wesergebirge!!, Harz!! bis Thüringen und Odenwald, Holland, Belgien; außerdem in England.

81. **Rubus conothyrsus** FOCKE, Synopsis Rub. Germ. 271 (1877). - Schl. 18 , 129 - Fig. - Tafel - Karte.

SCH. flachbogig, kantig mit flachen, etwas rinnigen oder auch gewölbten Seiten, wenig kräftig (gewöhnlich nur bis ca. 6 mm $\emptyset$), matt, zunächst lange grün, mit deutlich rötlicheren St., später (etwas fleckig) weinrötlich, sitzdrüsig, locker einfach und büschelig behaart (ca. 1-10 Haare pro cm Seite), im Gebiet ohne oder nur mit ca. 1-2 Stieldrüsen auf 5 cm. St. zu 5-10(-13) auf 5 cm, (4-)5-6 mm lg., rückwärtsgeneigt gerade oder leicht gekrümmt. Kleinere St.chen und St.höcker im Gebiet fehlend oder sehr zerstreut.

B. (im Gebiet) handf. 5zählig, B.chen meist schmal, obers. etwas glänzend (d.)grün, zerstreut behaart (ca. 1-20 Haare pro cm^2), unters. wenig und meist kaum fühlbar behaart, ohne Sternhärchen. Eb. ziemlich kurz gestielt (ca. 30 % der Spreite), aus seicht herzf., gestutztem oder abgerundetem Grund elliptisch oder schwach umgekehrt eif., gewöhnlich etwas abgesetzt mäßig lang bespitzt. Serratur mit aufgesetzt bespitzten Zähnchen, ziemlich gleichmäßig, doch dabei angedeutet periodisch mit (schwach) auswärts gekrümmten Hz. Haltung geschwungen V-förmig bis fast flach, zwischen den Seitennerven aufgewölbt gefaltet, am Rande kleinwellig., ä.Sb. ca. 3-4 mm lg. gestielt. B.stiel länger als die ä.Sb., locker behaart, obers. $\pm$ stieldrüsig (im Gebiet meist nur mit ca. 0-5 Stieldrüsen), mit (ca. 9-15) $\pm$ sicheligen St., Nb. stieldrüsig oder drüsenlos. Austrieb glänzend gelbgrün oder etwas h.rotbräunlich überlaufen.

BLÜSTD. locker pyramidal, unten mit bis zu 5zähligen B., oben blattlos, wenig verschmälert und mit $\pm$ trugdoldig verzweigten Ästen reichblütig. Achse oben dicht, nach unten zu locker verwirrt behaart und etwas sternflaumig. Größere St. zu ca. 5 auf 5 cm, 4-6 mm lg., rückwärtsgeneigt gerade oder etwas (einzelne auch stärker) sichelig. Anzahl der kleineren St., St.höcker und Stieldrüsen sehr schwankend (ca. 2 -> 50 pro 5 cm). Blüstiel ca. 1,2 - 2,5 cm lg., (grau-)grünlich, locker abstehend und verwirrt behaart,(Haare meist vorwärtsgerichtet), etwas sternfilzig, mit Sitzdrüsen und mit Stieldrüsen in wechselnder Menge (ca. 5- >30) und Länge (ca. 0,5-1,5 x Blüstiel-$\emptyset$). St. zu ca. 6-12, gerade, ca. 2-3 mm lg., Kz. graugrün filzig, mit zahlreichen feinen St.chen, ± stieldrüsig, an der Sfr. zurückgeschlagen. Krb. weiß oder b.rosa, schmal umgekehrt eif., ca. 9-13 mm lg., Stb. am Grunde rosa, fast doppelt so lang, seltener nur wenig länger als die grünlichweißen Gr., Antheren und Frkn. reichlich, Frbod. schwächer behaart. Sfr. etwas höher als breit, groß, vielfrüchtig. VII.

Charakteristisch sind besonders die dicht behaarten Antheren, die kräftigen St. der stieldrüsigen Blüstiele und die gefalteten elliptischen B.chen. Wenig beständig ist dagegen die Menge der Stieldrüsen und St.chen. In der Regel finden sich in SH auf dem Sch. nur ganz vereinzelte Gebilde dieser Art. Dadurch, aber auch durch andere Merkmale, weicht diese Ausbildung (vielleicht als eigene Varietät) etwas vom Typus ab, wie er im originalen Fundgebiet in der Gegend der Porta Westfalica (!!) entwickelt ist: Sch. und Blüstd.achse mit zahlreichen St.chen und Stieldrüsen, St. der Blüstd.achse wesentlich schwächer, oft mehr gekrümmt, B. 3-4zählig oder fußf. 5zählig, unterseits stärker, etwas weich behaart.

ÄHNLICHE ARTEN: Durch die Faltung und die Form der B. erinnert R. conothyrsus lebend am ehesten an 35. R. arrhenii, der jedoch durch dichtere (ca. 13-18 St. pro 5 cm) und schwächere (nur ca. 3-4 mm lg.) St. an seinem rundlichen Sch. und besonders durch ganz anderen Blütenbau (mit sehr kurzen Stb. und kahlen Antheren) abweicht. - Ähnlich ist auch 29. R. silvaticus, der auch ohne Blüten an seinen obers. matten, ungefalteten B.chen und zahlreicheren (ca. 15-25 St. pro 5 cm) sowie schwächeren (nur 3-4(-5) mm lg.) St. auf seinem stieldrüsenlosen Sch. zu unterscheiden ist. Außerdem Blüstd. mit sehr viel zarteren St. und (fast) ohne Stieldrüsen, Kz. nie dichtstachelig, meist ganz unbewehrt. - Vgl. auch 75. R. badius und 36. R. arrhenianthus.

ÖK. u. SOZ: In SH (und auch in Wf.) auf ± lehmigen, nicht zu nährstoffarmen Böden in ärmeren Pruno-Rubetum radulae-Gesellschaften in Knicks und anderen Gebüschen beobachtet, u.a. in Gesellschaft mit R. radula, R. rudis, R. echinocalyx, R. silvaticus, R. sprengelii und R. hypomalacus.

VB: (nördl.) Mitteleuropa. - In SH vor allem im jungdiluvialen südöstlichsten Holstein, besonders im Raum Trittau: zw. Grönwohld und Linau (67!!), zw. Köthel, Billbaum und Hohenfelde (ER. 00!, FIT. 06! - 62-67!!), zw. Hamfelde und Köthel (62-66!!), zw. Basthorst und Möhnsen (FIT. 08!) und Mühlenrade (ER. 1900,35). Ferner bei Koberg im Hevenbruch (RANKE 1900,17) sowie in Richtung auf Nusse (RANKE 98!) und nach Sirksfelde (68!!); bei Lübeck: Grönauer Heide (RANKE 96! 98!). Außerdem um Hamburg: zw. Hoisdorf und Gölm (70!!), zw. Wellingsbüttel und Sasel (ER. 03!), bei Bergedorf (FIT. 08! - Mischbeleg mit R. rudis) sowie nach ER. (1922, 152) bei Hornsmühlen am Stocksee (ER. 09). Die Angabe "zw. Winzeldorf und Schlotfeld" (ER. 00!) bei A.CHRIST. (1913,16) beruht auf Verwechslung mit R. atrichantherus, auch die Angabe "Quickborn" (KRAUSE nach ER. 1900,35) erscheint zweifelhaft. - Weitere VB: Im nwdt. TL nach FOCKE (zit. FIT. 1914,81) b. Verden. Im Hügelland von Hannover bis zum Portagebiet!! und zum Solling

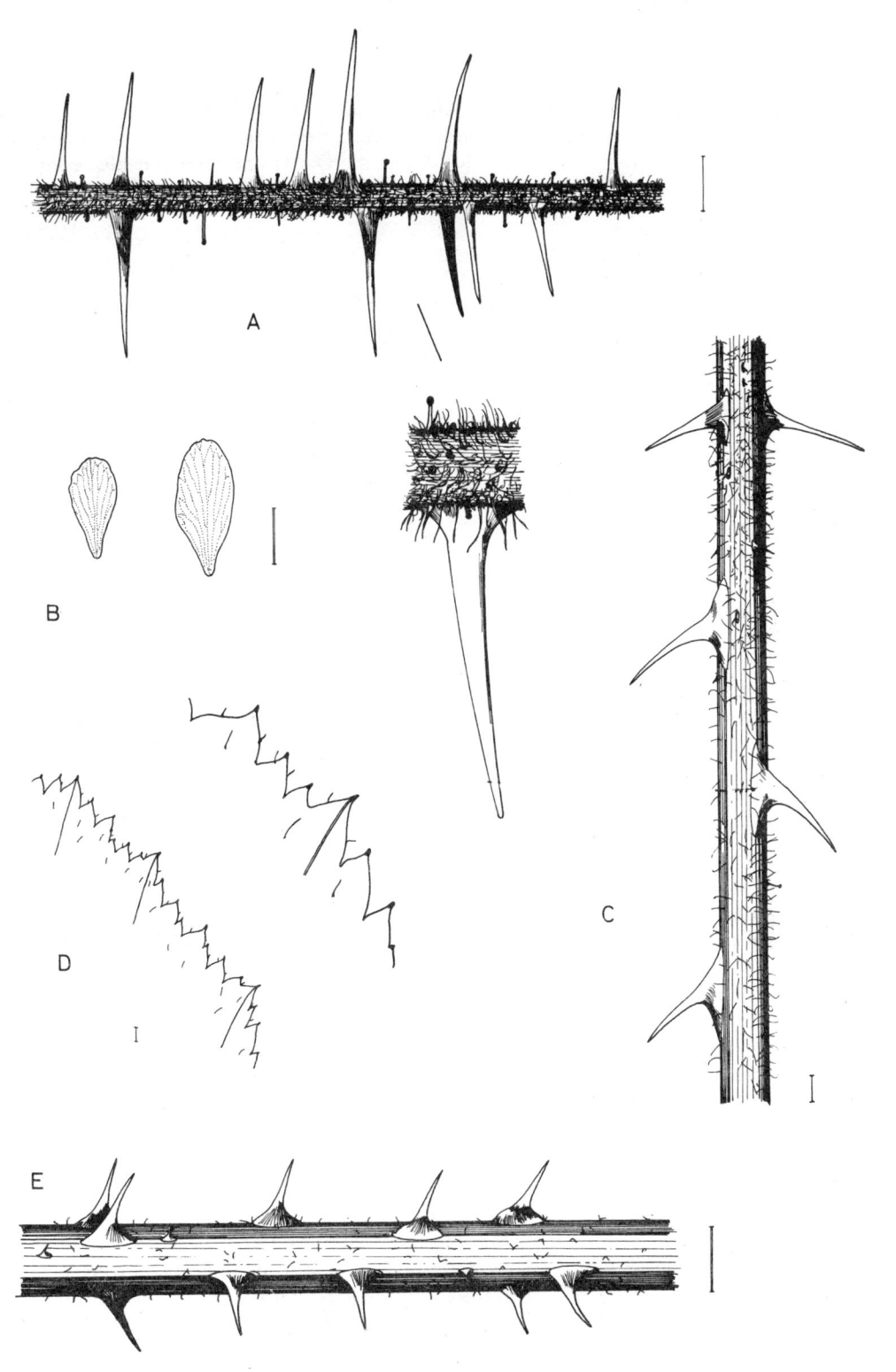

81. Rubus conothyrsus Focke

verbreitet und stellenweise häufig. Eine vor allem durch kahle Antheren abweichende, sonst sehr nahestehende Ausbildung findet sich daneben im westlichen Gebiet besonders im Gehn bei Bramsche (71!!) und geht von hier auch auf das angrenzende TL über!!

Series 8. Radulae F.

82. **Rubus radula** WEIHE ap. BOENNINGHAUSEN, Prod. Fl. Monast. 152 (1824). - Raspelbrombeere. - Schl. 118 - Fig. - Tafel - Karte.

SCH. mäßig hoch- bis fast flachbogig, oft kräftig (Ø 6->10 mm), kantig, mit flachen, seicht vertieften, seltener auch etwas gewölbten Flächen, lichtseits gleichmäßig matt d. weinrot, mit lockerer flaumiger und büscheliger Behaarung, oft auch etwas sternhaarig (ca. (2-)5-10 Härchen pro cm Seite), von zahlreichen (ca. 5->20 pro cm Seite), dünnen, nur ca. 0,5-1 mm lg. Stieldrüsen und feinen (Drüsen-)Borsten raspelartig rauh. St. in der Mehrzahl $\pm$ gleich groß, zu ca. 5-11(-16) auf 5 cm, aus breitem Grunde mit dünner stechender Spitze, überwiegend gerade und etwas geneigt, einzelne, seltener die Mehrzahl schwach gekrümmt, 6-9(-10) mm lg. Zwischen den größeren St. und den feinen Stieldrüsen(-Borsten) im typischen Fall (fast) keinerlei Übergänge, nicht selten jedoch auch einige kleinere St.chen und St.höcker, wobei aber auch dann gewöhnlich die typische Verteilung der meisten St. und Stieldrüsen auf die beiden extremen Größenordnungen erkennbar bleibt.

B. handf. bis fußf. 5zählig, auf ungünstigeren Standorten größtenteils nur (3-)4zählig. B.chen derb, oberseits kahl, (d.)grün, etwas glänzend, unters. angedrückt graugrün- bis grau(-weiß)- filzig, dazu mit geringer, kaum fühlbarer, längerer Behaarung. Eb. mäßig lang bis lang gestielt (30-40 % der Spreite), in der Form sehr veränderlich: meist aus abgerundetem oder gestutztem, seltener keiligem Grund elliptisch und in eine mäßig lange Spitze auslaufend, aber auch mit breitem, seicht herzf. Grund $\pm$ eif. bis fast rundlich. Serratur $\pm$ geschweift, mit spitzigen Zähnchen, dabei ausgeprägt periodisch mit $\pm$ längeren, auswärtsgekrümmten Hz. Haltung geschwungen V-förmig, etwas gefaltet, am Rande vorn kleinwellig. ä.Sb. ca. 3-5 mm lg. gestielt, mit $\pm$ keiligem Grund. B.stiel meist deutlich länger als die ä.Sb., locker flaumig und abstehend behaart, obers. dicht, unters. sehr zerstreut stieldrüsig, mit (ca. 7-20) krummen St. Nb. fädig lineal, stieldrüsig und mit Haaren bewimpert. Austrieb mit intensiver Anthocyanreaktion (h.-d. rotbraun).

BLÜSTD. verlängert pyramidal, oben gestutzt, b. los mit etwas aufrecht abstehenden 2- ca. 5blütigen, etwa von ihrer Mitte an verzweigten Ästen, unten mit entfernteren mehrblütigen Ästen in der Achsel längerer 3-zähliger B. Achse dicht abstehend und dazu verwirrt flaumig-sternfilzig behaart. Größere St. zu ca. 5-10 auf 5 cm, kräftig, ca. 7-8 mm lg., aus breitem Grunde schlank, teils gerade abstehend oder etwas geneigt, teils $\pm$ sichelig; Stieldrüsen und Drüsenborsten dicht, größtenteils von den längeren Haaren überragt.

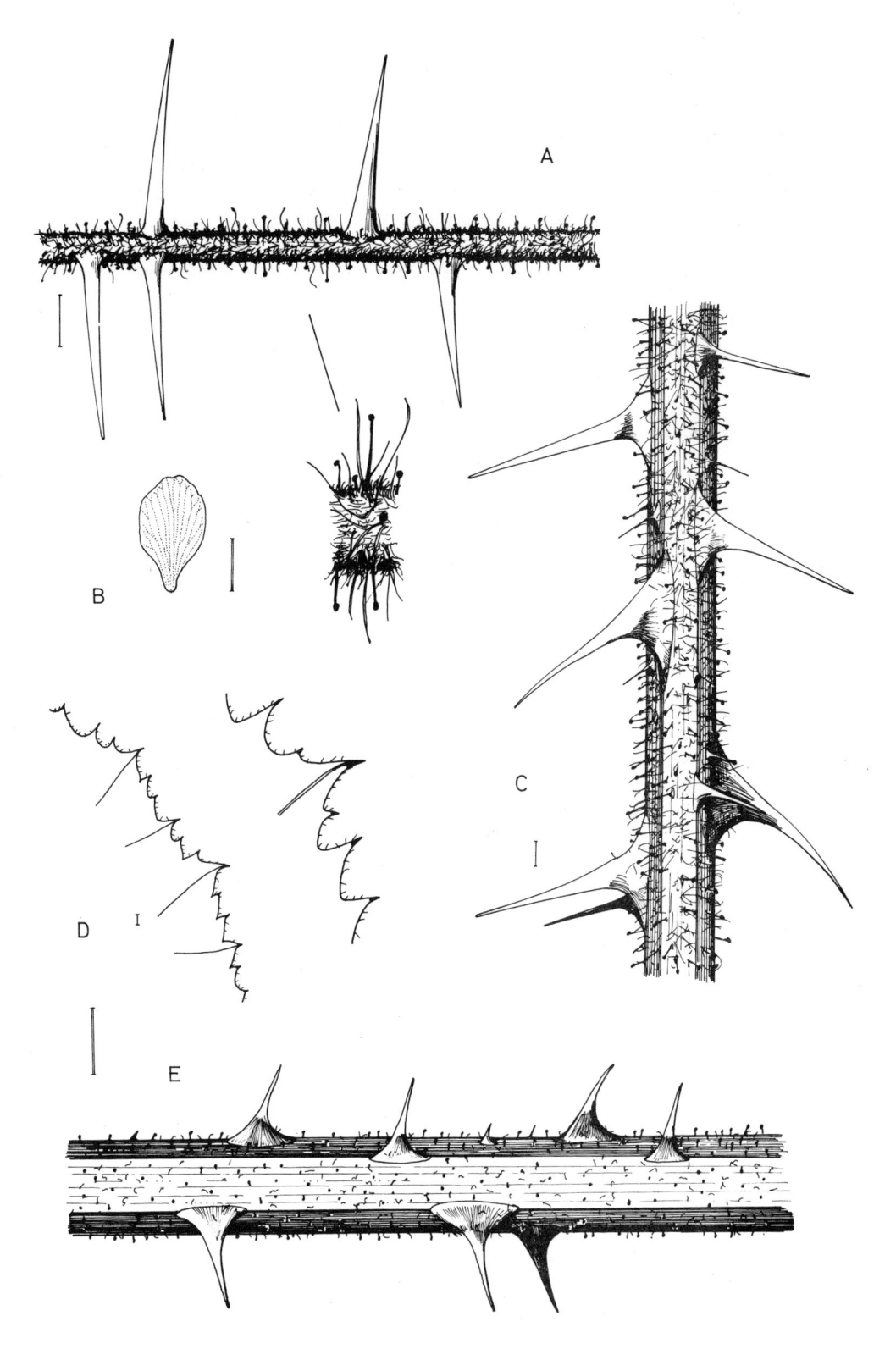

82. Rubus radula Wh.

Längere Drüsenborsten, St.chen und St.höcker in wechselnder Menge vorhanden. Blüstiel ca. 1-1,5 cm lg., graugrün verwirrt filzig und mit lockerer länger abstehender Behaarung. Seine Stieldrüsen d.rot, zahlreich, etwas ungleich (bis ca. so lg. wie der Blüstiel-Ø), in weit überwiegender Mehrzahl kürzer als die (längere) Behaarung. St. zu ca. 2-7, nadelig, gerade oder fast gerade, abstehend oder etwas geneigt, 3-4 mm lg., kleinere St.-chen fehlend oder vereinzelt. Kz. graugrün filzig, mit kurzen roten Stieldrüsen, ohne oder nur am Grunde mit einzelnen St.chen, zurückgeschlagen. Krb. b.rosa bis weiß (aber sich am abgeschnittenen Zweig dann ± rosa verfärbend), umgekehrt eif., 10-13 mm lg., vorn etwas eingekerbt, unbewimpert. Stb. länger als die b.grünen Gr. Antheren kahl, Frkn. kahl, seltener wie der Frbod. etwas behaart. Sfr. rundlich, ziemlich fest. VII - VIII. - 2n = 28 u. 35.

Eine in Einzelmerkmalen, besonders in der B.form sehr variable, aber im allgemeinen dennoch gut kenntliche Art. Charakteristisch sind die dünnfüßigen, zahlreichen feinen Stieldrüsen des behaarten Sch. Sie sind zwischen den viel größeren St. mehr fühlbar als sichtbar und haben WEIHE zu der treffenden Bezeichnung "Raspelbrombeere" veranlaßt. Trotz der veränderlichen B.form bleibt doch die typische Serratur und Behaarung stets erhalten. Als besondere Abweichungen wurden beschrieben:

1) f. koehlerioides J. LANGE, Bot. Tidsskr. 14: 84 (1884). - Sch. zwischen den größeren St. mit zahlreichen St.chen, St.höckern und Drüsenborsten in allen Größenordnungen. Dadurch stark vom Radula-Typus abweichend. - Andeutungsweise hin und wieder, ausgeprägt seltener (z.B. in SH zw. Meimersdorf u. Neu-Meimersdorf (66!!)).

2) f. umbrosus MARSSON, Fl. v. Neu-Vorpommern 146 (1869). - Systematisch bedeutungslose Standortsmodifikation mit unters. kaum filzigen B., wie sie analog bei allen filzblättrigen Rubi bei stärkerer Beschattung zu beobachten ist. - Im Verbreitungsgebiet der Art zerstreut!!

3) var. mollis GELERT ap. J. LANGE, Haandb. Danske Flora, ed. 4: 789 (1888), Syn. f. viadricus E.H.L. KRAUSE ap. PRAHL Krit. Fl. Prov. SH 1: 54 (1888). - Mit dichterer Behaarung des Sch. und der Blüstd.achsen. Blüstd. schmaler und mit etwas kleineren Blüten. Stieldrüsen am Sch. weniger zahlreich. Insgesamt unwesentlich vom Typus abweichend und durch Übergänge damit verbunden. - SH: Steinberg in Angeln (GEL. 85!). Außerdem von KRAUSE (1890, 70) und RANKE (1900, 21) für verschiedene Stellen in O-Holstein angegeben.

4) var. microphyllus LINDEBERG, Herb. Rub. Scand. n. 22 (1883). - Syn. var. exilis J. LANGE, Fl. Danica t. 3027 (1883)? - In allen Teilen einschließlich der Blüten kaum halb so groß wie der Typus. Sch. mit auffallend lang gestielten B. (B.stiel ca. 2->3 x so lang wie die ä. Sb.). Hierdurch bleiben auch etwas größere, im Schatten gewachsene Exemplare selbst ohne Blüten auffällig. Serratur der B.chen sehr scharf und

eng, ohne auswärtsgekrümmte Hz., Kz. $\pm$ abstehend. - Diese eigentümliche Varietät wurde außer in Schweden vor allem in DK beobachtet, in Jütland (Skamlingsbanken), auf Brandsø und besonders häufig auf Bornholm. Sie ist sicherlich nicht nur als Standortsmodifikation zu beurteilen, da sie z.B. auf Bornholm (1970!!) oft mit dem Typus durcheinanderwächst und auch dann scharf davon unterschieden bleibt. In SH und südlicher bislang noch nicht nachgewiesen.

ÄHNLICHE ARTEN: Rubus r u d i s (vgl. Schl. Nr. 118), R. a n g l o s a - x o n i c u s (vgl. Schl. Nr. 117). - 84. R. f l e x u o s u s : Pfl. viel schwächer, Sch. dünn, mit nur 4-5 mm lg. St., B. vorwiegend 3zählig, obers. behaart, Blüstiel mit ca. 7-21 nur bis ca. 2 mm lg. St., Frkn. dichthaarig. - Vgl. auch den besonders durch seine eigentümliche B.wellung lebend stark abweichenden, auch sonst unähnlicheren 78. R. m a r i a n u s .

ÖK. u. SOZ: Auf nährstoffreichen, anlehmigen bis lehmigen, kalkhaltigen, aber auch kalkarmen Böden vor allem als licht- und anscheinend etwas wärmeliebende Prunetalia-Art im Wuchsbereich reicher Fagetalia-Gesellschaften. In SH mit höchster Stetigkeit Kennart der Rubus radula-Rosa tomentosa-Knicks (Pruno-Rubetum radulae) als Ersatz- und Zeigergesellschaft potentieller Melico-Fageten. Auf Schlägen und Lichtungen entsprechender Wälder auch als Sambuco-Salicion capreae-Begleiter.

VB: W- u. M-Europa bis südl. N-Europa. - Im östlichen SH (Jungmoräne) die häufigste Art!! Häufig auch im südöstlichen, nährstoffreichen Altmoränengebiet zw. Reinbek, Lauenburg, Büchen und Schwarzenbeck (ER. 1900, 41)!! Zerstreut in und um Hamburg: Winterhude (TIMM 75! - erloschen!!), Grüner Jäger b. Wellingsbüttel (SONDER 1851, 280), Eppendorf (ZIMPEL 98!), Gr. Borstel (ER. 97!), Langenhorn (KINSCHER 1909, 53), Kl. Borstel, Ohlsdorf, spärlich b. Hasloh (ER. 1900, 41), Elbgebiet zw. Flottbek u. Schulau (NOLTE 1819! als R. fruticosus, SCHLOTTMANN zit. SONDER 1851, 280; TIMM 89! ER. 95! 98! - !!). Standorte in und um Hamburg heute zumeist durch Bebauung vernichtet. - Auf westlichen AM zerstreut bis selten, häufiger nur auf den nährstoffreichsten Böden: Bereich des Kisdorfer-Wohlds (ER. 1900, 41 - !!) und Lehmsiek-Gebiet bei Schwabstedt (62-68!!). Sonst nur vereinzelt: Nordstrand: südl. Vogelkoje (BAMLER 1967!), Albersdorf (63!!), Kuden (KLIMMEK 1951!), Rade u. Mörel (62!! 63!!), Wasbek (62!!). - Weitere VB: DK: In Ostjütland und auf allen Inseln nach FRID. u. GEL. (1887, 92) die häufigste Art. Auffallend massenhaft und fast bodenvag auf Bornholm!! - Südschweden! und Südnorwegen! In Ns. im TL zerstreut bis selten auf fruchtbaren Böden!! Häufig erst wieder im südlich anschließenden Hügelland!! Im übrigen von den Brit. Inseln über die Benelux-Länder u. Frankreich durch ganz Mitteleuropa bis zur Schweiz, Nordjugoslawien, Rumänien und Polen bis zur Weichsel verbreitet.

83. **Rubus rudis** WEIHE ap. BLUFF & FINGERHUTH, Com. Fl. Germ. 1: 687 (1825). - Schl. 118' - Fig. - Tafel - Karte.

SCH. mäßig flachbogig, kriechend, scharfkantig-flachseitig oder etwas rinnig, oft etwas striemig, gleichmäßig d.(violett)-weinrot, schwach glänzend, im Herbst manchmal schwach bereift, kahl (selten mit ganz vereinzelten Härchen), mit ca. 4-6(-7) mm lg., in der Mehrzahl geraden, stark geneigten St. (ca. zu 7-12 auf 5 cm); dazwischen ohne oder nur mit wenigen Übergängen zu einzelnen breitaufsitzenden, viel kleineren St. höckern sowie zu vielen ca. 0,5-1 mm lg. Drüsenborsten (bzw. deren Stümpfen), die (wie bei R. radula) den Sch. raspelartig rauh erscheinen lassen.
 B. deutlich fußf. 5zählig, zum Teil (manchmal auch überwiegend) nur (3-)4zählig. B.chen obers. kahl, d.grün, meist etwas glänzend mit vertieften Nerven, unters. unter lockerer, meist nur schwach fühlbarer, manchmal auch etwas schimmernder, längerer Behaarung dünn graugrün- bis graufilzig, zuletzt oft nur mit einem Rest von Sternhaaren (Lupe!). Eb. kurz bis mäßig lang gestielt (27-33 % der Spreite), aus abgerundetem oder keiligem Grund breit elliptisch bis fast umgekehrt eif., allmählich schlank und ziemlich lang bespitzt. Serratur ziemlich weit, periodisch mit längeren, auswärtsgerichteten Hz. Alle Zähnchen aufgesetzt fein bespitzt. Haltung im Querschnitt fast flach, längsseits etwas gefaltet, am Rande vorn kleinwellig, ä.Sb. ca. 3-5 mm lg. gestielt. B.stiel wenig behaart, obers. dicht, sonst zerstreut stieldrüsig, mit (ca. 12-20) geneigten, überwiegend leicht gekrümmten St. Nb. fädig lineal, kurz stieldrüsig und länger mit Haaren bewimpert. Austrieb mit starker Anthocyanreaktion ((h.-)rot- bis d.rotbraun).
 BLÜSTD. sperrig, oben blattlos oder nur mit einzelnen lanzettlichen, unters. graufilzigen B. sowie mit fast waagerechten bis wenig aufgerichteten, stark rispigen, + trugdoldigen, 3- > 10-blütigen Ästen, unten ohne oder mit + versteckten, meist kurzen Ästen in der Achsel längerer 3zähliger B. Achse zerstreut bis mäßig dicht abstehend behaart, dazu etwas verwirrt sternflaumig, (auf 5 cm mit ca. 6-9) geraden geneigten oder wenig gekrümmten 3-4 mm lg. St., + zahlreichen (meist nur wenigen) kleineren St.chen und St.höckern sowie mit dichtgedrängten, ca. 0,5-1 mm lg. Stieldrüsen. Blüstiele (1,5-)2-3 cm lg., mit kurzer filziger Behaarung (Lge. bis ca. 0,3 x Blüstiel-⌀) sowie mit ca. 1-5 geraden oder fast geraden, nur bis ca. 1,5-2(-3) mm lg. St. und dichtgedrängten, rotköpfigen, kurzen Stieldrüsen (Lge. nur ca. 0,3-0,5 x so lg. wie der Blüstiel-⌀), die jedoch den noch kürzeren Filz überragen. Kz. graugrün-filzig, nicht oder nur wenig bestachelt, mit vielen rotköpfigen Stieldrüsen, an der Sfr. ausgebreitet oder aufrecht. Krb.(h.)rosa, schmal elliptisch, nur ca. 7-9 mm lg., Stb. etwas länger als die grünlichen Gr. Antheren kahl, Frkn. kahl oder mit einzelnen Haaren, Frbod. reichlich behaart. Sfr. rundlich-flachkugelig, ziemlich fest. VII - VIII. - 2n = 28.

 Charakteristisch sind besonders der kahle, stieldrüsenrauhe Sch., die dichtgedrängten, kurzen, jedoch die Haare überragenden Stieldrüsen an den Blüstielen (ähnlich gedrängte Stieldrüsen auch an der Sch.spitze und an den Seitentriebknospen in den B.achseln) sowie der sperrige Blüstd. Im Gegensatz zu an-

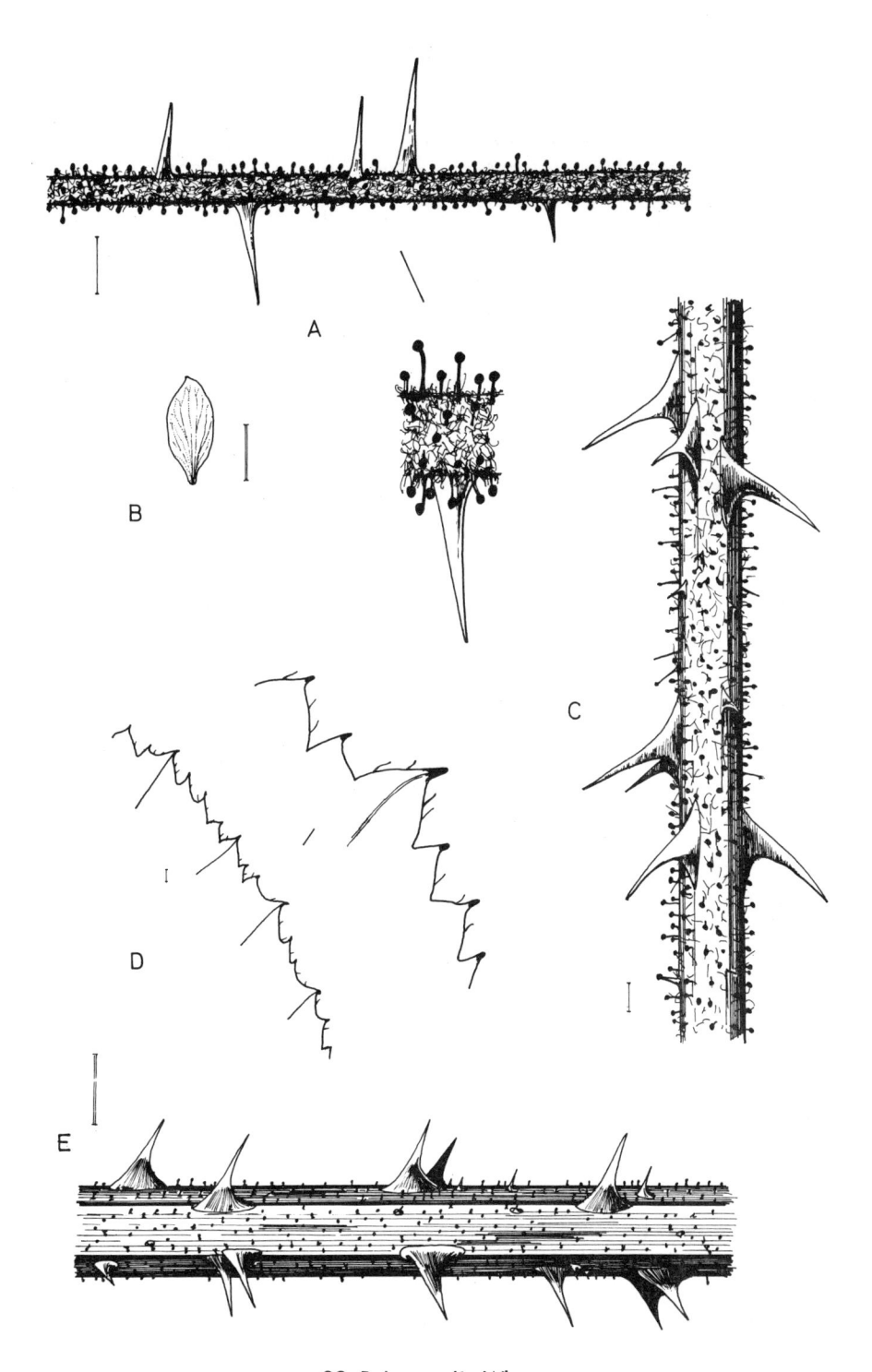

83. Rubus rudis Wh.

deren Rubi ist die Filzbehaarung der Blüstd.blätter eher geringer als bei den Sch.b. ausgebildet. - Im Frühsommer befinden sich an dem noch nicht ausdifferenzierten Sch. (seltener auch noch später) zwischen den Stieldrüsen und den größeren St. oft zahlreiche Übergangsgebilde, die die Zugehörigkeit der Art zur Radulae-Gruppe verwischen. Aber selbst dann bleibt R. rudis auch ohne Blüten an seinem kahlen, dichtdrüsigen Sch. und dem intensiv anthocyangefärbten, unters. filzigen Austrieb kenntlich.

ÄHNLICHE ARTEN: R. radula (vgl. Schl. 118), 77. R. anglosaxonicus (vgl. Schl. Nr. 117 und Text) und 74. R. nuptialis.

ÖK. u. SOZ: Auf nährstoffreicheren, + lehmigen, doch vorzugsweise kalkärmeren Böden (Fagion-Wuchsgebiete). Hier vor allem in aufgelichteten Wäldern und Forsten sowie an deren Rändern, oft mit Neigung zur Massenentfaltung, als Kennart der Sambucus racemosa-R. rudis-Ass. TX. et NEUM. 1950. Schattenertragender als R. radula. In SH häufig auch als Gebüschpflanze als Kennart der R. radula-Rosa tomentosa-Knicks (Pruno-Rubetum radulae), besonders in deren kalkärmeren Ausbildungsformen im Kontakt zu entsprechenden Melico-Fageten.

VB: W- u. westl. bis mittleres M-Europa. - In SH fast nur im östlichen Jungmoränengebiet. Hier an der absoluten N- und O-Grenze und an der vorläufigen (edaphisch bedingten) W-Grenze der Verbreitung. In Ostholstein vom Raum Kiel an südost- und ostwärts zerstreut bis häufig (Karte!), stellenweise, so z.B. um Hansühn und bei Ratzeburg, massenhaft!! Östlich des Oldenburger Grabens und zumeist auch in den Endmoränengebieten fehlend. Nördlich vorgeschobene Fundorte: Brekendorf in den Hüttener Bergen (62!!), unbestätigt auch zw. Damendorf u. Spann (SPETHMANN 1942 nach JÖNS 1953, 188) sowie in Angeln: Terkeltoft (GEL. nach FRID. & GEL. 1887, 92) und zw. Dollerupholz und Neukirchen (ER. 1924, 58). Auf westlichen AM nur zw. Kisdorf, Kisdorferwohld und Götzberg (62!! 63!!) sowie an den bewaldeten Hängen des Elbtals bei Bergedorf (ER. 98! FIT. 08! - Hier auch mit Sambucus racemosa 1966!!) und zw. Tesperhude u. Lauenburg (66!!). Weitere VB: In DK fehlend. Me.: nur Hamberge b. Grevesmühlen (GRIEWANK nach KRAUSE 1890, 72) und angeblich (nach KRAUSE, zit. bei KNÜTTER 1924, 32) auch bei Rostock. - Im nwdt. TL zerstreut bis selten vom Rande des Elburstromtals (von der Wingst!! über Stade!!, Buxtehude (ER. 98!)!! bis Alt-Garge!!) durch das Diluvialgebiet südwärts!! Erst wieder sehr häufig (vielleicht als häufigste Art überhaupt) im südl. anschließenden Hügelland!! Im übrigen verbreitet von Holland, Belgien, Frankreich durch das westliche Mitteleuropa ostwärts bis zur Mark Brandenburg, in die CSSR und südwärts bis zur Schweiz. Außerdem in England.

84. **Rubus flexuosus** P.J. MÜLLER, Jahresbericht Pollichia 16/17: 240 (1859). Syn. R. saltuum FOCKE ap. GREMLI, Beitr. Fl. Schweiz: 30 (1870), R. vestitus v. magnifolia G. JENSEN in sched., R. piletostachys? ssu. FRID. & GELERT, Bot. Tidsskr. 16, 86 (1887) non GREN. & GODRON, Fl. France 1: 548 (1848). - Schl. 105', 116, 127, 144' - Fig. - Tafel - Karte.

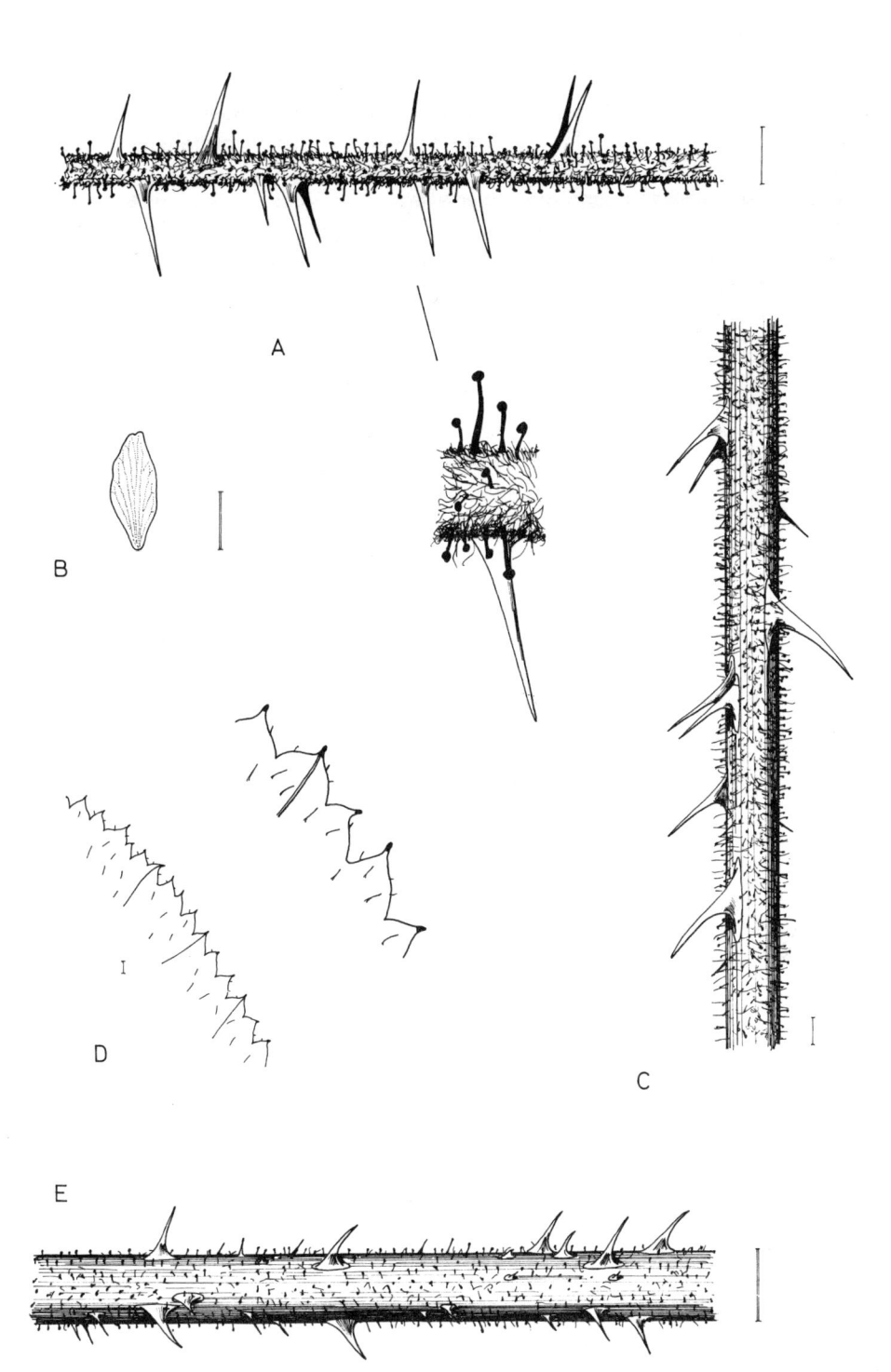

84. Rubus flexuosus P.J.M.

SCH. aus flachem Bogen kriechend, zunächst undeutlich kantig, zuletzt fast stielrund, dünn (Ø meist < 6 mm), gleichmäßig satt dunkelbraunrot, matt, teils locker spinnwebig-flaumig und sternhaarig, teils ± abstehend behaart (ca. 5- >10 Härchen pro cm Seite), mit ungleichen, schwachen, nur bis ca. 4-5 mm lg., geraden geneigten oder etwas sicheligen St. (ca. zu 6-9 pro 5 cm) und vielen (ca. 10- >15 pro cm Seite) feinen, ca. 1 mm lg. Stieldrüsen(-Stümpfen) sowie als Übergänge zwischen diesen und den St. mit einigen längeren Drüsenborsten, St.höckern und St.chen.

B. überwiegend oder alle 3zählig, einzelne oft auch 4- fußf. 5zählig. B.-chen etwas ledrig derb, obers. d.grün,(schwach) glänzend,behaart (ca. 5-10 Haare pro cm^2), oft weitgehend verkahlend, unters. dünn sternhaarig blaßgrün bis ± graufilzig, nur mit wenigen längeren Haaren, sich wie unbehaart hart anfühlend. Eb. kurz bis mäßig lang gestielt (ca. 23-33 % der Spreite), aus verschmälertem abgerundetem oder etwas herzf. Grund ziemlich schmal elliptisch bis etwas umgekehrt eif., oft angedeutet rhombisch, allmählich schmal und mäßig lang bespitzt. Serratur ziemlich gleichmäßig, mit aufgesetzt bespitzten Zähnchen, Hz. nicht oder kaum auswärtsgerichtet. Haltung lebend mit überhängender Spitze, oft etwas konvex, ungefaltet, am Rande fast glatt, ä.Sb. ca. 2-3 mm lg. gestielt. B.stiel mit (ca. 10-20) dünnen, etwas sicheligen St., sternhaarig und reichlich stieldrüsig. Nb. fädig, stieldrüsig und kurzhaarig bewimpert. Austrieb mit deutlicher Anthocyanreaktion.

BLÜSTD. verlängert, schmal, meist bis oben mit einf. B., obere Äste ca. (2-)3-5blütig, schon am Grunde oder fast am Grunde geteilt und dadurch mehrere büschelige Achselblüten vortäuschend, untere Äste kurz, in der Achsel 3zähliger B. Achse zwischen den Nodien knickig hin und her gebogen (Name!), dicht sternhaarig und dazu mit reichlicher abstehender Behaarung, mit dünnen schwachen, etwas gebogenen, nur ca. 3-4 mm lg. St. (etwa zu 3-8 pro 5 cm), ± zahlreichen St.chen, St.höckern und (Drüsen-)Borsten sowie mit vielen, unter den längeren Haaren versteckten Stieldrüsen(-Stümpfen). Blüstiel ca. 1-2,5 cm lg., dicht kurzfilzig, mit zahlreichen d.roten, kurzen Stieldrüsen (Lge. durchschnittlich ca. 0,2-0,8 x Blüstiel-Ø) sowie mit ca. 7-21 geraden und etwas geneigten, seltener schwach gekrümmten, bis 1,5-2 mm lg. St. Kz. graugrün filzig, rot stieldrüsig, manchmal mit einzelnen zarten St.chen, zuerst zurückgeschlagen, zur Fr.reife manchmal wieder abstehend bis aufgerichtet. Krb. weiß, seltener b.rosa, schmal elliptisch, 9-11 mm lg. Stb. kaum so lang bis etwas länger als die b.grünen, am Grunde rötlichen Gr. Antheren kahl, seltener mit einzelnen Haaren, Frkn. und Frbod. behaart. Sfr. rundlich bis etwas flachkugelig. VII - VIII.

R. flexuosus ist besonders charakterisiert durch seinen schmächtigen, kleinstacheligen, schon bei geringerer Belichtung sich dunkel färbenden Sch., durch die meist 3zähligen, ledrigen und dünnfilzigen B. sowie durch seinen eigentümlichen Blüstd.

ÄHNLICHE ARTEN: 85. R. pallidus, der vor allem durch seine ganz anders geformten, unten oft fast kahlen, nie sternhaarigen B. unterschieden ist, vgl. Schl. Nr. 144. - 77. R. anglosaxonicus (vgl. Schl. Nr. 116f) und 82. R. radula. - Der ähnliche und nahe verwandte R. foliosus WEIHE ap. BLUFF & FINGERH., Comp. Fl. Germ. 1: 682 (1825) weicht besonders durch seine überwiegend (fußf.) 5zähligen B. mit breiten B.chen ab, sowie durch kräftigeren, dichter behaarten Sch., weiße Krb. und grünliche Gr. - Diese besonders im rheinisch-westf. Hügelland häufige Art hat anscheinend nur im Süden des nwdt. TL westlich des Dümmers (71!!) versprengte Vorposten.

ÖK. u. SOZ: Wenig bekannt: Vorwiegend Waldpflanze (anscheinend vor allem in bodensauren Fageten und Querco-Carpineten). Hier besonders in Lichtungen oder im Mantel und Saum. Gelegentlich auch in waldferneren Gebüschen. In SH in Gesellschaft von R. sciocharis, R. sprengelii, R. pallidus und R. vestitus beobachtet.

VB: W- u. westl. M-Europa. - In SH nur in Angeln in einem eng begrenzten Gebiet, das zwischen den niedersächsischen und dem nördlichsten Fundort in DK vermittelt: Husby: am Weg nach Polldamm (L. HANSEN 63!), Kollerup: Am Westrande des Ortes (62!! - 66 dort nicht mehr!!), Ausacker (GEL. 85!), Quern (JENSEN 68! als R. vestitus f. diplicifolius JENSEN und der s. 68! als R. vestitus var. magnifolius JENSEN), Wald südlich Quern (JENSEN 67-68! - ein stark schattenmodifiziertes Exemplar - als R. lejeunii Whe., von K. FRID. in sched. als R. cruentatus P.J.M. bestimmt, vgl. auch FRID. & GEL. 1887, 86. Ebendort JENSEN 67! als R. piletostachys GODR. & GREN.? und als R. vestitus f. diplicifolius JENSEN), Winderatt (JENSEN 70!), Winderatterholz (JENSEN ? o. Dat.!), Wald zw. Dammende und Winderatt (66-67!!). - Weitere VB: DK: nahe der sh. Grenze zw. Graasten und Trappen (FRID. 1922, 160). Me.: fehlend. Nwdt. TL: Kreis Stade: zw. Wohlerst u. Reith (FIT. 08!), dann vom Kreis Wesermünde (Geestenseeth und Bederkesa nach FOCKE 1936, 270) über Bremen südwestwärts zerstreut bis ins südliche Hügelland!!, dabei häufiger besonders im Reg.-Bez. Oldenburg!! und in Ostfriesland!!. - Im übrigen verbreitet von den Brit. Inseln über Holland, Belgien und Nordfrankreich bis Wf., Rheinland, Schwarzwaldgebiet und zur Westschweiz.

85. **Rubus pallidus** WEIHE, ap. BLUFF & FINGERHUTH, Comp. Fl. Germ. 1: 682 (1825). - Syn. R. hirtus ssu. HORNEMANN, Icon. Plant. Fl. Dan. (Fl. Dan.) t. 2053 (1835), ssu. LANGE, Haandb. Dansk. Fl. ed. 3: 386 (1864), ssu. KNUTH, Fl. Prov. SH 819 (1888) ex pte., ssu. NOLTE in Hb. non WALDSTEIN & KITAIBEL, Plant. rar. Hung. 2: 150 (1805). - Schl. 144 - Fig. - Tafel - Karte.

SCH. aus flachem Bogen niedergestreckt, rundlich stumpfkantig, oft etwas striemig, matt, sich von den St. basen aus weinrot verfärbend, in der Sonne zuletzt bis auf die gelblichen St. spitzen (oft etwas violettstichig) d. weinrot, bei geringerer Belichtung ungleichmäßig und fleckig, mit lebhafter rot gefärbten St. Behaarung reichlich, vorwiegend abstehend (meist > 20 Haare pro cm Seite), die vielen feinen, ca. 0,3-1 mm lg. Stieldrüsen (ca. 10- > 20 pro cm Seite) etwas überragend. Größere St. zu ca. 12-20 pro 5 cm, etwas ungleich, ca. (3-)4-5 mm lg., aus breiter Basis sehr dünn, rückwärtsgeneigt, die meisten gerade, einzelne etwas gekrümmt. Zw. den St. und den Stieldrüsen als Übergänge meist einige längere brüchige (Drüsen-)Borsten und St.chen.

B. (meist ausgeprägt) fußf. 5zählig, B.chen dünn, obers. d.grün, $\pm$ matt, zerstreut behaart (ca. 5-10 Haare pro cm^2), unters. blasser, sehr wenig (oft nur zerstreut auf den Nerven), nicht fühlbar behaart. Eb. ziemlich kurz gestielt (ca. 25-30 % der Spreite), aus tief herzf. Grund eif. oder $\pm$ elliptisch, allmählich in eine lange, meist etwas sichelige Spitze auslaufend. Serratur ziemlich tief und grob, periodisch mit deutlich längeren, (fast) geraden Hz., alle Zähnchen mit aufgesetzten $\pm$ stumpflichen Spitzen. Haltung lebend $\pm$ flach bis angedeutet konvex, etwas runzelig oder schwach gefaltet, am Rande fast glatt; ä.Sb. ca. 4-7 mm lg. gestielt, am Grunde abgerundet bis herzf., Ansatzpunkt der B.chenstiele obers. zottig-filzig. B.stiel meist länger als die ä.Sb., reichlich behaart, obers. dicht, unten zerstreut stieldrüsig, mit (ca. 15-20) dünnen geneigten geraden oder gekrümmten St., Nb. fädig lineal, kurz stieldrüsig und länger haarig bewimpert. Austrieb stark glänzend, mit sehr intensiver Anthocyanreaktion (meist d.braunrot).

BLÜSTD. ziemlich breit, oft umfangreich, oben gestutzt, b.los mit fast waagerecht abstehenden, etwa um die Mitte oder darunter verzweigten 2- ca. 7-blütigen Ästen, unten mit vielblütigen Ästen in der Achsel 3zähliger B. Achse sternhaarig und dazu dicht abstehend länger behaart, mit dichten, von den Haaren zumeist überragten feinen Stieldrüsen, meist nur wenig zahlreichen längeren (Drüsen-)Borsten und ca. 3-7 dünnen, geneigten oder etwas gekrümmten, (2-)3-4 mm lg. St. pro 5 cm. Blüstiel ca. 1,5-3 cm lg., kurz verwirrtfilzig und dazu lockerer abstehend und länger (ca. so lg. wie der Blüstiel-$\emptyset$) behaart, mit vielen roten oder nur rotköpfigen, ungleichen, von den Haaren überragten Stieldrüsen (Lge. durchschnittlich ca. 0,5-0,8 x Blüstiel-$\emptyset$) sowie mit ca. 15-25 etwas ungleichen, nur ca. 1,5-2,5 mm lg., geraden oder schwach gekrümmten St. Kz. grünlich, ziemlich lg., nadelstachelig und mit vielen rotköpfigen Stieldrüsen, vor der Fr.reife abstehend, dann abstehend oder mit aufgerichteten Spitzen $\pm$ zurückgeschlagen. Krb. rein weiß, unbewimpert, $\pm$ elliptisch bis umgekehrt eif., ca. 10-12 mm lg., Stb. nur wenig länger als die grünweißlichen, am Grunde roten Gr., Antheren und Frkn. kahl, Frbod. wenig behaart. Sfr. rundlich, nicht höher als breit. VII (-VIII). - $2n = 28$.

. Eine sehr charakteristische Art, gut kenntlich an dem dichthaarigen, stieldrüsigen, wenig kräftig best. Sch. mit fußf. 5zähligen, unters. oft fast kahlen B., am dem herzeif. langbespitzten Eb., dem d.rotbraunen Austrieb, den roten Gr. und allein schon an den vielen zarten St. der stieldrüsenreichen Blüstiele. Als besondere Abänderungen werden angegeben:

    a) f. i n c i s u s FRID. & GEL., Bot. Tidsskr. 16: 95 (1887), Syn. f. laciniatus ERICHSEN (1900, 44) et auct. div. - Form mit tiefer (ca. bis zur Mitte) eingeschnittenen B.chen. Hin und wieder, so (in SH) Angeln:

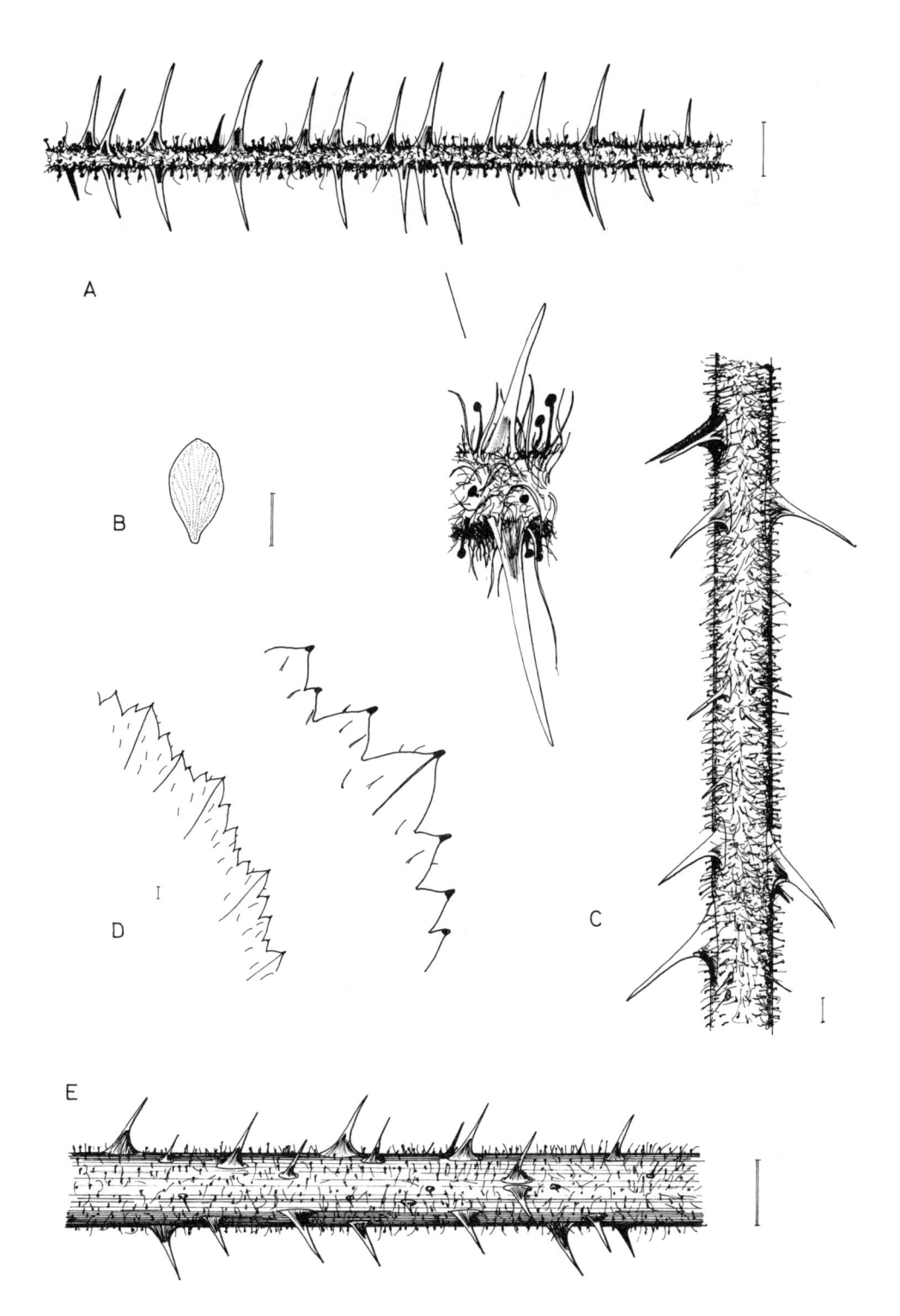

85. Rubus pallidus Wh.

Ausacker (GEL. nach FRID. & GEL. 1887, 95), Steinberg u. Westerholz (JENSEN nach FRID. & GEL. loc. cit.), Löstrup (JENSEN 70!). Außerdem: Timmendorfer Wohld (ER. 98!), im Kisdorfer Wohld bei Kisdorf (ER. 00!),Hamburg-Othmarschen (DINKLAGE nach KRAUSE 1890, 71, TIMM 88!).

b) var. defectus FRID. & GEL. loc. cit. - Systematisch unbedeutende Schattenmodifikation mit besonders dicht behaartem, äußerst schwach best. Sch. Nach KRAUSE (loc. cit.)in SH, von JENSEN in Angeln und von DINKLAGE in Hamburg-Othmarschen gefunden. Als Kümmerform allgemein verbreitet!!

c) eine Form mit blühendem Sch. in SH am Kuckucksberge bei Mölln (FRIEDRICH nach RANKE 1900, 22).

ÄHNLICHE ARTEN: Vgl. vor allem den folgenden 86. R. euryanthemus. - 97. R. hartmani: Sch. zwischen den größeren, sehr dichten, bis 6(-7) mm lg. St. mit zahlreichen Übergängen zu den Stieldrüsen (Hystrices-Typ). B.chen derber, Eb. am Grunde abgerundet oder nur wenig herzf., mit ± auswärtsgebogenen Hz. B.stiel mit stark gekrümmten St., Blüstd.achse sehr dicht sichelstachelig (bis ca. 25 St. pro 5 cm!), Stieldrüsen der Blüstiele die Behaarung in der Mehrzahl weit überragend. - 84. R. flexuosus mit vorwiegend 3zähligen,kürzer bespitzten, unterseits dünn sternfilzigen B. (vgl. auch Schl. Nr. 124). - Vgl. ferner 105. R. pallidifolius sowie die seltenen Arten 88. R. tereticaulis, 89. R. fuscus und den niedersächsischen 90. R. hirsutior.

ÖK. u. SOZ: Auf besseren, ± lehmigen, humosen, kalkarmen, nicht zu trockenen Böden. Vor allem in Auflichtungen, auf Schlägen und an Rändern von Wäldern, besonders von bodensauren Fagion- und Querco-Carpinion-Gesellschaften. Aber auch in waldferneren Gebüschen und in Knicks in reicheren Pruno-Rubetum sprengelii- und kalkarmen Pruno-Rubetum radulae-Ausbildungen. Die Art wurde von TX. & NEUM. 1950 wohl zu Unrecht als Kennart der R. gratus-Ass. bewertet, in der R. pallidus bei seinen entschieden höheren Bodenansprüchen nur ausnahmsweise auftritt.

VB: W- und (besonders westl.) M-Europa. - In SH zerstreut bis häufig (so besonders in Angeln!!), streckenweise im Sander- und AM-Gebiet sowie anscheinend östlich der Linie Neustadt - Lütjenburg fehlend (s. Karte!). - Weitere VB: DK: Auf Fünen (besonders im Süden) und in SO-Jütland nordwärts bis Frederecia ziemlich häufig. Me.: Nur 1 Fundort bei Güstrow! (vgl. auch R. euryanthemus). - Im nwdt. TL sehr zerstreut, häufiger erst wieder im südlichen Hügelland!! Im übrigen ostwärts (angeblich) bis Pommern, außerdem durch die Mittelgebirge östlich bis zur Sächsischen Schweiz, südwärts selten bis zum Bayrischen Wald, zum Schwarzwald und in die Schweiz. Ferner in Frankreich (selten), Belgien, Holland sowie in England. Für die CSSR und Österreich nach NEUMANN (1967, 189) zweifelhaft, ebenso wohl auch für weiter östliche Gebiete.

86. **Rubus euryanthemus** W. WATSON, Journ. Ecol. 33: 340 (1946). - Syn. R. pallidus Wh. ssp. loehrii WIRTGEN var. leptopetalus K.FRID. ap. BOULAY & BOULY DE LESDAIN, Rubi praesertim Gallici exs. n. 136 (1897) non R. leptopetalus FOCKE (1870); R. loehrii (f.) ssu. K. FRID. (1897) et in Hb., RANKE (1900, 23), ERICHSEN (1931, 60)an WIRTGEN, Hb. Rub. Rhean. 1: n. 22 (1854)?, R. pallidus Wh. f. simonisianus E.H.L.KRAUSE ap. PRAHL, Krit. Fl. Prov. SH 2: 71 (1890) ex pte., R. chloroxylon SUDRE, Rub. Tarn. 53 (1909) sec. WATSON, Handb. Brit. Rubi 148 (1958). - Schl. 142 - Fig. - Tafel - Karte.

Loc. class.: SH: Kreis Husum: "Ostenfeld" (wohl am Wege nach Rott: K. FRID. 15.8.1895 (fol.) et 13.7.1896 (flor.)! - !!).

Pflanze ähnlich wie Rubus pallidus, doch in folgenden Merkmalen deutlich abweichend:

SCH. (scharf-)kantig mit flachen oder sogar etwas vertieften Seiten, mit zerstreuteren (ca. 5-12 pro 5 cm), kräftigeren (ca. 5-7 mm lg.), oft waagerecht abstehenden, geraden oder leicht gekrümmten St. und längeren, die Behaarung z.T. überragenden Stieldrüsen, grünlicher als bei R. pallidus gefärbt, oft etwas bereift.

B. mit unters. etwas graulich grünen, unter der Lupe $\pm$ papillösen (doch nicht filzigen) B.chen, Eb. länger bis auffallend lang gestielt ((32-)35-50 % der Spreite), aus gestutztem, abgerundetem oder $\pm$ herzf. Grund elliptisch bis umgekehrt eif., zuletzt breit und angedeutet fünfeckig, mäßig lang bis kurz bespitzt. Serratur enger und etwas spitzer. Austrieb ohne oder nur mit geringer Anthocyanreaktion (grün oder randlich h.bräunlich überlaufen).

BLÜSTD.: Blüstiel nur mit durchschnittlich 2-10(-12) oft etwas gekrümmten (1,5-)2-3 mm lg. St., nur kurz filzig-wirrhaarig und mit blasseren und längeren, die Behaarung überragenden Stieldrüsen (Lge. durchschnittlich ca. so lang wie der Blüstiel-$\emptyset$, einzelne länger). Krb. sehr schmal umgekehrt eif., elliptisch oder schmal spatelförmig (wie bei R. bellardii). Gr. weißlich grün.

Durch diese Merkmale, besonders auch durch das andersartige Eb. entfernt sich die Art recht weit von R. pallidus, wenn man auch an den Stöcken gelegentlich einzelne B. findet, die sich in der Tracht sehr dieser Art nähern. Aber auch dann, wenn nur solche B. in die Herbarien gelangten, bleiben Exsikkate von R. euryanthemus auch ohne Blüfenkennzeichen vor allem durch die geringere St.zahl und die längeren Stieldrüsen der Blüstiele erkennbar. Die Pflanze neigt offenbar zu einer geringeren Anthocyanentwicklung, denn sie zeigt unter gleichen Wuchsbedingungen wie R. pallidus grünlichere Sch., blassere Stieldrüsen, grünlichen Austrieb und stets grüne Griffel. Sie ist am typischsten mit extrem schmalen Krb. (Fig. B 1) in der Husumer Gegend entwickelt, während die Lübecker Formen meist etwas breitere Krb. aufweisen (Fig. B 2).

Die Art wurde von ihrem Entdecker FRIDERICHSEN als eine Form von R.

loehrii aufgefaßt, der ihr – soweit er im Rheinland und Harz bislang vom Vf.
in vielleicht nicht ganz typischen Ausbildungen studiert werden konnte – bis
auf die Blüten äußerst nahe steht. Ob hier tatsächlich eine Identität besteht,
die die Auffassung FRIDERICHSENs rechtfertigen würde, müßte anhand von
authentischem Material und Studium am loc. class. noch überprüft werden.
R. pallidus f. **simonisianus** aus dem Plaatzer Holz bei Güstrow in Mecklenburg (KRAUSE 86!) scheint nach dem Typusbeleg im Hb. Rostock tatsächlich nur eine geringfügige Abänderung von R. pallidus zu sein, jedenfalls
stimmt er in der Sch.bestachelung, B.form und den Blüstiel.st. mit diesem
vollständig überein. WATSON (l.c.) benannte R. leptopetalus (FRID.) vermutlich wegen des älteren FOCKEschen Homonyms neu als R. euryanthemus;
dabei weicht seine auf englische Pflanzen gestützte Beschreibung (1958, 148)
jedoch von unserem Typus etwas ab, besonders durch die Angabe, der Sch.
sei "nearly glabrous". Zur Überprüfung des Sachverhalts wurde dem Vf. freundlicherweise ein von WATSON 1938 in W-Kent als R. euryanthemus gesammeltes Exemplar aus dem Hb. Kew Garden zur Verfügung gestellt. Es stimmte in
allen Teilen, u.a. auch mit ausgeprägt dichthaarigem Sch., bestens mit der
schleswig-holsteinischen Pflanze überein, so daß jedenfalls nach diesem Vergleichsmaterial die Identität beider Arten nicht länger zu bezweifeln ist.

ÄHNLICHE ARTEN: Wie bei 85. R. pallidus.

ÖK. u. SOZ: Bodenansprüche anscheinend etwas geringer als bei R. pallidus. In Heckenwegen (Reddern) und (im Lübecker Raum fast ausschließlich)
in lichten Wäldern und Forsten im Fago-Quercetum- bis zum bodensauren
Querco-Fagetea-Bereich. Auf Waldschlägen zur Massenentfaltung neigend.

VB: W- und westl. M-Europa. - In SH insgesamt selten und im wesentlichen
konzentriert auf zwei voneinander getrennte Gebiete (s. Karte!), hier zerstreut bis häufig: Kreis Husum: Um Ostenfeld, besonders am Wege nach Rott
(FRID. 95! 96! - 62-68!!), bei Rott (GEL. 98! - hier die schönsten Bestände 1966-68!!), Knicks südl. von Ostenfeld, (62!!), zw. Ostenfeld und Wittbek (62!!), Brenthörn (62!!), Sandweg zw. Ohlingslust und Ostenfeld und
nördlich Forst Ohlingslust (SAXEN 1963!), zw. Westerholz und Ohlingslust
(68!!), zw. Osterohrstedt und Ostenfeld (FRID. 95!), Schwesing (FRID. in
litt. an ER. in Hb.). Außerdem im Raum Lübeck: Im Gehölz bei Padelügge
(RANKE 86! - von KRAUSE als R. pallidus f. simonisianus, von FRID. als R.
loehrii bestimmt. - Hier massenhaftes Vorkommen 1970!!), bei Blankensee
(RANKE 94!) am Rande des Moores und zahlreich unter Kiefern am Hünengrab
(FRIEDRICH, teste RANKE 1900, 23 - am letzterem Standort noch heute in
großen Mengen 1966!! 70!!), Knick zw. Grönau und dem Seekrug (FRIEDRICH,
teste RANKE loc. cit.), Reinfeld: Graskoppel "als vorherrschende Art (RANKE loc. cit. - 1970 Nachsuche erfolglos!!) und Fohlenkoppel (vereinzelt 1970!!).
- Zur sicheren Beurteilung nicht ausreichend ist ein Beleg von ER. (98! -
Schattenform) aus dem Rendsburger Raum: Gehölz zw. Bargstall und Elsdorf,
den FRID. als R. cf. loehrii bestimmte. Das von ER (1900, 44) aus dem Kisdorfer Wohld (ER. 00!) angegebene Stück mit meist fehlschlagenden Fr. gehört
sicher nicht zu dieser Art, sondern scheint am ehesten ein R. rudis-Bastard,

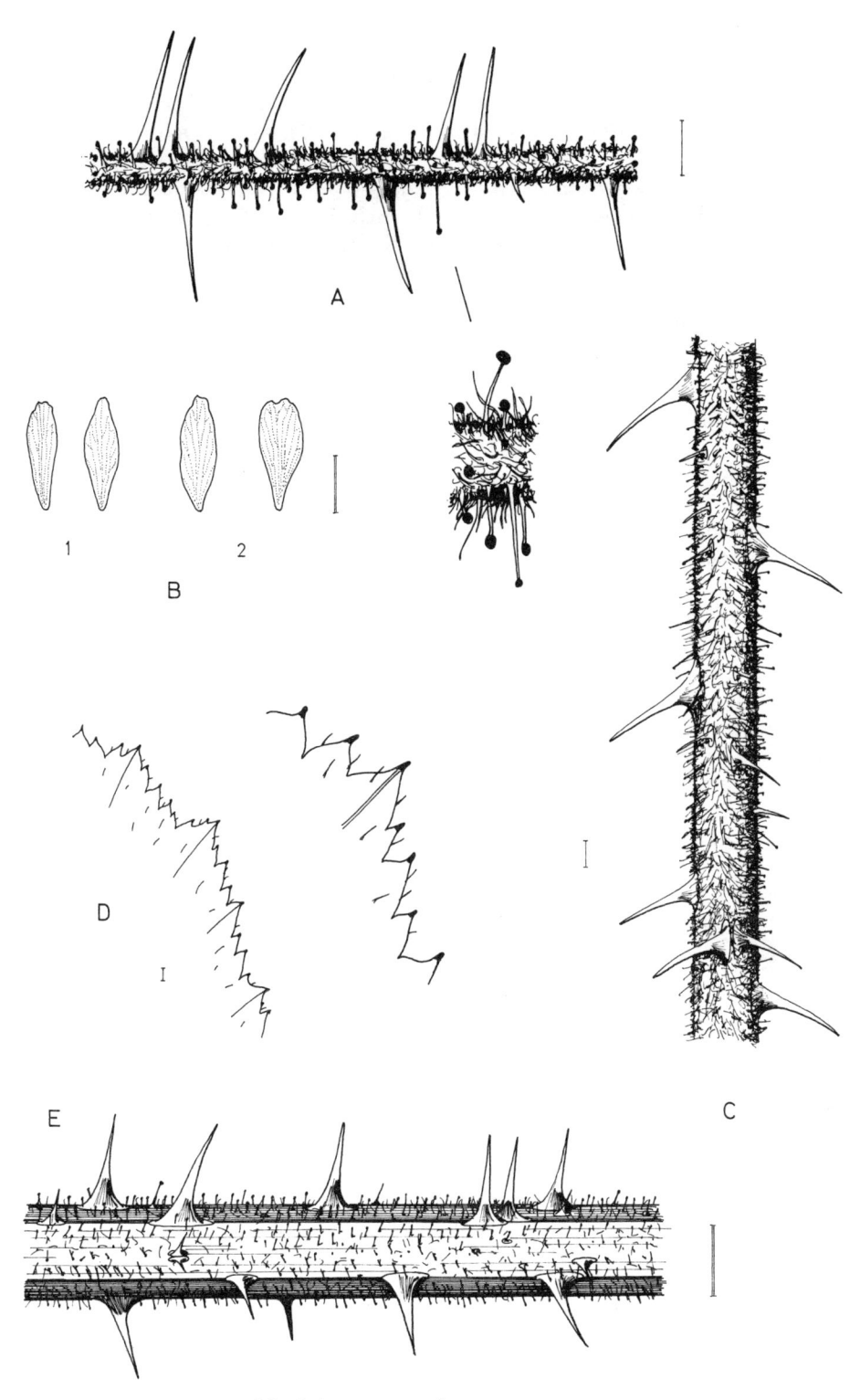

86. Rubus euryanthemus W. Watso

doch kommt R. euryanthemus typisch in einem Gehölz zw. dem Kisdorfer- und dem Winsener Wohld vor (71!!). - Weitere VB: England mit Schottland stellenweise häufig. In DK fehlend, in Me. sehr fraglich, in Ns. jedenfalls sehr nahestehende Formen bei Bad Harzburg (70!!). Weitere VB unsicher. Nach WATSON (unter Einschluß von R. loehrii?) von Frankreich, Belgien durchs Rheinland bis in die Schweiz und bis nach Schlesien.

87. **Rubus flensburgensis** (Flensborgensis) K.FRIDERICHSEN ap. LANGE, Haandb. Danske Fl. ed. 4: 787 (1888) et ap. BOULAY, Ass. rubologique (exs.) n. 1090 et 1091 (1893), Diagn. sine nomen in Bot. Tidsskr. 16: 90 (1887). - Syn. R. babingtonii BELL SALTER var. flensburgensis (FRID.)FRI- DERICHSEN ap. RAUNKIAER, Dansk Ekskursionsfl. ed. 4: 160 (1922). - ZSchl. II: 11.

Wichtigste Kennzeichen: SCH. dicht und verwirrt behaart, mit ca. 5-7 mm lg., geraden oder fast geraden St. und wie bei R. pallidus mit kurzen, $\pm$ gleichlangen Stieldrüsen.- B. handf. oder fußf. 5zählig, Eb. aus $\pm$ herzf. Grund breit elliptisch oder umgekehrt eif., kurz bespitzt, obers. sehr zerstreut, unters. mäßig behaart, mit schwindendem Sternfilz. - BLÜSTD. schmal, mit dichtzottiger Achse und unters. $\pm$ filzigen B. Blüstiel abstehend zottig und mit vielen kurzen Stieldrüsen sowie zahlreichen (wie bei R. pallidus) schwachen St. Blü. weiß, Kz. an der gut entwickelten Sfr. aufgerichtet, Antheren kahl, Frkn. behaart.

Die Flensburger Brombeere erinnert entfernt an R. pallidus und in gewisser Weise auch an R. drejeri, im Blüstd. dagegen besonders an R. vestitus. Von FOCKE (zit. FRID. & GEL. 1887, 90) wurde sie als vermutlicher Bastard R. vestitus x pallidus, von FRID. & GEL. (l.c.) dagegen eher als R. pallidus x drejeri gedeutet. Später zog FRID. (1922, 160) sie zusammen mit dem stark verschiedenen R. phyllothyrsus als Varietät zu R. babingtonii B.SALT.

VB: Diese Pflanze wuchs früher in SH bei Kielseng nahe Flensburg (loc. class. - FRID. 83! 84! 86! 91! 98! HOLM 85!) und wurde dort - soweit wir sahen - zuletzt 1911! von FRID. in einem "alten, jetzt verlassenen Pfad in der Nähe einer Gartenhecke" gesammelt. Inzwischen scheint sie hier jedoch verschwunden zu sein (erfolglose Nachsuche 1966). Sie kommt aber heute wohl noch in DK vor, wo sie auf dem gegenüberliegenden Fördeufer bei Gråsten ebenfalls von FRID. (26!) entdeckt wurde, der (1942, 165) als weitere Fundorte in SO-Jütland Hejls und Fredericia (hier wohl auf R. phyllothyrsus bezogen, vgl. auch FRID. 1922, 160) sowie die Inseln Alsen und Fünen (hier bei Svendborg) angibt.

88. **Rubus teretícaulis** ssu. ERICHSEN, Verh. Natw. Ver. Hamburg ser. 3, 8: 46 (1900) an P.J.MÜLLER, Flora 41: 173 (1858)? -

Eine von ERICHSEN hierher gerechnete Pflanze kam früher in SH "bei Ahrensburg, am Wege nach Waldburg, jenseits des Baches in beträchtlicher Menge" vor (ER. 00!), scheint hier aber inzwischen wieder verschwunden zu sein (Nachsuche 1967 erfolglos).

Die nur wenig fruchtbare, 5zählig beblätterte Brombeere erinnert im Herbar stark an eine Schattenform von R. pallidus, unterscheidet sich von diesem vor allem durch zartere Sch.st., unters. etwas weichhaarige B.chen, mehr aufgesetzt bespitzte Eb. sowie durch längere Stieldrüsen an den weniger bestachelten Blüstielen und ihre die reife Sfr. umfassenden Kz. Soweit am Exsikkat zu beurteilen, scheint es sich nicht um den echten R. tereticaulis zu handeln, sondern eher um einen Bastard von R. pallidus. - Eine ähnliche, doch etwas abweichende Form, ist (nach ER. loc. cit.) auch bei Basthorst beobachtet worden. Sie kann jedoch, da sie dem Vf. weder als Beleg noch im Fundgebiet begegnete, hier nicht beurteilt werden.

89. Rubus fuscus WEIHE ap. BLUFF & FINGERHUTH, Comp. Fl. Germ. 1: 682 (1825). - ZSchl. II: 11'.

SCH. bogig, kantig flachseitig bis schwach rinnig, reichlich behaart (> 15 Haare pro cm Seite), mit sehr zerstreuten kurzen Stieldrüsen (ca. 5-10 pro 5 cm). Größere St. mäßig dicht (zu ca. 10 pro 5 cm), etwas ungleich, bis 6-7 mm lg., im unteren Teil breit zusammengedrückt, mit schlanker, gerader oder etwas gekrümmter Spitze. Kleinere St.chen und Sf.höcker zerstreut.

B. fußf. 5zählig, B.chen obers. d.grün, zerstreut bis reichlicher behaart (2->20 Haare pro cm^2), unters. im Schatten wenig, kaum fühlbar, in der Sonne dagegen meist dicht weich behaart. Eb. mäßig lang gestielt (ca. 25-40 % der Spreite), aus herzf. Grund breit elliptisch bis umgekehrt eif., kurz und oft etwas abgesetzt bespitzt. Serratur ziemlich grob, mit längeren $\pm$ geraden Hz, ä.Sb. (1-)3-4 mm lg. gestielt. B.stiel obers. stieldrüsig.

BLÜSTD. schmal, oben blattlos, mit $\pm$ dichasial verzweigten kurzen Ästen. Achse dichthaarig, mit in den Haaren versteckten zahlreichen Stieldrüsen. St. zu ca. 10 pro 5 cm, bis 4-5 mm lg., schlank, gerade oder etwas gekrümmt. Blüstiel ca. 1-2 cm lg., dicht abstehend lang behaart (bis 1,5-2,5 x Blüstiel-Ø) und mit kürzeren, in der Behaarung verborgenen Stieldrüsen. St. zu ca. 5-10, gerade, 1-2,5(-3) mm lg. Kz. lang, nadelstachelig und etwas stieldrüsig, locker zurückgeschlagen. Krb. weiß, umgekehrt eif. Stb. länger als die (immer?) grünen Gr. Antheren kahl, Frkn. meist fast kahl, Frbod. behaart. - $2n = 28$.

Die Art ähnelt am ehesten R. pallidus und ist von diesem vor allem unterschieden durch die andere Eb.form, die unters. oft weichhaarigen B.chen, den kantigen Sch. mit kräftigeren St. und spärlichen Stieldrüsen sowie durch den schlankeren Blüstd. mit deutlich weniger bestachelten Blüstielen (nur ca. 5-10 St. statt ca. 15-25). Die nordischen Pflanzen (!) stimmen mit Exemplaren vom Originalfundort WEIHEs bei Altena (! - 1971 dort nicht gefunden) gut überein.

ÄHNLICHE ARTEN: 85. R. pallidus vgl. oben! 86. R. euryanthemus: Sch. dicht stieldrüsig, Blüstiele kürzer behaart und mit längeren, die Behaarung überragenden Stieldrüsen, Krb. sehr schmal.

ÖK. u. SOZ: Wenig bekannt. Anscheinend vor allem im Bereich bodensaurer Wälder.

VB: West- bis mitteleuropäisch. - Auf den Brit. Inseln ziemlich häufig, N-Frankreich, Schweiz, Belgien, Westdeutschland (Rheinland u. Wf.) sowie einzelne disjunkte nordische Vorkommen: DK: Alsen an der Ostküste, S-Jütland: Sønderhav (M.P. CHRISTIANSEN 1962!), S-Schwed.: NO-Småland zw. Valdemarsvik und Västervik.

90. **Rubus hirsutior** (FITSCHEN) H.E. WEBER comb. nov. pro R. pallidus Wh. ssp. hirsutior FITSCHEN, Abh. Natw. Ver. Bremen 23, 1: 85 (1914). - Syn. R. tereticaulis ssu. FOCKE ap. BUCHENAU, Krit. Nachträge Fl. nwdt. Tiefebene 38 (1904) non P.J. MÜLLER (1858). - ZSchl. I: 7.

Loc. class.: Kreis Stade (Niedersachsen): Harsefeld (FITSCHEN 22.7.1907!)!!

Pflanze von R. pallidus vor allem durch folgende Merkmale stark unterschieden:

SCH. wie bei R. vestitus d. violett-braunrot, mit aschgrauer dichter Behaarung sowie mit ungleicheren St. - B. mit breiteren, enger und viel spitzer gesägten B.chen, Austrieb ohne oder nur mit schwacher Anthocyanreaktion. - BLÜSTD. achse mit sehr feinen dünnen St., besonders nach oben zu wie die Äste und Blüstiele mit extrem dicht zottiger Behaarung und vielen bleichen Stieldrüsen. Blüstiele kürzer und dicker, geringer bestachelt, mit ungleichen, längeren, z.T. sehr langen Stieldrüsen (Lge. bis 2 x Blüstiel-Ø), Kz. die reife, etwas flachkugelige Sfr. umfassend, Gr. blaßgrün.

Die besonders durch ihre dichte Behaarung auffallende Art stellte FOCKE (l.c.) zunächst zu R. tereticaulis, rechnete sie dann aber später (in litt. an FIT. in Hb.) "nach einigem Widerstreben" eher dem Formenkreise des R. pallidus zu. Wohl nur deshalb wurde sie daraufhin von FIT. als ssp. dieser Art veröffentlicht, obwohl FIT. im Gegensatz zu FOCKE auch lebende Pflanzen genauer studierte und somit eher feststellen konnte, daß der "Zusammenhang mit R. pallidus tatsächlich nur ein sehr loser ist" (FIT. l.c.).

VB: R. hirsutior ist bislang nur in Ns. in den Kreisen Stade und Bremervörde, hier jedoch stellenweise in Mengen, gefunden worden: Harsefeld (!!), Ruschwedel, zw. Ohrensen und Issendorf, Ahlerstedt, Harselah, Brest, Wohlerst, Bevern und Zeven (FIT. l.c.). FITSCHENs Bemerkung über das Vorkommen dieser Art auch in Reinbek bei Hamburg bezieht sich auf den wenig ähnlichen 93. R. stormanicus.

91. **Rubus eideranus** (K.FRID.) H.E.WEBER comb. nov. pro R. thyrsiflorus Wh. var. eideranus K.FRIDERICHSEN ap. BOULAY & BOULY DE LESDAIN, Rubi praesertim Gall. exs. n. 82 (1896). - Syn. R. foliosus Wh. ssp. cavatifolius (P.J.MÜLL.) ssu. SUDRE, Rubi Europae 147 (1908-13) ex pte., non R. cavatifolius P.J.MÜLLER ap. BOULAY, Ronces Vosg. 67 (1867), R. contortifolius H.E.WEBER prov., Mitt. Arb.gem. Floristik SH u. Hamburg 15, 147 et tab. (1967). - Schl. 127' - Fig.-Tafel.

Loc. class.:Schleswig, Kreis Husum: Schwesing (K.FRID. 21.7.1895!)

SCH. kräftig, aus mäßig flachem Boden kriechend, zuletzt stumpfkantig mit gewölbten, seltener fast flachen Seiten, lebhaft (d.-)karminrot bis intensiv d.(violett-)rot, etwas glänzend, spärlich behaart, streckenweise verkahlend (durchschnittlich ca. (0-)1-2(-5) Härchen pro cm Seite), mit ungleich verteilten, feinen, ca. 0,5-1,5 mm lg., oft nur in Resten vorhandenen (Drüsen-)Borsten (durchschnittlich ca. 1-5 pro cm Seite) sowie mit meist nur vereinzelten, seltener zahlreicheren St.höckern und längeren (Drüsen-)St.chen. Größere St. deutlich von diesen Gebilden abgesetzt, ca. zu 5-10 pro 5 cm, aus sehr breitem Grund allmählich in eine lange dünne Spitze verschmälert, gerade, abstehend oder etwas geneigt, ca. 5-7(-8) mm lg.

B. handf. (seltener schwach fußf.) 5zählig, B.chen breit, obers. d.grün, etwas ledrig glänzend, zerstreut behaart (ca. 1-10 Härchen pro cm^2), unters. grünlich, fast glänzend, nicht fühlbar, nur auf den Nerven locker behaart, sonst verkahlend. Eb. mäßig lang gestielt (ca. 30-40 % der Spreite), mit deutlich herzf. Grund und kurzer, wenig abgesetzter Spitze, zunächst verlängert elliptisch bis umgekehrt eif., zuletzt stark verbreitert und $\pm$ kreisrund. Serratur tief und äußerst ungleichmäßig grob, periodisch mit längeren geraden oder $\pm$ auswärtsgerichteten Hz., zunächst enger und spitz (Fig. D1), später meist sehr weit und geschweift (Fig. D2), den B.chenumriß durch größere Absätze unregelmäßig gestaltend. Haltung lebend ungefaltet, mit aufwärtsgebogenen Rändern, am Rande (besonders vorn) kleinwellig und zusätzlich mit einer groben, die B.spitze verdrehenden Wellung, ä.Sb. ca. 3-4 mm lg. gestielt, mit $\pm$ abgerundetem Grund. B.stiel locker behaart, mit (ca. 10-15) stark geneigten geraden oder etwas gekrümmten St., obers. mit ziemlich zerstreuten, unters. ohne oder mit vereinzelten (Drüsen-)Borsten. Nb. schmal $\pm$ lineal, ohne Stieldrüsen, doch oft mit einzelnen (sub-)sessilen Drüsen. Austrieb mit schwacher Anthocyanreaktion (meist nur am Rande rotbräunlich überlaufen).

BLÜSTD. meist verlängert pyramidal und oben gestutzt, doch oft auch sehr umfangreich und dann bis oben breit; unten mit entfernteren kürzeren Ästen in der Achsel 3zähliger B., oben blattlos, mit aufrecht abstehenden ca. 3-7-blütigen, von der Mitte an oder darüber $\pm$ dichasial verzweigten Ästen. Achse sternhaarig und außerdem kurz abstehend mäßig dicht behaart, mit vielen, überwiegend in den Haaren versteckten Stieldrüsen und (Drüsen-)Borsten, meist ohne oder nur mit einzelnen längeren St.borsten, St.höckern und St.-chen. Größere St. zu ca. 1-5 pro 5 cm, aus breitem Grunde dünn, gerade und $\pm$ geneigt, ca. 5-6 mm lg. Blüstiel 1-2 cm lg., sternhaarig und kurz abstehend behaart, mit zahlreichen (>20) ungleichen, rotköpfigen oder ganz roten, größtenteils die Haare überragenden Stieldrüsen (durchschnittliche Lge. ca. 0,6 x, maximale Lge. bis ca. 1,5 x ⌀ des Blüstiels). Größere St. zu ca. 0-2, gerade, nadelig, ca. bis 2-3,5 mm lg. Kz. grün, unbewehrt, mit kurzen rötlichen Stieldrüsen, deutlich zurückgeschlagen. Krb. weiß bis b.rosa, (breit) elliptisch bis umgekehrt eif., vorn bewimpert und etwas eingekerbt, ca. 9-11 mm lg. Stb. die b.grünen Gr. etwas überragend. Antheren, Frkn. und Frbod. behaart. Sfr. gut entwickelt, höher als breit, mit großen Fr.chen. VII - VIII.

Eine sehr auffällige Pflanze, in unserer Flora allein schon kenntlich an der Merkmalskombination behaarter Antheren mit dem Radulae-Schößlingstyp und merkwürdigerweise dabei stieldrüsenlosen Nb. Charakteristisch sind ferner der lebhaft rote Sch., die eigentümlich grobgesägten breiten B.chen mit der durch Wellung lebend ± verdrehten Eb.spitze sowie die oft riesigen, bis ca. 1 m lg. Blüstde., die im Aufbau etwas an R. marianus erinnern. FRIDERICHSEN, der die Eiderbrombeere entdeckte und benannte, hielt sie für eine Varietät des R. thyrsiflorus Wh. - Zweifellos ist R. thyrsiflorus diejenige der WEIHEschen Arten, der R. eideranus am nächsten kommt, doch sind die Verschiedenheiten beider doch zu tiefgreifend, als daß sie nach heutiger Auffassung noch als innerhalb der Variabilität einer Species angesehen werden könnten. So hat der typische R. thyrsiflorus u.a. viel zarter bestachelte Sch., kürzer gestielte, 3- fußf. 5zählige B., ± herzeif. Eb., dichter bestachelte Blüstde., abstehende Kz., kahle Antheren und meist kahle Frkn. und weicht insbesondere durch seinen anderen Habitus lebend (loc. class.!!) stark ab. Die Angabe SUDREs, R. eideranus sei mit dem (u.a. in Bestachelung und B.form gänzlich unähnlichen) R. cavatifolius MÜLL. synonym, dürfte angesichts der großen Verschiedenheiten dieser beiden Arten auf einem Versehen beruhen.

ÄHNLICHE ARTEN: Vgl. 92. R. treeneanus. - Unähnlicher und wohl nur im Hb. bei oberflächlicher Betrachtung zu verwechseln ist 75. R. badius. Sonst ist R. eideranus im Gebiet ohne Doppelgänger.

ÖK. u. SOZ: Bislang in knickgesäumten Wegen (Reddern) und an Waldrändern in der R. drejeriformis- R. cimbricus-Gesellschaft u.a. mit Rubus drejeriformis, R. cimbricus, R. arrhenii, R. sciocharis, R. langei, R. insularis, R. euryanthemus und R. hystricopsis auf besseren Altmoränenböden in feuchtklimatischer Lage beobachtet.

VB: SH (endemisch?). - Bislang nur in Schleswig im Kreis Husum, hier aber an zahlreichen Stellen nachgewiesen: "Husum" (FRID. 94! - gemeint wohl Schwesing), Schwesing (FRID. 95! - "um Schwesing reichlich" A. CHRIST. 11!), Schwesing Kratt zw. Schwesing und Ahrenviöl (C.CHRIST. 11!), mehrfach zw. Ahrenviöl und Ohrstedt (67!! 68!!), zw. Immenstedt und Ahrenviöl (66!!), Bhf. Ohrstedt (FRID. 93!), Ohrstedt (FRID. 93! - gleicher Fundort wie vor.?), nordwestlich von Wittbek (62!! 66!!), Feldweg westlich der Straße von Ostenfeld nach Wittbek (62!! 66!!). Außerhalb SHs bislang nicht nach-

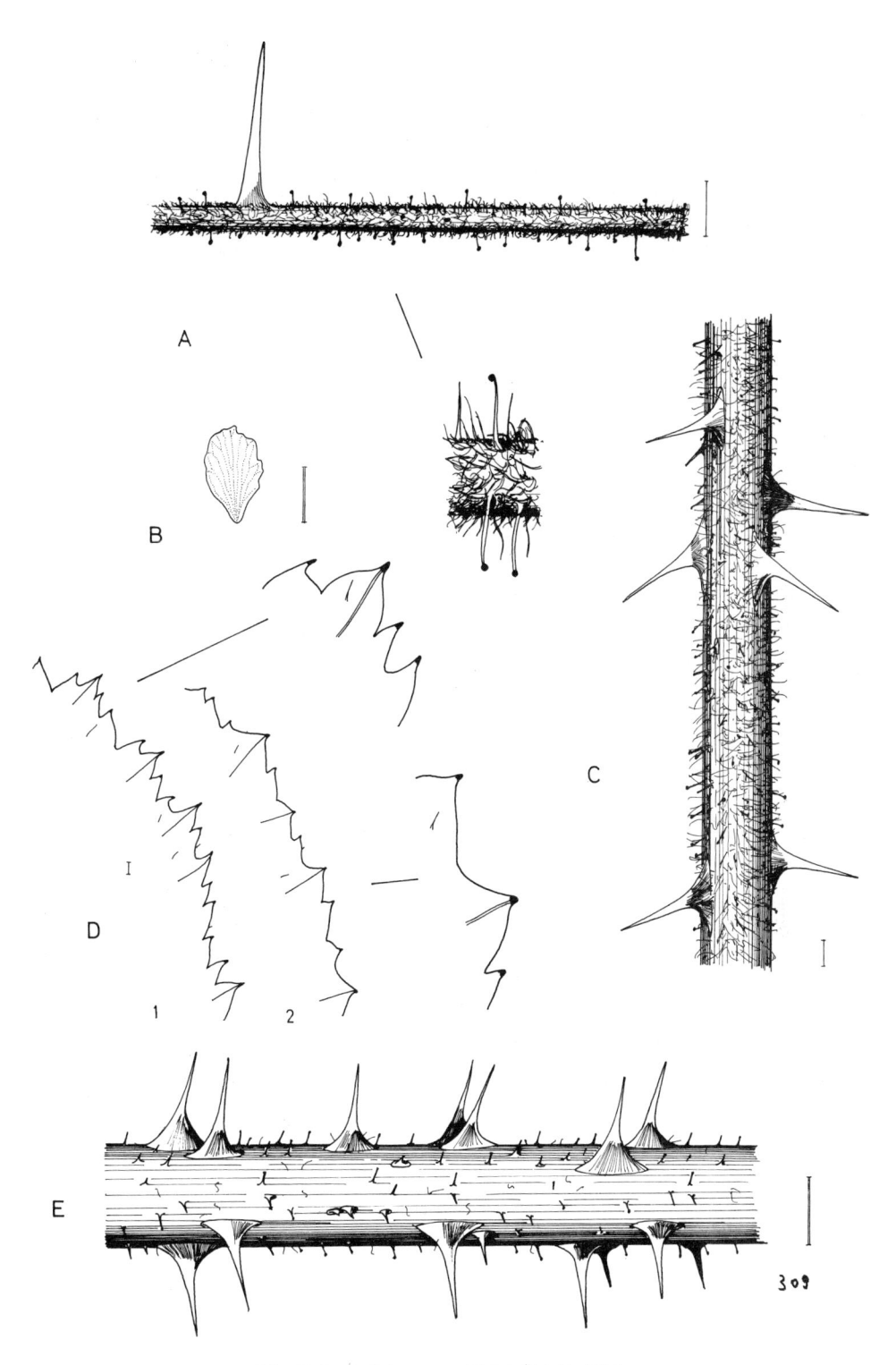

91. Rubus eideranus (Frid.) H.E. Weber

gewiesen, doch könnte die bislang noch nicht hinreichend beschriebene Pflanze - wie einige ihrer Begleitarten - vor allem auch in England vorkommen.

92. **Rubus treeneanus** H. E. WEBER prov. - Schl. 140'

Pflanze in zahlreichen Einzelmerkmalen mit 91. R. eideranus übereinstimmend, von diesem jedoch außer im Habitus vor allem in folgenden Einzelmerkmalen unterschieden:

SCH. mit kürzeren, nur ca. 5(-6) mm lg., z.T. etwas gekrümmten St. - B. 3- fußf. 5zählig, B.chen schmaler, weniger grob gesägt, unterseits stärker (etwas fühlbar) behaart, lebend ± glatt bis runzlig, nicht ausgeprägt grobwellig, Nb. stieldrüsig bewimpert. - BLÜSTD. mit dichteren und längeren Stieldrüsen, Blüstiel mit ca. 3-6 etwas gekrümmten St., Kz. mit zahlreichen Nadelst., zuletzt nur locker rückwärts abstehend. Antheren kahl, Frkn. kahl oder fast kahl.

Diese hier vorläufig als "Treene-Brombeere" aufgeführte Pflanze steht dem Rubus thyrsiflorus Wh. nahe und ist vielleicht nur als ssp. bzw. Varietät dieser Art zu betrachten. Abweichend vom typischen R. thyrsiflorus Wh. wie er noch heute am klassischen Fundort bei Volmerdingsen (Wiehengebirge) studiert werden kann (68!!), sind vor allem das länger gestielte, viel schmalere, sich randlich nicht mit den Sb. deckende, umgekehrt eif. Eb., das in der Tracht nur wenig an den echten R. thyrsiflorus erinnert, sowie die stacheligen Kz. Die Pfl. wurde in SH zuerst von A. CHRIST. (1911!) in einem großen Bestand zwischen Ahrenviöl und Oster-Ohrstedt gefunden und irrtümlich für R. apricus WIMMER gehalten. Noch 1966!! fand sie sich dort in einem Knick, wurde aber dann 1967 durch großräumige Umgestaltung des Gebietes vernichtet. In ca. 13 km Luftlinien-Entfernung entdeckte sie der Vf. außerdem in einem kümmernden, von Ruderalstauden überwucherten Bestand an der Straße zw. Eggebek und Kl. Jörl (66!! 67!!). Sehr wahrscheinlich kommt R. treeneanus auch sonst noch mehrfach in Schleswig vor und wäre dann anhand noch aufzufindender, typisch entwickelter Sträucher auf die tatsächliche Verwandschaft mit R. thyrsiflorus hin zu überprüfen.

93. **Rubus stormanicus** H. E. WEBER nov. spec. (Stormarner Brombeere). - Syn. R. menkei ssu. ERICHSEN, Verh. Naturwiss. Ver. Hamburg, ser. 3;8 : 39 (1900) et postea, JUNGE, A. CHRIST. et al. auct. holsatici non WEIHE ap. BLUFF & FINGERHUTH, Comp. Fl. Germ. 1: 679 (1825); R. thyrsiflorus ssu. SONDER, Fl. Hamb. 279 (1851) non WEIHE, l.c. 684 (1825). - Holoty-

pus Nr. 70.716.2a leg. H.E.WEBER in Holstein: Wegrand zw. Hoisdorf und Gölm 16.7. (flor.) et 2.9. (fol.) 1970. - Schl. 138 - Fig. - Tafel - Karte.

Frutex mediocris. - Turio arcu modice humile procumbens, autumno radicans, mediocriter crassus, obtusangulus, lateribus ± planis, deinde convexis, opacus, inaequaliter et diffuse obscure rubescens, partim saepe paulum pruinosus, pilis praecipue solitariis satis obsitus. Aculei et aciculi (glanduliferi) evidenter in duobus longitudinibus: Aculei majori (ca. 8-11 ad 5 cm) tamquam 4-5(-6) mm longi, basi valde dilatati, reclinati, partim recti, partim falcati vel omnes ± curvati. Aculei minores et gibbi modice numerosi transeuntes in glandulas stipitatas copiosas subaequales, ca. 1 mm longas.

Folia foliolis lateralibus saepe paulum lobatis 3nata, singula interdum 4nata. Foliola implicata, margine non undulata, supra opaca, viridia vel obscure viridia, sparsim pilosa, subtus pallidiora, pilis ad nervos pectinatis micanter et ± molliter velutina, pilis minutis stellulatis nullis vel rarissimis. Foliolum terminale breviter petiolatum (ca. ter usque ad quadruplo petiolo proprio longius), ellipticum vel obovatum, saepe subrhomboideum, basi anguste rotundatum vel subcordatum, rarius cuneatum, apice gradatim vel ± abrupte breviter acuminatum. Serratura modice aequalis, dentes principales ± recti, omnes dentes ± mucronati. Petiolus patenter dense pilosus, aculeis curvatis gracilibus et praecipue supra glandulis stipitatis multis obsitus. Stipulae filiformes, pilis et glandulis stipitatis ciliatae. Foliola novissima nitide flavo-virescentes, praecipue margine ± brunne rubescentes.

Inflorescentia oblonge pyramidalia, usque ad apicem foliosa, foliis inferioribus 3natis. Rami superiores leviter erecte patentes, maxima parte cymose 3flori, rami inferiores (plerumque tarde proliferentes) generaliter quam bracteae propriae breviores. Ramus florifer dense subhirsute pilosus, superne insuper pilis stellulatis adpressis obsitus. Glandulae stipitatae rami floriferi densae, maxima parte subaequilongae et pilos non superantiae, singulae instar aciculi (glanduliferi) valde longiores. Aculei majores generaliter distincte aciculis different, modice densi, e basi dilatati, graciles, leviter reclinati, partim recti, partim falcati, ca. 3-4(-5) mm longi. Pedunculi ca. 1 cm longi, dense et confuse breviter hirsuti, praeterea pilis longioribus sparsis vel nullis instructi. Aculei pedunculi majores ca. 3-6, recti vel leviter curvati, tamquam 1,5-2 (-3) mm longi, praeterea aciculi (glanduliferi) transeuntes in multas glandulas stipitatas rubras, illae subaequilongae, pubescentiam densam superantes (in herbario maxima parte vix ad diametro pedunculi longae, paucae usque ad unus dimidiatusque longiae). Sepala cono-viridio-tomentosa, inermia vel aciculis paucis munita, glandulis rubris copiose instructa, post anthesin laxe reflexa, in fructu maturo ± patentia. Petala alba vel dilute rosea, anguste elliptica vel subobovata, ca. 10-12 mm longa. Stamina stylos virescentes valde superantia. Antherae glabrae, germina receptaculumque pilosa. Fructus bene evolutus, globosus vel parum altior quam latus. Floret VII-VIII.

Rubo menkei WEIHE affinis videtur et adhuc quo commutatus est, sed manifeste a quo hoc modo differt:

Aculei turionis et praecipue rami floriferi valde breviores et magis curvati, foliolum terminale minus aperte obovatum, totaliter alio modo praecipue valde minus grosse serratum. Pedunculi minus aculeati, germina pilosa. Planta glandulis breviore stipitatis et magis aequilongiis obsita.

Crescit in Holsatia, praecipue in regione Stormaniae (ut nomine speciei indicatus est).

SCH. mäßig kräftig, aus flachem Bogen kriechend, zuletzt wurzelnd, stumpfkantig mit $\pm$ flachen, später gewölbten Seiten, matt, etwas ungleich d.weinrot überlaufen, oft stellenweise schwach bereift, mit vorwiegend ungebüschelten, abstehenden Haaren (ca. 10-30 pro cm Seite). Hauptmasse der St. und (Drüsen-)Borsten deutlich auf zwei Größenordnungen verteilt: Größere St. zu ca. 8-11 pro 5 cm, nur 4-5(-6) mm lg., aus stark verbreitertem Grund rückwärtsgeneigt, teils gerade, teils sichelig oder alle $\pm$ gekrümmt. Kleinere St.chen und St.höcker zerstreut bis mäßig zahlreich als Übergänge zu vielen (ca. 10 pro cm Seite) überwiegend gleichlangen (ca. 1 mm lg.)(Drüsen-)Borsten.

B. 3zählig, oft mit gelappten Sb., einzelne B. nicht selten auch 4zählig. B.chen obers. matt grün - d.grün, zerstreut behaart (ca. 1-5 Haare pro cm^2), unters. blasser, von auf den Nerven gekämmten Haaren schimmernd und $\pm$ weichhaarig, ohne oder nur mit einem Anflug von Sternhärchen. Eb. kurz gestielt (25-33 % der Spreite), aus meist schmalem, abgerundetem oder seicht herzf., seltener keiligem Grund elliptisch bis umgekehrt eif., allmählich oder schwach abgesetzt kurz bespitzt, im Umriß oft etwas rhombisch. Serratur ziemlich gleichmäßig mit gleichlangen $\pm$ geraden Hz., Zähnchen mit abgesetzten Spitzen. Haltung ungefaltet, im Querschnitt flach oder seicht U-förmig, am Rande fast glatt. B.stiel reichlich abstehend behaart, mit (ca. 8-12) dünnen gekrümmten St., besonders oberseits mit vielen Drüsenborsten. Nb. fädig, haarig und stieldrüsig bewimpert. Austrieb glänzend gelbgrün, besonders am Rande h.rotbräunlich überlaufen.

BLÜSTD. verlängert pyramidal, bis zur Spitze durchblättert, untere B. 3zählig. Obere Äste schwach aufrecht abstehend, überwiegend trugdoldig 3blütig, unters. noch spät nachtreibende Äste mehrblütig, meist kürzer als ihre Tragblätter. Achse dicht abstehend fast zottig behaart, nach oben zu auch anliegend sternhaarig, Stieldrüsen dichtstehend, größtenteils fast gleichlang und die Behaarung nicht überragend, einzelne (Drüsen-)Borsten viel länger. Größere St. meist deutlich davon abgesetzt, zu ca. 7-12 pro 5 cm, aus breitem Grund mit dünner geneigter, teils gerader, teils gekrümmter Spitze, 3-4 (-5) mm lg. Blüstiel ca. 1 cm lg., dicht verwirrt abstehend behaart (bis ca. 0,5 x $\emptyset$ des Blüstiels), längere (bis ca. 1 x $\emptyset$ des Blüstiels) abstehende Haare fehlend oder zerstreut. Größere St. zu ca. 3-6, nur 1,5-2 (-3) mm lg., gerade oder schwach gekrümmt, außerdem einzelne kleinere St.chen und Drüsenborsten als Übergänge zu zahlreichen (>50) roten Stieldrüsen von überwiegend gleicher, die dichte Behaarung überragender Länge (Lge. meist 0,5-1 x,

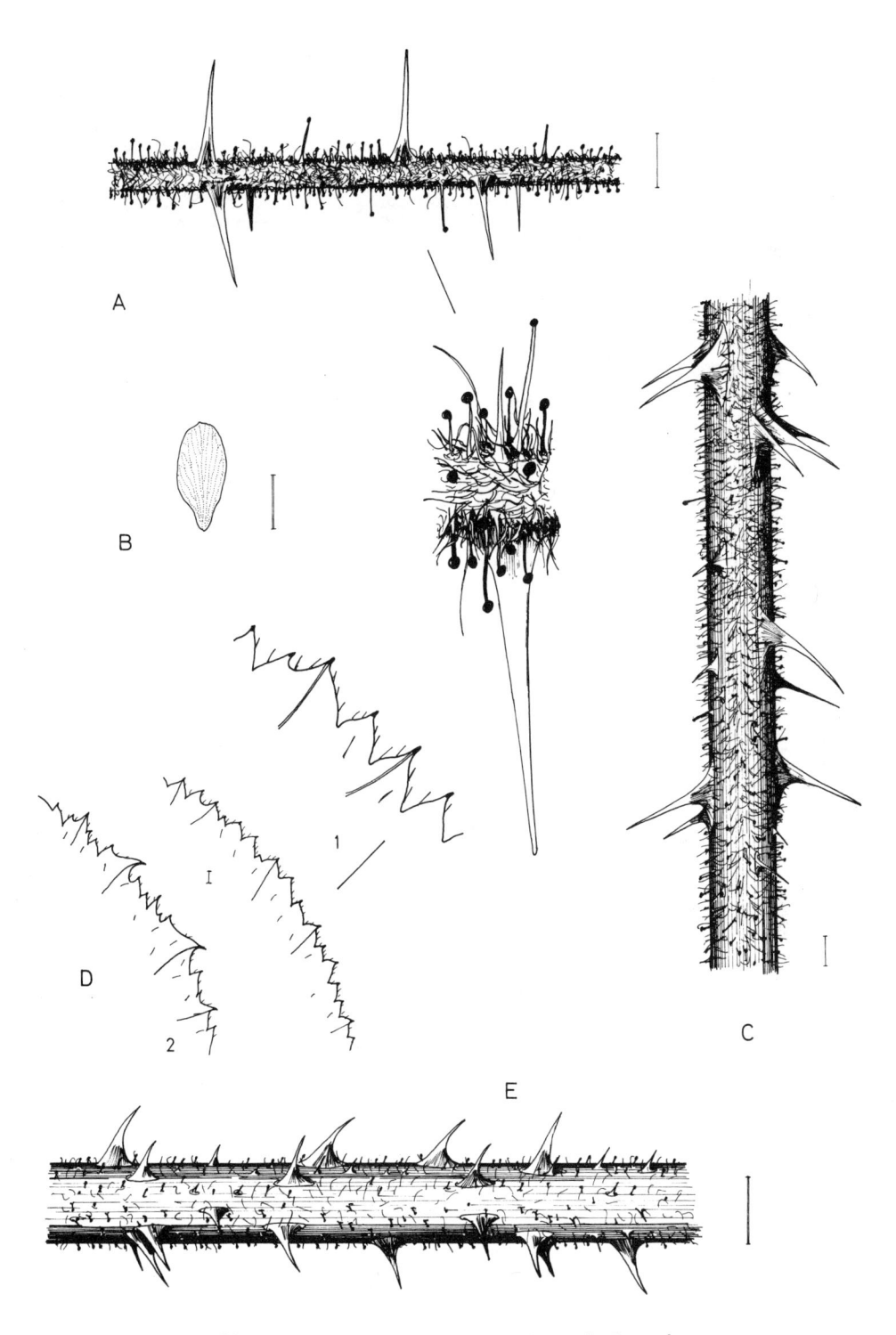

93. Rubus stormanicus H.E. Weber. A-E excl.
Rubus menkei Wh. D2

einzelne bis 1,5 x Blüstiel-∅). Kz. graugrün filzig, ohne oder mit einzelnen kleinen St.chen, dagegen mit vielen roten Stieldrüsen, an der reifen Sfr. ± ausgebreitet, vorher locker zurückgeschlagen. Krb. weiß oder b.rosa, schmal elliptisch oder etwas umgekehrt eif., ca. 10-12 mm lg., Stb. die b.grünen Gr. weit überragend, Antheren kahl, Frkn. und Frbod. behaart. Sfr. wohlentwickelt, rundlich oder etwas höher als breit. VII - VIII (später als z.B. R. sprengelii).

Charakteristisch für diese Art wie auch für R. menkei sind die ähnlich wie bei R. pallidus bestachelten, behaarten und stieldrüsigen Sch. in Verbindung mit 3zähligen, unters. schimmernd weichhaarigen B., dabei liegt bei R. stormanicus die größte Breite des Eb. meist oberhalb oder innerhalb der Mitte, von der es dann oft fast gleichmäßig beidseits verschmälert ist; nicht selten findet man es auch mehr eif. und dann länger bespitzt. Die Pflanze ist zunächst von SONDER für R. thyrsiflorus Wh., dann (seit ER. 1900, 39) von allen Autoren bislang für R. menkei Wh. gehalten worden, wenn auch mit einigem Widerstreben, wie die Herbarnotizen zeigen. So war z.B. FRID. eher geneigt, sie zu seinem R. propexus zu stellen, während GELERT und FOCKE sich dafür entschieden, sie als eine breitblättrige Form des R. menkei zu betrachten. Nach dem Studium des echten R. menkei Wh. lebend an seinem Originalfundort bei Pyrmont (1968!!) und an verschiedenen Stellen vom Wesergebirge!! bis zum Schwarzwald!! erscheint uns die ERICHSENsche Auffassung nicht länger haltbar. Zwar gehört R. stormanicus eindeutig in den Verwandtschaftskreis des R. menkei, stellt aber eine eigene Ausbildung dar, die deutlich von dem sonst weithin einheitlich auftretendem echten R. menkei abweicht. Letztere Art hat SUDRE (1908-13, t. 154) sehr treffend abgebildet (im Gegensatz zu BEIJERINCK - 1956, t. 55 -, der stattdessen ein Herbarphoto einer vollständig verschiedenen Pflanze, anscheinend R. pallidus Wh., bringt). R. menkei fällt vor allem durch das schmale, bis kurz unterhalb der Spitze verbreiterte, dann plötzlich bespitzte Eb. auf, das vorn grob mit längeren, stark auswärtsgekrümmten Hz. gesägt ist. Seine Form und Serratur sind von der des R. stormanicus sehr verschieden, außerdem hat R. menkei meist länger gestielte Eb., viel längere, dichtere und gerade St. besonders an der Blüstd.achse, weniger deutlich auf dem Sch., dichter bestachelte Blüstiele, an allen Achsen ungleichere und längere Stieldrüsen und (immer?) kahle Frkn.

ÄHNLICHE ARTEN: R. menkei Wh. (vgl. oben) dringt aus dem Hügelland kaum ins nwdt. TL vor - wir sahen ihn nicht nördlicher als bei Petershagen nördlich von Minden (68!!).- R. menkei Wh. var. ellipticifolius JENSEN (in Hb.) ex FOCKE, Abh. Natw. Ver. Bremen 13: 152 (1894). Eine solche Pflanze mit elliptischen, am Grunde abgerundeten B.chen soll JENSEN nach FOCKE in Angeln (Schleswig) gefunden haben und soll nach FOCKE (1902, 556) auch in Brabant vorkommen. Sie ist uns bislang weder als Herbarbeleg noch in der Natur begegnet. Auch FRID. und GEL. kannten sie offenbar nicht. Möglicherweise gehört sie zu 94. R. propexus, der sich durch die im Schl. unter Nr. 138' genannten Merkmale von R. stormanicus unterscheidet. - Vgl. ferner 96. R. cruentatus, 68. R. teretiusculus sowie den unähnlicheren, sehr ungleich bestachelten 99. R. pygmaeus.

ÖK. u. SOZ: Vorzugsweise in ärmeren Pruno-Rubetum radulae-Gesellschaften auf kalkfreien, anlehmigen Jung- und Altmoränenböden u.a. in Gesellschaft von R. radula, R. hypomalacus, R. pyramidalis, R. sprengelii, R. leptothyrsus, R. silvaticus und R. nemorosus.

VB (s. Karte): Nur in Holstein, hier besonders im südlichen Kreis Stormarn und angrenzenden Teilen Hamburgs und Lauenburgs in einem ca. 300-400 km^2 umfassenden Gebiet zerstreut, streckenweise ziemlich häufig. An zahlreichen Stellen schon von ER. nachgewiesen: Besonders reichlich zw. Oetjendorf, Todendorf und Sprenge (67!! 70!!). Ferner zw. Hoisdorf und Gr. Hansdorf (ER. 95!), zw. Siek und Großensee (70!!), zw. Trittau und Bollmoor (ER. 95!) und in der Hahnheide (JUNGE 1904, 88), Autobahnauffahrt Stapelfeld (62!! - hier inzwischen vernichtet), Reinbek (SCHLOTTMANN nach SONDER, ER. 98!, KLEES 08!, FITSCHEN 08! - hier in Knicks in Richtung auf Schönningstedt 62!! 63!!), zw. Glinde-Wiesenfeld und Schönningstedt (62!! 66!!) zw. Reinbek und Silk (ER. 96!) und am Wege nach Wohltorf (ER. 98!), bei Billkamp und am Wege nach Kröppelshagen (ER. 1900, 39), Aumühle beim Bahnübergang (ER. 91! ZIMPEL 98! - 1962!! noch spärliche Rest im nahen Walde), bei Friedrichsruh (ER. 01!), Bergedorf (SONDER 1851, 279), Wandsbek (TIMM 98), zw. Saselerberg und Meiendorf (ER. 99!), zw. Wellingsbüttel und Sasel (TIMM 03!,ER. 03!), Berne (TIMM nach ER. 1900, 39). Außerdem bei Plön: Nehmten und am Parnaß (ER. 01.- ER. 1931, 59). - Außerhalb SHs bislang nicht nachgewiesen. Der von FOCKE (1902, 556) aus dem Raum Harburg erwähnte breitblättrige "R. menkei" (leg. ER.) gehört zu 96. R. cruentatus.

94. **Rubus propexus** K.FRIDERICHSEN, Bot. Tidsskrift 16: Resumée (31) (1888). - Syn. kollundicola C.E.GUSTAFSSON, Svensk. Bot. Tidskr. 29: 407-409 (1935), R. bloxamii ssu. K.FRID. ap. RAUNKIAER, Dansk Ekskursionsfl. 160 (1922) et ssu. ERICHSEN ap. CHRISTIANSEN, Fl. v. Kiel 151 (1922) non LEES ap. STEELE, Handb. Field Bot. 55 (1847), R. menkei Wh. f. ssu. E.H.L.KRAUSE ap. PRAHL, Krit. Fl. Prov. SH 2: 77 non R. menkei WEIHE 1825. - Schl. 138', 143.

Loc. class.: Knicks bei Holtenau b. Kiel (11.8.1887 K.FRID., = FRID. & GEL. exs. n. 71!)

Pflanze dem 93. R. stormanicus ähnlich. Abweichend durch die im Schlüssel unter Nr. 138' genannten Merkmale, insbesondere durch die überwiegend 5zähligen B. mit andersgeformten, breiteren Eb. sowie durch kürzere Stieldrüsen an den Blüstielen. Das Verhalten der Kz. ist schwankend, indem diese abweichend von der Originalbeschreibung zuletzt auch zurückgeschlagen sein können (nach FRID. in litt. an ER. 1896 in Hb. Hamburg, vgl. auch FRID. 1922, 160 unter R. bloxamii). Nach FRID. stellt die Art eine Merkmalsmischung zw. R. bellardii und R. vestitus dar. Auch GUSTAFSSON hält sie wegen ihres pentaploiden Chromosomensatzes (2 n = 35) für eine hybridogene Art, nimmt jedoch R. pyramidalis als einen der Stammeltern an.

Die Art wurde später von FRID. (dessen Ansicht auch ER. 1922, 151 wiedergibt) mit dem englischen R. bloxamii vereinigt, eine Auffassung, die nach C.E.GUSTAFSON (loc. cit.) jedoch nicht haltbar ist. Da GUSTAFSON den R. propexus nicht kannte, benannte er die Art (nach ihrem Fundort) neu als R. kollundicola. Diese Bezeichnung ist jedoch wegen der Priorität des R. propexus hinfällig.

ÄHNLICHE ARTEN: 93. R. stormanicus und 95. R. lamprotrichus (vgl. Schl. Nr. 137 f.)

VB: R. propexus kam früher "in Menge" in den Knicks zw. Friedrichsort und Holtenau bei Kiel vor (FRID. & GEL. 86!, FRID. 87!, GEL. 93!, FRID. 94!), scheint aber heute in diesem Gebiet nach Vernichtung der Standorte durch Ausweitung der Stadt Kiel ausgerottet zu sein (erfolglose Nachsuche 1966). Sie wächst jedoch heute noch in DK unmittelbar jenseits der sh. Grenze bei Flensburg: außerhalb des Kupfermühlenholzes in Richtung auf Kollund (FRID. 1927! als R. bloxamii LEES f. propexus K.FRID.) und reichlich in Knicks bei Kollund (nach FRID. 1922, 160 u. GUST. l.c.). Möglicherweise ist sie weiter verbreitet und auch noch diesseits der Grenze auf deutschem Gebiet zu finden.

95. **Rubus lamprotrichus** SUDRE ap. GANDOGER, Nov. Consp. 151 (1905) et in Bull. Acad. Géogr. Bot. 15: 227 (1905). - Syn. R. hirsutus ssu. FRID. & GELERT ap. BOULAY & BOULY DE LESDAIN, Rubi praesert. Gall. exs. no. 179 (1901) non WIRTGEN, Prod. Fl. Prov. Rheinld. 61 (1841) nec. J. & C.PRESL, Delic. prag. 221 (1822) nec. THUNBERG, Diss. Rub. 7 (1813), R. menkei Wh. ssp. oblongifolius (P.J.MÜLLER) FOCKE forma ap. ASCHERSON & GRAEBNER, Syn. mitteleur. Fl. 6,1: 556 (1902). - Schl. 137, 146 - Tafel.

Loc. class.: SH: Zw. Ostenfeld und Rott, Kreis Husum (FRID. & GELERT 26.7. et 14.8.1898 !)!!

SCH. flachseitig oder rundlich-stumpfkantig, dichthaarig, mit ca. 5-10 dünnen, geneigten oder etwas gekrümmten, meist lebhafter als der Sch. gefärbten, 4-5 mm lg. St. pro 5 cm und einzelnen kleineren St.chen und St.hökkern als Übergänge zu vielen sehr dünnen, leicht brechenden, bis 3 mm lg. Drüsenborsten.

B. 3zählig mit gelappten Sb. sowie 4- fußf. 5zählig. B.chen obers. glänzend d.grün, etwas runzelig, mit 10->20 Haaren pro cm^2, unters. auf den Nerven gekämmt und schimmernd weich behaart. Eb. kurz gestielt (25-30 % der Spreite), aus herzf. Grund verlängert eif., oft etwas parallelrandig, elliptisch oder angedeutet fünfeckig, allmählich lang bespitzt. Serratur wenig tief, nicht eng, gleichmäßig. B.stiel obers. dicht lg. drüsenborstig, mit dünnen

krummen St., Austrieb (immer?) gelblichgrün.
BLÜSTD. locker pyramidal, dicht zottig-filzig behaart, Achse mit pfriemlichen, geneigten geraden oder etwas gebogenen 3-4(-5) mm lg. St. und vielen, die Behaarung z.T. weit überragenden Drüsenborsten. Blüstiel mit (ca. 2-5) geraden oder schwach gekrümmten 2-3(-4) mm lg. Nadelst., zahlreicheren kleineren (Drüsen-)Borsten und vielen (>50), die Behaarung weit überragenden, langen, ± rotköpfigen, sonst blassen Stieldrüsen (Lge. durchschnittlich 1,5-2 x, maximal bis zu 4 x Blüstiel-Ø), Kz. grünlich, vielstachelig, abstehend, Krb. weiß, schmal elliptisch, ca. 8 mm lg., Stb. mit kahlen Antheren, länger als die b.grünen Gr., Frkn. kahl. Sfr. rundlich, gut entwickelt. VII.

R. lamprotrichus ist bislang nur in SH am Wege zw. Ostenfeld und Rott (FRID. & GEL. 98!), sozusagen der "Klassischen Brombeermeile" SHs, gefunden worden. Noch heute (1967!! 68!!) wächst er hier an der alten Stelle nahe dem Orte Rott. Möglicherweise war diese Brombeere vor Rodung vieler Knicks im dortigen Gebiet noch an mehreren Stellen verbreitet. Ebensogut mag es sich aber auch von Anfang an um einen Einzelgänger gehandelt haben, dessen Artberechtigung damit problematisch ist, sofern nicht noch weitere Vorkommen entdeckt werden.

SUDRE (1908-13, 152) stellt ihn mit einigem Recht in die Nähe von R. thyrsiflorus Wh., der sich jedoch u.a. durch viel breitere, nicht weichhaarige B.chen, wenig behaarten Sch., kürzere Stieldrüsen im Blüstd. und wenig bewehrte Kelche unterscheidet. R. hirsutus WIRTGEN, für den FRID. & GEL. ihn ausgaben, ist u.a. durch umgekehrt eif., mehr abgesetzt bespitztes Eb. und kürzere Stieldrüsen verschieden. Zum echten R. menkei Wh. bestehen nur sehr oberflächliche Beziehungen, eher könnte R. lamprotrichus als ein versprengtes, besonders durch längere Stieldrüsen und andere B.form abweichendes Glied aus der R. propexus-Verwandtschaft aufgefaßt werden.

ÄHNLICHE ARTEN: Vgl. R. propexus und R. stormanicus (Schl. Nr. 137 f.).

96. **Rubus cruentatus** P.J.MUELLER ap. WIRTGEN, Hb. Rub. rhean. ed. 2: no. 36 (1861), Jahresber. Pollichia 16/17: 294 (1859) nomen, R. decorus ssu. FOCKE in ASCHERSON & GRAEBNER, Synopsis mitteleur. Fl. 6,1: 554 (1902) an P.J.MUELLER, Flora 41: 151 (1858)? - ZSchl. I: 7, II: 10'.

SCH. niedergestreckt, nicht kräftig, rundlich-stumpfkantig, wenig bis reichlich (bei uns mit ca. 5-10(-20) einfachen Haaren pro cm Seite) behaart, mit zahlreichen (ca. 3->10 pro cm Seite) haarfeinen, unterschiedlich langen (bis 2-3 mm lg.) Stieldrüsen und einzelnen längeren nadeligen Drüsenst. Größte St. zu ca. 3-12 pro 5 cm, nur unten breit, sonst sehr dünn, geneigt gerade oder wenig gekrümmt, 4-5(-6) mm lg.
B. überwiegend 3- daneben 4- fußf. 5zählig, B.chen obers. matt grün, mit

> 10 Haaren pro cm^2, unters. blaß grün, kaum fühlbar, vorwiegend auf den Nerven etwas gekämmt behaart. Eb. kurz gestielt (ca. 20-25 % der Spreite), aus gestutztem bis etwas herzf. Grund elliptisch oder mäßig breit umgekehrt eif., $\pm$ allmählich mittellang bespitzt. Serratur wenig tief, gleichmäßig oder etwas periodisch mit schwach auswärts gekrümmten Hz.; ungefaltet, am Rande fast glatt. B.stiel (bei uns) wenig behaart, mit pfriemlichen geraden oder etwas gebogenen St., obers. reichlich stieldrüsig. Nb. fädig, stieldrüsig. Austrieb mit fehlender bis schwacher Anthocyanreaktion.

BLÜSTD. pyramidal, im oberen blütentragenden Teil (fast) blattlos und mit kurzen, abstehenden wenigblütigen (meist nur 1-3blütigen) Ästen, unten mit 3zähligen B. Achse dünn, etwas hin und her gebogen, abstehend und dazu oft sternflaumig-filzig behaart, stieldrüsig, mit zerstreuten nadeligen (nur unmittelbar an der Basis verbreiterten), ca. 4-5 mm lg., geraden oder fast geraden St. Blüstiel 1-1,5(-2) cm lg., filzig kurzhaarig, mit langen ungleichen Stieldrüsen (Lge. bis ca. 3 x Blüstiel-Ø), unbewehrt oder mit vereinzelten (kaum mehr als 2) geraden, bis 2 mm lg. Nadelst.chen, Kz. graulich grün, unbewehrt, zuletzt locker zurückgeschlagen, Krb. weiß bis b.rosa, schmal elliptisch, ca. 10-12 mm lg., Stb. länger als die weißlichen Gr., Antheren und (bei uns immer?) Frkn. kahl, Frbod. reichlich behaart. Sfr. rundlich. VII - VIII

Die zarten dünnen Stieldrüsen des Sch. brechen leicht ab, so daß dieser zuletzt nur zerstreut stieldrüsig erscheinen kann. Kennzeichnend sind vor allem der Aufbau und die sehr zarte, oft fehlende Bestachelung des Blüstds. sowie die langen Stieldrüsen der meist unbewehrten Blütenstiele. - Die hier beschriebene Pflanze, wie sie im nwdt. TL bei Harburg anzutreffen ist, wurde bereits von ihrem Entdecker ERICHSEN (1900, 41) als R. cruentatus bestimmt. Dabei stützte er sich auf das Urteil FOCKEs (in litt. 1899!) sowie auf Vergleichsmaterial aus dem Schwarzwald (Elztal) von GÖTZ. Tatsächlich ähneln diese badischen Exemplare (!) der Harburger Form in den wesentlichsten Zügen, unterscheiden sich aber doch vor allem durch dichthaarig-filzige Sch., dichthaarige Frkn., blutrote Krb. (nach GÖTZ 1894, 155) und zahlreichere St. an den Blüstielen. Eine endgültige Beurteilung unserer Pflanze kann erst nach einem Vergleich mit gesicherten R. cruentatus-Exemplaren vorgenommen werden, die im originalen Fundgebiet um Koblenz gesucht werden müssen. FOCKE (1902, 554) führt die hiesige Brombeere als R. cruentatus (= R. decorus ssu. FOCKE) an, doch bezieht sich offenbar auch seine Angabe breitblättriger R. menkei-Formen "bei Harburg" auf dieselbe Art.

ÄHNLICHE ARTEN: 93. R. stormanicus entfernt ähnlich, doch u.a. mit viel derberen St., hoch durchblättertem Blüstd. und unters. weichhaarig-schimmernden B.chen.

ÖK. u. SOZ: Wenig bekannt. Anscheinend bevorzugt in Waldungen und hinsichtlich des Bodens nicht sehr anspruchsvoll, zusammen mit R. gratus, R. leptothyrsus, R. plicatus, R. sciocharis, R. arrhenii und R. aequiserrulatus beobachtet.

VB: zentral- bis westeuropäisch. Im Gebiet anscheinend nur in Ns. in der nördlichen Lüneburger Heide nahe Harburg, hier stellenweise reichlich: Um Jesteburg verbreitet (ER. 1900, 41, zw. Jesteburg u. Asendorf ER. 01! - 69!! 70!!), Itzenbüttel (ER. 98!), zw. der Bendestorfer Mühle u. Lohhof (ER. 00!), bei Bendestorf u. im Kleckerwald (ER. 1900, 41), zw. Hanstedt und Asendorf (69!!). - Nach FRID. (1922, 158) angeblich auch in DK auf Alsen: Oles Kobbel bei Adserballeskov (hier mit dichthaarigem Sch. und manchmal roten Gr. - ein Beleg von FRID. konnte im Hb. Kopenhagen unter R. cruentatus nicht gefunden werden). - Weitere VB: Mitteleuropa westlich der Elbe, besonders am Mittelrhein, im Schwarzwald und in den Vogesen, westl. Schweiz, Belgien, England.

Series 9. Hystrices F.

97. Rubus hartmani GANDOGER ex SUDRE ap. GANDOGER, Novus consp. Fl. eur. 153 (1905). - Syn. R. horridus HARTMAN, Handb. Skand. Fl. ed. 2: 139 (1832) non C.F.SCHULTZ,Fl. Starg. Suppl. 30 (1819). - Schl. 148 - Fig. - Tafel - Karte.

SCH. aus mäßig flachem Boden kriechend, stumpfkantig rundlich, anfangs mit etwas intensiver gefärbten St., zuletzt $\pm$ gleichmäßig matt d.(violett-) weinrot, dicht und etwas steif $\pm$ abstehend behaart (ca. 15->30 Haare pro cm Seite), mit vielen (ca. 3->10 pro cm Seite), ungleichlangen, feinen (Drüsen-)Borsten und Stieldrüsen. Größere St. zu ca. 12-30 pro 5 cm, aus breitem Grunde dünn, geneigt, teils wenig, teils deutlich sichelig, ca. (4-)5-6 (-7) mm lg., nur schwer, oft gar nicht abzugrenzen gegen zahlreichere kleinere gerade, zu den Stieldrüsen überleitenden, ca. 2-3 mm lg. St.chen, (Drüsen-)Borsten und St.höckern.

B. fußf. 5zählig, einzelne auch 3-4zählig, B.chen obers. (d.)grün, etwas glänzend, mit zerstreuten Härchen (ca. 1-3 pro cm^2), unters. matt grün, (in SH) nur wenig, nicht fühlbar und ohne Sternhärchen behaart (in Schweden und England reichlicher und manchmal angeblich $\pm$ filzig behaart). Eb. ziemlich kurz gestielt (ca. 30-35 % der Spreite), aus abgerundetem oder etwas herzf. Grund länglich elliptisch bis umgekehrt eif., zuletzt oft ziemlich breit, allmählich lang, seltener nur kurz bespitzt. Serratur ungleich, periodisch mit etwas längeren, meist auswärts gekrümmten Hz., Zähnchen aufgesetzt bespitzt. Haltung lebend im Querschnitt $\pm$ flach, längs etwas gefaltet, am Rande kleinwellig, ä.Sb. ca. 4-6 mm lg. gestielt, mit keiligem oder abgerundetem Grund. Ansatzpunkt der B.chenstiele obers. dicht filzig-zottig. B.stiel reichlich abstehend, obers. dazu auch sternflaumig behaart, mit (ca. 15-25) krummen bis hakigen St., obers. meist dicht, unters. nur zerstreut (drüsen-)borstig. Nb. zerstreut drüsig und mit Haaren bewimpert. Austrieb (wie bei R. pallidus) mit intensiver Anthocyanreaktion (meist d.rotbraun).

BLÜSTD. ± pyramidal, fast bis oben durchblättert, obere Äste ca. (2-) 3-5blütig, mit (breit-)lanzettlichen Tragblättern, in ihrer Mitte oder auch weit darunter ± trugdoldig verzweigt, untere Äste kürzer oder länger als ihre 3zähligen Tragb., Achse abstehend zottig und dazu sternflaumig behaart, dicht besetzt mit überwiegend in den Haaren versteckten, teils sie jedoch weit überragenden Stieldrüsen, (Drüsen-)Borsten und vielen längeren Borsten und St.chen. Größere St. nicht oder nur undeutlich davon abgesetzt, sehr dicht stehend (ca. 15->20 pro 5 cm), dünn, teils wenig, teils stärker sichelig gekrümmt, bis 5-6 mm lg. Blüstiel 1,5-2 cm lg., dicht kurz (< als der Blüstiel-$\emptyset$) zottig-filzig, mit vielen ungleichen, in der Mehrzahl die Haare weit überragenden, roten Stieldrüsen und (Drüsen-)Borsten (Lge. bis > 2 x so lg. wie der Blüstiel-$\emptyset$). St. zahlreich (ca. (10-)15-25), etwas geneigt, schwach gebogen, ca. bis 2-3 mm lg. Kz. grünlich zottig, dicht rot stieldrüsig und mit vielen St.chen, rückwärtsgerichtet abstehend. Krb. weiß bis b.rosa, umgekehrt eif., ca. 10-11 mm lg. Stb. die in SH am Grunde rötlichen, aus anderen Gebieten als grün angegebenen Gr. kaum überragend. Antheren kahl, Frkn. kahl (so in SH) oder wie der Frbod. behaart. Sfr. rundlich, so hoch oder höher als breit. VII - VIII. - 2n = 28 u. 35.

Diese schwedische, bislang noch nicht aus Deutschland bekannte Art nähert sich - jedenfalls bei uns - in vieler Hinsicht R. pallidus, so in Form und Behaarung der B. (wenn auch R. pallidus ein am Grunde deutlich herzf. Eb. besitzt), in der Farbe des Austriebs und durch die geröteten Gr. Dennoch ist R. hartmani besonders durch seinen dichter bestachelten und dem Hystrices-Typ zuzuordnenden Sch., den auffallend dichtstacheligen Blüstd. mit allen Übergängen zu Stieldrüsen und Drüsenborsten sowie durch seine längeren Stieldrüsen von R. pallidus deutlich verschieden. In der Literatur werden für R. hartmani übereinstimmend unterseits graufilzige B.chen angegeben (z.B. FOCKE 1902, 595; SUDRE 1908-13, 173; WATSON 1958, 164). Herbarexemplare aus dem originalen Fundgebiet (Östergötland) lassen jedoch - soweit vom Vf. gesehen - jeden Filz vermissen und stimmen auch sonst ganz mit unseren Pflanzen überein. Auch NEUMANN (briefl.), der lebende Pflanzen in Schweden studierte, bestätigt das Fehlen filziger Blätter. Vermutlich ist die Beschreibung auf ein durch übermäßige Besonnung modifiziertes, filziges Exemplar gegründet. Die Art wurde in SH bereits 1932 von SAXEN, später (1959) auch von NEUMANN gesammelt, wurde aber erst 1962 aufgrund eines vom Vf. gesammelten Belegs von NEUMANN richtig als R. hartmani erkannt.

ÄHNLICHE ARTEN: Vgl. 85. R. pallidus (auch s.o.!) und 86. R. euryanthemus. - 42. R. echinocalyx: Sch. zerstreuter stieldrüsig, Eb. kurzgestielt, aus herzf. Grund breit umgekehrt eif., kurz aufgesetzt bespitzt, Serratur weit. Blüstd. viel weniger dicht bestachelt (Achse mit ca. 5-10 größeren St. auf 5 cm), Stb. kaum halb so lg. wie die b.grünen Gr. - 43. R. noltei nur oberflächlich ähnlich, u.a. mit stieldrüsenlosem oder nur zerstreut stieldrüsigem Sch. und sperrigem Blüstd.

ÖK. u. SOZ: In SH auf ± sandigen bis anlehmigen jungdiluvialen Endmo-

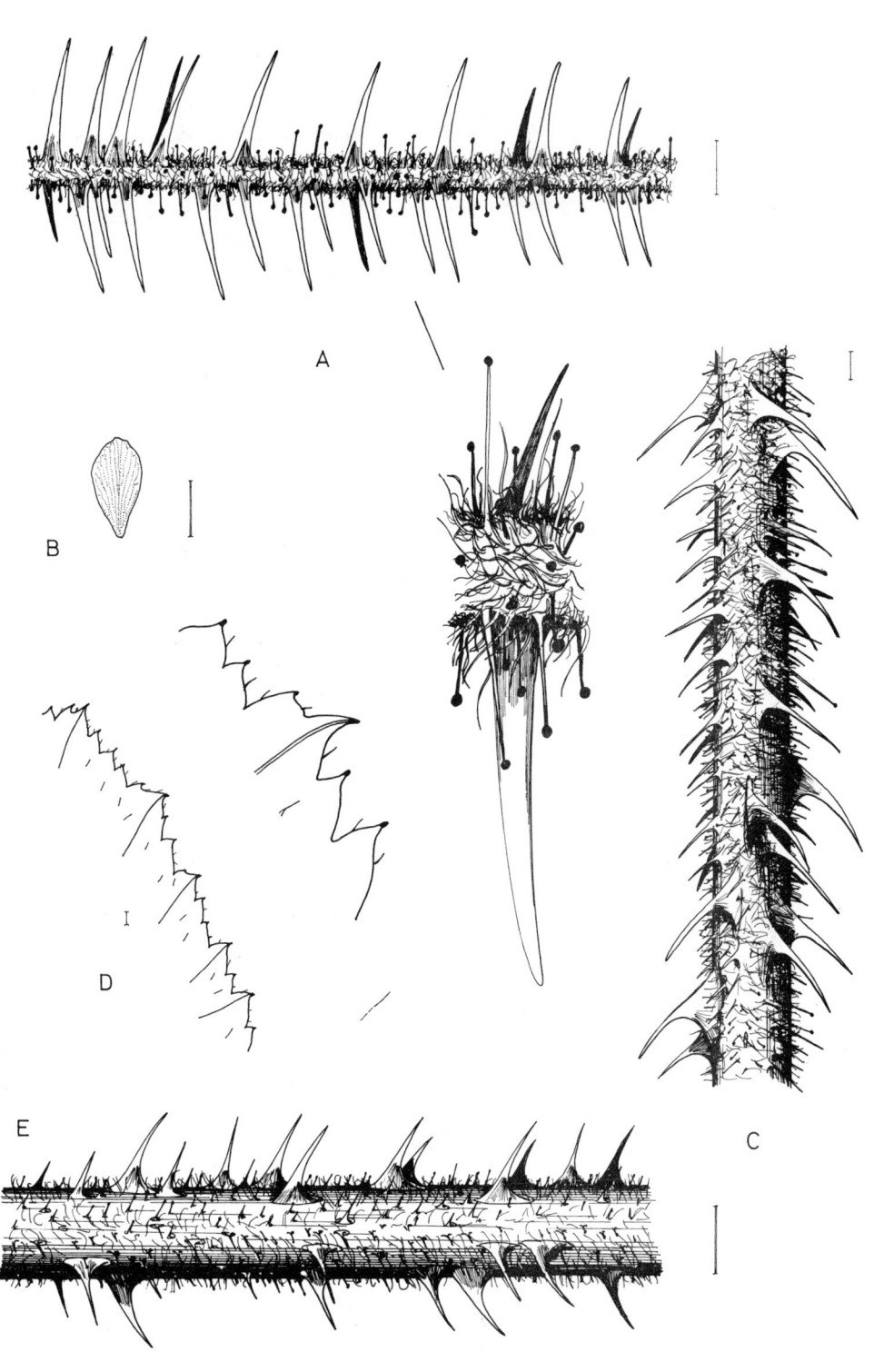

97. Rubus hartmani Gandg.

ränenböden in R. langei-R. leptothyrsus-Knicks (Pruno-Rubetum sprengelii) und ähnlichen Gebüschen u.a. zusammen mit R. langei, R. leptothyrsus, R. insularis, R. sprengelii und R. silvaticus beobachtet. OREDSSON (1970, 364) gibt für Schweden "rocky grounds" an.

VB: Nordische Art. War sicher bislang nur selten von der schwedischen SO-Küste (Östergötland!) bekannt. WATSON (1958, 194) führt die Art auch für England und ohne Angabe der Quelle für Bornholm (DK) an. In SH nur im nördlichsten jungdiluvialen Endmoränengebiet im weiteren Umkreis von Süderschmedeby: Tarpholz (SAXEN 1932! - mehrfach), zw. Süderschmedeby u. Tarp an mehreren Stellen (NEUMANN 1959. - 66!! 67!!). Knick beim Kirchenholz zw. Süderschmedeby u. Sieverstedt (62!! 66!!), Süderholz (67!!), zw. Süderschmedeby u. Gr. Solt (66!! 67!!).

98. **Rubus christiansenorum** H.E.WEBER nov. spec.[x] - Syn. R. koehleri ssu. ERICHSEN ap. CHRISTIANSEN, Fl. v. Kiel 152 (1922), JUNGE, Beiträge z. Kenntn. Gefäßpfl. SHs 88 (1904) ex pte. non WEIHE ap. BLUFF & FINGERHUTH, Comp. Fl. Germ. 1: 681 (1825) nec ssu. ERICHSEN (1900 et 1931). - Schl. 150 - Fig. - Tafel - Karte.

Holotypus Nr. 66.920.2a leg. H.E.WEBER in Holstein: Straße zw. Heinkenborstel und Hohenwestedt beim km-Stein 6,9 am 20.9.1966 fol. et 19.7. 1967 flor. (in Hb. Bot. Inst. Kiel; Isotypi Nr. 66.920.2b et 2c in Hb. Bot. Inst. Hamburg et auct.).

Frutex humilis. - Turio arcu humili prostratus, postremo radicans, modice crassus, angulatus, lateribus primo planis vel canaculatis, deinde paulum convexis, caelato lineatus, subopacus, + aequaliter obscure rubescens, parce pilosus, pilis minutis stellulatis nullis, aculeis inaequalibus, gibbis aciculisque sate obsitus. Aculei majores ca. 5-12 ad 5 cm, distincte vel minus clare a ceteris se differunt, e basi dilatati gradatim angustati, perpendiculare vel reclinato recti, partim saepe leviter curvati, ca. 5-7 mm longi. Aculei minores etiam basi dilatati, spiculis rectis gracilibus facile defringenturis. Glandulae stipitatae et aciculi glanduliferi primo vulgo copiosi, deinde maxima parte defractae et tamquam trunci persistunt.

Folia paulum pedata vel subdigitata 5nata. Foliola subcoriacea, leviter plicata vel subplana, margine + accurate parviundulata, supra + nitido obscure viridia, pilosa, subtus pallidiora, sparsim, sensimque usque ad submolliter et micanter pilis ad nervos pectinatis pilosa, interdum pilis minutis stellulatis sparsissime obsita. Foliolum terminale breviter petiolatum (ca. duplo ad ter petiolo proprio longius), obovatum vel ellipticum, mediocriter latum, basi

---

[x] Nominatus ex fratribus filioque CHRISTIANSENORUM, egregie meritis investigatione florae slesvici-holsaticae: ALBERTUS CHR. (natus 16.6.1875 in vico Ahrenviöl in regione Husum, casus 24.2.1917 prope Lille), WILLI CHR., Dr.h.c. (natus 28.9.1885 in vico Ahrenviöl, mortuus 28.12.1966 Kiliae) et WERNER CHR., Dr. med. et phil. (natus 13.8.1900 in vico Bredtstedt, mortuus 22.10.1961 Berolini).

paulum cordatum, apice breviter vel mediocriter, non multum abrupte acuminatum. Serratura dentis principalibus vulgo evidenter longerioribus , rectis vel leviter excurvatis composita, in principio aliquantum dentibus gracilibus et argutis acuta, deinde magis remota et dentibus mucronulatis magis crenata. Foliola infima ca. 2-4 mm longe petiolata, basi rotundata vel subcordata. Petiolus patenter, supra insuper pilis stellulatis tomentoso-pubescente pilosus, aculeis $\pm$ falcato-reclinatis multis munitus, supra et subtus aciculis (glanduliferis) et glandulis minutis stipitatis obsitus. Stipulae anguste lineato-lanceolata vel filiformes, glandulis breve stipitatis pilisque longerioribus ciliatae. Foliola novissima $\pm$ viridia, parum vulgo praecipue margine anthocyano brunne-rubescente colorata.

Inflorescentia obliterate pyramidalia, usque ad apicem $\pm$ foliosa. Supremi rami laterali ex axilla bractearum lanceolatarum 1- $\pm$ cymose 3flori, in media vel infra mediam partem pedunculis diffundi. Rami inferiores (saepe tarde proliferiores) bracteis propriis 3(-5)natis vulgo breviores, $\pm$ irregulariter late diffundi. Ramus florifer angulatus et caelato-lineatus, $\pm$ dense patenter pilosus et insuper pilis minutis stellulatis tomentoso-pubescens, aculeis inaequalis, gibbis, aciculis glanduliferis et glandulis minutis stipitatis sat dense munitus. Aculei maximi basi dilatati, apice $\pm$ reclinato recte vel partim leviter falcato, 5-6 mm longi, aculei ceteri graciles, in aciculis (partim glanduliferis) et glandulis breviore stipitatis transeunt. Pedunculus ca. 1,5-2 cm longus, breviter patente tomentosus et pilis longioribus (in herbario usque ad diametrum pedunculi longis) instructus. Aculei majores pedunculi ca. 7-15, validi, recti vel leviter falcati, ca. 2,5-4 mm longi, praeterea aculeis minoribus (primo glanduliferis) muniti, illi transeunt in aciculos copiosos inaequales, maxima parte pubescentiam valde superantes , glandulas rubras primo ferentes, deinde deciduos et in glandulas minus stipitatas. (Glandulae stipitatae in herbario usque ad bis vel ter diametro pedunculi longiae). Sepala virescentia, glandulis rubris breviter stipitatis et aciculis (in primitio glanduliferis) obsita, post anthesin $\pm$ patentia, in fructu maturo laxe reflexa. Petala alba vel dilutissime diffuse rosea, obovata, apice plerumque parce emarginata, ca. 10-13 mm longa. Stamina basi saepe rosea stylos albo-virescentes longe superantia. Antherae glabrae, germina pilosa, rarius glabra, receptaculum pilosum. Fructus bene evolutus , parum latior quam altus. Floret VII-VIII.

Rubo koehleri WEIHE affinis, a quo differt praecipue foliis supra magis pilosis, foliolo terminale obovato (non cordato-ovato), aculeis turionis glandulisque stipitatis valerioribus et laterioribus et sepalis viridibus. - Habitus Rubum reuteri MERCIER revocat, sed a quo praecipue turione magis glabrescente, inflorescentiis laterioribus, sepalis reflexis et notis ceteris differt.

SCH. aus flachem Bogen niedergestreckt, zuletzt wurzelnd, mittelkräftig
(⌀ ca. 5-8 mm), kantig mit zunächst flachen bis rinnigen, später schwach
gewölbten Seiten, striemig, fast matt, $\pm$ gleichmäßig (d.)weinrot, wenig
behaart (ca. (1-)5-10 Haare pro cm $\overline{\text{Seite}}$), ohne Sternhärchen, mit St., St.-
chen und St.höckern gewöhnlich in allen Größenordnungen besetzt. Größe-
re St. zu ca. 5-12 pro 5 cm, deutlich bis undeutlich von den übrigen abgesetzt, aus breitem Grunde allmählich verschmälert, gerade, abstehend oder
geneigt, oft zum Teil auch gekrümmt, ca. 5-7 mm lg. Auch die kleineren
St. sehr breitfüßig, mit leicht brechender, schlankerer, gerader Spitze. Stieldrüsen und Drüsenst.chen zunächst oft zahlreich (bis ca. 10 pro cm Seite),
zuletzt fast nur noch als drüsenlose Stümpfe erhalten.

B. schwach fußf. bis fast handf. 5zählig. B.chen etwas derb, obers. $\pm$
glänzend d.grün, vorwärtsgerichtet behaart (ca. 10->15 Haare pro $\overline{\text{cm}^2}$),
unters. wenig, kaum fühlbar, bis fast samtig weich und von auf den Nerven
etwas gekämmten Haaren schimmernd behaart, manchmal auch mit einer Andeutung von Sternhärchen. Eb. kurz (ca. 25-35 % der Spreite) gestielt, aus
schwach herzf. Grund umgekehrt eif. bis elliptisch, mäßig breit, mit kurzer
bis mäßig langer, nur wenig abgesetzter Spitze. Serratur periodisch mit meist
deutlich längeren, geraden oder schwach auswärtsgekrümmten Hz., zunächst
ziemlich eng mit schlankeren spitzigen Zähnchen, später weiter und mehr ge-
sägt-gekerbt mit aufgesetzt bespitzten Zähnchen. Haltung lebend im Querschnitt flach bis etwas geschwungen V-förmig, längsseits schwach gefaltet
bis fast flach, am Rande regelmäßig kleinwellig; ä.Sb. ca. 2-4 mm lg. gestielt, mit schwach herzf. bis abgerundetem Grund. B.stiel abstehend, obers.
auch sternflaumig-filzig behaart, mit (ca. 12-20) geneigten, $\pm$ gekrümmten
St., obers. und unters. mit (Drüsen-)St.chen und Stieldrüsen. Nb. schmal
lineallanzettlich bis fädig, kurz stieldrüsig und länger mit Haaren bewimpert.
Austrieb mit ziemlich schwacher, meist nur randlicher Anthocyanreaktion.

BLÜSTD. undeutlich pyramidal, $\pm$ bis zur Spitze durchblättert. Obere
Äste in der Achsel lanzettlicher Tragblätter, 1- bis $\pm$ trugdoldig 3blütig,
in der Mitte oder darunter verzweigt. Untere, oft noch spät nachtreibende
Äste meist kürzer als ihre 3(-5)zähligen Tragb., mehrblütig, $\pm$ unregelmäßig
verzweigt. Achse kantig-striemig, $\pm$ dicht abstehend und dazu sternflaumig-
filzig behaart, mit vielen St., St.chen, St.höckern und Drüsenst.chen in allen Größenordnungen besetzt. Größte St. breit aufsitzend, mit $\pm$ geneigter,
gerader oder zum Teil auch etwas sicheliger Spitze, bis 5-6 mm $\overline{\text{lg}}$. (ca. zu
5-10 pro 5 cm), übrige St. dünn, in feine z.T. drüsige, die Haare überragende St.chen und kürzere Drüsenborsten und Stieldrüsen übergehend. Blüstiel
ca. 1,5-2 cm lg., kurz abstehend filzig behaart, längste lockere Haare bis
etwa so lg. wie der Blüstiel-⌀ abstehend, oft kürzer. Größere St. ca. zu
7-15, kräftig, gerade oder etwas gebogen, ca. 2,5-4 mm lg., außerdem einige kleinere anfangs drüsige St.chen als Übergänge zu zahlreichen (>30)
ungleich langen, die Haare größtenteils weit überragenden, rotköpfigen, später
oft dekapitierten Drüsenborsten und Stieldrüsen (max. Lge. ca. 2-3 x ⌀ des
Blüstiels). Kz. grünlich, mit kurzen rotköpfigen Stieldrüsen und meist zahlreichen feinen, anfangs drüsigen St.chen, vor der Fr.reife $\pm$ abstehend,
dann locker zurückgeschlagen. Krb. weiß oder mit blassem $\overline{\text{rosa}}$ Schimmer,

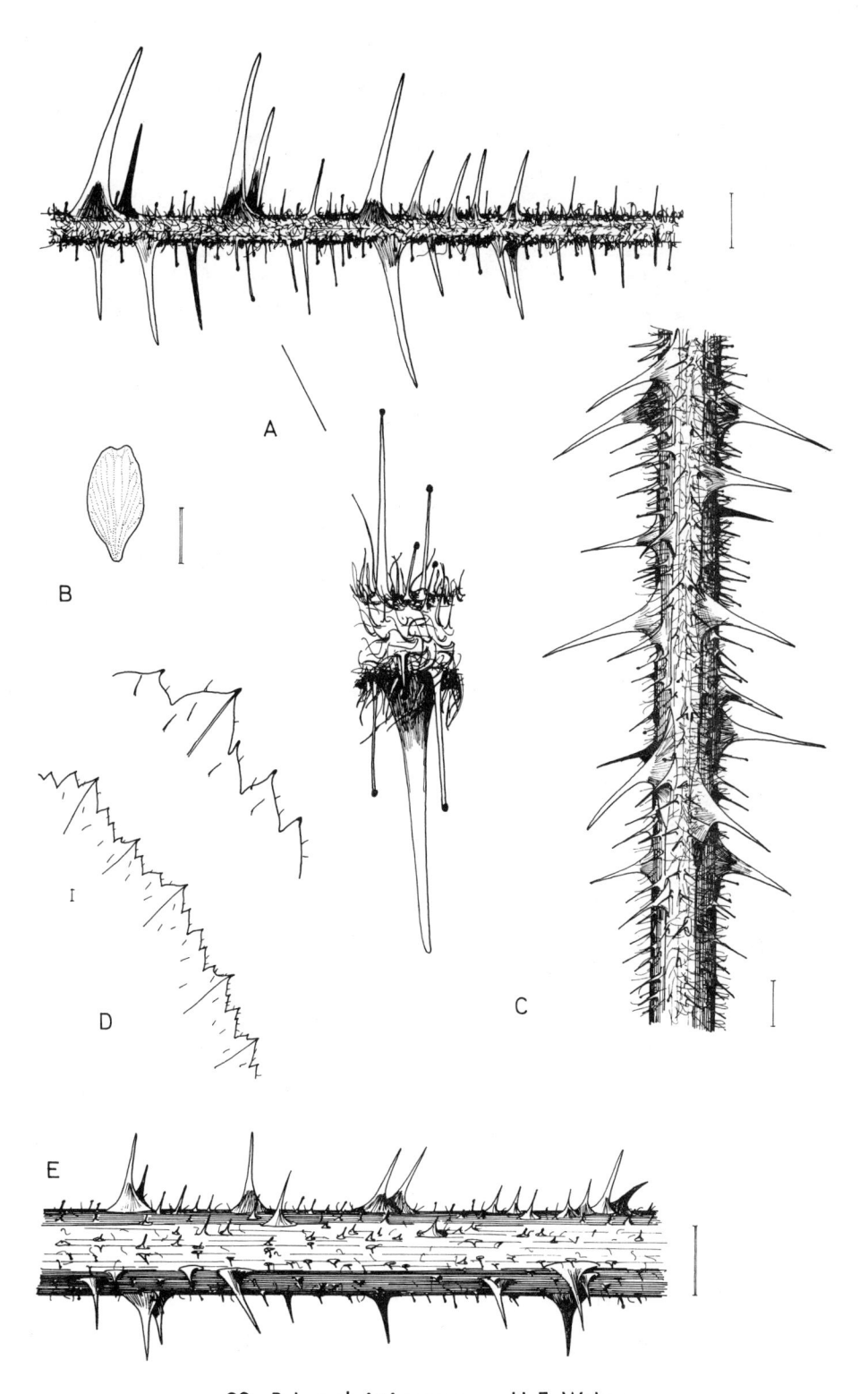

98. Rubus christiansenorum H. E. Weber

umgekehrt eif., vorn meist ausgerandet, 10-13 mm lg., Stb. am Grunde oft rosa, die weißlichgrünen Gr. weit überragend, Antheren kahl, Frkn. behaart, seltener kahl, Frbod. behaart. Sfr. gut entwickelt, etwas breiter als hoch. VII - VIII.

Charakteristisch erscheinen vor allem der ungleichstachelige, wenig behaarte Sch., die umgekehrt eif. bis elliptischen Eb. sowie der hoch hinauf (mit oft grobgesägten B.) beblätterte, drüsenborstige und reichstachelige Blüstd. Die Drüsenborsten der Blüstiele dürfen nach Verlust ihrer Köpfchen nicht mit den eigentlichen St. verwechselt werden. Die Art variiert mit kaum fühlbar bis fast weich behaarten B. unterseiten und betont ungleichstacheligem Sch. bis zu einer mehr dem Radulae-Typ angenäherten Drüsen- und St.-verteilung.

Die hier beschriebene Art ist in SH bislang für Rubus koehleri Wh. gehalten worden, wie man auch anderorts ähnliche Rubi oft als jene südöst-mitteleuropäische Art ausgegeben hat, die jedoch über Thüringen hinaus anscheinend nicht mehr weiter west- und nordwärts vordringt. R. christiansenorum unterscheidet sich vom echten R. koehleri besonders durch breitere St. und breiter aufsitzende Stieldrüsen auf dem Sch., obers. stärker behaarte B., umgekehrt eif. (nicht herzeif.) Eb. und grüne Kz. Vor allem in der B. form nähert er sich mehr R. reuteri MERCIER, der sich jedoch u.a. durch dichter behaarten Sch. und schmaleren Blüstd. mit zuletzt abstehenden Kz. unterscheidet. Wir konnten die Pfl. bislang nicht mit einer bereits beschriebenen Art identifizieren, doch scheinen nach bisherigen Beobachtungen andere Brombeeren - z.B. aus dem Rheinland -, die bislang ebenfalls irrtümlich für R. koehleri gehalten wurden, unserer Art zumindest sehr nahe zu kommen.

ÄHNLICHE ARTEN: 99. R. pygmaeus und verwandte Sippen (Schl. Nr. 150). Vgl. auch den allerdings recht unähnlichen 103. R. schleicheri, der u.a. durch oft (meist überwiegend) 3zählige, sonst ausgeprägt fußf. 5zählige B., viele krumme bis weit hinauf "brettartig" verbreiterte St., andere Eb. form und schmaleren, oben b. losen Blüstd. erheblich abweicht. - Unähnlicher noch sind 93. R. stormanicus und der britisch-nordjütische 101. R. dasyphyllus.

ÖK. u. SOZ: Auf kalkarmen, $\pm$ anlehmigen Böden (JM u. AM) überwiegend in Knicks (meist Pruno-Rubetum-sprengelii-Gesellschaften u.a. in Gesellschaft von R. drejeriformis, R. sprengelii, R. sciocharis), aber auch in lichten Wäldern beobachtet.

VB: SH (endemisch?).- In SH vor allem im weiteren Umkreis von Hohenwestedt: Hagen bei Wapelfeld am Bahnübergang (ROHW. 93!), Wapelfeld (ROHW. 00! 21!), zw. Hohenwestedt und Grauel in Knicks (ER. 00!), an der Straße und in Feldknicks zw. Heinkenborstel und Hohenwestedt an mehreren Stellen (62!! 63!! 66!! 67!!), zw. Heinkenborstel und Mörel (67!! 68!! - hier auch untypische, noch zweifelhafte Formen), Straße zw. Nortorf und Gnutz ca. bei km 28,0 (62!! 67!!). Ferner in Süderdithmarschen: Nindorfer Holz (ROHW. 1920! - zahlreich 67!!) sowie im Jungmoränengebiet bei Wankendorf: Weg an der Mühle (ER. 00 - Bem. in sched., A.CHRIST. 12!) und Weg südlich der Bahn (A. CHRIST. 12! - 66!! 67!!). Außerhalb SHs noch nicht sicher bekannt.

99. Rubus pygmaeus WEIHE ap. BLUFF & FINGERHUTH, Comp. Fl. Germ. 1: 687 (1825) s. lt. - Syn. R. koehleri "WH. & N." et R. humifusus "WH. & N." ERICHSEN, Verh. Natw. Ver. Hamburg ser. 3,8: 45 (1900) ex pte. et ap. PETERSEN, Fl. Lübeck 60 (1931) non WEIHE. - Schl. 150' - Fig. - Tafel.

SCH. flachbogig niedergestreckt, (stumpf-)kantig mit flachen oder gewölbten Seiten, matt d. weinrot, mäßig dicht abstehend behaart mit (ca. 10-15 Haaren pro cm Seite), in allen Größenordnungen mit St. sowie mit vielen Stieldrüsen und Drüsenborsten besetzt. Größere St. ziemlich dicht (Anzahl schwer abzugrenzen, ca. > 15 pro 5 cm), bis ca. 5-6 mm lg., eben über dem breiteren Grund in eine lange pfriemliche Spitze verengt, überwiegend gerade und $\pm$ geneigt, einzelne oft auch etwas gekrümmt. Kleinere St. gerade. Drüsenborsten und Stieldrüsen sehr dicht, vom Grunde an haarfein und von den St.chen deutlich verschieden (ca. zu 15->30 pro cm Seite), durchschnittlich ca. 1,5 mm, einzelne bis ca. 3 mm lg.

B. 3-4- (fußf. bis fast handf.)5zählig, B.chen oberseits matt (d.)grün, mit zerstreuten Haaren (ca. zu 3-10 pro cm^2), unters. grün, fühlbar bis (von auf den Nerven gekämmten Haaren) weich und schimmernd behaart. Eb. kurz gestielt (ca. 27-35 % der Spreite), aus schmalem, abgerundetem oder seicht herzf. Grund umgekehrt eif., mit ziemlich kurzer, schwach abgesetzter Spitze. Serratur periodisch mit etwas auswärtsgerichteten, meist nur wenig längeren Hz. Alle Zähnchen mit $\pm$ aufgesetzten, verlängerten Spitzen. Haltung lebend $\pm$ flach, ungefaltet, am Rande fast glatt; ä. Sb. 2-3 mm lg. gestielt, am Grunde meist keilig. B.stiel mit (ca. 15-25) dünnen, geneigten und etwas gebogenen St., abstehend behaart, obers. sehr dicht, sonst zerstreuter fein drüsenborstig. Nb. schmal lineallanzettlich, ziemlich lang stieldrüsig und noch länger mit Haaren bewimpert. Austrieb ohne oder nur mit schwacher Anthocyanreaktion.

BLÜSTD. verlängert regelmäßig pyramidal, oben blattlos mit alternierend verzweigten, abstehenden Ästen und schmalen drüsigen, meist 3zipfligen B.-chen, unten mit kurzen, von ihren 3zähligen Tragb. meist weit überragten Ästen. Eb. der 3zähligen B. am Grunde keilförmig. Achse abstehend seidigzottig und etwas sternhaarig, mit gedrängten haarfeinen, z.T. sehr langen Drüsenborsten und zahlreichen (ca. > 15 pro 5 cm) ungleichlangen, dünnen St. Größere St. bis ca. 4-5(-6) mm lg., pfriemlich, gerade abstehend oder etwas geneigt, einzelne oft etwas gebogen. Blüstiel ca. 1-1,5 cm lg. dicht seidig-zottig abstehend (bis ca. 1,5 x Blüstiel-$\emptyset$) und darunter sternflaumig behaart, mit gedrängten, langen, haarfeinen, rotköpfigen Drüsenborsten und Stieldrüsen (Lge. durchschnittlich bis ca. 1,5 x $\emptyset$, einzelne bis 3 x Blüstiel-$\emptyset$). St. sehr zahlreich (>15), nadelig, gerade abstehend oder schwach gebogen, von ungleicher Größe, bis ca. 3-4 mm lg. Kz. graugrün-zottig, mit vielen zarten rotköpfigen Stieldrüsen und dicht kurzstachelig, abstehend bis aufgerichtet. Krb. reinweiß, (schmal-)elliptisch, ca. 10-13 mm lg., Stb. die weißgrünen Gr. weit überragend, Antheren kahl, Frkn. (besonders an der Spitze) und Frbod. behaart. Sfr. rundlich. VII(-VIII).

Die hier beschriebene Brombeere ist vor allem ausgezeichnet durch ihre meist deutlich von den St. abgesetzten, haarfeinen langen Drüsenborsten und die seidig-zottige Behaarung des Blüstds., der ebenso regelmäßig pyramidal gebaut ist wie z.B. der des R. pyramidalis. Die schimmernde, weiche Behaarung der B. unterseite ist nicht immer deutlich ausgebildet. - Die Pflanze steht dem schlesischen R. pygmaeus Wh. sehr nahe und kann zumindest im weiterem Sinne mit zu dieser Art gerechnet werden. Mit ihren meist 3zähligen B. und auch in den übrigen Teilen stimmt sie vollständig überein mit den Abb. bei WEIHE & NEES (1822-27, t. 42) und SUDRE (1908-13, t. 184). Bereits ERICHSEN, FRIDERICHSEN und FOCKE (in sched.) haben sie, aber z.T. auch etwas abweichende Formen, für R. pygmaeus gehalten. - Allerdings zeigten sich bei einer genaueren Überprüfung authentischen Materials aus dem Hb. WEIHE (im wf. Provinzialhb. in Münster!) doch einige Abweichungen, die hinsichtlich ihrer Konstanz und systematischen Bedeutung weitere Beachtung verdienen. Demnach scheint der echte R. pygmaeus sich durch folgende Kennzeichen von den sh. Pflanzen zu unterscheiden: B. chen obers. stärker (mit über 30 Haaren pro cm^2), unters. (im Gegensatz zur Originalbeschreibung!) sehr wenig behaart, sich wie unbehaart anfühlend; sehr stark periodisch mit viel längeren (geraden) Hz. gesägt. Blüstd. mit äußerst dichtstacheliger Achse (ähnlich 102. R. subcalvatus; größere St. zu ca. 30 pro 5 cm), Äste mit mehr trugdoldiger Verzweigungstendenz, ohne seidig-zottige Behaarung. - Eine eingehende Bearbeitung des R. pygmaeus (wie überhaupt des ganzen R. koehleri-Verwandtschaftskreises) wird vielleicht einmal die Frage klären, ob und inwieweit die sh. Pflanzen als noch innerhalb der Variationsbreite des echten R. pygmaeus anzusehen sind oder ob es sich hier eher um taxonomisch abzutrennende Sippen handelt.

ÄHNLICHE ARTEN: Vgl. die unten aufgeführten verwandten Formen. Ferner 98. R. christiansenorum, der sich besonders durch seine kürzeren, nicht so feinen Drüsenborsten und anderen Blüstd. aufbau unterscheidet; (siehe Schl. Nr. 150). - Vgl. auch 100. R. rankei.

ÖK. u. SOZ: (gilt auch für die verwandten Formen): Wenig bekannt. Auf kalkarmen Jungmoränenböden beobachtet.

VB: Hauptsächlich mitteleuropäisch. - In SH nur im SO, besonders um Trittau: Am Ufer des Großensees bei Schleußhörn (67!! 70!! - Hier die oben beschriebene, dem echten R. pygmaeus wohl am nächsten stehende Form), zw. Hamfelde und Trittau (ER. 98!), Trittau (FITSCHEN 07! - als R. pygmaeopsis F.), Dahmker b. Trittau (FITSCHEN 07!), Ratzeburg (FITSCHEN 07! - als R. koehleri Wh.). Eine mit breitem rundlichem Eb. abweichende, sonst identische Ausprägung: Zw. Hamfelde und Trittau (ER. 85!). - Weitere

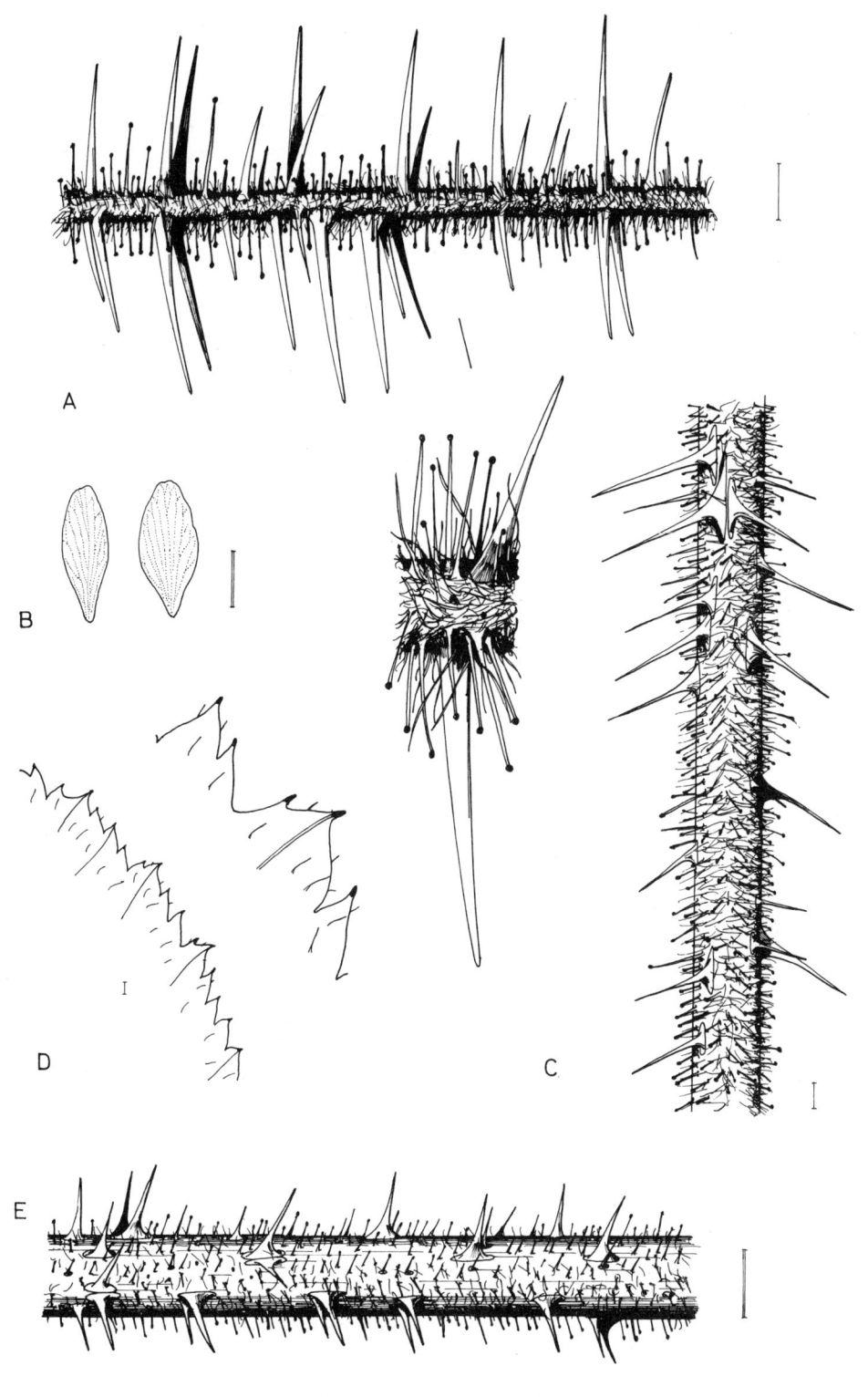

99. Rubus pygmaeus Wh.

VB: R. pygmaeus, dessen Originalfundort im Riesengebirge (bei Schmiedeberg) zu suchen ist, wird auch (ob immer mit Recht?) für Österreich, Ungarn, Bayern, Rheinland, Hessen, Thüringen und Frankreich angegeben.

Mit Rubus pygmaeus verwandte Formen:

Vor allem im südlich anschließenden Gebiet wachsen in SH verwandte Sippen, die sich insgesamt durch folgende Merkmale unterscheiden: Eb. aus breitem, deutlich herzf. Grund breit eif. bis rundlich, allmählich in eine mäßig lange Spitze verschmälert, etwas tiefer gesägt. Blüstd. nicht regelmäßig pyramidal,(meist viel) breiter, bis zur Spitze oder nahe daran beblättert. Eb. der 3zähligen Blüstd.b. am Grunde abgerundet oder seicht herzf., Frkn. oft kahl.

Die Pflanzen variieren mit überwiegend 3zähligen oder 5zähligen B., gehören jedoch im weiteren Sinne wohl alle zum selben Taxon. Exemplare mit 3zähligen B. wurden von ERICHSEN (in sched.) für R. pygmaeus Wh., solche mit 5zähligen B. zum Teil auch für R. koehleri (in sched.,1900,45 propte. et 1931, 60) gehalten. A.NEUMANN bestimmte einen ihm vom Vf. zugesandten Beleg als R. cf. pygmaeus Wh. - Wenn auch WEIHE & NEES (l.c.) ein 5zähliges B. von R. pygmaeus abbilden, das dem unserer Pflanze ganz entspricht, so weicht letztere aber besonders durch den breiten, hochdurchblätterten Blüstd. so sehr davon ab, daß sie wohl nur noch im weiteren Sinne mit zu R. pygmaeus gerechnet werden kann.

VB: nur SH? - Früher sehr reichlich in den Knicks zw. Basthorst und Hamfelde (ER. 98! mehrere Belege, z.T. von FOCKE als R. pygmaeus Wh. bestimmt. ER. 00! - mehrere Belege, teils als R. pygmaeus, teils als R. koehleri oder als R. thyrsiflorus; TIMM 03!, KLEES 08!, FIT. 08! - Nach Flurbereinigung und Vernichtung der meisten Knicks im Gebiet dort nur noch in einem verlassenen Feldweg beobachtet,62!! 63!! 65!! - ob noch?). Außerdem bei Möhnsen und zw. Möhnsen und Basthorst (ER. 98! 00! - als R. koehleri), zw. Köthel und Billbaum (ER. 00! - Die Ausbildung nähert sich mehr dem echten R. pygmaeus) und bei Hohenfelde (ER. 1931, 60).

100. **Rubus rankei** H.E.WEBER spec. prov. - Schl. 149' - Tafel

Diese hier nur provisorisch als eigenes Taxon geführte und nach OTTO RANKE, dem Bearbeiter der Lübecker Rubusflora (1900), benannte Pflanze wächst in SH mehrfach in Feldknicks und an der Straße zwischen Hamfelde und Köthel in Holstein (62!! 63!! 68!!). Sie steht in den meisten Einzelmerkmalen R. pygmaeus Wh. am nächsten, unterscheidet sich jedoch von diesem deutlich durch folgende Kennzeichen:

SCH. rundlich, mit breiten, überwiegend gekrümmten St. und derberen (nicht haarfeinen), meist bis auf Höcker abbrechenden Drüsenborsten. - B. alle oder weit überwiegend 3(-4)zählig. Eb. länger gestielt (ca. 33-42 % der Spreite), aus breitem, gestutzten oder $\pm$ herzf. Grund fast kreisrund mit sehr kurzer etwas aufgesetzter Spitze, Serratur gleichmäßig fein und eng. Nb. etwas breiter lanzettlich. - BLÜSTD. verlängert, oben blattlos mit nahe dem Grunde geteilten Ästen. St. der Achse und Blüstiele breiter, großenteils gekrümmt, weniger dicht (ca. zu 9-13 am Blüstiel), (fruchtet gut).

An ihren 3zähligen B. mit runden, gleichmäßig gesägten Eb., die in der Tracht an R. hercynicus G. BRAUN erinnern, ist die Pflanze leicht kenntlich. Sie konnte bislang weder von A. NEUMANN, dem Belege zugesandt wurden, noch vom Vf. selbst mit einer bereits beschriebenen Art identifi - ziert werden. Möglicherweise ist sie eine hybridogen entstandene Lokalausbildung, die früheren schleswig-holsteinischen Batologen offenbar noch nicht begegnet ist, und deren weitere taxonomische Würdigung nur dann gerechtfertigt erscheint, wenn durch weitere Funde ein größerer Verbreitungsbezirk nachgewiesen würde.

ÄHNLICHE ARTEN: 99. R. pygmaeus (vgl. oben), 72. R. drejeri in der B.form ähnlich, doch Pfl. kräftiger bestachelt, B.chen derb, unters. sehr dünn, nicht fühlbar behaart, Serratur weiter mit auswärtsgerichteten Hz., Antheren dichthaarig.

101. **Rubus dasyphyllus** (ROGERS) ROGERS, Journ. Bot. (London) 38: 496 (1900). - Syn. R. koehleri Wh. ssp. dasyphyllus ROGERS, Journ. Bot. (London) 37: 197 (1899). - ZSchl. II: 10.

SCH. kräftig, kantig, ähnlich wie bei R. pygmaeus behaart, mit feinen (bis ca. 3 mm lg.) Drüsenborsten sowie mit ungleichen, bis 6(-7) mm lg. geraden geneigten, im unteren Teil breit zusammengedrückten St.
B. (3-)4- fußf. 5zählig, B.chen obers. mit 0-2(-10) Haaren pro cm^2, unters. sternfilzig und dazu auf den Nerven schimmernd und weich behaart. Eb. mäßig lang gestielt (ca. 30-45 % der Spreite), aus etwas herzf. oder abgerundetem Grund umgekehrt eif., oft sehr verbreitert bis rundlich, mit etwas abgesetzter mäßig langer Spitze. Serratur ausgeprägt periodisch mit $\pm$ längeren, stark auswärts gekrümmten Hz.
BLÜSTD. verlängert pyramidal mit cymösen Ästen. Achse behaart, dicht drüsenborstig und mit $\pm$ ungleichen, bis ca. 5 mm lg. dünnen geraden geneigten oder wenig gekrümmten St. Blüstiel kurzhaarig, mit langen, die Behaarung weit überragenden feinen Stieldrüsen (durchschnittlich ca. 1 x, die längsten bis > 2 x so lg. wie der Blüstiel-$\emptyset$) und mit 2-3 mm lg. Nadelst. Kz. anfangs abstehend, erst zuletzt zurückgeschlagen. Krb. rosa, Stb. wenig länger als die Gr., Antheren kahl, Frkn. etwas behaart, Frbod. fast kahl. - 2 n = 28.

Wichtigste Kennzeichen sind die auswärtsgekrümmten Hz. der unterseits weichhaarigen und dünnfilzigen B.chen, der Hystrices-Schößlingstyp und die sehr langen Stieldrüsen der kurzhaarigen Blütstiele.

ÄHNLICHE ARTEN: Vgl. 99. R. pygmaeus und 98. R. christiansenorum.

VB: westeuropäisch mit Verbreitungszentrum auf den Brit. Inseln (hier sehr häufig). - Außerdem DK: Nord-Jütland (Vendsyssel): häufig in Wäldern bei Tolne (FRID. 12! - teste ROGERS) und bei Frederikshavn, früher (bis 1942) auch in S-Schweden (Schonen b. Kivik). Ferner in NW-Frankreich.

102. **Rubus subcalvatus** (K. FRID.) H.E. WEBER comb. nov. pro: R. apricus WIMMER var. subcalvatus K. FRIDERICHSEN ap. BOULAY & BOULY DE LESDAIN, Rubi praesertim Gallici exs. n. 144 (1897).- Syn. R. apricus ssu. JUNGE ap. PRAHL 1913, ERICHSEN 1922 non WIMMER, Fl. v. Schlesien, ed.3: 626 (1857). - Schl. 125 - Fig. - Tafel.

Loc. class.: Schleswig: Zw. Hohn u. Elsdorf b. Rendsburg (FRID. 22.7. 1896!)!!

SCH. niedergestreckt, stumpfkantig mit gewölbten bis fast flachen Seiten, ± striemig, bis auf die gelblichen St.spitzen (schwach) glänzend d. weinrot, sehr zerstreut abstehend behaart (ca. 1-5(-10) Haare pro cm Seite), mit auffallend dichtgedrängten feinen Drüsenborsten und dünnen St. in allen Größenordnungen (St. > 30- > 50 pro 5 cm). Größte St. 5-6(-7) mm lg., über dem zusammengedrückten, breiteren Grunde pfriemlich, geneigt, die meisten ± gekrümmt, ohne scharfe Grenze zu den übrigen St. Diese mit langer haarfeiner, größtenteils drüsentragender, geneigter oder schwach gekrümmter Spitze, in unterschiedlich lange, teils auf den St.basen sitzende Drüsenborsten und zuletzt in zartere, kurze Stieldrüsen übergehend.

B. schwach fußf. bis fast handf. 5zählig. B.chen obers. (glänzend)d. grün, behaart (ca. 10-20 Haare pro cm^2), unters. matt grün, mit geringer, nicht fühlbarer Behaarung. Eb. kurz gestielt (ca. 20-30 % der Spreite), aus abgerundetem oder etwas herzf. Grund anfangs lange schmal, zuletzt mäßig breit verkehrt eif. bis elliptisch, in eine wenig abgesetzte, ziemlich breite Spitze auslaufend. Serratur tief und etwas eng, mit deutlich längeren, ± geraden Hz. Alle Zähne mit verlängerten aufgesetzten Spitzen. Haltung lebend ± flach, ungefaltet, am Rande kleinwellig; ä.Sb. 2-4 mm lg. gestielt, mit gestutztem schmalem Grund. B.stiel besonders obers. ziemlich dicht abstehend behaart, wie der Sch. gedrängt drüsenborstig-stachelig, die größten, etwas abgesetzten St. ca. 3-4 mm lg., stark geneigt, gerade oder etwas gekrümmt. Ansatzpunkt der B.chenstiele obers. dicht zottig. Nb. fädig-lineal, behaart und stieldrüsig. Austrieb mit deutlicher Anthocyanreaktion (meist glänzend (d.)rotbraun).

BLÜSTD. locker pyramidal, ziemlich umfangreich, hoch hinauf durchblättert. Oberste Äste nahe dem Grunde oder erst in der Mitte ± trugdoldig verzweigt,

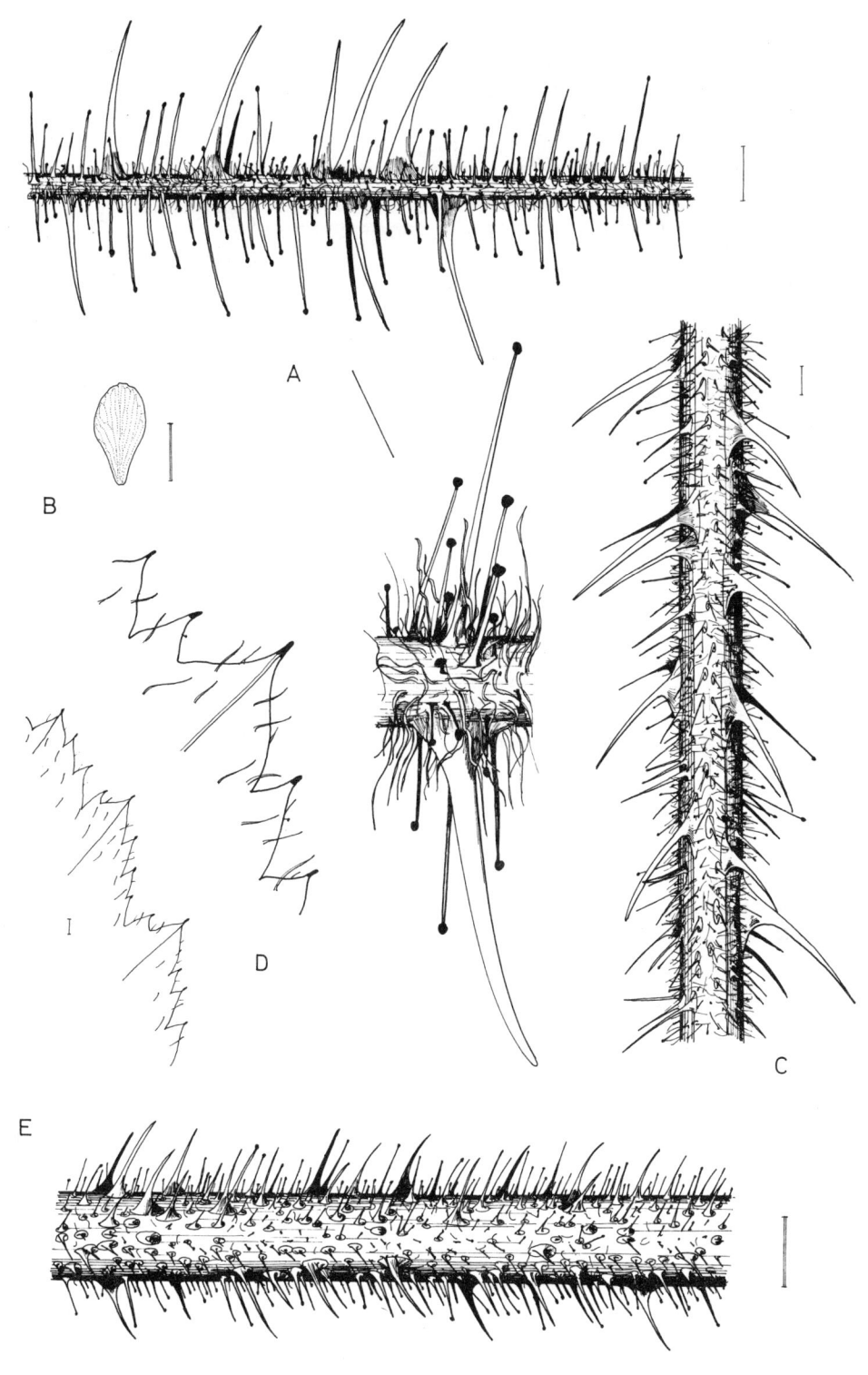

102. Rubus subcalvatus (Frid.) H. E. Weber

(1-)2-3(-5)blütig, die unteren meist sehr verlängert, ihre 3zähligen Tragb. überragend. Achse kräftig, $\pm$ kantig, striemig, dicht abstehend behaart, ohne oder nur mit wenigen Sternhaaren, dichtgedrängt besetzt mit ungleichen, teils langen feinen Drüsenborsten, Drüsenst. und kräftigeren St. Größte St. im unteren Teil breit zusammengedrückt, mit langer dünner, vorwiegend krummer Spitze, bis ca. 5-6 mm lg., in der Anzahl nicht abgrenzbar, Blüstiel ca. 1-2 cm lg., locker abstehend zottig (Lge. der Haare bis ca. 2 x Blüstiel-$\emptyset$), meist ohne Sternhaare, mit vielen ungleichen, teils haarfeinen, teils mehr nadelstacheligen rotköpfigen Drüsenborsten und einzelnen feineren, $\pm$ roten Stieldrüsen. Drüsenborsten durchschnittlich ca. 1-2 x, einzelne bis 4-5 x so lg. wie der Blüstiel-$\emptyset$. Größte St. meist drüsenlos (ca. 5-20), am Grunde breiter zusammengedrückt, $\pm$ geneigt, gerade oder etwas gekrümmt, 2,5-3(-4) mm lg. Kz. grün, zottig, rot stieldrüsig und dicht nadelstachelig, aufrecht und die Sfr. umfassend. Krb. weiß, umgekehrt eif., ca. 9-11 mm lg. Stb. die grünlichen Gr. deutlich überragend. Antheren behaart, Frkn. meist kahl, Frbod. wenig behaart. Sfr. rundlich. VII - VIII

Eine durch ihren Reichtum an St. und langen Drüsenborsten überaus auffällige und im Gebiet unverwechselbare Art. In der Länge der drüsenköpfigen Borsten und St. übertrifft sie alle übrigen Brombeeren unseres Raumes. Bemerkenswert sind außerdem die aufgesetzt spitzige, tiefe und periodische Serratur der schlanken B.chen und die behaarten Antheren. Der Blüstd. ähnelt in Aufbau, Bestachelung und hinsichtlich der Drüsen sehr dem echten R. pygmaeus Wh. (spec. authent. Hb. WEIHE!), der jedoch vor allem durch kürzer und filziger behaarte Blüstiele, kahle Antheren und besonders durch eine ganz andere B.form abweicht. - FRIDERICHSEN (l.c.) stellte die Pflanze zu R. apricus WIMM., eine südostmitteleuropäische Art (Schlesien, CSSR, Österreich), die sich unter anderem durch reichlich behaarte Sch., mehr buchtig gesägte, unters. $\pm$ weichhaarige B. und einen weniger umfangreichen Blüstd. mit kahlen Antheren unterscheidet. FOCKE (1903, 618) ordnete unsere Art wohl zu Unrecht dem rheinischen R. rivularis P.J.M. & WIRTG. und damit der Sektion der Glandulosi zu. R. subcalvatus kann entweder ein weit nach Norden versprengtes Glied aus der R. pygmaeus-R. apricus-Verwandtschaft oder auch eine endemische Neubildung darstellen. Seine phylogenetische Herkunft bleibt vorerst unsicher.

ÄHNLICHE ARTEN (mit behaarten Antheren und ähnlich dichtstacheligdrüsenborstigen Sch.) kommen im Gebiet nicht vor.

ÖK. u. SOZ: Bisherige Fundorte auf AM in Heckenwegen (Reddern), am loc. class. im Wuchsbereich folgender Rubusarten: R. plicatus, gratus, sciocharis, cimbricus, marianus, sprengelii, arrhenii, langei u. drejeriformis.

VB: Endemisch in SH? - Krs. Rendsburg: Feldweg zw. Hohn und Elsdorf (FRID. 96! 97!, FRID. & GEL. 98!, ER 98! - 68!! 70!!). Kreis Husum: Zw. Ahrenviöl und Osterohrstedt eine durch mehr auswärts gekrümmte Hz. geringfügig abweichende Form (A.CHRIST. 11! - als R. apricus). Die von ER. (1900, 41) als "R. pygmaeopsis F.?" erwähnte Pflanze, die er im Gehege Stühhagen bei Garstedt fand (E. 96!) und die FRID. (nach ER. l.c.) am ehesten zu R.

subcalvatus rechnete, ist nach dem vorliegenden Herbarmaterial vermutlich eine systematisch bedeutungslose hybridogene Ausbildung, jedenfalls nicht R. subcalvatus.

Series 10. Glandulosi P.J.M.

103. **Rubus schleicheri** WEIHE ap. TRATTINICK, Rosac. Monogr. 3: 22 (1823)?, ap. BOENNINGHAUSEN, Prod. Fl. Monast. 152 (1824). - Schl. 149 - Fig. - Tafel.

SCH. aus flachem Bogen hingestreckt oder kriechend (in Gebüschen zuerst etwas kletternd, dann bodenstrebend), rundlich, etwas striemig, matt grün, bei Besonnung zuletzt auch $\pm$ (rot-)bräunlich überlaufen, (stellenweise) schwach bereift, locker abstehend einzeln und büschelig (mit ca. (1-)5-30 Härchen pro cm Seite) und dazu oft etwas sternflaumig behaart, mit zahlreichen, auffallend gelblichen, bei Besonnung auf gelbem Grunde schön h.rotbraun überlaufenen St. in allen Größenordnungen sowie $\pm$ zahlreichen Drüsenst., Drüsenborsten, zarteren Stieldrüsen und zerstreuten Sitzdrüsen besetzt. Größere St. bis 6-7(-8) mm lg., sehr breit aufsitzend und weithinauf "brettartig" breit zusammengedrückt, sichelig bis hakig, seltener fast gerade, mäßig bis sehr dicht stehend (Anzahl schwer abzugrenzen, ca. zu (7-)10-18 pro 5 cm). Kleinere St. aus breitem, $\pm$ zusammengedrücktem Grund rückwärtsgeneigt mit pfriemlicher, anfangs oft drüsentragender Spitze mit Übergängen zu breitfüßigen, sonst dünnen, oft auf die Stachelbasen übergreifenden, unterschiedlich langen Drüsenborsten und feineren Stieldrüsen. Anzahl dieser Gebilde sehr schwankend (meist ca. 2-10 pro cm Seite); da die meisten Drüsenköpfchen, häufig auch Teile des Stiels abbrechen, erscheint der Sch. zuletzt oft streckenweise wie stieldrüsenlos.

B. 3zählig, einzelne oft auch 4(bis fußf. 5-)zählig. B.chen obers. matt oder etwas glänzend d.grün, behaart (ca. 2-20 Härchen pro cm^2), unters. grün, mit meist nur spärlicher, nicht fühlbarer, seltener mit etwas dichterer Behaarung. Eb. kurzgestielt (ca. 20-27 % der Spreite), aus gestutztem oder etwas ausgerandetem, meist schmalem Grund $\pm$ schlank und verlängert, seltener etwas breiter umgekehrt eif., in eine wenig abgesetzte $\pm$ lange Spitze verschmälert. Serratur eng bis ziemlich weit, periodisch mit längeren geraden oder etwas auswärtsgekrümmten Hz., zwischen denen der Blattrand mit den übrigen Zähnen oft etwas eingebuchtet verläuft. Zähne etwas aufgesetzt bespitzt. Sb. einfach oder gelappt. B.stiel kürzer als die Sb., zerstreut bis mäßig dicht behaart, mit (ca. 8-15) geneigten krummen St., kleineren, meist geraden, anfangs oft drüsigen St. sowie besonders obers. mit zahlreichen (Drüsen-)Borsten und feineren Stieldrüsen. Nb. schmallineal bis fädig, stieldrüsig und haarig bewimpert. Austrieb $\pm$ grün, mit schwacher Anthocyanreaktion.

BLÜSTD. wenig umfangreich (meist unter 35 Blüten), in zwei mit Übergängen verbundenen Typen: Entweder 1) einfach, d. h., mit nur einer, anfangs nickenden, zwischen den Nodien $\pm$ geknickten, oben b.losen, lockerblütigen Achse - dann Blüstd. insgesamt schmal -; oder 2) zusammengesetzt, d. h., mit verlängerten, ähnlich gebauten Seitenachsen in den Achseln der 3zähligen Tragb. - dann insgesamt $\pm$ schirmartig ebensträußig, etwa so breit wie hoch. Oberste Äste (meist) 1-blütig, die folgenden fast vom Grunde an verzweigt mehrblütig. Verzweigungen alternierend, nicht gegenständig. Achse mäßig dicht (lang) abstehend und dazu anliegend sternflaumig behaart, mit zahlreichen gelblichen oder h.bräunlich überlaufenen, z.T. drüsigen St., (Drüsen-)Borsten und zarten Stieldrüsen. Größere St. in wechselnder, meist reichlicher Anzahl, bis ca. 5-6(-7) mm lg., wie die des Sch. brettartig zusammengedrückt, geneigt, alle oder doch die Mehrzahl $\pm$ sichelig. Kleinere St. und Drüsen wie die des Sch. - Blüstiel dünn, ca. 2-2,5 cm lg., grün, kaum bis mäßig dicht sternfilzig, sowie mit lockerer bis dichter abstehender Behaarung, dabei längste Haare oft mehr als 2 x $\emptyset$ des Blüstiels abstehend, häufig auch viel kürzer und mehr verwirrt. St. zart, ungleich, die größeren in wechselnder Menge (ca. zu 3-15), meist nur bis 1,5-2(-2,5) mm lg., $\pm$ gerade und abstehend. Kleinere z.T. drüsige St.chen als Übergänge zu feineren Drüsenborsten und zahlreichen, $\pm$ rotköpfigen, sonst blassen Drüsenhaaren. Längste, die Haare überragende Drüsenborsten bis ca. 2-3 x, die meisten jedoch nur bis ca. 1 x so lg. wie der Blüstiel-$\emptyset$, die zarteren Stieldrüsen oft nur sehr kurz. Kz. (graulich)grün, mit kurzen blassen Stieldrüsen und einigen feinen St.chen, an der Blüte etwas zurückgeschlagen, an der Sfr. abstehend oder aufrecht, selten $\pm$ zurückgeschlagen. Krb. weiß, $\pm$ schmal verkehrt eif., ca. 9-11 mm lg., Stb. die b.grünen Gr. deutlich überragend. Antheren kahl, Frkn. (meist dicht) kurzhaarig, selten kahl, Frbod. reichlich behaart. Sfr. rundlich bis etwas flachkugelig. VII(-VIII). - 2n = 28.

Eine leicht kenntliche Art, vor allem an den vielen "brettartigen", gelblichen, krummen St. des Sch. und an der Blüstd.achse, die zum Teil ihrerseits an der Basis noch Drüsenborsten tragen, an den breitfüßigen übrigen, anfangs drüsigen St.chen und an den langen, zartstacheligen Blüstielen, dazu vor allem auch an den 3zähligen B. mit charakteristischem Eb., das oft verlängert 5eckig erscheint, da sich der Blattrand oberhalb des abgesetzten Grundes bis über die B.mitte hinaus oft annähernd geradlinig verbreitert und sich erst dann spitzenwärts verengt. Kennzeichnend sind auch die durch verlängerte Seitenzweige oft zusammengesetzten, mehrachsigen und dann sehr breiten Blüstde., obwohl in der Literatur seit WEIHE nur der Hinweis auf schmale, anfangs nickende Blüstde. tradiert wird. Angesichts der zuletzt meist nur noch spärlichen Drüsen auf dem Sch. und wegen der derben St. müßte man die Art eher bei den Hytrices einordnen, doch wird sie vor allem wegen des überwiegend racemösen, nicht cymösen Verzweigungsmodus der Blüstd.-äste seit FOCKE allgemein den Glandulosi zugerechnet.

ÄHNLICHE ARTEN: Der ebenfalls 3zählig beblätterte 104. R. bellardii, der nicht selten mit R. schleicheri zusammenwächst, unterscheidet sich leicht durch seine charakteristischen elliptischen, aufgesetzt lang bespitzten B.chen sowie durch seine zarten pfriemlichen St. auf dem dicht stieldrüsigen Sch. -

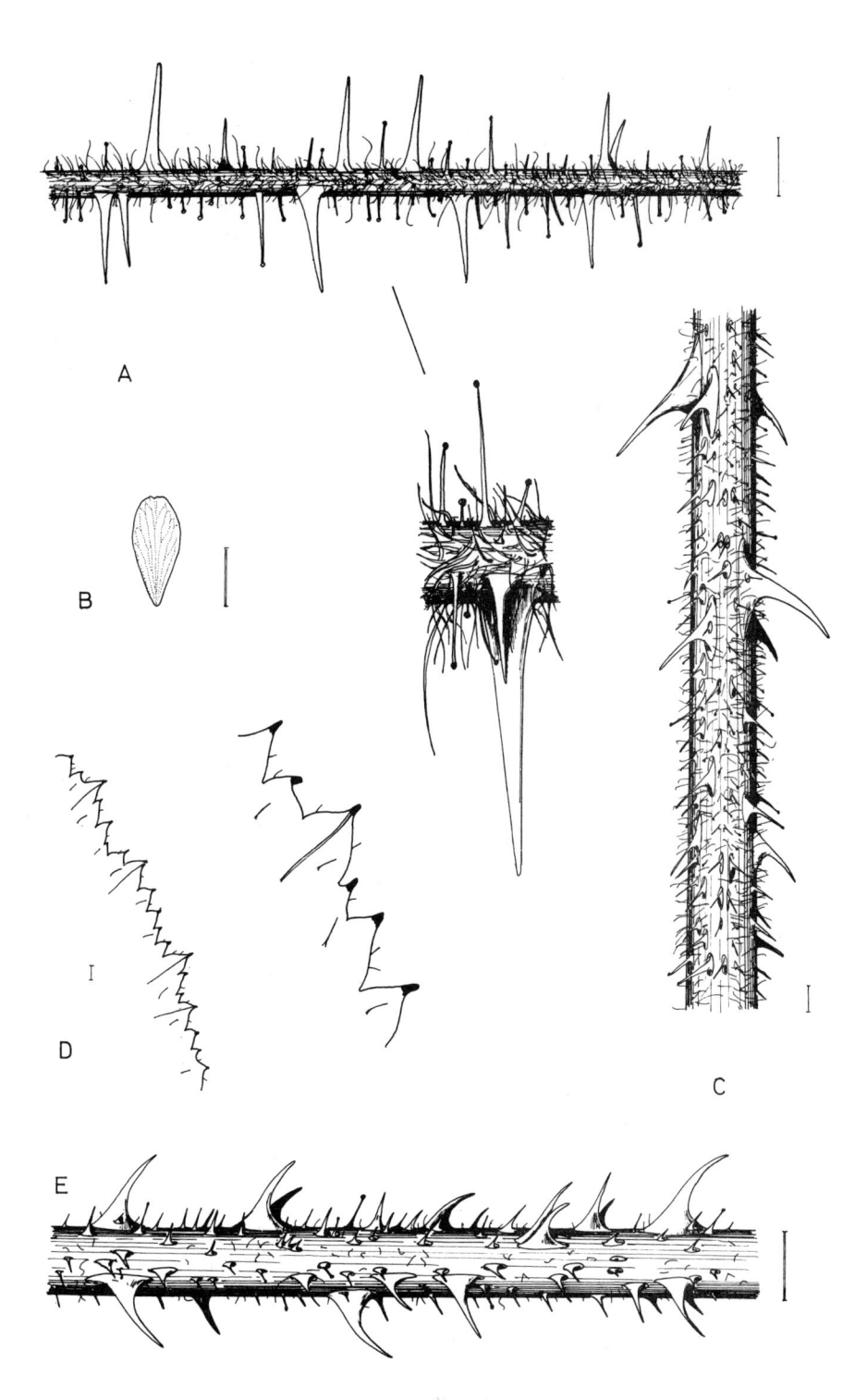

103. Rubus schleicheri Wh.

Der ebenfalls nur oberflächlich ähnliche 98. R. christiansenorum (vgl. dort!) hat u.a. kantige Sch. mit überwiegend 5zähligen B., weniger breite und geradere St., einen anderen Blüstd.aufbau mit kräftiger (2,5-4 mm lg.) bestachelten Blütielen.

ÖK. u. SOZ: Vor allem an Rändern und in Lichtungen von reicheren Quercion- und bodensauren Fagetalia-Wäldern und den sie ersetzenden Forsten. In Ns. als Kennart des Lonicero-Rubion silvatici TX. & NEUM. (1950) beschrieben. Seltener - wenn auch vergleichsweise mehr als die meisten übrigen Glandulosi - in waldfernen Gebüschen und Hecken.

VB: W- u. M-Europa. - Von England über die Benelux-Länder und Frankreich durch Mitteleuropa südwärts bis zur Schweiz und Bayern, ostwärts durch die CSSR bis Schlesien und in die Westkarpaten. In Ns. im südl. Hügelland häufig!!, nordwärts mehr und mehr zerstreut bis Ostfriesland (KLIMMEK 1949!) sowie über den Raum Bremen (FOCKE, - !!), den Kreis Bremervörde (FIT. 1914, 86 mehrfach - 67!!), Nordahner Gehölz (WILSHUSEN 04! - 66!! 67!!) bis zur absoluten Nordgrenze am Rande des Elburstromtals: Dobrock (FIT. l.c., WILSHUSEN 1922! - 67!!) und Cadenberge (67!!). Im östl. ns. TL wie auch in Me. anscheinend fehlend. Auch in SH - wie überhaupt nördl. der Elbe - noch nicht sicher nachgewiesen. Zwar führt FOCKE (1914, 469) als einziger Autor und ohne nähere Angaben Holstein als Verbreitungsgebiet mit auf, doch ist dieser Hinweis bislang unbestätigt. ERICHSEN sammelte zw. Alvesloe und Kaden (98!) eine dort "spärlich" in einem Knick wachsende Pflanze, die er (1900, 47) als eine "in der Blattform R. Schleicheri gleichende" Ausbildung von R. pygmaeopsis F. ansah und die NEUMANN (in Hb.) als R. schleicheri bestimmte. Der Vf. konnte die Pflanze noch 1967!! an ihrem alten, inzwischen stark ruderalen Standort untersuchen. Sie weicht u.a. durch nicht brettartig abgeflachte St., weit überwiegend (fast handf.) 5zählige B., kräftiger bestachelte Blütiele und auch im Habitus von R. schleicheri so sehr ab, das sie nicht als sicherer Nachweis für diese Art gelten kann, wenn auch die nur an den Seitenzweigen 3zähligen B. denen des R. schleicheri ähneln. Eine weitergehende Beurteilung dieser Ausbildung, die auch mit R. christiansenorum Beziehungen aufzuweisen scheint, ist jedoch nur beim Auffinden besser entwickelter Exemplare möglich, als sie an diesem Standort noch vorhanden waren.

104. **Rubus bellardii** WEIHE, ap. BLUFF & FINGERHUTH, Comp. Fl. Germ. 1: 688 (1825). - Syn. R. glandulosus ssu. auct. mult. an BELLARDI, Mém. Acad. Sci. (Turin) 5: 230 (1793)? - Schl. 151' - Fig. - Tafel.

SCH. niederliegend, kriechend, rund oder fast rund, matt, im Schatten auf (h.)grünem Grund + fleckig schmutzigviolett überlaufen, in der Sonne bis auf die gelblichen St.spitzen violettrot, mit (vom Regen leicht abgewaschenem) zartem Reif, nur spärlich + abstehend behaart (ca. (0-)1-5 Haare pro cm Seite), dicht (>15 pro cm Seite) mit ungleich langen, feinen, leicht brechenden (Drüsen-)Borsten und zarten Stieldrüsen besetzt. Länge dieser Gebilde zw. ca.

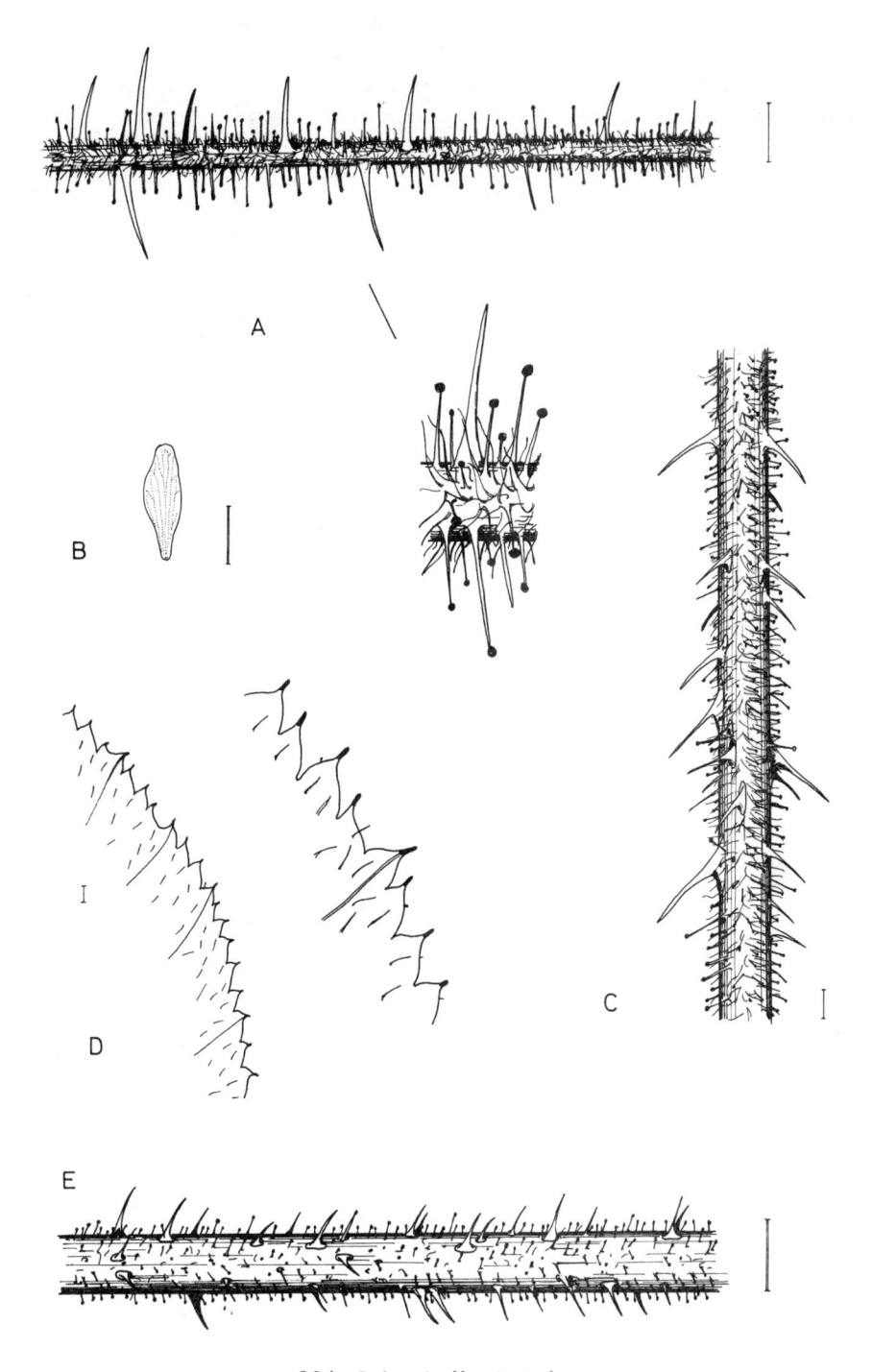

104. Rubus bellardii Wh.

0,5-2(-2,5) mm, die meisten um ca. 1 mm. St. nicht deutlich davon abgesetzt, die kleineren bis ca. 2-3 mm lg., pfriemlich, gerade, anfangs meist mit Drüsenköpfchen. Größere St. 3-4(-5) mm lg., nur am Grunde oder auch fast bis zur Hälfte $\pm$ breit zusammengedrückt, mit pfriemlicher geneigter oder etwas gebogener Spitze, durch Übergänge mit den kleineren St. verbunden. (Anzahl daher schwer abzugrenzen, ca. 10-15 pro 5 cm).

B. fast immer nur 3zählig, sehr selten einzelne auch 4- fußf. 5zählig (= var. griewankorum E.H.L.KRAUSE, Arch. Ver. Freunde Nat.gesch. Me. 40: 107 (1886)). B.chen obers. matt (d.)grün, mit zahlreichen (ca. 15->30 pro cm) vorwärts abstehenden Haaren, unters. grün, nur zerstreut und nicht fühlbar auf den Nerven behaart. Eb. kurz gestielt (ca. 20-30 % der Spreite), aus abgerundetem oder etwas herzf. Grund regelmäßig elliptisch bis schwach umgekehrt eif., mit aufgesetzter schlanker, meist etwas sicheliger ca. 1,5-2,5 cm lg. Spitze. Serratur sehr fein mit $\pm$ gleichlangen, fast geraden bis schwach auswärts gerichteten Hz. Alle Zähnchen mit deutlich aufgesetzten, verlängerten, feinen Spitzen. Haltung lebend $\pm$ flach bis schwach konvex, am Rande (fast) glatt. Sb. fast so groß wie das Eb., ähnlich bespitzt, die dem B.stiel zugewandte Spreitenhälfte breiter als die dem Eb. zugewandte Hälfte, manchmal auch etwas gelappt. B.stiel kürzer als die Sb., vor allem auf der Oberseite drüsenborstig-stieldrüsig und reichlich behaart, sonst nur zerstreut stieldrüsig und nur mit einzelnen Haaren, wie der Sch. mit schwachen nadeligen, geraden und (ca. 10-15) etwas größeren, ca. bis 2,5-3 mm lg. $\pm$ gebogenen St. Nb. fädig, behaart und stieldrüsig. B.chen wintergrün, gelegentlich auch mit schön roter Herbstfärbung. Austrieb mit sehr starker Anthocyanreaktion (meist d.braunrot).

BLÜSTD. wenig umfangreich (meist< 25 Blüten) und kurz (nur bis ca. 30 cm lg.), meist ziemlich breit, hoch hinauf beblättert. Blütenäste gewöhnlich nur nahe der Spitze vorhanden, die obersten mit drüsig-fädigen, die folgenden mit laubigen Tragblättern, 1-7blütig, traubig. Achse dünn, zw. den Nodien etwas knickig oder einseitswendig-nickend gebogen, locker bis mäßig dicht $\pm$ abstehend und etwas sternfilzig behaart, wie der Sch. dicht fein stieldrüsig und (drüsen-)borstig, mit ungleichen zarten St. Größte St. bis 2-2,5(-3) mm lg., mit pfriemlicher $\pm$ gebogener Spitze, meist nur zerstreut stehend. Blüstiel ca. 1,5-2,5 cm lg., kurz abstehend-verwirrt und sternflaumig behaart. (Haare bis ca. 0,3-0,5 x, einzelne bis ca. 1 x so lg. wie der Blüstiel-Ø abstehend). Rotköpfige Stieldrüsen und feine Drüsenborsten zahlreich (>50), ungleich lg., die meisten die Behaarung weit überragend, einzelne bis 2-3 x so lg. wie der Blüstiel-Ø. St. schwer davon abzugrenzen (ca. zu 3-15), zart, gerade abstehend oder leicht gebogen, bis 1,5-2 mm lg. Kz. grünlich, mit kurzen, (meist) roten Stieldrüsen und zahlreichen gelblichen (Drüsen-)St.chen, abstehend, zuletzt aufgerichtet und die reife Sfr. umfassend. Krb. reinweiß, schmal spatelig bis schmal umgekehrt eif.-elliptisch, vorn unbewimpert, ca. 10-13 mm lg. und nur 3(-4) mm breit. Stb. mit kahlen Antheren wenig länger als die b.grünen Gr., Frkn. kahl, Frbod. wenig behaart. Sfr. $\pm$ flachkugelig, säuerlich. Ende VI-VII. - 2n = 28? u. 35.

R. bellardii gehört zu den mühelos auf den ersten Blick zu erkennenden

Brombeerarten, denn die fast immer nur 3zähligen B. mit elliptischen feingesägten und aufgesetzt lang ± sichelig bespitzten B.chen finden sich sonst im Gebiet in dieser charakteristischen Tracht bei keiner anderen Art. Darüber hinaus geben der kriechende, wenig behaarte, zartstachelige und dichtdrüsige Sch., der kurze Blüstd. mit aufrechten Kz. und schmalen Krb. und die starke Anthocyanreaktion der ersten B.chen eindeutige Kennzeichen ab. Mehr als 3zählige B.chen (var. griewankorum) finden sich nur als große Ausnahme. FOCKE (1877, 384) bezeichnet sie geradezu als eine ihm aus Norddt. gänzlich unbekannte "Abnormität". (In SH beobachtet bei: Haffkrug u. Mölln (RANKE 1900, 24), Kiel (KRAUSE 1890, 80), Ahrensburg (ER. 96!), Ahrensbök (ER. 1931, 60), Rönner Gehege (Fl.-BZ. nach KRAUSE 1899, 31) und Einfeld (66!!)).

Die außergewöhnliche Merkmalsbeständigkeit des R. bellardii in seinem gesamten VB-Gebiet ist nach Å. GUSTAFSSON (1933) wohl am ehesten auf eine obligate Pseudogamie dieser nach seinen Untersuchungen stets pentaploiden Art zurückzuführen, die einmal durch ein glückliches Zusammentreffen teilweise unreduzierter Gameten entstanden sein mag und sich dann dank ihrer günstigen genetischen Disposition mit großer Verbreitungsgeschwindigkeit ausgebreitet hat und (wie in Schweden zu beobachten ist) noch weiter ausbreitet. Im Gegensatz dazu gibt jedoch MAUDE (1939) einen tetraploiden Chromosomensatz für R. bellardii an.

ÄHNLICHE ARTEN: Typischer R. bellardii ist (im Gebiet) unverwechselbar. In Zweifelsfällen vgl. 103. R. schleicheri u.a. mit "brettartigen" derben St. und anders geformten B.chen, 105. R. pallidifolius mit dichthaarigem Sch., umfangreichen Blüstd. (vgl. auch Schl. 151). - Ähnlicher ist der erst in den Mittelgebirgen (Portagebiet!) auftretende R. scaber WEIHE (1825): u.a. mit ledrigen, oft 4-5zähligen B., grasgrünen Kelchen, behaarten Frkn. und dem Radulae-Typus entsprechenden Sch.

ÖK. u. SOZ: Ausgeprägte Waldpflanze. (Vorwiegend im Halbschatten) auf kalkarmen sandigen bis lehmigen, gern etwas frischeren Böden auf Lichtungen und in lockeren Beständen von (nicht zu trockenen) Fago-Querceten und vor allem bodensauren Querco-Carpineten und Fageten, bzw. in entsprechenden Forst-Ersatzgesellschaften (besonders Kiefernforsten). Nach TX. & NEUM. (1950) in Ns. Kennart der R. silvaticus-Rubus sulcatus-Ass. (Lonicero-Rubion silvatici), doch zumindest in SH weit über diesen Rahmen hinaus auch ins Sambuco-Salicion capreae übergreifend. Außerhalb des Waldes (in SH) am ehesten noch in schattigen Heckenwegen (Reddern), dagegen in den eigentlichen Feldknicks nur als sehr seltene Ausnahme.

VB: Im Schwerpunkt zentraleuropäisch. - In SH im ganzen Gebiet bis zum Oldenburger Graben in Wäldern verbreitet, häufig auf nährstoffreichen AM und in bodensauren Jungmoränenwäldern, besonders in Endmoränengebieten, dagegen auf den schweren Böden Ostholsteins deutlich zurücktretend!! - In DK nur in SO-Jütland nordwärts bis Vejle verbreitet, selten auf Süd-Fünen und bei Vordingborg auf Seeland. Außerdem an der SO-Küste Schwedens (von

Oskarshamn bis Norrköping). - Im nwdt. TL anscheinend weithin verbreitet!!, ebenso im südl. Hügelland!! (seltener nur in den Kalkgebieten), im Harz bis über 500 m steigend. Weitere VB: Ganz Mitteleuropa bis Ostpreußen, Warschau, CSSR, Österreich, Ungarn, Rumänien, südwärts bis Norditalien(?) und in die Schweiz. Außerdem in Frankreich, in den Benelux-Ländern und in SO-England.

105. **Rubus pallidifolius** E.H.L.KRAUSE ap. PRAHL, Krit. Fl. SH 2: 78 (1890). - Syn. R. oreades ssu. A.NEUMANN ap. F. EHRENDORFER et al., Liste Gefäßpfl. Mitteleur., ed. 1: 189 (1967) non ssu. FOCKE, Syn. Rub. Germ. 391 (1877) et auct. mult. an P.J.MÜLLER & WIRTGEN, Hb. Rub. Rhen., ed. 1: n.154 (1860)?; R. serpens 'WEIHE' ssu. FOCKE l.c. p. 365 ex pte., ssu. SUDRE ex. pte., ssu. ERICHSEN, FRIDERICHSEN, GELERT, PRAHL et auct. al. slesv.-hols. omn. auct. al. plur. non WEIHE ap. LEJEUNE & COURTOIS, Comp. Fl. Belg. 2: 172 (1831); R. serpens Wh. var. puripulvis SUDRE, Bat. Eur. fasc. 4: n. 192 (1906), R. serpens var. arenaria FRID. & GELERT, Bot. Tidsskr. 16: 236 (1887); R. hirtus ssu. ERICHSEN, ap. SCHMEIL & FITSCHEN, Fl. v. Dt. ed 5: 163 (1909) ex pte., JUNGE, Beitr. Kenntnis. Gefäßpfl. SH 89 (1904), A.CHRISTIANSEN, Verz. Pflanzenstandorte SH 17 (1913) non WALDSTEIN & KITAIBEL, Plant. rar. Hung. 2: 150 (1812) nec. ssu. HORNEMANN, Icon. Fl. Dan. t. 2053 (1835), SONDER (1851), LANGE (1864) et KNUTH (1888), R. hirtus ssp. geromensis P.J.M. f. procurrens K.FRID. in sched., R. pallidifolius f. principalis FRID. in sched. - Schl. 141, 151 - Fig. - Tafel - Karte.

Loc. class.: Schleswig: Hüttener Berge, am Wege zw. Ascheffel und Sahr (HINRICHSEN 1.8.1884!)

SCH. niedergestreckt, kriechend, rund oder etwas stumpfkantig, matt grünlich und $\pm$ fleckig rotviolett überlaufen, (stellenweise) etwas bereift, dicht behaart (>30 Haare pro cm Seite). Haare überwiegend abstehend, teils etwas büschelig, dazu oft $\pm$ sternhaarig. (Rötliche oder blasse) Stieldrüsen und haarfeine, gelbliche Drüsenborsten dichtstehend (ca. 10->20 pro cm Seite), zuletzt z.T. ohne Drüsenköpfchen, durchschnittlich ca. 1 mm lg., teils viel kürzer, teils bis 3(-4) mm lg., den Sch. zusammen mit den Haaren etwas gräulich-violett färbend. Größere St. (ca. zu 8-15 pro 5 cm), meist schon dicht über der breiteren Basis pfriemlich verengt, gerade und $\pm$ geneigt, bis 5(-6) mm lg. Kleinere z.T. drüsige St. als Übergänge zu den feinen Drüsenborsten meist zahlreich, mitunter nur vereinzelt.

B. überwiegend 4- fußf. 5zählig, z.T. auch 3zählig. B.chen obers. (d.) grün, fast matt, wenig behaart (ca. 5-15 Haare pro cm^2), unters. blasser, nur wenig, kaum fühlbar, besonders auf den Nerven behaart (außerhalb des Gebietes auch $\pm$ weichhaarig). Eb. kurz bis mäßig lang gestielt (ca. 27-35 % der Spreite), aus meist herzf., seltener abgerundetem Grund umgekehrt eif. bis elliptisch, in eine meist nur kurze, am Ende etwas abgesetzte Spitze verschmälert, zuletzt ziemlich breit. Serratur ausgeprägt periodisch mit $\pm$

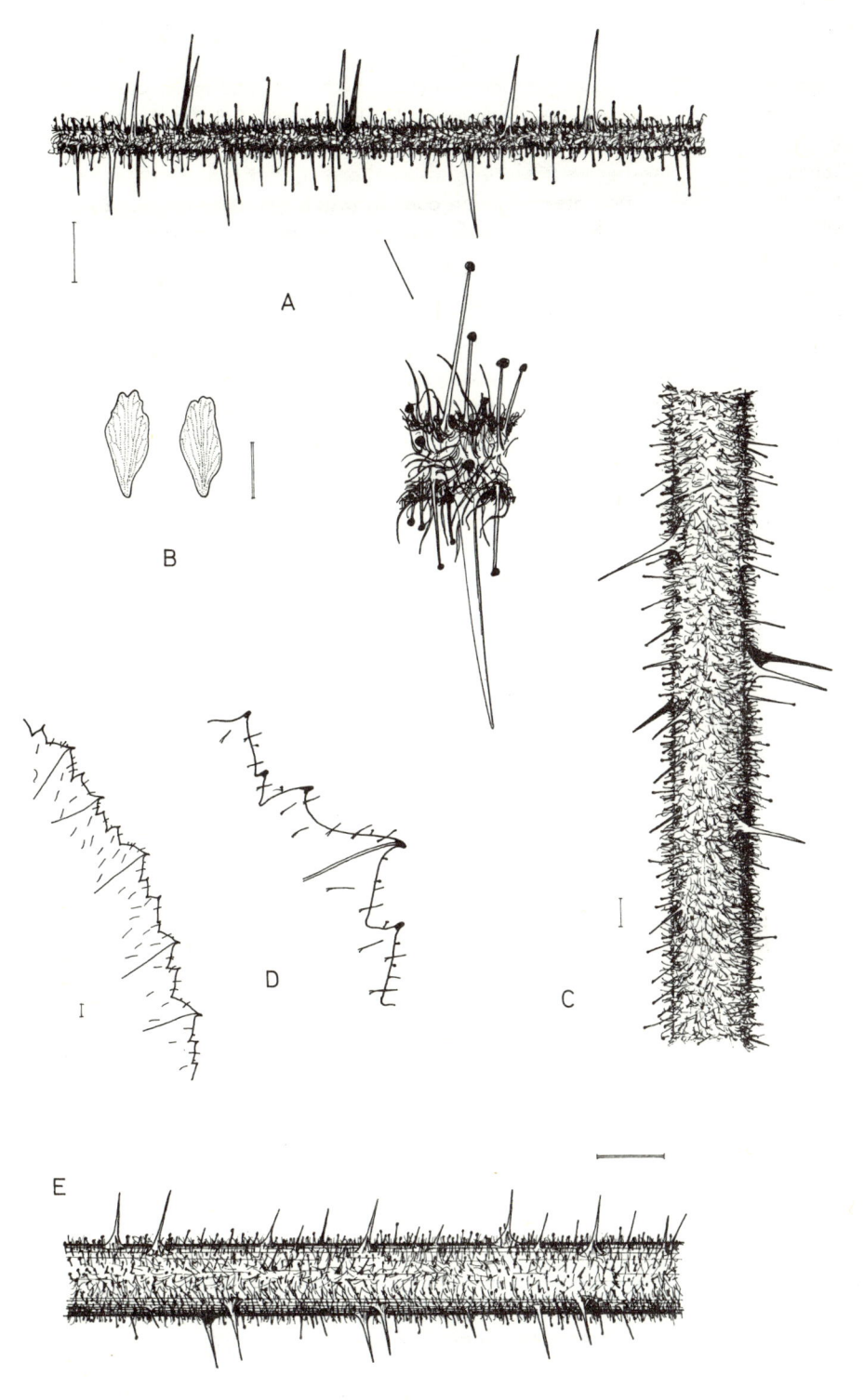

105. Rubus pallidifolius Kr.

längeren, deutlich auswärtsgekrümmten Hz., nicht tief und meist ziemlich weit mit aufgesetzt bespitzten Zähnchen. Haltung lebend $\pm$ flach, am Rande kleinwellig, ä.Sb. 2-7 mm lg. gestielt, am Grunde abgerundet. B.stiel dichthaarig und ringsherum stieldrüsig-drüsenborstig, mit (ca. 7-15) schwachen pfriemlichen, geneigten geraden oder schwach gekrümmten St. Nb. $\pm$ fädig, reichlich stieldrüsig und länger haarig. Austrieb mit deutlicher, meist starker Anthocyanreaktion.

BLÜSTD. (verlängert) pyramidal, oft sehr umfangreich (bis >70 cm lg.), oben blattlos mit $\pm$ schon am Grunde geteilten Ästen, von denen jeweils der obere meist trugdoldig bis traubig-rispig 3-5blütig, der untere meist nur 1-2blütig ist. Darunter wenige Äste in den Achseln 1-3zähliger B., im unteren Teil ganz blütenlos oder mit spät nachtreibenden, zuletzt oft langen Ästen in den Achseln 3zähliger B. Achse ziemlich dick, zwischen den Nodien knickig gebogen, abstehend $\pm$ zottig und sternfilzig, mit gedrängten, die Haare großenteils überragenden, haarfeinen (Drüsen-)Borsten und Stieldrüsen. Größere St. etwas davon abgesetzt (ca. zu 5-10 pro 5 cm), im oberen Teil oft fehlend, über dem breiteren Grunde pfriemlich-nadelig, gerade und etwas geneigt, bis 4(-5) mm lg. Blüstiel ca. 1-1,5 cm lg., dicht kurz wirrhaarig-filzig, dazu mit meist nur einzelnen längeren (ca. so lg. wie der Blütiel-$\emptyset$) abstehenden Haaren. Rotköpfige oder ganz rote Stieldrüsen und feine blassere Drüsenborsten zahlreich, sehr ungleich lg., größtenteils länger als die Haare, z.T. bis ca. 3 mal so lg. wie der Blüstiel-$\emptyset$. St. zart, pfriemlich, gerade abstehend, nur bis 2(-2,5) mm lg., in wechselnder Menge (ca. 1-15). Kz. graulich-grün, mit langen rotköpfigen Stieldrüsen und feinen (Drüsen-)Borsten, abstehend bis aufgerichtet. Krb. rein oder etwas grünlich weiß, $\pm$ spatelig, schmal, vorn ausgerandet, ca. 8-12 mm lg. Stb. die weißgrünen Gr. etwas überragend. Antheren kahl, Frkn. kahl oder (in SH meist) wie der Frbod. behaart. Sfr. etwas flachkugelig. VII - VIII. - $2n = 28$.

Rubus pallidifolius ist von den übrigen Brombeeren unseres Gebietes eindeutig unterschieden durch den violettfleckigen, dichthaarigen und fein stieldrüsig-drüsenborstigen Sch. mit zarten pfriemlichen geraden St., durch die beidseits behaarten 3-5zähligen B. mit auswärtsgekrümmten Hz. sowie durch den oft umfangreichen zartstacheligen, dichtdrüsigen und haarigen Blüstd. mit knickiger Achse, langdrüsigen Blüstielen und schmalen spateligen Krb. Gewöhnlich sind die Übergänge zw. den St. und feinen (Drüsen-)Borsten wenig zahlreich, so daß man die Art auch der Radulae-(Pallidi-)Gruppe zuordnen könnte, zumal auch der Blüstd.aufbau abweichend vom Glandulosi-Typus Anklänge an den dichasialen Verzweigungsmodus zeigt.

Irrtümlich ist die Art bislang von fast allen Autoren nach WEIHE für den belgischen R. serpens Wh. gehalten worden, der jedoch von seinem beschränkten Areal aus ostwärts nur bis ins Rheinland vordringt (nach A.NEUMANN briefl.). Der echte R. serpens (nach auth. Belegen in Hb. WEIHE!) hat gegenüber unserer Art viel kürzere, rötliche Stieldrüsen (nicht blassere lange Drüsenborsten) sowie vor allem ein in Form und Serratur (mit geraden Hz.!) an R. plicatus erinnerndes herzeif., langbespitztes Eb. NEUMANN (1967, 189 et

in litt.) hält R. serpens auct. (non Wh.) für identisch mit R. oreades P.J.
M. & WIRTG. Im Gegensatz dazu werden jedoch von allen anderen Autoren für R. oreades gänzlich von R. pallidifolius abweichende Merkmale angegeben (z.B. blaugrüner, fast kahler Sch., 3zählige B. mit langbespitzten
Eb.), so daß hier - bis zu einer weiteren Klärung anhand des Typenbelegs -
vorerst der gesicherten KRAUSEschen Benennung der Vorzug gegeben wird.
Diese ist übrigens wenig glücklich, denn sie bezieht sich auf einige von
HINRICHSEN gesammelte Zweige eines sonnenbeständigen Exemplars mit
fast sitzenden ä.Sb. und länger bespitzten Eb. und betont zu Unrecht eine
im typischen Fall keineswegs vorhandene Ähnlichkeit mit R. pallidus.

ÄHNLICHE ARTEN: 104. R. bellardii: alle B. 3zählig, mit elliptischen, aufgesetzt + sichelig langbespitzten B.chen, Sch. nur locker behaart, meist fast kahl, Blüstd. wenig umfangreich (vgl. Schlüssel 151).- 85.
R. pallidus stark abweichend u.a. durch reich bestachelte, kurz stieldrüsige Blüstiele, anders geformte Eb. mit geraden Hz.,meist rötliche Gr. -
Ebenfalls recht unähnlich ist 86. R. euryanthemus: Sch. deutlich kantig,mit kräftigeren,5-7 mm lg.,nicht pfriemlichen St., mit länger gestielten
und ganz anders geformten B.chen.

ÖK. u. SOZ: Hauptsächlich in Bergwäldern der collinen-(sub-)montanen
Stufe an + aufgelichteten Stellen. In SH in regenfeuchter Lage in + schattigen Heckenwegen (Reddern) und in bodensauren Fagetalia-Wäldern beobachtet.

VB:M- bis gemäßigtes O-Europa, besonders in (niederschlagsreicheren)
Mittelgebirgslagen. - Die Vorkommen in SH (fast nur Schleswig) und DK
(nur nahe der Grenze bei Flensburg) sind die einzigen bekannten weit nach
Norden vorgeschobenen Ebenenstandorte. Hier im Jungmoränengebiet um
Flensburg: Kupfermühlenholz, auf deutschem und angrenzendem dänischem
Gebiet (ER. 01! - als R. hirtus), Handewittholz (GEL. 98! - als R. hirtus),
zw. Handewittholz u. Flensburg-Weiche (BOCK 1923! 34! als R. serpens;
hier am Wege zw. dem Forsthaus und Altholzkrug noch reichlich 66!! - z.T.
in einer Form mit etwas sternfilzigen B.), im Walde bei ?Sosti (FRID. 13! -
als R. serpens), Knicks und Wäldern beim Martinsstift südl. Flensburg (BOCK
1934! als R. bellardii), bei Süderschmedeby am Feldweg nördl. der Straße
nach Gr. Solt (SAXEN 1962! 63! indet. - 66!!), Wegrand zw. Stenderup u.
dem Elmholz (SAXEN 1932! als R. apricus). Noch "im Umkreis von Schleswig" (FRID.& GEL. 1888,(19) - vielleicht identisch mit "Thiergarten"(KNUTH
1888,819): In den Hüttener Bergen zw. Ascheffel u. Sahr (HINR. 84!, FRID.
& HINR. 86! = FRID.& GEL. exs. n. 45 als R. serpens (var. arenaria) - Nachsuche 1966 erfolglos) sowie im Walde bei Fellhorst (GEL. 93! als R. serpens,
FRID. det: R. hirtus ssp. geromensis P.J.M. f. procurrens FRID.). - Außerdem
auf AM im Kreis Husum: Zw. Schwabstedt u. Forst Lehmsiek (FRID. 96! 98!
- det. wie vor.), Ostenfeld (GEL. 95! als R. cf. pallidifolius), Rott(GEL.98!
als R. hirtus. - Hier 68!! sehr spärlich im Wald südl. der Straße) und Immenstedter Holz (A.CHRIST. 11! als R. hirtus). - Holstein: Breitenburger Wald
an der Straße Breitenburg-Lägerdorf (71!!). - Weitere VB: In Me. und im ns.
TL fehlend, erst wieder in dern Bergwäldern südöstlich Hannover und Hildes-

heim, besonders im Harz. Im übrigen reichen die Angaben von den Benelux-Ländern und Nordfrankreich durch M-Europa südwärts bis zur Schweiz, ostwärts bis Posen, in die Karpaten und sogar bis zum Kaukasus.

Sectio 2. Corylifolii F.

106.-145. Rubus corylifolius (SM.) ARESCH., Lunds Univ. Årsskr. 21: 49 (1886) agg. et auct. an SMITH, Fl. Brit. 2: 542 (1800) s.str.?, R. dumetorum WEIHE ap. BOENNINGHAUSEN, Prod. Fl. Monast. 153 (1824) ex pte., R. milliformis spec. coll. FRIDERICHSEN & GELERT, Bot. Tidsskr. 16: 100 (1887). - Schl. 12'.

Die überaus zahlreichen Sippen dieser Sektion nehmen zwischen R. caesius und den Eufruticosi, oder in einzelnen Fällen auch zwischen R. caesius und R. idaeus eine Mittelstellung ein. Ihre allgemeinen Kennzeichen zur Unterscheidung von den übrigen Brombeeren sind im Schlüssel unter Nr. 11-11' gegenübergestellt. Die wichtigsten sind darunter der durchgehend rinnige Blattstiel, die breiteren (± lanzettlichen) Nebenblätter, die sehr kurz gestielten oder sitzenden äußeren Seitenblättchen, die meist breiten, knittrigen Kronblätter sowie vor allem die unvollkommen, das heißt, nur mit einzelnen glanzlosen, großen Teilfrüchten entwickelten Sammelfrüchte. Angesichts dieser Merkmale und auch wegen der meist violettstichig fleckigen, fein heller gestrichelten Sch. mit gewöhnlich nur einzelnen winzigen Stieldrüsen sowie wegen der oft breiten, sich randlich deckenden, häufig stark runzligen B.chen fällt es im allgemeinen nicht schwer, hierher gehörige Pflanzen als Corylifolii-Vertreter zu erkennen. Zur Unterscheidung gegen R. caesius, dem manche Corylifolii sehr nahe kommen, sind vor allem der nur schwach bereifte oder (fast) reiflose Sch. sowie die matt schwarzen (oder schwarz-roten), jedenfalls nicht deutlich blaubereiften Sfr. zu beachten.

Wegen ihrer morphologischen Mittelstellung wurden die Corylifolii schon früh als Kreuzungsprodukte zwischen R. caesius und Eufruticosi-Arten (vielleicht auch mit Beteiligung von R. idaeus) gedeutet. Die experimentelle Bestätigung dieser Auffassung lieferte vor allem LIDFORSS (1905; 1907; 1914), indem er nachwies, daß auch künstliche Bastardierungen zwischen der Kratzbeere und "guten" Brombeerarten (Eufruticosi) tatsächlich stets Pflanzen mit Corylifolii-Charakter ergeben, darunter jedoch nicht nur die aus der Natur bekannten Formen, sondern größtenteils solche, die sich anscheinend unter natürlichen Bedingungen noch nicht durchsetzen konnten. Dabei sind die einzelnen Individuen einer so erzeugten F_1-Generation keineswegs einheitlich. In LIDFORSS' Versuchen gingen beispielsweise aus der Verbindung R. caesius x plicatus zwanzig unterschiedliche Pflanzen des Corylifolii-Typs hervor. Diese müßte man nach rein morphologischen Kriterien auf sechs unterschiedliche, gut charakterisierte "Arten" verteilen, von denen eine dem bekannten R. bahusiensis sehr nahe steht oder vielleicht damit identisch ist. Die Versuche zeigten ferner, daß die Morphologie der Bastarde oft keinen Hinweis auf ihre tatsächliche Herkunft erkennen läßt, sondern nicht selten eher eine andere Stammart vortäuscht. Um so problematischer erscheint es daher, allein nach morphologischen Merkmalen aufgestellte, experimentell ungesicherte Bastardformeln zur gültigen Benennung der Corylifolii zu verwenden, wie das z.B. von SUDRE (1908-13) und zahlreichen Nachfolgern wenig glücklich gehandhabt worden ist.

Wenn Populationen von Pflanzen mit Corylifolii-Charakter oftmals auch einzelne primäre Caesius-Hybriden enthalten werden, so sind jedoch die meisten der typischen Corylifolii-Sippen schon vor langer Zeit entstanden und haben sich inzwischen als $\pm$ artkonstante Taxa manifestiert. Diese sind zum Teil morphologisch eindeutig charakterisiert und verhalten sich ganz wie gute Arten, von denen viele ein beachtliches Verbreitungsgebiet in Europa einnehmen. Doch gibt es unter den bislang benannten Corylifolii-"Arten" daneben auch rein lokale, wenig charakterisierte Vertreter. Die Hauptmasse der mittel- und westeuropäischen Corylifolii ist jedoch überhaupt noch nicht beschrieben und wird angesichts der Unmenge ineinanderfließender Formen auch wohl nie den Stand der Erforschung erreichen wie die vergleichsweise sehr viel klarer zu unterscheidenden Eufruticosi. Abgesehen von skandinavischen und dänischen Forschern sind die meisten Batologen vor den Schwierigkeiten dieser Gruppe in ähnlicher Weise zurückgeschreckt wie andere Botaniker vor der Gattung Rubus überhaupt.

Freilich wäre es von zweifelhaftem Wert, jede unbekannte Corylifolii-Ausbildung beschreiben zu wollen. Denn als Pflanzen mit entsprechendem Habitus kommen ja nicht nur manifestierte hybridogene Derivate, sondern ebenso auch spontane Bastarde (auch Tripelbastarde und solche höherer Ordnung!) in Frage und zwar zwischen R. caesius und Eufruticosi-Arten, zwischen R. caesius und Corylifolii-Arten, von Corylifolii-Arten untereinander, vermutlich auch zwischen Corylifolii und Eufruticosi und möglicherweise auch solche, an denen R. idaeus beteiligt ist. Die außerordentliche Formenmannigfaltigkeit selbst bei gleichen Stammeltern nachweislich schon in der Tochtergeneration und mehr noch in den folgenden Generationen macht die Entstehung zahlloser, kaum unterscheidbarer Formenschwärme verständlich. Die weitere Erforschung der Corylifolii wird sich daher vor allem auf die Herauslösung der verbreiteteren, relativ gut charakterisierten Sippen richten müssen.

Deren Anzahl scheint in den einzelnen Gebieten etwa der Größenordnung der Eufruticosi-Arten zu entsprechen. Für Schweden, dem in dieser Hinsicht wohl am besten durchforschten Gebiet, werden gegenüber 22 Eufruticosi von N. HYLANDER (1955; 1959) insgesamt 27 Corylifolii-Arten (mit zahlreichen Varietäten) angegeben. K.FRIDERICHSEN, der bislang überhaupt wohl beste Kenner der Corylifolii, führt für Dänemark (mit insgesamt 45 einheimischen Eufruticosi) in RAUNKIAERs Flora (1922) 33 Corylifolii-Species an, doch finden sich in seinem Herbar noch weitere, von ihm erst provisorisch benannte Taxa. In Schleswig-Holstein ist hinsichtlich der Corylifolii wohl das Hamburger Gebiet durch ERICHSEN (1900) am gründlichsten erforscht. Von ihm werden hier 16 Arten gegenüber 35 Eufruticosi angegeben. Sein Herbar enthält dazu jedoch noch eine große Anzahl unbestimmter, verkannter oder sonst problematischer Belege, so daß auch hier wohl die tatsächliche Artenanzahl den Eufruticosi-Arten entsprechen dürfte. Im Gebiet des nordwestdeutschen Tieflands hat sich am meisten wohl KLIMMEK in Ostfriesland auch den Corylifolii gewidmet. Sein Herbar enthält allein aus der Umgebung von Leer 26 (von NEUMANN revidierte) Corylifolii-Arten gegenüber 27 Eufruticosi (ohne offenkundige Hybriden). Von diesen Corylifolii-Belegen konnten bislang nur 4 mit beschriebenen Arten identifiziert werden, 22 dagegen sind (vorerst) unbekannt. Umgekehrt sind von den Eufruticosi 24 verbreitete Arten, und nur 3 - anscheinend sehr lokale Vertreter ("Individualarten") - sind unbestimmt. An diesem Beispiel wird deutlich, auf welchem Stand der Beschreibung und Durchforschung sich die Corylifolii im Vergleich zu den Eufruticosi in Mitteleuropa befinden.

Angesichts dieser Situation ist eine den Eufruticosi entsprechende Darstellung der Corylifolii vorerst unmöglich. Auch auf eine ausführlichere Beschreibung und Abbildung aller bisher sicher nachgewiesenen und verbreiteten Arten (oder gar eine Diskussion der bislang irrtümlich angegebenen Taxa) wie bei den Eufruticosi muß hier verzichtet werden, da sie den Umfang des Buches zu sehr auswerten würde. Somit sind lediglich die wichtigsten und charakteristischsten Vertreter genauer beschrieben, die übrigen mehr beiläufig im Schlüssel mitbehandelt. Darüber hinaus haben hauptsächlich FRIDE-RICHSEN (1922) und HJ.HYLANDER (1958) für Dänemark (DK) und Skandinavien (S = Schweden, N = Norwegen) noch die folgenden, hier nicht weiter besprochenen, anscheinend meist sehr lokalen Taxa als Species angegeben.

R. allanderi HJ.HYL. (S)
R. aschersonii SPIRIB. (DK)
R. carlscroensis HJ.HYL. (S)
R. firmus FRID. (DK)
R. frisianus HJ. HYL. (S)
R. gustafssonii HJ.HYL. (S)
R. hofmanni SUDRE (DK)
R. internatus (C.E.GUST.) HJ.HYL. (S)

R. ostenfeldii FRID. (DK)
R. phylloglotta FRID. (DK)
R. raunkiaeri FRID. (DK)
R. rosanthus LINDEBG. (N, S)
R. sordiroanthus HJ.HYL. (S)
R. transjectus FRID. & GEL. (DK)
R. trivultus FRID. (DK, S)

Auf die Vorliebe der Corylifolii für (sub-)ruderale Standorte wurde bereits hingewiesen. Auch arealgeographisch scheinen sie sich von den Eufruticosi zu unterscheiden, denn im Gegensatz zu diesen gibt es nahezu keine Beziehungen zu Großbritannien. Jedenfalls kommt nach WATSON (1958) von den über 50 Corylifolii unseres Gebietes nur 1 Art, R. wahlbergii (1 Fundort), auch in England vor. Vielleicht beruht eine solche Angabe aber auch darauf, daß die britischen Forscher die festländischen Corylifolii nicht genügend kennen. (FOCKE (1877, 399) hielt es ja geradezu für "einen besonderen Zufall", daß unabhängig voneinander arbeitende Forscher unter einer bestimmten Corylifolii-Art dasselbe verstünden). Da WATSON überhaupt nur 21 Corylifolii (gegenüber 365 Eufruticosi!) für Großbritanien angibt, ist zu vermuten, daß der allergrößte Teil der britischen Corylifolii noch unerforscht ist.

Schlüssel und Beschreibungen der Corylifolii-Arten

    1 Sch. mit gleichartigen oder fast gleichartigen St., ohne oder nur mit wenigen St.chen und St.höckern, stieldrüsenlos oder stieldrüsig. (Typen entsprechend Idaeobatus, Glaucobatus, Suberecti und Series der Hiemales ohne Hystrices und Glandulosi) 2

    1' Sch. mit sehr ungleichen, meist dichtgestellten St. mit vielen Übergängen zu zahlreichen kleineren St.chen, St.höckern und stets vorhandenen Stieldrüsen. (Typen entsprechend Hystrices und Glandulosi) .. 17

(1) 2 Sch. rund oder rundlich, mit auffallend d. violett-(roten) St., wie der Blüstd. (fast) ohne Stieldrüsen. (Ausnahme: 110. R. inhorrens). B. oft 7zählig, B.-chen sehr breit, sich randlich deckend. Frkn. oft dicht behaart, Sfr. schwarzrot.(S u b i d a e i F.). 3

    2' Sch. rundlich oder kantig flachseitig, mit grünen oder ± rötlichen, jedenfalls nicht auffallend d. violetten St., B. meist nur 3-5zählig, B.chen schmal bis breit. Frkn. fast immer kahl, Sfr. schwarz ... 5

(2) 3 B. unterseits und Kz. grün:

106. Rubus maximus MARSSON, Flora von Neu-Vorpommern 151 (1869). - B. 3- fußf. 5zählig, unters. wenig behaart, grün, (nicht graufilzig). Eb. aus ± herzf. Grund rundlich, kurz bespitzt, grob und ± eingeschnitten periodisch gesägt, Kz. grün. - VB der Gesamtart von Skandinavien bis ins (nördliche) M-Europa. In Ns., SH und DK (Jütland) anscheinend nur:

  f. s i m u l a t u s K.FRID. ex ERICHSEN, Verh. Natw. Ver. Hamburg, ser. 3; 8: 51 (1900) u. a. mit zahlreicheren geraden Nadelst. an den Blüstielen. - In SH wohl nur sehr zerstreut bis selten, häufiger anscheinend in Angeln!!

  Im nwdt. TL um Bremen findet sich außerdem eine var. v i s u r g i s FOCKE, Synopsis Rub. Germ. 406 (1877) mit einzelnen St.höckern auf dem Sch.

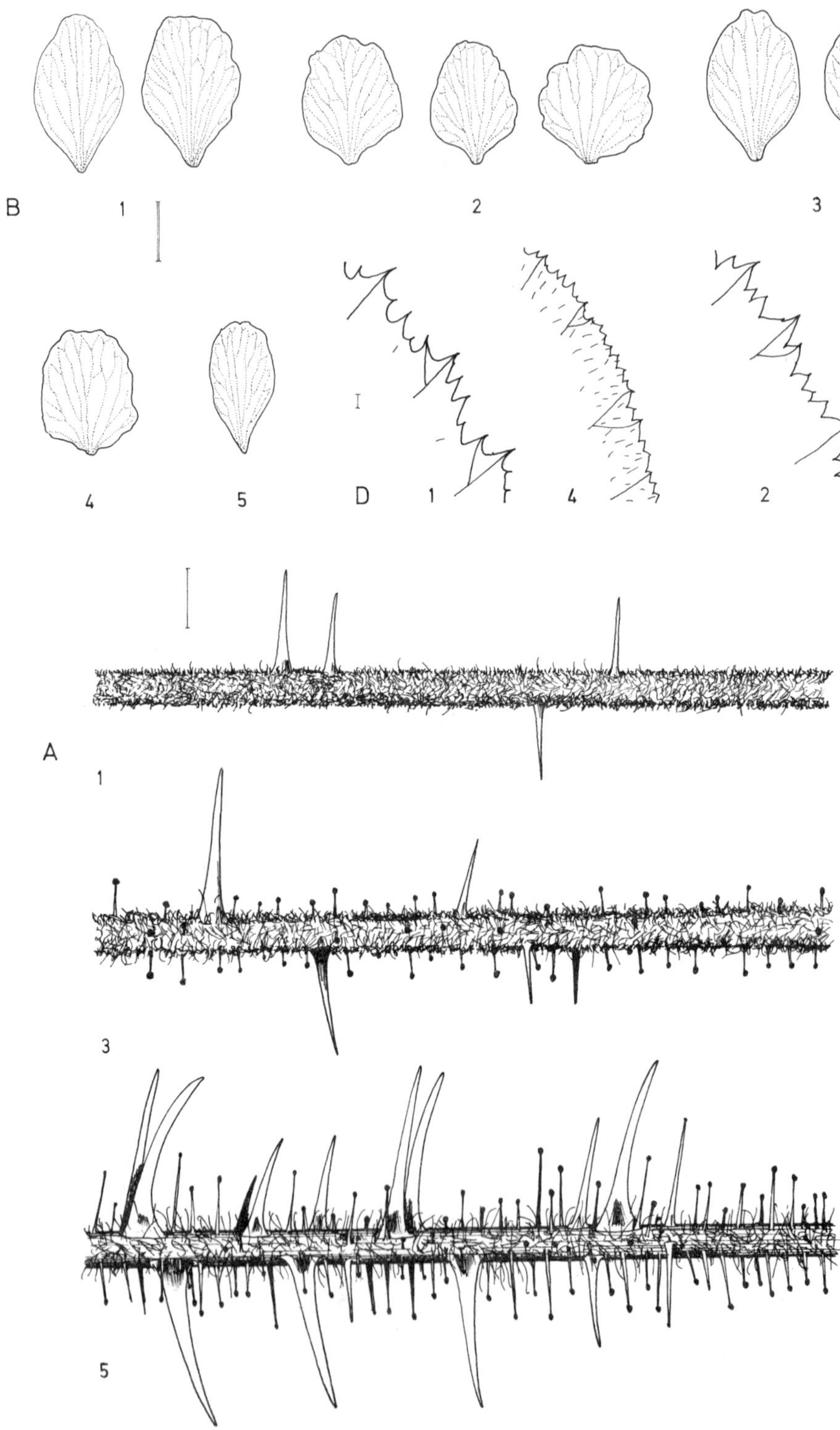
B
1
2
3
4
5
D
1
4
2
A
1
3
5

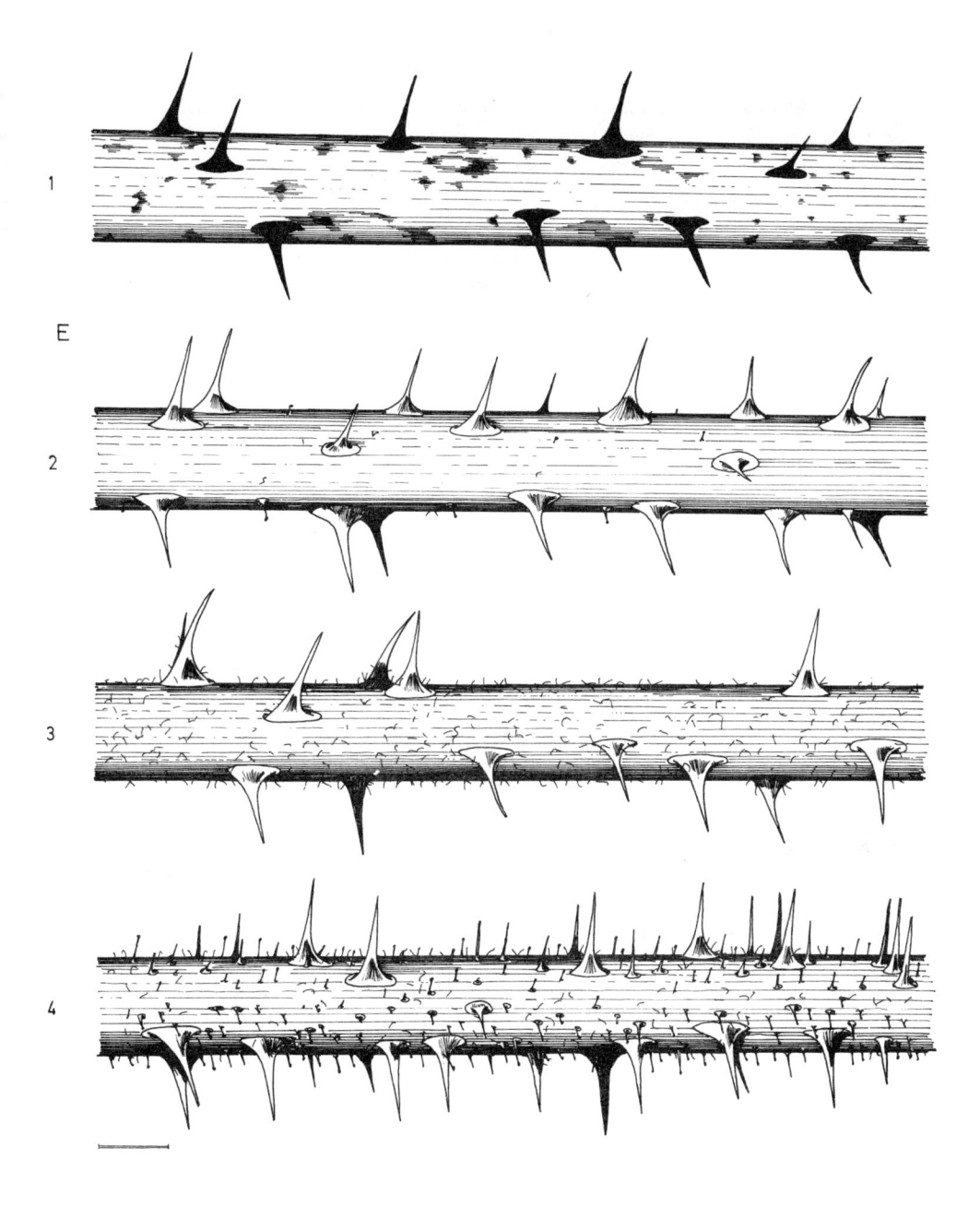

106.–145. Rubi Sect. CORYLIFOLII Focke. – 108. Rubus warmingii Jensen var. glaber Frid.& Gel. (1), 121. Rubus nemorosus Hayne (3), 126. Rubus gothicus Frid.& Gel.(2), 143. Rubus fabrimontanus Sp. (4), 145. Rubus hystricopsis K.Frid.(5).

Nahestehend (und zunächst nur als var. des R. maximus angesehen) ist ferner:

107. Rubus balticus (ARESCH.).N.HYLANDER, Förteckning Nord. Växter 1: 75 (1955). Mit unters. blasseren, dichthaarigen B.chen und mehr graulich grünen Kz. - VB: Nur S-Schweden.

    3'   B. unterseits und Kz. grau(-grün) filzig 4
 (3') 4   Sch. (fast) unbereift, behaart oder kahl:

108. Rubus warmingii G.JENSEN ex FRIDERICHSEN & GELERT, Bot. Tidsskr. 16: 122 (1887). - Fig. - Tafel.
SCH. rund(lich), kräftig, kaum bereift, matt grün mit deutlich hellerer Strichelung, h.violett ungleichmäßig fleckig bis gesprenkelt, sitzdrüsig,(fast) ohne Stieldrüsen. St. zerstreut, gleichartig, d.violett, aus breiterem Grund pfriemlich, (fast) gerade, $\pm$ geneigt, ca. 4-6 mm lg.
B. 5-7zählig, B.chen sich randlich überlappend, obers. matt h.grün, runzelig, zerstreut behaart bis fast kahl, unters. graugrün bis dicht grau filzig. Eb. kurz bis mäßig lang gestielt (ca. 20-35 % der Spreite), aus breitem, meist tief herzf. Grund breit eif. oder breit elliptisch, zuletzt meist rundlich, allmählich kurz bespitzt. Serratur nicht gesägt, sondern mit $\pm$ U-förmig-rundlichen Buchten auffallend "stachelspitzig" gezähnt, schwach bis deutlich periodisch mit längeren geraden Hz., Rand $\pm$ grobwellig.
BLÜSTD. mit $\pm$ dicht sternhaariger Achse und mit zerstreuten, pfriemlichen $\pm$ geraden St., meist stieldrüsenlos. Blüstiel ca. 2 cm lg., kurzfilzig, mit meist nur 0-5 feinen St.chen. Kz. graugrün, zuletzt abstehend oder $\pm$ zurückgeschlagen. Krb. breit elliptisch, weiß bis b.rosa, $\pm$ knitterig, Stb. so lg. oder wenig länger als die grünlichen Gr., Antheren kahl (selten einzelne etwas behaart), Frkn. dichthaarig, auch Frbod. behaart. Sfr. aus wenigen großen Fr.chen bestehend. VI-VII. - 2n = $\pm$ 44.

 a) var. w a r m i n g i i (FRID. & GEL. exs. n. 49!).
Sch. dicht kurzhaarig. - Im östlichen SH zerstreut bis selten, außerdem in DK und N-Niedersachsen.

 b) var. g l a b e r FRID. & GEL., Rubi exs. Dan. et Sl. n. 82 (1888) pro f. ! -
Sch. (und meist auch B.stiel) kahl oder fast kahl. Anscheinend auch in anderen Merkmalen konstant vom Typus abweichend. Diese Varietät, auf die sich die obige Beschreibung im wesentlichen stützt, ist in SH die weitaus vorherrschende Ausbildung!! Sie findet sich häufig und fast ausschließlich auf besseren Böden des JM-Gebiets vor allem in Holstein, dabei in der Hauptsache in Knicks als Kennart des Pruno-Rubetum radulae. - Weitere VB: Zumindest in DK (Jütland!).

    4'   Sch. deutlich bereift, kahl:

109. **Rubus pruinosus** ARRHENIUS, Rub. Suec. Mon. 15 (1839) . -
B. 5-7zählig, Sch. dicht mit kleinen, gleichartigen pfriemlichen St. besetzt, ohne Stieldrüsen, Blüstd. schmal. - 2n = 35. - Zerstreut in S-Schwed. und DK. Angegeben bis ins mittlere M-Europa. Die Angaben für sehr zerstreute Vorkommen in SH sind zu sichern.

Verwandt ist 112. R. lagerbergii LDBG., der hier (FRIDERICHSENs Auffassung folgend) unter R. centiformis behandelt ist.

110. **Rubus inhorrens** FOCKE in ASCHERSON & GRAEBNER, Synopsis mitteleur. Fl. 6,1: 630 (1903). - Sch.st. ungleich, mit einzelnen St. höckern und Stieldrüsen untermischt. B. 3-7zählig. - VB: Nur Ns; zw. Bremen und Oldenburg verbreitet. Sonst bislang nicht nachgewiesen.

Bem.: Zwischen den Subidaei (Nr. 106-110) kommen zahlreiche Übergänge vor. (Vgl. auch den ähnlichen 146a R. caesius x idaeus !). In SH hebt sich am klarsten R. warmingii var. glaber aus diesem Formenschwarm heraus.

(2') 5 Sch. ohne, seltener mit sehr zerstreuten Stieldrüsen, (fast) kahl, B.chen sehr breit, oft rundlich, sich seitlich $\pm$ überlappend, Antheren kahl 6

5' Sch. mit zerstreuten bis zahlreichen Stieldrüsen, (wenn stieldrüsenlos, dann B.chen schmal, bzw. Antheren behaart), kahl oder behaart, B.chen schmal oder breit, Antheren kahl oder behaart 8

(5) 6 Sch. rund oder rundlich, mit schwachen (bis ca. 4-5 mm lg.) St., Pfl. oft R. caesius sehr ähnlich:

111.-115. **Rubus centiformis** K. FRIDERICHSEN spec.coll., Bot. Tidsskr. 16: 118 (1887). -

SCH. schwach bis kräftig, rundlich-stumpfkantig bis rund(lich), grünlich bis ($\pm$ fleckig) rötlich(violett), $\pm$ deutlich bereift, fast kahl bis kahl, drüsenlos oder meist mit einzelnen zarten Übergangsgebilden zwischen subsessilen Drüsen und Stieldrüsen. St. schwach, ca. bis 4-5 mm lg., meist gerade. - B. groß, nicht derb, obers. oft runzelig, unters. grün oder $\pm$ graufilzig. Nb. oft sehr breit. Eb. aus $\pm$ herzf. Grund rundlich, sich randlich mit den Sb. überlappend. - BLÜSTD. kurz, wenigblütig, oft nur wenig bestachelt u. meist nur zerstreut stieldrüsig. Krb. groß, breit elliptisch bis rundlich, weiß oder rosa. Stb. (meist)länger als die grünlichen oder rötlichen Gr., Frkn. meist kahl. VI-VII.

Formenreiche Sammelart, deren Vertreter sich hauptsächlich zwischen R. caesius und die anderen Corylifolii eingliedern lassen, wobei sie zwischen diesen und auch untereinander zahlreiche Übergänge bilden. In dieser Gruppe scheinen sich auch bevorzugt die spontanen Hybriden zwischen R. caesius und Corylifolii-Sippen zu verbergen. Als Sammelart ist R. centiformis ausgeprägter noch ruderal verbreitet als die übrigen Corylifolii und findet sich oft auch innerhalb der Ortschaften (gern an nitratbeeinflußten Stellen) in Hecken, an Mauern usw. - Die Gesamtverbreitung dürfte zumindest N-, W- und M-Europa umfassen.

Bemerkenswertere Teilarten des R. centiformis und verwandte Sippen sind:

111. **Rubus dumetorum** WEIHE ap. BOENNINGHAUSEN, Prod. Fl. Monast. 153 (1824) ssp. dumetorum. - Syn. R. dumetorum var. vulgaris WEIHE & NEES, Rubi Germ. 98 (1827). -

SCH. mit zahlreichen, ± gleichartigen, geraden, pfriemlichen oder sich zur Basis hin mehr verbreiternden, zusammengedrückten, bis ca. 5 mm lg. St., (fast) kahl, mit sehr zerstreuten kurzen Stieldrüsen. - B. 3-5zählig, oberseits zerstreut, unterseits dünn grau ± sternfilzig behaart. Eb. aus herzf. oder gestutztem Grund breit rundlich oder meist ± dreieckig, fast geradlinig in die kurze Spitze verschmälert. Serratur scharf, ± periodisch. - BLÜSTD. oft fast ebensträußig, mit langen dünnen Ästen und Blüstielen. Letztere kurzfilzig, zerstreut fein nadelstachelig und mit ± zahlreichen, den Filz überragenden Stieldrüsen. Eb. 3zähliger Blüstd.blätter oft aus keiligem Grund ± rhombisch. Krb. weiß oder rosa, Antheren und Frkn. kahl (nur bei 112. R. lagerbergii Frkn. behaart).

Diese oft verkannte Sippe (in SH meist für R. maximus oder R. caesius gehalten) nähert sich oft sehr R. caesius, von dem sie sich jedoch durch kräftigere St. und unvollkommenere, schwarze Sfr. unterscheidet, außerdem vor allem durch das Fehlen des charakteristischen bläulichen Reifüberzugs der Achsen, der hier nur als matter Hauch angedeutet ist. - R. dumetorum s.str. scheint ein treuer Begleiter der Kratzbeere zu sein und findet sich in SH sehr häufig z.B. an den zahlreichen Mergelkuhlen des JM-Gebietes in einer Wuchszone oberhalb des R. caesius, ähnlich (auch nach NEUMANN briefl.) auch gern an den Auenrändern größerer Flüsse (z.B. Weser, Elbe), wo er R. caesius zwar nicht mehr in die eigentliche Überschwemmungszone folgt, aber doch weiter als andere Rubi vordringt.

VB: DK?, SH: häufig im Osten von Flensburg bis zur Elbe!!, hier noch westlich bis Schulau! stromabwärts. Weitere VB nicht genau anzugeben. Noch in Sachsen! und Bayern!

112. **Rubus lagerbergii** LINDEBERG, Goeteb. Kungl. Vetensk. Handlingar 1884: 3 (1884). - B. kleingesägt, unters. kurz graufilzig, Pfl. den Subidaei durch schwarzrote Sfr. und dunkle (d.rote) St. sowie behaarte Frkn. nahestehend und vielleicht eher dorthin gehörig. Ähnelt ebenfalls manchmal sehr R. caesius. - $2n = 35$ - VB: Schweden, DK; SH?

113. **Rubus ruderalis** (ARESCHOUG) L.M.NEUMAN, Sverig. Fl. 390 (1901) non CHABOISSEAU 1868. - Eb. länger bespitzt, in der Form an das von R.

nessensis erinnernd. Blüstd. lang und schmal. - 2n = ± 30 - VB: Schweden, DK; SH?

114. **Rubus exulatus** L.M.NEUMAN, Bot. Not. 1888: 58 (1888). - Mit u. a. sehr schwachen, nur ca. 2-3 mm lg. Sch.st.und unterseits filzlosen, 3zähligen B. - 2n = 28 - VB: Schwed.,DK: Ostjütland (FRID. in sched.).

115. **Rubus mortensenii** FRIDERICHSEN & GELERT, Bot. Tidsskr. 16: 120 (1887). - Wenig charakterisierte, den eigentlichen R. centiformis repräsentierende Teilart. - 2 n = 28 u. 42. - VB: DK: Jütland und Seeland.

    6' Sch. kantig, mit schwachen oder kräftigen St., Pfl. ohne besondere Ähnlichkeiten mit R. caesius 7

 (6') 7 St. schwach, auf dem Sch. ca. 4-5 mm lg.:

116. **Rubus dethardingii** E.H.L.KRAUSE, Archiv. Ver. Freunde Naturgesch. Mecklenburg 34: 203 (1880), Syn. R. centiformis FRID. var. egregiusculus FRID. & GELERT, Bot. Tidsskr. 16: 121 (1887). -

B.chen oft nur anfangs deutlich filzig. Eb. breit rundlich-herzeif., nicht selten ± dreieckig. Blüstd. oben ± angenähert traubig oder doldentraubig. Stb. ca. so lg. wie die grünen Gr., nach der Blüte (immer?) nicht zusammenneigend. Antheren (in der Regel) kahl, Frkn. kahl, Frbod. behaart. VII - VIII. - Gehört in die Verwandtschaft des R. centiformis, von dem er besonders durch kantigen Sch. unterschieden ist. Im Gegensatz zur Bezeichnung FRIDERICHSENs ohne Ähnlichkeiten mit R. egregius, in der B.form gelegentlich eher mit R. drejeri. - VB: Schwed., DK, SH (nicht selten!!), Mecklenburg; wohl weiter verbreitet.

    7' St. kräftig, auf dem Sch. 5-6(-7) mm lg.:

117. **Rubus wahlbergii** ARRHENIUS, Rub. Suec. Monogr. 43 (1839).-

SCH. kräftig, deutlich kantig, gelegentlich etwas rinnig, fast kahl, ± sitzdrüsig und mit einzelnen subsessilen Drüsen, mit gleichartigen ziemlich kräftigen,breitfüßigen, sonst schlanken, bis ca. 6(-7) mm lg., geraden oder ± gebogenen St.

B. (schwach fußf.) 5zählig, B.chen breit, sich randlich deckend, obers. wenig behaart, unters. gewöhnlich graufilzig. Eb. aus tief herzf. Grund breit-rundlich eif., allmählich ziemlich kurz bespitzt. Serratur scharf, deutlich periodisch (oft etwas eingeschnitten), mit längeren geraden Hz.

BLÜSTD. oben ± gedrungen, stumpf, mit zerstreuten kurzen Stieldrüsen und besonders an den kurzfilzigen Ästen mit zahlreichen kräftigen,bis ca. 5 mm lg., geraden oder ± sicheligen St., Kz. ± graufilzig, erst nach der Fr.reife ± aufrecht oder bleibend mehr rückwärtsgerichtet. Krb. breit, fast rundlich, knitterig, rosa. Stb. deutlich länger als die grünen Gr., Antheren kahl oder seltener behaart, Frkn. (immer?) kahl. (VI-)VII. - 2n = 35. - Vereinigt in Bestachelung und Behaarung Merkmale von R. insularis und R. caesius.

VB: In Süd-Skandinavien eine der häufigsten Corylifolii-Arten, schon in DK sehr zerstreut. In SH wohl meist mit anderen Taxa verwechselt, zumindest in typischer Form anscheinend selten (dabei vorwiegend im JM-Gebiet)! In Ns. anscheinend nur (nach FOCKE zit. FIT. 1914, 89) "spärlich im Reg.-Bez. Stade". Weitere VB wird bis Posen, N-Frankreich und S-England angegeben.

118. **Rubus vexatus** K. FRIDERICHSEN ap. RAUNKIAER, Dansk Ekskursionsflora, ed. 4: 166 (1922). -
Gr., Stb. und Krb. rot. Kz. bald aufrecht. St. sehr kräftig. B. unters. filzig-weichhaarig. Sonst wie R. wahlbergii. - $2n = 42$? - VB: DK u. SH: bei Rendsburg zw. Hohn und Oha (ER. 1922).

R. wahlbergii nahestehend sind ferner:

119. **Rubus cyclophyllus** LINDEBERG, Hb. Rub. Scand. n. 48-49 (1884). -
Von FOCKE (1903, 628) als R. caesius x wahlbergii gedeutet. Wie R. vexatus mit roten Gr. - $2n = 42$. - VB: S. Schwed., DK?

120. **Rubus glauciformis** (C.E. GUSTAFSSON) HJ. HYLANDER ex N. HYLANDER, Förteckning Nordens Växter 1: 75 (1955). - Sch. stark bereift, B. chen unters. weichhaarig-filzig, Eb. mit aufgesetzter Spitze. Von C.E. GUSTAFSSON (1938, 407) als f. des ähnlichen R. wahlbergii aufgefaßt und als R. caesius x wahlbergii gedeutet. - $2n = 28$. - VB: Schwed. u. DK: Bornholm (nach GUST. l.c.).

(5') 8   Antheren kahl, Sch. rundlich oder kantig 11

8'   Antheren behaart, Sch. rundlich 9

(8') 9   Sch. (meist reichlich) behaart. B. chen breit. Gr. rot:

121. **Rubus nemorosus** HAYNE, Darst. Beschr. Arzn. Gewächse 3: t. 10 (1813) sec. K. FRIDERICHSEN, Bot. Centralb. 71: 10 (1897) et auct. slesv.-hols. et dan. fere omn., an HAYNE?, R. aureolus ALLANDER, Svensk. Bot. Tidskr. 35: 289 (1941)? - Fig. - Tafel.

SCH. stumpfkantig rundlich, matt grün oder $\pm$ violett(rötlich) fleckig überlaufen mit hellerer Strichelung, fast unbereift, reichlich büschelig-flaumig behaart (ca. 10->30 Haare pro cm Seite), zuletzt oft stellenweise $\pm$ verkahlend, sitzdrüsig, ohne, seltener mit einzelnen Stieldrüsen. St. alle oder überwiegend gleichartig, meist nicht sehr zahlreich, gerade abstehend oder geneigt, seltener leicht gekrümmt, von der Basis bis zur Mitte oder darüber zusammengedrückt, doch insgesamt schlank, bis 5-6(-7) mm lg. B. (3-)4-5zählig, B. chen obers. matt (d.)grün, nur wenig runzelig, mit vielen kurzen Härchen (>20 pro cm^2), unters. grün, kurz, etwas weich, dazu $\pm$ sternflaumig (seltener graugrün filzig) behaart. Eb. ziemlich kurz gestielt (ca. 20-30 % der Spreite), aus breitem herzf. oder seicht ausgerandetem Grund eif., zuletzt sehr breit und dabei meist bis zur Mitte oder darüber abgerundet verbreitert, dann oft plötzlich eingeschnürt und bis kurz unterhalb der etwas ausgezogenen Spitze mehr geradlinig verschmälert. Serratur außerhalb der Einschnürung wenig periodisch, Zähnchen mit abgesetzten feinen Spitzen. Rand lebend wenig wellig. Austrieb grün.

BLÜSTD. breit, undeutlich pyramidal, seltener verlängert. Achse filzig und länger abstehend behaart, $\pm$ stieldrüsig und mit kräftigen geraden, $\pm$ waagerecht abstehenden (bis 5(-6) mm lg.) St. Blüstiel kurz wirrhaarig, mit zerstreuten oder zahlreichen kurzen Stieldrüsen (Lge. bis ca. 0,5-1 x Blüstiel-$\emptyset$) und einzelnen ca. 2-3 mm lg. St. Kz. (graulich) grün, schon an der unreifen Sfr. aufgerichtet. Krb. breit eif., vorn meist mit einer deutlichen Einkerbung, ca. 11-18 mm lg., (h.)rosa. Stb. kürzer bis etwas länger als die deutlich roten Gr., Antheren schwach oder reichlich behaart, Frkn. kahl oder etwas behaart, Frbod. behaart. Ende VI - Anfang VII.

An den (bei uns anscheinend stets) behaarten Antheren, den roten Gr., den charakteristischen St. des Blüstd. und der eigentümlichen B.form in Verbindung mit dem behaarten, meist (fast) stieldrüsenlosen Sch. leicht zu erkennen. - In SH mit breiter ökologischer Spanne hauptsächlich in Gebüschen, Knicks und an Wegen vor allem im Pruno-Rubetum sprengelii, aber auch im Bereich des Quercion, oft zusammen mit R. gratus sowie andererseits auch im Pruno-Rubetum radulae in Melico-Fagetum-Gebieten . - Die Nomenklatur des R. nemorosus ist äußerst unklar, da HAYNEs Originalbeschreibung und Abb. für die notwendige Präzisierung einer Corylifolii-Art nicht ausreichen. ALLANDER (l.c.) hat daher die Art als R. aureolus neu benannt, doch trifft seine Beschreibung, die sich auf schwedische Pflanzen bezieht, nicht auf die in südlicheren Gebieten verbreitete Ausbildung zu. Bis zu einer gründlicheren Klärung dieser gesamten Formengruppe haben wir hier daher die bislang gebräuchliche HAYNEsche Bezeichnung vorerst beibehalten.

VB: Nord- bis (vorzugsweise östliches) Mitteleuropa. In SH im Süden besonders um Hamburg wohl die häufigste Corylifolii-Art (ER. 1900 - !!), auch sonst im JM-Gebiet - besonders in Holstein - anscheinend recht häufig!!,dagegen im atlantischen Westen (z.B. Kreis Husum) strichweise selten oder ganz fehlend. Auch in Ns. in der Ebene besonders im Osten $\pm$ zerstreut!!, im Westen wesentlich seltener, doch noch bis Ostfriesland (KLIMMEK!). Weitere VB: S-Schweden (besonders häufig nahe der Ostküste), DK (verbreitet), durch Mitteleuropa anscheinend bis zu den Alpen, östlich bis Pommern.

Vgl. auch 139. R. pogonantherus mit ungleichstacheligem, stieldrüsigem Sch.

        9'   Sch. (fast) kahl, B.chen schmäler, Gr. rot oder grün 10

(9') 10   Sch. ohne oder nur mit vereinzelten Stieldrüsen und zerstreuten bis ca. 4-6 mm lg. St., B.chen unters. $\pm$ behaart:

122. **Rubus ciliatus** LINDEBERG, Hb. Rub. Scand. n. 50-51 (1885), FRID. & GEL. exs. n. 30 sub: "R. caesius x pyramidalis?", R. balfourianus ssu. ARESCHOUG 1886 non BLOXAM 1847. -

SCH. mit zerstreuten gleichartigen, pfriemlichen (fast) geraden St., ohne oder mit weit zerstreuten Stieldrüsen. - B. fußf. 5zählig, B.chen schmal, sich randlich nicht oder nur wenig deckend, unters. ± grün, schwach sternflaumig. Eb. aus schmalem, abgerundetem,(seltener schwach ausgerandetem) Grund regelmäßig elliptisch bis schwach umgekehrt eif., mit kurzer, kaum abgesetzter Spitze, ziemlich regelmäßig fein gesägt, am Rande ± glatt, nicht wellig, ä.Sb. 1-2 mm lg. gestielt. - BLÜSTD. mit wenig behaarter Achse und (fast) geraden St., Kz. früh aufrecht. Krb. breit eif.-elliptisch, weiß bis b.rosa. Stb. ca. so lang oder kürzer als die weißlichgrünen Gr., Antheren dicht behaart, Frkn. (immer?) kahl. - 2 n = 28 und ± 30.

Eine oft mit R. pogonantherus (= R. divergens L.M.NEUM.) zusammengeworfene Art, die sich jedoch besonders durch die gleichartigen zerstreuteren St. und viel geringeren Drüsenbesatz sowie anders geformte, schmalere B.-chen von diesem unterscheidet. - VB: Nord- und Mitteleuropa. - Von S-Schweden über DK (nicht selten), SH (verbreitet!!), nwdt. TL?, Hügelland (Portagebiet!) wohl weiter verbreitet, doch wegen Verwechslungen nicht genau anzugeben.

123. **Rubus roseus** (FRIDERICHSEN & GELERT 1887), R. ciliatus LINDEBERG var. rosea FRID. & GEL., Bot. Tidsskr. 16: 124 (1887), exs. n. 90!, non R. roseus POIR 1804. -

B. wegen der relativ langgestielten B.chen an Eufruticosi-Arten (dabei am ehesten an R. macrophyllus) erinnernd, Eb.-Stiel ca. 30-45 % der Spreite, ä.Sb. ca. 1-2,5(-3) mm lg. gestielt. Eb. aus breiterem, etwas herzf. oder gestutztem Grund eif. bis schwach umgekehrt eif., mit scharfer, etwas periodischer Serratur, dabei oft einzelne Hz. etwas auswärts gebogen. Antheren behaart, selten kahl. - VB zentraleuropäisch: DK: SO-Jütland!, SH: im Osten von Flensburg bis Lauenburg zerstreut!!, nwdt. TL?, südwärts (nach NEUMANN briefl.) bis Sachsen u. Pfalz.

10' Sch. mit zahlreichen Stieldrüsen und vielen nur bis ca. 3 mm lg. St., B.chen unterseits fast kahl:

124. **Rubus frisicus** K.FRIDERICHSEN ex FOCKE in ASCHERSON & GRAEBNER, Synopsis mitteleur. Fl. 6,1: 632 (1903), R. oreades P.J.M. & WIRTG. ssp. frisicus (FRID.) FOCKE l.c. -

SCH. rundlich, kahl, mit vielen geneigten, nur ca. 2-3 mm lg. St. und zahlreichen Stieldrüsen. - B. 3- fußf. 5zählig, B.chen tief und grob periodisch gesägt, obers. mit zerstreuten Härchen, unters. fast kahl, Eb. aus herzf. Grund eif. bis elliptisch, ziemlich lang bespitzt. Nb. schmallineal. - BLÜSTD.achse mit vielen pfriemlichen geneigten St., nur wenig behaart. Blüstiel reichlich stieldrüsig,mit einzelnen **geraden** St.chen. Krb. b.rosa, Stb.

griffelhoch, Antheren dicht behaart, Frkn. und Frbod. (immer?) kahl. - An den unterseits fast kahlen B.chen und den dichthaarigen Antheren leicht zu erkennen. FRID. (in sched.) vermutet wegen charakteristischer Übereinstimmungen wohl mit Recht eine Abstammung von R. eideranus, zumal beide Arten ein gleiches Areal besitzen. -

VB: SH. Auf der schleswigschen Geest von Ostenfeld (Krs. Husum)! bis Treia!

(8) 11 Sch. kahl (oder fast kahl), mit sehr zerstreuten bis zahlreichen Stieldrüsen, $\pm$ gleichstachelig 12

11' Sch. $\pm$ behaart, mit zahlreichen Stieldrüsen (wenn kahler, dann etwas ungleichstachelig, d.h., mit einzelnen kleinen St.chen, und B.chen unters. filzig und dazu weichhaarig)...................... 15

(11) 12 B.chen auffallend gleichmäßig und fein gesägt, obers. behaart, Kz. graugrün.

125. **Rubus aequiserrulatus** H.E.WEBER in Mitt. Arbeitsgem. Floristik Schleswig-Holstein und Hamburg 20: 107 (1972). - Syn. R. serrulatus LINDEBERG, Hb. Rub. Scand. n. 46 (1884) non FOERSTER, Fl. Excursoria Reg.-Bez. Aachen 140 (1878). - Tafel.

SCH. stumpfkantig-rundlich bis flachseitig, kahl, mit fast fehlenden bis zahlreichen (bis >10 pro cm Seite) äußerst zarten, meist nur ca. 0,3 mm lg. Stieldrüsen, St. in wechselnder Menge, gleichartig oder mit einzelnen kleineren St.chen und St.höckern untermischt, im unteren Teil flachgedrückt, sonst schlank, gerade, bis 4-5 mm lg.
B. fußf. 5zählig, B.chen obers. mit zahlreichen Haaren (>10 pro cm^2), unters. grün, fühlbar kurzhaarig, doch meist ohne Sternhärchen. Eb. mäßig lang gestielt, aus herzf. Grund $\pm$ breit elliptisch bis rundlich mit kurzer $\pm$ aufgesetzter Spitze. Serratur gleichmäßig, sehr scharf und fein (gewöhnlich kaum mehr als 1 mm tief). Haltung oft konvex, am Rande glatt.
BLÜSTD. schmal, ziemlich lang, Achse oft nur wenig behaart, mit zerstreuten, $\pm$ geraden bis leicht gekrümmten, pfriemlichen St. Blüstiel 1,5-3 cm lg., kurz bis sehr kurz behaart und mit zerstreuten bis zahlreichen feinen, die Behaarung meist etwas überragenden Stieldrüsen (Lge. nur ca. 0,2-0,5 x Blüstiel-$\emptyset$) sowie einzelnen, $\pm$ gekrümmten Nadelst., Kz. graugrün, $\pm$ abstehend bis rückwärtsgerichtet. Krb. b.rosa, meist breit, oft rundlich, oft ziemlich klein (< 12 mm lg.), Stb. kürzer bis etwas länger als die grünlichen Gr., Antheren, Frkn. und Frbod. kahl. Ende VI-VII. - 2 n = 28.

Gehört wegen der feingesägten B.chen, der charakteristischen Eb.form und dessen meist konvexer Haltung zu den leichtest kenntlichen Corylifolii-Arten. Die anderen Merkmale sind schwankender, doch ist besonders der meist vorhandene zarte Stieldrüsenbesatz des kahlen Sch. kennzeichnend, so daß dieser sich auch wegen der bei uns meist gleichartigen Bestachelung dem Radulae-Typus nähert. Die treffende LINDEBERGsche Bezeichnung muß wegen eines wenige Jahre älteren Homonyms aufgegeben werden, mit dem FOERSTER eine Hystrices-Art benannte.

R. aequisserulatus ist in SH und Ns. eine charakteristische Art der kalkarmen Altmoränen (Quercion-Landschaften) und findet sich hier als eine der anspruchslosesten Brombeeren selbst auf trockenen Sandböden in (ehemaligen) Heidelandschaften an Wegrändern, in (Sarothamnion-)Gebüschen, in Eichen-Birken- und Eichen-Buchen-Knicks sowie an Rändern und in Lichtungen des Querco-Betuletum (molinietosum) und des Fago-Quercetum.

VB: Schwerpunkt M-Europa. - In SH besonders auf südlichen AM- (z.B. um Hamburg ER. 1900 - !!) - häufig!!, im Ostholsteiner JM-Gebiet sehr zerstreut!! In Schleswig anscheinend selten (bei Owschlag!), ebenso im Westen. In Ns. in der Ebene besonders im Osten verbreitet!! Weitere VB: S-Schweden, DK?, Mitteleuropa bis Posen, Schlesien, Hessen, Rheinland, außerdem Belgien und Frankreich.

Vgl. auch den manchmal ähnlichen, doch u.a. viel kräftiger bestachelten 144. R. imitabilis!

        12' Serratur der B.chen nicht gleichmäßig und fein, meist periodisch und (z.T. sehr) grob, Kz. graugrün oder grün 13

   (12') 13 B.chen obers. fast kahl, unters. sternhaarig grün oder graufilzig:

126. **Rubus gothicus** FRIDERICHSEN & GELERT, Bot. Tidsskr. 16: 124 (1887), Syn. R. acuminatus (LINDBLOM 1844) LINDEBERG, Hb. Rub. Scand. n. 38 (1884) non GENEVIER 1860 nec SMITH 1819, R. nemoralis (ARESCHOUG 1876) (ex pte.?) non P.J.MUELLER 1858. - Fig. - Tafel.

SCH. stumpfkantig mit gewölbten, seltener ± flachen Seiten, etwas ungleichmäßig (h.)violettrot, mit feiner hellerer Strichelung, nicht oder undeutlich bereift, kahl oder stellenweise mit vereinzelten feinen Büschelhärchen, Sitzdrüsen sehr zerstreut, Stieldrüsen (fast) fehlend oder vereinzelt (0-ca. 10 pro 5 cm). St. zu ca. 10-15 pro 5 cm, gleich- oder etwas ungleichartig, breitfüßig, dann pfriemlich oder etwas weiter hinauf zusammengedrückt, gerade oder fast gerade, bis ca. 5-6 mm lg., nicht auffallend intensiver als der Sch. gefärbt.

B. (4-) fußf. 5zählig, obers. (h.)grün, fast matt, etwas runzelig, fast kahl oder mit einzelnen Härchen, unters. b.grün, dünn, kaum fühlbar, dabei oft sternflaumig etwas graulich grün, doch nicht ausgeprägter graufilzig behaart. Eb. kurz bis mäßig lang gestielt (ca. 20-35 % der Spreite), aus ± herzf. oder gestutztem Grund eif. bis schwach umgekehrt eif., oft auch angedeutet rhombisch, gleichmäßig (oft fast geradlinig) in eine mäßig lange Spitze verschmälert. Serratur deutlich periodisch mit längeren, meist geraden, selten etwas auswärts gekrümmten Hz., Haltung am Rande ausgeprägt (grob)wellig.

BLÜSTD. angedeutet pyramidal. Achse oben blattlos, unten mit 3(-5)zähligen B., diese mit meist + rhombischen Eb. Achse deutlich knickig, sternflaumig-filzig, wenig bis mäßig dicht stieldrüsig, mit kräftigen, pfriemlichen, geraden, bis ca. 5 mm lg. St. Blüstiel dünn, 1,5-4 cm lg., kurz filzig, mit (ca. 3-10) geraden, bis 2(-3) mm lg. St. und ± zahlreichen kurzen, doch die Behaarung überragenden Stieldrüsen, Kz. graugrün, ± abstehend bis aufgerichtet. Krb. ca. 10-13 mm lg., aus kurzem abgesetztem Nagel sehr breit rundlich, weiß, knitterig. Stb. so lang oder etwas länger als die b.grünen Gr., Antheren kahl, Frkn. kahl oder fast kahl, Frbod. wenig behaart. Sfr. meist zu ca. 20-90 % entwickelt. VII (-VIII). - 2 n = 28.

Diese charakteristische Art ähnelt oft auffallend 38. R. cimbricus (vgl. auch 78. R. marianus), besonders in der Form und Haltung der Blätter sowie der Bestachelung des Sch. und der Blüstd.achse. Dennoch liegt zwischen diesen beiden Arten wohl keine echte Verwandtschaft vor (allein schon wegen der ganz unterschiedlichen VB-Gebiete), noch weniger zu R. gratus, den SUDRE (1908-13, 236) mit der Formel R. gratus x caesius = R. gothicus zur Stammart erklärt. Eine phylogenetische Beziehung scheint dagegen zu R. radula zu bestehen, sowohl aus morphologischen Gründen als auch besonders angesichts der Tatsache, daß sich die VB-Gebiete von R. gothicus und R. radula weitgehend entsprechen. Bezeichnend ist ferner, daß dort, wo R. radula als fast alleinige Eufruticosi-Art neben R. caesius auftritt - wie besonders deutlich auf Bornholm (vgl. WEBER 1971) - gleichzeitig R. gothicus in auffälliger Weise vorherrscht. Auch in standörtlicher Beziehung verhält sich R. gothicus wie der anspruchsvolle R. radula und ist wohl nicht nur in SH als Kennart des Pruno-Rubetum radulae zu beurteilen.

VB: Nord-Europa u. östl. Mitteleuropa. - In SH im östlichen JM-Gebiet eine der häufigsten Corylifolii-Arten, selten auf AM, hier besonders im Süden um Hamburg (ER.! - !!), im Westen noch bei Wolmersdorf in S-Dithm.!! - Weitere VB: Von S-Schweden über DK (hier häufig im JM-Gebiet) durch SH, Ns. (um Harburg ER.! - !! - sonst?), ostwärts bis Königsberg?, Posen, Schlesien, südwärts bis CSSR, Regensburg!, Bamberg, Rhön (ADE), ob weiter westlich?

Der (experimentell durch LIDFORSS 1907 bestätigte) Bastard R. caesius x gothicus(= R. acutus LINDEBERG)ist in DK und S-Schweden nachgewiesen.

Nahe verwandt mit R. gothicus ist ferner der ähnliche

127. **Rubus lidforssii** (GELERT) N.HYLANDER, Förteckning Nordens Växter 1: 76 (1955).- U.a. mit breiteren B.chen und armdrüsigem Blüstd. - 2 n = 28. - VB: S-Schweden, DK, SH? (von ER. 1900 und 1931 für Hamburg, Lübeck u. Mölln angegeben).

128. **Rubus fioniae** K.FRIDERICHSEN, Bot. Tidsskr. 16: 115 (1887). -

Weicht durch folgende Unterschiede erheblich von R. gothicus ab:

SCH. mit dichter gestellten (meist ca. 15-25 auf 5 cm) und pfriemlicheren, schwächeren, nur ca. 3,5-4 mm lg. St., nicht selten mit zahlreichen kurzen Stieldrüsen. - B.chen schmaler, unters. deutlich ($\pm$ grau-)filzig und etwas weich behaart. Eb. aus ausgerandetem oder abgerundetem Grund $\pm$ elliptisch, nicht so geradlinig, sondern eingeschwungen und kürzer bespitzt, im Umriß abgerundet, nicht angedeutet 5eckig oder rhombisch. Serratur weniger tief mit kaum längeren, doch $\pm$ auswärts gebogenen Hz. B.rand nur wenig (klein-)wellig bis fast glatt. - BLÜSTD. verlängert, nicht pyramidal, Eb. der 3zähligen B. (oft schmal) elliptisch bis umgekehrt eif., nicht $\pm$ rhombisch. Achse mit vielen zarten, bis ca. 2-3 mm lg. pfriemlichen geraden oder leicht gekrümmten St., Krb. breit $\pm$ elliptisch, doch (im Gegensatz zu R. gothicus) deutlich länger als breit. - $2n = 28$.

Bevorzugt wie R. gothicus bessere Böden. In SH hauptsächlich im Bereich des Pruno-Rubetum radulae vor allem an mehr ruderal beeinflußten Stellen beobachtet. VB: westl. Ostseeländer. DK: SO-Jütland und Inseln bis Bornholm. SH: Im Osten südwärts bis Hamburg verbreitet, stellenweise - so in Schwansen (FRID. l.c.)!! - häufig!!, im Westen selten oder fehlend. Weitere VB ist besonders in W-Mecklenburg zu vermuten.

> 13' B.chen obers. mit zahlreichen Härchen (meist >15 pro cm^2 ; kahl nur in Verbindung mit sehr kurzen Stb. bei 130. R. microstemon), unters. graulich sternhaarig oder grün und ohne Sternhärchen. Kz. graugrün oder grün 14
>
> (13') 14 Kz. graugrün, B.chen unters. $\pm$ sternhaarig (grau-)grünlich, Eb. mit abgerundetem oder wenig herzf. Grund:

129. Rubus fasciculatus P.J.MUELLER 1858 em. K.FRIDERICHSEN, Bot. Centralb. 71: 3 (1897). - Syn. R. commixtus FRID. & GELERT 1887 non P.J. MUELLER 1859, R. ambifarius P.J.MUELLER ap. WIRTGEN 1860 sec. GELERT, Abh. Bot. Ver. Brandenburg 38: 114 (1896) et auct. scand. plur. an MUELLER?

Gegenüber den nahestehenden kahlstengeligen, wenigdrüsigen und filzblättrigen Arten vor allem kenntlich an der dichten, kurzen Behaarung der B.oberseite (ca. 30->50 einfache Härchen pro cm^2). Im übrigen von 128. R. fioniae unterschieden durch meist etwas kantigeren, weniger dicht und oft etwas krummer bestachelten Sch., weit schärfere, deutlich periodische, oft fast eingeschnittene Serratur mit längeren Hz. (Eb. dadurch und auch durch manchmal mehr rautige Form eher an R. gothicus erinnernd, aber kürzer bespitzt). B. unters. nur wenig sternhaarig. Blüstiele kurzfilzig mit kleinen (ca. 1-2 mm lg.), sehr stark, oft hakig gekrümmten St., wie die ganze Pflanze meist nur wenig stieldrüsig bis (fast) stieldrüsenlos. - $2n = 28$.

Die in DK und SH hierher gerechneten Pflanzen scheinen nur zum Teil dem echten R. fasciculatus, dagegen vor allem in SH eher anderen Sippen anzugehören, deren Klärung noch aussteht. - Die VB des Formenkreises reicht nach FRID. (1897) von S-Schweden über DK (verbreitet), SH (verbreitet ER. u.a.! - !!) durch Mitteleuropa bis zu den Vogesen, Schlesien und Pommern.

Eine verwandte Sippe ist offenbar:

130. **Rubus microstemon** K.FRIDERICHSEN ap. RAUNKIAER, Dansk Ekskursionsflora, ed. 3: xxxvi (1914) non HALASCY 1907 nec CELAK. 1889. - Mit sehr kurzen Stb. und oberseits (fast) kahlen B.chen. - VB: DK selten.

14' Kz. grün, B.chen unters. grün, wenig behaart, Eb. am Grunde (meist deutlich) herzf.:

131. **Rubus bahusiensis** SCHEUTZ, Öfvers. Kongl. Vet.-Ak. Handl. 2: 62 (1880), Syn. R. dissimulans LINDEBERG, Acta Soc. sci. Gothob. 20, Bih. 32 (1884) incl. var. selectus K.FRIDERICHSEN, Bot. Tidsskr. 16: 114 (1887) - FRID. & GEL. exs. 46!

SCH. + kantig, kahl, mit sehr vereinzelten bis vielen (bis >50 pro 5 cm) sehr kurzen Stieldrüsen, St. meist zahlreich (ca. 15-25 pro 5 cm), etwas ungleich, unten zusammengedrückt und etwas breiter, (in der Mehrzahl) gerade, bis 4(-5) mm lg., kleinere St.chen dazwischen in wechselnder, meist nur geringer Menge. - B. (3-4-) fußf. 5zählig, etwas an R. infestus erinnernd, B.chen oberseits mit zahlreichen Härchen (>15 pro cm^2), unters. grün, meist nur wenig, nicht fühlbar behaart. Eb. oft lang (ca. 40 % der Spreite) gestielt, aus herzf. Grund + umgekehrt eif. bis rundlich, ziemlich kurz bespitzt. Serratur + grob, meist deutlich periodisch mit längeren geraden Hz, ä.Sb. (fast) sitzend. - BLÜSTD. dem des R. plicatus ähnelnd. Blüstiele grün, relativ wenig und kurz behaart, mit vielen sehr kurzen Stieldrüsen (etwas ähnlich wie R. rudis) und oft zahlreichen, bis 2,5-3 mm lg., wenig gekrümmten St. Kz. grün, + aufrecht, Krb. (meist) weiß, rundlich, Stb. (wenig) länger als die grünen Gr., Antheren, Frkn. und Frbod. kahl. VII - Anfang VIII. - 2 n = 28; 42.

An der eigenartigen - an R. infestus und R. plicatus erinnernden - Merkmalsmischung sowie der geringen Behaarung der B.unterseite und aller Achsen und außerdem an den grünen, oft etwas glänzenden, + weißberandeten Kz. gut zu erkennen. Vermutlich ein Abkömmling aus der Verbindung von R. caesius und R. plicatus. Scheint wie letzterer kalkarme, vor allem etwas frische (Sand-)Böden zu bevorzugen.

VB: nördl. Europa: S-Norwegen, S-Schweden, DK: verbreitet, SH: zerstreut im AM- und Sandergebiet, besonders in Holstein!! Im Nordwesten von Hamburg häufiger (ER. 1900! - !!), nach FOCKE (1903) auch in Ns. (von hier bislang nur ein untypisches Stück - var. ferox K.FRID. leg. ER. 00! nahe Harburg - vom Vf. gesehen).

132. Rubus hallandicus (GABRIELSSON 1886) L.M.NEUMAN, Bot. Notiser 1888: 52 (1888).

SCH. rundlich-stumpfkantig, sehr zerstreut behaart oder kahl, mit sitzenden (und subsessilen) Drüsen; Stieldrüsen meist fehlend. St. dicht (ca. 15-30 pro 5 cm), ± ungleich, die größeren bis 5-6 mm lg., aus breitem, zusammengedrücktem Grund pfriemlich, gerade oder leicht gebogen. - B. (fußf.) 5zählig, B.chen gefaltet, obers. meist mit >15 (- >30) Härchen pro cm^2, unters. grün, spärlich behaart. Eb. aus herzf. Grund breit eif. oder elliptisch, allmählich (oft fast geradlinig) ± lang bespitzt, Serratur grob, stark (fast eingeschnitten) periodisch, mit längeren geraden Hz. - BLÜSTD. an R. plicatus erinnernd, doch B.chen zwischen den Hz. auffallend tief (eingeschnitten) gesägt. Achse mit vielen schwachen, ca. 2,5-3 mm lg. krummen St. Blüstiel dicht und oft lang (> Blüstiel-∅) behaart, nur mit (subsessilen) Sitzdrüsen. Kz. grün, lang, zuletzt ± aufrecht. Krb. groß, rein weiß. Stb. kürzer (so in SH) oder länger als die grünlichen Gr., Antheren und Frkn. kahl. VI - VII (sehr früh!). - $2n = 28$.

VB: S-Schweden, DK: Bornholm (FRID. nach ER.1900) und SH: im nordwestl. Teil von Hamburg (Fuhlsbüttel, Langenhorn, Eppendorf, ER.96-01! - ob noch?).

Vgl. auch den drüsigeren 140. R. prasinus!

      (11') 15   B.chen breit, oft rundlich 16

           15' B.chen sehr schmal, oft langgestielt. Pfl. daher an Eufruticosi-Arten erinnernd. Sch. mit zahlreichen Stieldrüsen und etwas ungleichstachelig:

133. Rubus friesii G.JENSEN ex FRIDERICHSEN & GELERT, Bot. Tidsskr. 16: 112 (1887) - exs. n. 25!

SCH. stumpfkantig, flaumig behaart (ca. 5- >20 Haare pro cm Seite), mit vielen, leicht brechenden Stieldrüsen. St. zahlreich, gerade oder leicht gekrümmt, unten breit zusammengedrückt, bis ca. 4-5 mm lg., untermischt mit einzelnen kleineren St.chen und St.höckern.

B. 3-5zählig, B.chen schmal, obers. mit über 20 Härchen pro cm^2, unters. grünlich, (etwas) weich und dazu ± sternflaumig-filzig behaart. Eb. aus schmalem abgerundetem, selten schwach herzf. Grund meist schmal elliptisch bis eif., kurz und wenig abgesetzt bespitzt. Serratur scharf mit etwas längeren Hz.

BLÜSTD. s c h m a l mit fast geraden, geneigten, an der Achse bis ca. 3-4 mm lg. pfriemlichen St. und zahlreichen Stieldrüsen. Blüstiel kurz filzig (dazu oft locker abstehend länger) behaart, mit vielen, den Filz in der Mehrzahl überragenden Stieldrüsen. Kz. graugrün, Krb. (beim Typus) schmal umgekehrt eif., weiß oder b.rosa, Stb. mit kahlen Antheren ± so lang wie die grünlichen Gr. - VII-VIII.

    a) ssp. f r i e s i i . - (FRID. & GEL. exs. 25!). -
B. 5zählig, obers. flach (nicht runzelig), mit zahlreichen Haaren. Serratur mit geraden Hz. Erinnert manchmal an R. silvaticus. - VB: SH. In Angeln

(JENSEN et al.!: um Steinbergkirche! Quern! - !!) und um Kiel (KRAUSE 1890) nachgewiesen.

b) ssp. venustus ERICHSEN, Verh. Natw. Ver. Hamburg ser. 3,8: 60 (1900). -
Zierliche Pflanze. B. 3zählig mit gelappten Sb. und dadurch ähnlich wie R. sprengelii. B.chen obers. hellgrün, kahl oder wenig behaart, mit vertieftem, dunklerem Nervennetz. Serratur mit wenig längeren, doch auswärts gekrümmten Hz., Krb. (grünlich) weiß. Sfr. oft ganz fehlschlagend. - VB: Im westlichen elbnahen Hamburg auf ärmeren Böden bis Lurup und Blankenese verbreitet (ER.! - !!). Nach FOCKE auch bei Bremen, nach FRID. in DK bei Gramm (zit. nach ER. 1900).

Mehr noch an R. sprengelii erinnert (nach FRID.):

134. **Rubus sprengeliusculus** FRIDERICHSEN & GELERT, ap. RAUNKIAER, Dansk Ekskursionsfl. ed. 3: xxxvi (1914). - Mit etwas breiteren B.chen und roten Blüten. - VB: Selten in DK.

135. **Rubus eximius** ERICHSEN, Verh. Natw. Ver. Hamburg ser. 3,8: 62 (1900) non KUPCSOK, Magyar. Bot. Lap. 9: 223 (1910). -
SCH. kräftig, rundlich, matt ungleichmäßig h.violett, + behaart, mit zahlreichen Stieldrüsen. St. mäßig zahlreich, + ungleich, bis ca. 5(-6) mm lg., nach unten zu breit zusammengedrückt, mit pfriemlicher gerader oder gebogener Spitze, bis nahe der Spitze mit einzelnen langen Haaren. Kleinere St.chen und St.höcker in unterschiedlicher Menge.
B. lang gestielt, 5zählig, B.chen, besonders die ä.Sb. sehr schmal, obers. mit zahlreichen (>15 pro cm^2) Haaren, unters. grün, wenig behaart, Eb. lang gestielt (ca. 40 % der Spreite), aus gestutztem, abgerundetem, seltener angedeutet ausgerandetem Grund (schmal) umgekehrt eif. bis elliptisch, allmählich kurz bespitzt. Serratur scharf, deutlich periodisch mit längeren geraden oder schwach auswärts gekrümmten Hz., ä.Sb. 0-2 mm lg. gestielt, mit langem keiligem Grund, viel kürzer als der krumm bis hakig bestachelte B.stiel. Nb. sehr schmal lanzettlich. Jüngste B. mit starker Anthocyanreaktion.
BLÜSTD. s e h r b r e i t, sperrig und umfangreich. Achse mit zerstreuten, bis ca. 5 mm lg., wenig gebogenen St. und zahlreichen (d.)roten Stieldrüsen, Blüstiel 2-3 cm lg., filzig-wirrhaarig und dicht rot stieldrüsig, kaum bestachelt. Kz. schmutzig grün, + aufrecht. Krb. ca. 8-13 mm lg., aus abgesetztem kurzem Nagel breit + elliptisch, rein oder etwas grünlich weiß. Stb. ca. so lang wie die weißlichgrünen Gr.; Antheren, Frkn. und Frbod. kahl. Sfr. zu ca. 20-90 % entwickelt. VII.

Wegen ihrer langgestielten 5zähligen B. mit schlanken B.chen und ihres breiten umfangreichen Blüstds. kommt dieser als Corylifolii-Art ungewöhnlichen Pflanze mit Recht die Bezeichnung "eximius" zu. Abgesehen von der mangelnden Fruchtbarkeit und den kurzgestielten ä.Sb. besitzt sie kaum eindeutige Kennzeichen der Corylifolii-Gruppe, ist aber an ihrer eigentümlichen Merkmalsmischung leicht zu erkennen.

VB: SH endemisch. - Bislang nur als Lokalart im Kreis Pinneberg bekannt: Zw. Pinneberg und Prisdorf (ER. 96! - an der Bahn !!), Appen, am Wege zum Tävsmoor (ER. und RÖPER 04! - !!).

(15) 16 B.chen unters. graufilzig und weichhaarig. Kz. graugrün:

136. **Rubus slesvicensis** LANGE, Icon. Pl. Fl. Danicae (Fl. Danica), fasc. 49: 8, t. 2905 (1877) - FRID. & G. exs. 24!

SCH. ± kantig, kräftig, verwirrt dichthaarig, mit (meist in den Haaren versteckten), gewöhnlich zahlreichen Stieldrüsen und vielen waagerecht abstehenden bis schwach geneigten, ca. 5-6(-7) mm lg. St. - B. 5zählig, B.-chen unters. dicht weichhaarig-filzig. Eb. aus herzf. Grund breit elliptisch, kurz ± allmählich bespitzt, gelegentlich ± dreilappig oder 3teilig, die Sb. randlich z.T. überdeckend. - BLÜSTD. lang, hoch durchblättert, oft mit ± dichasial verzweigten Ästen. Achse mit vielen geraden St., auch Blüstiel mit kräftigen St. Kz. graugrün, nadelstachelig. Krb. weiß, Stb. länger als Gr. - VII.

Diese leicht kenntliche Art scheint nach der Behaarung und Bestachelung ein Abkömmling des R. vestitus zu sein. FRID. & GEL. (1887, 109) deuten sie als Mittelform zwischen R. vestitus und R. wahlbergii. - VB: SH: In Angeln, besonders um Quern (JENSEN!, LANGE!), DK: Apenrade (FRID.!) u. (nach C.E. GUSTAFSSON 1938) auf Alsen.

137. **Rubus friderichsenii** LANGE ex FRIDERICHSEN ap. LANGE, Haandb. Danske Fl., ed. 4: 794 (1888), R. slesvicensis var. tileaceus LANGE, Bot. Tidsskr. 14: 140 (1885) non R. dumetorum v. tileaceus (LGE.) ARESCHOUG 1886 nec R. tileaceus Sm. 1819 nec LIEBM. 1852; R. balfourianus ssu. FRID. & GELERT 1887 non BLOXAM 1847. -

Von R. slesvicensis vor allem abweichend durch den wenig behaarten, spärlicher stieldrüsigen, (mehr subsessil drüsigen) Sch. Zwischen die größeren St. oft zahlreichere kleinere St.chen eingestreut. B.chen schärfer gezähnt, Eb. rundlich, oben plötzlich zugespitzt, der herzf. Grund oft schief und Eb. dadurch insgesamt an ein Lindenblatt erinnernd. Vielleicht eine Mittelform zwischen R. caesius und R. vestitus. - VB: DK: Jütland und Langeland. SH: Angeln (JENSEN!).

Bei stärker ungleichstacheligem Sch. und krummen roten St. im Blüstd. vgl. 141. R. pyracanthus.

16' B.chen unters. und Kz. grün:

138. **Rubus jensenii** LANGE, Icon. Pl. Fl. Dan. (Fl. Dan.) fasc. 48: 7, t. 1833, fig. 1-3 (1871). FRID. & GEL. exs. 26!

SCH. ± rundlich, locker behaart, stieldrüsig und ± drüsenborstig, mit sehr

schwachen, (fast) geraden St. - B. 3-5zählig, B.chen obers. fast kahl, auch
unters. grün und wenig behaart, grob und ungleich periodisch gesägt. Eb. aus
herzf. Grund breit eif. bis elliptisch, mäßig lang bespitzt. - BLÜSTD.achse
reichlicher bestachelt, drüsiger und stärker behaart als der Sch., Blüstiel kurz
filzig, nicht oder wenig bestachelt, mit vielen Stieldrüsen, Kz. grün, zuletzt
aufgerichtet. Krb. breit umgekehrt eif., weiß. Stb. länger als die weißlichen
Gr. - Verbindet einige Merkmale von R. pallidus und R. caesius. - VB: SH:
Angeln: Quern! bis Flensburg!

        (1') 17 Antheren kahl 18
        17' Antheren behaart:

139. **Rubus pogonantherus** H.E. WEBER nom. nov. pro: R. divergens L.M.
NEUMAN, Öfversigt. Klg. Vetensk. Acad. 1883: 79 (1883) non P.J.MUEL-
LER, Flora 16: 182 (1858).

SCH. + kantig, (fast) kahl, dicht bestachelt. Größere St. zu ca. 12->
25 pro 5 cm, weit hinauf flach zusammengedrückt, gerade oder fast gerade.
Dazwischen in wechselnder Menge, meist zahlreiche kleinere, anfangs gewöhnlich drüsentragende St.chen, St.höcker und Stieldrüsen. - B. 5zählig,
B.chen obers. + behaart (meist >10 Härchen pro cm^2), unters. kaum fühlbar kurzhaarig, dazu oft sternflaumig, seltener filzig. Eb. mäßig lang ge -
stielt (ca. 25-35 % der Spreite), aus herzf. oder gestutztem Grund (gewöhnlich breit) eif. bis elliptisch, meist etwas abgesetzt mäßig lang bespitzt. Serratur spitzig, ziemlich gleichmäßig. - BLÜSTD.achse knickig, mit pfriemlichen,(fast) geraden St. und meist vielen Stieldrüsen, sternflaumig-filzig und
abstehend länger behaart. Blüstiel mit zahlreichen Stieldrüsen (Lge. ca. 1 x
Blüstiel-Ø), Kz. am Grunde oft feinstachelig, + abstehend. Krb. weiß
oder b.rosa, breit + elliptisch, Stb. etwa so lg. oder etwas länger als die
oft rötlichen Gr., Stb. (meist dicht) behaart, Frkn. kahl, Frbod. behaart. -

Bislang unzureichend von 122.R. ciliatus unterschiedene Art. Bevorzugt
kalkarme, gern etwas frische, sandige Böden. Im nwdt. TL Kennart der R.
divergens-Frangula alnus-Ass. NEUMANN 1952. - VB: europäisch subatl. -
S-Schweden, DK, SH: sehr zerstreut!! Nwdt. TL: zerstreut, stellenweise, so
im Dümmergebiet (NEUMANN)!!, häufiger, ferner bis Mitteldeutschland und
Frankreich.

Vgl. auch 124. R. frisicus mit unters. fast kahlen B., schwächeren St.
usw.

        (17) 18 Sch. mit schwachen, großenteils sicheligen, rotbrau-
                   nen St.:

140. **Rubus prasinus** FOCKE, Abh. Natw. Ver. Bremen 1: 302 (1868). -

Zierliche Pflanze. Sch. rundlich, (fast) kahl, reiflos, mit ungleichen,größ-
tenteils sicheligen d.rotbraunen, ca. 3-4 mm lg. St. und + zahlreichen ungleichen Stieldrüsen. B. 3zählig, Sb. fast sitzend, B.chen beidseits h.grün.

Eb. herzeif., allmählich bespitzt. Blüstd. oben ± traubig bis ebensträußig, Blüstiel sichelstachelig mit gedrängten roten Stieldrüsen, Kz. dicht (drüsen-) borstig, aufrecht, Stb. ± so lang wie die grünlichen Gr. Frkn. kahl, Frbod. behaart.

Morphologisch isolierte Lokalform, die schon früh FOCKEs Aufmerksamkeit erregte. VB. anscheinend nur bei Bremen: zw. Vegesack und Scharmbeck!

18' Sch. mit kräftigen, geraden, grünen oder wenig rötlichen St. 19

(18') 19 B.chen (sehr) schmal 21

19' B.chen breit, oft rundlich 20

(19') 20 B.chen unters. graufilzig-weichhaarig, Eb. nicht kreisrund, Kz. grau(-grün) filzig:

141. **Rubus pyracanthus** LANGE ex FRIDERICHSEN & GELERT, Bot. Tidsskr. 16: 108 (1887). - exs. n. 21! 52! -

SCH. ± kantig, striemig, schwach behaart, mit vielen abstehend geraden oder etwas gekrümmten, bis 4-6 mm lg., hervortretend rötlichen (Name!) St. sowie mit zahlreichen Übergängen zu (Drüsen-)St.chen und vielen Stieldrüsen. - B. klein, 3-5zählig, B.chen obers. mit vielen (>20 pro cm^2) Härchen, unters. filzig und dazu weich behaart. Eb. sehr kurz gestielt (ca. 25 % der Spreite), breit umgekehrt eif., kurz bespitzt. - BLÜSTD. dicht (± krumm-) stachelig und stieldrüsig. Blüstiel kurzfilzig-wirrhaarig, ± krumm bestachelt und mit d. roten Stieldrüsen. Kz. graufilzig, dicht nadelstachelig, Krb. schmal, weiß bis b. rosa. Stb. ± so lg. wie die Gr., Antheren kahl, Frkn. und Frbod. etwas behaart. VII. - Entspricht im wesentlichen einer Verbindung von R. drejeri und R. caesius.

VB: DK:SO-Jütland!,SH: Viehburger Holz b. Kiel (GEL. 85!).

Nahestehend ist:

142. **Rubus hoplites** (FRID.) K.FRIDERICHSEN ap. RAUNKIAER, Dansk Ekskursionsfl. ed. 4: 170 (1922). Mit B. ähnlich R. warmingii. - VB: DK: Seltene Lokalform b. Hadersleben.

20' B.chen unters. nicht graufilzig. Eb. rundlich bis kreisrund. Kz. grün:

143. **Rubus fabrimontanus** SPRIBILLE, Jahrb. Schles. Ges. 1905: 108 (1905), Syn. R. polycarpus G.BRAUN, Herb. Rub. Germ. n. 97 (1877) non HOLUBY, Oest. Bot. Zeitschr. 25: 313 (1875), R. oreogeton FOCKE var. ruber FOCKE, Synops. Rub. Germ. 404 (1877) et auct. slesv.-hols., non R. ruber GILIBERT, nec R. oreogeton FOCKE (l.c.) s.str., R. berolinensis E.H.L.KRAUSE, Arch. Ver. Freunde Natgesch. Meckl. 34: 202 (1880) sec. GELERT 1896.- Fig.-Tafel.

SCH. rundlich, ungleichmäßig weinrötlich überlaufen mit hellerer Strichelung, zuletzt $\pm$ d.weinrot, matt, gewöhnlich unbereift, locker ($\pm$ abstehend) behaart bis fast kahl (ca. 1-10 Haare pro cm Seite), mit zahlreichen, leicht brechenden, haarfeinen, unterschiedlich langen (ca. 0,5-3 mm lg.) Stieldrüsen mit Übergängen zu längeren Drüsenst.chen. St. ungleich (Hystrices-artig), die größeren zu ca. 10-20 pro 5 cm, flachgedrückt, oberhalb der breiteren Basis allmählich sehr schlank dreieckig bis zur pfriemlichen Spitze verschmälert, gerade, meist waagerecht abstehend, bis 6(-7) mm lg., dazwischen in wechselnder Menge kleinere, anfangs oft drüsige St.chen.

B. fußf. bis fast handf. 5zählig, B.chen breit, sich randlich deckend, obers. (d.)grün, schwach runzelig, mit zahlreichen Härchen (ca. 15->20 pro cm^2), unters. grün, etwas schimmernd und deutlich fühlbar bis weich behaart, ohne Sternfilz. Eb. kurz bis mäßig lang gestielt (ca. 22-35 % der Spreite), aus deutlich herzf. Grund sehr breit umgekehrt eif., zuletzt $\pm$ kreisrund mit aufgesetzter kurzer Spitze (ähnlich R. drejeriformis), Serratur fein und gleichmäßig, mit $\pm$ gleichlangen, geraden oder wenig auswärts gekrümmten Hz. Haltung $\pm$ flach, am Rande glatt, ä. Sb. 0-1 mm lg. gestielt. B.stiel mit $\pm$ gekrümmten St., Nb. schmallanzettlich. Jüngste B.chen $\pm$ grün.

BLÜSTD. ziemlich kurz, oben meist b. los. Äste aufrecht abstehend, oft büschelig-schirmförmig verzweigt. Achse wirrhaarig, reichlich stieldrüsig-drüsenborstig, mit ungleichen abstehenden oder geneigten, geraden, bis 4(-5) mm lg. St. Blüstiel kurz wirrhaarig, beim Typus mit vielen langen d.roten, die Behaarung weit überragenden Stieldrüsen (durchschnittl. Lge. ca. 1 x, viele bis ca. 2 x so lg. wie der Blüstiel-$\varnothing$). St. meist zahlreich, nadelig, gerade, bis ca. 3(-3,5) mm lg. Kz. (schwach graulich)grün, rot stieldrüsig und am Grunde fein nadelstachelig, zuletzt aufrecht. Krb. sehr breit eif. bis fast rundlich, abgesetzt kurz benagelt, ca. 10-13 mm lg., b.rosa bis rot, selten weiß. Stb. deutlich länger als die b.grünen Gr., Antheren und Frkn. kahl, Frbod. mit einzelnen langen Haaren. Sfr. meist zu ca. 60-80 % entwickelt. Ende VI-VII.

Diese leicht kenntliche Art ähnelt im Blatthabitus 71. R. drejeriformis, ist aber durch eine Reihe von Merkmalen (u.a. durch die fast sitzenden ä. Sb., kahle Antheren und Frkn. sowie gänzlich verschiedenen Blüstd.bau) deutlich von diesem unterschieden. Wegen der grobphysiognomischen Übereinstimmungen ist sie schon von ERICHSEN (1900, 62), vor allem aber seit SUDRE (1908-13) als R. drejeriformis x caesius gedeutet worden. Angesichts der gänzlich verschiedenen VB-Gebiete von R. fabrimontanus und R. drejeriformis ist eine solche Abstammung jedoch wenig wahrscheinlich. - Als Ersatz für die sichere (wenn auch auf einer Fehlbestimmung beruhende) BRAUNsche Benennung, die aus Prioritätsgründen hinfällig ist, kommt nach bisherigen Herbarstudien am ehesten die von SPIRIBILLE in Frage. Dagegen scheint R. berolinensis ein abweichendes Taxon darzustellen. - R. fabrimontanus kommt im Gebiet ebenfalls in einer noch unbeschriebenen Varietät mit u.a. kürzer drüsigen Blüstielen vor.

Die Art bevorzugt in SH kalkarme, sandige bis $\pm$ lehmige, gern etwas frischere Böden und findet sich vor allem im Bereich bodensaurer Fago-Querceten und des Querco-Betuletum molinietosum zusammen mit R. gratus an Wegen und in Knicks als charakteristische Art der Rubus gratus-Betula pendula-Knicks (vgl.

Abb. u. Tab. b. WEBER 1967) sowie in standortsentsprechenden Waldlichtungen, in (Kiefern-)Forsten und an deren Rändern als regionale Kennart der R. gratus-Ass. TX. & NEUM.

VB: zentraleuropäisch (subatl. - subkont.). - In SH die absolute N-Grenze der VB. erreichend: Auf südl. AM besonders um Hamburg und um den Kisdorfer Wohld eine der häufigsten Arten (ER.! - !!). Nach W und N zu zerstreut bis selten. Im JM-Gebiet bis Wankendorf!! und anscheinend bis Stexvig b. Schleswig (HINR. 82!). Auf AM bis Hohenwestedt!!, östl. von Rendsburg (ER. 1922 - !!) und (nach FRID. 1897, 402) bis Husum. - Weitere VB: Im nwdt. TL im Osten zerstreut bis häufig!!, im W anscheinend ganz fehlend. Nach SO bis zum Harz!, Mark! (häufig), Sachsen!, Schlesien (Riesengebirge!). Gegen Schlesien (nach NEUMANN briefl.) zunehmend durch den echten R. oregeton F. ersetzt.

144. Rubus imitabilis K. FRIDERICHSEN, Bot. Tidsskr. 16: 111 (1887); FRID. & G. exs. n. 23!

Unterschiede gegen den ähnlichen R. fabrimontanus:

SCH. kantig, + flachseitig, mit nur wenigen Stieldrüsen; ä.Sb. etwas länger (ca. 1-2 mm lg.) gestielt. Kz. zuletzt + zurückgeschlagen. Stb. etwa so lang oder kürzer als die Gr. Krb. weiß. Bildet Übergangsformen zu R. pyracanthus.

VB: DK: SO-Jütland! Fünen!, SH: bislang nicht eindeutig nachgewiesen. Nach FRID. (l.c.) bei Stexvig b. Schleswig (HINR. 82! - scheint eher R. fabrimontanus zu sein), nach KRAUSE (1890, 86) bei Kiel, nach ER. (1900) bei Escheburg. Eine vielleicht dazu gehörige Form bei Wasbek!!.

(19) 21 Blüstd. sehr breit, Sch. behaart, Krb. breit, abgesetzt benagelt: 135. R. eximius.

21' Blüstd. nicht breit, Sch. fast kahl, Krb. schmaler, allmählich benagelt.

145. Rubus hystricopsis K. FRIDERICHSEN ex FOCKE ap. ASCHERSON & GRAEBNER, Synops. mitteleur. Fl. 6,1: 635 (1903) et ex RANKE, Mitt. Geogr. Ges. Nathist. Mus. Lübeck, ser. 2, 14: 25 (1900) nomen, K. FRID. ap. RAUNKIAER, Dansk Ekskursionsfl., ed. 4: 169 (1922). - Syn. R. diversifolius LINDLEY 1829 sec. FOCKE (l.c.) non TINEO 1817, R. myriacanthus FOCKE 1871 ex pte. non DOUGLAS 1832. - Fig. - Tafel.

SCH. wie bei R. fabrimontanus (meist dicht) ungleichstachelig, doch (fast) kahl, größte St. kräftig, ca. 4-6 mm lg., mehr geneigt oder etwas gekrümmt. Stieldrüsen nicht haarfein und lang, viel zerstreuter, + hinfällig, zuletzt streckenweise oft ganz fehlend, dagegen kleinere St.chen und St.höcker zahlreich, Wuchsform + bogig.

B. (3-)4- ausgeprägt fuß. 5zählig. B.chen schmal, sich randlich nicht deckend, obers. matt grün, mit zahlreichen (>20 pro cm^2) Haaren, unters. blasser, dünn und meist kaum fühlbar kurzhaarig. Eb. lang gestielt (ca. 40 % der Spreite), aus abgerundetem Grunde elliptisch oder schwach umgekehrt eif., allmählich mäßig lang bespitzt. Serratur ziemlich gleichmäßig. Haltung $\pm$ flach, am Rande fast glatt, ä.Sb. (fast) sitzend, sehr kurz, oft fast am Grunde der Spreiten der mittleren Sb. entspringend. Letztere mit keilförmigem, ausgeprägt schiefem, ulmenblattähnlichem, doch schmalem Grund. B.stiel viel länger als ä.Sb., wenig behaart. Nb. schmal bis mäßig breit lanzettlich. Austrieb $\pm$ rotbräunlich überlaufen.

BLÜSTD. ziemlich schmal, wenig beblättert, mit aufrechten Ästen. B. 3-zählig mit sehr schmalen, am Grunde keiligen B.chen. Achse knickig, wenig behaart, stieldrüsig und mit zahlreichen ungleichen, bis ca. 5 mm lg., geneigten oder gebogenen, zum Grunde hin zusammengedrückt verbreiterten St. Blüstiel (Fig.) $\pm$ wirr und abstehend behaart, dicht mit teils sehr langen, borstigen Stieldrüsen besetzt (deren Mehrzahl ca. 1-2 x, einzelne bis 4 x so lg. wie der Blüstiel-$\emptyset$). St. meist ungleich, geneigt gerade oder etwas gekrümmt, die längsten bis 3(-4) mm lg. Kz. grün, stieldrüsig und am Grunde oft reichlich nadelstachelig, früh aufgerichtet. Krb. weiß, (relativ schmal) umgekehrt eif., allmählich lang benagelt, ca. 11-13 mm lg., Stb. ca. so lg. wie die grünlichen Gr., Antheren, Frkn. und Frbod. kahl. Sfr. mäßig entwickelt. VII. - 2 n = 28.

Vor allem an den eigentümlichen B. und der dichten Bestachelung eine im Gebiet nicht zu verkennende Art. In SH besonder in der R. drejeriformis-R. cimbricus-Gesellschaft in Heckenwegen auf westlichen klimafeuchten AM, im selben Gebiet auch in R. langei-R. sciocharis-Feldknicks (Pruno-Rubetum sprengelii) beobachtet.

VB: in SH auf der schleswigschen Geest, besonders im Kreis Husum stellenweise sehr häufig (loc. class b. Ostenfeld FRID.! - !!)!!, außerdem sicher zw. Hohn und Elsdorf b. Rendsburg!! Nach C.E. GUSTAFSSON (1938) auch in DK. Im nwdt. TL im Emsland: Klosterholte, Kreis Lingen!!

Sectio 3. Glaucobatus (DUM.)WATS.

146. **Rubus caesius** L., Spec. Plant., ed. 1: 493 (1753). - Kratzbeere, Ackerbeere, Bocksbeere, DK: Korbaer, Norw.: Biörnebär, Schwed.: Blåhallon. - Schl. 12 - Fig. - Tafel.

SCH. flach kriechend (bis > 4 m weit) zunächst oft etwas aufrecht, in Gebüschen $\pm$ kletternd, im Herbst mehr oder minder verzweigt und mit den Spitzen wurzelnd, stielrund, dünn ($\emptyset$ meist < 4 mm, selten > 5 mm), im Schatten frischgrün oder $\pm$ violett überlaufen, in der Sonne hechtblau bis violettrot, wie alle Achsen mit einem abwischbaren Wachsüberzug auffallend bläulichweiß bereift, kahl, manchmal etwas kurz filzig-flaumig, mit meist zerstreuten, seltener zahlreichen, manchmal auch ganz fehlenden, sehr kurzen Stieldrüsen. St. sehr zerstreut bis dichtgedrängt, fein nadelig-borstlich, gerade bis sichelig oder mit etwas breiterer Basis, stets sehr schwach, nur ca. 1-2,5(-3) mm lg.

B. sommergrün, mit meist schön roter Herbstfärbung, 3zählig, äußerst selten (4-)5zählig mit sitzenden ä.Sb., B.chen obers. frischgrün bis gelblichgrün, fein behaart bis (fast) kahl, unters. blasser, $\pm$ kurzhaarig. Eb. kurz gestielt (ca. 20-30 % der Spreite), aus breitem, $\pm$ herzf. Grund gewöhnlich bis etwas unterhalb der Mitte stark verbreitert, dann ohne markierte Spitze breit dreieckig, nicht eingeschwungen verschmälert, insgesamt im Umriß meist dreieckig bis rhombisch, nicht selten jedoch auch mehr abgerundet und $\pm$ eif., oft oberhalb der Mitte eingeschnürt bis 3lappig. Serratur gewöhnlich ausgeprägt periodisch. Hz. $\pm$ gerade, kaum größer, doch Blattrand mit den übrigen Zähnen (besonders zwischen dem 1. und 2. Seitennerv) oft stark eingeschnitten. Haltung im Schatten $\pm$ flach, in der Sonne durch vertiefte Nervatur runzelig. Sb. 0-2 mm lg. gestielt, oft zweilappig. B.-stiel flaumig kurzhaarig bis (fast) kahl, sehr zart bestachelt, mit (meist zerstreuten) kurzen Stieldrüsen, obers. durchgehend rinnig und $\pm$ sternhaarig. Nb. blattartig lanzettlich, am Grunde des B.stiels entspringend. Austrieb (fast) matt, gelbgrün bis (d.)rotbraun.

BLÜSTD. in der Regel kurz, stumpf $\pm$ ebensträußig endigend, hoch durchblättert, seltener verlängert und schmaler. Äste $\pm$ aufstrebend, oft nahe dem Grunde geteilt. Achse wie der Sch. bereift, mit ähnlichen Stieldrüsen, B. und St., doch $\pm$ behaart. Blüstiel ca. 1,5-3 cm lg., kurzfilzig, mit wenigen, seltener zahlreichen, meist kurzen (roten) Stieldrüsen und 0->15 sehr zarten,1-2 mm lg., geraden oder schwach gekrümmten St. Kz. außen (h.-) grün, kurzfilzig, oft mit $\pm$ zahlreichen rötlichen sehr kurzen Stieldrüsen, in der Regel unbewehrt, innen filzig, zunächst kurz, nach der Blüte mit verlängerten Spitzen aufrecht. Krb. weiß, kahl, breit elliptisch bis rundlich, stark knitterig, sich randlich $\pm$ berührend oder überlappend, 9-13 mm lg. Stb. etwa so hoch wie die b.grünen Gr. Antheren, Frkn. und Frbod. kahl. Sfr. $\pm$ kugelig, auf schwarzem Grund deutlich matt bläulich bereift, aus wenigen saftreichen großen Fr.chen bestehend, gewöhnlich wohl entwickelt, säuerlich, oft fade. (V-)VI-VII(-X). - $2n = 28$, seltener $= 35$.

Eine sehr veränderliche Art, bei der vor allem die folgenden Kennzeichen als die sichersten gelten können: Deutlicher Reif an allen Achsen, zarte St., die charakteristisch geformten 3zähligen B. mit lanzettlichen Nb., (bei uns meist wohlentwickelte) blaubereifte Sfr., stielrunder dünner Sch., die Kahlheit von Frkn., Frbod., Antheren und anscheinend auch die der Krb. Dagegen variiert R. caesius stark in anderen Merkmalen. So unterscheidet z.B. FOCKE (Syn. Rub. Germ. 409 (1877)) neben der häufigsten a) f. vulgaris (= f. caesius mit zerstreuten St. und spärlichen Stieldrüsen) eine b) f. glandulosa (mit rotdrüsigen Blüstielen und Kz. - Sehr häufig!!), eine c) f. armatus (mit dichtstacheligem Sch. und Blüstd. - Nicht selten!!) und eine d) f. echinatus (wie vor, doch mit igelstacheligen, reichdrüsigen Kz. - Selten!). - Diese Formen überschneiden sich jedoch vielfach mit den folgenden bedeutungsvolleren, meist standörtlich bedingten Varietäten:

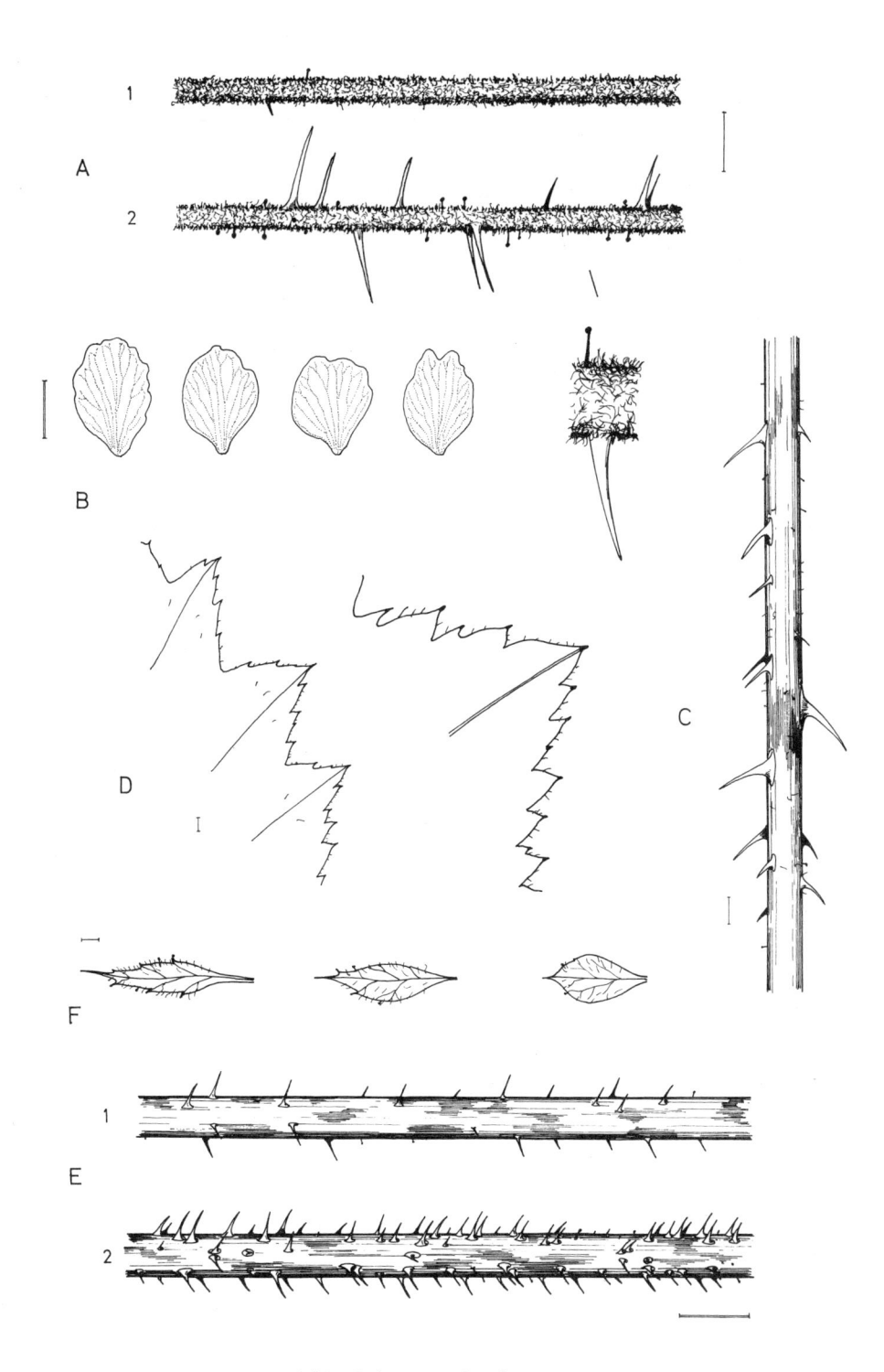

146. Rubus caesius L.

1. **var. caesius** (L.). - Syn. R. caesius L. var. aquaticus WEIHE & NEES, Rub. Germ. 105 (1827). - Sch. kahl, B.chen zart, oft groß, tief eingeschnitten bis gelappt, unterseits wenig behaart. Blüstd. mit dünnen, langen Blüstielen. Pfl. sehr zart und $\pm$ zerstreut bestachelt. (Fig. E 1 - Tafel). - Form der ($\pm$ schattigen) feuchten (Ufer-)Gebüsche und der Wälder, häufig!!

2. **var. agrestis** WEIHE & NEES (l.c.). - Syn. R. caesius L. var arvalis REICHENBACH, Fl. Germ. excurs. 608 (1832). - Mit dichter bestachelten, mehr rötlich-violetten Sch., kleineren runzligeren, unters. stärker behaarten B. und kürzeren Blüstielen. - Die gewöhnliche Form sonniger, trockener Standorte, besonders an Wegrändern, Mauern, auf Äckern!! - Durch Übergänge mit der ersten Var. verbunden. Hierher häufig auch armatus-Formen mit dichtstacheligem Sch. (Fig. E 2).

3. **var. dunensis** NOELDEKE, Abh. Natw. Ver. Bremen 3: 139 (1872). - Sch. flaumig-filzig, dichtstachelig. B.chen klein, stark runzlig, unters. dichthaarig, trotz des dürren Standorts nicht minder fruchtbar. - Dünen der Nordseeinseln (soweit noch nicht entkalkt)!!, ähnlich auch an extrem trockenen, sonnigen Standorten des Binnenlandes.

Von den vielen übrigen noch beschriebenen Abänderungen (z.B. mit geschlitzten B., monströsen blattartigen Kelchen usw.) sei als bemerkenswert außerdem erwähnt die f. **praecurrens** FRID. & GELERT, Bot. Tidsskr. 16: 128 (1887), Syn. F. arenarius E.H.L.KRAUSE, Verh. Bot. Ver. Prov. Brandenbg. 26: 21 (1885)? - Sch. bereits im ersten Jahr im unteren Teil mit Blütenständen, im oberen Teil mit wurzelnden Nebenzweigen. - Nach FRID. & GEL. (l.c.) "ziemlich häufig" in Schleswig und auf Fünen, außerdem auch auf Langeland und Seeland. Weitere VB bleibt zu beachten.

ÄHNLICHE ARTEN: So sehr auch der typisch entwickelte R. caesius mit seinen dünnen peitschenförmigen, stark bereiften Sch. von den übrigen Brombeeren abweicht, so gehört er dennoch keineswegs zu den immer leicht kenntlichen Arten. Seine große Neigung zur Bastardierung mit R. idaeus, selbst mit R. saxatilis, vor allem aber mit allen Brombeerarten läßt ganze Formenschwärme von oft schwer abzugrenzenden Doppelgängern entstehen, die gern mit dem echten R. caesius durcheinanderwachsen. Ähnliche, doch unfruchtbare Pflanzen mit $\pm$ schwarzvioletten St. vgl. besonders unter R. **caesius x idaeus** (unten). - Schwächer bereifte Formen mit meist etwas breiteren St., matt schwarzen, unvollkommen entwickelten Sfr. gehören zu den unter Beteiligung von R. caesius entstandenen Rubi Corylifolii, von denen namentlich 111. R. **dumetorum** Wh. s.str. und der schwarzrotfrüchtige 112. R. **lagerbergii** oft wie reiflose R. caesius-Spielarten erscheinen. Auch primäre Caesius-Bastarde mit Corylifolii-Vertretern kommen als Verwechslungsmöglichkeiten in Frage. Zum sicheren Erkennen des echten R. caesius sollten daher stets die obengenannten zuverlässigen Merkmale beachtet werden.

ÖK. u. SOZ: Hauptbedingung für das Vorkommen von R. caesius scheint das

Vorhandensein von Kalk im Untergrund zu sein. Anderen ökologischen Faktoren gegenüber ist die Kratzbeere die Rubusart mit der größten Toleranz. So findet sie sich auf den trockensten Standorten (Sanddünen der Küste, Mauern) ebenso wie an Quellen, Bachufern und dringt als einzige, auch längere Überschwemmungen vertragende Brombeere sogar bis in die Weichholzaue der großen Ströme vor, wächst an sonnigen Plätzen, selbst unter der Saat auf Äckern, wie auch im Schatten der Auenwälder und Gebüsche, besiedelt sandig-kiesige bis lehmig-tonige Böden. Optimales Gedeihen zeigt sie - abgesehen vom Kalkfaktor - auf nährstoffreichen, nicht zu trockenen, lehmigen Böden mit guter Nitratversorgung, im Gebiet vor allem in SH auf Fehmarn und im Lande Oldenburg sowie an den Rändern der Mergelkuhlen im Jungmoränengebiet, in natürlichen Gesellschaften anscheinend vor allem in nicht zu schattigen Alno-Ulmion- und Salicetea-Ausbildungen. In den sh. Knicks bildet R. caesius mit anderen kalkzeigenden Arten (z.B. Acer campestre, Cornus sanguinea, Rosa glauca, Lonicera xylosteum, Tilia cordata) eine charakteristische ökologische Gruppe. Wenn hierin auch gelegentlich Ausnahmen beobachtet werden, so ist diese auch aus anderen Gebieten bekannte Bindung an Kalk in SH besonders auffällig. Zahlreiche Bodenbohrungen neben R. caesius-bewachsenen Knicks stießen meist schon in einer Tiefe von 80-100 cm auf Kalkmergel, doch kann die bis 2 m tief wurzelnde Art selbst noch tiefere Mergelnester anzeigen. Schon zu Anfang des 19. Jh. galt häufiges Vorkommen von R. caesius beim Aufspüren von Plätzen für Mergelkuhlen als wichtigster "vegetabilischer" Hinweis, bei dem "man auf die Nähe einer Mergelschicht sichere Rechnung machen" dürfe (L.H.TOBIESEN, Auf Theorie und Erfahrung gegründete practische Anweisung zum Mergeln. Schrift. sh. patriot. Ges. 1,1: 6 f. Altona 1817. - Vgl. WEBER 1967, 73). Selbst auf den scheinbar kalkfreien Sandwällen zwischen den dürren Koppeln der Nordseeinseln Amrum und Föhr erwies sich R. caesius als Zeiger für einstige Muschelschalen-Düngungen (WEBER l.c. 151).

VB: Gesamteuropa ohne den äußersten Norden (in Skandinavien bis 63° nördl. Breite) und Süden, ostwärts durch Westasien bis zum Altai. - In SH vor allem im Jungmoränengebiet verbreitet bis häufig!!, besonders in der Probstei!!, massenhaft im Lande Oldenburg!! und auf Fehmarn!!. Auf Altmoränen und Sandern streckenweise - ebenso wie großenteils in der Marsch - fehlend!!, häufig an der Elbe!!. Auf den Nordseeinseln Amrum!!, Föhr!! und Sylt!!. Auf entsprechenden Standorten auch in DK (besonders auf Bornholm!!) häufig, in Ns. in der Ebene zerstreut!!, im südl. Hügelland auf Kalk häufig!!

Bastarde des R. caesius. - Auf die Aufzählung der zahlreichen, meist nur mutmaßlichen primären Caesius-Bastarde mit den Brombeeren, die gelegentlich beobachtet werden (vgl. z.B. FRID. & GEL. 1887, 133f) wird hier verzichtet. Als Abkömmlinge solcher Hybridisierungen nach der Formel R. caesius x Subgen. Eufruticosi vgl. 106-145.R. corylifolius agg. - Weitere Bastarde:

a) Rubus caesius L. x. idaeus L. - Schl. 9'.

Teils ± intermediär, teils einem der Eltern zum Verwechseln ähnlich (= var. pseudo-caesius (LEJ.) WEIHE ap. BOENNINGHAUSEN, Prod. Fl. Monast. Westphal. 151 (1824), bzw. var. pseudo-idaeus (LEJ.) WEIHE l.c.). Sch. stark bereift ± bogig bis kriechend, B. 3zählig bis gefingert oder gefiedert 5-7zählig. Krb. klein. Pollenkörner größtenteils mißgestaltet. Auffälligstes Kennzeichen ist die völlige Sterilität, selten werden einzelne schwarzrote Teilfr. ausgebildet. Außerdem von R. caesius besonders durch die ± d. violetten, meist dichtstehenden St. und unters. filzige, zur Teilung des Eb. neigende B., von R. idaeus durch unters. nur graufilzige B.-chen, stärkeren Reif, breitere Nb. und die Wuchsform verschieden. - 2 n = 21, 28, 35, 42.

ÖK. u. SOZ: Im Überschneidungsbereich der Standorte der Stammeltern, besonders in Gebüschen (Knicks), an Hecken. Weiter als R. caesius auch auf kalkärmere Böden übergreifend.

VB: Zwischen den Eltern wohl in deren gesamten gemeinsamen Wuchsgebiet verbreitet, in SH sehr häufig!!

b) Rubus caesius L. x saxatilis L., Syn. R. x areschougii A. BLYTT, Bot. Notiser p. 42 (1875).- Steril. Ähnlich R. saxatilis mit krautigem Sproß, doch dieser (fast) kahl, ungleich schwach bestachelt, B. zähne weniger groß, Eb. oft etwas ausgerandet, Krb. breiter. - Selten in Südnorwegen, nach ADE (1957, 178) auch in Franken. Bleibt im Gebiet zu beachten.

D. VERBREITUNGSKARTEN

● = Vom Verfasser am Fundort gesehen (1962-1971)

◐ = Herbarbeleg(e) vom Verfasser gesehen. (Aufsammlungen überwiegend vor 1914)

○ = unbestätigte Literaturangaben von ERICHSEN, FRIDERICHSEN, GELERT, FOCKE, JÖNS, KRAUSE, RANKE

? = zweifelhafte Fundorte

Die von G. MAASS in seinem Wohngebiet Altenhausen bei Erxleben seinerzeit angesalbten Rubusarten (vgl. MAASS 1898 und GELERT 1896) sind in den Verbreitungskarten nicht berücksichtigt.

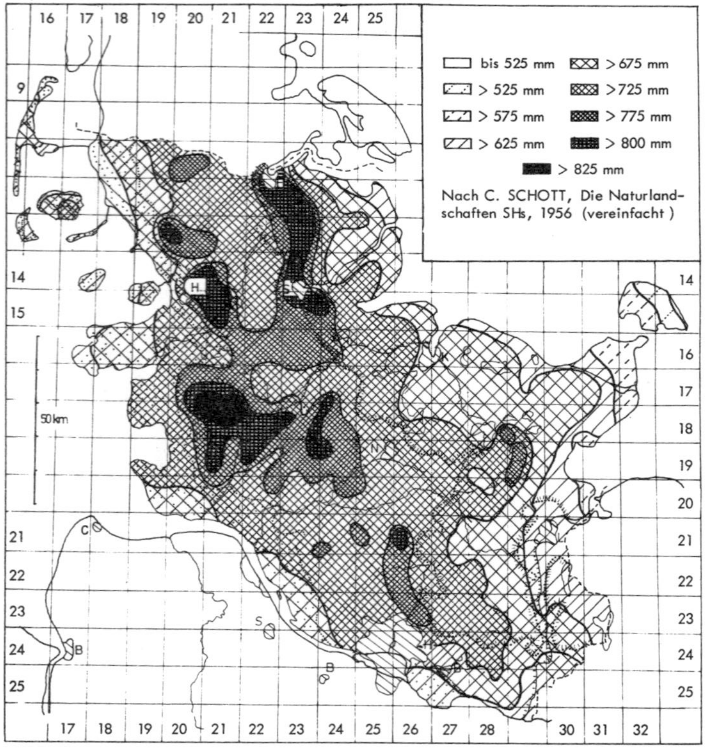

Karte 1: Geologie Schleswig-Holsteins

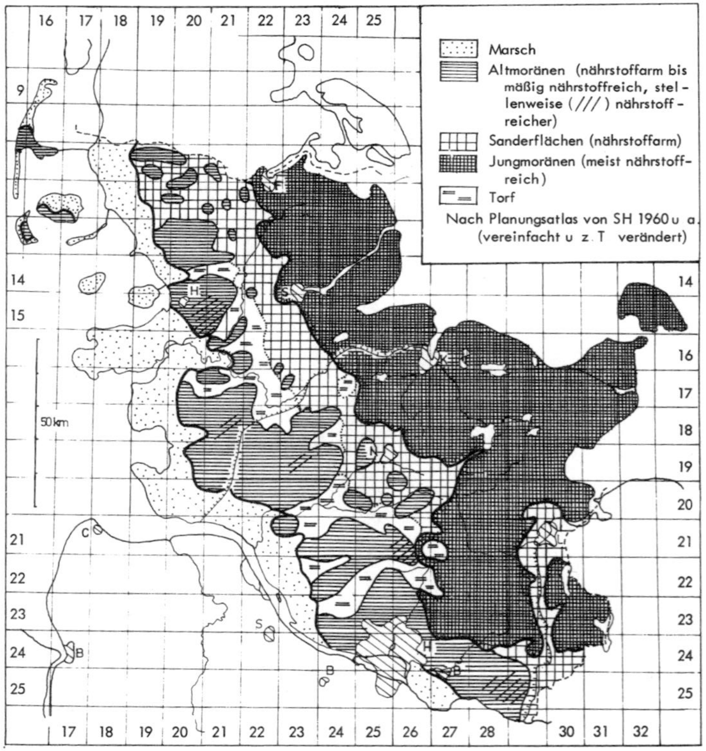

Karte 2: Jahressummen des Niederschlags in Schleswig-Holstein (Periode 1891–1930)

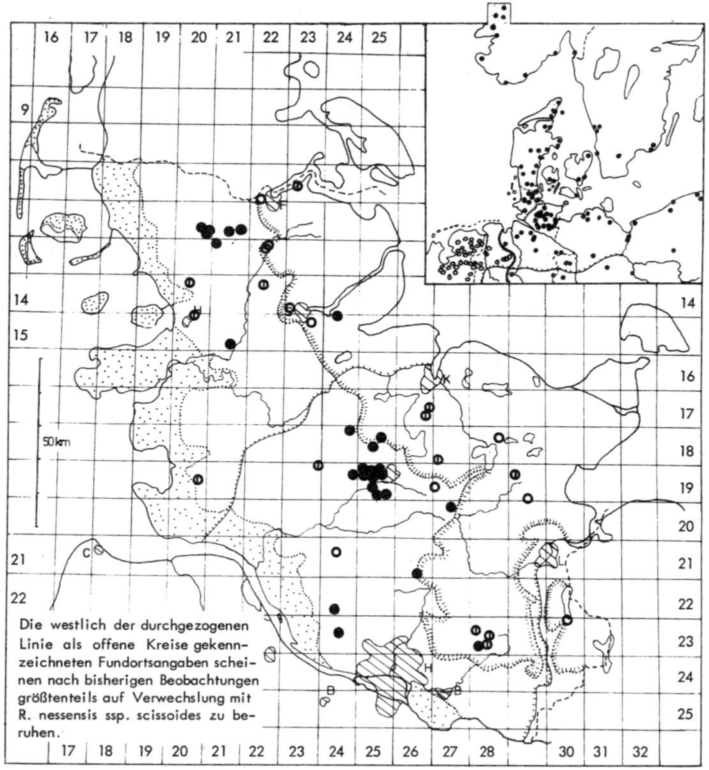

10. Rubus scissus W.C.R. Watson

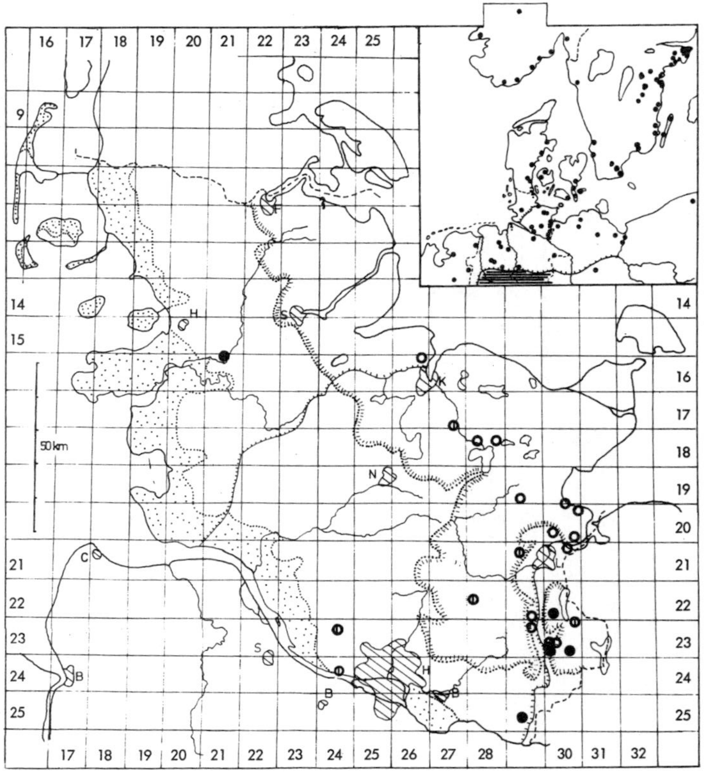

11. Rubus sulcatus Vest

Die westlich der durchgezogenen Linie als offene Kreise gekennzeichneten Fundortsangaben scheinen nach bisherigen Beobachtungen größtenteils auf Verwechslung mit R. nessensis ssp. scissoides zu beruhen.

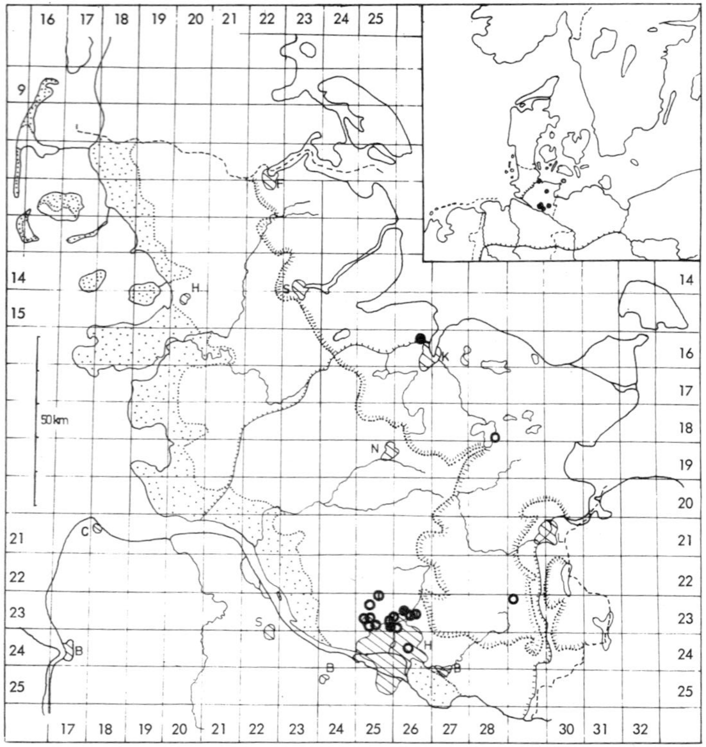

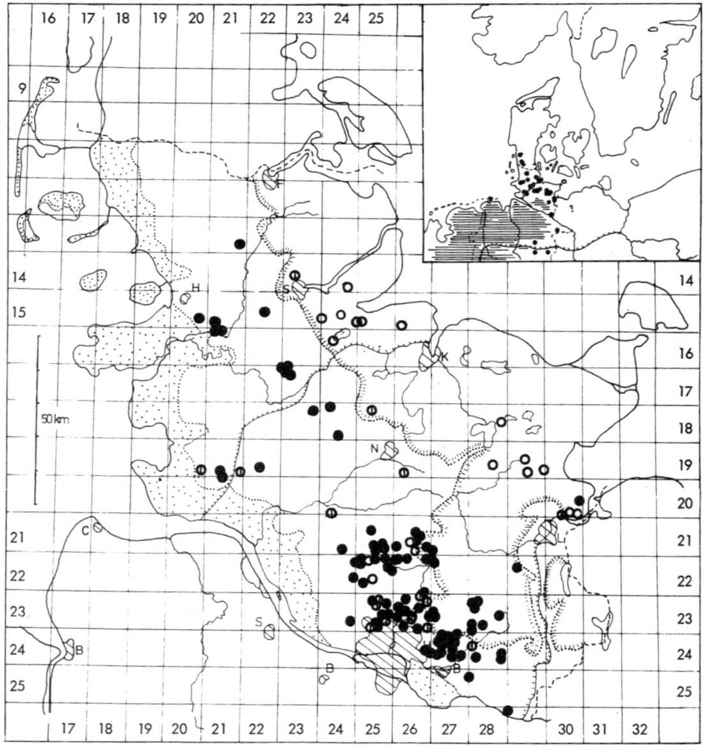

26. Rubus gratus Focke

21. Rubus holsaticus Er.

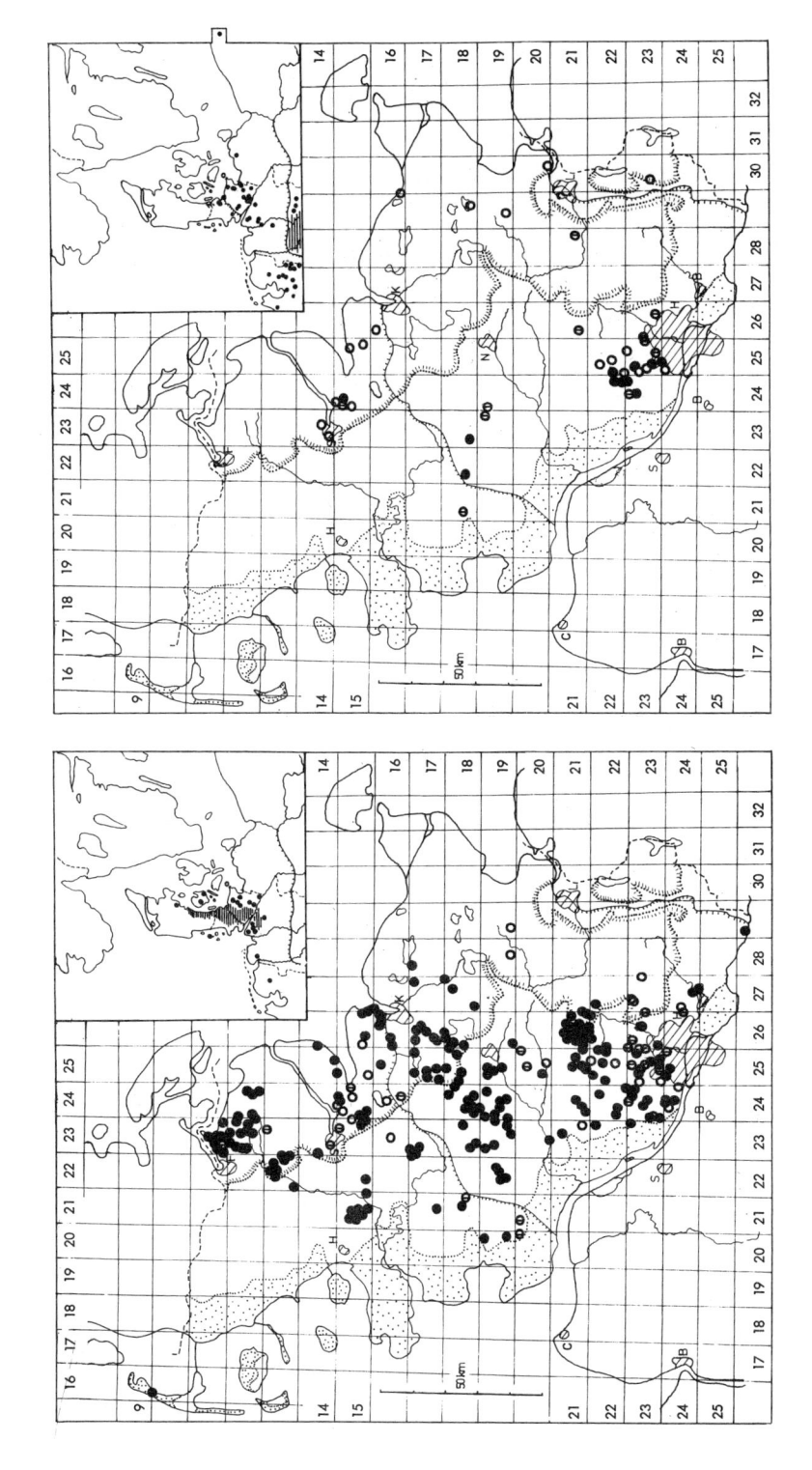

30. Rubus macrophyllus Wh. & N.

28. Rubus sciocharis Sudre

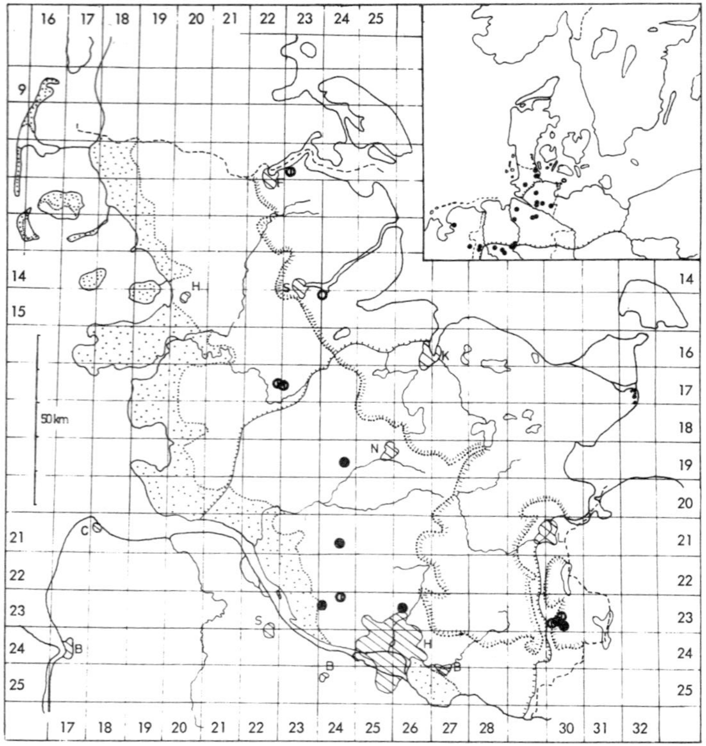

31. Rubus schlechtendalii Wh.

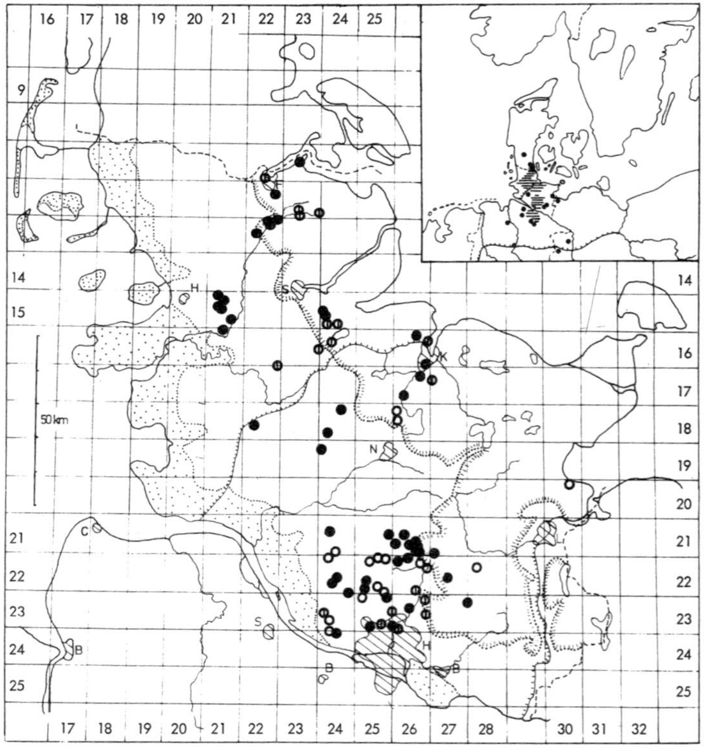

32. Rubus leptothyrsus G. Br.

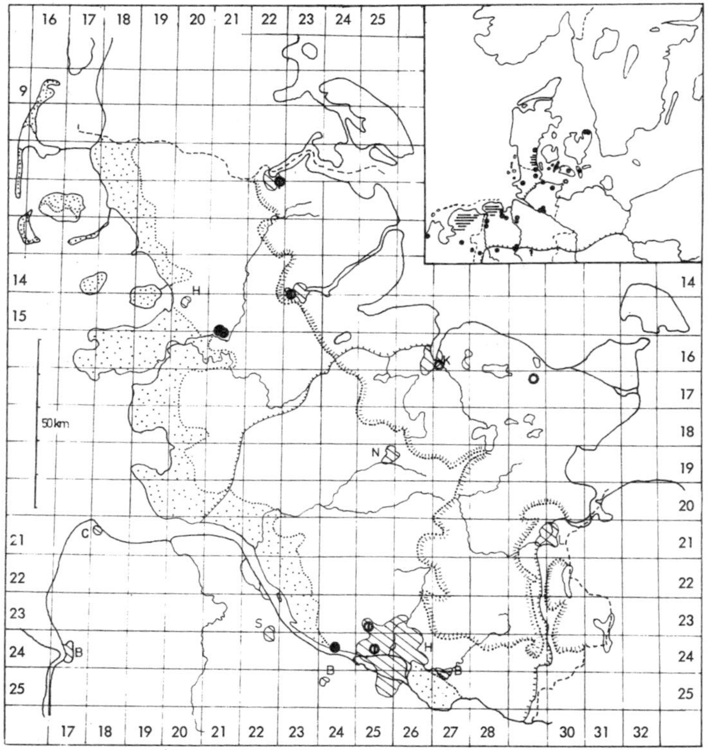

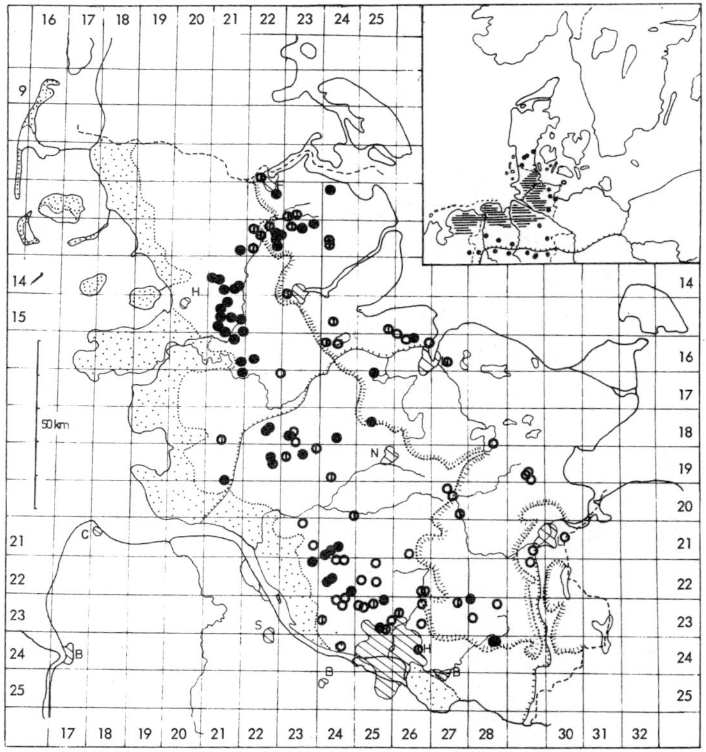

35. Rubus arrhenii Lange

34. Rubus egregius Focke

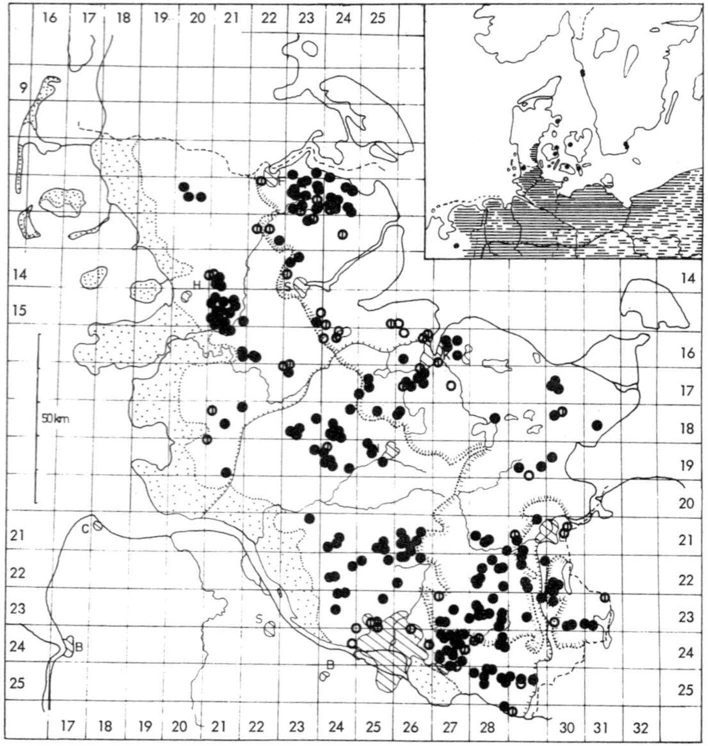

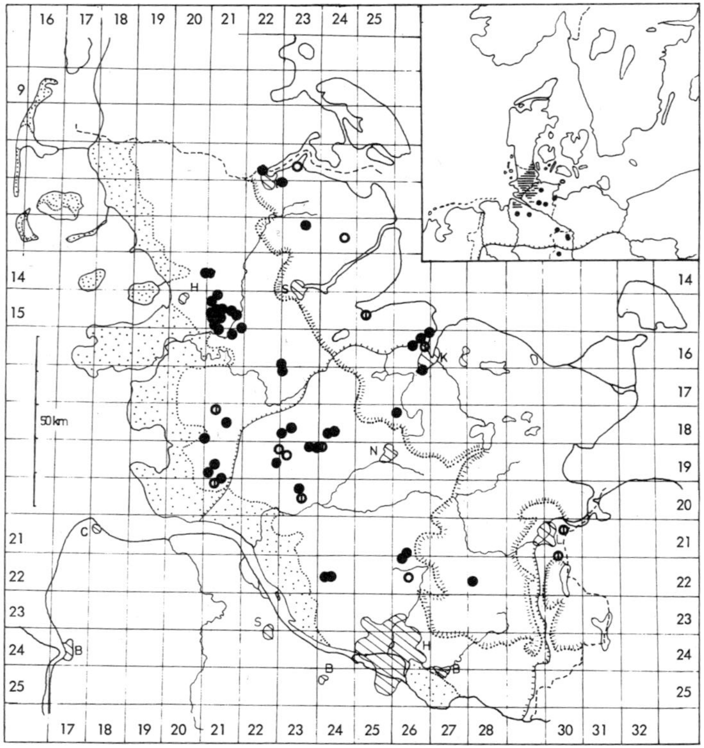

38. Rubus cimbricus Focke

37. Rubus sprengelii Wh.

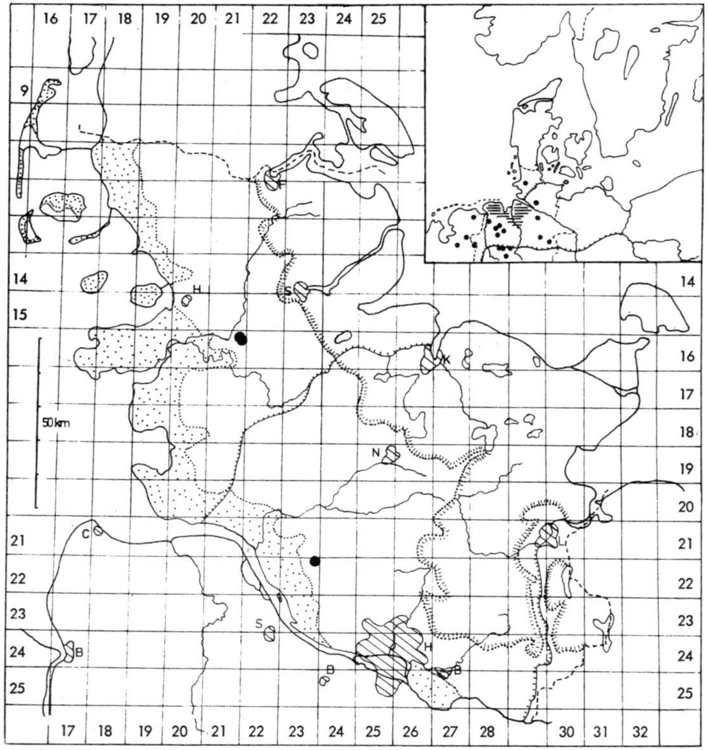

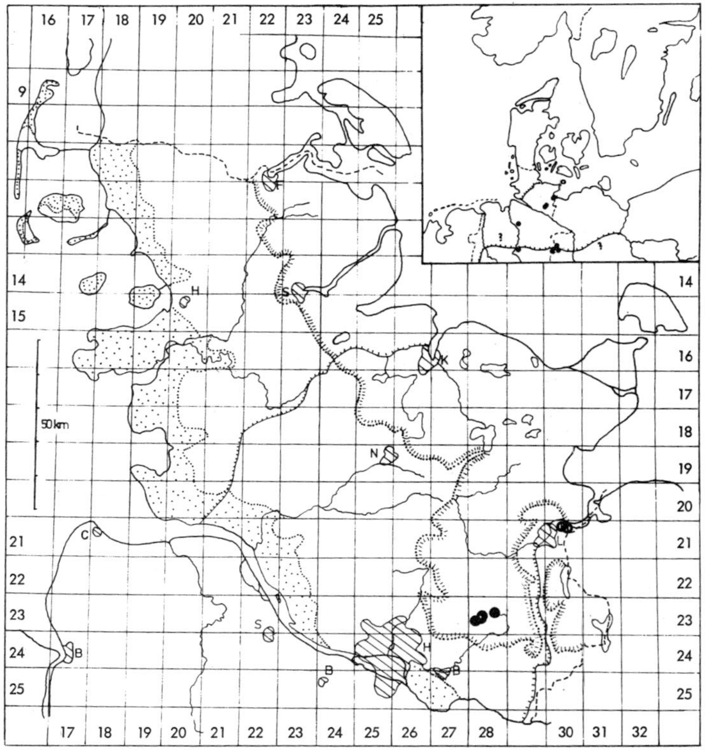

45. Rubus maassii Focke

40. Rubus chlorothyrsus Focke

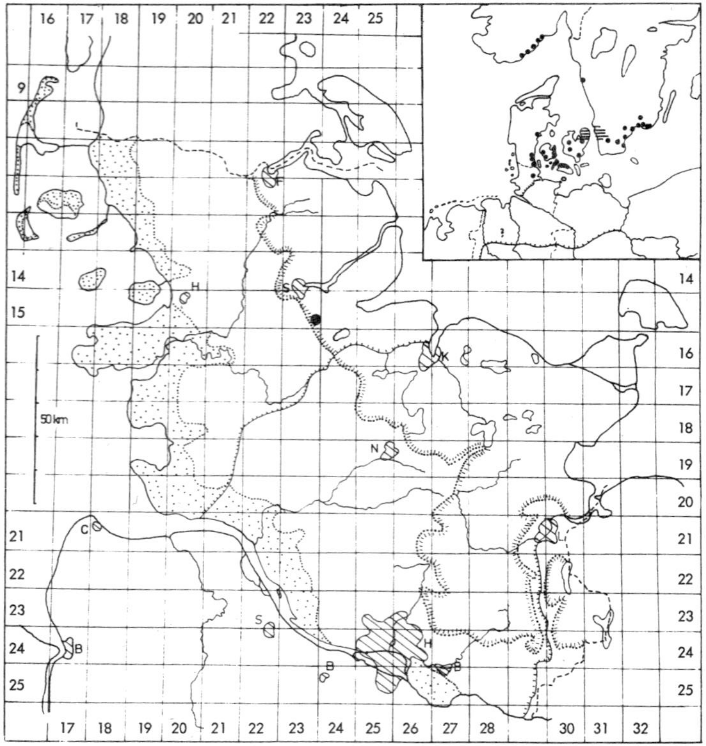

46. Rubus lindebergii P. J. M.

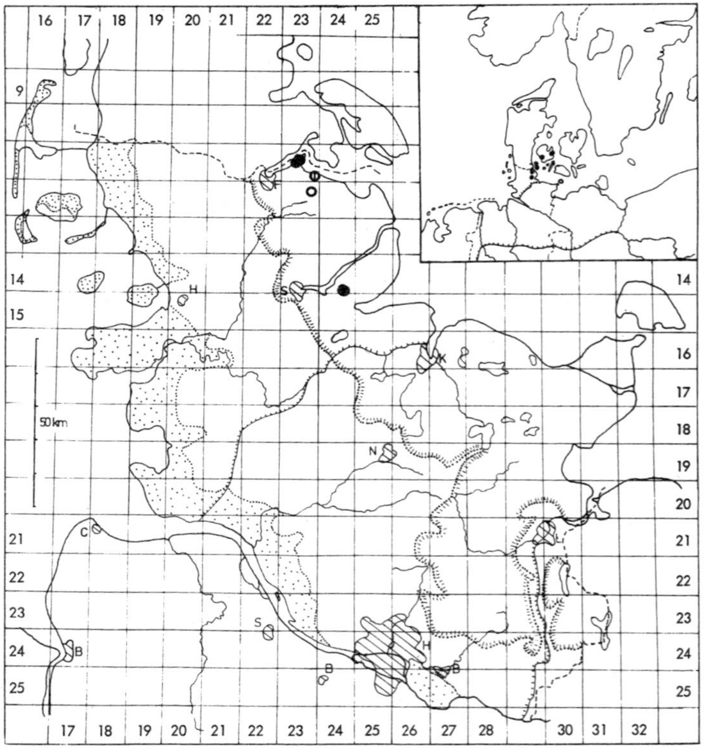

48. Rubus cardiophyllus Lef. & M.

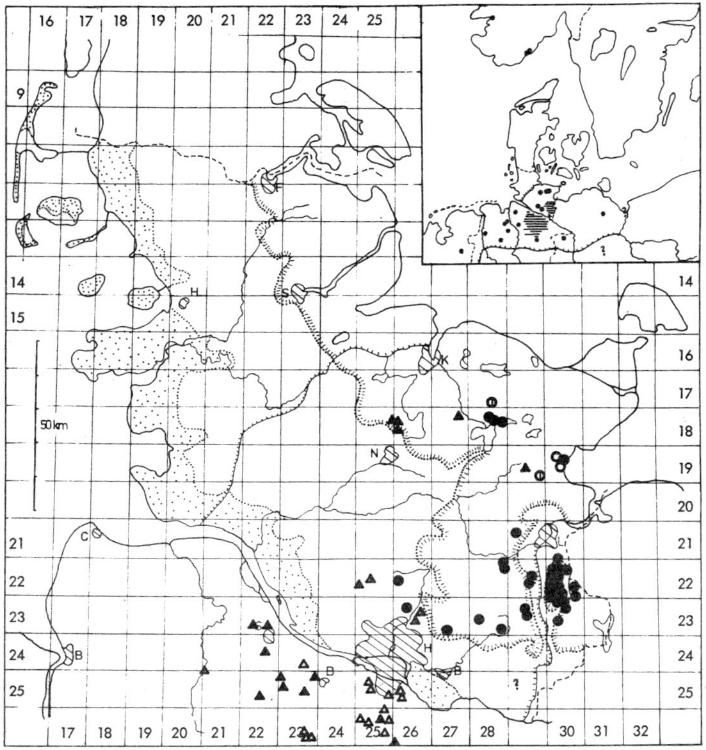

50. Rubus selmeri Ldbg.

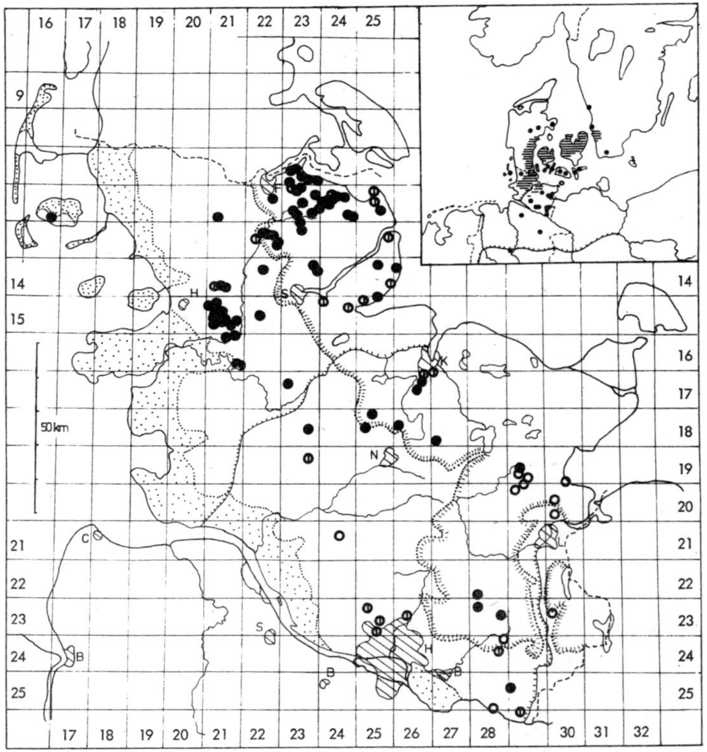

51. Rubus insularis Aresch.

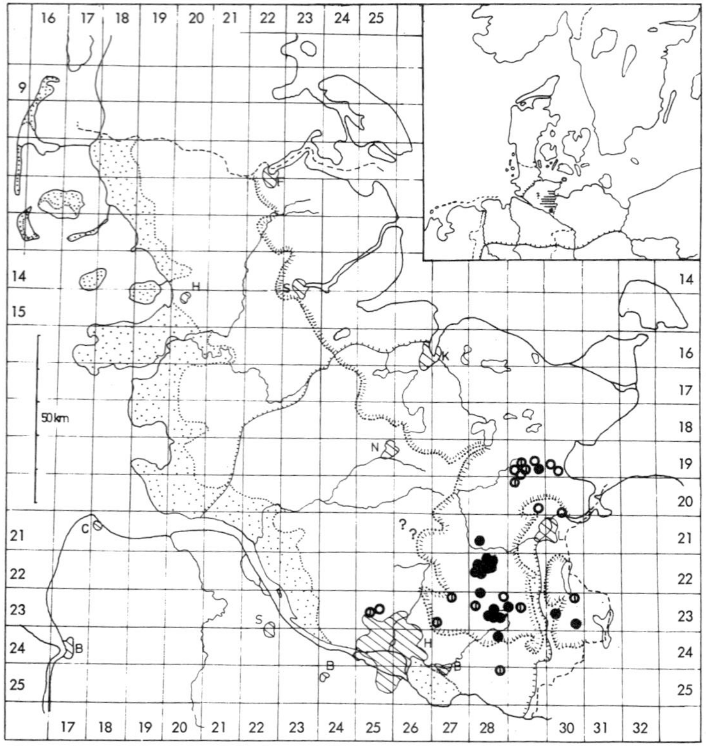

52. Rubus insulariopsis H.E.W.

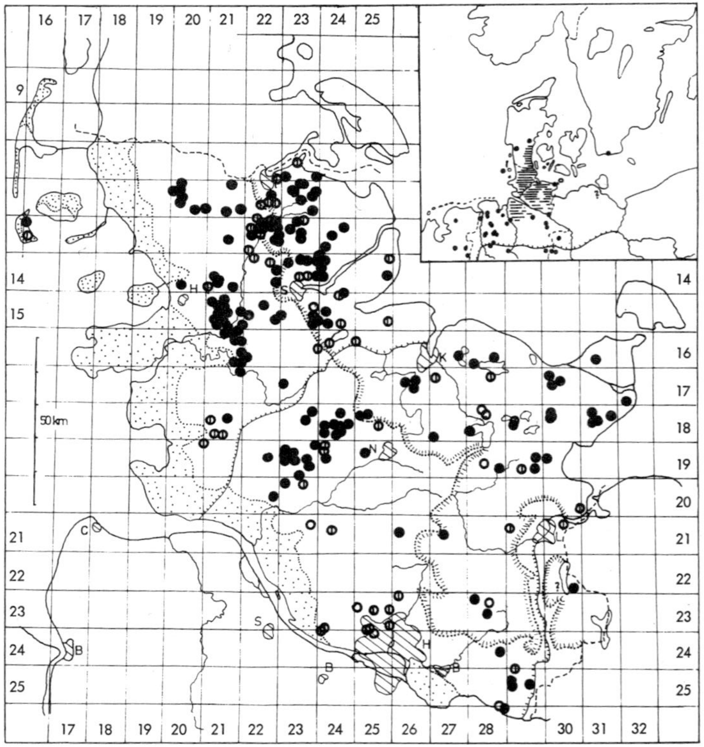

53. Rubus langei G. Jensen em. Frd. & G.

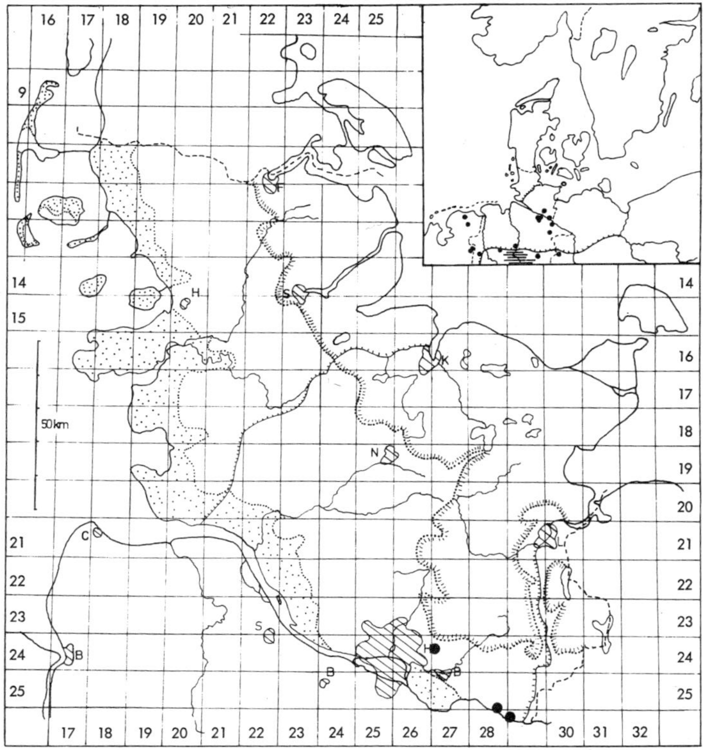

54. Rubus vulgaris Wh. & N.

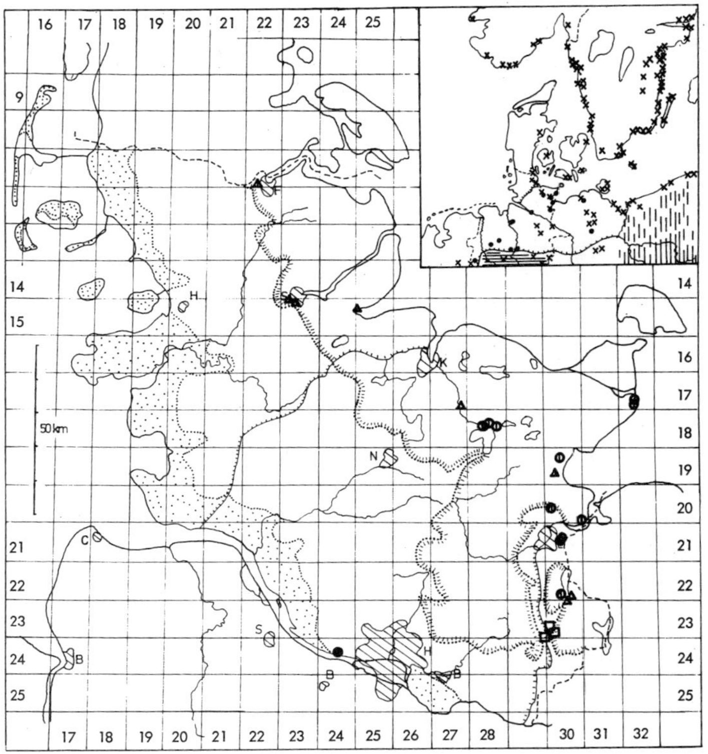

62. Rubus candicans Wh. (o und ▦)
63. Rubus thyrsanthus Focke (△ bzw. x und ▥)
   (□ = R. thyrsoideus (Wimm.)Focke spec.coll., =
   R. candicans vel thyrsanthus; Literaturangaben)

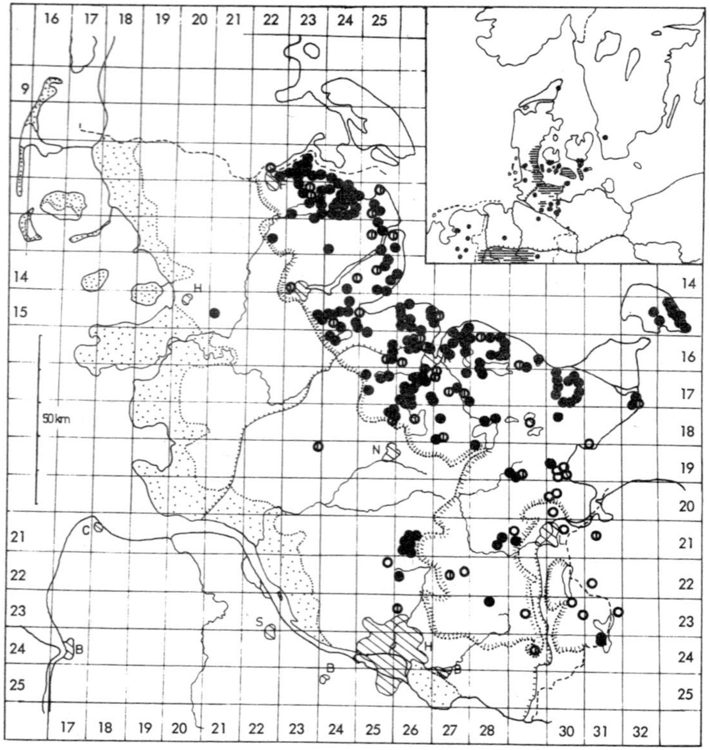

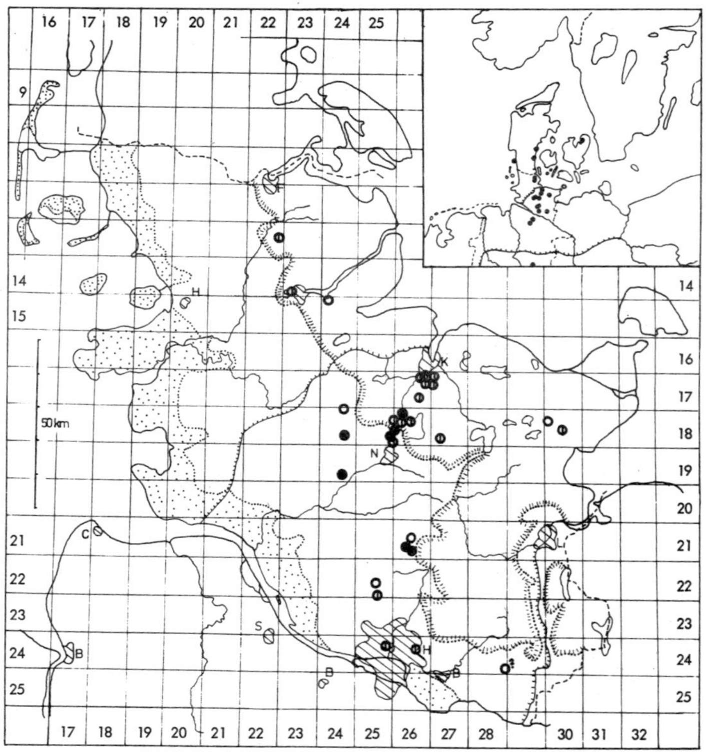

70. Rubus macrothyrsus Lge.

67. Rubus vestitus Wh.

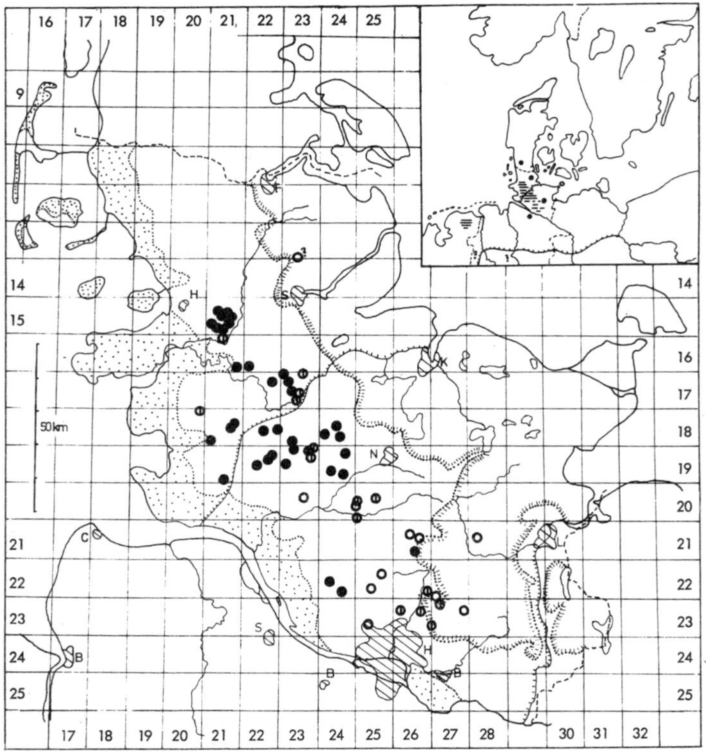

71. Rubus drejeriformis (Frid.) H.E.W.

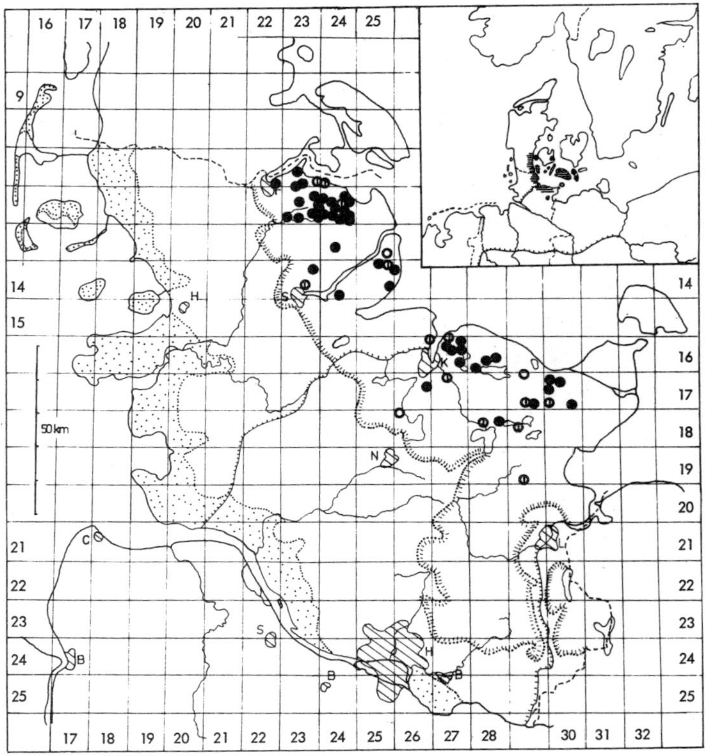

72. Rubus drejeri G. Jensen

74. Rubus nuptialis H.E.W.

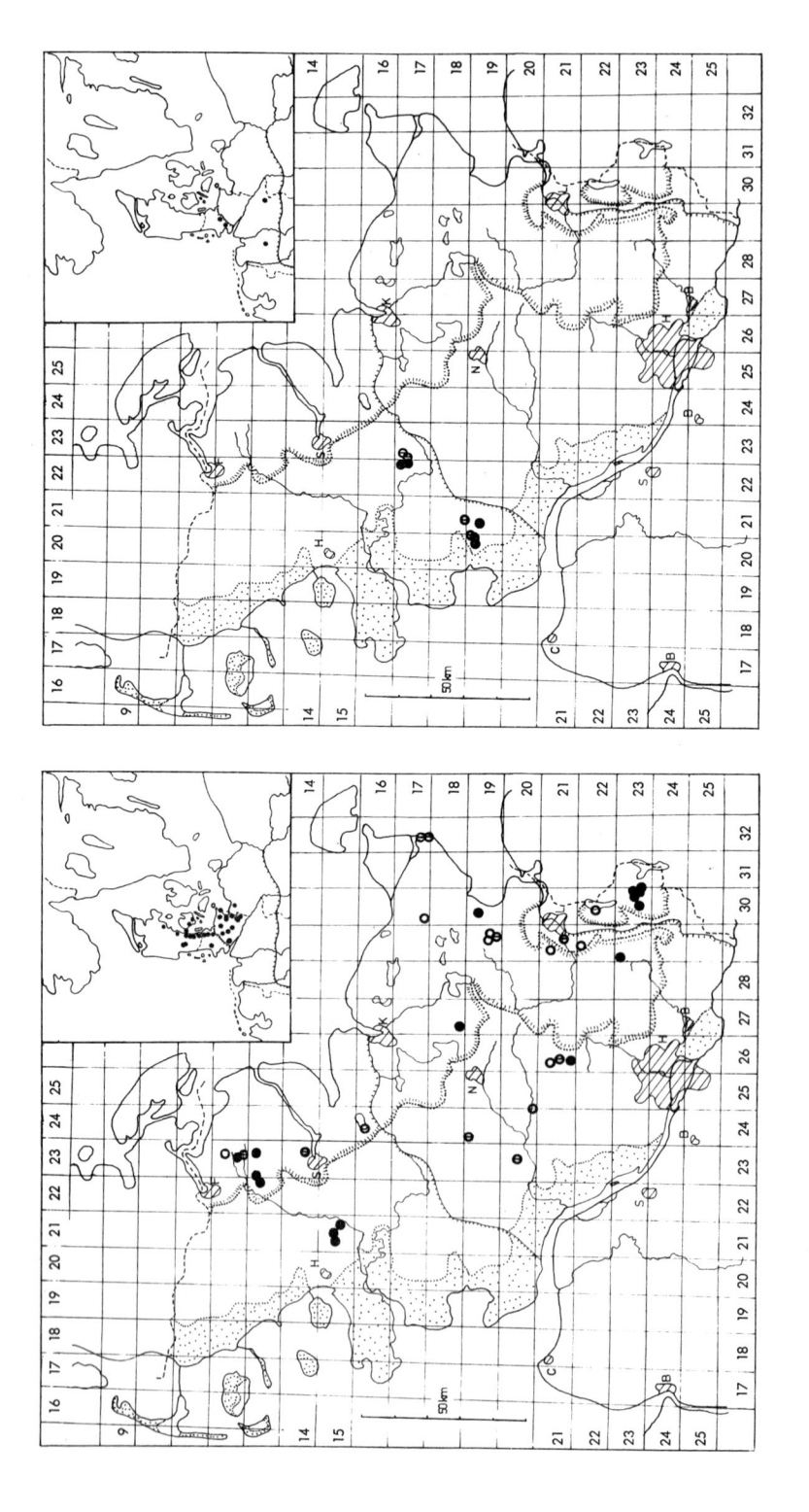

73. Rubus atrichantherus Kr.

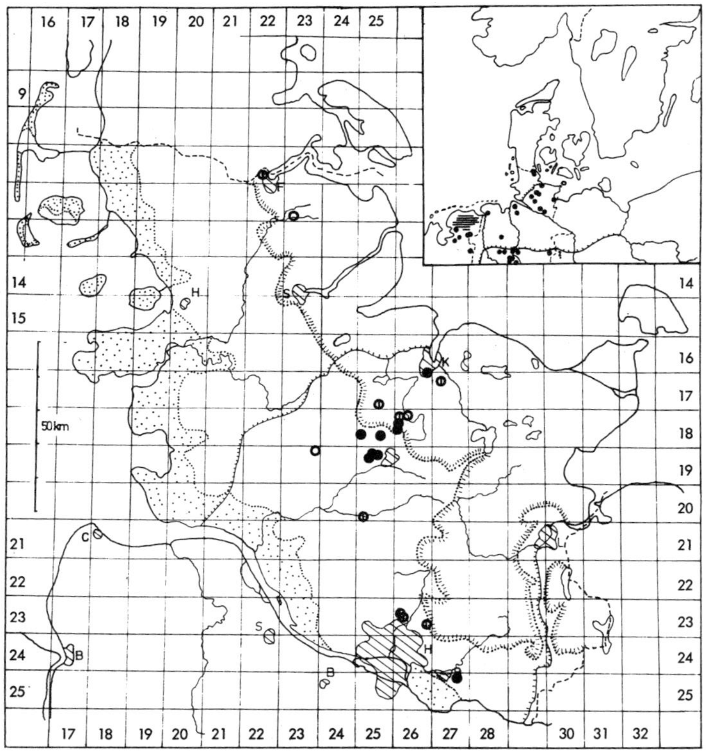

75. Rubus badius Focke

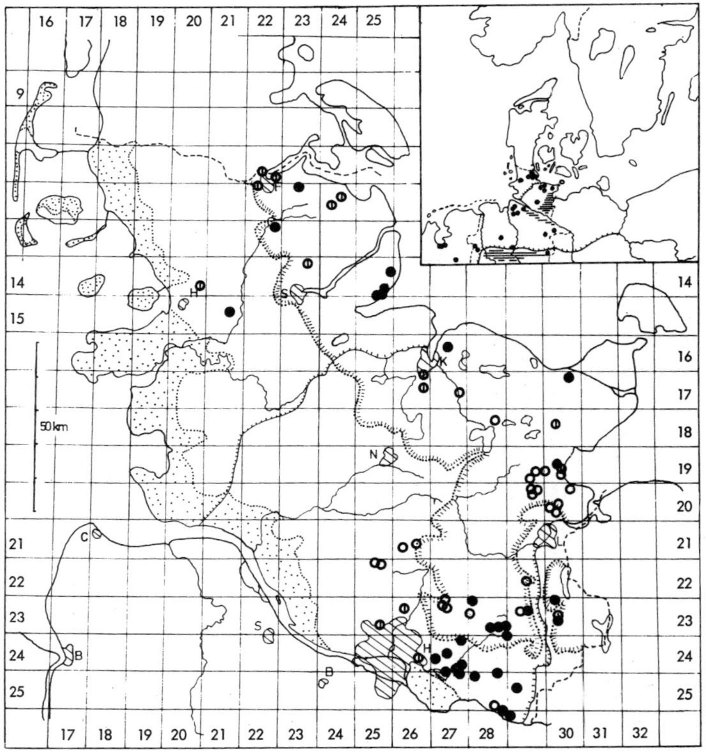

76. Rubus hypomalacus Focke

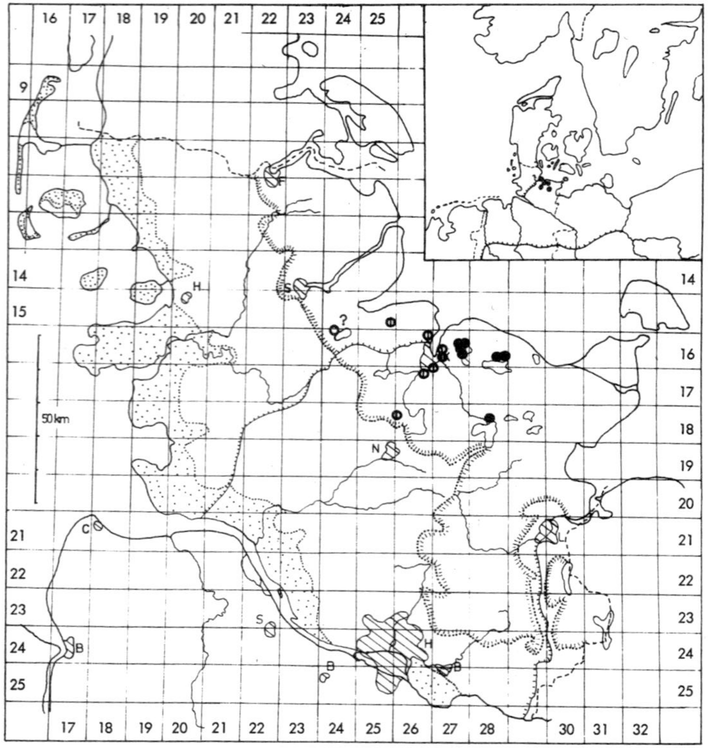

77. Rubus anglosaxonicus Gelert

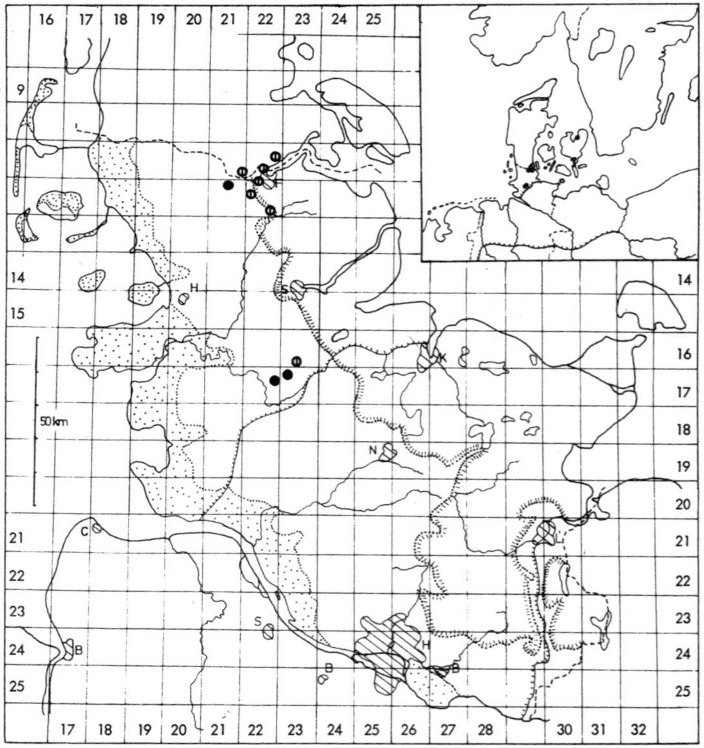

78. Rubus marianus (Kr.) H.E.W.

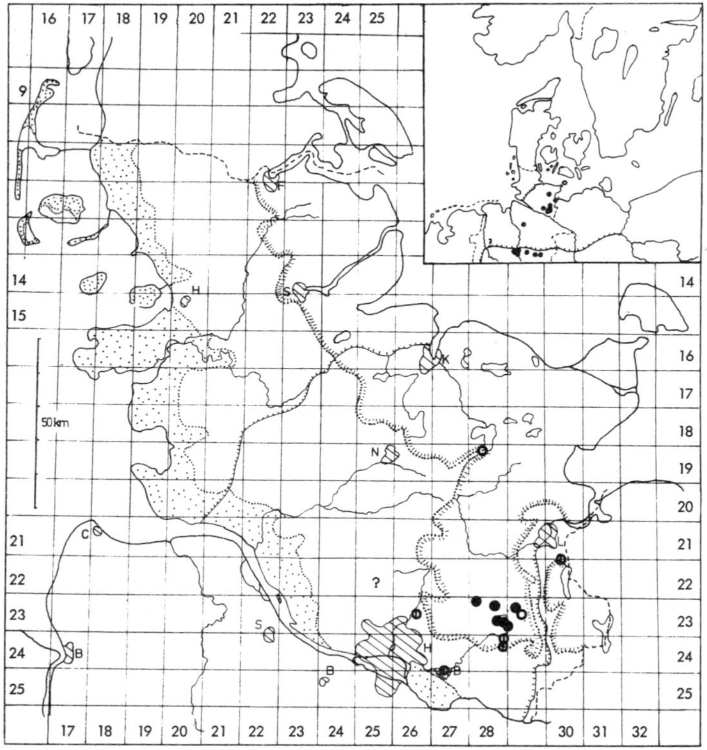

81. Rubus conothyrsus Focke

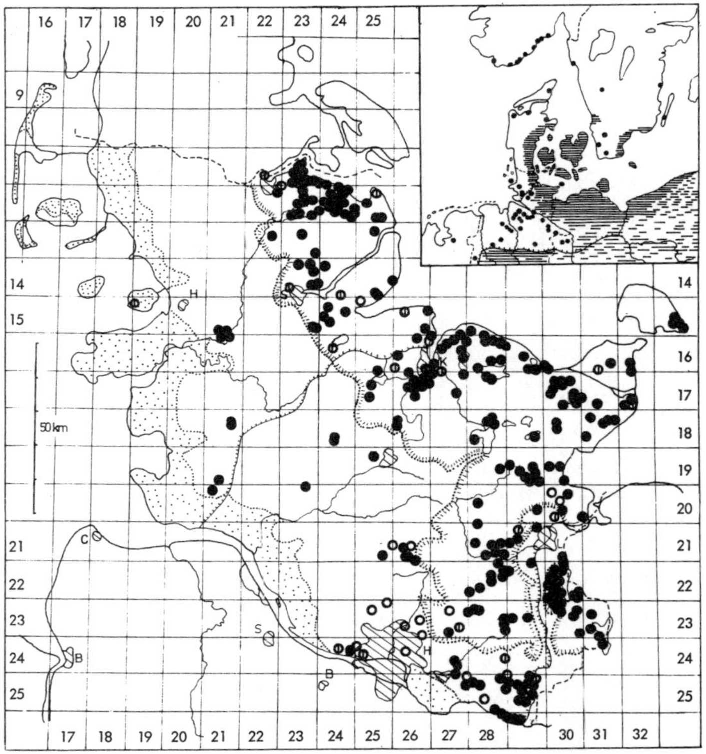

82. Rubus radula Wh.

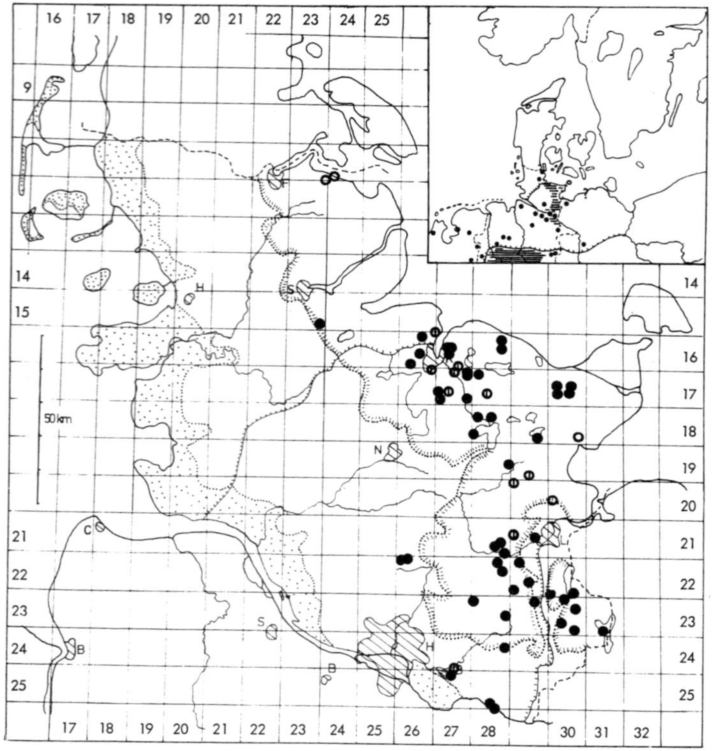

83. Rubus rudis Wh.

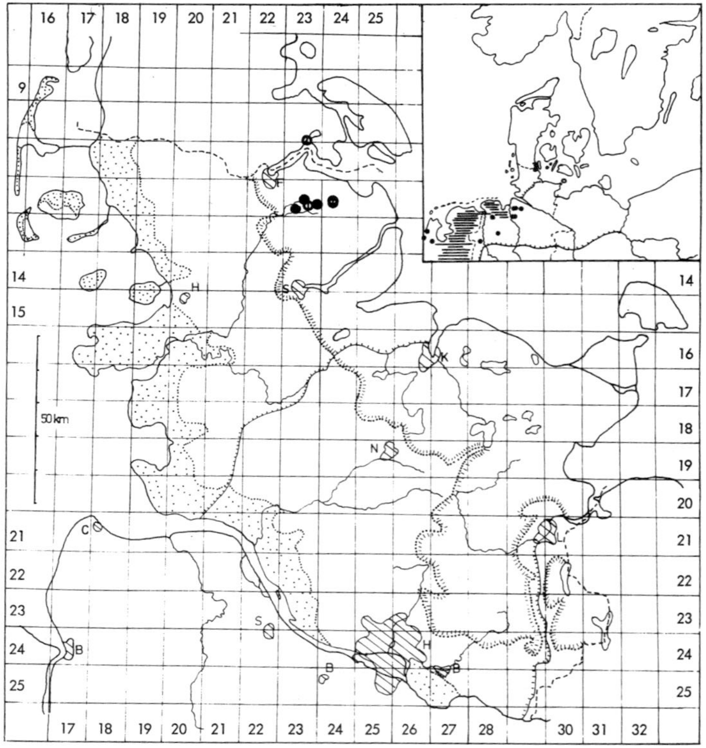

84. Rubus flexuosus P.J.M.

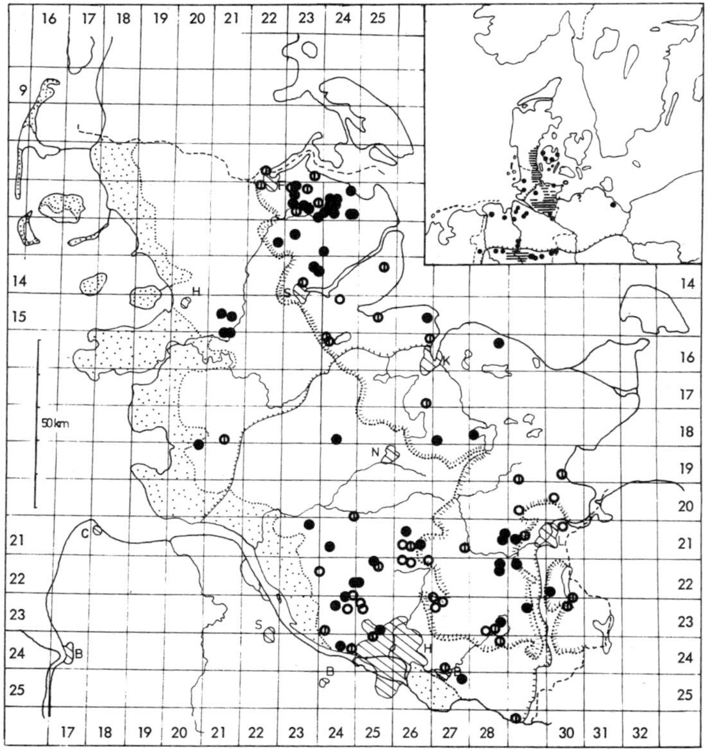

85. Rubus pallidus Wh.

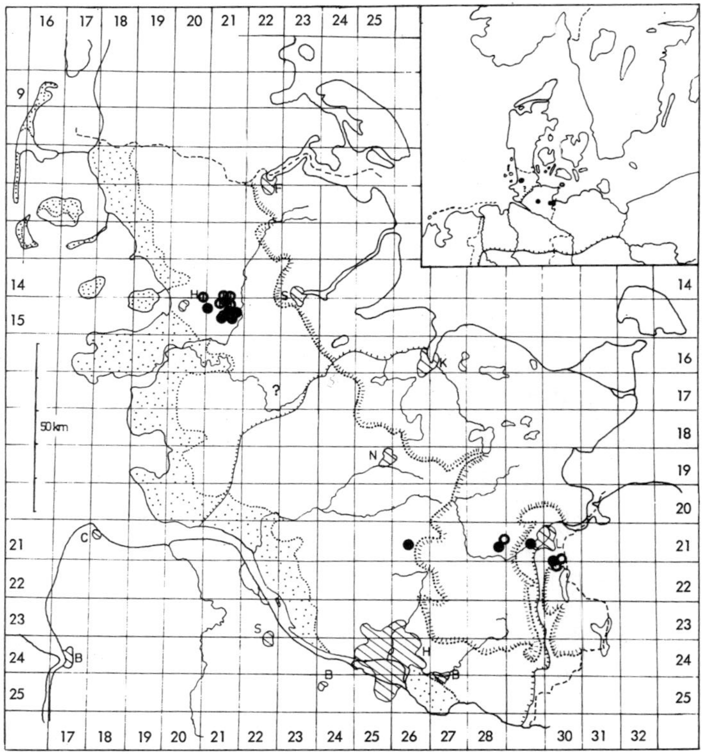

86. Rubus euryanthemus W. Watson

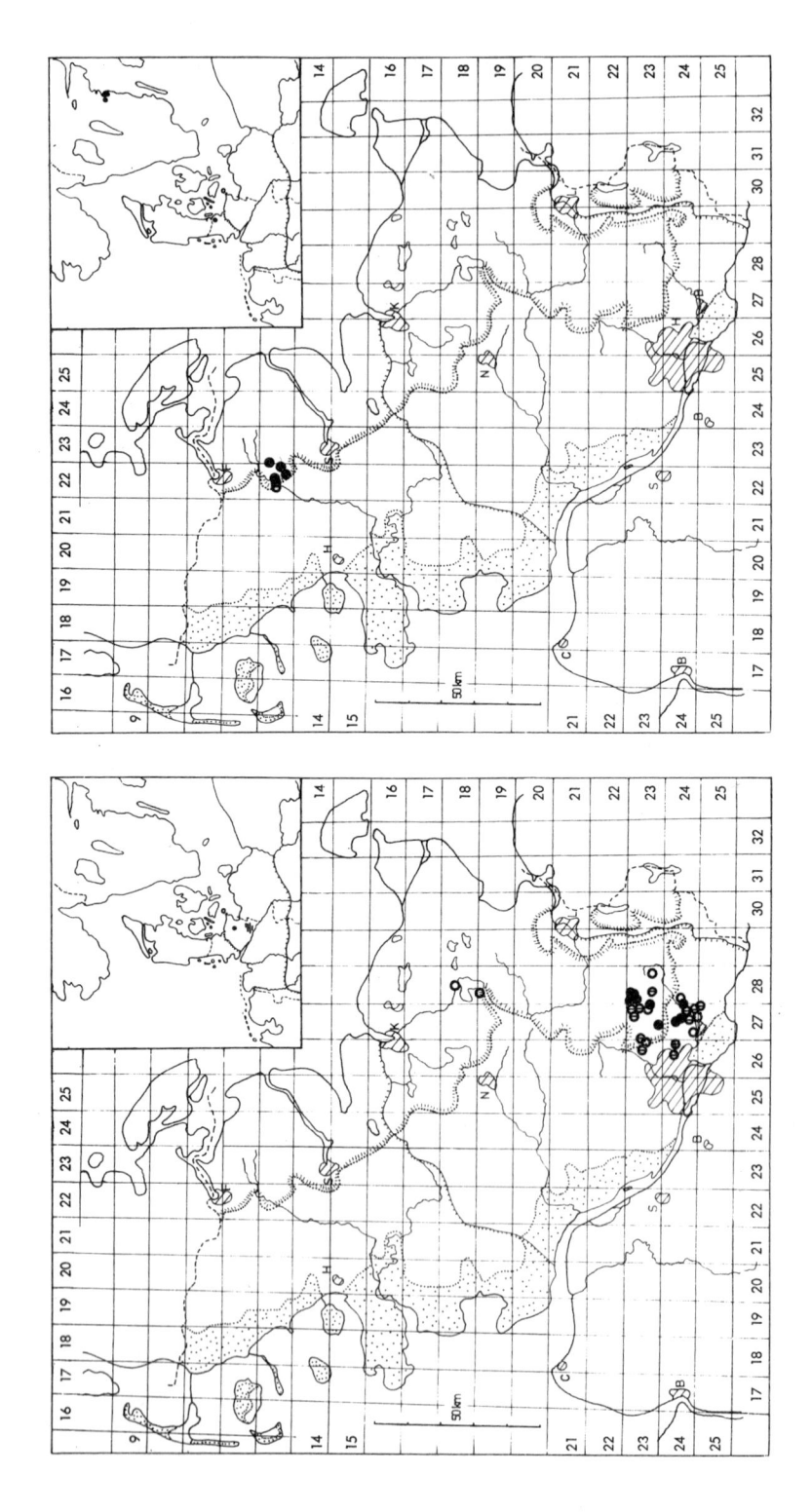

97. Rubus hartmani Gandg.

93. Rubus stormanicus H.E.W.

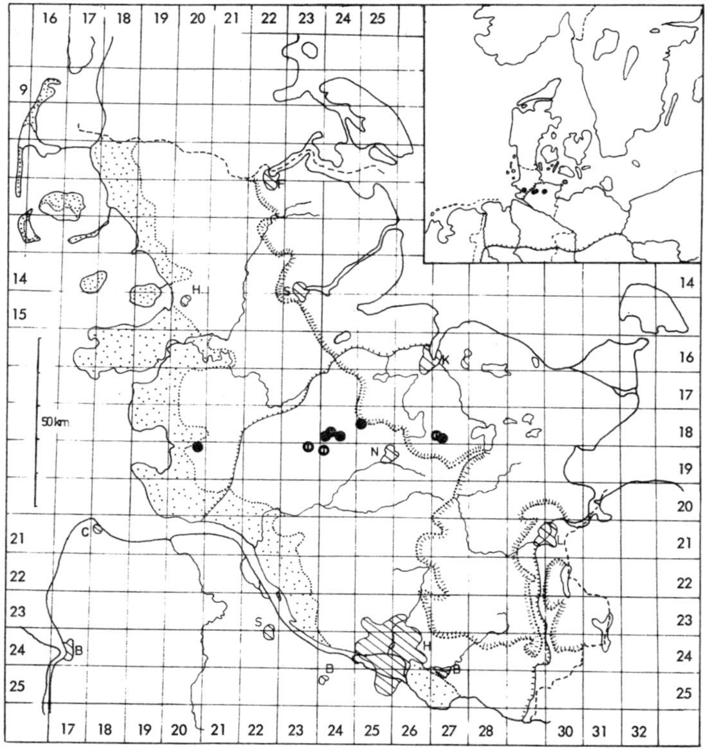

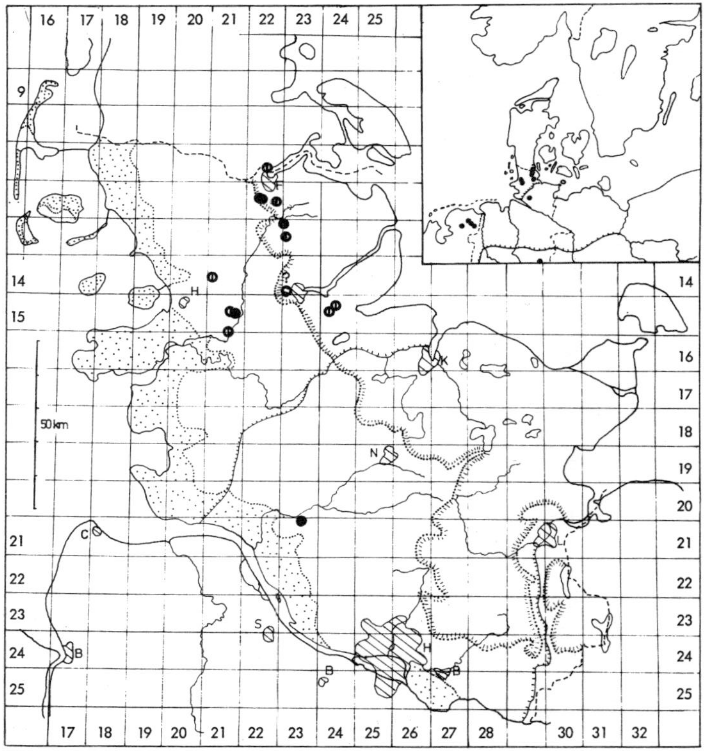

105. Rubus pallidifolius Kr.

98. Rubus christiansenorum H.E.W.

9. Rubus nessensis W. Hall

10. Rubus scissus W.C.R. Watson

11. Rubus sulcatus Vest

12. Rubus pseudothyrsanthus Frid.& Gel.

13. Rubus alleghaniensis Porter

14. Rubus plicatus Wh. & N.

17. Rubus ammobius Focke

18. Rubus opacus Focke

19. Rubus affinis Wh. & N.

20. Rubus divaricatus P.J.M.

21. Rubus holsaticus Er.

22. Rubus senticosus Koehl.

24. Rubus platyacanthus M. & Lef.

25. Rubus correctispinosus H. E. Weber

26. Rubus gratus Focke

27. Rubus leucandrus Focke

28. Rubus sciocharis Sudre

29. Rubus silvaticus Wh. & N.

30. Rubus macrophyllus Wh. & N

31. Rubus schlechtendalii Wh.

32. Rubus leptothyrsus G. Braun

33. Rubus phyllothyrsus K.Frid.

34. Rubus egregius Focke

35. Rubus arrhenii Lge.

36. Rubus arrhenianthus K. Frid.

37. Rubus sprengelii Wh.

Rubus cimbricus Focke

40. Rubus chlorothyrsus Focke

41. Rubus erichsenii H. E. Weber

42. Rubus echinocalyx Er.

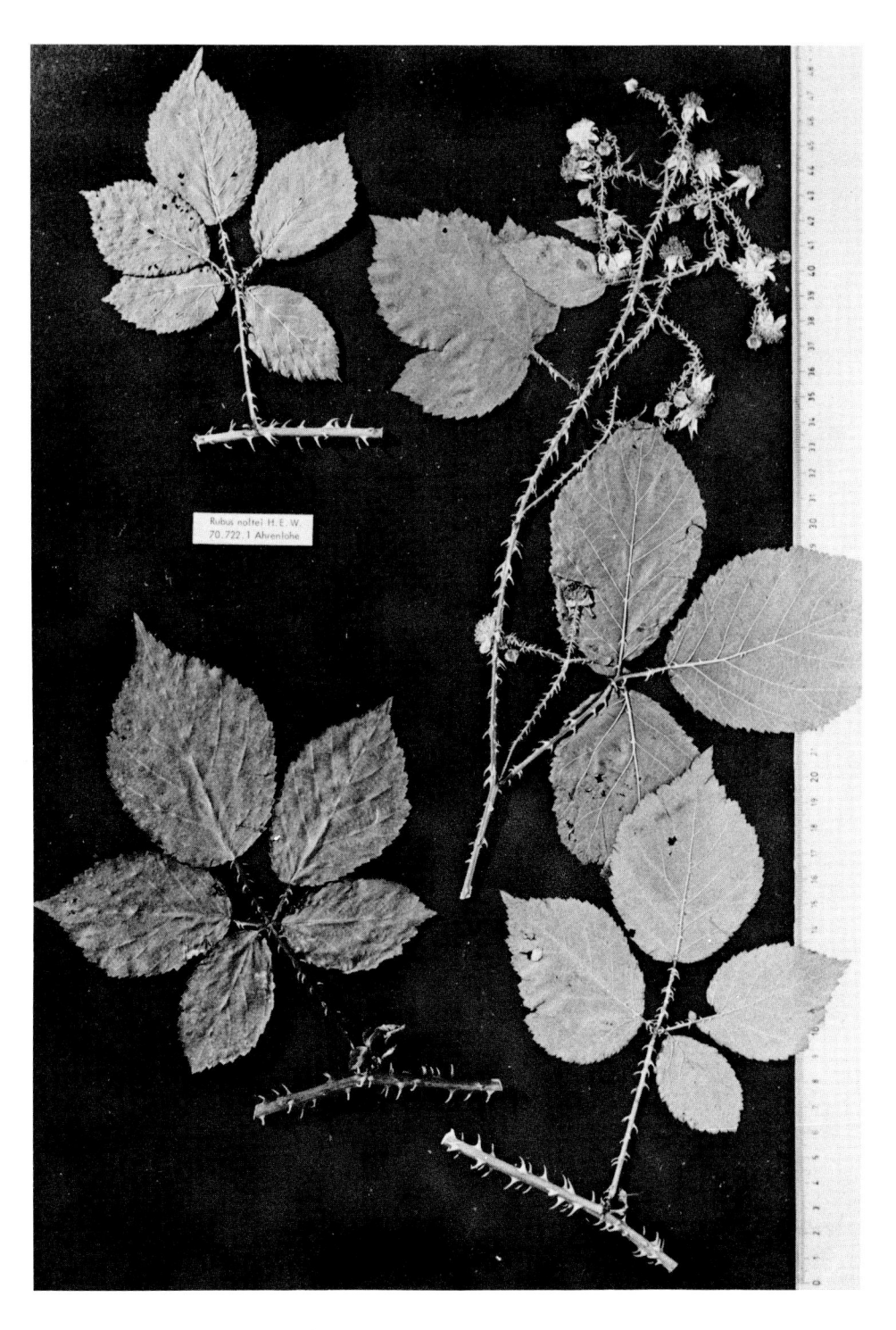

43. Rubus noltei H.E. Weber

45. Rubus maassii Focke

46. Rubus lindebergii P.J.M.

48. Rubus cardiophyllus Lef.& M.

50. Rubus selmeri Lindeberg

51. Rubus insularis Aresch.

52. Rubus insulariopsis H.E. Weber

53. Rubus langei Jens. em Frid.& Gel.

54. Rubus vulgaris Wh.& N.

55. Rubus laciniatus Willd.

57. Rubus gelertii K.Frid.

58. Rubus polyanthemus Lindeberg

59. Rubus armeniacus Focke

62. Rubus candicans Wh.

63. Rubus thyrsanthus Focke

66. Rubus pyramidalis Kalt.

67. Rubus vestitus Wh.

70. Rubus macrothyrsus Lge.

71. Rubus drejeriformis (Frid.)H.E.Weber

72. Rubus drejeri G. Jensen

73. Rubus atrichantherus Kr.

74. Rubus nuptialis H.E. Weber

75. Rubus badius Focke

76. Rubus hypomalacus Focke

77. Rubus anglosaxonicus Gelert

78. Rubus marianus (Kr.) H.E.Weber

79. Rubus albisequens H.E. Weber

80. Rubus infestus Wh.

81. Rubus conothyrsus Focke

82. Rubus radula Wh.

83. Rubus rudis Wh.

84. Rubus flexuosus P.J.M.

85. Rubus pallidus Wh.

86. Rubus euryanthemus W. Watson

91. Rubus eideranus (Frid.) H.E. Weber

93. Rubus stormanicus H.E. Weber

95. Rubus lamprotrichus Sudre

97. Rubus hartmani Gandg.

98. Rubus christiansenorum H.E. Weber

99. Rubus pygmaeus Wh.

100. Rubus rankei H.E.Weber

102. Rubus subcalvatus (Frid.)H.E.Weber

103. Rubus schleicheri Wh.

104. Rubus bellardii Wh.

105. Rubus pallidifolius Kr.

108. Rubus warmingii Jens. var. glaber Frid.& Gel.

121. Rubus nemorosus Hayne

125. Rubus aequiserrulatus H. E. Weber

126. Rubus gothicus Frid. & Gel.

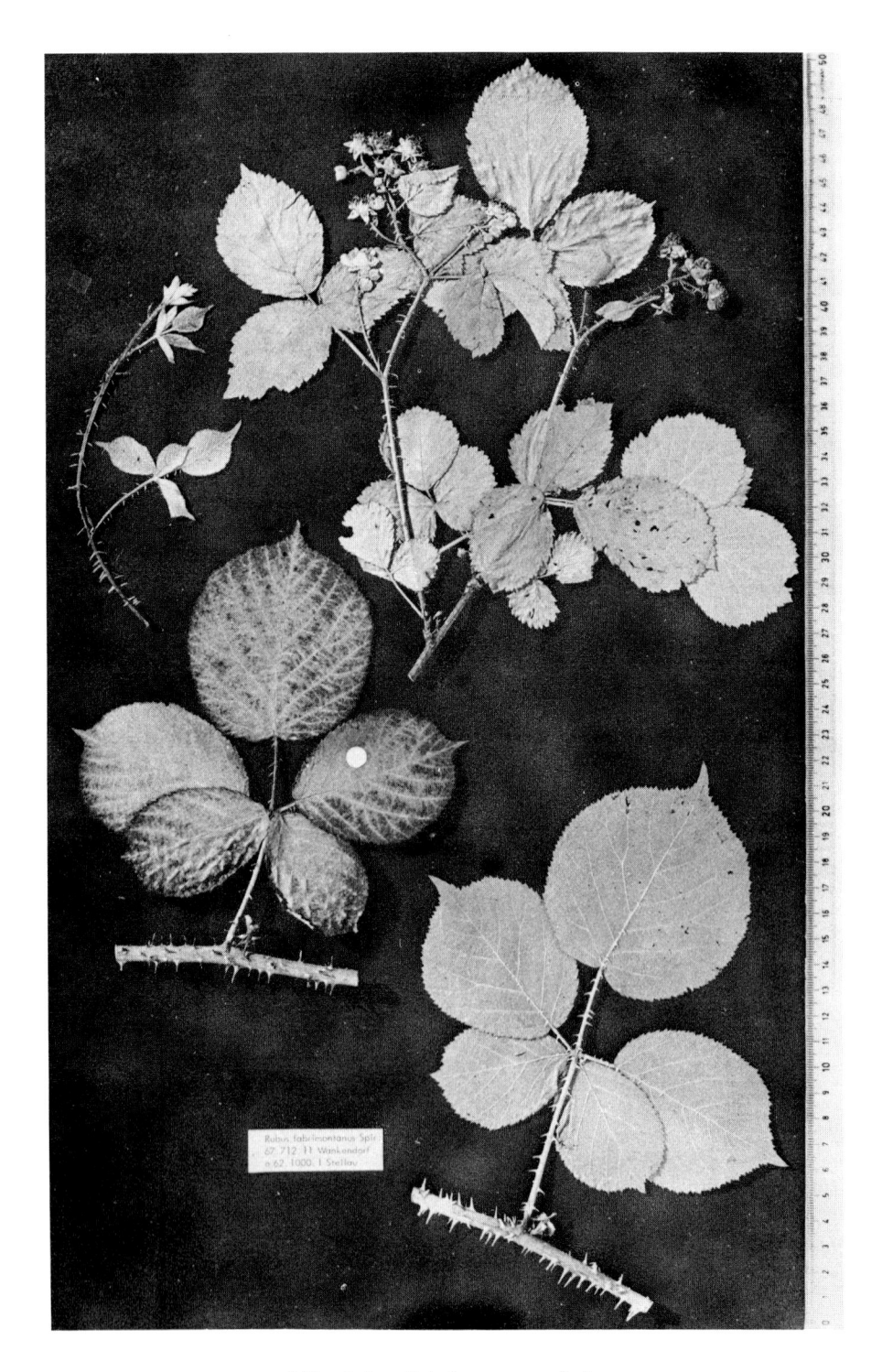

143. Rubus fabrimontanus Spir.

145. Rubus hystricopsis K. Frid.

146. Rubus caesius L.

LITERATUR

Für das Gebiet und die Nachbargebiete wichtigste oder allgemein grundlegende Werke sind mit * bezeichnet.

ADE, A. 1912 - Bemerkungen über die Polymorphie der Rubusbastarde nebst Beschreibung einiger bayrischer Rubusneufunde. Ber. Bayer. Bot. Ges. 13: 53-67.

ADE, A. 1914 - Rubus, pp. 358-440. In F. VOLLMANN, Flora von Bayern. Stuttgart.

ADE, A. 1957 - Die Gattung Rubus in Südwestdeutschland. Schriftenreihe Naturschutzstelle Darmstadt. Beih. 7: 1-217.

ADLERZ, E. & C.E. GUSTAFSSON 1926 - Rubus, pp. 333-346. In C.A.M. LINDMAN, Svensk Fanerogamenflora. Stockholm.

ALLANDER, H. 1941 - Om den Svenska S.K. Rubus nemorosus. Svensk Bot. Tidskrift 35: 287-295.

ARESCHOUG, F.W.C. 1871 - Om de skandinaviska Rubusformera af gruppen Corylifolii. Bot. Notiser 1871: (1)-(16).

ARESCHOUG, F.W.C. 1876 - Rubus. In A. BLYTT, Norges Flora. Kristiania.

*ARESCHOUG, F.W.C. 1886-87 - Some Observations on the Genus Rubus. Lunds Univ. Årsskr. 21: 1-126 (1886); 22: 127-182 (1887).

ARESCHOUG, F.W.C. 1888 - Über Rubus affinis Wh. und R. relatus F. Aresch. Bot. Centralb. 34: 348-350.

ARRHENIUS, J. 1839 - Ruborum Suecicae dispositio monographico-critica. Diss. acad. Upsaliae.

BAILEY, L.H. 1941 - Species Batorum. Gentes Herbarum 5: 1-932.

BANNING, F. 1874 - Die Brombeeren der Gegend von Minden. Jahresbericht Evang. Gymnasium u. Realschule Minden 1874: 3-15.

BEIJERINCK, W. 1953 - On the habit, ecology and taxonomy of the brambles in the Netherlands. Acta Bot. Neerlandica 1: 523-545.

*BEIJERINCK, W. 1956 - Rubi Neerlandici. Verhandel. koninklijke nederl. akad. wetensch. Afd. Natuurk. 51 (1): 1-156.

BEIJERINCK W. & A.J. TER PELKWIJK 1950 - Bijdragen tot de kennis der Nederlandse Bramen I. De voornaamste Bramen in het Drentse District. De Levende Natuur 1950: 1-16.

BEIJERINCK, W. & A.J. TER PELKWIJK 1952a - Bijdragen tot de kennis der Nederlandse Bramen III. Nieuwe Bramen uit het Drentse District. De Levende Natuur 1952: 1-8.

BEIJERINCK, W. & A.J.TER PELKWIJK 1952b - Rubi in the northeastern part of the Netherlands. Acta Bot. Neerlandica 1 (3): 325-360.

BETCKE, E.F. 1850 - Monographische Beschreibung der Brombeersträucher Mecklenburgs. Arch. Ver. Freunde Naturgesch. Meckl. 4: 73-144.

BLOHM, W. 1909 - Abnorme Blütenbildung an Himbeersträuchern. Die Heimat 19: 253.

BLYTT, A. 1906 - Rubus, pp. 423-432. In A.BLYTT, Haandbog i Norges Flora. Ed. 4. Kristiania.

BODEWIG, C. 1937 - Rubus L., pp. 1-98. In C. BODEWIG, Die Brombeeren und Habichtskräuter der rheinischen Flora. Decheniana, Biol.Abt. 96.

BOULY, N. 1873-1884 - Annotations des espèces de Rubus distribuées par l' Association rubologique 1873-1884. Lille. (Jährlich ca. 25-30 pp.,autogr. lithogr.).

BRAEUCKER, TH. 1882 - 292 deutsche, vorzugsweise rheinische Rubus-Arten und Formen zum sichern Erkennen analytisch angeordnet und beschrieben. Berlin. 112 pp.

BRANDES, W. 1897 - Rubus L., pp. 114-130. In W.BRANDES, Flora der Provinz Hannover. Hannover u. Leipzig.

CHRISTIANSEN, A. 1913 - Verzeichnis der Pflanzenstandorte in Schleswig-Holstein und den eingeschlossenen Gebieten Oldenburgs, Hamburgs und Lübecks. Leipzig. 62 pp.

CHRISTIANSEN, D.N. 1928 - Die Adventiv- und Ruderalflora der Altonaer Kiesgruben und Schuttplätze. Schr. Naturwiss. Ver. Schleswig-Holstein 18: 350-462.

CRANE, M.B. & C.D. DARLINGTON 1927 - The origin of new forms in Rubus I. Genetica 9: 241-278.

CRANE, M.B. & P.T. THOMAS 1939 - Segregation in Asexual (Apomictic) Offspring in Rubus. Nature 143: 684.

DAHMS, - 1928 - Die Brombeeren von Oelde i.W. und Umgebung. Bericht Naturwiss. Ver. Bielefeld und Umgegend 5: 134-154.

DEMANDT, PH. 1892 - Drei neue Rubus-Arten. Deutsche Bot. Monatsschr. 10: 1-5.

VAN DIEKEN, J. 1970 - Rubus L., pp. 164-166. In J.V.DIEKEN, Beiträge zur Flora Nordwestdeutschlands unter besonderer Berücksichtigung Ostfrieslands. Jever.

DOING, H. 1962 - Systematische Ordnung und floristische Zusammensetzung niederländischer Wald- und Gebüschgesellschaften. Wentia 8: 1-85.

EDEES, E.S. 1968 - Rubus fruticosus L. s.lt., pp. 22-27. In F.H.PERRING & P. D.SELL (Ed.), Critical Supplement to the Atlas of the British Flora. London, etc.

ERICHSEN, C.F.E. 1896 - Über unsere Brombeeren. Die Heimat 6:xxi-xxiii.

*ERICHSEN, C.F.E. 1900 - Brombeeren der Umgegend von Hamburg. Verh. Naturwiss. Ver. Hamburg. Ser. 3,8: 5-65.

ERICHSEN, C.F.E. 1904 - Rubusangaben, pp. 87-89. In P.JUNGE, Beiträge zur Kenntnis der Gefäßpflanzen Schleswig-Holsteins. Jb. Hamburg. Wiss. Anstalten 22: 49-108.

ERICHSEN, C.F.E. 1908a - Rubus L., pp. 148-164. In O. SCHMEIL & J.FITSCHEN, Flora von Deutschland. Ed. 2. Leipzig.

ERICHSEN, C.F.E. 1908b - Rubusangaben, pp. ciii-cx. In Verh. Naturwiss. Ver. Hamburg. Ser. 3;15.

ERICHSEN, C.F.E. 1909 - Rubusangaben, p. cvi. In Verh. Naturwiss. Ver. Hamburg. Ser. 3; 16.

ERICHSEN, C.F.E. 1922 - Rubus L., pp. 147-153. In A., WE. & WI. CHRISTIANSEN, Flora von Kiel. Kiel.

ERICHSEN, C.F.E. 1924 - Rubusangaben. In Verh. Naturwiss. Ver. Hamburg. Ser. 4; 1: 57-58.

ERICHSEN, C.F. E. 1925 - Rubusangaben. Ibid. 2: 166.

ERICHSEN, C. F. E. 1930 - Rubusangaben. Ibid. 4: 68.

ERICHSEN, C.F.E. 1931 - Rubus L., pp. 53-64. In K.PETERSEN, Flora von Lübeck und Umgebung II. Mitt. Geogr. Ges. Naturhist. Mus. Lübeck. Ser. 2; 35: 53-64.

ERICHSEN, C.F.E. o.J. - Beitrag zur Brombeerflora des Lüneburger Bezirks. Separatabdruck Inst. Allg. Bot. Hamburg. Sign. 14646. 5 pp.

ESCHENBURG, - 1927 - Flora von Holm. Schriften Naturwiss. Ver. Schleswig-Holstein 18: 62-110.

FISCH, C. & E.H.L.KRAUSE 1879 - Flora von Rostock und Umgegend. Rostock.

FISCHER, F. 1898 - Eine unbekannte Flora von Hamburg (HÜBENER). Deutsche Bot. Monatsschrift 16: 81-85.

FISCHER-BENZON, R. v. - 1890 - Bemerkungen über die Brombeeren. Monatsblatt Gartenbau Schleswig-Holstein 1: 5-8.

*FITSCHEN, J. 1914 - Die Brombeeren des Regierungsbezirks Stade. Abh. Naturwiss. Ver. Bremen 23: 70-89.

FITSCHEN, J. 1925 - Beitrag zur Brombeerflora von Oberhessen. Allg. Bot. Zeitschrift 28/29: 26-28.

FOCKE, W.O. 1868 - Beiträge zur Kenntnis der deutschen Brombeeren, insbesondere der bei Bremen beobachteten Formen. Abh. Naturwiss. Ver. Bremen 1: (separ. 1-68).

FOCKE, W.O. 1871 - Nachträge zur Brombeerflora der Umgegend von Bremen. Abh. Naturwiss. Ver. Bremen 2: 457-468.

FOCKE, W.O. 1874 - Batographische Abhandlungen. Abh. Naturwiss. Ver. Bremen 4: 139-204.

FOCKE, W.O. 1875 - Rubus L., pp. 25-32. In F. ALPERS, Verzeichnis der Gefäßpflanzen der Landdrostei Stade. Stade.

*FOCKE, W.O. 1877 - Synopsis Ruborum Germaniae. Die deutschen Brombeerarten ausführlich beschrieben und erläutert. Bremen. 434 pp.

FOCKE, W.O. 1878 - Rubus foliosus x Sprengelii. Abh. Naturwiss. Ver. Bremen 5: 510.

FOCKE, W.O. 1880 - Die natürliche Gliederung und die geographische Verbreitung der Gattung Rubus. Bot. Jb. 1: 87-103.

FOCKE, W.O. 1881 - Die Pflanzenmischlinge. Berlin.

FOCKE, W.O. 1882 - Künstliche Pflanzen-Mischlinge. Abh. Naturwiss. Ver. Bremen 7: 72.

FOCKE, W.O. 1886 - Die nordwestdeutschen Rubus-Formen und ihre Verbreitung. Abh. Naturwiss. Ver. Bremen 9: 92-102.

FOCKE, W.O. 1886a - Zur Flora von Bremen. Abh. Naturwiss. Ver. Bremen 9: 321-323.

FOCKE, W.O. 1886b - Rubus Cimbricus n.sp. Abh. Naturwiss. Ver. Bremen 9: 334.

FOCKE, W.O. 1887a - Rubus L., pp. 300-315. In H. POTONIE, Illustrierte Flora von Nord- und Mitteldeutschland. Berlin.

FOCKE, W.O. 1887b - Privat-Mitteilung an die Rubus-Forscher. Deutsche Bot. Monatsschrift 5: 30.

FOCKE, W.O. 1892a - Rubus L., pp. 735-800. In W.O. KOCH, Synopsis der deutschen und schweizer Flora I. Ed. 3. Leipzig.

FOCKE, W.O. 1892b - Vorläufige Mitteilungen über die Verbreitung einiger Brombeeren im westlichen Europa. Abh. Naturwiss. Ver. Bremen 12: 349-360.

*FOCKE, W.O. 1894 - Rubus L., pp. 288-307. In F. BUCHENAU, Flora der nordwestdeutschen Tiefebene. Leipzig.

FOCKE, W.O. 1894a - Über Rubus Menkei Wh. u. N. und verwandte Formen. Abh. Naturwiss. Ver. Bremen 13: 141-160.

*FOCKE, W.O. 1902-1903 - Rubus L., pp. 440-560 (1902); pp. 561-648 (1903). In P. ASCHERSON & P. GRAEBNER, Synopsis der mitteleuropäischen Flora 6; 1. Leipzig.

FOCKE, W.O. 1904 - Rubus L., pp. 37-39. In F. BUCHENAU, Kritische Nachträge zur Flora der nordwestdeutschen Tiefebene. Leipzig.

FOCKE, W.O. 1905 - Zur Nomenklatur der pflanzlichen Kleinarten, erläutert an der Gattung Rubus. Abh. Naturwiss. Ver. Bremen 18: 254-263.

*FOCKE, W.O. 1908 - Rubus L., pp. 120-135. In W.BERTRAM, Flora von Braunschweig. Ed. 5. Braunschweig.

FOCKE, W.O. 1910a - Gelegentliche Hybriditätszeichen bei Brombeeren. Abh. Naturwiss. Ver. Bremen 20: 120.

FOCKE, W.O. 1910b - Die Sternhärchen auf den Blattoberflächen der europäischen Brombeeren. Abh. Naturwiss. Ver. Bremen 20: 186-191.

FOCKE, W.O. 1911 - Species Ruborum. Monographiae generis Rubi Prodomus I-II. Bilbliotheca Bot. Stuttgart. 72: 1-223.

*FOCKE, W.O. 1914 - Species Ruborum. Monographiae generis Rubi Prodomus III. Bibliotheca Botanica. Stuttgart. 83; 2: 1-274 (=(224)-(498)).

FOCKE, W.O. 1922 - Rubus L., pp. 397-425. In F.A. GARCKE, Flora von Deutschland. Ed. 22. Berlin.

*FOCKE, W.O. 1936 - Rubus L., pp. 264-273. In F. BUCHENAU, Flora von Bremen, Oldenburg, Ostfriesland und der ostfriesischen Inseln. Ed. 10. (B.SCHÜTT ed.). Bremen.

FOERSTER, A. 1878 - Rubus L., pp. 86-166. In A.FOERSTER, Flora Excursoria des Regierungsbezirks Aachen. Aachen.

FRIDERICHSEN, K. 1886 - Rubus Gelertii nov. spec. Bot. Tidsskrift 15: 237.

*FRIDERICHSEN, K. 1888 - Rubi Corylifolii, pp. 792-802. In J.M.C. LANGE, Haandbog i den Danske Flora. Ed. 4. 1886-1888. Copenhagen.

FRIDERICHSEN, K. 1896 - Über Rubus Schummelii, eine weit verbreitete Art. Bot. Centralblatt 66: 209-216. Separatabdruck 1-7.

*FRIDERICHSEN, K. 1897 - Beiträge zur Kenntnis der Rubi corylifolii. Bot. Centralblatt 70: 340-350; 401-408. Ibid. 71: 1-13.

FRIDERICHSEN, K. 1899 - Die Nomenklatur des Rubus thyrsoideus. Bot. Centralblatt 77: 331-337.

*FRIDERICHSEN, K. 1922 - Rubus, pp. 145-170. In CHR. RAUNKIAER, Dansk Ekskursionsflora. Ed. 4. Kopenhagen.

FRIDERICHSEN, K. 1924 - To for Danmark nye Rubi. Bot. Tidsskr. 38: 176-77.

FRIDERICHSEN, K. 1942 - Rubus, pp. 154-166. In CHR. RAUNKIAER, Dansk Ekskursionsflora. Ed. 6. Kopenhagen.

*FRIDERICHSEN, K. & O. GELERT 1887 - Danmarks og Slesvigs Rubi. Bot.Tidsskrift 16: 46-138; 236-237.

FRIDERICHSEN, K. & O. GELERT 1888 - Les Rubus de Danemark et de Slesvic. Bot. Tidsskrift 16: (11)- (31).

FRIDERICHSEN, K. & O. GELERT 1889 - Om Rubus commixtus og naerstaaende Former. Bot. Tidsskrift 17: 245-247.

FRIDRICHSEN, K. & O. GELERT 1890 - Rubus commixtus, nova subspecies. Bot. Tidsskrift 17: 330.

FRIEDRICH, P. 1895 - Rubus L. (unter Mitarbeit von O. RANKE), pp. 18-20. In P. FRIEDRICH, Flora der Umgegend von Lübeck. Jahresber. Catharineum Lübeck 1895.

FRITSCH, K. 1887 - Anatomisch-systematische Studien über die Gattung Rubus. Sitzungsber. Akad. Wiss. Wien 95; 1: 187-216.

FRITSCH, K. 1922 - Rubus L., pp. 196-225. In K. FRITSCH, Exkursionsflora für Österreich und die ehemals österreichischen Nachbargebiete. Ed. 3. Wien und Leipzig.

GELERT, O. 1888 - Rubus L. (excl. Sect. Corylifolii), pp. 767-792. In J.M.C. LANGE, Haandbog i den Danske Flora. Ed. 4. Copenhagen.

GELERT, O. 1896 - Brombeeren aus der Provinz Sachsen. Abh. Bot. Verein Brandenburg 38: 106-114.

GELERT, O. 1898 - Die Rubus-Hybriden des Herrn Dr. Utsch und die Rubus-Lieferungen in Dr. C. Baenitz: Herbarium Europaeum 1897-1898. Oesterr. Bot. Zeitschrift 1898: 127-130.

GELERT, O. 1909 - Batologische Notizen. Bot. Centralblatt 42: 393-397.

GENEVIER, G. 1881 - Monographie des Rubus du Bassin de la Loire. Ed. 2. Paris u. Nantes. 394 pp.

GILLI, A. 1966 - Bestimmungsschlüssel österreichischer Rubus-Arten. Verh. Zool. Bot. Ges. Wien 105/106: 168-170.

GOETZ, A. 1891 - Rubus L., pp. 253-263. In M. SEUBERT, Exkursionsflora des Großherzogtums Baden. Ed. 5. Stuttgart.

GOETZ, A. 1893-94 - Die Rubusflora des Elzthales. Mitt. Bad. Bot. Ver. 105: 47-50 (1893). Ibid. 117: 87-88 (1893). Ibid. 130: 151-157 (1894).

GUSTAFSSON, Å. 1933 - Zur Entstehungsgeschichte des Rubus Bellardii Whe. et N. Bot. Notiser 1933: 231-247.

*GUSTAFSSON, Å. 1943 - The Genesis of the European Blackberry Flora. Lunds Univ. Aarsskr. Ser. 2, Avd. 2; 39 (6): 1-199.

GUSTAFSSON, C.E. 1935 - Rubus kollundicola C.E. GUST. Svensk Bot. Tidskrift 29: 407-409.

*GUSTAFSSON, C.E. 1938 - Skandinaviens Rubusflora. Bot. Not. 1938: 378-420.

HÄMMERLE, J. & C. OELLERICH 1911 - Rubus, pp. 42-44. In J. HÄMMERLE & C. OELLERICH, Exkursionsflora für Amt Ritzebüttel, Land Wursten, Land Hadeln, Ostemarsch, Land Kehdingen, Dobrock, Helgoland. Cuxhaven und Helgoland.

HANSEN, A. & A. PEDERSEN 1968 - Noter om dansk flora og vegetation 29-32: 29. Rubus laciniatus Willd., Fliget Brombaer, en art med ukendt oprindelse. Flora og Fauna 74: 33-40.

HERMANN, H. 1956 - Rubus, pp. 149-154. In H. HERMANN, Flora von Nord- und Mitteleuropa. Stuttgart.

HESLOP-HARRISON, Y. 1968 - Rubus L., pp. 7-25. In T.G. TUTIN & al. (ed.), Flora Europaea 2. Cambridge.

HESS, H.E., E. OBERHOLZER & al. 1970 - Rubus L., pp. 405-443. In H.E. HESS & al., Flora der Schweiz 2. Basel und Stuttgart.

HOLZFUSS, E. 1916-17 - Die Brombeeren der Provinz Pommern. Allg. Bot. Zeitschrift 22: 116-127 (1916). Ibid. 23: 12-17 (1917).

HRUBY, J. 1934-37 - Beiträge zur Systematik der Gattung Rubus L. Repert. spec. nov.regni veg. 33: 379-392 (1934). Ibid. 36: 352-383 (1937). Ibid. 41: 360-361 (1937).

HRUBY, J. 1941 - Die Brombeeren der Sudeten-Karpathengebiete. Verh. Naturforsch. Verein Brünn 72. Beih.: 1-98.

HRUBY, J. 1950 - Die Brombeeren des Karlsruher Florengebietes. Beitr. naturkundl. Forschung Südwestdeutschland 9: 15-25.

HUBER, H. 1961 - Rubus L., pp. 274-411. In G. HEGI (ed.), Illustr. Flora von Mitteleuropa. Vol. 4; 2A. Ed. 2. München.

HÜBENER, J.W.P. 1846 - Flora der Umgegend von Hamburg. Hamburg und Leipzig. 523 pp.

HÜLSEN, R. 1890 - Über die Ergebnisse meiner Excursion zur Erforschung der Rubus-Formen. Verh. Bot. Verein Prov. Brandenburg 40: xxx-xxxiv.

HULTEN, E. 1950 - Atlas över Växternas Utbredning i Norden. Stockholm.

HYLANDER, HJ. 1958 - Några nya eller kritiska Rubi Corylifolii. Bot. Not. 111: 517-534.

HYLANDER, N. 1955 - Rubus L., pp. 73-76. In N. HYLANDER, Förteckning över Nordens Växter. 1. Kärlväxter. Lund.

HYLANDER, N. 1959 - Tillägg och rättelser till Förteckning över Nordens växter. 1. Kärlväxter. Bot. Notiser 112: 90-100.

ILIEN, G. 1938 - Utbredningen av Rubus Sprengelii Wh. i. Skåne 1907 och 1937. Bot. Notiser 1938: 509-514.

JÖNS, K. 1953 - Rubus fruticosus, pp. 186-189. In K. JÖNS Flora des Kreises Eckernförde. Jb. Heimatgemeinschaft Kreis. Eckernförde 11: 113-234.

JUNGE, P. 1909 - Rubus L., pp. 153-160. In P. JUNGE, Schul- und Eskursionsflora von Hamburg-Altona-Harburg und Umgegend. Hamburg.

JUNGE, P. 1913 - Rubus L., pp. 17-18. In P. JUNGE, Nachtrag zur Lübecker Flora. Mitt. Geogr. Ges. Naturhist. Mus. Lübeck. Ser. 2; 26.

KADE, TH. & F. SARTORIUS 1909 - Rubus L., pp. 66-69. In TH. KADE & F. SARTORIUS, Flora von Bielefeld und Umgegend. Ber. Naturwiss. Verein Bielefeld 1.

KALTENBACH, J.H. 1845 - Nachtrag, pp. 262-303. In J.H. KALTENBACH, Flora des Aachener Beckens. Aachen.

KELLER, R. 1912 - Studien über die geographische Verbreitung schweizerischer Arten und Formen des Genus Rubus I. Mitt. Naturwiss. Ges. Winterthur. 9: 159-202.

KELLER, R. 1919 - Übersicht über die schweizerischen Rubi. Winterthur. 279 pp.

KELLER, R. & H. GAMS 1923 - Rubus L., pp. 759-805. In G. HEGI, Illustr. Flora von Mitteleuropa. Ed. 1. Vol. 4; 2A.

KINSCHER, H. 1909 - Batologische Beobachtungen. Allg. Bot. Zeitschrift 15: 53.

KINSCHER, H. 1910 - Antherae pilosae bei europaeischen Rubi. Bot. Zeitung 68: 25-31.

KNÜTTER, R. 1924 - Die Brombeergewächse in der Umgebung Rostocks und Stralsunds. Ein Beitrag zur Kenntnis der Rubusflora Mecklenburgs und Neuvorpommerns. Diss. Rostock. Mcr. n. pub. 64 pp.

KNUTH, P. 1888 - Flora der Provinz Schleswig-Holstein. Leipzig. 902 pp.

KONOPKA, K. 1966 - Rubus L., p. 432. In K. KONOPKA, Petersens Flora von Lübeck und Umgebung (Fortsetzung). Ber. Verein Natur u. Heimat u. Naturhist. Mus. Lübeck. 7/8: 19-138.

*KRAUSE, E.H.L. 1880 - Rubi Rostochienses. Arch. Verein Freunde Naturgesch. Meckl. 34: 177-224.

KRAUSE, E.H.L. 1885 - Rubi Berolinenses. Verh. Bot. Ver. Prov. Brandenburg 16: 1-23.

KRAUSE, E.H.L. 1886 - Die Rubi suberecti des mittleren Norddeutschlands. Ber. Deutsche Bot. Ges. 4: 80-82.

KRAUSE, E.H.L. 1888a - Über die Rubi corylifolii. Ber. Deutsche Bot. Ges. 6: 106-108.

KRAUSE, E.H.L. 1888b - Rubus L., pp. 49-58. In P. PRAHL, Kritische Flora der Provinz Schleswig-Holstein 1. Kiel.

*KRAUSE, E.H.L. 1890 - Rubus L., pp. 47-88. In P. PRAHL, Kritische Flora der Provinz Schleswig-Holstein 2. Kiel.

KRAUSE, E.H.L. 1893a - Synopsis prodomalis specierum Ruborum Moriferorum europaearum et boreali-americanum. Bot. Jahrbücher 16. Beibl. 39: 1-4.

KRAUSE, E.H.L. 1893b - Bastarde des Rubus idaeus L. Abh. Naturwiss. Ver. Bremen 12: 155-157 et t. 2.

KRAUSE, E.H.L. 1893c - Rubus L., pp. 111-114. In E.H.L. KRAUSE, Mecklenburgische Flora. Rostock.

KRAUSE, E.H.L. 1897 - Die Elsässischen Brombeerarten. Mitt. Philomat. Ges. Elsass-Lothringen 1,5: 17-34.

KRAUSE, E.H.L. 1899 - Nova Synopsis Ruborum Germaniae et Virginiae 1. Saarlouis. 105 pp., 12 t.

KRAUSE, E.H.L. 1931 - Rückblicke auf die Systematik der mecklenburgischen Brombeeren. Arch. Verein Freunde Naturgesch. Meckl. Ser. 2;6: 84-94.

KÜKENTHAL, G. 1938 - Beiträge zur Kenntnis der Brombeeren des Schwarzwaldes. Repert. spec. nov. regni veg. 43: 154-160; 289-295.

KULESZA, W. 1930 - Rubus L., pp. 1-177. In W. SZAFER (ed.), Flora

Polska 4. Krakau.

KULESZA, W. 1934 - Novi, vel parum cogniti Rubi Poloniae. Acta Soc. Bot. Pol. 1934: 175-193.

KUNTZE, O. 1867 - Reform deutscher Brombeeren. Beiträge zur Kenntnis der Eigenschaften der Arten und Bastarde des Genus Rubus L. Leipzig.

LANGE, J.M.C. 1851-64 - Haandbog i den Danske Flora. Ed. 1. 1851. Kjøbenhavn . Ed. 2. 1856-59. Ibid. Ed. 3. 1864. Ibid. (Ed. 4 cf. FRIDIRICHSEN 1888 et GELERT 1888).

LANGE, J.M.C. (ed.) 1861-83 - Icones Plantarum Florae danicae. (Flora Danica). Fasc. 45-51. Hauniae.

LARSEN, A. 1956 - Rubus L., pp. 87-88. In A. LARSEN, Bornholms Flora. Rønne.

LARSSON, E.G.K. - 1969 - Experimental taxonomy as a base for breeding in northern Rubi. Hereditas (Lund) 63: 283-351.

LEGRAIN, J. 1958-59 - Rubus L., pp. 9-274. In W. ROBYNS (ed.), Flore Generale de Belgique 3. Bruxelles.

LID, J. 1963 - Rubus L. pp. 400-404. In J. LID, Norsk og Svensk Flora. Oslo.

LIDFORSS, B. 1905 - Studier öfver Artbildningen inom släktet Rubus. Arkiv Bot. 4; 6: 1-41.

LIDFORSS, B. 1907 - Über das Studium polymorpher Gattungen. Bot. Not. 1907: 241-262.

*LIDFORSS, B. 1914 - Resumé seiner Arbeiten über Rubus. Zeitschr. indukt. Abstammungs- und Vererbungslehre 12: 1-13.

LÜBBEN, U. 1957 - Beitrag zur Verbreitung und Biologie der in Nordwestdeutschland vorkommenden Moltebeere Rubus chamaemorus L. Oldenburger Jb. 56: 199-210.

MAASS, G. 1870 - Rubus glaucovirens, eine neue Magdeburgische Brombeere. Verh. Bot. Ver. Prov. Brandenburg 12: 162-163.

*MAASS, G. 1898 - Rubus, pp. 393-405. In P. ASCHERSON & P. GRAEBNER, Flora des Nordostdeutschen Flachlandes. Berlin . 1898-99.

MARSSON, TH. FR. 1869 - Rubus L., pp. 138-155. In TH. FR. MARSSON, Flora von Neu-Vorpommern und den Inseln Rügen und Usedom. Leipzig.

MAUDE, P.F. 1939 - A list of the chromosome numerals of species of British flowering plants. New Phyt. 38.

MAYER, A. 1931 - Diagnosen neuer Rubusbastarde und - Unterarten. Denkschr. Bayer. Bot. Ges. Regensburg 18 (ser. 2; 12): 129-160.

MEUSEL, H., E. JÄGER & E. WEINERT 1965 - Vergleichende Chorologie der zentraleuropäischen Flora 1-2. Jena.

MEYER, W. & J.v. DIEKEN 1949 - Rubus (excl. R. fruticosus agg. - cf. A. NEUMANN), pp. 139-143. In W. MEYER & J.v. DIEKEN, Pflanzenbestimmungsbuch für die Landschaften Oldenburg und Ostfriesland sowie ihre Inseln 1. Ed. 3. Oldenburg i. Old.

MINDER, FR. 1915 - Rubus chamaemorus in Nordwestdeutschland. Abh. Naturwiss. Verein Bremen 23: 108-113.

MÜLLER, E. 1937 - Die pfälzischen Brombeeren und ihre pflanzengeographische und klimatologische Bedeutung. Jahresber. Pollichia. Ser. 2; 6: 63-112.

MÜLLER, K. 1965 - Zur Flora und Vegetation der Hochmoore des nordwestdeutschen Flachlandes. Schr. Naturwiss. Ver. Schleswig-Holstein 36: 30-77.

*MÜLLER, P.J. 1858-59a - Beschreibung der in der Umgegend von Weißenburg am Rhein wildwachsenden Arten der Gattung Rubus. Flora (Regensburg) 16: 129-140; 149-157; 163-174; 177-185 (1858). Ibid. 17: 71-72 (1859).

*MÜLLER, P.J. 1859 - Versuch einer monographischen Darstellung der gallogermanischen Arten der Gattung Rubus. Jahresbericht Pollichia 16/17: 74-298.

MÜLLER, P.J. 1861 - Rubologische Ergebnisse einer dreitägigen Excursion in die granitischen Hochvogesen der Umgegend von Gérardmer. Bonplandia 9: 276-314.

MÜNDERLEIN, - 1893 - Die Rubus-Flora der Umgebung Nürnbergs. Deutsche Bot. Monatsschrift 11: 98-103.

NEUMAN, L.M. 1901 - Rubus L., pp. 377-397. In L. M. NEUMAN, Sveriges Flora. Lund.

NEUMAN, L.M. 1907 - Rubus Sprengelii utbredning i Sverige. Bot. Not. 1907: 263-266.

NEUMAN, L.M. 1915 - Är Rubus taeniarum Lindeberg identisk med Rubus infestus Weihe, och hvad är F. Areschougs R. infestus? Bot.Notiser 1915: 85-91.

NEUMANN, A. 1949 - (Rubus-Angaben), pp. 141-142. In W. MEYER & J. v. DIEKEN, Pflanzenbestimmungsbuch für die Landschaften Oldenburg und Ostfriesland sowie ihre Inseln 1. Ed. 3. Oldenburg i. Old.

NEUMANN, A. 1958 - (Rubus-Angaben), pp. 264-274. In K. KOCH, Flora des Regierungsbezirks Osnabrück und der benachbarten Gebiete. Ed. 2. Osnabrück.

NEUMANN, A. 1967 - Rubus L., pp. 188-191. In FR. EHRENDORFER & al., Liste der Gefäßpflanzen Mitteleuropas. Graz.

NORDHAGEN, R. 1940 - Rubus L., pp. 296-304. In R. NORDHAGEN, Norsk Flora. Oslo.

*NYÁRÁDY, E.I. 1956 - Rubus L., pp. 276-580; 887-937. In T. SĂVULESCU (ed.), Flora Republicii Populare Romîne 4. Bucuresti.

OBERDORFER, E. 1962 - Rubus L., pp. 476-493. In E. OBERDORFER, Pflanzensoziologische Exkursionsflora für Südwestdeutschland. Ed.2. Stuttgart.

OREDSSON, A. 1963 - Rubus L., pp. 371-378. In H. WEIMARCK, Skånes Flora. Lund.

OREDSSON, A. 1966 - Rubus langei funnen i Sverige. Bot. Not. 119: 371-372.

OREDSSON, A. 1969-70 - Drawings of Scandinavian Plants 17-44. Subgenus Rubus. Bot. Notiser 122: 1-8; 153-159; 315-321; 449-456 (1969). Ibid. 123: 1-7; 213-219, 363-370; 447-454 (1970).

PANKOW, H. 1967 - Rubus L., pp. 124-125. In H. PANKOW, Flora von Rostock und Umgebung. Rostock.

PETER, A. 1901 - Rubus L., I: pp. 67-74. II: pp. 139-145. In A. PETER, Flora von Südhannover nebst den angrenzenden Gebieten I-II. Göttingen.

PIEPER, G.R. 1905 - Jahresbericht des Botanischen Vereins Hamburg 14. (Bot. Zeitschr. 12). Zit. nach SH-Kartei.

PRAHL, P. 1913 - Rubus L., pp. 181-192. In P. PRAHL, Flora der Provinz Schleswig-Holstein. Ed. 5 (P. JUNGE ed.). Kiel.

RANKE, O. 1895 - cf. FRIEDRICH 1895.

*RANKE, O. 1900 - Die Brombeeren der Umgegend von Lübeck. Mitt. Geogr. Ges. Naturhist. Mus. Lübeck. Ser. 2; 14: 1-28.

REICHENBACH, H.G.L. 1832 - Rubus, pp. 599-609. In H.G.L.REICHENBACH, Flora germanica excursoria. Lipsiae.

RÖPER, H. 1930 - Neue Ergebnisse der Erforschung der Pflanzenwelt. Verh. Naturwiss. Ver. Hamburg. Ser. 4; 4: 62-75.

ROGERS, W.M. 1900 - Handbook of British Rubi. London. 111 pp.

SABRANSKY, H. 1892 - Batographische Miscellaneen. Deutsche Bot. Monatsschrift 10: 72-77.

SAGORSKI, - 1894 - Zwei neue Rubusformen. Deutsche Bot. Monatsschrift 12: 1-3.

*SCHACK, H. 1930 - Rubi Franconiae et Thuringiae. Die in Südthüringen und im angrenzenden Mainlande, insbesondere in der Umgebung von Coburg bisher festgestellten Brombeerarten nebst einem Schlüssel zum Bestimmen der deutschen Brombeeren nach dem Sudreschen System. Coburger Heimatkunde u. Heimatgesch. 1; 5: 11-122.

*SCHUMACHER, A. 1959 - Beitrag zur Brombeerflora Bielefelds. Bericht Naturwiss. Verein Bielefeld und Umgegend 15: 228-274.

SH-Kartei - Fundortskartei der Pflanzen Schleswig-Holsteins im Bot. Institut der Universität Kiel. (n. pub.).

SONDER, O.W. 1851 - Rubus L., pp. 270-287. In O.W. SONDER, Flora Hamburgensis. Hamburg.

STIEFELHAGEN, H. 1914 - Beiträge zur Rubusflora Deutschlands. 1. Rubi der südlichen Pfalz und des nördlichen Elsaß. Mitt. Bayer. Bot. Ges.z. Erforschung d. heim. Flora 3: 173-181.

*SUDRE, H. 1908-13 - Rubi Europae vel Monographia Iconibus illustrata Ruborum Europae. Paris. 294 pp., 224 t. - pp. 1-40 (1908); 41-80 (1909); 81-120 (1910); 121-160 (1911); 161-200 (1912); 201-294 (1913).

SUDRE, H. 1911a-12a - Notes batologiques. Bull. Soc. Bot. France 1911: 32-37; 245-251; 273-278. Ibid. 1912: 65-70; 725-731.

TER PELKWIJK, A. J. 1950 - Het determineren van bramen. Tijdschr. ov. Plantenziekten 56: 262-264.

TRANZSCHEL, W. 1923 - Rubus chamaemorus x saxatilis und R. chamaemorus x arcticus. Medd. Soc. Fauna et Flora Fenn. 49: 111-113.

TÜXEN, R. 1952 - Hecken und Gebüsche. Mitt. Geogr. Ges. Hamburg 50: 85-117.

*TÜXEN, R. & A. NEUMANN 1950 - Lonicero-Rubion silvatici und Sambuco-Salicion capreae TX. et NEUMANN 1950. Mitt. Florist.-soz. Arbeitsgemeinschaft. Ser. 2; 2: 169-171.

*UTSCH, - 1893 - Rubus L., pp. 277-372. In K. BECKHAUS, Flora von Westfalen. Münster.

UTSCH, - 1893-97 - Hybriden im Genus Rubus. Jahresber. Westf. Prov. Ver. Wissenschaft u. Kunst 22: 143-236 (1893-94). Ibid. 23: 145-201 (1894-95). Ibid. 24: 108-177 (1895-96). Ibid. 25: 138-194 (1896-97).

VAARAMA, A. 1939 - Cytological studies on some finnish species and hybrids of the genus Rubus L. Journ. sci. agricult. soc. Finland 11: 72-85.

VANNEROM, H. 1967 - Rubus L., pp. 143-154. In W. MULLENDERS (ed.), Flora de la Belgique du Nord de la France et des Regions Voisines. Liège.

VUYCK, L. 1903 - Het geslacht Rubus. Determinatie-tabellen voor inlandse soorten. Nederl. Kruitk. Arch. Ser. 3; 2: (Separatdruck)1-41.

WATSON, W. 1933-37 - Notes on Rubi. Journ. Botany (London) 71: 223-229 (1933). Ibid. 73: 193-198; 252-256 (1935). Ibid 75: 195-202(1937).

WATSON, W. 1946 - Appendix I. Check list of British species of Rubus, and key to sections, subsections and series of Eubatus. Journ. Ecology 33: (337)-(344).

WATSON, W. & C.G. TROWER 1929 - British Brambles. Arbroath. s. pp.

WATSON, W.C.R. 1948 - Weihean Species of Rubus in Britain. Watsonia 1: 71-83.

WATSON, W.C.R. 1956 - New species and combinations in the genus Rubus. Watsonia 3: 285-290.

*WATSON, W.C.R. 1958 - Handbook of the Rubi of Great Britain and Ireland. Cambridge. 274 pp.

*WEBER, H. E. 1967 - Über die Vegetation der Knicks in Schleswig-Holstein. Mitt. Arbeitsgem. Floristik Schleswig-Holstein und Hamburg 15; 1: 1-196. 2: tab. 1-43.

WEBER, H.E. 1970 - Beitrag zur Kartierung der Gattung Rubus. Gött. Flor. Rundbriefe 4: 27-35.

WEBER, H. E. 1971 - Supplerende bemaerkninger til Bornholms brombaerflora. Resultater fra et besøg på øn i august 1970. Flora og Fauna 77: 20-21.

WEBER, H. E. 1972 - Rubus fruticosus L. agg., pp. 100-107. In J. URBSCHAT Flora des Kreises Pinneberg. Mitt. Arbeitsgem. Floristik Schleswig-Holstein u. Hamburg 20.

WEIHE, K. E. A. 1824 - Rubus L., pp. 149-153. In C.M.F. BOENNINGHAUSEN, Prodomus Florae Monasteriensis Westphalorum. Monasterii.

*WEIHE, (K.E.) A. & C.G. (D.) NEES VON ESENBECK 1822-27 - Rubi Germanici descripti et figuris illustrati. Elberfeldae. 116 pp. pp.1-28 (1822); pp. 29-40 (1824); pp. 41-70 (1825); pp. 71-88 (1825 vel 1826); pp. 89-116 (1827). Parallel dazu in deutscher Ausgabe: Die deutschen Brombeersträuche beschrieben und dargestellt. Elberfeld 1822-27. 130 pp.

WIMMER, F. 1832 - Rubus L. pp. 130-135. In F. WIMMER, Flora von Schlesien. Berlin.

WIMMER, F. & H. GRABOWSKI 1829 - Rubus L., pp. (22)-(56). In F.WIMMER & H. GRABOWSKI, Flora Silesiae. Vratislaviae.

WIRTGEN, P. 1857 - Rubus L., pp. 142-165. In P. WIRTGEN, Flora der preussischen Rheinprovinz. Bonn.

Wichtigste Exsikkatenwerke

BOULAY, N. (ed.) - Associacion rubologique (Rubi exsiccati). Lille. n. 1-1202 (1873-94).

BOULAY, N. & M. BOULY DE LESDAIN (ed.) - Rubi praesertim Gallici exsiccati. Lille. (1894-1901).

BRAUN, G. - Herbarium Ruborum Germaniae. Braunschweig. (1877).

FOCKE, W.O. - Rubi selecti. Bremen. n. 1-82 (1869-72).

FRIDERICHSEN, F. & O. GELERT - Rubi exsiccati Daniae et Slesvigiae. n. 1-101 (1885-88), Ribe et Horsens. - n. 1-30 (1885), Ribe. n.31-60 (1887), Ribe. n. 61-101 (1888), Horsens.

LINDEBERG, C.J. - Herbarium Ruborum Scandinaviae. Göteborg. (1882-85).

SUDRE, H. (ed.) - Batotheca Europaea. Albi. n. 1-153 (1903-1917).

WIRTGEN, P. - Herbarium Ruborum Rheanorum. Koblenz. (Bes. 1858-59).

Verzeichnis des für die Abbildungen verwendeten Herbarmaterials

Um möglichst charakteristisch entwickelte Pflanzenteile wiederzugeben und um auch die Variationsbreite der noch als typisch zu bezeichnenden Ausbildungen zu zeigen, wurden zur Abbildung einzelner Details (z. B. Blütenstiel, Blattform) oft verschiedene Herbarbelege (derselben Pflanze in verschiedenen Entwicklungsphasen oder auch von verschiedenen Individuen) zugrundegelegt. Da an einer bestimmten Rubuspflanze in der Regel von den vielen artspezifischen Merkmalen nur ein Teil typisch, ein anderer Teil jedoch mehr oder minder abweichend entwickelt ist (vgl. Seite 45), erscheint es im Interesse einer optimalen Darstellung rubustaxonomischer Charakteristika nicht sinnvoll, die Wiedergabe grundsätzlich auf ein bestimmtes Herbarexemplar zu beschränken, wie es gelegentlich in der Literatur wenig glücklich geschehen ist und zu Mißverständnissen geführt hat. - Bei der folgenden Aufstellung bedeutet die in Klammern gesetzte Zahl die laufende Nummer (Leitzahl) des Taxons im Text, die übrigen Zahlen geben die betreffende Nummer des Belegs im Herbar (des Verfassers) an. Das den Photos zugrundeliegende Material ist auf den Tafeln selbst gekennzeichnet. Dabei stammen die mit o bezeichneten, zusätzlich beigefügten Stücke von einer anderen Aufsammlung, die getrennt vermerkt ist. Nur in jenen Fällen, in denen die Angaben auf den Tafeln unleserlich erscheinen, sind die entsprechenden Daten hier (unter T:)mitgeteilt. Im übrigen beziehen sich die folgenden Angaben auf die Textfiguren.

(9): 67.712.8, D 2: 71.627.1.-T: 67.712.8. - (10): 70.725.7, A 2: 70.710.2. - (11): 69.718.1, D: 62.800.5. - T: 71.811.3.- (12): 67.828.1. - (13): 62.37. - (14): 66.802.4, C: 63.712.1. - (18): T: 69.816.5. - (19): 69.816.1, E: 68.812.1. - (20): 70.725.2, A 2 + C 2: 71.717.3. - (21): 67.709.2, E: 66.909.1. - (22): 65.714.1, E 1: 66.1012.1. - (24): 69.816.3. - (25): 67.825.2. - (26): 63.720.1, C-E: 62.900.1. - (28): 64.719.1, C: 69.807.2. - (29): 66.802.5, D + E: 62.800.4. - (30): 67.713.2, C-E: 66.904.1. - (31): 66.920.2, B: 67.719.2. - (32): 68.821.1, D 1: 67.800.1. - (33): 66.823.2.- (34): 69.816.2. - (35): 68.726.1. - (36): 68.728.1, E: 67.907.1. - (37): 66.802.6. - (38): 67.712.3, B: 67.705.2. - (40): 68.729.1. - (42): 67.712.5, C- D: 66.802.3. - (43): 70.722.1. - (45): 67.712.7, D-E: 67.904.1. - (46): 70.818.2. - (48): 69.708.1. - (50): 62.30, B: 67.825.3, D-E: 63.929.1. - (51): 66.823.1. - (52): 67.712.1. - (53): 70.902.2, B: 70.818.7. - (54): 66.802.7. - (57): 67.911.2, B: 69.807.1. - (58): 67.911.4, B: 69.808.3. - (59): 70.703.1. - (62): 66.820.1, B: 69.716.1. - (63): 70.808.3. - (66): 63.900.1, B: 67.715.1, C-E: 62.800.3. - (67): 70.717.8, B 1: 66.725.1, E: 65.716.1. - (70): 62.900.3, B: 66.828.1. - T: 66.828.2. - (71): 70.716.5, B: 67.719.1.- (72): 70.817.7. - (73): 66.824.1, C-E: 62.800.1. - (74): 67.719.1, D 1 + E 2: 70.818.1. - (75): 67.713.1, D-E: 66.814.1. - (76): 66.824.2, C: 65.730.1. - (77): 66.729.1. - (78): 66.824.3. - (79): 66.802.1. - T: 66.802.1.- (81): 66.802.2, B 1: 67.712.4. - (82): 66.719.1. - (83): 70.717.4. - (84):

67.911.1. - (85): 67.831.1, B 2: 68.728.3. - (86): 67.823.1, B 2: 70.717. 14. - T: 66.823.1. - (91): 66.821.1, D 2: 66.1007.1. - (93): 70. 716.2. - R. menkei Wh.: 68.814.1. - (97): 67.911.3. - (98): 66.920.2. - T: 66.920. 2. - (99): 67.712.9. - (102): 68.730.1. - (103): 67.1006.1, B: 71.627.2. - (104): 67.712.2. - (105): 66.1006.2, B 2: 68.728.2. - (108): 67.712.10. - (121): 67.709.1. - (126): 67.705.1, E: 69.907.1. - (143): 70.814.4, E: 62.100.1. - (145): 67.715.1. - (146): 69.808.1, A 2, D, E 2, F 2-3: 69.808.2.

REGISTER

Intraspecifische Taxa sind eingerückt. Die laufende Nr. im Text (Leitzahl auch für Abbildungen und Karten) ist in Klammern gesetzt. Das Zeichen ! bedeutet Hauptverweis.

acuminatus (Lindbl.)Ldbg. 360
acutus Ldbg. 361
aequiserrulatus H.E.W. (125) - 359
Aestivales Kr. 49
affinis Wh.& N. (19) - 126
  agrestis Wh.&. N. 374
  albiflorus Boul. 246
albionis W.Wats. 29, 159
albisequens H.E.W. (79) - 279
allanderi Hj.Hyl. 348
allegheniensis Port. (13) - 118
ambifarius P.J.M. 362
  amblyphyllus Boul. 122
aminianthus F. 30
ammobius F. (17) - 124
amplificatus Lees 29, 163
anglosaxonicus Gel. (77) - 273
  anomalus Arrh. 105
Anoplobatus F. 49, 103
Apiculati F. 49, 273
apiculatus auct. 273
Appendiculati Gen. 50
appendiculatus Tratt. 50, 112
  aprica Brck. 268
apricus auct. 332, 333
apricus Wimm. 332, 334
  aquaticus Wh.& N. 374
arcticus L. (3) - 102
arduennensis K.Frid. 236
  arenaria Frid.& G. 342
  arenarius Kr. 374
areschougii Blytt 376
argenteus W.Wats. 206
argenteus Wh. 24
argentatus auct. 208, 233
  argyriophyllus (Rke.)H.E.W. 11, 208, 210
  armatus F. 372
  armatus L.M.Neum. 111
armeniacus F. (59) - 230
arrhenianthus K.Frid. (36) - 175

arrhenii Lge. (35) - 172
arrhenii x sprengelii 11
aschersonii Spir. 348
atrichantherus Kr. (73) - 254, 258!
atrocaulis auct. 216
aureolus All. 356, 357
axillaris Lej. (39) - 184

babingtonii B.Salt. 166, 304
badius F. (75) - 266
bahusiensis Schz. (131) - 363
balfourianus Aresch. 358
balfourianus K.Frid. 366
balticus (Aresch.) N.Hyl. (107) - 352
banningii F. 24
barbeyi Fav. & Gr. 123
bellardii Wh. (104) - 338
berolinensis Kr. 368
bertramii G.Br. (15) - 123
biformis Boul. 123
bloxamii auct. 315,316
bremon Kr. 215
broensis W.Wats. 212

Caesii auct. 49
caesius L. (146) - 371
caesius x idaeus 376
caesius x saxatilis 376
candicans Wh. (62) - 235
canescens DC. 10
cardiophyllus Lef.& M. (48) - 203
carlscroensis Hj. Hyl. 348
carpinifolius auct. 138
carpinifolius Wh. (23) - 137
cavatifolius Sudre 307, 308
centiformis K.Frid. (111-115) - 353
chaerophyllus auct. 276, 278
Chamaemorus F. 100
chamaemorus L. (1) - 100
chloocladus W.Wats. (61) - 234
  chlorocarpus Kr. 105

chlorocaulon Sudre 24
　chloroscarythros Kr. 246
chlorothyrsus F. (40) - 185
chloroxylon Sudre 301
christiansenorum H.E.W. (98) - 322
ciliatus Ldbg. (122) - 358
cimbricus F. (38) - 181
colemanni Blox. 30
commixtus Frid.& G. 362
　confinis (Ldbg.)Aresch. 212
conothyrsus F. (81) - 285
conspicuus P.J.M. 30
contiguus (Gel.)Kr. (16) - 123
contortifolius H.E.W. 307
correctispinosus H.E.W. (25) - 141
Corylifolii F. 49, 346
corylifolius (Sm.)Aresch. (106-145) - 346
cruentatus Fit. 266
cruentatus K.Frid. 297
cruentatus P.J.M. (96) - 317
cyclophyllus Ldbg. (119) - 356
Cylactis (Raf.)F. 49, 101

danicus F. 163
dasyphyllus Rog. (101) - 331
decorus Fit. 266
decorus F. 317
decorus P.J.M. 317
　defectus Frid.& G. 300
deliciosus James 103
　denudatus Sch.& Sp. 105
dethardingii Kr. (116) - 355
　diplicifolius G. Jensen 297
Discolores P.J.M. 49, 230
Discolorioides Gen. 49
　dissectus Lge. 122
dissimulans Ldbg. 363
dithmarsicus H.E.W. 262, 265
divaricatus P.J.M. (20) - 128
divergens L.M.Neum. 367
diversifolius Lindley 370
drejeri G.Jensen (72) - 256
drejeriformis (Frid.)H.E.W. (71) - 252
dumetorum Wh. (111) - 346, 354!
dumosus auct. 203
　dunensis Noeld. 374

　echinatus F. 372

echinocalyx Er. (42) - 189!, 195
Egregii F. em. Frid.& G. 49
egregius F. (34) - 169
　egregiusculus Frid.& G. 355
eideranus (Frid.) H.E.W. (91) - 307
elegantispinosus (Schum.) 24, 226
　ellipticifolius G.Jens. 314
erichsenii H.E.W. (41) - 186
　ernesti-bolli Kr. 110, 122
errabundus W. Wats. 203
Eubatus F. 49
Eufruticosi H.E.W. 48,49,50,107
　euvillicaulis F. 211
euryanthemus W.Wats. (86) - 301
exilis Lge. 290
eximius Er. (135) - 365
exulatus L.M.Neum. (114) - 355

fabrimontanus Spir. (143) - 368
fasciculatus P.J.M. em. Frid. (129) - 362
fastigiatus Wh. & N. 112
　ferox K. Frid. 363
fioniae K. Frid. (128) - 361
firmus K. Frid. 348
fissus auct. 111
flensburgensis K. Frid. (87) - 304
flexuosus P.J.M. (84) - 294
foliosus Wh. 24, 30, 297
fragrans F. 24, 236
friderichsenii Lge. (137) - 366
friesii G. Jensen (133) - 364
frisianus Hj. Hyl. 348
frisicus K.Frid. (124) - 358
fruticosus L. 48, 49, 50, 120
fruticosus Wh.& N. 235
fuscus Wh. (89) - 305

gelertii K.Frid. (57) - 225
　geromensis K.Frid. 342
　glaber Frid.& G. 352
　glanduligera K.Frid. 189
　glandulosa F. 372
Glandulosi P.J.M. 49, 335
glandulosus auct. 338
glauciformis (G.) Hj.Hyl. (120) - 356
Glaucobatus (Dum.)W.Wats. 49, 371
　glaucocladus Kretzer 198
　glaucovirens Maass 30
gothicus Frid.& G. (126) - 360
grabowskii Wh. (64) - 239

gratus auct. div. 152
gratus F. (26) - 145
gratus x pyramidalis 11
  griewankorum Kr. 340, 341
gustafssonii Hj.Hyl. 348
gymnostachys auct. 249

hallandicus (Gbr.)L.M.Neum. (132) - 364
  hamulosus (Lef.& M.) Boul. 130
hansenii Kr. 270, 272
hartmani Gdg. (97) - 319
hedycarpus F. 230
hercynicus G.Br. 30, 331
Hiemales Kr. 137
hirsutior (Fit.)H.E.W. (90) - 306
hirsutus Frid.& G. 316, 317
hirsutus Wirtg. 317
hirtifolius P.J.M. 30
hirtiformis Brandes 30
hirtus auct. 297, 342
hofmanni Sudre 348
holsaticus Er. (21) - 131
hoplites K.Frid. (142) - 368
horridicaulis auct. 256
horridus Hartm. 319
humifusus auct. 31, 327
hypomalacus F. (76) - 270
Hystrices F. 49, 319
hystricopsis K.Frid. (145) - 370
hystrix Wh. 30

Idaeobatus F. 49, 104
idaeus L. (6) - 104
idaeus x Eufruticosi 12
imitabilis K.Frid. (144) - 370
  incarnatus F. 211
  incisus Frid.& G. 298
  inermis Ade 236
  inermis Hayne 104
inexploratus (Schum.) 138, 140
infestus auct. 283
infestus Wh. (80) - 276, 283
inhorrens F. (110) - 353
inopacatus Sudre 166
insulariopsis H.E.W. (52) - 214
insularis Aresch. (51) - 211
integribasis P.J.M. 131

internatus (Gust.)Hj.Hyl. 348

jensenii Lge. (138) - 366

koehleri auct. 30, 322!, 327, 331
koehleri Wh. 326
  koehlerioides Lge. 290
kollundicola C.E.Gust. 315

laciniatus auct. 146, 223, 298
laciniatus Willd. (55) - 223
lagerbergii Ldbg. (112) - 354
  lamprocladus F. 198
lamprotrichus Sudre (95) - 316
langei G.Jensen 218
langei G.Jens.em.Frid.& G. (53) - 216
  leesii Bab. 105
lentiginosus Lees 137
lejeunii G.Jensen 297
  leptopetalus K.Frid. 301
leptothyrsus G.Br. (32) - 163
leucandrus F. (27) - 149
leucanthemus P.J.M. 246
  leucocarpus Hayne 105
leucostachys auct. 244
leucostachys (Schl.)Kr. 246
leyi F. 184
lidforssii Gel. (127) - 361
lindebergii P.J.M. (46) - 201
lindleyanus Lees (56) - 140, 224!
lindleyanus W.Wats. 138, 140
loehrii auct. 301
loehrii Wirtg. 301
longithyrsus K.Frid. 249

maassii F. (45) - 198
  macander F. 122
macrophyllus Wh. (30) - 156
macrostemon F. 230
macrothyrsus Lge. (70) - 249
  magnifolia G.Jensen 294
marchicus Kr. 208
marianus (Kr.) H.E.W. (78) - 276
  maritimus Arrh. 105
maximus Marss. (106) - 349
menkei auct. 310!, 315, 316, 318
menkei Wh. 30
micans Godr. 273, 274

micranthus Lge. 122
microphyllus Ldbg. 290
microstemon K.Frid. (130) - 363
milliformis K. Frid. 346
  mollis Gel. 290
  mollis Wh.& N. 222
monachus G. Jens. (69) - 12, 249!
montanus Wirtg. 134
Moriferi (F.) Hub. 49
mortensenii Frid.& G. (115) - 355
Mucronati (F.) W.Wats. 49, 252
mucronatus auct. 258
mucronatus Blox. 252, 254
mucronifer Sudre 252, 255, 260
mucronulatus auct. 252, 258
muelleri Lef. 24
muenteri F. 201, 202
muenteri Marss. 201
mutabilis Gen. 249
  mutatus Gel. 212
myriacanthus F. 370
myricae F. (44) - 196

nemoralis Aresch. 360
nemoralis P.J.M. 207
nemorosus Hayne (121) - 356
nessensis W.Hall (9) - 107
neumani F. 226
nitidus Wh.& N. 130
nobilis Reg. 103
noltei H.E.W. (43) - 192
nuptialis H.E.W. (74) - 262
nutkanus Moc. (5) - 103

  oblongifolius (M.) F. 316
obotriticus Kr. 215
  obovatus K.Frid. 261
obscurus Kalt. 24
  obtusifolius Willd. 105
odoratus L. (4) - 103
okerensis L.M.Neum. 283, 284
opacus F. (18) - 125
oreades auct. 342, 345, 358
oreades M. & Wirtg. 345
oreogeton F. 368
ostenfeldii K.Frid. 348

Pallidi W.Wats. 49

pallidifolius Kr. (105) - 342
pallidus auct. 297, 301, 302
pallidus Wh. (85) - 297!, 306
parviflorus Nutt. 103
  parvifolius G. Jensen 218
pergratus Blanch. 120
pervirescens Sudre 197
phaneronothus G.Br. 24
phoeniculasius Max. (8) - 106
  phyllanthus Frid.& G. 104
phylloglotta K.Frid. 348
phyllothyrsus K.Frid. (33) - 166!, 304
piletostachys Frid.& G. 294, 295, 297
platyacanthus M.& Lef. (24) - 138
plicatus Wh.& N. (14) - 11, 120!
pogonantherus H.E.W. (139) - 367
polyanthemus Ldbg. (58) - 226
polycarpus G.Br. 368
  praecurrens Frid.& G. 374
prahlii F. 276
prasinus F. (140) - 367
  principalis K.Frid. 342
procerus P.J.M. 230
  procurrens K.Frid. 342
propexus K.Frid. (94) - 314, 315!
pruinosus F. (109) - 353
pseudodumosus Frid.& G. 203
pseudoegregius Gel. 262, 265
  pseudofissus Stölting 108
  pseudo-idaeus (Lej.) Wh. 376
pseudoinfestus F. 276
pseudoplicatus Frid.& G. 124
pseudothyrsanthus Frid.& G. (12) - 117
pubescens Wh. 234
pulcherrimus L.M. Neum. 226
  puripulvis Sudre 342
pygmaeopsis Er. 11, 334
pygmaeopsis F. 31
pygmaeus Wh. (99) - 327
pyracanthus Lge. (141) - 368
pyramidalis Kalt. (66) - 11, 241!

radula Wh. (82) - 288
Radulae F. 49, 288
rankei H.E.W. (100) - 330
raunkiaeri K.Frid. 348
rectangulatus Maass 216
reuteri Merc. 323, 326

Rhamnifolii F. 49, 198
rhamnifolius auct. 208
rhamnifolius Wh. 24, 204
rhodanthus W. Wats. 29, 206
rhombifolius auct. 159, 160, 162
rhombifolius Wh. (49) - 160, 206!
rivularis M.& Wirtg. 334
rosanthus Ldbg. 348
roseaceus Wh. 30
roseus (Frid.& G.) (123) - 358
  ruber F. 368
Rubus (L.) 49, 107
ruderalis L.M.Neum. (113) - 354
rudis Wh. (83) - 11, 292!

saltuum F. 294
saxatilis L. (2) - 101
scaber Er. 30
scaber Wh. 341
scabriusculus Gel. 262, 265
scanicus Aresch. 184
scheutzii Ldbg. (47) - 202
schlechtendalii Wh. (31) - 159!, 206
schleicheri Wh. (103) - 335
schlickumi Er. 276
schummelii Wh. 274
sciaphilus Lge. 150
sciocharis Sudre (28) - 150
  scissoides H.E.W. 108
scissus W. Wats. (10) - 111
  selectus K.Frid. 363
selmeri Ldbg. (50) - 207
senticosus Koehl. (22) - 134
septentrionalis W.Wats. 212
serpens auct. 342, 344
serpens Wh. 344
serrulatus Ldbg. 359
  sextus Kr. 111
Silvatici P.J.M. 49, 137
silvaticus Wh.& N. (29) - 153
  simonisianus Kr. 301, 302
  simulatus K.Frid. 349
slesvicensis Lge. (136) - 366
sordiroanthus Hj.Hyl. 348
spectabilis Pursh (7) - 106
Sprengeliani F. 49, 172
sprengelii Wh. (37) - 178
sprengelii x langei 11

sprengeliusculus Frid.& G. (134) - 365
spurius L.M.Neum. 283
stenothyrsus G.Br. 163
stormanicus H.E.W. (93) - 310
  strigosus (Mchx.) F. 104
  strobilaceus F. 104
subcalvatus (Frid.) H.E.W. (102) - 332
Suberecti P.J.M. 49, 107
suberectus Anderson 107
Subidaei F. 349
  subsenticosus K.Frid. 128
sulcatus Vest (11) - 112

taeniarum Ldbg. 283, 284
tereticaulis Er. (88) - 11, 304!
tereticaulis F. 306
teretiusculus Er. (68) - 248
teretiusculus Kalt. 249
  thyrsanthoides Kr. 211
thyrsanthus auct. 236, 238
thyrsanthus F. (63) - 238
thyrsiflorus Er. 330
thyrsiflorus Sonder 310
thyrsiflorus Wh. 30, 307, 308, 310, 317
thyrsoideus Wimm. 235, 238, 239
  tileaceus Lge. 366
Tomentosi Wirtg. 49
transjectus Frid.& G. 348
treeneanus H.E.W. (92) - 310
Triviales P.J.M. 49
trivultus K.Frid. 348

ulmifolius Schott fil. 49
umbraticus Ldbg. 212
  umbrosus auct. 28
  umbrosus Marss. 290

venustus Er. 365
vestervicensis C.E.Gust. (65) - 240
Vestiti F. 49, 241
vestitus Wh. (67) - 244
vexatus K.Frid. (118) - 356
  viadricus Kr. 290
villicaulis auct. 211, 214, 215!, 216
villicaulis Koehl. 211, 215
villosus Ait. 118
virescens G.Br. 197
  viridis Aresch. 202

viridis auct. 28, 207
viridis Döll 105
viridis Lge. 246
viridis Wh.& N. 220
visurgis F. 349
vulgaris auct. 207, 208
  vulgaris F. 372
  vulgaris Wh.& N. 354
vulgaris Wh.& N. (54) - 220
  vulgatus Arrh. 104

wahlbergii G.Jensen (117) - 240, 355!
warmingii G. Jensen (108) - 352
wiegmanni Wh. 128
winteri P.J.M. (60) - 233